“十三五”国家重点出版物出版规划项目
普通高等教育“十一五”国家级规划教材

模拟电子技术基础

第 4 版

主编　郝艾芳
参编　肖　烜　刘　伟

机 械 工 业 出 版 社

本书是在基本保持第3版教材内容、理论体系和风格的基础上，根据“模拟电子技术基础”课程基本要求，结合教材使用情况及教学实践经验修订而成。本次修订的变化有：①删除了第11章，在其他各章增加了EDA技术应用部分，全面地展示了Multisim在模拟电子电路中的应用；②在例题与习题的选择和编写中，增加了更多仿真设计型的问题。

本书共分为十章，主要内容包括：半导体基础和二极管、双极型晶体管和基本放大电路、场效应晶体管和基本放大电路、多级放大电路和集成运算放大电路、功率放大电路、放大电路的频率响应、放大电路中的反馈、集成运算放大电路的线性应用、波形发生电路和集成运放的非线性应用以及直流电源。

本书可与王美玲主编的《数字电子技术基础》第4版配套使用，既可作为高等院校电气信息类、仪器仪表类及其他相关专业本科生教材和参考书，也可供工程技术人员参考使用。

图书在版编目（CIP）数据

模拟电子技术基础/郝艾芳主编．—4版．—北京：机械工业出版社，2021.4（2023.1重印）

“十三五”国家重点出版物出版规划项目　普通高等教育“十一五”国家级规划教材

ISBN 978-7-111-67949-3

Ⅰ.①模…　Ⅱ.①郝…　Ⅲ.①模拟电路-电子技术-高等学校-教材　Ⅳ.①TN710

中国版本图书馆CIP数据核字（2021）第061491号

机械工业出版社（北京市百万庄大街22号　邮政编码100037）
策划编辑：路乙达　　责任编辑：路乙达
责任校对：樊钟英　王　延　封面设计：鞠　杨
责任印制：常天培
北京机工印刷厂有限公司印刷
2023年1月第4版第3次印刷
184mm×260mm · 22印张 · 544千字
标准书号：ISBN 978-7-111-67949-3
定价：59.80元

电话服务	网络服务
客服电话：010-88361066	机　工　官　网：www.cmpbook.com
010-88379833	机　工　官　博：weibo.com/cmp1952
010-68326294	金　　书　　网：www.golden-book.com
封底无防伪标均为盗版	机工教育服务网：www.cmpedu.com

第4版前言

本书是在第3版教材的基础上修订而成。第3版教材至今已出版十余年，为了适应电子技术的快速发展和新形势下高等学校培养高素质人才的需要，编者对教材进行了修订。本书沿袭了第3版的基本体系，前十章的基本内容未做大的改动，保持“加强基础、体现先进、突出主线、利于教学”的原则。

本书主要修订了如下几个方面：

1. 删除了第3版中的第11章，将EDA技术应用部分分配在前面的每一章中，以Multisim仿真为例，展示了其在模拟电子电路中的应用，使教材内容更具系统性和实用性。

2. 在例题与习题的选择和编写中，增加了仿真设计型问题，系统地规划了不同层次、不同难度的练习，立足基本题，适当安排难题，尽量减少偏题，提升学生解决问题的能力。

本书由郝艾芳主编，其中郝艾芳修订第1~4章，肖烜修订第5、6、8、9章，刘伟修订第7、10章并负责编写各章Multisim软件仿真的相关内容。本次修订是在王远的指导下进行的，并得到教研室各位老师的大力支持。北京理工大学王美玲对本书进行了全面认真的审核，编者在此表示衷心的感谢。

由于编者能力和水平有限，书中定有欠妥和错误之处，恳请读者多加指正，以便今后改进。谢谢！

编　者

2020年9月

第3版前言

本书第2版自2000年10月出版以来，至今将近六年。在此期间，曾先后印刷8次，并于2002年被教育部评为全国普通高等学校优秀教材，又于2006年6月被列入普通高等教育“十一五”国家级规划教材。对此种种，编者深受鼓舞，并益感责任之重大。

这次修订，首先是根据本课程的正式名称，在教材书名上增加了“基础”二字。其次是根据技术基础课应完成的教学任务和第2版教材出版以来的使用情况，本着教材内容应“与时俱进”的精神，经编者多次集体讨论，逐渐形成了修改的主要原则：

1. 进一步加强基础，突出教材内容的主线——讲述各种基本放大电路的组成原则、分析方法和性能特点。为此，调整各章的顺序，把原来处于相对滞后且略显孤立的功率放大电路一章提前，以第2~5章一气呵成，形成了教材内容的主线。

2. 增加了用PSpice软件进行电子电路分析和设计以及可编程模拟器件的内容，重点放在适当介绍新技术和新方法的设计思路和实际应用。在加强基础和引进新内容的关系上，也有“着力”和“适当”的区别。

3. 调整各章的习题，适当去掉一些较难的，增加一些有助于牢固掌握本课程基本概念和基本内容的。我们认为这种做法是切合当前教学实际的。

此外，结合教材第2版的使用情况，经过集体讨论，把原来集中在第1章讲述的各种半导体器件的内容加以分散，改为每一种半导体器件与其相应的放大电路在一起讲述。又根据最近修订的课程教学基本要求以及一些通行的做法，删除了第2版教材的第10章“调制和解调”。

本书由北京理工大学王远和张玉平分别担任主编和副主编，负责提出修订原则、组织修订和定稿等工作。各章的具体修改全部由北京理工大学的教师担任：郝艾芳（第1、2、3、4章）、肖烜（第5、6、8、9章）、张玉平（第7、10章）、刘伟（第11章）。

北京科技大学杨世成教授和北京理工大学赵金声教授对本书进行了全面认真的审读，编者对他们表示衷心的感谢。

希望本书能为电子技术基础课程的教学以及有关人员的自学和参考做出更大的贡献。我们热诚欢迎使用者和同行们对第3版中的错误、缺点和如何进一步修改提出意见和建议。

编　者

2007年4月

第2版前言

本教材自1993年经修订并改由机械工业出版社出版以来，已经7年。在此期间，本教材被评为机械部第三届优秀教材二等奖，使用本教材的高等院校也进一步增加。编者利用一切可能的机会认真征求和听取了使用者的意见，特别是在1998年3月（在北京）召开的协作组教材修订工作会议上，又比较集中地讨论了使用情况。在此基础上，提出了此次修订教材应在保持整体结构变动不大的原则下，增删和改写部分内容，使教材进一步做到：

1. 符合课程教学基本要求。
2. 内容精练，叙述严密，可读性强，便于教学使用。
3. 适当反映电子技术新发展。
4. 尽可能联系实际。
5. 适当加强与先修和后续课程（如电路、自动控制理论）的联系。
6. 统一和完善全书的文字和图形符号。

和前一版相比，此次修订后的教材有如下变化：

1. 改正了一些明显的错误和叙述不够精确的地方，删除了各章之间不必要的重复。
2. 根据修订后的“课程教学基本要求”和电子技术的发展，适当增加或加强了一些内容，如组合放大单元电路、集成运放的频率响应、干扰和噪声、反馈放大电路的框图分析法、变跨导式模拟乘法电路、无工频变压器开关稳压电源、调制和解调等。考虑到学时数的限制，有些内容（和习题）定为选学（选做），并用*号表示。
3. 在引出晶体管微变等效模型及其参数、在讲述频率响应和反馈放大电路的稳定性问题时，适当注意与电路、自动控制理论等课程的联系。
4. 进一步统一和完善了全书的分析方法和文字符号，注意区分相量和复量的符号。
5. 适当增加和精选了各章的例题和习题，新的习题约占全部习题数的40%。
6. 根据使用意见和教学上的考虑，把二极管、双极型和单极型晶体管、集成电路合并为第1章“半导体器件”；把整流、滤波、稳压电路归入第9章“直流电源”；增加第10章“调制与解调”。

根据协作组的意见，为了加速教师队伍的成长和扩大教材的使用范围，决定：

1. 本书仍由北京理工大学王远任主编，负责修订版的组织、修改、统一和定稿，但不参加具体编写。南京理工大学周连贵教授对修订工作提出了重要建议。
2. 各章的编写分工如下：洛阳工学院刘跃敏（第1、3章），江苏理工大学成立（第2、8章），南京理工大学朱蓉（第4、5章），上海理工大学周贻洁（第6、7章），太原重型机械学院王皖贞（第9、10章）。

热诚欢迎专家、学者、使用本书的广大教师、工程技术人员和学生对本教材提出意见和建议，指出存在的错误和缺点。

编　者

1999年6月

第1版前言

一、编写目的和要求

本书是机械电子工业部高等学校电子技术基础课程协作组组织编写的电子技术基础系列教材之一。

自20世纪70年代末至今，国内高等学校电类和自动化类专业电子技术基础课程方面已经出版了几套教材。这些教材的使用范围广，一般已经过多次修订，深受广大教师和学生的欢迎，有的已荣获国家级奖励。在这种情况下，还有必要在同一门课程上再来编写新的教材吗？如果要编写，其特色又应该是什么？这是首先要回答的问题。

在同一门课程上，应该允许和鼓励教师编写不同风格的教材，有的内容详尽而完备，有的剪裁得宜而精练，这样才能做到百花齐放，相得益彰。多年来，国家教委工科电子技术课程教学指导小组正是这样做的，此其一。再者，在多年的教学实践中，不少教师的共同感受是：在电子技术基础这门课程上，内容与学时的矛盾一直很尖锐。现有的某些教材编写水平很高，但篇幅失之过大，使教与学都感到不便。因此，编写一本内容精练，篇幅不大，而又能较好满足教学基本要求的教材，就是大家共同的心愿。但是，要实现这一愿望又谈何容易。这里既有客观上的实际困难，又有主观上的学术水平和教学经验的不足。

根据协作组的研究决定，要求参加协作组的各院校通力合作，编写一套符合上述要求的教材，并委托我们几所院校合作编写其中的《模拟电子技术》。我们勉为其难，试挑重担，心中惴惴，无时或已。

在1989年11月协作组召开的教材编写大纲讨论会上，由我们提出并经与会同志修改补充，形成了如下的编写指导思想：

1. 力求少而精，在“精练”上取胜。要精选内容，优选讲法，以符合教学基本要求为准。

2. 本课程是电子技术方面入门性的技术基础课，要确保基础，决不贪多，坚持“伤其十指，不如断其一指”的原则。根据教学实践的经验，模拟电子技术有一个“入门难”的问题。为此要分散难点，同时在教学方法上调动一切手段来解决这个问题。

3. 因为是“技术”基础课，就要理论联系实际，学以致用，使学生建立工程观点、实际观点。在教材中要有意识地逐步培养学生的读图能力和分析问题、解决问题的能力，把完成习题看成是一种重要的实践环节。

4. 正确处理传统和先进内容之间的关系。本书是以介绍集成电路为主，同时又保留了一定篇幅的、作为分立和集成电路共同基础的重要内容。可以说，不掌握一定的分立电路基础，也无法学好集成电路。

5. 既要博采众长，善于学习，又要认真总结自己的教学经验，在教学法上下功夫，把书写成“教材”，写出特色，而不是材料的堆砌。

6. 本课程的特点是内容广泛，线路众多。就事论事，就线路讲线路，是编写这类教材之大忌。要重在突出事物的规律，而不单纯追求所讲线路之多少，这样才有可能使学生达到“举一反三”的境界。

二、主要内容和讲授时数

电子技术是研究电子器件、电子电路及其应用的技术科学。

就电子器件和电子电路所处理的信号来说，电子技术可分为“模拟”和“数字”两大类。在模拟电子技术的范围内，电子器件和电子电路所处理、放大和变换的信号（电压或电流）都是时间的连续函数，即所谓模拟信号（analog signal），“模拟”指的是主要以电压或电流的大小来表示（或模拟）信号的实际变化。

本书共8章，可以划分为几个部分：

从第1章到第4章是学习电子技术的重要基础，必须教好学好。为此，要在教学进度上、在各种教学环节的配合上想办法。鉴于这是入门性的课程，又有难点集中在前造成“入门难”的特点，我们建议这门课的教学进度应该从前往后逐渐加快。为了分散难点，我们把半导体二极管和三极管分章介绍，并把多级放大电路和频率响应独立成章。为了做到理论联系实际，学以致用，也为了给后面的内容做准备，我们在第1章就介绍二极管电路的应用。

从第5章到第7章集中介绍了模拟电子技术的重点和难点——反馈，以及集成电路运算放大器的线性和非线性应用。集成电路运算放大器是模拟集成电路的主要类型，而它的各种应用电路就是由它加上不同类型的反馈而组成的。

由于功率放大电路有其重要性和特殊性，而且也是放大电路的基本形式之一，我们还是用一章的篇幅（第8章）来介绍它。

本书以讲授各种形式的基本电子电路及其分析方法为主。掌握了这些内容，再通过其他实践性教学环节的配合，学生应该有能力去分析和构筑各种具体的电子设备。这也是“重在基础”精神在本书编写中的体现。小功率直流稳压电源是由各种基本电子电路组合而成的，因此，在本书中并不为此单独设章，而是把它的各个组成部分分散到有关的章节中去。

讲授本书所需的总学时约为65，其中各章的学时数建议分配如下：

章号	1	2	3	4	5	6	7	8
学时	8	16	8	4	8	8	7	6

三、本书的出版情况

本书先以胶印本（送审稿）的形式，于1990年提交给协作组召开的审稿会。会上对书稿进行了认真细致的集体审查，在充分肯定其成绩和特色的基础上，提出了不少建设性的和中肯的意见。在随后的半年中，本书的送审稿在华东工学院和北京理工大学两校的班级中试用。同时，本书主编又根据编写指导原则、审稿会和试用的意见，进行了全面的修改和定稿工作，并于1991年11月首次正式出版。

首次出版两年多以来，经三十多所高等学校使用，普遍反映较好。在协作组的组织下，采用多种形式认真而广泛地收集了教师和学生的意见，有的学校还为此印出了材料。这次我们根据本课程指导小组1993年6月新修订的教学基本要求、关于文字图形符号的新国家标准以及广大使用者的意见和建议，对教材进行了修订，并在1993年10月协作组领导小组会议上决定由机械工业出版社出版。

本书的修订工作包括：

1. 根据新修订的教学基本要求，增写了一些内容，更加注意突出以集成电路为主的要求。

2. 本着尽可能精练的原则，大力删除了各章中以及章与章之间不必要的重复，文字叙述上不必要的繁琐，和一些可有可无的内容。

3. 根据使用者的意见，在可能的条件下，增加了一些联系实际应用的内容（例如，集成运放应用电路实例）。

4. 改正了一些明显的错误和叙述上不妥之处，舍弃了不易为读者接受的讲法。

5. 根据新的国家标准，对教材中使用的文字符号和图形符号进行了认真的检查修改，并注意全书的统一。在名词术语上也尽量做到明确、精练、规范化，减少不必要的混淆。

本书的修订工作是由北京理工大学王远（第5~8章）和赵金声（第1~4章）负责完成的。我们希望本书重新出版后能保持原有优点，改正已发现的错误和缺点，更加有利于教学，为本课程的教材建设进一步做出贡献。由于编者水平的限制，加之本教材使用时间还不长，以及修订时间的仓促，书中肯定还有不少缺点和错误，欢迎使用本书的广大教师和学生不断向我们坦率提出。

参加本书首版编写的有：北京理工大学赵金声（第1章和第2章的2.4~2.6），华东工学院周连贵（第3、4章），北京理工大学王远（前言，第2章的2.1~2.3，第5、6章），陕西机械学院朱万群（第7、8章）。王远担任本书主编，负责全书的组织、修改和定稿。吉林工业大学王万树教授担任本书首版的主审，他对书稿进行逐字逐句非常认真负责的审查，写出了详尽的审稿意见，给了编写者以很大的启迪和帮助。

编　者

1993年12月于北京

关于本书所用部分文字、图形符号的说明

1. 电压、电流中直流分量、交流分量、总量的表示（以晶体管基极电流为例）

（1）直流分量：I_B，文字符号和下标均用大写英文字母表示。

（2）交流分量：瞬时值 i_b，文字符号和下标均用小写英文字母表示；有效值 I_b、最大值 I_{bm}，文字符号用大写，下标用小写。

（3）交直流总量：i_B，文字符号用小写，下标用大写。

2. 电位、电位差（电压）和电动势的表示

（1）放大电路中直流电源电压用文字符号 V，下标用双重大写英文字母，如集电极直流电源电压 V_{CC}，射极直流电源电压 V_{EE}。

（2）端点对地电压用文字符号 U 或 u，下标用单个文字，如 U_B；两端点之间的电位差（或电压）用文字符号 U 或 u，下标用双重字母，如 U_{CB} 表示 C 端与 B 端之间的电位差或电压。

（3）电动势用文字符号 E 表示。

3. 放大电路输入量和输出量的表示

放大电路输入量和输出量的情况比较复杂。如为直流量（或缓变量），文字符号及下标用大写的英文字母表示，如 U_I、U_O；如为交流量，文字符号及下标用小写的英文字母表示，如 u_i、u_o；在一般情况下，既可能有直流分量，又可能有交流分量，则文字符号用小写英文字母，下标用大写英文字母，如 u_I、u_O。对线性放大电路和运算电路，一律用正弦量为典型输入。此时，输入量和输出量用相量或有效值表示，文字符号用大写英文字母，下标用小写英文字母，如 $\dot{U}_i$、$\dot{U}_o$ 或 U_i、U_o。

4. 复量（矢量）和相量的表示

复量的文字符号用黑斜体，如 $\boldsymbol{Z}$（阻抗）、$\boldsymbol{A}$（放大倍数或增益）。复量的模或幅值的文字符号用明体，如 Z、A。频率特性是复量，表示为 $\boldsymbol{A}$（jω），其幅值表示为 $|\boldsymbol{A}(\mathrm{j}\omega)|$ 或 $A(\omega)$（其中 A 用明体）。

正弦量可用相量表示。相量是复量的特殊形式，是时间的函数，其文字符号用大写英文字母（明体）上加黑点 · 表示，如 $\dot{U}$ 、$\dot{I}$ 。

5. 放大倍数（增益）的表示

对线性电路，用输出量与输入量的相量或有效值之比表示，文字符号用大写英文字母，下标用小写，如 $\boldsymbol{A}_u=\dfrac{\dot{U}_o}{\dot{U}_i}$（复量）或 $A_u=\dfrac{U_o}{U_i}$（标量）。

对非线性电路，如 $u_I=0$ 时 $u_O=0$，则 $A_u=\dfrac{u_O}{u_I}$；$u_I=0$ 时 $u_O\neq0$，则 $A_u=\dfrac{\Delta u_O}{\Delta u_I}$。

6. 器件和放大电路的输入电阻和输出电阻

器件本身的输入和输出电阻的文字符号及下标用小写英文字母表示，如 r_i、r_o；包含很多器件的放大电路的输入和输出电阻，则文字符号用大写英文字母表示，如 R_i、R_o（注：下标的大小写根据直流量或交流量而定）。集成运放虽是复杂的放大电路，但通常看作是单

一的器件。

7. 最大的幅值

一般交流正弦量只有固定的幅值和有效值。但在放大电路中，其电压和电流受输入信号大小的控制，因而它们的幅值和有效值又随控制信号的大小而变。为了保证各个量不失真，输入信号大小有限制，交流电压和电流的幅值又有一个最大值，用双重下标表示，如 $(U_{im})_M$、$(U_{om})_M$、$(I_{om})_M$。

8. 本书所用部分元器件的图形符号

序号	元器件名称	图形符号
1	电压源 (1) 独立 (2) 受控	(1) (2)
2	电流源 (1) 独立 (2) 受控	(1) (2)
3	电池组	E
4	电位器	RP (总电阻R_{RP})
5	变压器	N_1 N_2 电压比$n=N_1/N_2$ ·为同名端
6	极性电容器	+ +
7	(1) 二极管 (2) 稳压管	VD (1) VS (2)
8	晶体管	c b VT e 双极型晶体管 d g V s 结型场效应晶体管 d g B V s 耗尽型场效应晶体管 d g B V s 增强型场效应晶体管

（续）

序号	元器件名称	图 形 符 号
9	光电耦合器	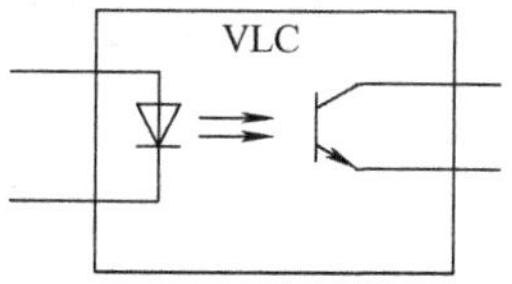 VLC
10	单相桥式整流电路	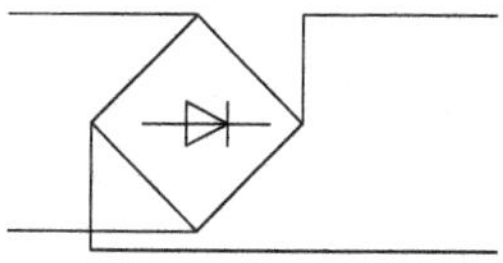
11	三端集成稳压器	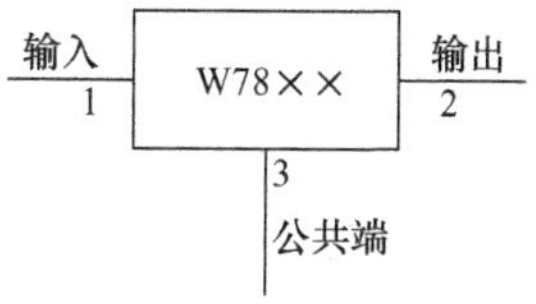 输入 1 W78×× 输出 2 3 公共端
12	放大电路	 ▷∞ 国家标准　本书符号
13	运算放大电路	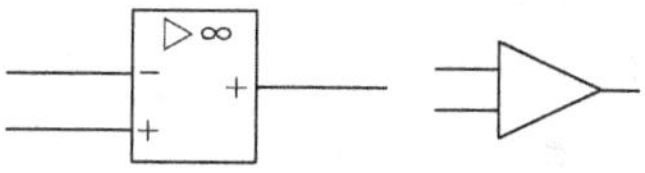 ▷∞ − + + 国家标准　本书符号
14	乘法电路	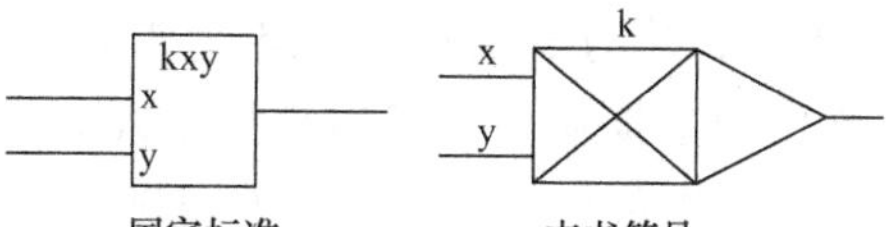 kxy x y 国家标准　k x y 本书符号
15	连接线	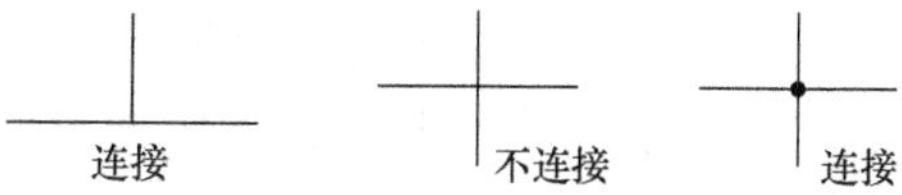 连接　不连接　连接

电子电路和系统的介绍

——本书的内容和安排

目前，世界已进入信息化时代。大量的电子系统被应用于测量、控制、通信和计算，这些系统的工作基础就是电信号的产生、传送、接收和处理。用幅值和时间上的变化表征信息的电信号，在幅值上和时间上可以是连续的或不连续的，从而划分出“模拟电子技术”和“数字电子技术”。“模拟信号”在幅值上和时间上都是连续的，而“数字信号”在幅值上和时间上则是其中之一离散或两者皆为离散的。由于应用范围的广泛，模拟电子技术涉及的内容也是浩如烟海。企图在学习一门课程之后就掌握所有模拟电子技术领域的理论和技术，不仅在实际上做不到，就是提出这种要求本身也是不合理的。“模拟电子技术基础”课程的任务只能是“使学生获得电子技术方面的基本理论、基本知识和基本技能，培养学生分析问题和解决问题的能力，为以后深入学习电子技术某些领域中的内容，以及为电子技术在专业中的应用打好基础。”

电子电路和系统的组成，除了要有在电路理论课程中已讲述过的电阻、电感、电容等无源元件外，还要有各种半导体“器件”，如二极管、晶体管等，其中最重要的是那些能起电压、电流和功率的“控制”和“放大”作用的有源器件（受控源）。随着电子技术日新月异的飞速发展，电子电路已从元器件和连线分立（discrete）的形式进入到了超大规模集成（Very Large Scale Integration，VLSI）的时代。

在电子电路和系统中，电信号要经过多种形式的处理，其中最基本和最重要的形式是“放大”（实质上是“控制”）。幅值微小和较小的信号首先要经过“电压放大”或“电流放大”，使之达到一定的幅值。然后再经过“功率放大”，才能用于带动显示仪表、音响设备、控制机构或其他的负载。还有，为了获得一定的放大量，电子电路往往需要由多个基本的“放大级”组成。例如，作为模拟集成电路最重要的部件——集成运算放大电路，就是一个高增益（放大倍数）的直接耦合（级间连接方式）多级放大电路。讲述各种半导体器件的工作原理、特性参数，特别是与每一种器件相应的各种基本放大电路的组成、工作原理和性能参数，是本课程的重要内容，也是编写本书的一条主线。为此，我们把原来位置相对滞后且略显孤立的功率放大电路一章提前，从第 2 章至第 5 章以连续四章的篇幅一气呵成，形成了这一重点和主线。在这里，不仅要使学习者知道各种基本放大电路有什么性能特点，更重要的是要知道为什么有这些差别和特点，以便进一步根据技术要求，适当选择基本放大电路，组成满足要求的电子电路和系统。

电子电路和系统要处理的电信号是各式各样的（包括随机信号）。一般说来，在一定条件下这些信号总可以通过傅里叶级数或变换分解为一系列频率不同的分量之和。为了保证对信号处理的质量（例如，使放大后的电信号在波形上和输入信号一样，即“不失真”），就要求电子电路和系统对各种频率的信号有一定的响应。频率响应或频率特性是电子电路和系统的重要性能指标，是本书第 6 章讲述的内容。但是，影响电子电路和系统工作的不仅是有用的输入信号，还包括其他因素。一个放大电路在其输入端短路时，输出端上仍有电压。这是由电阻、半导体器件中载流子的不规则运动引起的，称为内部的“噪声”。当噪声电压幅度和输入信号可以比拟时，会使电路工作产生很大误差。还有，在电子电路和系统周围的电台、电网等外部设备的电磁场通过电磁耦合或电源线进入电路和系统也会引起不良影响，这是外部的“干扰”。为了抑制干扰和噪声，又必须限制电子电路和系统的通频带（能通过的信号频率范围），为此在电路和系统中要设置“滤波电路”。这些问题在本书第7、8章中进行了简要的讨论。

“反馈”是指把电子电路和系统的输出信号（电压或电流）的全部或一部分通过“反馈网络”反送到输入端去影响输入信号，最后达到稳定电子电路和系统的工作以及稳定输出量（电压或电流）的目的。反馈是用来提高和改善电子电路和系统工作性能的最重要的技术手段，几乎所有的电子电路和系统中都有反馈。原来就是针对放大电路而建立起来的反馈理论已普遍应用于分析和设计各种类型的（包括非电的）自动控制系统。本书第7章“反馈”对学习模拟电子技术来说是非常重要的，是又一个重点。在这一章里主要讨论反馈的类型，反馈对电子电路性能的影响，分析反馈放大电路的方法等。任何事物都有两面性。如果不能正确引入反馈，反而会使电子电路和系统无法正常工作。所以，在第7章中还要简要讲述反馈放大电路的稳定性和消除电路自激振荡的问题。但是，有一大类电子电路又正是利用了反馈放大电路中的振荡来产生所需要的各种正弦和非正弦周期电信号，这就是第9章中主要讲述的内容。

电子电路对电信号的另一种重要的处理形式是实现各种数学“运算”。顾名思义，集成运算放大电路的主要用途就在于此。运算电路由带深度负反馈的集成运放和相应的外部反馈网络组成，属于集成运放的“线性应用”，这是本书第8章讲述的主要内容。本章还讲述了带深度负反馈的集成运放的另一种线性应用——组成有不同频率特性（低通、高通、带通、带阻）的“有源滤波电路”。

第8章讲述集成运算放大电路的线性应用，而第9章则主要讲述其非线性应用。在学习中，要善于把这两部分内容密切联系起来，通过比较、鉴别，融会贯通，深入掌握。

电子电路和系统的工作离不开直流电源，后者本身就是一个由功能不同的电子电路（整流、滤波、稳压、反馈、保护等）组成的系统，这是本书第10章讲述的内容。

由于电子器件的非线性和电子产品性能的分散性，加上一般的电子电路都包含反馈，即使是比较简单的电子电路和系统的分析都是比较复杂和困难的。早年提出的做法是“定性分析、定量估算、实验验证”。随着电子设备和集成电路芯片设计的日益复杂化，出现了使电子电路分析和设计自动化（Electronic Design Automation，EDA）的技术。20世纪70年代初是它发展的第一阶段，有了一批著名的电路仿真分析程序（例如由美国加州大学伯克莱分校研制的SPICE）和教材（例如由蔡少棠和林本铭合写的*Computer-Aided Analysis of Electronic Circuits*）。到20世纪80年代，EDA技术进入第二阶段，可以完成电子系统设计的大部分工作，从原理图输入、模拟分析、故障仿真到自动布局布线，分析验证，即计算机辅助工程（Computer-Aided Engineering，CAE）阶段。20世纪90年代EDA技术又发展到第三阶段，即电子系统设计自动化（Electronic System Design Automation，ESDA）。在众多知名的EDA软件中，Multisim除了提供基于PC平台的完整SPICE A/D功能外，还提供各类虚拟仪器仪表，可以模拟实验室内的操作环境，完成对电子电路的设计仿真和仿真调试。掌握一种EDA软件对于学习模拟电子技术基础课程非常必要，在本书每章的最后，扼要介绍了Multisim软件及应用实例。

目 录

第1章 半导体基础和二极管

1.1 半导体的基础知识

1.1.1 本征半导体

1. 半导体

自然界中存在着各种不同性质的物质，按导电能力强弱可分为导体、绝缘体和半导体。导电能力介于导体和绝缘体之间的物质叫半导体。硅和锗是半导体器件中最常用的半导体材料。

半导体具有一些特殊的性质，如光敏特性、热敏特性及掺杂特性等，即半导体受到光照和热的辐射时，或在纯净的半导体中掺入微量的其他特定元素（也叫“杂质”）后，它的导电能力将有明显的改善。利用半导体的这些特性可以制造出具有不同性能的半导体器件。

物质的原子结构及其导电机理决定了物质的性质。为了揭示半导体的物理特性，必须研究半导体的原子结构。

2. 本征半导体的原子结构

高度提纯、结构完整的半导体单晶体称为“本征半导体”。半导体硅和锗使用时都要经过工艺处理做成本征半导体，称为本征硅和锗。

硅和锗的原子结构如图 1-1a 所示。外层电子受原子核的束缚力最小，称为“价电子”。硅和锗的外层电子都是四个，所以硅和锗都是四价元素。物质的导电性质与价电子有关。为突出价电子的作用，原子结构可用简化模型表示，如图 1-1b 所示。外层表示价电子数，+4叫“惯性核”，其电荷量（+4）是原子核和除价电子以外的内层电子电荷量的总和。

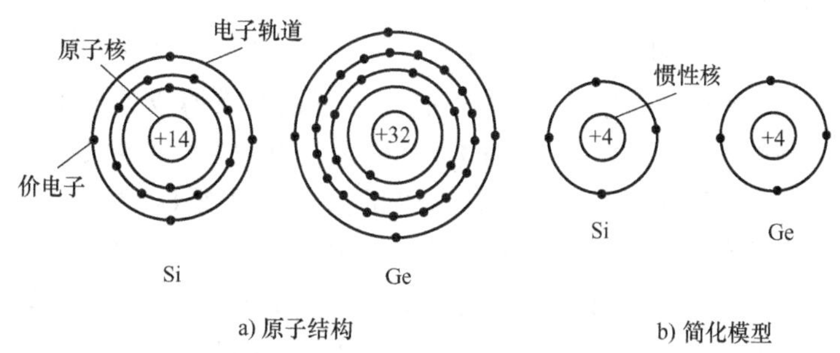

图 1-1 硅和锗的原子结构和简化模型

在本征硅（锗）的晶体结构中，硅（锗）原子按一定规律整齐排列，组成一定形式的空间点阵。由于原子之间的距离很近，价电子不仅受到所属原子核的作用，而且还受到相邻原子核的吸引，使原来属于某一原子的一个价电子为相邻的两个原子所共有，从而形成晶体中的“共价键”结构。每个硅（锗）原子的四个价电子与相邻的四个硅（锗）原子的各一个价电子分别组成四对共价键，结果使每个硅（锗）原子最外层形成拥有八个共有电子的稳定结构，如图1-2所示。

3. 本征半导体中的两种载流子——自由电子和空穴

运载电荷的粒子称为载流子。导体中的载流子是自由电子。

（1）在热力学温度零度（0K）时，本征半导体中无载流子　本征硅（锗）原子共价键上的电子与原子核间有较强的结合力。在热力学温度零度且无外部激发能量时，硅（锗）的价电子不能挣脱原子核的束缚成为自由电子。此时在本征半导体中没有载流子，在外电场作用时不会产生电流。

（2）本征半导体受激发产生自由电子和空穴　价电子在外部能量作用下，脱离共价键成为自由电子的过程称为“激发”，电子脱离共价键所需的最小能量叫“激活能”，用 E_g 表示。硅的激活能 $E_g=1.1\text{eV}$（电子伏），锗的激活能 $E_g=0.68\text{eV}$。光照和热辐射都是激活能的能源。

1）本征半导体中的自由电子载流子：当共价键上的电子获得激活能后，即可脱离共价键成为“自由电子”，带负电荷量，如图1-3所示。自由电子是本征半导体中的一种载流子。在外电场作用下，自由电子将逆着电场方向运动形成电流。载流子的这种运动叫“漂移”，所形成的电流叫“漂移电流”。

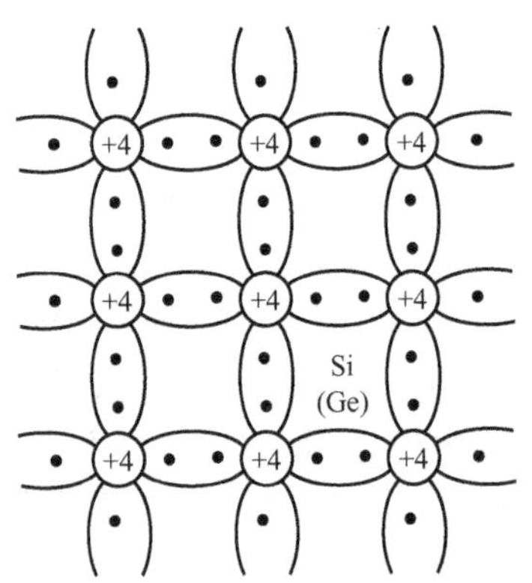

图1-2　硅（锗）晶体中的共价键结构

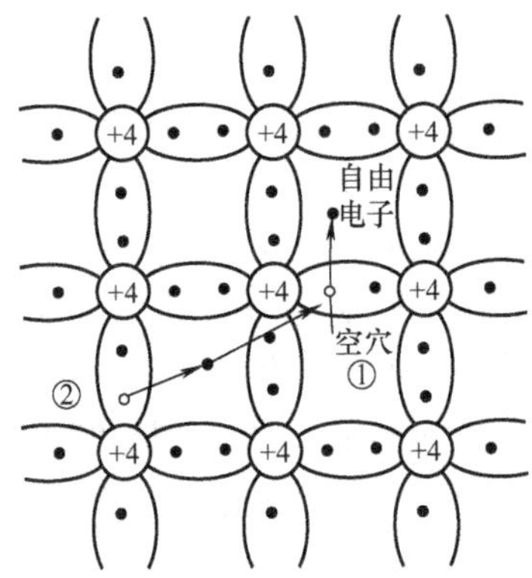

图1-3　半导体中的两种载流子

2）本征半导体中的空穴载流子：价电子脱离原子核的束缚成为自由电子后，在原来的共价键中便留下一个空位（见图1-3中的①），称为“空穴”。该空穴会被相邻原子的价电子填补，而在这个价电子原来的位置上又出现新的空穴（见图1-3中的②）。这样，在半导体中出现了价电子填补空穴的运动。在外电场的作用下，填补空穴的价电子作定向移动也形成漂移电流。但这种价电子的填补运动是由于空穴的产生引起的，而且始终是在原子的共价键之间进行的，它不同于自由电子在晶格中的自由运动。同时，价电子填补空穴的运动无论在形式上还是在效果上都相当于空穴在与价电子运动相反的方向上运动。为了区别电子的这两种不同的运动，把后一种运动称为“空穴运动”，空穴被看作带正电荷的带电粒子——“空穴载流子”。出现空穴载流子是半导体导电机理的重要特点。

综上所述，本征半导体中存在两种载流子：带负电荷的自由电子和带正电荷的空穴。它们是成对出现的，也称为“电子空穴对”。由于两者电荷量相等，极性相反，所以本征半导体是电中性的。本征半导体受外电场作用时，电子形成电子电流，空穴形成空穴电流。虽然两种载流子的运动方向相反，但因为它们所带的电荷极性也相反，所以两种电流的实际方向是相同的，它们的和就是半导体中的电流。

4. 本征浓度——载流子的“产生”与“复合”

本征半导体受外界能量激发，可产生电子空穴对，这叫载流子的“产生”。电子和空穴在无规则热运动过程中也会相遇而互相填补，使电子和空穴成对消失，这一过程叫载流子的“复合”。电子空穴对的产生和复合是半导体内不断进行着的一对矛盾的运动。在一定温度下，伴随着电子空穴对的大量产生，其复合数量也逐渐增加，最终使产生和复合达到动态平衡（载流子的产生和复合仍不断进行，但单位时间内产生和复合数量相等）。此时，半导体中自由电子和空穴浓度（单位体积 1cm^3 中的载流子数）将保持一定数值。如果温度升高，本征激发增强，使载流子的产生量大于复合量，就打破了原来的平衡。载流子数量的增多又使电子和空穴的复合机会增加。所以，在新的升高了的温度下，载流子的产生和复合最终又会达到新的动态平衡。此时，电子和空穴的数量仍相等，但载流子浓度将稳定在较高数值。

总之，在本征半导体中，当温度一定时，空穴浓度 p_{i} 和电子浓度 n_{i}㊀（都叫本征载流子浓度）一定并且相等。理论分析证明，硅和锗的本征载流子浓度与温度的关系均可用下式表示，即

$$n_{\mathrm{i}}(T)=p_{\mathrm{i}}(T)=AT^{3/2}\mathrm{e}^{-E_{\mathrm{g}}/(2kT)} \tag{1-1}$$

式中，E_{g} 为半导体的激活能；T 为热力学温度（K）；k 为玻耳兹曼常量（$1.38\times10^{-23}\mathrm{J/K}$）；$A$ 为与半导体材料有关的系数。

在室温（27℃）时，硅的本征载流子浓度 $n_{\mathrm{i}}=p_{\mathrm{i}}=1.4\times10^{10}/\mathrm{cm}^3$，锗的本征载流子浓度 $n_{\mathrm{i}}=p_{\mathrm{i}}=2.5\times10^{13}/\mathrm{cm}^3$。硅和锗的本征载流子浓度的差异是因激活能不同所致的。

本征载流子浓度随温度上升而迅速增大。因此，半导体的导电能力也随温度上升而显著增强，这是半导体的一个重要特性（热敏性）。

1.1.2 杂质半导体

本征半导体的导电能力很弱，不能直接用来制造半导体器件。但是，如果在本征半导体中掺入微量的其他适当的元素，它的导电性能就会发生显著变化，这就是半导体的“掺杂特性”。掺入的元素叫“杂质”，掺入杂质后的半导体叫“杂质半导体”。杂质半导体是制造半导体器件的基础材料。

根据掺入杂质的不同，可将杂质半导体分为N型半导体和P型半导体㊁两种。由于硅和锗具有相同的原子结构简化模型，掺杂机理也相同，所以下面均以硅材料为例进行讨论。

1. N型半导体

(1) 本征硅中掺入五价元素构成N型半导体　按照一定的工艺，在本征硅中掺入微量

㊀ p_{i} 和 n_{i} 的下标是Intrinsic（固有的、本征的）的字头。

㊁ N和P分别为Negative（负）和Positive（正）的字头。

的五价元素磷（或砷、锑等）。因为磷（P）是微量的，掺入后基本上不会改变本征硅的晶体结构。在晶体点阵的某些位置上，硅原子将被磷原子替代，如图1-4a所示。磷原子的五个价电子中有四个与相邻的四个硅原子组成共价键，多余的一个价电子处于共价键之外，不受共价键的束缚。同时，它受磷原子核的吸引力又很弱，在室温下就能被激发，从而脱离磷原子成为自由电子（但应注意，产生电子的同时并不产生空穴）。这样，每个磷原子都能提供一个自由电子，从而使半导体中自由电子数量大量增加。[⊖]因此，掺杂后半导体的导电能力也大大增强。

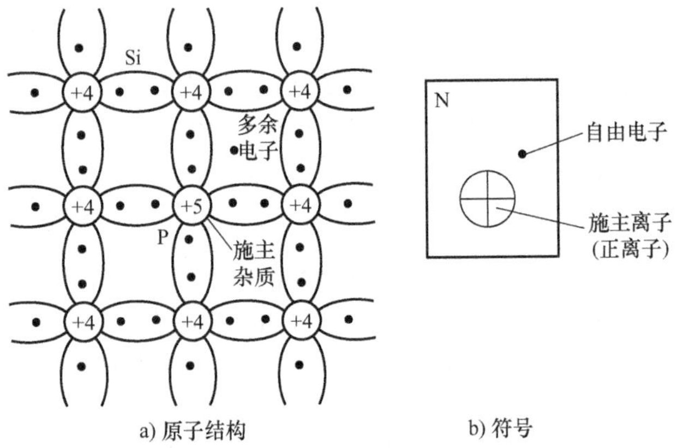

图1-4 N型半导体的原子结构和符号

（2）N型半导体中的“多子”和“少子” 除杂质磷原子给出的自由电子外，在半导体中还有少量的由本征激发产生的电子空穴对。因为杂质提供了大量额外的自由电子，从而使半导体中自由电子数量远远大于空穴数量。所以，在N型半导体中，自由电子称为“多数载流子”，简称“多子”；而空穴称为“少数载流子”，简称“少子”。因为参与导电的载流子以自由电子为主，又因为电子带负电荷，所以这种杂质半导体称为“N型半导体”或“电子型半导体”。

（3）磷原子失去电子后成为正离子——“施主”离子 磷原子失去电子后成为带正电荷的正离子，它由磷原子核和核外电子组成，不能自由移动。因此，正离子不是载流子。

杂质原子施放电子而成为离子的过程叫杂质电离，施放电子的杂质叫“施主杂质”，也叫N型杂质。

N型半导体中的正电荷量（由正离子和本征激发的空穴所带）与负电荷量（由磷原子施放的电子和本征激发的电子所带）相等，所以，N型半导体还是呈电中性，其代表符号如图1-4b所示。

2. P型半导体

在本征硅中掺入微量的三价元素硼（或铝、镓、铟等），在晶体中的某些位置上硼原子将替代硅原子，其晶体结构如图1-5a所示。硼有三个价电子，每个硼原子与相邻的四个硅原子组成共价键时，因为缺少一个电子而产生一个空位（不是空穴，因为硼原子仍呈电中性）。在室温或其他能量激发下，与硼原子相邻的硅原子共价键上的电子就可能填补这些空位，从而在电子原来所处的位置上造成带正电的空穴，而硼原子则因获得电子变成带负电的离子。常温下每个硼原子都能引起一个空穴（与此同时并不产生电子），从而使半导体中空

⊖ 例如，已知本征硅的原子密度为$5\times10^{22}/cm^3$。当掺杂量为百万分之一（$1/10^6$）时，杂质浓度为$5\times10^{16}/cm^3$。在常温下，本征硅的$n_i=1.4\times10^{10}/cm^3$，两者相差$10^6$数量级，即自由电子数量比掺杂前净增一百万（$10^6$）倍。

穴数量大大增加。在半导体中虽然还存在本征激发产生的少量电子空穴对，但空穴数量仍远远大于自由电子数量。所以，在这种半导体中，空穴是多数载流子，自由电子是少数载流子。因为参与导电的载流子以空穴为主，又因为空穴带正电荷，所以这种杂质半导体称为“P 型半导体”或“空穴型半导体”。

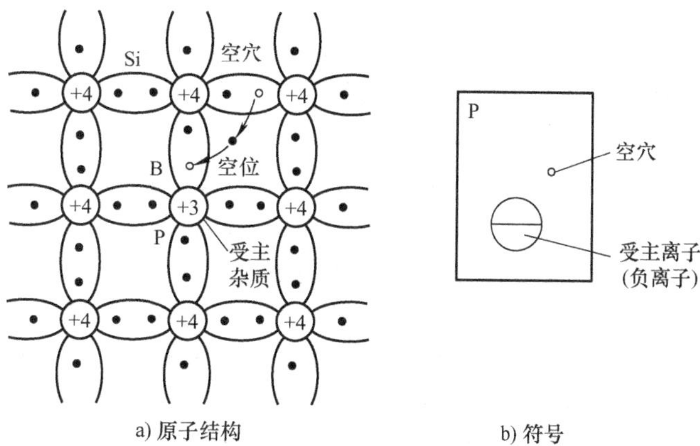

a) 原子结构　　b) 符号

图 1-5　P 型半导体的原子结构和符号

硼原子获得电子后变成负离子，也叫“受主”离子。它由硼原子核和核外电子组成，带负电荷，但不能自由移动。因此，负离子不是载流子。P 型半导体的代表符号如图 1-5b 所示。

P 型半导体中正电荷量（硅原子失去电子而形成的空穴和本征激发的空穴的电荷量）与负电荷量（负离子和本征激发的电子的电荷量）相等，所以它也是呈电中性的。

1.1.3　PN 结及其特性

1. PN 结的形成

用不同的掺杂工艺使同一半导体（如本征硅）一侧形成 P 型半导体，而另一侧形成 N 型半导体。此时，在两种半导体交界处的一段区域内将形成“PN 结”，如图 1-6a 所示。

P 型半导体和 N 型半导体结合后，在它们的交界面处就出现了自由电子和空穴的浓度差别。P 区的多子空穴浓度远远高于 N 区少子空穴浓度，而 N 区的多子自由电子浓度远远高于 P 区少子自由电子浓度。由于存在载流子的浓度差，载流子将从浓度较高的区域向浓度较低的区域运动，这种运动称为“扩散运动”，由载流子扩散运动形成的电流叫“扩散电流”。因此，P 区的多子空穴向 N 区扩散，而 N 区的多子自由电子向 P 区扩散，如图 1-6b 所示。当载流子通过两种半导体的交界面后，在交界面附近的区域里，P 区扩散到 N 区的空穴与 N 区的自由电子复合，N 区扩散到 P 区的自由电子与 P 区的空穴复合。扩散的结果破坏了 P 区和 N 区交界面附近的电中性条件。在 P 区一侧由于失去空穴，留下了不能移动的负离子（受主离子）；在 N 区一侧由于失去自由电子，留下了不能移动的正离子（施主离子）。这些不能移动的正负离子所在的区域叫“空间电荷区”，如图 1-6c 所示。在这个区域内，多数载流子已扩散到对方并复合掉了，或者说消耗尽了，因此空间电荷区有时又叫“耗尽层”，它的电阻率很高。扩散作用越强，空间电荷区越宽。

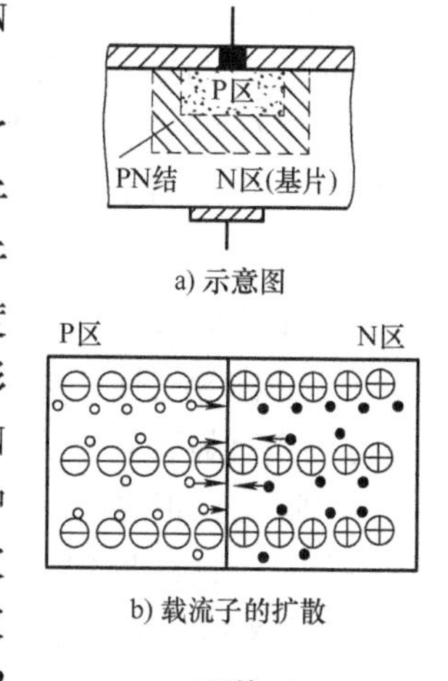

a) 示意图

b) 载流子的扩散

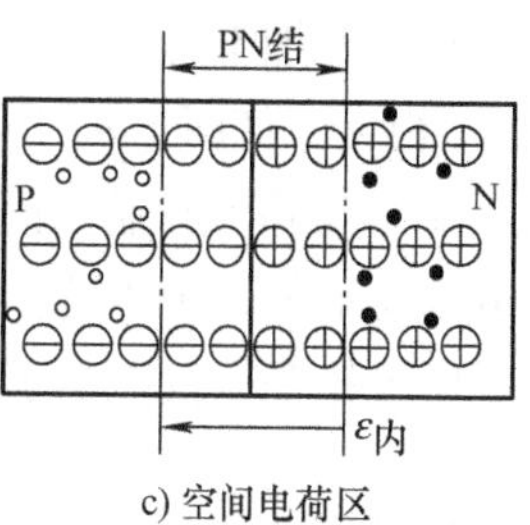

c) 空间电荷区

图 1-6　PN 结的形成

在出现了空间电荷区以后，正负离子的电荷在空间电荷区中形成了一个由N区指向P区的电场。由于这个电场是因内部载流子的扩散运动而不是由外加电压形成的，所以叫“内电场”，用$\varepsilon_{内}$表示。空间电荷区越宽，内电场也越强。显然，内电场的方向与多子扩散方向相反，因此它阻碍P区和N区的多子继续向对方区域扩散。

另一方面，在内电场作用下，P区和N区的少数载流子将做定向运动，这种运动叫“漂移运动”，由此引起的电流叫“漂移电流”。这样，P区的少子自由电子向N区漂移，从而补充了N区交界面附近因扩散而失去的自由电子，使正离子减少；而N区的少子空穴向P区漂移，从而补充了P区交界面附近因扩散而失去的空穴，使负离子减少。因此，漂移运动的结果使空间电荷区变窄，其作用正好与扩散运动相反。

由此可见，在有P区和N区的同一半导体内，多子的扩散运动和少子的漂移运动是相互联系又相互对立的。多子的扩散运动使空间电荷区加宽，内电场增强。内电场的建立和增强又阻止多子的扩散，增强少子的漂移，其结果又使空间电荷区变窄，内电场减弱，从而又使多子的扩散增强。如此相互制约，相互促进，最后多子的扩散运动和少子的漂移运动达到动态平衡。此时，扩散电流和漂移电流大小相等、方向相反，通过空间电荷区的净电流等于零，空间电荷区的宽度和内电场的强度都是定值。至此，“PN结”（即“空间电荷区”）宣告形成。

PN结中建立的内电场和电位差也称为“势垒”，它阻碍多子的扩散，因此PN结又叫“势垒区”或“阻挡层”。

PN结的内电场$\varepsilon_{内}$所建立的电位差U_{h0}，是不同性质半导体的“接触电位差”，它的大小与半导体材料、掺杂浓度及环境温度有关。在室温下，硅材料的$U_{h0}\approx(0.6\sim0.8)\text{V}$，锗材料的$U_{h0}\approx(0.1\sim0.3)\text{V}$。

在PN结中分界面两边的正负离子的电荷量应相等。因此，PN结在P区和N区中的宽度与掺杂浓度有关。若P区和N区的掺杂浓度相同，PN结在分界面两边的宽度应相等，叫作“对称结”，否则叫“非对称结”。例如，当P区掺杂浓度高于N区时，PN结用P^+N表示，在分界面两边的宽度如图1-7所示。实际使用的PN结均为非对称结。

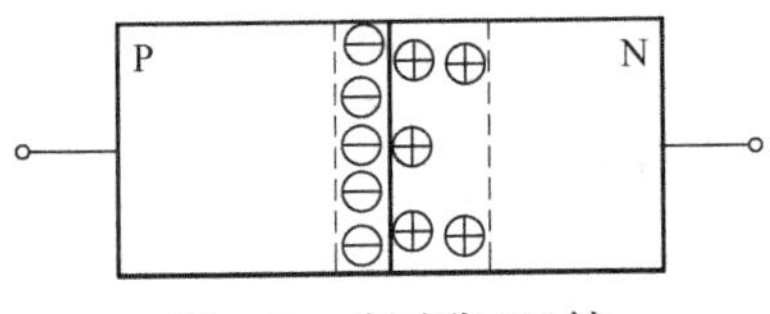

图1-7 非对称PN结

2. PN结的特性

（1）单向导电性 PN结的“单向导电性”是指PN结在不同极性的外加电压作用时，其导电能力有显著差异这一特性。

1）PN结在正向电压作用下导电能力强。PN结的正向接法是：P区接外加电源的正极，N区接负极，这也叫PN结的“正向偏置”[⊖]，简称“正偏”，如图1-8a所示。

因为PN结（空间电荷区）内几乎没有载流子，是高阻区，所以除了在限流电阻R上的电压降外，外加电压E的其余部分（U）几乎都降在PN结上。U所产生的外电场$\varepsilon_{外}$方向与内电场$\varepsilon_{内}$相反，如图1-8b所示。即外加正向电压削弱了内电场强度，使PN结两端的电位差降为$U_{h0}-U$。这将意味着空间电荷区变窄，从而破坏了原来扩散与漂移之间的动态平衡，使多子的扩散运动增强，少子的漂移运动减弱，扩散电流大于漂移电流。P区的多子空穴向N区大量扩散，N区的多子自由电子也向P区大量扩散。虽然它们的运动方向相反，但产生的电流（分别

⊖ 偏置是指偏离了结上外加电压为零的状态。“偏置”的英文是bias。

用符号 I_P 和 I_N 表示）方向相同，所以通过PN结的电流 I 为空穴电流与电子电流之和。在正向接法下，通过PN结的电流是P区和N区的多子扩散电流，因此PN结的导电能力很强。

2）PN结在反向电压作用下导电能力很弱。PN结的反向接法是：P区接外加电源的负极，N区接正极，也叫“反向偏置”或“反偏”，如图1-9a所示。此时，外加电压产生的外电场 $\varepsilon_{外}$ 与内电场 $\varepsilon_{内}$ 方向相同，这将促使P区的多子空穴和N区的多子自由电子远离PN结。结果，正负离子更多地显露出来，使空间电荷增多，耗尽层变宽，势垒增强，阻止多子扩散。因此，扩散电流为零。

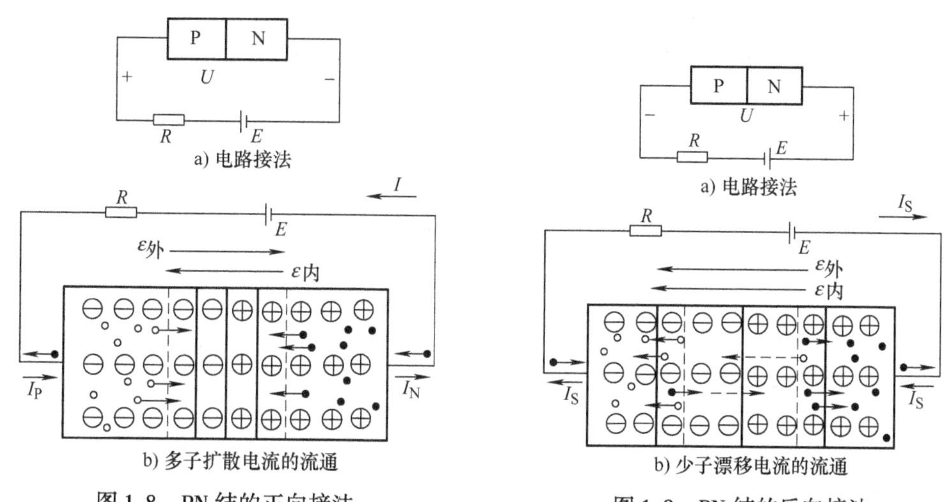

a) 电路接法

b) 多子扩散电流的流通

图1-8　PN结的正向接法

a) 电路接法

b) 少子漂移电流的流通

图1-9　PN结的反向接法

但耗尽层变宽加强了内电场，从而使P区的少子自由电子和N区的少子空穴的漂移运动增强，形成漂移电流。漂移电流的方向为从电源正极经N区、P区到电源负极，如图1-9b所示。其方向与扩散电流相反，所以叫“反向电流”。由于少子浓度很低，而且当环境温度一定时少子的浓度不变，所以反向电流不仅很小，而且当外加反向电压达到一定大小以后，因少子数量有限，故反向电流基本上不随外加电压增大而增加。这一电流叫“反向饱和电流”，记作 I_S。应注意，I_S 虽小，但它随温度变化而急剧变化。

总之，PN结在正偏时的正向电流是扩散电流，数值较大，此时PN结容易导电；而PN结在反偏时的反向电流是漂移电流，其数值很小，此时PN结几乎不导电。这就是PN结的单向导电性。

（2）PN结的伏安特性及其表达式　PN结的伏安特性是指PN结两端的外加电压与流过PN结的电流之间的关系曲线。

根据理论分析，PN结的伏安特性可用下式表示：

$$I=I_S(e^{U/U_T}-1) \tag{1-2}$$

式中，U 为PN结两端的外加电压，参考方向为P区（+），N区（−）；I 为流过PN结的电流，其参考方向为自电源正极经P区和N区到电源负极；I_S 在数值上等于反向饱和电流；$U_T=kT/q$ 称为“温度电压当量”，其中 k 为玻耳兹曼常量，T 为热力学温度，q 为电子的电荷量。在室温（$T=300\text{K}$）时，$U_T\approx 26\text{mV}$。

由式(1-2)可以画出PN结的伏安特性，如图1-10所示。

PN结正向偏置时，若外加电压 $U \gg U_T$，则 $e^{U/U_T}\gg 1$（例如 $U=100\text{mV}$，则 $e^{U/U_T}\approx e^4=55\gg 1$），式(1-2)可简化为

$$I \approx I_S e^{U/U_T} \tag{1-3}$$

即在 U 大于一定值后，PN 结的正向电流 I 随正向电压 U 按指数规律变化。

PN 结反向偏置时，若 $|U| \gg U_T$，则 $e^{U/U_T} \ll 1$（例如 $U = -100\text{mV}$，$e^{U/U_T} \approx e^{-4} = 1/55 \ll 1$），式(1-2) 可简化为

$$I \approx -I_S \tag{1-4}$$

即反向电压达到一定值后，PN 结的反向电流 I 就是反向饱和电流 $-I_S$。此后，反向电流与反向电压的大小基本无关。

由式(1-2) 可知，PN 结的电流 I 与 U_T（$=kT/q$）以及 I_S 有关，而 U_T 和 I_S 均为温度的函数。因此，PN 结的伏安特性与温度有密切关系，如图 1-11 所示。

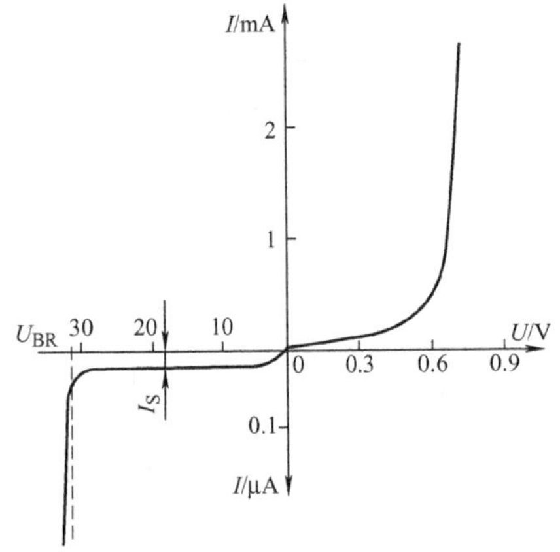

图 1-10 PN 结的伏安特性

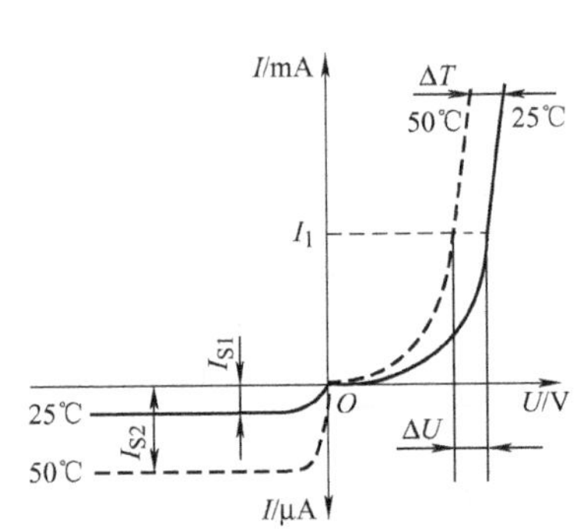

图 1-11 PN 结的伏安特性与温度的关系

反向饱和电流的数值取决于平衡状态下少子的数量。当温度升高时，少子数量增加，所以 I_S 增大。

PN 结的正向特性受温度的影响用温度系数表示，其定义为：当 PN 结的电流 I 为常数时（例如，在图1-11中 $I=I_1$），正向电压随温度的变化率。其值约为

$$\Delta U/\Delta T \approx -(2 \sim 2.5)\text{mV/℃} \tag{1-5}$$

即保持正向电流不变时，环境温度每升高 1℃，PN 结的端电压可减小 2～2.5mV。

（3）PN 结的击穿特性 在 PN 结处于反向偏置时，若反向电压处在一定范围内，则流过 PN 结的电流是很小的反向饱和电流。但是当反向电压超过某一数值 U_{BR} 后，反向电流会急剧增加，这种现象叫作“反向击穿”，U_{BR} 叫“击穿电压”。击穿状态下的特性见图 1-10 中虚线左边的部分。产生击穿现象的机理有两种：

1）雪崩击穿：随着 PN 结两端反向电压逐渐增加，空间电荷区的电场也逐渐增强，从而使少子在漂移过程中进入空间电荷区后运动速度很大，并获得足够的动能。当这些少子与空间电荷区内的晶体离子相碰撞时，会使后者共价键上的电子激发，产生新的电子空穴对。新的电子空穴对又会受到电场的加速，撞击别的离子，再产生新的电子空穴对。这种连锁反应（载流子的“倍增效应”）像雪山崩塌一样，使参与漂移运动的少数载流子数量突然增多，反向电流急剧增大，造成 PN 结击穿，所以叫“雪崩击穿”。雪崩击穿电压与半导体的掺杂浓度有关。掺杂浓度越低，U_{BR} 的数值越大。因为此时空间电荷区较宽，在同样的外加电压下，电场强度较小。

2）齐纳击穿：在高浓度掺杂的情况下，PN 结很窄。进行漂移运动的少子通过空间电荷

区时，由于路径短，它与晶体离子的碰撞机会较少，不会产生雪崩击穿。但因结区很窄，不太大的反向电压（一般为几伏）就可以在区内形成很强的电场（电场强度 $E=U/l$）。强电场的作用可将共价键内的束缚电子强行拉出，产生新的电子空穴对。空穴和电子的大量涌现，使反向电压作用下产生的漂移电流急剧增大，造成 PN 结击穿。这种击穿称为“齐纳击穿”。

以上两种性质的击穿可以从 PN 结击穿电压的数值来区分。通常击穿电压在 7V 以上者多为雪崩击穿，击穿电压在 4V 以下者多为齐纳击穿。击穿电压在 4～7V 之间者，两种击穿均可能发生，取决于半导体的掺杂浓度。

不论是哪种击穿，只要 PN 结不因电流过大产生过热而损坏，当反向电压下降到击穿电压以下（均指绝对值）时，它的性能又可以恢复到击穿前的情况。

（4）PN 结的电容效应　PN 结除有单向导电性外，还有电容效应，其中根据产生的原因不同分为“势垒电容”和“扩散电容”两种。

1）势垒电容 C_B⊖：势垒电容是由 PN 结中储存的空间电荷量随外加电压的改变而改变的现象引起的，这一点与电容的性质（$C=\mathrm{d}Q/\mathrm{d}U$）相似。因为当 PN 结的外加正向电压增大时，P 区的多子空穴和 N 区的多子自由电子更多地注入空间电荷区，并与那里的正、负离子相中和，使空间电荷区的电荷量减少。为了使势垒电容 C_B 的符号为（+）以符合通常的规定，在正偏电压增大，因而 $\Delta U>0$ 时，空间电荷区电荷量的变化应理解为 P 区的多子空穴更多地注入（或存入）该区，势垒电容充电，$\Delta Q>0$。所以，$C=\dfrac{\Delta Q}{\Delta U}>0$。PN 结变窄，如图 1-12a 所示。反之，当 PN 结的外加反向电压（绝对值）增大时，P 区多子空穴和 N 区的多子自由电子远离 PN 结，使空间电荷区的电荷量增多，PN 结变宽，如图 1-12b 所示。外加电压的变化引起了空间电荷区电荷量的变化，这就是电容效应。因为它发生在势垒区内，所以叫“势垒电容”，用 C_B 表示。势垒电容的结构与普通平板电容器相似。空间电荷区是高阻区，相当于绝缘介质，而 P 型和 N 型中性区的电阻率较低，相当于金属板，如图 1-12c 所示。因此，势垒电容的电容值计算公式也与平板电容器的相同，即

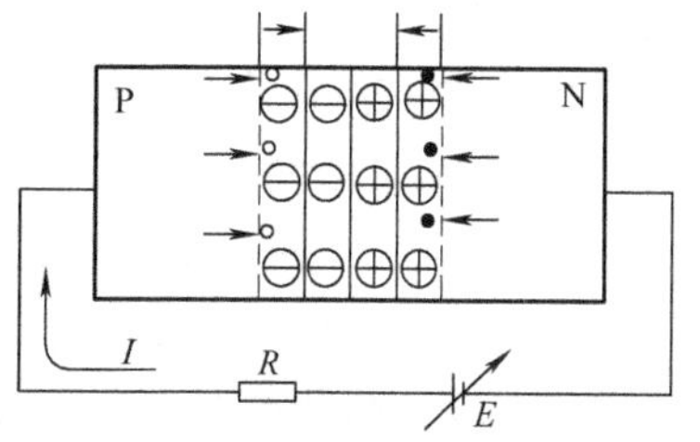

a) 空间电荷区的电荷量随外加电压变化(一)

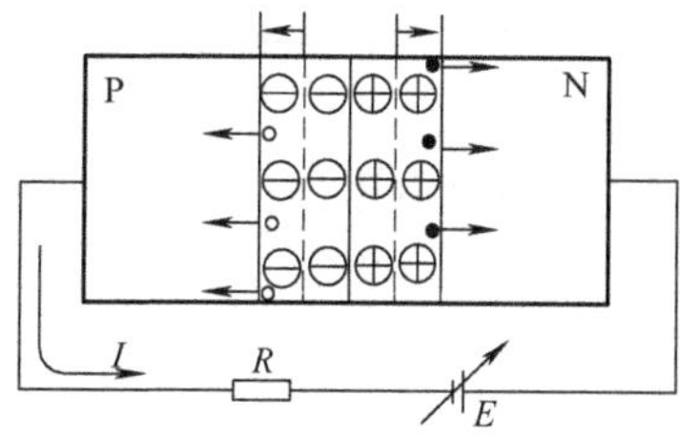

b) 空间电荷区的电荷量随外加电压变化(二)

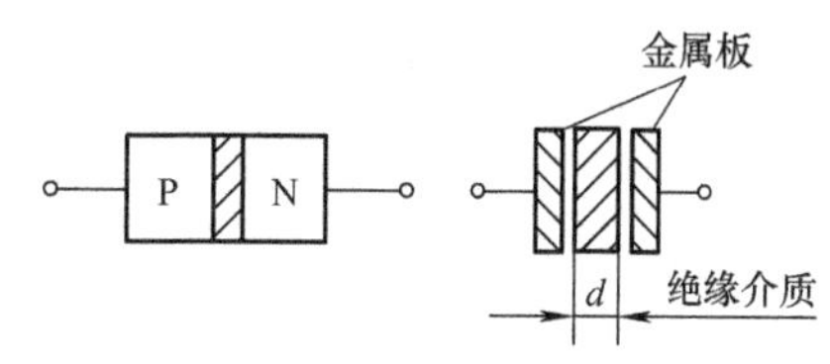

c) 势垒电容的等效结构

图 1-12　势垒电容

$$C_B=\varepsilon S/4\pi d \tag{1-6}$$

式中，S 是 PN 结的面积；d 是 PN 结的宽度；ε 是半导体材料的介电常数。

⊖ C_B 的下标 B 是 Barrier（势垒、阻挡层）的字头。

当外加电压改变时，d 随着变化。因此，C_B 是非线性电容。反偏电压越高，d 越大，C_B 越小，如图 1-13 所示。一般情况下 C_B 为几皮法（10^{-12}法）至一二百皮法。在现代电子设备中，常把反向偏置的 PN 结作为压控可变电容器使用。

2）扩散电容 C_D[⊖]：当 PN 结处于平衡状态（即外加电压 $U=0$ 或零偏）时，可以认为在空间电荷区以外的电中性区内少子的浓度是处处一样的，如图 1-14 中平行于 x 轴的虚线所示。这种少子叫“平衡少子”。当 PN 结处于正向偏置时，N 区的多子自由电子不断经过空间电荷区向 P 区扩散。自由电子进入 P 区后，就成为 P 区的少子，这些新的少子（自由电子）破坏了 P 区少子原来的平衡状态。因此，新注入的自由电子称为 P 区的“非平衡少子”。注入 P 区的自由电子首先积累在 PN 结的边界处，使这里的自由电子浓度 $n_P(0)$ 远大于 P 区内其他地方自由电子的浓度，从而建立了浓度差。在浓度差的作用下，自由电子不断向 P 区的纵深（沿 x 正方向）扩散，而且边扩散边与 P 区的多子空穴复合，使自由电子的浓度从左到右逐渐减小。经过一段距离（叫“扩散区”）后，注入 P 区的非平衡少子自由电子基本上都被复合掉，使那里 P 区的自由电子浓度恢复到平衡状态时的数值 n_{P0}，形成如图 1-14 所示的 P 区少子浓度 n_P 的分布曲线①。这样，在扩散区内就积累了一定数量的非平衡少子，其电荷量由曲线①下面划水平线的面积表示。当正向电压增大时，扩散到 P 区的自由电子数增加，自由电子的浓度分布曲线变为②，扩散区内积累的非平衡少子电荷量增加，浓度分布的梯度增大。反之，当正向电压减小时，扩散区内积累的电荷量减少，见图 1-14 中曲线③。与此相似，N 区内的非平衡少子空穴也有同样的分布规律。外加电压改变时引起扩散区内积累的电荷量改变，这就形成了电容效应，其对应的电容称为“扩散电容”，用 C_D 表示。根据理论分析可知，不对称 PN 结的扩散电容为

$$C_D=\tau I/U_T \tag{1-7}$$

式中，U_T 是温度电压当量；τ 是非平衡少子在被复合前的平均存在时间（也叫“寿命”）。

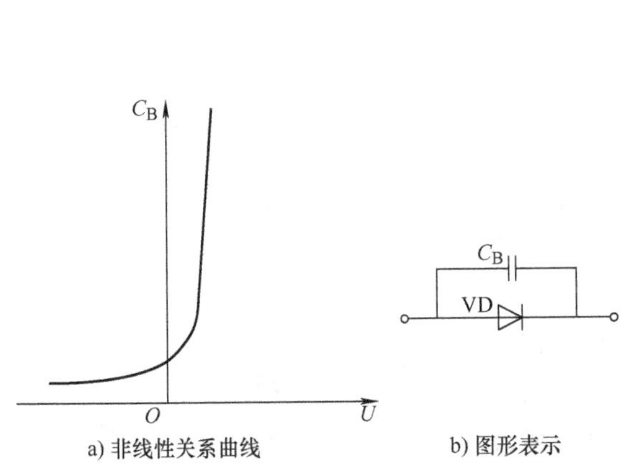

图 1-13 势垒电容和外加电压的关系

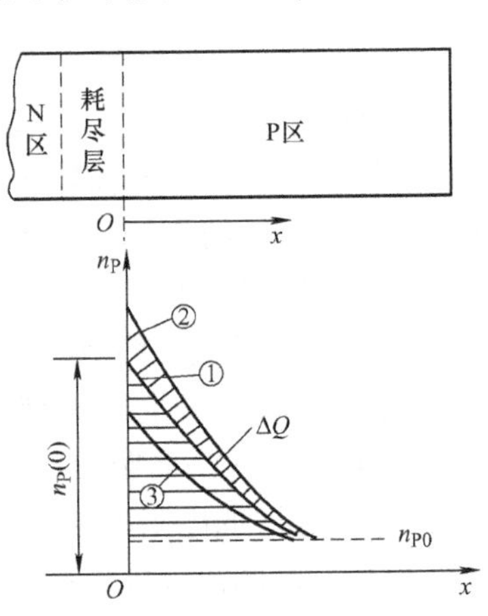

图 1-14 P 区少子浓度 n_P 的分布曲线

由式(1-7) 可以看出，C_D 与正向电流 I 成正比。

PN 结的结电容 C_J 为势垒电容 C_B 和扩散电容 C_D 之和，即

⊖ C_D 的下标 D 是 Diffusion（扩散）的字头。

$$C_J = C_B + C_D \tag{1-8}$$

在正向偏置时，结电容一般以扩散电容为主；在反向偏置时，则基本上等于垫垒电容。C_B 和 C_D 一般都很小，结面积小的为 1pF(10^{-12}F) 左右，结面积大的为几十至几百皮法。当工作频率很高时，由于结电容的存在就可能破坏 PN 结的单向导电性。

1.2 半导体二极管

1.2.1 半导体二极管的结构和类型

半导体二极管由 PN 结加上引线和管壳组成，按结构不同可以分为点接触型和面接触型两种，锗和硅是常用的半导体材料[⊖]。

1. 点接触型二极管

点接触型二极管的结构如图 1-15a 所示。它是由一根金属丝与半导体表面相接触，经过特殊工艺，在接触点上形成 PN 结，做出引线，加上管壳封装而成。其突出优点是 PN 结面积很小，因此结电容很小，一般在 1pF 以下，适用于高频（可达 100MHz 以上）下工作。其缺点是不能承受较高的正向电压和不能通过较大的正向电流。因此，点接触型二极管多用于高频检波以及在脉冲数字电路中作开关元件。

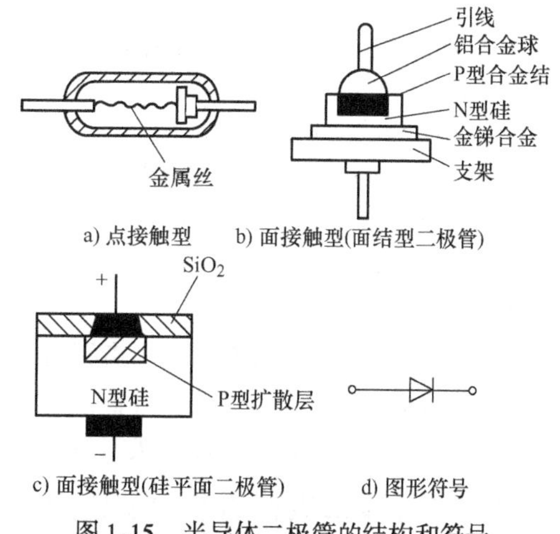

图 1-15 半导体二极管的结构和符号

2. 面接触型二极管

面接触型二极管的 PN 结是用合金法（面结型二极管）或扩散法（硅平面二极管）工艺制作而成的，其结构如图 1-15b、c 所示。面接触型二极管的 PN 结面积大，结电容也大，因此工作频率低。但是，它能通过较大的正向电流，且反向击穿电压高，工作温度也高，所以多用于低频整流电路中。

二极管的图形符号如图 1-15d 所示。

1.2.2 半导体二极管的伏安特性

二极管的伏安特性是指二极管两端的电压和流过二极管的电流之间的关系。

图 1-16 是实际的（硅）二极管的伏安特性，它与理想 PN 结的伏安特性有一定的差别。

1. 正向特性

当正向电压较小时，二极管的正向电流为零。只有当正向电压大于一定数值后，才有正向电流出现。这是因为当正向电压较小时，尚不足以影响内电场强度，载流子的扩散运动尚未明显增强，所以正向电流趋于零。使正向电流从零开始明显增长的外加电压叫“阈值电压”，

⊖ 正在不断研究和开发新型的电子基础材料，如镓砷化物、氮化镓，特别是有机化合物。

记作 U_{th} [⊖]。在室温下，硅二极管的 $U_{th} \approx 0.5V$，锗二极管的 $U_{th} \approx 0.2V$。正向导通且电流不大时，硅二极管的压降为 0.6 ~ 0.8V，锗二极管的压降为 0.1 ~ 0.3V。两种管子压降的差别是由于硅材料 PN 结的 U_{h0} 比锗材料 PN 结的大。

实际的二极管内存在着引线电阻、半导体电中性区的体电阻以及电极的接触电阻等。考虑到这些电阻上的电压降，使实际作用到二极管内 PN 结上的电压比二极管外加正向电压小。所以，在相同的外加正向电压作用下，二极管的正向电流要比 PN 结的正向电流小。特别是在大电流时，两者的差别更为显著。

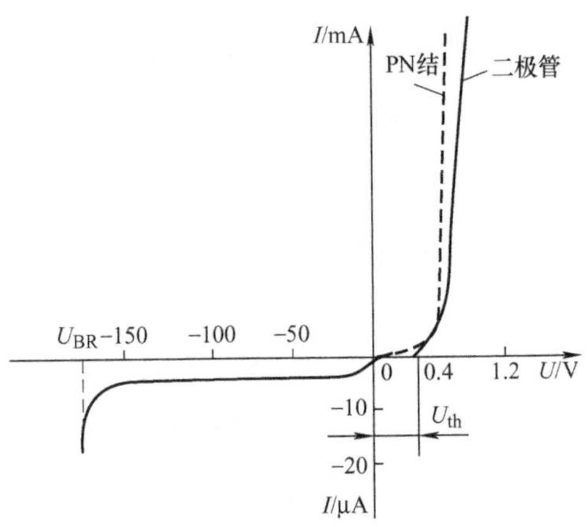

图 1-16 硅二极管的伏安特性曲线

2. 反向特性

在反向偏置时，由于表面漏电流的存在，实际二极管的反向电流比 PN 结大。而且，随着反向电压的增加，反向电流也略有增加。

当二极管承受的反向电压小于击穿电压 U_{BR} 时，二极管的反向电流很小。小功率硅管的反向电流一般小于 0.1μA，而锗管的反向电流通常为几十微安。

尽管有这些差别，但在定量分析时，仍可采用 PN 结的伏安特性表达式(1-2) 来近似描述二极管的伏安特性。

3. 击穿特性

当二极管承受的反向电压大于击穿电压 U_{BR} 时，二极管的反向电流急剧增大。二极管的反向击穿电压一般在几十伏以上（高反压管的可达几千伏）。

环境温度的变化对二极管的伏安特性影响较大，其规律与 PN 结的温度特性相似。

1.2.3 半导体二极管的参数及选择

1. 二极管的主要参数及型号

半导体器件的参数是对其特性和极限运用条件的定量描述，是设计电路时正确选择和合理使用器件的依据。因此，正确理解参数的物理意义及其数值范围是非常重要的。

每种半导体器件都有一系列表示其性能特点的参数，并汇集成器件手册，供使用者查找选择。半导体二极管的主要参数有以下几种：

(1) 最大整流电流 I_F 指二极管长期运行时允许通过的最大正向平均电流，其大小由 PN 结的面积和散热条件决定。实际应用时，二极管的正向平均电流不能超过此值，并要满足规定的散热条件，否则会烧毁二极管。

(2) 最大反向工作电压 U_R 指二极管运行时允许施加的最大反向电压。为避免二极管反向击穿，通常取反向击穿电压 U_{BR} 的一半作为 U_R。

(3) 反向电流 I_R 指在室温和最大反向电压（或其他测试条件）下的反向电流。其值越小，二极管的单向导电性越好。环境温度对 I_R 的影响较大，使用时应特别注意。

⊖ U_{th} 的下标是 threshold（门槛、阈）的字头。实际上，当 $U_D < U_{th}$ 时，二极管并非不导通。例如，对硅管 $U_D \approx 0.3V$ 时，$I_D = 10mA$。有时要求二极管的正向电流在纳安（nA）级，此时应该认为管子是正向导通的。

（4）最高工作频率f_M　它主要取决于 PN 结结电容的大小。使用时，如果信号频率超过f_M，二极管的单向导电性将变差，甚至不复存在。

应当指出，由于制造工艺的限制，即使是同一型号的器件，其参数的分散性也很大。另外，器件手册上给出的参数是在一定的测试条件下测得的。使用时要注意这些条件，若条件改变，相应的参数值也会发生变化。

国产半导体分立器件的型号由一组数字和汉语拼音字母构成，用来表示器件的类型、材料和参数。其一般由第一部分到第五部分组成，也可以由第三部分到第五部分组成。

例如：二极管型号 2CP10 由四部分组成（没有第五部分），各部分含义见表 1-1。国产半导体分立器件型号的命名方法及符号规定也列在表中。

表 1-1　半导体分立器件型号命名方法

（根据国家标准 GB/ T 249—2017）

1. 半导体分立器件的型号五个组成部分的基本意义

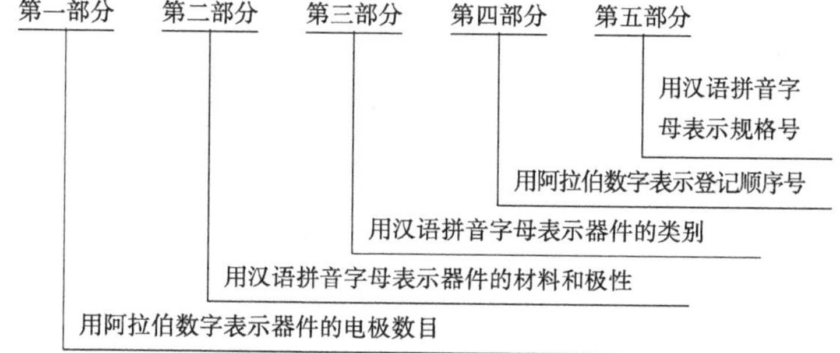

2. 由第一部分至第五部分组成的器件型号的符号及其意义

第一部分		第二部分		第三部分				第四部分	第五部分
用阿拉伯数字表示器件的电极数目		用汉语拼音字母表示器件的材料和极性		用汉语拼音字母表示器件的类别					
符号	意义	符号	意义	符号	意义	符号	意义		
2	二极管	A	N 型，锗材料	P	小信号管	D	低频大功率晶体管（f_a <3MHz，P_C ≥1W）	用阿拉伯数字表示登记顺序号	用汉语拼音字母表示规格号
		B	P 型，锗材料	H	混频管				
		C	N 型，硅材料	V	检波管				
		D	P 型，硅材料	W	电压调整管和电压基准管	A	高频大功率晶体管（f_a ≥3MHz，P_C ≥1W）		
		E	化合物或合金材料	C	变容管				
3	三极管	A	PNP 型，锗材料	Z	整流管				
		B	NPN 型，锗材料	L	整流堆	T	闸流管		
		C	PNP 型，硅材料	S	隧道管	Y	体效应管		
		D	NPN 型，硅材料	K	开关管	B	雪崩管		
		E	化合物或合金材料	N	噪声管	J	阶跃恢复管		
				F	限幅管				
				X	低频小功率晶体管（f_a <3MHz，P_C <1W）				
				G	高频小功率晶体管（f_a ≥3MHz，P_C <1W）				

3. 由第三部分到第五部分组成的器件型号的符号及其意义

第三部分		第四部分	第五部分
用汉语拼音字母表示器件的类别		用阿拉伯数字表示登记顺序号	用汉语拼音字母表示规格号
符号	意义		
CS	场效应晶体管		
BT	特殊晶体管		
FH	复合管		
JL	晶体管阵列		
PIN	PIN 二极管		
ZL	二极管阵列		
QL	硅桥式整流器		
SX	双向三极管		
XT	肖特基二极管		
CF	触发二极管		
DH	电流调整二极管		
SY	瞬态抑制二极管		
GS	光电子显示器		
GF	发光二极管		
GR	红外发射二极管		
GJ	激光二极管		
GD	光电二极管		
GT	光电晶体管		
GH	光电耦合器		
GK	光电开关管		
GL	成像线阵器件		
GM	成像面阵器件		

2. 选用二极管的一般原则

二极管有点接触型和面接触型两种类型，使用的材料有硅和锗两种，它们各具一定的特点，应根据实际要求选用。选择二极管的一般原则是：

1）要求导通后正向压降小的应选锗管；要求反向电流小的应选硅管。

2）要求工作电流大时选面接触型；要求工作频率高时选点接触型。

3）要求反向击穿电压高时选硅管。

4）要求耐高温时选硅管。

然后，根据实际电路的技术要求，估算二极管应具有的参数，并考虑适当的裕量，查相关手册确定管子的型号。

1.2.4 半导体二极管的模型

由于二极管的伏安特性是非线性的，因此，二极管是一种非线性器件，含有二极管的电路是非线性电路。为了分析计算上的方便，在特定的条件下，可以对二极管的非线性特性进行线性化或分段线性化处理，从而建立二极管的“线性模型”，使非线性电路转化为线性电路。然后，就可以用分析线性电路的方法来分析二极管电路。这种分析方法称为“模型分析法”或“等效电路分析法”。根据二极管在实际电路中的工作状态和对分析精度的要求，可以为二极管建立不同的模型。常用的二极管模型有以下几种。

1. 理想二极管模型

在二极管电路中，如果二极管两端电压 U_D（反向饱和电流 I_S）和与它串联（并联）的元件的电压（电流）相比较很小时，则可以忽略 $U_D(I_S)$ 对电路的影响。此时可以认为二极管是理想的，即正向导通时电压降 U_D 为零，反向截止时反向电流 I_D 为零。理想二极管的伏安特性如图 1-17a 中粗实线所示（虚线为二极管的实际伏安特性），模型如图 1-17b 所示，它就是一个理想开关。

2. 二极管的恒压源模型

当二极管的工作电流较大时，在一定范围内，二极管的端电压基本不变。为了提高模型精度，可以用图 1-18a 中的粗实线近似表示二极管的实际伏安特性，其中 U_{on}是二极管导通时两端的电压（导通电压）。对于硅管，$U_{on}\approx0.7V$；对于锗管，$U_{on}\approx0.3V$。相应的模型称为恒压源模型，如图 1-18b 所示。它的特点是：只有当管子两端正向电压超过导通电压 U_{on} 时，二极管才导通。导通后管子两端电压 U_{on}为常数（具有恒压性质），通过管子的电流则由电路中的电源电压和电阻决定。否则，二极管不导通，电流为零。显然，这种模型与二极管的实际特性更为接近。

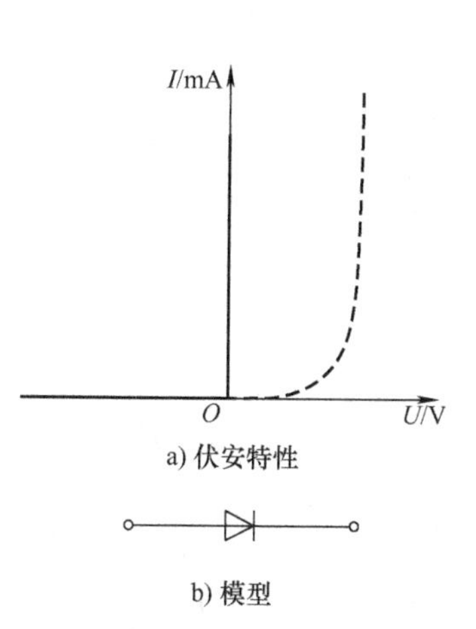

图 1-17 理想二极管的伏安特性和模型

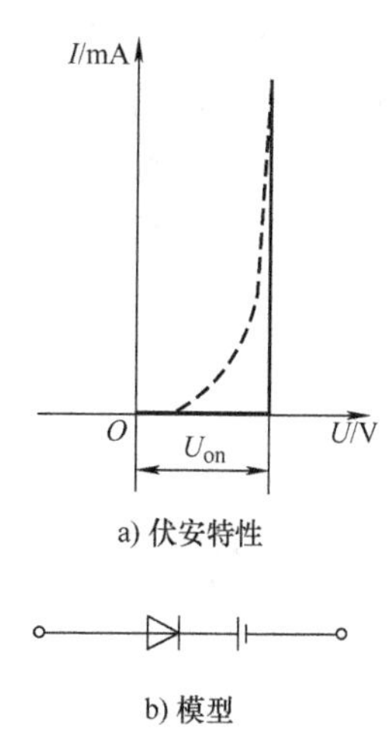

图 1-18 二极管的恒压源模型

3. 微变信号模型（或交流小信号模型）

如果在二极管电路中，除直流信号外，再引入微小的变化（交流）信号，则二极管的工作状态将在直流工作点 Q[⊖]附近做微小的变动。为了分析二极管在直流工作点 Q 附近电压和电流微小变化量之间的关系，可以用伏安特性在 Q 点处的切线近似表示实

⊖ 二极管直流电路中，二极管两端所承受的电压 U_D 和流过二极管的电流 I_D 决定着二极管伏安特性上的一个点 Q 的坐标。Q 点称为二极管的“直流工作点”也叫“静态工作点”。Q 是英文 Quiescent（静止的）的字头。

际的二极管伏安特性上的这段曲线，如图 1-19a 所示。该切线斜率 $\tan\theta = \Delta I_D/\Delta U_D$ 的倒数为电阻 r_d，叫二极管在 Q 点处的“动态（交流）电阻”。这样，二极管在 Q 点附近的微变信号模型就如图 1-19b 所示。

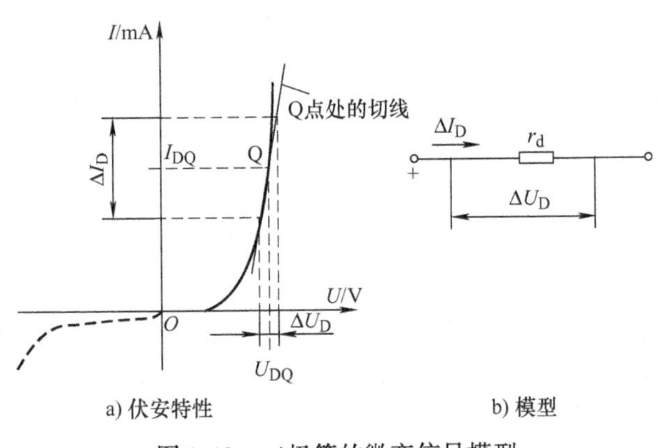

图 1-19 二极管的微变信号模型

根据上面的定义，有

$$r_d = \Delta U_D/\Delta I_D \Big|_Q \tag{1-9}$$

r_d 的值也可以由二极管方程式（伏安特性表达式）$I = I_S(e^{U/U_T} - 1)$ 来求取。对该式求 I 对 U 的导数

$$\frac{dI}{dU} = \frac{I_S e^{U/U_T}}{U_T} \approx \frac{I}{U_T}$$

在直流工作点处，$I = I_{DQ}$，所以

$$r_d = \frac{U_T}{I_{DQ}} \tag{1-10}$$

式(1-10) 说明，在温度一定时，r_d 的值与直流工作点 Q 的位置有关。I_{DQ}越大（Q 点越高），r_d 越小。

例 1-1 限幅电路如图 1-20 所示，$R = 10\text{k}\Omega$，$V_E = 3\text{V}$，二极管为硅管，输入信号为 $u_i = 6\sin\omega t$，画出输出电压 u_o的波形。

解 输入信号的幅值大于 3.7V 时，二极管导通，输出电压限制在 3.7V；输入信号幅值小于 3.7V 时，二极管截止，输出电压与输入信号相同。输出电压 u_o的波形如图 1-21 所示。

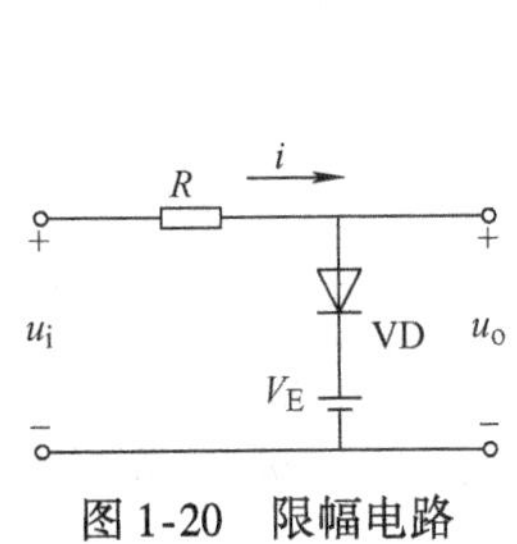

图 1-20 限幅电路

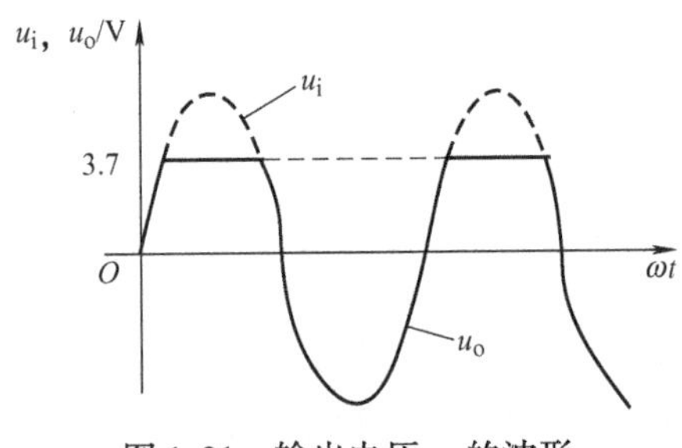

图 1-21 输出电压 u_o的波形

1.2.5 稳压管

稳压管也是一种半导体二极管，因为它具有在一定工作条件下端电压稳定的特点，在稳压设备和一些电子电路中经常用到，所以称这种二极管为“稳压管”，以与用于整流、限幅、检波等用途的普通二极管进行区分。

1. 稳压管的伏安特性

稳压管是利用 PN 结的反向击穿特性所具有的稳压性能而制成的。图 1-22a 是硅稳压管的伏安特性，其正向特性与普通硅二极管相同。由反向特性可见，当反向电压达到击穿电压（也是稳压管的稳定电压U_Z）后，流过管子的反向电流会急剧增加。只要采取适当的措施限制通过管子的电流，就能保证管子不会因过热而烧坏。此时，即使通过稳压管的电流在较大范围内变化，稳压管两端电压的变化也仍很小，即具有稳压特性。图1-22b所示为稳压管的图形符号。控制半导体的掺杂浓度，可制作具有不同稳定电压的稳压管。

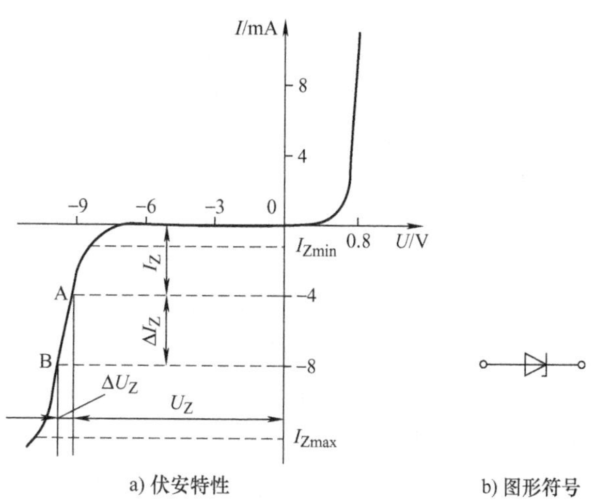

a) 伏安特性　　b) 图形符号

图1-22　硅稳压管的伏安特性及图形符号

由于硅材料的温度稳定性较好，所以稳压管一般都是用硅材料做成的，称“硅稳压管”。

2. 稳压管的主要参数

（1）稳定电压U_Z　指在流过稳压管的反向电流为规定的测试值（I_Z）时，稳压管两端的电压值。由于制造工艺方面的原因，即使同一型号的稳压管，其稳压值的分散性也很大。

（2）最小稳定电流I_{Zmin}（或叫稳定电流I_Z）　指保证稳压管具有正常稳压性能的最小工作电流。稳压管的工作电流低于此值时，稳压效果很差；高于此值时，只要管子耗散功率（功耗）不超过额定功耗，稳压管都可以正常工作，且电流越大，稳压效果越好。

（3）最大耗散功率P_{ZM}和最大工作电流I_{Zmax}　稳压管允许的最大耗散功率P_{ZM}（或叫最大功耗）为

$$P_{ZM}=U_Z I_{Zmax} \tag{1-11}$$

稳压管的实际功耗大于P_{ZM}时，管子将因温度过高而损坏。使用时，因稳压值一定，所以应限制管子的工作电流使之不超过最大工作电流I_{Zmax}。

当已知稳压管的最大功耗P_{ZM}和稳定电压U_Z时，根据式(1-11）可以求出最大工作电流I_{Zmax}，它是稳压管允许流过的最大工作电流。

（4）动态电阻（或叫交流电阻）r_Z　指在稳压范围内，稳压管两端的电压变化量ΔU_Z与对应的电流变化量ΔI_Z之比，如图1-22所示。即

$$r_Z=\Delta U_Z/\Delta I_Z \tag{1-12}$$

从图1-22中可以看出，r_Z是稳压管反向特性斜率的倒数。r_Z随工作电流的不同而变化。电流越大，曲线越陡，r_Z越小，稳压性能越好。所以，r_Z是反映稳压管稳压性能的质量指标。

（5）稳定电压的温度系数α　指在稳压管中流过的电流为稳定电流I_Z时，环境温度每变化1℃，稳定电压U_Z的相对变化量（用百分数表示），即

$$\alpha=\frac{\Delta U_Z}{U_Z\Delta T}\times 100\%/℃ \tag{1-13}$$

温度系数 α 也是稳压管的质量指标，它表示温度变化对稳定电压 U_Z 的影响程度。

稳定电压 U_Z 高于 7V 的稳压管具有正温度系数，低于 4V 的稳压管具有负温度系数，在 4～7V 之间的稳压管，其温度系数最小。因此，若要求稳压管的温度稳定性较高时，可选用 $U_Z=6V$ 左右的稳压管，或选用具有温度补偿的稳压管，如 2DW7 型。它是将两个稳定电压 U_Z 相同的管子反向串联而成的。使用时，处于反向工作状态的稳压管具有正温度系数，处于正向工作状态的稳压管（此时是普通二极管）具有负温度系数，二者互相补偿，使温度系数 α 最小。

例 1-2 稳压管稳压电路如图 1-23 所示，已知稳压管的稳定电压 $U_Z=6V$，最小稳定电流 $I_{Zmin}=5mA$，最大稳定电流 $I_{Zmax}=25mA$，限流电阻 $R=200\Omega$，输入电压 $U_I=10V$，计算负载电阻 R_L 的最小值。

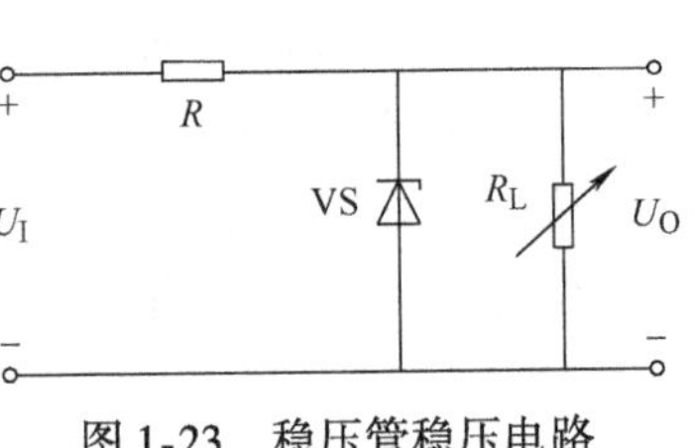

图 1-23 稳压管稳压电路

解 $I=I_Z+I_L$。因为 $U_O=6V$，$I=20mA$，其中稳压管电流 I_Z 的范围为 5～25mA，所以负载电阻电流 I_L 的最大值为 15mA，负载电阻 R_L 最小值为 400Ω。

1.2.6 其他类型二极管

1. 发光二极管

发光二极管是一种将电能转化为光能的半导体器件，它由一个 PN 结构成，其电路符号如图 1-24 所示。发光二极管同样具有单向导电性，当其处于正向偏置时，因其所用的材料不同，会发出红、黄、绿等不同颜色的光。

由于其驱动电压低、功耗小、寿命长、可靠性高等优点，发光二极管被广泛应用，如显示屏、汽车尾灯、彩灯装饰等。

2. 光电二极管

光电二极管是一种将光能转换为电能的半导体器件。PN 结型光电二极管利用 PN 结的光敏特性，将接收到的光的变化转换成电流的变化，其电路符号如图 1-25 所示。

光电二极管的伏安特性如图 1-26 所示。无光照时，光电二极管与普通二极管一样具有单向导电性，外加正向电压时，电流与电压成近似指数关系。

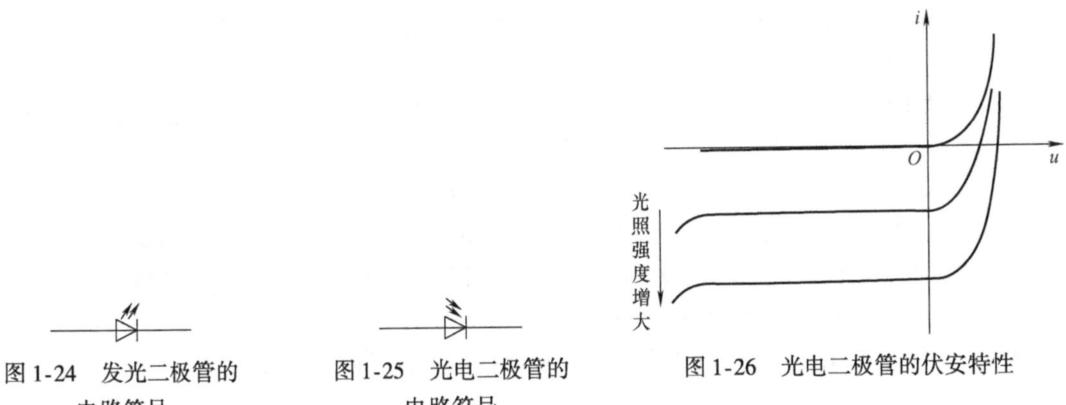

图 1-24 发光二极管的电路符号

图 1-25 光电二极管的电路符号

图 1-26 光电二极管的伏安特性

光电二极管工作时需加反向电压，无光照时反向电流很小，称为暗电流。在光的照射下产生的电流称为光电流，光照强度越大，光电流越大。在一定范围之内，光电流与照度呈线性关系，这种特性可广泛用于遥控、报警、光电传感器中。

除了上述的特殊二极管外，还有用于电子调谐、调频调幅、调相和滤波的变容二极管，它是利用 PN 结势垒电容制成的。另外，也有广泛用于微波混频、检测等场合的肖特基二极管。

1.3　Multisim 应用举例

1.3.1　二极管伏安特性测量

在 Multisim 软件中，可以利用 IV 分析仪（IV analyzer）进行元器件伏安特性的分析测量。使用方法如下：

在右侧仪器栏中选择 IV analyzer，将其拖至电路图窗口中，双击打开后，可以在仪器的“Components”选项栏中选择要测量的元器件种类，按照仪器右下角显示出的连接方法连接元器件，然后单击“Simulate param”按钮设置仪器仿真参数，运行仿真，可以得到对应元件的伏安特性曲线，移动指针即可方便地读出对应的电压和电流数值。

以常用的开关二极管 1N4148 为例，测试其正向伏安特性。从元器件库中选择 1N4148 拖至电路图中，按提示连接二极管到对应端子，设置起始电压为 0V，结束电压为 1V，运行仿真后可以得到伏安特性曲线，通过移动指针，读出其管压降及对应的电流数值，如图 1-27 所示。

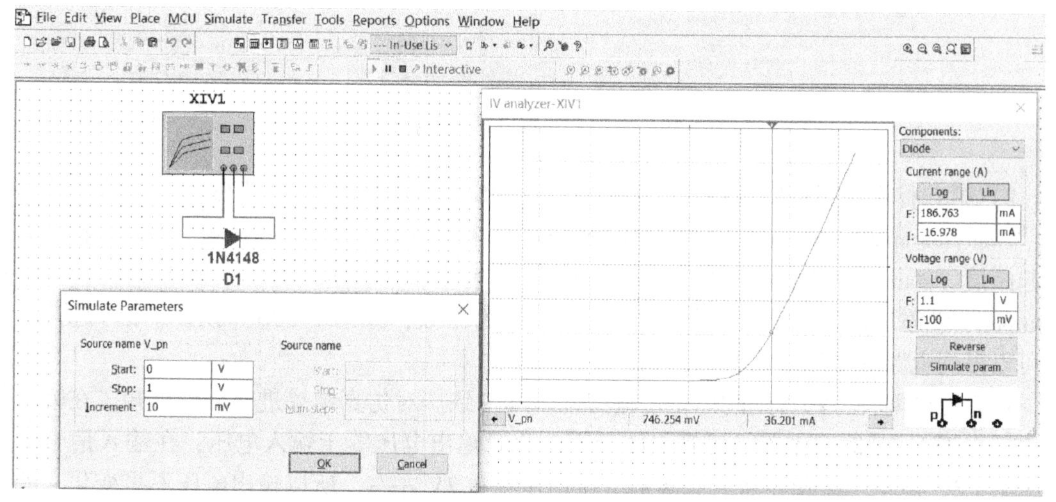

图 1-27　二极管伏安特性测试

采用同样方法也可以测试其他类型二极管的伏安特性，例如常用的整流二极管 1N4001，可以通过对比了解它们特性的差异。

1.3.2 电压传输特性测量

电路的输出电压 u_o 与输入电压 u_i 之间的函数关系，即 $u_o = f(u_i)$ 通常可以用曲线进行描述，即电路的电压传输特性，在实验中可以采用逐点测试的方法获得。而利用 Multisim 软件进行仿真，也可以通过不同方法来获得电压传输特性。以图 1-28 所示电路为例，输入 5V（幅值）的正弦波信号，分析其电压传输特性。

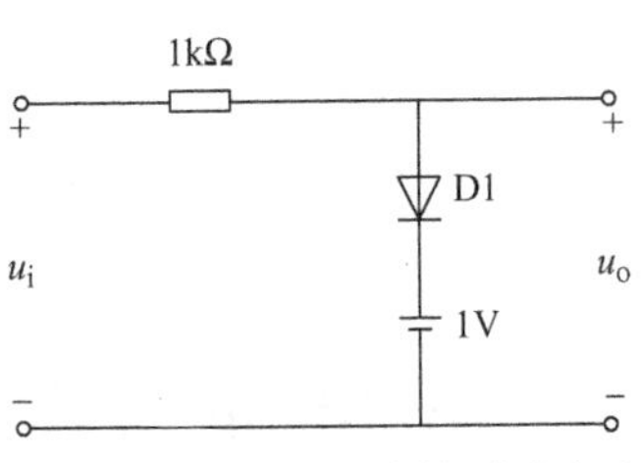

图 1-28 电压传输特性测试电路

1）第一种方法：可以采用与实验室中相同办法，使用示波器，利用其“XY”工作模式，观察其电压传输特性曲线。如图 1-29 中所示，将示波器的 A、B 通道分别连接输入端和输出端，双击打开示波器后，选择“B/A”工作模式，即可得到其电压传输特性曲线。

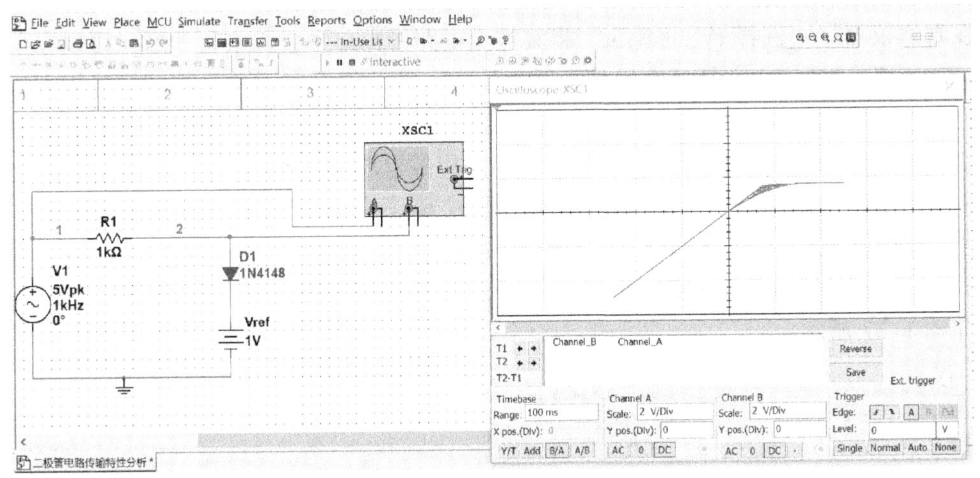

图 1-29 示波器观察电压传输特性曲线

2）第二种方法：可以利用直流扫描分析（DC Sweep Analysis）获得电压传输特性。打开“Analyses and simulation”选择“DC Sweep”，在“Analysis parameters”中设置输入电压的起始值（start value）、结束值（stop value）和步长（Increment），如图 1-30a 所示；在“Output”中添加选定的输出节点“2”的电压作为函数，如图 1-30b 中所示。运行仿真后，便可以得到电路的电压传输特性，如图 1-31 所示。

可以看到两种方法得到的电压传输特性基本一致。对仿真结果进行分析可知，在输入信号电压小于 1.7V 时，由于二极管未能导通，此时输出电压等于输入电压；在输入信号电压大于 1.7V，由于二极管导通后其两端电压钳位在 0.7V 左右，所以输出电压不再变化，始终为 1.7V。

直流扫描分析可以对电路中一个或者两个直流电源发生变化时电路中各点的变化情况进行研究。当只有一个直流电源变化时，扫描仿真的结果为一条曲线，当选择“Output”变量为输出电压时，可以得到如图 1-31 所示的电压传输特性；当选择“Output”变量为对应电流的时候，其功能与 IV 分析仪相似，也可以对电路中的元器件进行伏安特性的分析。

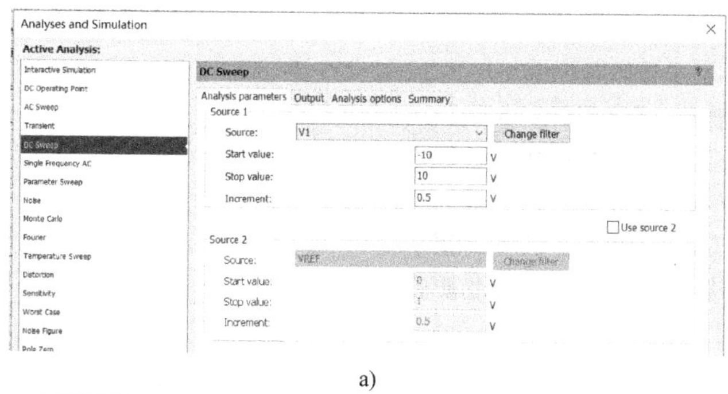

a)

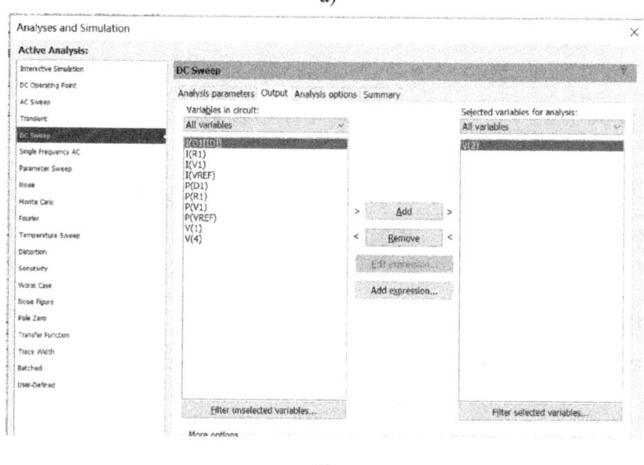

b)

图 1-30　直流扫描分析参数设置

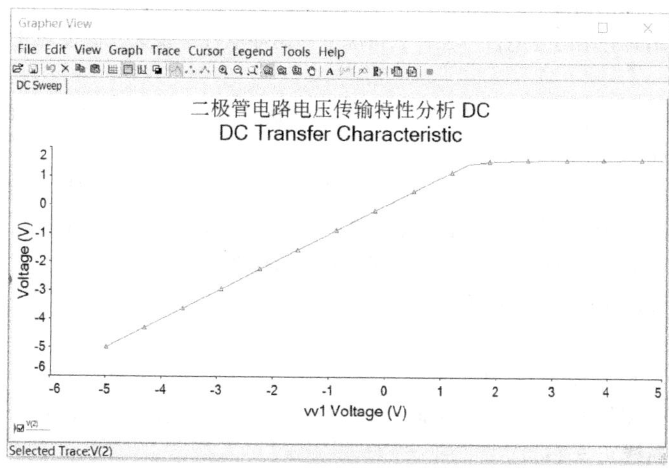

图 1-31　直流扫描分析仿真结果

习　　题

1-1　判断下列说法是否正确。

1. 半导体中的空穴是：

① 半导体晶格中的缺陷。(　　)

② 电子脱离共价键后留下的空位。(　　)

③ 带正电的离子。(   )

2. 温度升高后，本征半导体内

① 自由电子数目增多，空穴数目基本不变。(   )

② 空穴数目增多，自由电子数目基本不变。(   )

③ 自由电子和空穴数目都不变。(   )

④ 自由电子和空穴数目都增多，且增量相同。(   )

3. P 型半导体是纯净半导体中加入以下物质后形成的半导体：

① 电子。(   )

② 硼元素（三价）。(   )

③ 锑元素（五价）。(   )

1-2 选择填空

1. N 型半导体中多数载流子是________，P 型半导体中多数载流子是________。（a. 空穴，b. 自由电子）

2. N 型半导体________，P 型半导体________。（a. 带正电，b. 带负电，c. 呈中性）

3. PN 结中扩散电流的方向是________，漂移电流的方向是________。（a. 从 P 区到 N 区，b. 从 N 区到 P 区）

4. 在 PN 结未加外部电压时，扩散电流________漂移电流。（a. 大于，b. 小于，c. 等于）

5. 当 PN 结外加反向电压时，扩散电流________漂移电流。（a_1. 大于，b_1. 小于，c_1. 等于）此时，耗尽层________。（a_2. 变宽，b_2. 变窄，c_2. 不变）

6. 二极管的正向电阻________，反向电阻________。（a. 大，b. 小）

7. 当温度升高后，二极管的正向电压________，反向电流________。（a. 增大，b. 减小，c. 基本不变）

8. 稳压管________，（a_1. 不是二极管，b_1. 是特殊的二极管）它工作在________状态。（a_2. 正向导通，b_2. 反向截止，c_2. 反向击穿）

1-3 为什么 PN 结具有单向导电性？在什么情况下单向导电性会丧失？温度对正向特性、反向特性和击穿特性有何影响？

1-4 设 $I_S = 1\mu A$，$T = 27℃$。试用 PN 结的伏安特性表达式计算外加电压 $U = 0.26V$ 和 $-1V$ 时的电流。这些结果说明什么问题？

1-5 在用万用表测二极管的正向电阻时，用 $\Omega\times1$ 档测出的电阻值小，而用 $\Omega\times100$ 档测出的电阻值大，为什么？在测反向电阻时，为了使电表试笔和二极管的两端接触良好，用手捏紧，结果测出的二极管反向电阻小，似乎不合格，但用在设备上时却表现正常，为什么？

1-6 图 1-32 所示电路中，VD 为硅管，问：

1. 电流 I 约为多少毫安？

2. 温度升高时，I 和 U_D 是增大、减小还是不变？

1-7 图 1-33 所示电路中，$u_i = 30\sin100\pi t$，二极管的正向压降和反向电流均可忽略。分别画出它们的输出波形和传输特性曲线 $u_o = f(u_i)$。

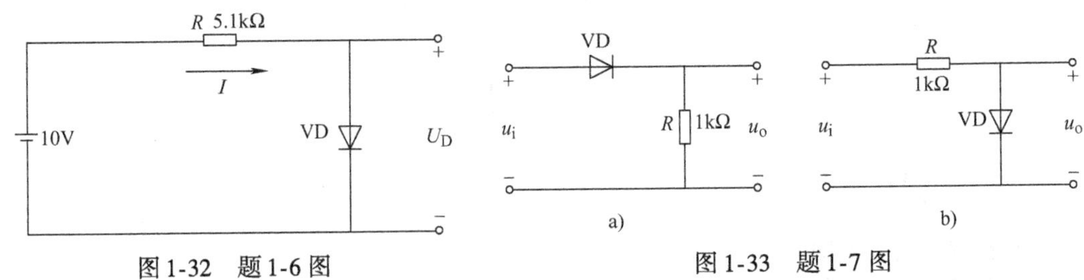

图 1-32 题 1-6 图

图 1-33 题 1-7 图

1-8 图 1-34 所示电路中，$u_i = 10\sin100\pi t$，二极管为理想的。

1. 利用 Multisim 进行仿真，分别画出它们的输出波形和传输特性曲线 $u_o = f(u_i)$。

2. 测量二极管的直流电压及交流电流。

1-9 两个硅稳压管的稳压值分别为 $U_{Z1} = 6V$，$U_{Z2} = 9V$，把它们串联相接时可以得到几种稳压值？各是多少？把它们并联相接呢？

1-10 稳压管稳压电路如图 1-35 所示。已知稳压管的稳压值为 6V，稳定电流为 10mA，额定功耗为 200mW，限流电阻 = 500Ω。问：

1. 当 $U_I = 20V$，$R_L = 1k\Omega$ 时，$U_O = ?$

2. 当 $U_I = 20V$，$R_L = 100\Omega$ 时，$U_O = ?$

3. 当 $U_I = 20V$，R_L 开路时，电路的稳压性能如何？

4. 当 $U_I = 7V$，R_L 变化时，电路的稳压性能如何？

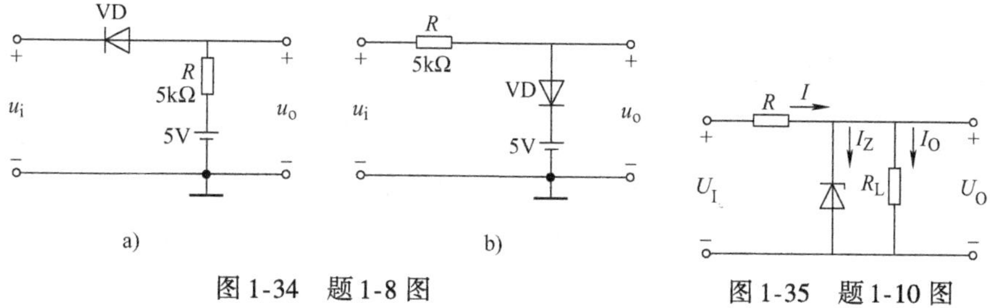

图 1-34 题 1-8 图

图 1-35 题 1-10 图

第2章 双极型晶体管和基本放大电路

2.1 双极型晶体管

晶体管中有两种带有不同极性电荷的载流子参与导电，故称之为双极型晶体管（BJT[⊖]）。

2.1.1 双极型晶体管的结构和类型

用一定的工艺，在同一块半导体材料上形成具有不同掺杂类型和浓度的三个区域，这三个区分别称为发射区、基区、集电区。从每个区引出的电极分别叫发射极 e、基极 b、集电极 c。三个区之间形成两个 PN 结：发射区与基区的交界处形成发射结，集电区和基区的交界处形成集电结。

按照掺杂方式的不同，双极型晶体管分为 NPN 型和 PNP 型两种类型，图 2-1a、b、c、d 分别表示了 NPN 型管的结构、NPN 型管和 PNP 型管的示意图和图形符号，符号中箭头的方向表示 PN 结的正向。

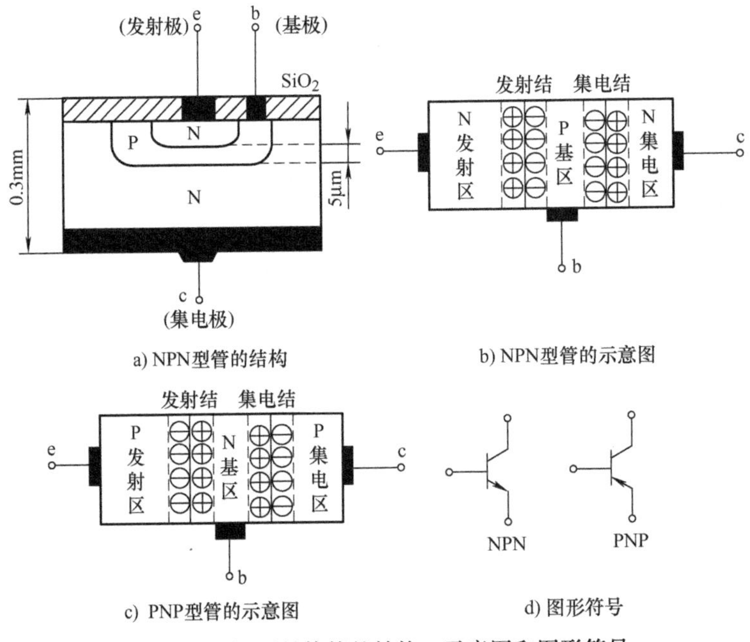

图 2-1 双极型晶体管的结构、示意图和图形符号

⊖ BJT 是 Bipolar Junction Transistor 的字头缩写。

为了实现电流的控制和放大作用，晶体管的三个区在结构尺寸和掺杂浓度上有很大的不同。其中基区做得很薄，厚度一般只有 1μm 至几 μm，而且掺杂浓度最低；发射区的掺杂浓度远高于集电区；集电结的面积较大。

2.1.2　晶体管中的电流控制作用

以 NPN 型晶体管为例说明电流控制作用。

1. 两个 PN 结均无外加电压（见图 2-2）

两个 PN 结上均有空间电荷区，N 型半导体一边具有正离子，P 型半导体一边有负离子。在无外加电压时，两个结的载流子运动处于动平衡状态，净电流为零。

2. 发射结加正向电压，集电结加反向电压（见图 2-3）

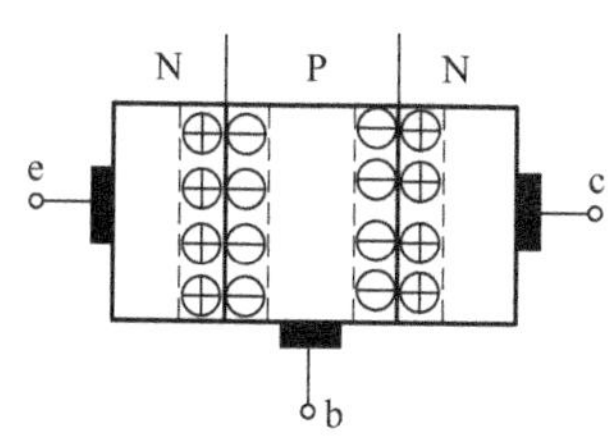

图2-2　无外加电压的晶体管

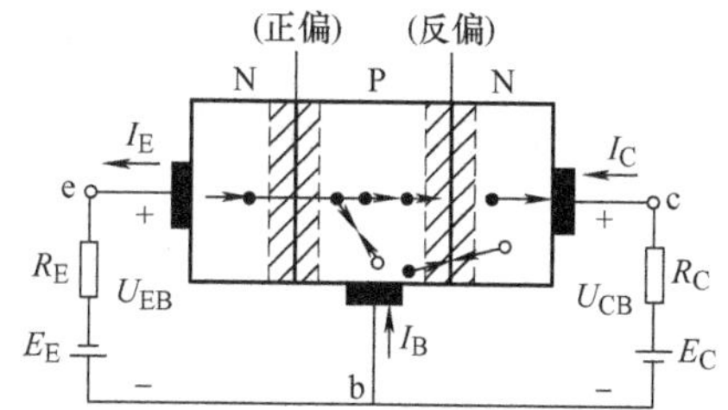

图 2-3　晶体管发射结正偏、集电结反偏的情况

对发射结，外加的正向电压（简称“正偏”）使结上电位差减小，有利于掺杂区多子的扩散而不利于少子的漂移。对集电结，外加的反向电压（反偏）使结上电位差增大，有利于少子漂移而不利于多子的扩散。

（1）发射区向基区注入电子　在发射结正向电压的作用下，由于载流子的浓度差，发射区的多子（自由电子）向基区扩散，而基区的多子（空穴）向发射区扩散，如图 2-4a 所示。由于掺杂浓度的巨大差异，前者远远超过后者，后者可略去不计。

（2）电子在基区的扩散和复合情况　发射区的多子（自由电子）进入基区后，成为它的非平衡少子。因为积累在边界上造成浓度差，所以这些自由电子继续向集电区扩散。扩散的过程中部分自由电子与基区的多子空穴复合而消失。复合后，基区带负电。接在发射结上的直流电源的正极将从基区拉走电子，或者说提供空穴，如图 2-4a 所示。拉走的电子由直流电源的正极经过电源和它的负极回到发射区。这样，由于发射区自由电子和基区空穴在基区中的复合，形成了一个流入基极的电流 I'_B，电流的方向与电子的运动方向相反。因为发射区发射电子后带正电，所以电源会不断向其补充电子。流出发射极电流的大小 I_E 取决于发射区发射的总电子数，而流入基极的电流 I'_B取决于总电子数中与基区空穴复合的那部分，两者是不同的。

（3）集电极收集电子　由于基区极薄且掺杂浓度很低，从发射区发射到基区的电子中，只有极小部分在基区与空穴复合，其中的绝大部分电子将被反向偏置的集电结的电场吸引收集而到达集电区。被集电区收集的那部分电子的电流是流入集电极的，用 I_{CN} 表示，如图 2-4b所示。

由以上分析可知，发射区发射的总电子数（对应于 I_E），绝大部分被集电区收集（对应于 I_{CN}），只有极小部分在基区与空穴复合（对应于 I'_B）。与此相应，这三部分电流之间的关系为

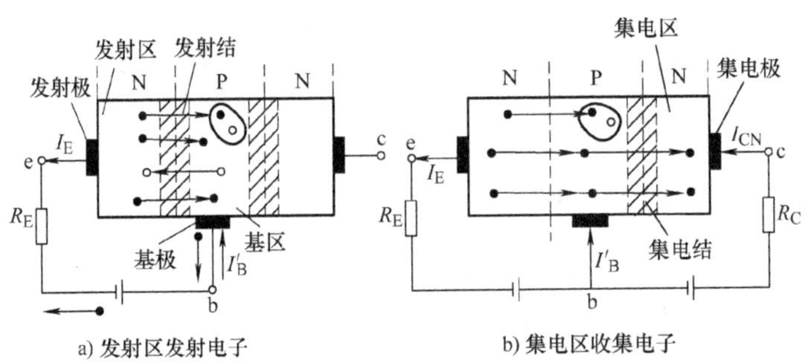

图 2-4 晶体管内部的载流子运动

$$I_E = I_{CN} + I'_B \tag{2-1}$$

3. 电流控制作用及其实现条件

应该强调指出，在一个结构尺寸和掺杂浓度已定的晶体管中，正常的工作条件下，最终集电区收集的电子数在发射区发射的总电子数中所占比例是一定的。用 $\bar{\alpha}$ 表示这个比例系数$^{\ominus}$，即

$$\bar{\alpha} = I_{CN}/I_E \tag{2-2}$$

$$I_{CN} = \bar{\alpha} I_E \tag{2-3}$$

$$I'_B = I_E - I_{CN} = (1-\bar{\alpha}) I_E \tag{2-4}$$

$$\frac{I_{CN}}{I'_B} = \frac{\bar{\alpha}}{1-\bar{\alpha}} = \bar{\beta} \tag{2-5}$$

其中

$$\bar{\beta} = \frac{\bar{\alpha}}{1-\bar{\alpha}} \tag{2-6}$$

是到达集电区的电子数和在基区中复合掉的电子数之比。很明显，$\bar{\alpha}$ 总是小于 1 的。但是，由于晶体管结构上的保证，$\bar{\alpha}$ 又非常接近于 1，一般在 0.95 ~ 0.995，与此相应的 $\bar{\beta}$ 值为 19 ~ 199，也就是说，I_{CN} 比 I'_B 大很多倍。

由于电流之间存在一定的比例关系，如式(2-2) 特别是式(2-5) 所示，因此就可以实现电流控制和电流放大的作用，即改变 I_E 就可以控制 I_{CN}；而只要稍稍改变 I'_B，就可以使 I_{CN} 有很大的变化。

综上所述，在晶体管中实现电流控制和放大作用的条件有两个，即

(1) 晶体管本身的“内因” 晶体管要有结构上的保证。它必须有三个浓度不同的掺杂区、两个 PN 结和三个引出极，其中基区必须极薄，且掺杂浓度要极低。

(2) 外因 外加直流电源的极性必须保证满足下列条件：

1) 发射结正向偏置，使发射区向基区注入大量多子。

2) 集电结反向偏置，使集电区能吸引（或收集）来自发射区的绝大部分多子。集电结反偏电压的绝对值越小，集电区吸引或收集电子的能力就越小。这时，I_{CN} 减小而 I'_B 增大，即比例系数 $\bar{\alpha}$ 和 $\bar{\beta}$ 减小。当集电结零偏时，晶体管的电流控制或放大作用就很微弱了。

⊖ 符号上方的“—”表示是直流状态。

4. 晶体管各极电流之间的基本关系式

除了上述的电流（I_E、I_{CN}、I'_B），在集电结反向电压的作用下，基区的少子自由电子和集电区的少子空穴还会形成漂移电流（见图 2-5），称为“集电结反向饱和电流”，用 I_{CBO}㊀表示（类似于二极管的反向饱和电流）。综合图2-4和图 2-5 可得集电极电流为

$$I_C = I_{CN} + I_{CBO} \tag{2-7}$$

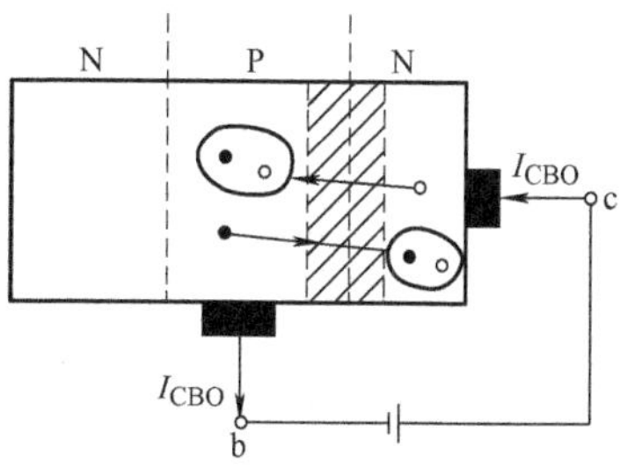

图 2-5　集电结反向饱和电流

基极电流为

$$I_B = I'_B - I_{CBO} \tag{2-8}$$

发射极电流为

$$I_E = I_{CN} + I'_B = (I_C - I_{CBO}) + (I_B + I_{CBO}) = I_C + I_B \tag{2-9}$$

流入和流出晶体管各极电流的代数和为零，满足基尔霍夫电流定律。

对 NPN 型晶体管，电流的方向是：I_B 和 I_C 流入 b 极和 c 极，而 I_E 流出 e 极。

式(2-7) ~ 式(2-9) 是晶体管各极电流的基本关系式。当晶体管在电路中有不同的接法时，这些公式又有不同的表现形式。

5. 共基接法中的电流传输关系式

当把晶体管接入电路时，必然涉及两个回路：一个是控制电流所在的输入回路；另一个是受控电流所在的输出回路。每个回路中都必须有一个直流电源，使发射结正向偏置，集电结反向偏置。两个直流电源共有四个端点，而晶体管只有三个极，因此输入回路和输出回路的两个电源总有一个公共端。根据这个公共端的不同，晶体管在电路中就有不同的接法。

例如，在图 2-3 或图 2-4 中，输入回路和输出回路的公共端在晶体管的基极，所以称为“共基接法”（CB㊁）。

在共基接法中，是通过改变 I_E（控制电流）去改变或控制 I_C（受控电流）的。与此相应，把晶体管中电流 I_C 和 I_B 用 I_E 来表示，式(2-7) 和式(2-8) 可以改写为

$$I_C = \bar{\alpha} I_E + I_{CBO} \tag{2-10}$$

$$I_B = I'_B - I_{CBO} = (1 - \bar{\alpha}) I_E - I_{CBO} \tag{2-11}$$

式(2-10) 和式(2-11) 是共基接法的电流传输关系式。如果是硅晶体管，由于 I_{CBO}小，上面的两个式子可简化为

$$I_C \approx \bar{\alpha} I_E$$

$$I_B \approx (1 - \bar{\alpha}) I_E$$

所以，$\bar{\alpha}$ 称为直流共基集—射电流比。

6. 共射接法中的电流传输关系式

图 2-6 中，输入回路与输出回路的公共端在晶体管的发射极，所以称为“共射接法”（CE㊂）。可以通过改变 I_B（控制电流）来改变或控制 I_C（受控电流）。

㊀ I_{CBO}的下标 C、B 表示电流在 c、b 极之间，O 表示另一极 e 断开。

㊁ CB 是 Common Base 的字头缩写。

㊂ CE 是 Common Emitter 的字头缩写。

把式(2-9) 代入式(2-10) 中可得

$$I_C = \bar{\alpha}(I_C + I_B) + I_{CBO} = \bar{\alpha}I_C + \bar{\alpha}I_B + I_{CBO}$$

所以

$$\begin{aligned} I_C &= \frac{\bar{\alpha}}{1-\bar{\alpha}}I_B + \frac{1}{1-\bar{\alpha}}I_{CBO} \\ &= \bar{\beta}I_B + (1+\bar{\beta})I_{CBO} \end{aligned} \tag{2-12}$$

式(2-12) 中 $(1+\bar{\beta})$ I_{CBO}有着特殊的意义。它是基极开路（$I_B = 0$）时，流经集电极和发射极之间的电流（见图 2-7）。因为它直接穿过正向偏置的发射结和反向偏置的集电结，通常称为“穿透电流”，并用I_{CEO}㊀表示，即

$$I_{CEO} = (1+\bar{\beta})I_{CBO} \tag{2-13}$$

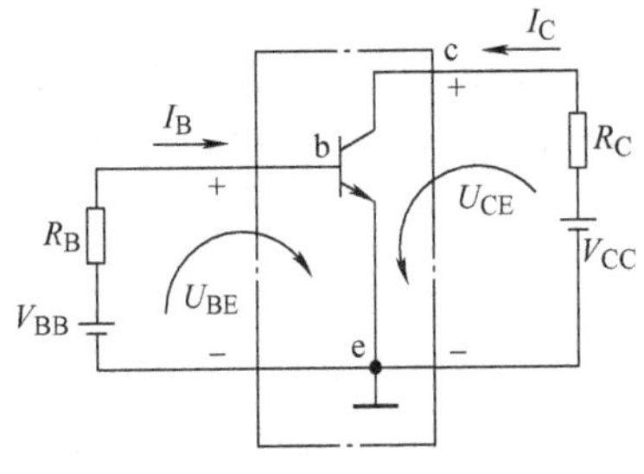

图 2-6 共射接法电路

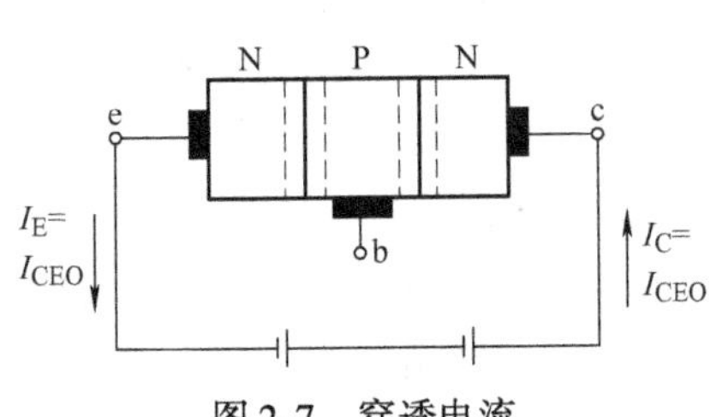

图 2-7 穿透电流

这样，式(2-12) 变为

$$I_C = \bar{\beta}I_B + I_{CEO} \tag{2-14}$$

而

$$I_E = I_B + I_C = (1+\bar{\beta})I_B + I_{CEO} \tag{2-15}$$

如果是硅晶体管，则可以略去 I_{CEO}，上面两个式子简化为

$$I_C \approx \bar{\beta}I_B$$

$$I_E = (1+\bar{\beta})I_B$$

式中，$\bar{\beta}$ 称为“直流共射集—基电流比”。

2.1.3 共射接法晶体管的特性曲线

从图 2-6 中看出，在共射接法中，晶体管的输入量是 I_B 和 U_{BE}，而输出量是 I_C 和 U_{CE}。为了表示这些量之间的关系，必须分别画出晶体管的输入特性曲线（表示 I_B 与 U_{BE}之间的关系）和输出特性曲线（表示 I_C 与 U_{CE}之间的关系）。不仅如此，由于晶体管内部的工作机理，输入特性曲线还与输出回路中的变量 U_{CE}有关，而输出特性曲线又明显地与输入回路中

㊀ 因为 $I_B = 0$，必有 $I'_B = I_{CBO}$。又因为到达集电区的电子数和在基区中复合的电子数之比为 $\bar{\beta}$，所以 $I_{CN} = \bar{\beta}I'_B = \bar{\beta}I_{CBO}$。在图 2-7 中，有 $I_C = I_E = I_{CEO} = I_{CN} + I_{CBO} = (1+\bar{\beta})I_{CBO}$。

的变量 I_B 有关，因为 I_C 是受 I_B 控制的，因此，这里要研究的晶体管特性曲线包括输入和输出特性曲线。

1. 共射接法晶体管的输入特性曲线

晶体管共射接法的输入特性曲线可表示为

$$I_B = f(U_{BE})\Big|_{U_{CE}=\text{常数}} \tag{2-16}$$

对应不同的 U_{CE}，有不同的输入特性。因此，输入特性曲线是一族曲线。

（1）$U_{CE}=0V$　此时晶体管的集电极和发射极短接，如图 2-8 所示。这时晶体管的两个结相当于并联的、加有正向偏置的两个二极管。因此，这时的输入特性曲线和二极管的伏安特性曲线一样（见图 2-9 中曲线 1）。

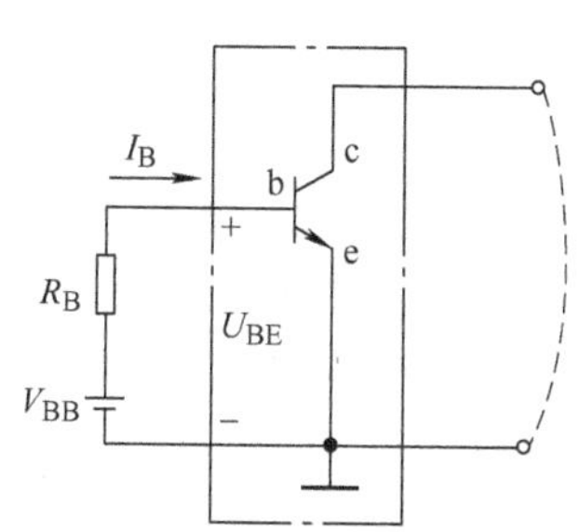

图 2-8　$U_{CE}=0V$ 时的共射接法晶体管

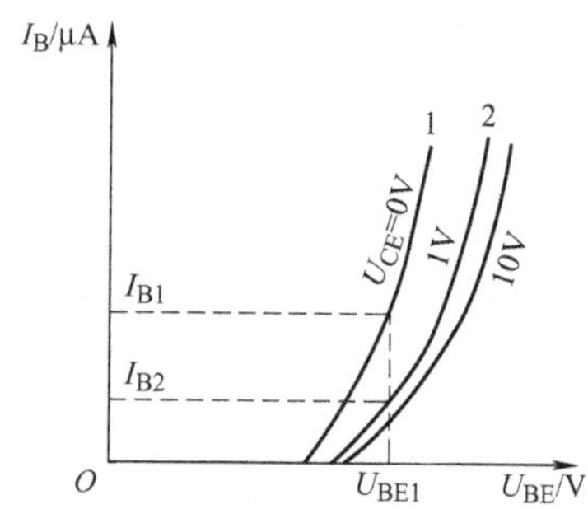

图 2-9　输入特性曲线

（2）$U_{CE}=1V=$常数　此时输入特性曲线将右移到图 2-9 中曲线 2 的位置。由曲线 2 和 1 的比较可看出，当 U_{CE}从 0V 增加到 1V 时，对应于同一个 U_{BE}的 I_B 减小了（图 2-9 中 $I_{B2}<I_{B1}$）。这是因为当 $U_{CE}=1V$ 时，$U_{BE}\approx0.7V$（对正向导通的硅管），所以 $U_{CB}=U_{CE}-U_{BE}=(1-0.7)V=0.3V$。此时集电结已由 $U_{CE}=0V$ 时的正向偏置转化为反向偏置，它对由发射区经过基区到达集电结靠近基区一侧的电子的吸引能力增强，使电子在基区中的复合减少，因此 I_B 减小。实际上，当 U_{CE}从零逐渐增大时，集电结的反向偏置程度增大，空间电荷区的宽度增加。而且由于基区掺杂浓度最低，集电结空间电荷区在基区中的宽度要比在集电区中的大得多。因此，在 U_{CE}增大时，原来就极薄的基区实际宽度将随之减小，来自发射区的电子在基区的复合减少，I_B 也随之减小。U_{CE}的变化引起基区实际宽度变化的这种现象称为"基区宽度调制效应"。

（3）$U_{CE}>1V$　当 U_{CE}从 1V 继续增大时，输入特性曲线将继续右移，但移动量不大了。这是因为在 $U_{CE}=1V$（即集电结反向偏置电压 $U_{CB}=0.3V$）以后，反向偏置的集电结已能把来自发射区的电子绝大部分吸引到集电区。这时，U_{CE}即使再增大，基区实际宽度和 I_B的进一步减小已不显著。由于所有 $U_{CE}>1V$ 的输入特性曲线都非常靠近，因此在工程实际中，就把 $U_{CE}=1V$ 的输入特性曲线代替 $U_{CE}>1V$ 以后的输入特性曲线。

2. 共射接法晶体管的输出特性曲线

共射接法晶体管的输出特性曲线表示以 I_B 为参变量，I_C 和 U_{CE}之间的关系，即

$$I_C = f(U_{CE})\Big|_{I_B=\text{常数}} \tag{2-17}$$

对应不同的 I_B，有不同的输出特性。因此，输出特性曲线也是一族曲线。

在实测时，每次把 I_B 固定为某一数值。然后改变 U_{CE}的值，测出相应的 I_C值，就得出和这个 I_B 值对应的一条输出特性曲线。改变 I_B 的值，就可得出输出特性曲线族。应该注意，在改变 U_{CE}时，根据上面叙述过的原因，原来固定好的 I_B 值会自动变化。这时，就要把 I_B 调回来。不同的 I_B 值对应的输出特性曲线如图 2-10 所示。

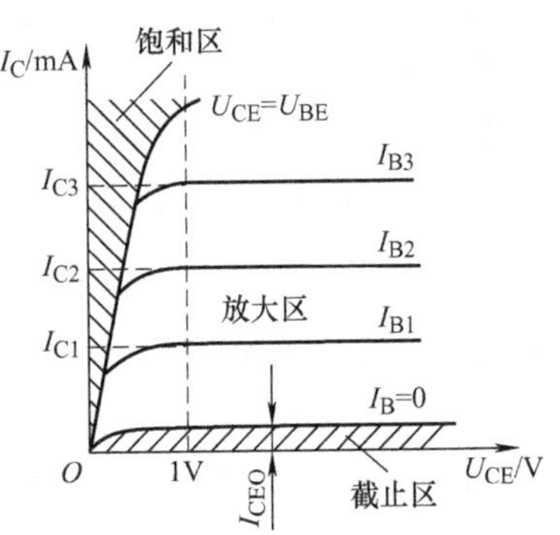

图 2-10 输出特性曲线

（1）截止区 图 2-10 中 $I_B=0$ 的曲线以下的区域习惯上称为“截止区”，但实际上此时 $I_C \leqslant I_{CEO}$。应该把 $I_E=0$，即 $I_C \leqslant I_{CBO}$的区域称为截止区。此时，集电结和发射结都处于反向偏置状态。

（2）放大区 从图 2-10 可以看出，每条输出特性曲线都有一段几乎是水平的部分。这表明，在 U_{CE}的一定范围内，I_C与 U_{CE}无关，而只取决于 I_B的值。也就是说，对应于输出特性曲线族的这一区域，在共射接法的晶体管中实现了用 I_B的变化去控制 I_C的变化，因而实现了电流的放大。所以这个区域称为“放大区”，是放大电路中晶体管应处的工作区域。

晶体管实现电流控制和放大作用的条件是：发射结正向偏置（对 NPN 型硅管 $U_{BE} \approx 0.7V$，$I_B>0$），集电结反向偏置（$U_{CB}>0$）。在共射接法时，由于 $U_{CE}=U_{CB}+U_{BE}$，所以 $U_{BE} \approx 0.7V$ 和 $U_{CB}>0$ 的条件相当于 $U_{CE}>0.7V$。实际上，大约在 $U_{CE}>1V$ 和 $I_B>0$ 的区域是输出特性曲线族上的放大区。也可以把 $U_{CE}=U_{BE}$（或 $U_{CB}=0$，集电结零偏）的曲线作为放大区左侧的边界。

实际上，由于基区宽度调制效应的存在，在放大区内，每条输出特性曲线也不是完全水平的，而是随着 U_{CE}的增大略向上倾斜。

图 2-10 中 $I_B=0$ 的曲线相当于基极断开，即 $I_C=I_{CEO}$的情况。所以，从这条曲线可以估计晶体管穿透电流 I_{CEO}的大小。

在放大区中，根据每条曲线所对应的 I_B和 I_C值，就可估算晶体管的直流共射集—基电流比 $\bar{\beta}=I_C/I_B$。另外，根据两条曲线所对应的 I_B和 I_C的差值，就可估算出晶体管的另一重要参数，即“交流共射集—基电流比”或“交流电流放大系数”，表示为

$$\beta=\Delta I_C/\Delta I_B \tag{2-18}$$

例如，当 I_B从 I_{B1}变到 I_{B2}时，I_C从 I_{C1}变到 I_{C2}，则在这一区域内的 $\beta=(I_{C2}-I_{C1})/(I_{B2}-I_{B1})$。显然，在相同的 I_B间隔下，各曲线之间的距离越大，则 β 值越大。

$\bar{\beta}$ 和 β 表示不同的意义。$\bar{\beta}$ 是 I_C与 I_B对应的直流值之间的比值，属于静止不变的概念；β 表示 I_C与 I_B变化量之间的比值，是一个变化的或动态的概念。但是，当管子工作频率较低时，在数值上 $\beta \approx \bar{\beta}$，所以在工程实践上常将两者混用。

（3）饱和区 图 2-10 中 $I_B>0$ 和 $U_{CE}<0.7V$ 的区域是晶体管的“饱和工作区”。这一区域包括了所有 I_B值下的输出特性曲线的起始部分，其最主要的特点是：I_C的值与 U_{CE}有很大关系，I_C随 U_{CE}的增大而增大。另外，I_C的值也不与 I_B成比例。这些情况和放大区有本质的不同。这是因为当 $U_{CE}<0.7V$ 时，$U_{CB}=U_{CE}-U_{BE}<0$，集电结已处于正向偏置，使集电结吸引来自发射区的多子的能力大大下降，所以 U_{CE}的大小将在很大程度上影响 I_C的数值。另

一方面，若 U_{CE}很小（例如，$U_{CE}\approx 0.3V$），即使 I_B增大，I_C也很少增加，即集电结吸引来自发射区的多子的能力“饱和”了。所以，各条输出特性曲线的起始部分是比较密集的。图 2-11 用改变横坐标轴比例尺的办法清楚地表示了各条输出特性曲线在饱和区内的情况。

在饱和区内，晶体管集电极和发射极之间的电压叫“饱和电压降”，用符号 U_{CES}[⊖]表示。对小功率晶体管，其数值约为 0.2～0.3V，而大功率晶体管时常达 1V 以上。也可以用 $U_{CE}=U_{BE}$的曲线（图 2-11 中的虚线）作为饱和区和放大区的分界线。

以上介绍了 NPN 型晶体管在共射接法下的特性曲线。如果是 PNP 型管，则因所有电压的极性和电流的方向都要相反，因此如果以 NPN 型管的电压极性和电流方向为准，则 PNP 型管的输入和输出特性曲线都将处于第三象限内，如图 2-12 所示。

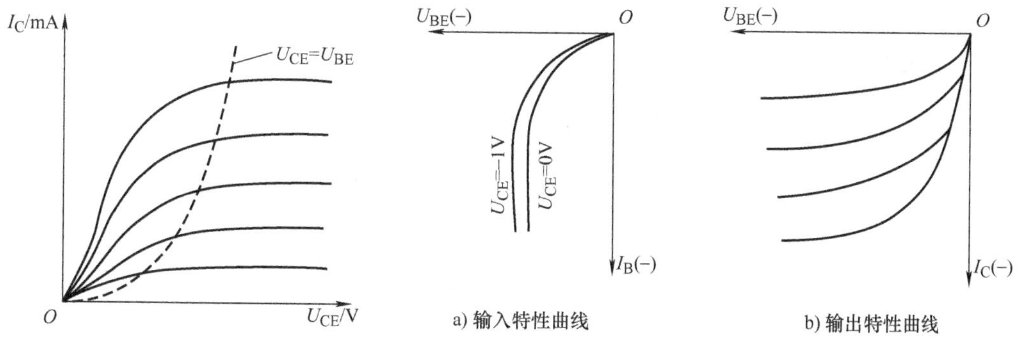

图 2-11　饱和区内的输出特性曲线

图 2-12　PNP 型晶体管在共射接法下的特性曲线

3. 温度对晶体管特性曲线的影响

和半导体二极管一样，温度对晶体管的工作和特性曲线有着很大的影响。在温度变化较大时，晶体管的工作不够稳定，必须采取措施加以解决。

（1）温度对输入特性曲线的影响　当温度升高时，输入特性曲线略向左移，如图 2-13a 所示。也就是说，在同一值 $I_B=I_{B1}$下，当温度升高后，对应的发射结正向压降 U_{BE}值将下降，其温度系数约为 $-(2\sim2.5)$mV/℃。

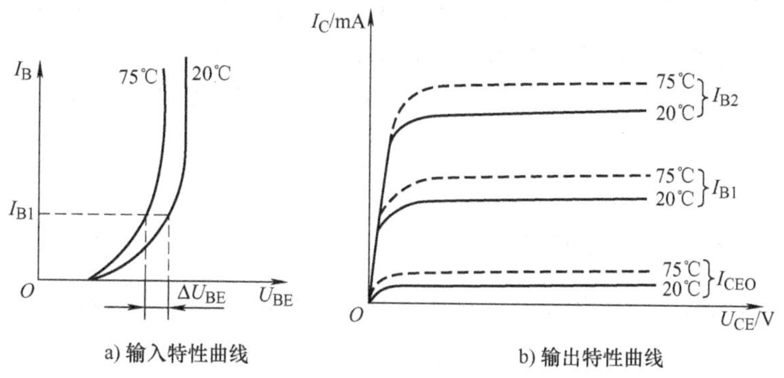

图 2-13　温度对晶体管特性曲线的影响

⊖　符号下标中的 S 是 Saturation（饱和）的字头。

(2) 温度对输出特性曲线的影响

1) 温度对 I_{CBO} 和 I_{CEO} 的影响：I_{CBO} 是集电结的反向饱和电流，是集电区和基区中的少子漂移造成的，所以随温度变化而变化。其变化规律和二极管的反向饱和电流一样，即温度每升高 10℃，I_{CBO} 约增加一倍。I_{CEO} 随温度的变化规律也大致相同。因为 $I_C=\bar{\beta}I_B+I_{CEO}$，所以，当温度升高时，输出特性曲线将向上移动，如图 2-13b 所示。

2) 温度对 $\bar{\beta}$ 和 β 的影响：温度每升高 1℃，$\bar{\beta}$ 和 β 增加 0.5% ~1%。因此，在温度升高时，输出特性曲线不仅要上移，而且其间距也将增大。

2.1.4 晶体管的主要参数及安全工作区

晶体管的主要参数可分为直流参数、交流参数和极限参数三类。

1. 直流参数

(1) 在不同接法下的直流电流比

1) 直流共基集—射电流比

$$\bar{\alpha}=\left.\frac{I_C-I_{CBO}}{I_E}\right|_{U_{CB}=常数}\approx\left.\frac{I_C}{I_E}\right|_{U_{CB}=常数}$$

在分立元件电路中，$\bar{\alpha}$ 值约在 0.95 ~0.995 的范围内，可以从共基接法晶体管的输出特性曲线求得，也可以从 $\bar{\beta}$ 来推出。

2) 直流共射集—基电流比

$$\bar{\beta}=\left.\frac{I_C-I_{CBO}}{I_B}\right|_{U_{CE}=常数}\approx\left.\frac{I_C}{I_B}\right|_{U_{CE}=常数}$$

在分立元件电路中，一般选用 $\bar{\beta}$ 在 20 ~100（即 $\bar{\alpha}$ 在 0.95 ~0.99）范围内的管子。$\bar{\beta}$ 值太小，电流放大作用差；$\bar{\beta}$ 值太大，受温度影响大，性能稳定性差。

(2) 极间反向电流 I_{CBO} 和 I_{CEO}

1) 集—基反向饱和电流 I_{CBO}：指发射极开路时，集电极和基极之间的反向饱和电流。I_{CBO} 的大小决定了晶体管工作的温度稳定性。性能良好的小功率锗管，其 I_{CBO} 为微安（$1\mu A=10^{-6}A$）级，而硅管的 I_{CBO} 更小，为纳安（$1nA=10^{-9}A$）级。

2) 集—射反向饱和电流 I_{CEO}：指基极开路时，集电极和发射极之间的穿透电流，它与 I_{CBO} 的关系是

$$I_{CEO}=(1+\bar{\beta})I_{CBO}$$

I_{CEO} 受温度的影响更大。硅管的极间反向电流比锗管小 2 ~3 个数量级，因此在要求管子的温度稳定性较高时，应采用硅管。同时，管子的 $\bar{\beta}$ 值也不要选得太大（$\bar{\beta}<100$）。

2. 交流参数

(1) 在不同接法下的交流电流放大系数

1) 交流共基集—射电流放大系数

$$\alpha=\left.\frac{\Delta I_C}{\Delta I_E}\right|_{U_{CB}=常数}\approx\bar{\alpha}$$

2) 交流共射集—基电流放大系数

$$\beta = \frac{\Delta I_C}{\Delta I_B}\bigg|_{U_{CE}=\text{常数}} \approx \bar{\beta}$$

（2）特征频率 f_T 这是反映晶体管中两个 PN 结电容影响的参数。当信号的频率增大到一定数值后，结电容将起到明显的作用，使 β 下降。f_T 是指当 β 下降到 1 时的信号频率，将在第 6 章的 6.3.1 节中详细说明。

3. 极限参数

极限参数是指为保证晶体管在放大电路中能正常地安全地工作，对其电压、电流和功率损耗作出限制的参数。

（1）集电极最大允许耗散功率 P_{CM} 晶体管的集电极功率损耗 $P_C = I_C U_{CE}$，在三个电极中是最大的。这一功率损耗将使集电结温度升高，管子发热。所以，P_C 有一个最大允许值 P_{CM}。如果 $P_C > P_{CM}$，将使管子性能变坏，最终导致烧毁。P_{CM} 的值取决于集电结允许的温度。如果是硅材料，则最高允许结温为 150℃；如为锗管，则最高允许结温为 75℃。另外，在同样的集电极功率损耗下，散热条件越好，结温越低。所以，P_{CM} 又取决于晶体管实际应用时的散热条件，见第 5 章 5.5.1 节。当根据晶体管手册选用晶体管时，不仅要注意最大允许的 P_{CM} 值，还要注意相应的散热条件，并采取措施予以保证。

由于 $P_C = I_C U_{CE}$，而又要求 $P_C < P_{CM}$，因此在共射接法晶体管的输出特性曲线族上可以画出一条 $I_C U_{CE} = P_{CM}$ = 常数的双曲线作为晶体管安全工作区的右边界，管子的工作状态（即 I_C 和 U_{CE} 的值）不能落在这条双曲线以上的区域内，如图 2-14 所示。

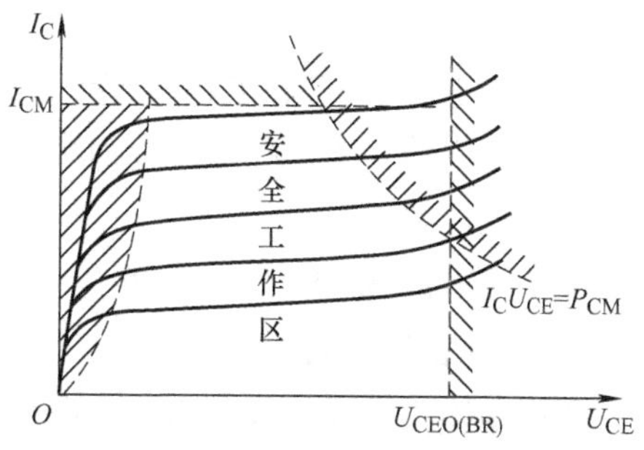

图 2-14 晶体管的安全工作区

（2）集电极最大允许电流 I_{CM} 在 I_C 的一个相当大的范围内，$\bar{\beta}$ 和 β 值基本不变。但是，当 I_C 超过某一个 I_{CM} 值时，β 就明显下降。对于合金型小功率管，I_{CM} 定义为 $U_{CE} = 1\text{V}$ 时，使管耗达到 P_{CM} 时的 I_C 值。当 $I_C > I_{CM}$ 时，只是 β 值下降，管子并不一定损坏。

根据 I_{CM} 这一极限参数，在图 2-14 中可画出晶体管安全工作区的上边界。

（3）反向击穿电压 晶体管包含两个 PN 结。如果加到 PN 结上的反向偏置电压太高，PN 结就会反向击穿。这些电压的极限值不仅取决于管子本身，还与外电路接法有关。

晶体管手册上通常给出一系列反向击穿电压值。晶体管的击穿电压有：

1）$U_{EBO(BR)}$：集电极开路（用下标 O 表示）时，发射极和基极之间的反向击穿电压，下标 BR 是 Breakdown（击穿）的字头缩写。这是发射结所允许加的最高反向电压，超过这个极限，发射结将会出现反向击穿。一般平面管的 $U_{EBO(BR)}$ 只有几伏，有的甚至不到 1V。

2）$U_{CBO(BR)}$：指发射极开路时，集电极和基极之间的反向击穿电压。这是集电结所允许加的最高反向电压。一般管子的 $U_{CBO(BR)}$ 为几十伏，高反压管可以达到几百伏甚至上千伏。

3）$U_{CEO(BR)}$：指基极开路时，集电极和发射极之间的反向击穿电压。

此外，集电极和发射极之间的反向击穿电压还有：发射极和基极之间接电阻（下标 R）

时的 $U_{CER(BR)}$；发射极和基极之间短接（下标 S）时的 $U_{CES(BR)}$ 等。

这些击穿电压的关系为

$$U_{CBO(BR)} \approx U_{CES(BR)} > U_{CER(BR)} > U_{CEO(BR)}$$

因此，为了使晶体管安全工作，U_{CE} 不能超过 $U_{CEO(BR)}$，这是晶体管安全工作区的另一右边界（见图 2-14）。

4. 晶体管的安全工作区

综上所述，为了保证晶体管在放大电路中能正常地安全地工作，它的工作状态必须在安全工作区的范围之内。它的边界在上面是 $I_C = I_{CM}$ 的水平线，在右面是 $I_C U_{CE} = P_{CM}$ 的双曲线和 $U_{CE} = U_{CEO(BR)}$ 的垂直线（见图 2-14）。

另外，在共射接法时，输入端的基极电流不能太大。如果发射结要加反向电压，则必须使 $|U_{BE}| < U_{EBO(BR)}$。所以，晶体管的输入信号电压和直流偏置电流都不能太大，并应加上适当的安全措施（如在基极和发射极之间加限幅二极管及限流电阻）。

2.1.5 晶体管的类型、型号及选用原则

1. 类型

现有的晶体管种类繁多，根据半导体材料，可分为硅管和锗管；根据三个区的掺杂方式，可分为 NPN 型管和 PNP 型管；根据晶体管适用的频率范围，可分为低频管和高频管；根据管子允许的功率损耗，可分为小功率、中功率和大功率管。

2. 型号

按照国家标准 GB/T 249—2017《半导体器件型号命名方法》。

3. 晶体管的选用原则

在用晶体管组成放大电路时，应根据实际需要和工作条件选择管子的型号。一般的选管原则为：

1）在同型号的管子中，应选反向电流小的，这样的管子温度稳定性能较好。管子的 β 值一般选几十到 100 之间，β 太大的管子性能不稳定。

2）如果要求管子的反向电流小，工作温度高，则应选硅管；而要求导通电压较低时，则应选锗管。

3）如果工作信号的频率高，则应选高频管或超高频管；如果用于开关电路，则应选开关管。

4）必须使管子工作在安全区。为此：

① 在工作电压高时，应选 $U_{CEO(BR)}$ 大的高反压管。因为 $U_{EBO(BR)}$ 一般较小，尤其要注意使基极和发射极之间的反向电压不超过 $U_{EBO(BR)}$。

② 在需要输出大电流时，应选 I_{CM} 大的管子。

③ 在需要输出大功率时，应选 P_{CM} 大的大功率管，并注意满足对应的散热条件（如安装规定尺寸的散热片）。

2.1.6 光电晶体管

光电晶体管由光照强度控制集电极电流的大小，其功能可等效为一只光电二极管与一只

晶体管相连，但只引出集电极和发射极。光电晶体管等效电路及图形符号如图2-15所示。

光电晶体管的输出特性曲线与普通晶体管相似，只是用参变量入射光照度 E 代替了基极电流 i_B，如图 2-16 所示。图中 I_{CEO}叫暗电流，是无光照时的电流值，它比光电二极管的暗电流约大两倍，而且受温度影响很大。温度每上升 25℃，暗电流上升约 10 倍。有光照时的电流叫光电流。当管压降 u_{CE}足够大时，集电极电流 i_C仅由入射光照度 E 来决定。对于不同型号的光电晶体管，入射光照度为 1000lx 时，光电流从小于 1mA 到几毫安不等。

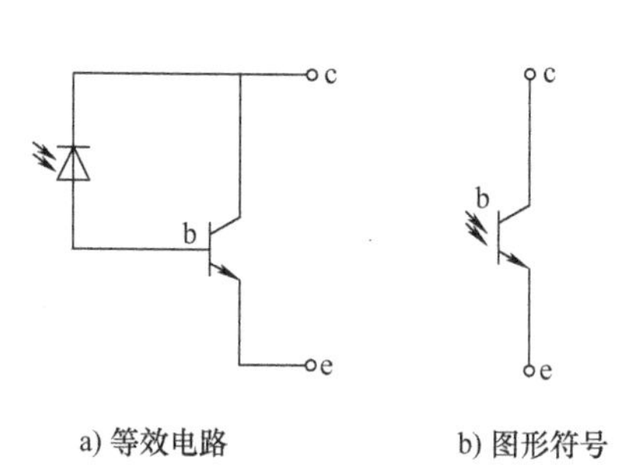

图 2-15　光电晶体管的等效电路及图形符号

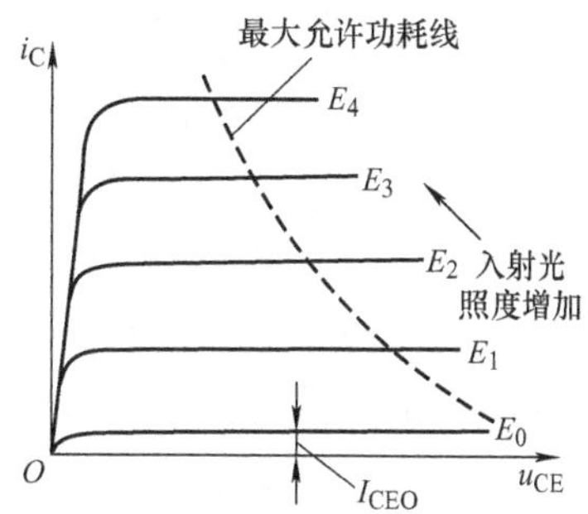

图 2-16　光电晶体管的输出特性曲线

选择光电晶体管时，同样要注意其反向击穿电压、最大工作电流、集电极最大功耗等极限参数。

2.2　晶体管放大电路的性能指标和工作原理

无论是日常使用的收音机、电视机，还是精密的测量仪表、复杂的自动控制系统，其中都有各式各样的放大电路。在这些电子设备中，放大电路将微弱的电信号进行放大，以便于测量、控制或加以利用。放大电路是电子设备中最基本的一种单元电路，深入学习和牢固掌握各种基本放大电路是本课程的重要内容和主线所在。

2.2.1　放大的概念和放大电路的组成条件

1. 放大的概念

电子技术中所说的“放大”，是指用一个小的变化量去控制一个较大量的变化，使变化量得到放大。同时，要求两者的变化情况完全一致，即大小变化量应成比例，不能“失真”，即实现“线性放大”。从能量（功率）的观点看，放大电路利用晶体管实现了能量的控制和转换。输入很小的电压、电流或能量，最后在负载上获得较大的电压、电流或功率，其实质是将直流电源的能量转换为负载获取的能量。放大电路中必须存在的能够控制能量的元件，称为“有源器件”，如晶体管。

2. 放大电路的组成

图 2-17 是扩音器中电路的示意图。图中直流电源是放大电路的工作电源，它保证电路工作在放大状态并提供能源，u_s 是待放大的输入信号，R_S 为其内阻，经放大后的输出信号 u_o、i_o 供给负载（扬声器）。在此放大电路中，从传声器送来的微弱的音频信号经放大后，推动扬声器发出清晰、悦耳的声响。扬声器所需的能量是由外接直流电源供给的，而放大电

路中的晶体管只是起着控制能量的作用。

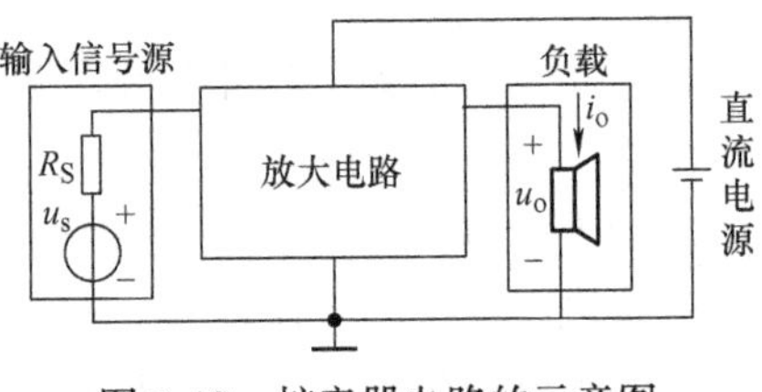

图 2-17 扩音器电路的示意图

放大电路一般包含电压放大电路和功率放大电路（输出级）。电压放大电路是将微弱的信号电压加以放大，从而推动功率放大电路，它通常工作在小信号状态下。功率放大电路输出足够大的功率，以推动执行元件，如扬声器、电动机、继电器等，它通常工作在大信号状态下。任何一种放大电路，要保证它具有放大作用，必须满足以下两个条件：

（1）晶体管工作在放大区 晶体管工作在放大区，应保证发射结正偏、集电结反偏。这是通过外接直流电源，并配以适当的偏置电路来实现的。

（2）放大信号可以输入、输出 由于放大的核心是晶体管，所以要保证被放大的信号能加到晶体管的输入端口上，同时保证放大后的信号能送到负载上。这是判断电路是否具有放大作用的依据，同时也是组成放大电路的基本原则。

2.2.2 放大电路的性能指标

为了衡量放大电路的性能质量，需要用若干性能指标来评价，如电压（或电流）放大倍数（增益）、输入电阻、输出电阻、通频带、非线性失真系数、输出功率和效率等。采用哪些性能指标不仅和放大电路的具体用途有关，还和放大电路输入端的信号源及输出端的负载有关。

任何一个放大电路都可以用图 2-18 所示的示意图表示。可以将放大部分看成一个双口网络，左边为输入端口，正弦波输入信号源 $\dot{U}_s$ 的内阻为 R_S，放大电路得到的输入电压为 $\dot{U}_i$，输入电流为 $\dot{I}_i$；右边为输出端口，输出电压为 $\dot{U}_o$，输出电流为 $\dot{I}_o$，R_L 为负载电阻。

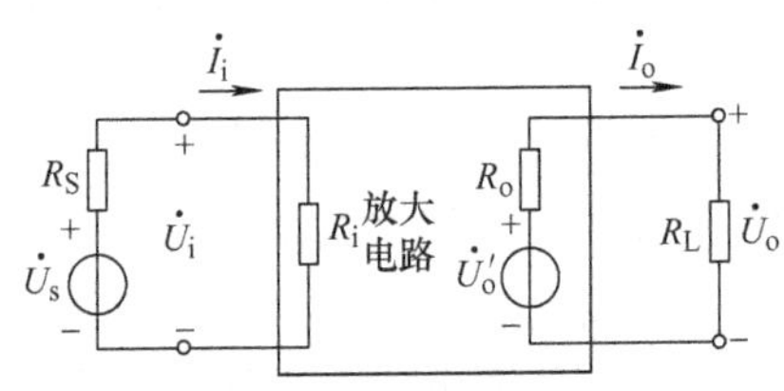

图 2-18 放大电路示意图

因为一般的输入信号都可以分解为具有不同频率的正弦信号之和，所以放大电路常用正弦波作为典型输入信号。同时，正弦信号容易获得，正弦变化的电压、电流也便于观察和检测。需要强调指出，只有输出波形不失真的条件下，测试数据才有意义。

对于将微弱的输入信号（电压或电流）进行放大的（电压或电流）放大电路，以及输出较大功率带动执行元件的功率放大电路，应提出不同的性能指标要求。

1. 输入为小信号时

（1）放大倍数（或增益） 它用来衡量放大电路的放大能力，定义为输出量与输入量之比。根据输入量和输出量的不同，可以将放大电路分为四种类型：

1）电压放大电路：输入量和输出量都是电压，电压增益定义为

$$A_{uu} = A_u = \dot{U}_o / \dot{U}_i \tag{2-19}$$

源电压增益定义为

$$A_{us} = \dot{U}_o / \dot{U}_s \tag{2-20}$$

这两个电压增益均无量纲。

2）电流放大电路：输入量和输出量都是电流，电流增益定义为

$$A_{ii} = A_i = \dot{I}_o / \dot{I}_i \tag{2-21}$$

无量纲。

3）互导放大电路：输入量是电压，输出量是电流，互导增益定义为

$$A_g = \dot{I}_o / \dot{U}_i \tag{2-22}$$

量纲为西门子（S）。

4）互阻放大电路：输入量是电流，输出量是电压，互阻增益定义为

$$A_r = \dot{U}_o / \dot{I}_i \tag{2-23}$$

量纲为欧姆（Ω）。

（2）输入电阻　它是从放大电路输入端看进去的交流电阻，定义为输入电压有效值和输入电流有效值之比，即

$$R_i = U_i / I_i \tag{2-24}$$

利用输入电阻可以求出电压增益和源电压增益的关系为

$$A_{us} = \frac{\dot{U}_o}{\dot{U}_s} = \frac{\dot{U}_o}{\dot{U}_i} \frac{R_i}{R_i + R_S} = \frac{R_i}{R_i + R_S} A_u \tag{2-25}$$

放大电路的输入电阻是信号源的负载。R_i 越大，放大电路的输入电阻从信号源取的电流越小，U_i 越接近于 U_s。因此，在一般情况下，特别是在测量仪表用的放大电路中要求 R_i 大。但是在某些情况下，又要求 R_i 小一些。

放大电路输入端的信号源有两种情况：一是内阻很小的电压源，输入量是电压。为了保证信号源的电压尽可能无损失地加入放大电路，就要求放大电路的输入电阻尽量大；另一种是内阻很大的电流源，输入量是电流。为了保证信号源电流尽可能多地流入放大电路，就要求放大电路的输入电阻尽可能小。所以对同一个技术指标，因放大电路输入信号源情况的不同，要求是不同的。

（3）输出电阻　放大电路的输出电阻就是在断开负载和使信号源电压 U_s 为零后，从放大电路输出端看进去的等效交流电阻。

图 2-18 所示电路中的 U_o'为断开负载时的输出电压（即空载输出电压），U_o 为接上负载后的输出电压有效值。可以得到

$$U_o = R_L / (R_o + R_L) U_o'$$

输出电阻

$$R_o = \left(\frac{U_o'}{U_o} - 1 \right) R_L \tag{2-26}$$

R_o 越小，负载电阻 R_L 变化时，输出电压 U_o 变化越小，即放大电路的带负载能力越强。

放大电路的输出量也分为两种：一种是输出电压，要求负载上的输出电压尽量大，而且尽可能不受负载变化的影响，此时放大电路的输出电阻应尽量小；另一种是输出电流，要求

通过负载的电流尽量大，而且不受负载变化的影响，接近于电流源，这时就要求放大电路的输出电阻大。因此对同一个技术指标，因输出量的不同，要求也不同。

（4）通频带　通频带反映了放大电路对不同频率信号的放大能力。由于放大电路中存在电容、电感及半导体器件结电容等电抗元件，所以放大电路对不同频率的输入信号具有不同的增益。

某放大电路增益的数值与输入信号频率之间的关系如图2-19所示。图中A基本不变的频率范围称为放大电路的中频段，A_m为中频增益。当A下降到$0.707A_m$时所对应的信号频率分别叫“下限截止频率”f_L和“上限截止频率”f_H。f_L和f_H之间形成的频带叫放大电路的通频带，用下标BW表示，即

$$f_{BW}=f_H-f_L \tag{2-27}$$

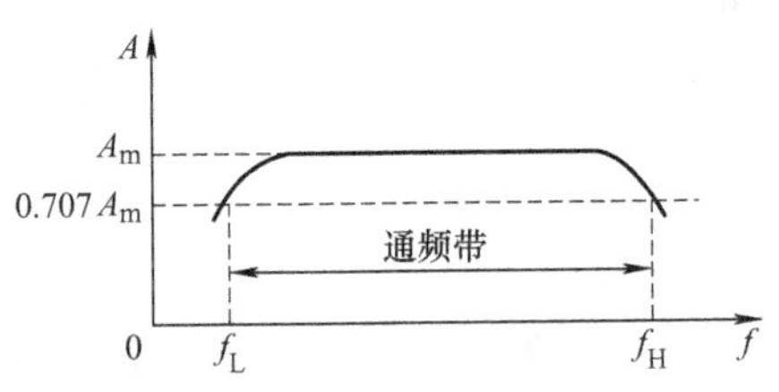

图2-19　放大电路的频率特性

通频带越宽，表示放大电路能在更大的信号频率范围内进行不失真的放大。对于音响装置来说，就意味着能将原来乐曲中的高低音都完美地播放出来。但是，放大电路的通频带太宽，又容易受干扰和噪声的影响。在有些应用场合（如某些滤波电路），又要求通频带窄。

2. 输入信号幅值较大时

（1）非线性失真系数　由于晶体管特性的非线性，在正弦输入信号幅值较大时，很难要求正弦输出信号完全不失真，而只能对失真程度提出要求。非线性失真系数是指放大电路在某一频率（基波）的正弦输入信号下，输出波形中各次谐波有效值与基波有效值之比，即

$$D=\sqrt{\left(\frac{A_2}{A_1}\right)^2+\left(\frac{A_3}{A_1}\right)^2+\cdots}$$

式中，A_1、A_2、A_3、…分别表示基波和各次谐波的有效值。

（2）最大输出幅值　输出信号的幅值随着正弦输入信号幅值的增加而增大。但是，由于直流电源电压和晶体管放大工作区的限制，如果正弦输入信号的幅值过分增加，输出信号的非线性失真系数就要超过规定。将最大输出电压幅值定义为非线性失真系数不超过规定的最大输出幅值。用$(U_{om})_M$表示，也可用有效值$(U_o)_M$表示。

（3）最大输出功率和效率　输出信号基本不失真时，放大电路输出的最大交流功率，叫最大输出功率，用$(P_o)_M$表示。

在放大电路中，功率放大实质上是能量的控制与转换。直流电源的能量（功率）的利用率叫转换效率，定义为

$$\eta=\frac{P_o}{P_V} \tag{2-28}$$

式中，P_o是交流输出功率；P_V是直流电源提供的平均功率。

2.2.3 单管共射放大电路的工作原理

由NPN型晶体管3DG6组成的放大电路如图2-20所示。直流电源的电压V_{CC}采用习惯画法，电源负端接地，正端通过电阻R_C接集电极；同时V_{CC}经较大电阻R_B接基极，从而保证发射结正偏、集电结反偏，晶体管工作在放大区；集电极电阻R_C一般为几千欧至几十千

欧，它的作用是将集电极电流 i_C 的变化转变为集电极电压 u_{CE}的变化；基极电阻 R_B 一般为几十千欧至几百千欧，它的作用是为基极提供合适的基极电流 I_B，叫“偏置电流”。

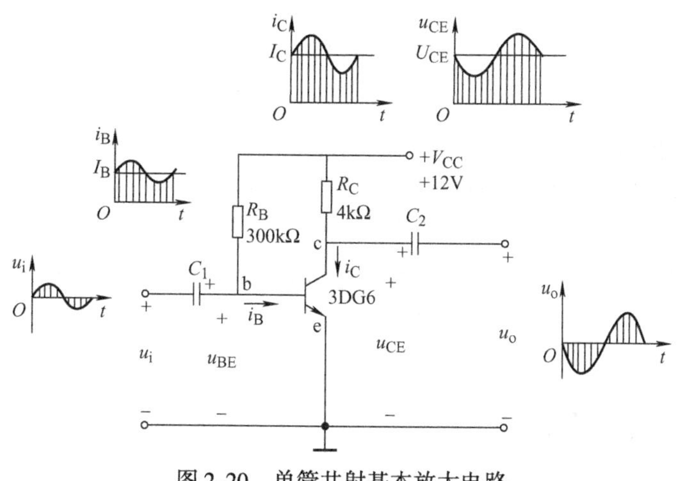

图 2-20 单管共射基本放大电路

“隔直耦合电容” C_1、C_2 一般为几微法至几十微法的电解电容器，它们的作用是隔离直流，传递交流。

正弦输入信号 u_i 通过 C_1 加到晶体管的基极，引起基极电流 i_B 的变化，i_B 的变化又使集电极电流 i_C 随之变化。i_C 的变化在集电极电阻 R_C 上产生电压降，集电极电压 $u_{CE}=V_{CC}-i_CR_C$。当 i_C 的瞬时值增加时，u_{CE}就减小，即 u_{CE}的变化与 i_C 的变化相反。由于 C_2 隔直流、传交流的作用，u_{CE}中的变化量可以传送到输出端成为输出电压 u_o。如果电路参数选择恰当，u_o的幅度将比 u_i 大得多，从而实现了电压放大。电流、电压之间的关系表示在图 2-20 中。

在晶体管电路中，常把输入电压、输出电压和直流电源的共同端点称为“地”，用符号“⊥”表示（实际上这一点并不真正接到大地上），并以地端为电位参考点（零电位）。由于本电路中输入电压、输出电压的共同端在晶体管的发射极，所以叫“共射放大电路”。

图 2-20 中所标出的“+”“-”号分别表示各点与地之间电压的参考正方向；而电流的参考正方向如图中的箭头所示。

2.3 晶体管放大电路的图解分析法

放大电路的分析是指在理解放大电路的工作原理的基础上，对电路中的静态工作点及各项交流性能指标进行求解。

2.3.1 晶体管放大电路的特点和分析方法

1. 晶体管放大电路的特点

（1）直流量和交流量共存　放大电路中同时有直流量和交流量。直流量是使晶体管电路有电流和电压放大作用的基础，而交流量则是放大的对象和预期的结果。因此，在分析放大电路时，总是要先分析它的“静态”（直流工作状态），然后才有基础去分析它的“动态”

(交流工作状态)。

(2) 非线性　从晶体管的输入和输出特性曲线看出，晶体管放大电路是非线性电路。

2. 晶体管放大电路的分析方法

(1) 图解分析法　当交流输入信号幅值较大，电路中电流和电压在静态值基础上的变化范围较宽时，用作图的方法来分析放大电路，即所谓“图解分析法”。

(2) 小信号线性化分析法　如果交流输入信号幅值很小，电路中的电流和电压只是在静态值附近有微小的变化，晶体管的特性曲线可以在静态工作点附近进行线性化。此时，对电流和电压的变化量（交流量）来说，晶体管近似为线性元件。可以构成晶体管的线性化电路模型，然后用分析交流线性电路的方法来求解，这就是所谓“交流小信号模型分析法”或“微变等效电路分析法”。当交流输入信号幅值小于 10mV 时，可采用晶体管的交流小信号模型分析晶体管放大电路。

2.3.2　静态工作点的图解分析法

1. 直流通路

放大电路未加交流输入信号时，电路中的电压和电流只有直流成分，叫做放大电路的“直流工作状态”或“静态”。在晶体管的特性曲线上，晶体管各极的直流电压和电流的数值确定一点，这点称为“静态工作点”Q[⊖]。

在直流电源作用下直流量经过的通路称为放大电路的“直流通路”。画直流通路的要点是：将放大电路中的电容视为开路，电感线圈视为短路，交流信号源短路，但应保留内阻。图 2-20 所示的放大电路的直流通路可画成图 2-21 的形式。

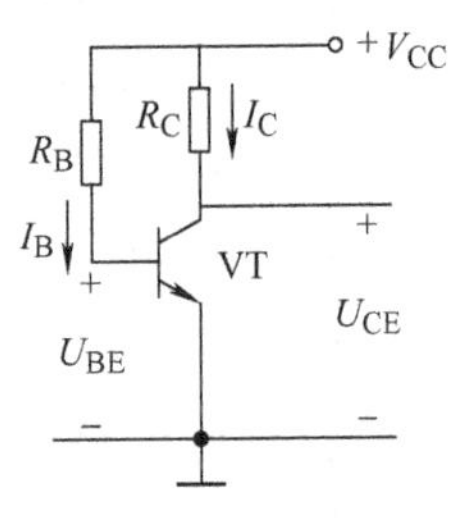

图 2-21　共射放大电路的直流通路

2. 估算静态工作点

对于静态工作情况，可以用直流电路的分析方法进行近似计算，称为“估算法”。也可以用图解法求解 Q 点。这里首先通过一例题估算，然后再讨论图解法。

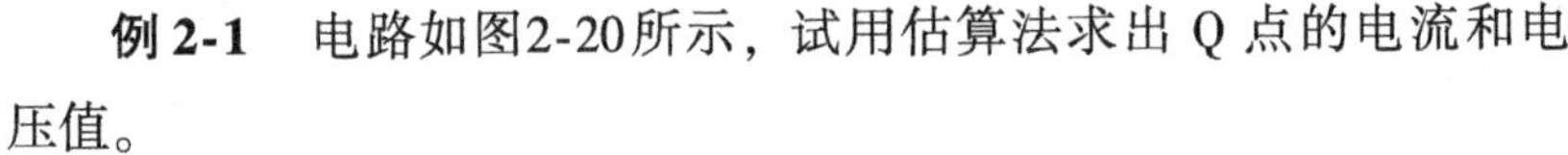

例 2-1　电路如图2-20所示，试用估算法求出 Q 点的电流和电压值。

解　首先画出电路的直流通路如图 2-21 所示。可以得到基极电流

$$I_B \approx V_{CC}/R_B$$

对应于 I_B 的集电极电流应为

$$I_C = \bar{\beta} I_B + I_{CEO}$$

I_{CEO}很小，可忽略不计，所以有

$$I_C \approx \bar{\beta} I_B$$

从图 2-21 的集电极回路中，可得

⊖ Q 是 Quiescent（静态）的字头。

$$U_{CE}=V_{CC}-I_CR_C$$

如已知 $\bar{\beta}=38$，利用上面的公式，可以估算出 Q 点的电压、电流值为：$I_B\approx40\mu A$，$I_C\approx1.5mA$，$U_{CE}\approx6V$。

由例 2-1 可知，当对各种放大电路进行静态分析时，均应首先画出其直流通路，然后才可用估算法确定静态工作点。

静态时，直流电流是不可能通过隔直电容的。因为在输入端 C_1 被充了电，两端的电压等于 U_{BE}（因为是静态，$u_i=0$，所以输入端可视为通过电源负端短路）；在输出端 C_2 被充电，两端电压等于 U_{CE}（设输出端接有负载电阻 R_L）。因此，隔直电容如果采用电解电容，必须考虑电容器的极性（它们的正极应接在电路的高电位点上）。对于 NPN 型管组成的电路，C_1、C_2 的极性如图 2-20 所示。

3. 用图解法确定静态工作点

将图 2-21 的直流通路变换成图 2-22 所示电路，用虚线将晶体管与外电路分开。

在晶体管的输入回路中，静态工作点应既在晶体管输入特性曲线上，又应满足外电路的回路方程

$$U_{BE}=V_{CC}-I_BR_B \tag{2-29}$$

在输入特性曲线坐标系中，画出式(2-29) 所确定的直线。它与横轴的交点为（V_{CC}，0），与纵轴的交点为（0，V_{CC}/R_B），斜率为 $-1/R_B$。该直线称为输入回路的负载线，直线与曲线的交点就是静态工作点 Q，其横坐标值为 0.7V，纵坐标值为 40μA。实际上，对输入回路，常用前面的估算法得到静态工作点。

与输入回路相似，在晶体管的输出回路中，静态工作点应既在 $I_B=I_{BQ}$ 的那条输出特性曲线上，还应满足外电路的回路方程

$$U_{CE}=V_{CC}-I_CR_C \tag{2-30}$$

在输出特性曲线坐标系中，画出式(2-30) 所确定的直线，它与横轴的交点为（V_{CC}，0），与纵轴的交点为（0，V_{CC}/R_C），斜率为 $-1/R_C$。$I_B=I_{BQ}$ 的输出特性曲线与该直线的交点就是静态工作点。该直线称为输出回路的“直流负载线”。

从图 2-23 中，可以读出 Q 点对应的电流和电压值，其横坐标值为 $U_{CEQ}=6V$，纵坐标值为 $I_{CQ}=1.5mA$。在此基础上就可以分析放大电路接入交流信号后的情况。

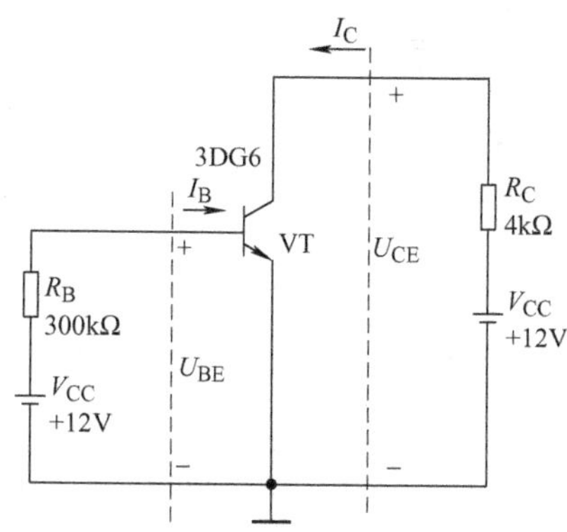

图2-22　图解法求解静态工作点的电路

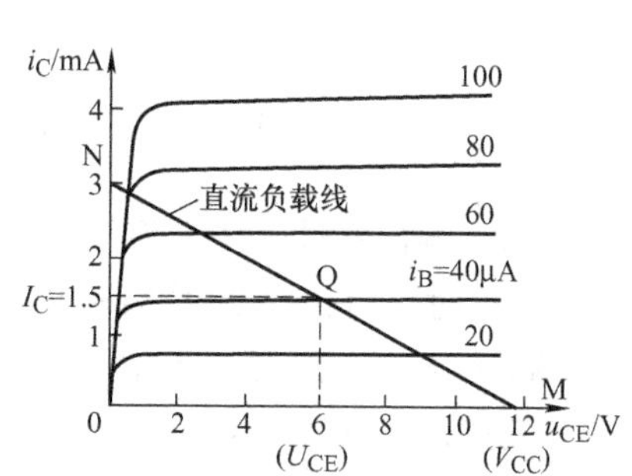

图 2-23　静态工作情况下输出回路的图解分析

2.3.3 动态工作情况的图解分析

1. 交流通路

输入端接入正弦信号后，电路中的电压和电流量就在直流的基础上叠加了交流成分，此时的电路处于动态。在输入信号作用下动态量所经过的通路称为“交流通路”。

画交流通路的要点是：电路中容量大的隔直电容 C_1、C_2 都看作短接；内阻小的直流电源可以看作对地短路。图 2-20 所示放大电路的“交流通路”如图 2-24 所示。

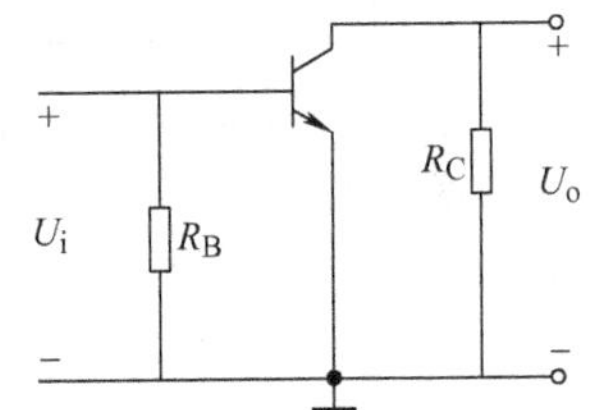

图 2-24 放大电路的交流通路

交流通路中所有的电压和电流都只有交流成分。它并不是实际的电路，没有直流电源的放大电路是不能正常工作的。只是由于原电路已经建立了合适的静态工作点，才能保证交流信号下的动态工作。

2. 放大电路接入正弦信号的工作情况

为了便于分析，先假设输出端不接负载电阻 R_L（空载）。放大电路的输入端接入 u_i = 0.02sinωtV 的正弦信号，通过图解可以确定输出电压 u_o。

（1）根据 u_i 在输入特性上求 i_B　输入端接入输入电压 u_i 后，晶体管基极与发射极之间的电压 u_{BE}就等于在原有直流电压 U_{BE}的基础上叠加了一个交流量 u_i（u_{be}），如图 2-25 右图中的曲线 1。根据 u_{BE}的变化规律，可从输入特性画出对应的 i_B的波形图。当 u_i变化一周时，工作点将从 Q→A→Q→B→Q 变化一周。对应到纵轴上，i_B 也从 40μA→60μA→40μA→20μA→40μA 变化一周，见图中的曲线 2。由图上可以看出，对应于峰值为 0.02V 的输入电压，基极电流将在 60μA 与 20μA 之间变动。

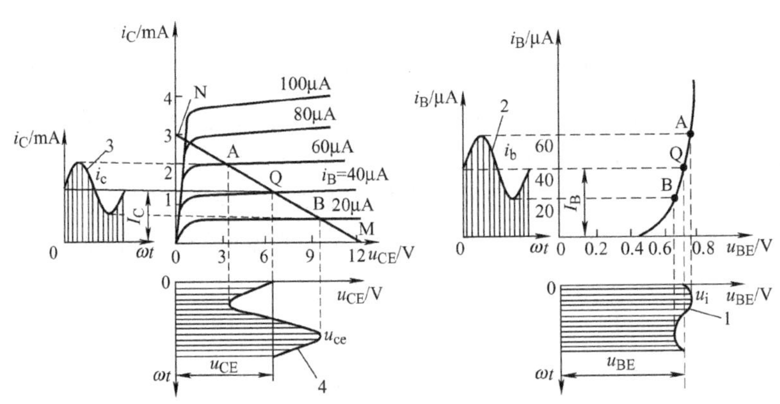

图 2-25 有 u_i 时电路工作情况的图解分析

（2）根据 i_B在输出特性上求 i_C和 u_{CE}　因为放大电路的直流负载线不变，当 i_B在 60μA 与 20μA 之间变化时，直流负载线与输出特性的交点也会随之而变。对应于 i_B = 60μA 和 i_B = 20μA 的两条输出特性曲线，与直流负载线的交点分别是 A 点和 B 点。所以，放大电路的工作点（不是静态工作点）随着 i_B的变动将沿着直流负载线在 A 与 B 点之间移动。因此，直线段 AB 是放大电路工作点移动的轨迹，通常称为“动态工作范围”。

由图 2-25 可见，在 u_i正半周，i_B先由 40μA 增大到 60μA，放大电路的工作点由 Q 点移到 A，

相应的 i_C 由 I_C 增大到最大值，而 u_{CE} 则由原来的 U_{CE} 减到最小值；然后 i_B 由 60μA 减小到 40μA，放大电路的工作点由 A 回到 Q 点，相应的 i_C 也由最大值回到 I_C，而 u_{CE} 则由最小值回到 U_{CE}。在 u_i 的负半周，其变化规律恰好相反，放大电路的工作点先由 Q 移到 B，再由 B 回到 Q 点。

这样，就可以画出对应的 i_B、i_C 和 u_{CE} 的波形图，如图 2-25 中的曲线 2、3、4 所示，其中 u_{CE} 的交流量 u_{ce} 的波形就是输出电压 u_o 的波形。

如果把这些电流及电压的波形画在对应的时间轴上，就可以得到图 2-26 所示的波形图。

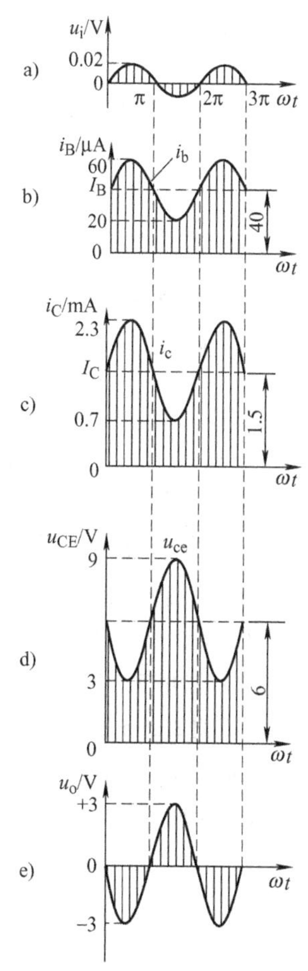

图 2-26 图 2-25 中电流、电压的波形

综合以上分析，可以得出如下结论：

1）放大电路没有交流输入时，晶体管各电极都有恒定的电流和电压，电路处于静态。当在输入端加入交流输入电压后，各电极上的电流和电压都在原静态的基础上叠加了一个交流量，即

$$\begin{cases} i_B = I_B + i_b \\ i_C = I_C + i_c \\ u_{CE} = U_{CE} + u_{ce} \end{cases} \tag{2-31}$$

因此，放大电路中电压及电流包含了两个分量：一个是静态时的直流分量 I_B、I_C、U_{CE}；另一个是由交流输入电压引起的交流分量 i_b、i_c、u_{ce}。

虽然 i_B、i_C 和 u_{CE} 的瞬时值是变化的，但它们的方向始终不变，满足 PN 结的单向导电性。

2）输出电压 u_o 是与输入电压 u_i 频率相同的正弦波，但幅度增大了，也就是说对输入信号实现了"线性放大"。

3）从图 2-26a、e 可见，输出电压与输入电压相位相差 180°。这是因为当 u_i 增加时，i_C 也是增加的，所以晶体管的管压降 $u_{CE} = V_{CC} - i_C R_C$ 将随着 i_C 的增大而减小。经过隔直电容 C_2 后，得到的 u_o 正好与 u_i 相位相反。"反相"电压放大是共射放大电路的特点之一。

3. 交流负载线

放大电路工作时总要在输出端接上一定大小的负载，如图 2-27 中负载电阻 $R_L = 4\text{k}\Omega$。

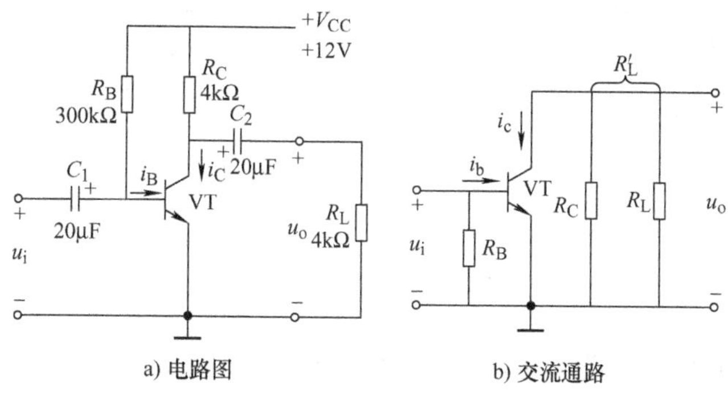

图 2-27 放大电路接有负载电阻 R_L 的情况

输入正弦信号 u_i后，画出图 2-27b 所示的交流通路。可以看出，在放大电路的输入回路中，输入电压直接加在发射结上；在输出回路中，集电极电流的交流成分同时流过集电极电阻 R_C和负载电阻 R_L。交流输出电压与电流之间的关系为

$$u_o = -i_c(R_C//R_L) = -i_cR_L' \qquad R_L' = R_C//R_L$$

满足此关系式并经过静态工作点 Q 的直线称为“交流负载线”，它的斜率为 $-\dfrac{1}{R_C//R_L} = -\dfrac{1}{R_L'}$，而根据直流通路画出的直流负载线的斜率为 $-\dfrac{1}{R_C}$。在线性工作范围内，在输出电压波形不失真的条件下，直流负载线与交流负载线必然相交于 Q 点，因此交流负载线比直流负载线更陡。通过 Q 点作一条斜率为 $-\dfrac{1}{R_L'}$的直线，就可以得到交流负载线，如图 2-28 所示。

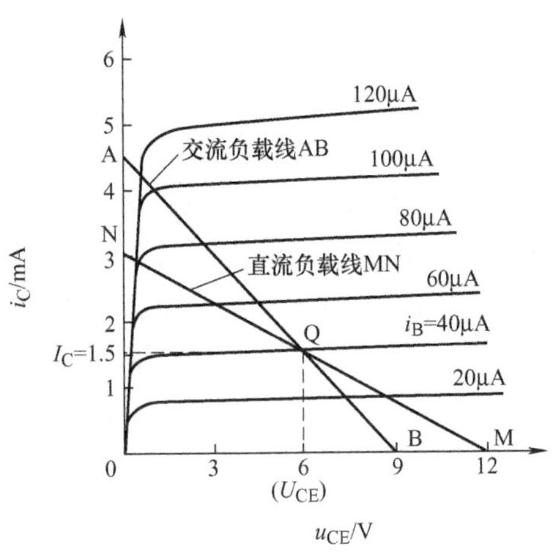

图 2-28 交流负载线

2.3.4 静态工作点的选择

1. 静态工作点的位置对输出波形的影响

当输入信号幅值不大时，为了降低直流电源的能量损耗，在保证不失真且具有一定电压增益的前提下，一般地都将 Q 选得低一点。但是如果 Q 点选得太低，在输入信号负半周峰值附近的某段时间内，晶体管发射结上电压 u_{BE}小于其开启电压，晶体管截止，基极电流产生底部失真，如图 2-29a 所示。集电极电流和集电极电阻 R_C上的电压也随之产生同样的失真。由于输出电压 u_o与 R_C上电压的变化相位相反，从而导致 u_o 波形产生顶部失真，如图 2-29b 所示。因晶体管截止而产生的失真称为“截止失真”。

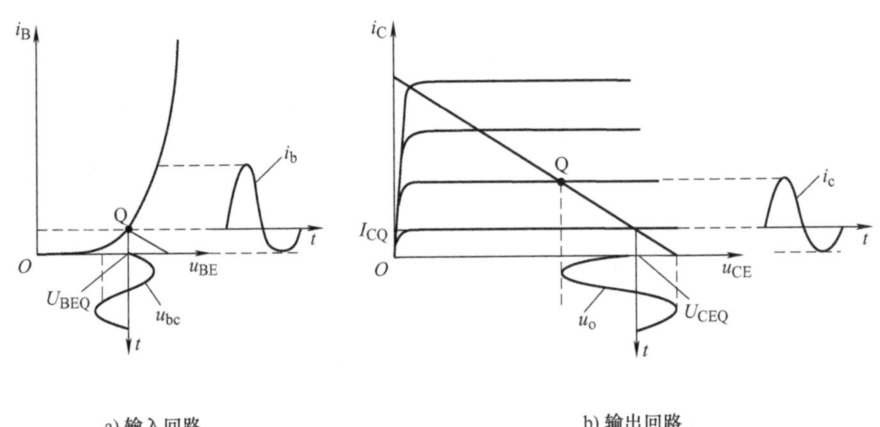

a) 输入回路　　b) 输出回路

图 2-29 截止失真波形分析

如果 Q 点选得过高，虽然基极电流为不失真的正弦波，如图 2-30a 所示，但是在输入信号正半周峰值附近的某段时间内，晶体管进入了饱和区，使集电极电流产生顶部失真。集电极电阻

R_C 上的电压波形也随之产生同样的失真。由于交流输出电压与 R_C 上电压的变化相位相反，从而导致 u_o 波形产生底部失真，如图 2-30b 所示。因晶体管饱和而产生的失真称为“饱和失真”。

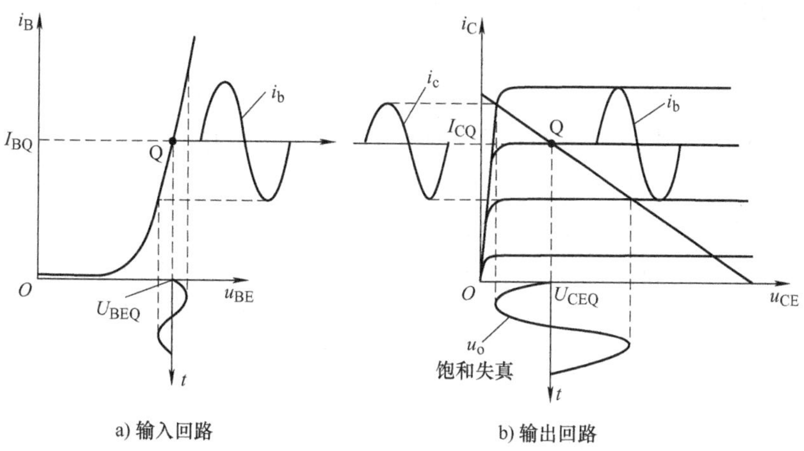

a) 输入回路　　b) 输出回路

图 2-30　饱和失真波形分析

如果采用 PNP 型管，则情况相反。

为了正确选择静态工作点的位置，可以改变放大电路的参数，其中以调节电阻 R_B 及 R_C 的值最为方便，因而也是实践中常用的方法。

2. 最大不失真输出电压幅值

为了使晶体管放大电路能不失真地放大交流输入信号，应当把静态工作点设置在输出特性曲线上放大区的中央。这样，当输入交流信号后，晶体管仍可处在放大区内。如果输入信号较大，Q 点应选在交流负载线的中央位置，从而获得最大的动态工作范围，即获得最大不失真输出电压幅值。

例 2-2　单管共射放大电路如图 2-31a 所示，晶体管 3AX31 的 $\beta = 25$，其输出特性如图 2-31b 所示。

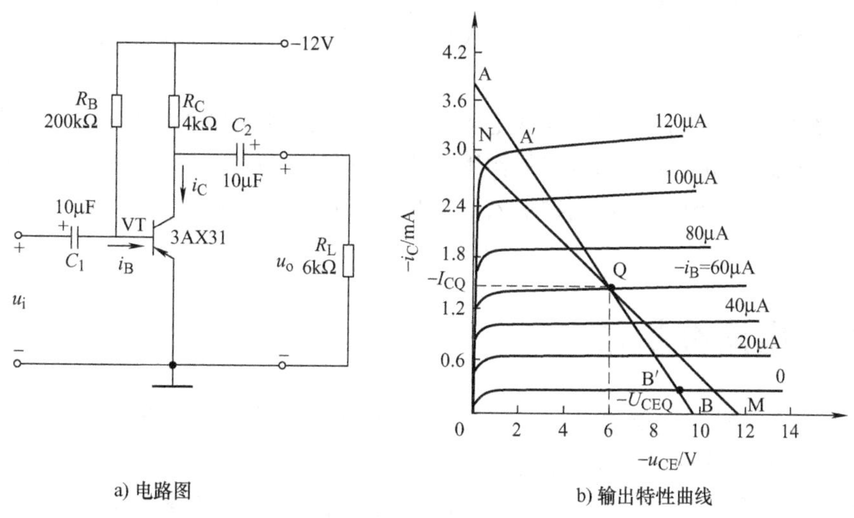

a) 电路图　　b) 输出特性曲线

图 2-31　例 2-2 图

(1) 画出直流负载线，确定静态工作点。

(2) 画出交流负载线，并求该放大电路能获得的最大不失真输出电压幅值。

解 (1) 用图解分析法求出静态工作点

$$I_B \approx -V_{CC}/R_B = -12\text{V}/200\text{k}\Omega = -60\mu\text{A}$$

由 $u_{CE} = -V_{CC} - i_C R_C = -12\text{V} - 4\text{k}\Omega \times i_C$，得 M（-12V，0mA）、N（0V、-3mA）两点，MN 线与 $i_B = -60\mu\text{A}$ 的输出特性曲线的交点就是静态工作点 Q，Q 点对应的电流、电压为：$I_B = -60\mu\text{A}$，$I_C = -1.5\text{mA}$，$U_{CE} = -6\text{V}$。

(2) 画出交流负载线，求出 $(U_{om})_M$

根据 $\Delta i_C/\Delta u_{CE} = -1/R_L'$ 的关系，取 $\Delta i_C = -I_C = 1.5\text{mA}$，相应的有 $\Delta u_{CE} = I_C R_L' = -1.5\text{mA} \times 2.4\text{k}\Omega = -3.6\text{V}$，其中 $R_L' = R_C // R_L = 2.4\text{k}\Omega$，于是可以得到 B 点坐标为（-9.6V，0mA）。因交流负载线必经过 Q 点，所以连接 BQ 并延长至 A，得到的 AB 就是所求的交流负载线。

由交流负载线与输出特性曲线的交点可知，在输入信号的正半周，如果输入信号足够大，则放大电路的工作点可由 Q 点移到 B′点，输出电压 $-u_{CE}$ 为 6～9V，变化范围为 3V。而在输入电压的负半周，则放大电路的工作点可由 Q 点移到 A′点，输出电压 $-u_{CE}$ 为 2.5～6V，变化范围为 3.5V。综合考虑可以得到该电路的最大不失真输出电压幅值 $(U_{om})_M$ 约为 3V。

通过以上分析可以看出，在晶体管放大电路中，为了对交流输入信号进行不失真的放大，静态工作点的选择有着极其重要的意义。同时，它还影响着最大不失真的输出幅值。当然，静态工作点位置的选择还要考虑到交流输入信号的大小。如果交流输入信号幅度大，静态工作点应选得高一些；如果交流输入信号幅度小，则可把静态工作点选得低一些，以减少管子在静态时的功率损耗。但是，都应保证交流输出信号的波形不失真。

图解分析法是分析非线性电路的一种最基本的方法，它比较全面而真实地反映了晶体管的非线性。在分析晶体管放大电路时，可以用它来直观和形象地研究放大电路的静态和动态工作情况，正确地选择静态工作点的位置，画出电路中电流和电压的交流分量的波形，分析非线性失真程度，计算电压增益等。在输入信号幅度较大时，只有应用图解法才能得出比较符合实际的结果。

但是，晶体管的特性曲线只能反映电压和电流是直流量或频率较低的交流量时的情况。如果工作频率较高，由于管子结电容的作用，特性曲线不再适用；同时作图容易引入较大的误差。因此，图解分析法主要适用在输入信号幅值较大、频率较低以及要求对波形失真进行分析等场合。

2.4 等效电路分析法

等效电路分析法是在一定条件下把晶体管的非线性特性线性化，即建立晶体管的线性模型，然后应用线性电路分析法分析晶体管电路。

由于应用场合和分析方法的不同，简化的方法各异，晶体管有多种等效模型。下面将介绍在分析静态工作点时用的晶体管直流模型和用于低频小信号时的 H 参数微变等效模型。

2.4.1 晶体管的直流模型及静态工作点的计算

1. 晶体管的直流模型

晶体管的输入回路是发射结，其特性与二极管相似，可以用直流恒压源作为模型，如图2-32a所示。晶体管工作在放大区时，可以用一族水平的直线近似表示实际的输出特性曲线，如图2-32b 所示。因为晶体管的集电极电流 I_C 只受 I_B 控制，而与管压降 u_{CE}无关，所以与理想的受控电流源等效。综合输入、输出回路的等效模型，就得到晶体管的直流模型，如图2-32c 所示。图中理想二极管决定了静态电流的方向。若晶体管工作在放大区，可以不画二极管。

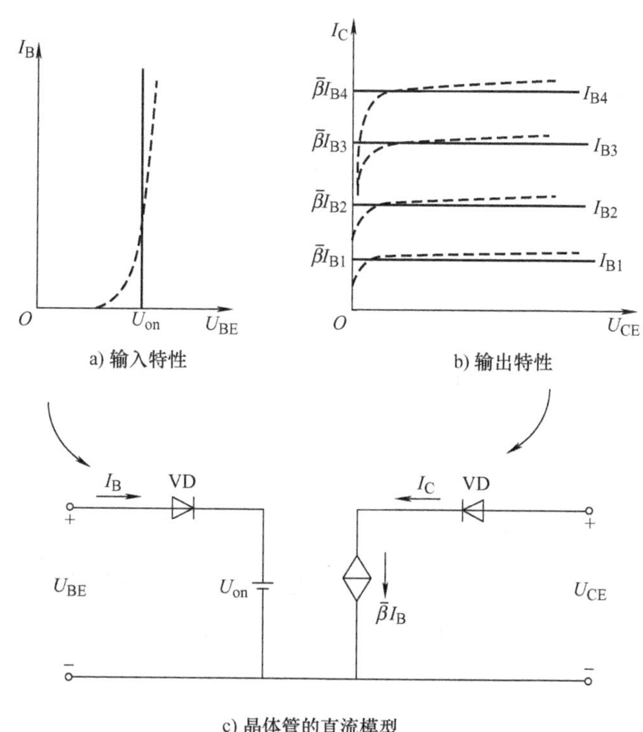

图2-32 晶体管的输入输出特性及直流模型

2. 用晶体管直流模型计算放大电路的静态工作点

仍以图2-20 所示电路为例。首先画出电路的直流通路，然后将其中的晶体管用直流模型代替，得到图2-33 所示的直流等效电路。

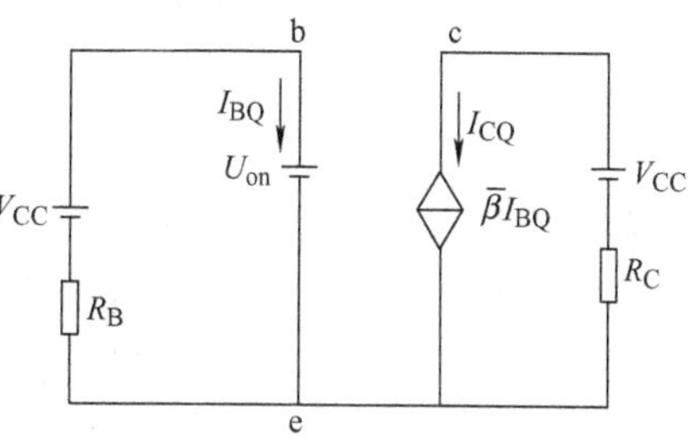

图2-33 放大电路的直流等效电路

由图计算出静态工作点，即

$$I_{BQ}=\frac{V_{CC}-U_{on}}{R_B}$$

$$I_{CQ}=\bar{\beta}I_{BQ}$$

$$U_{CEQ}=V_{CC}-I_{CQ}R_C$$

2.4.2 晶体管的低频小信号模型及其参数

如果放大电路的输入信号幅值很小，可以把晶体管的特性曲线在静态工作点附近用直线代替，从而建立晶体管的小信号线性模型，把非线性器件组成的电路作为线性电路也叫“微变等效电路”来处理。“低频”是指信号频率远低于晶体管的“特征频率”（定义见第6章6.3.1节），在此频率范围内，可以忽略晶体管内结电容的影响。

1. 晶体管在共射接法下的 H 参数

共射放大电路中的晶体管可以表示为图2-34a所示的双口网络。网络端口电压和电流的关系，就是器件的输入和输出特性，即

输入特性

$$u_{BE}=f_1(i_B,u_{CE}) \quad (2\text{-}32)$$

输出特性

$$i_C=f_2(i_B,u_{CE}) \quad (2\text{-}33)$$

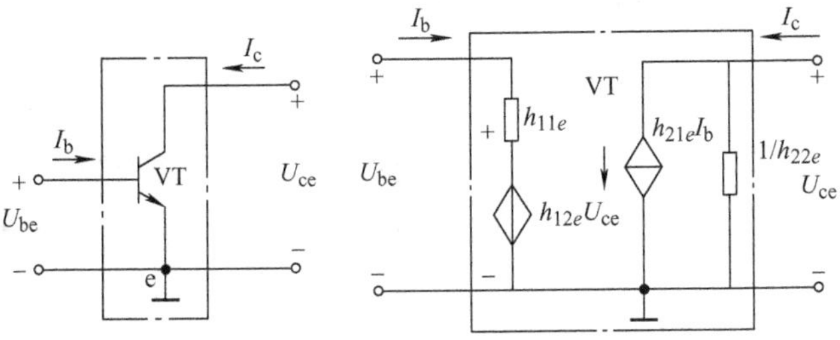

a) 共射接法时的双口网络

b) H参数模型

图2-34 晶体管的 H 参数等效电路

式中，i_B、i_C、u_{BE}、u_{CE}为各电量的总瞬时值。因为是分析输入低频小信号时微变量之间的关系，所以对上两式取全微分，得到

$$du_{BE}=\left.\frac{\partial u_{BE}}{\partial i_B}\right|_{U_{CE}}di_B+\left.\frac{\partial u_{BE}}{\partial u_{CE}}\right|_{I_B}du_{CE} \quad (2\text{-}34)$$

$$di_C=\left.\frac{\partial i_C}{\partial i_B}\right|_{U_{CE}}di_B+\left.\frac{\partial i_C}{\partial u_{CE}}\right|_{I_B}du_{CE} \quad (2\text{-}35)$$

式中，di_B、di_C、du_{BE}、du_{CE}表示各电量的无限小增量。在小信号作用的条件下，如果增量不超过晶体管的特性曲线的线性化范围，则这些无限小的增量就可以用有限的交流正弦量代替。因此，上述两式就可以改写成

$$U_{be}=h_{11e}I_b+h_{12e}U_{ce} \quad (2\text{-}36)$$

$$I_c=h_{21e}I_b+h_{22e}U_{ce} \quad (2\text{-}37)$$

式中，U_{be}、I_b、I_c、U_{ce}是正弦量有效值；h_{11e}、h_{12e}、h_{21e}、h_{22e}为晶体管共射接法下的 H 参数⊖。

2. H 参数的定义和意义

$$(1)\ h_{11e}=\left.\frac{\partial u_{BE}}{\partial i_B}\right|_{U_{CE}}\approx\left.\frac{\Delta u_{BE}}{\Delta i_B}\right|_{U_{CE}} \quad (2\text{-}38)$$

h_{11e}表示输出电压恒定即 $u_{CE}=U_{CEQ}$（$\Delta u_{CE}=0$ 或输出端交流短路）时，晶体管 b 和 e 极间的输入电阻（即输入的交流电压与交流电流之比），单位是欧（Ω），常用 r_{be}表示。其几何意义是：图2-35a 所示输入特性曲线上，静态工作点 Q 处切线斜率的倒数。

⊖ H 是 Hybrid（混合）的字头，因为这些参数有不同的量纲。

(2) $h_{12e}=\left.\frac{\partial u_{BE}}{\partial u_{CE}}\right|_{I_B}\approx\left.\frac{\Delta u_{BE}}{\Delta u_{CE}}\right|_{I_B}$ (2-39)

h_{12e}表示基极电流恒定即 $i_B=I_{BQ}$($\Delta i_B=0$ 或输入端交流开路) 时，晶体管输出电压的变化对输入电压的影响，也称为反向电压传输系数，是管子的内部反馈，无量纲，常用μ_r表示。其几何意义是：图 2-35b 所示输入特性曲线上，Q 点附近两条对应于不同 u_{CE}值（差值为 Δu_{CE}）的输入特性之间的横向距离。h_{12e}的数值一般小于 10^{-2}。

(3) $h_{21e}=\left.\frac{\partial i_C}{\partial i_B}\right|_{U_{CE}}\approx\left.\frac{\Delta i_C}{\Delta i_B}\right|_{U_{CE}}$ (2-40)

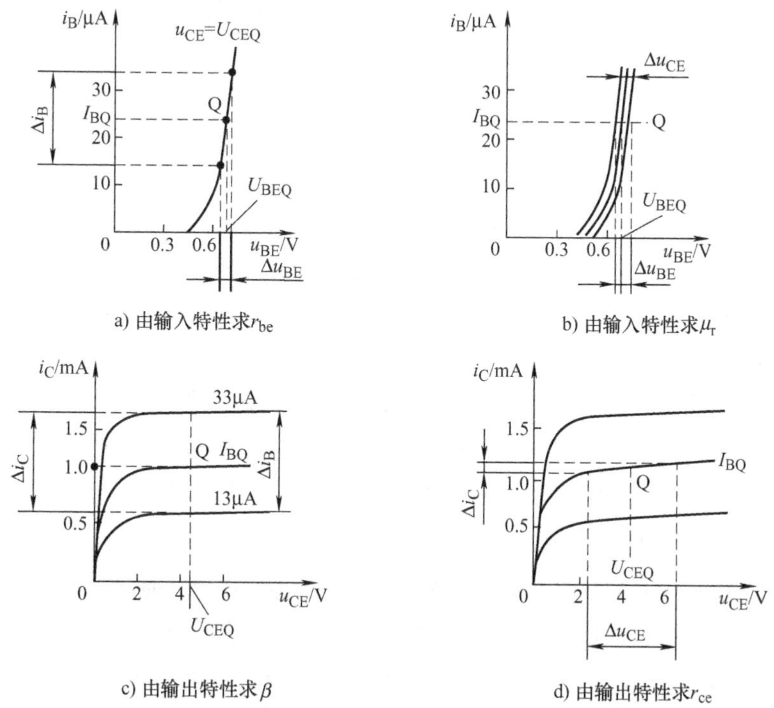

图 2-35　从晶体管特性曲线上求 H 参数的方法

h_{21e}表示输出电压恒定（输出交流短路）时，晶体管的交流共射集—基电流放大系数。它反映了 i_B 对 i_C 的控制能力，无量纲，常用β表示。其几何意义是：图 2-35c 所示的 Q 点处两条对应于不同 i_B 值的输出特性曲线之间的垂直间距。它与 $\bar{\beta}$ 近似相等，工程中两者通用。

(4) $h_{22e}=\left.\frac{\partial i_C}{\partial u_{CE}}\right|_{I_B}\approx\left.\frac{\Delta i_C}{\Delta u_{CE}}\right|_{I_B}$ (2-41)

h_{22e}表示 i_B 恒定（输入交流开路）时的输出电导，反映了晶体管集—射电压的变化对集电极电流变化的影响程度，单位是西门子（S），也可用 mA/V 表示。它的数值一般不大于 10^{-5}S。其倒数 $1/h_{22e}$是晶体管的输出电阻，常用符号 r_{ce}表示。其几何意义是：图 2-35d 所示 $i_B=I_{BQ}$的输出特性曲线在 Q 点附近的斜率。

3. 晶体管的 H 参数等效模型

式(2-36) 是晶体管输入回路的方程，它表明输入交流电压 U_{be} 由两部分组成：一部分 $h_{11e}I_b$ 表示 I_b 在 h_{11e} 上的电压降；另一部分 $h_{12e}U_{ce}$ 表示反向电压传输的电压控制电压源。因此，输入回路可以用戴维南等效电路的形式表示，如图 2-34b 左半部电路所示。

式(2-37) 是晶体管输出回路的方程，它表明输出电流由两部分组成：一部分 $h_{21e}I_b$ 为电流控制电流源，表示晶体管 I_b 对 I_c 的控制作用；另一部分 $h_{22e}U_{ce}$ 也是电流量纲，表示交流分量 u_{ce} 对电流的影响。因此，输出回路可以用诺顿等效电路的形式(两条支路的并联组合) 表示，如图 2-34b 右半部电路所示。

将输入和输出回路的等效电路组合在一起，就可以得到如图 2-34b 所示的共射接法下晶体管完整的 H 参数等效电路（低频小信号模型）。

低频小功率晶体管在共射接法下 H 参数的数量级一般为

$$\begin{bmatrix} h_{11e} & h_{12e} \\ h_{21e} & h_{22e} \end{bmatrix} = \begin{bmatrix} r_{be} & \mu_r \\ \beta & 1/r_{ce} \end{bmatrix} = \begin{bmatrix} 10^3\Omega & 10^{-3} \sim 10^{-4} \\ 10^2 & 10^{-5}\text{S} \end{bmatrix}$$

可以看出，h_{12e}和 h_{22e}很小。因此，在等效电路的输入回路中，$h_{12e}U_{ce} \ll U_{be}$，而在输出回路中，$1/h_{22e} \gg R_C$（或 R'_L）。所以，可以把 h_{12e}和 h_{22e}略去，从而得到图 2-36 所示的晶体管的简化 H 参数模型。

4. r_{be}的估算

为了使用晶体管的简化 H 参数模型，首先需要知道 H 参数的数值。$\beta(h_{21e})$可以在半导体手册中得到。对于 $h_{11e}(r_{be})$，可以根据晶体管的结构推导出近似表达式，经估算求得。

晶体管工作在低频信号时可略去其结电容的影响，内部结构可以用图 2-37a 表示其物理模型。图中 $r_{b'e'}$、$r_{b'c'}$分别为发射结、集电结的动态电阻，而 $r_{bb'}$、r_e、r_c 分别为基区、发射区、集电区的体电阻，$\beta \dot{I}_b$表示基极电流对集电极电流的控制作用。通常有 $r_e \ll r_{b'e'}$，$r_c \ll r_{b'c'}$。因此，可以把 r_e、r_c 略去，这样就可以得到图 2-37b 所示的等效电路，也叫 T 形等效电路。在低频小功率管中，$r_{bb'}$约为 100 ~ 300Ω，一般取 300Ω；$r_{b'e}$通常为几 ~ 几十欧（正偏结），而 $r_{b'c}$约为几百千欧 ~ 十兆欧（反偏结）。求 r_{be}时，根据定义将输出端交流短路，此时 $r_{b'c}$与 $r_{b'e}$并联。因 $r_{b'c} \gg r_{b'e}$，所以略去 $r_{b'c}$，从而获得图 2-37c 所示的简化 T 形等效电路。

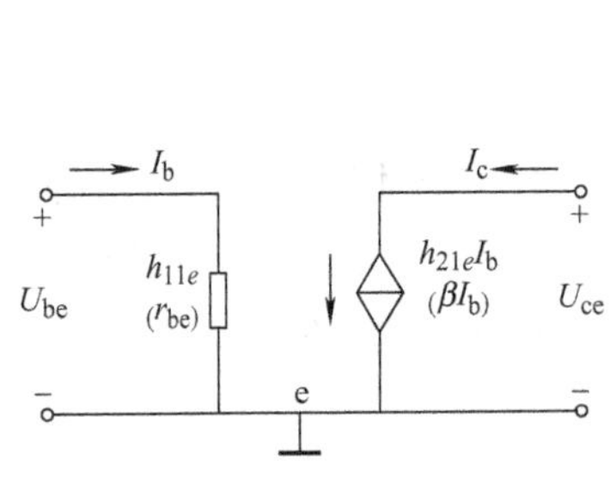

图 2-36 晶体管的简化 H 参数模型

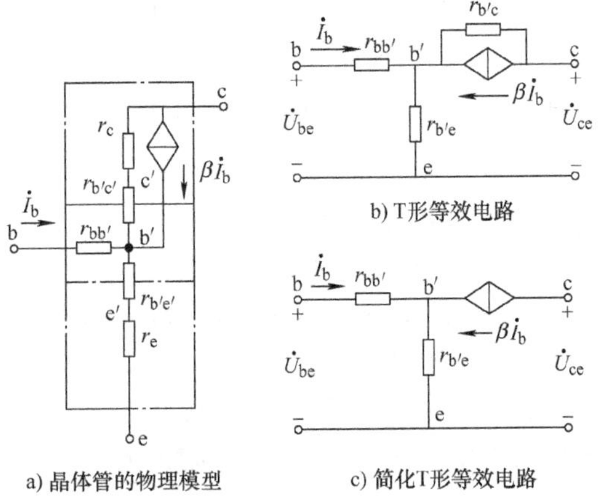

图 2-37 r_{be}计算式的导出

根据第 1 章中 PN 结伏安特性方程式，对晶体管发射结可以写出

$$i_E = I_S(e^{u_{B'E}/U_T} - 1)$$

式中，i_E 为流过发射结的电流；I_S 为发射结的反向饱和电流；$u_{B'E}$为发射结上的电压，一般 $u_{B'E} >> U_T$，所以

$$i_E \approx I_S e^{u_{B'E}/U_T} \tag{2-42}$$

发射结电阻 $r_{b'e}$为 PN 结伏安特性曲线在静态工作点处斜率的倒数。因此，对式(2-42) 求导得

$$\frac{1}{r_{b'e}} = \frac{di_E}{du_{B'E}} = \frac{1}{U_T}(I_S e^{u_{B'E}/U_T}) \tag{2-43}$$

将式(2-42) 代入上式，得

$$\frac{1}{r_{b'e}} = \frac{I_{EQ}}{U_T}$$

所以，发射结电阻

$$r_{b'e} = U_T/I_{EQ} = 26/I_{EQ} \tag{2-44}$$

式中，I_{EQ}单位为 mA；26 为 26mV。

可以看出：$r_{b'e}$与晶体管直流工作电流 I_{EQ}有关，Q 点越高，I_{EQ}越大，$r_{b'e}$越小。

由图 2-37c 可得

$$\begin{aligned} U_{be} &= I_b r_{bb'} + I_e r_{b'e} = I_b r_{bb'} + (1+\beta) I_b r_{b'e} \\ &= I_b[r_{bb'} + (1+\beta) r_{b'e}] \end{aligned}$$

所以，晶体管共射接法时输入电阻的表达式为

$$r_{be} = U_{be}/I_b = r_{bb'} + (1+\beta) r_{b'e}$$

利用式(2-44) 得到

$$r_{be} = r_{bb'} + (1+\beta)\frac{26\text{mV}}{I_{EQ}} \tag{2-45}$$

注意：流过 $r_{bb'}$的是 $\dot{I}_b$，而流过 $r_{b'e}$的是 $\dot{I}_e = (1+\beta)\dot{I}_b$。根据电路分析中的等效原理，如果认为流过 $r_{b'e}$的也是 $\dot{I}_b$，则为了使两端电压不变，$r_{b'e}$应折算成$(1+\beta)r_{b'e}$。此时 $r_{bb'}$就可以和$(1+\beta)r_{b'e}$直接串联相加得到 r_{be}。这是分析电子电路时常用的“阻抗折算原理”。

5. *应用 H 参数模型应注意的问题*

1) *H* 模型中四个参数都是针对变化量（交流量）的，因此该模型只能用来求解器件各交流量之间的关系，不能用来求静态量。也正因为如此，PNP 和 NPN 型晶体管有相同的 *H* 参数模型。

2) 参数都是在 Q 点处定义的，只有输入低频小信号时分析误差才较小。同时，*H* 参数（如 r_{be}）的值与 Q 点有关。

3) 模型中受控电流源代表 NPN 型管的电流控制作用，其大小和方向均从属于 $\dot{I}_b$。$\dot{I}_b$ 流入基极时，$\beta\dot{I}_b$ 从集电极流向发射极。对 PNP 型管，$\dot{I}_b$ 和 $\beta\dot{I}_b$ 的方向与 NPN 型管相同。

2.4.3 共射基本放大电路动态性能的 *H* 参数模型分析法

应用微变等效电路分析法分析图 2-27a 所示的共射基本放大电路（重画在图 2-38a)。

1. 画出微变等效电路图

首先用简化的 H 参数模型代替晶体管，接着画出其他部分的交流通路，即固定不变的电压源对地短路，大电容对交流视为短路。因为输入信号采用正弦波，等效电路中的电压和电流用相量符号标注。这样就得到了整个放大电路的微变等效电路，如图 2-38b 所示。

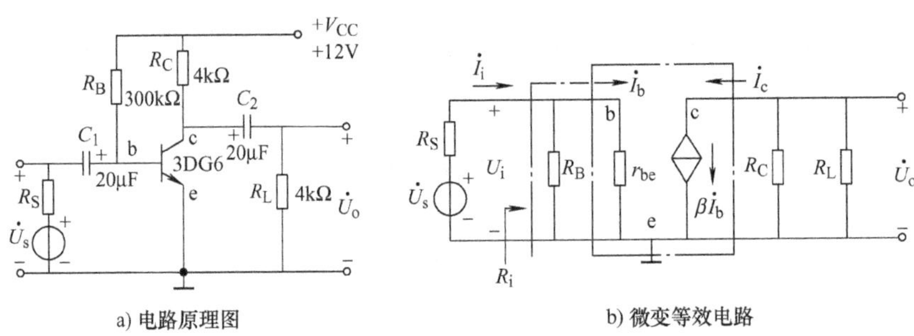

a) 电路原理图　　b) 微变等效电路

图 2-38　共射放大电路和微变等效电路

2. 求电压增益

根据画出的等效电路，可以利用求解线性交流电路的方法来分析。由图 2-38b 写出

$$\dot{I}_b = \dot{U}_i / r_{be}$$

$$\dot{I}_c = \beta \dot{I}_b$$

$$\dot{U}_o = -\dot{I}_c R_L'$$

式中，$R_L' = R_C // R_L$。

可以得到电压增益的表达式为

$$A_u = \dot{U}_o / \dot{U}_i = -\dot{I}_c R_L' / \dot{I}_b r_{be} = -\beta R_L' / r_{be} \tag{2-46}$$

式中，负号表示 $\dot{U}_o$ 与 $\dot{U}_i$ 相位相反。

3. 计算输入电阻

$$R_i = \dot{U}_i / \dot{I}_i = \dot{I}_i (R_B // r_{be}) / \dot{I}_i = R_B // r_{be} \tag{2-47}$$

4. 计算输出电阻

根据输出电阻的定义，令信号源 $\dot{U}_s = 0$，但保留其内阻 R_S；去掉负载电阻 R_L；在输出端加电压 $\dot{U}_o$，将在输出端产生电流 $\dot{I}_o$，如图 2-39 所示。在此电路中，因为 $\dot{U}_s = 0$，所以 $\dot{I}_b = 0$，$\beta \dot{I}_b = 0$，即受控电流源开路。所以

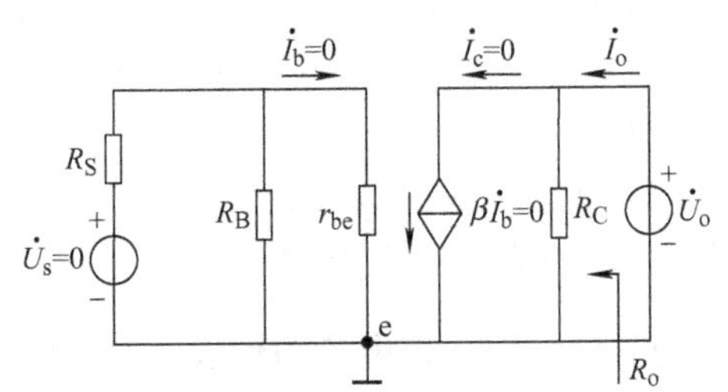

图 2-39　放大电路输出电阻的求法

$$R_o = \dot{U}_o / \dot{I}_o = R_C \tag{2-48}$$

例 2-3　图 2-38a 所示电路中，已知晶体管 3DG6 的 $\beta = 38$，信号源内阻 $R_S = 500\Omega$，计算：

(1) 电压增益 $A_u = \dot{U}_o / \dot{U}_i$ 和源电压增益 $A_{us} = \dot{U}_o / \dot{U}_s$；

(2) 输入电阻 R_i；

(3) 输出电阻 R_o。

解 首先确定静态工作点 Q。

$$I_{BQ} = \frac{V_{CC} - U_{on}}{R_B} = (12 - 0.7)\text{V}/300\text{k}\Omega \approx 40\mu\text{A}$$

$$I_{CQ} = \bar{\beta} I_{BQ} = 38 \times 40\mu\text{A} = 1.52\text{mA} \approx I_{EQ}$$

(1) 根据式(2-45) 得

$$r_{be} = r_{bb'} + (1+\beta)\frac{26\text{mV}}{I_{EQ}\text{mA}} = 300\Omega + 39 \times \frac{26\text{mV}}{1.52\text{mA}} \approx 0.97\text{k}\Omega$$

根据式(2-46) 得

$$A_u = -\beta R'_L / r_{be} = -38 \times \frac{2\text{k}\Omega}{0.97\text{k}\Omega} \approx -78.4$$

(2) 根据式(2-47) 得

$$R_i = R_B // r_{be} = 300\text{k}\Omega // 0.97\text{k}\Omega \approx 0.97\text{k}\Omega$$

由图 2-38 可以得到

$$A_{us} = \dot{U}_o / \dot{U}_s = \frac{\dot{U}_o}{\frac{R_i + R_S}{R_i}\dot{U}_i} = \frac{R_i}{R_i + R_S} A_u \approx -51.7$$

(3) 根据式(2-48) 得

$$R_o = R_C = 4\text{k}\Omega$$

图解分析法和微变等效电路分析法是分析放大电路的两种基本方法。图解分析法主要用于输入信号较大的情况，可以进行波形失真的分析及最大不失真输出电压的计算。如果输入为交流小信号，要求计算电路的多项动态指标时，用微变等效电路分析法就更为方便。

2.5 其他基本放大电路

2.5.1 分压式偏置稳定共射放大电路

从以上分析可知，放大电路的静态工作点对放大性能有重要的影响。因此，选择合适的工作点并使之稳定，是保证放大电路正常而稳定工作的关键。

影响静态工作点的因素很多。电源电压的变化、电路元器件由于老化而引起的参数值变化、温度对器件参数的影响等都会引起静态工作点的不稳定。其中最主要的因素是晶体管参数随温度的变化。当环境温度升高时，晶体管的参数 I_{CBO}、U_{BE}、β 都随之变化，从而使集电极电流增大，破坏了静态工作点的稳定性。

图 2-20 所示的共射基本放大电路，偏置电路提供了固定的偏置电流。环境温度变化时，将引起静态工作点的变动，严重时甚至会使电路无法正常工作。采用“分压式偏置稳定”电路，能在外界因素变化时保持静态工作点的稳定。

1. 分压式偏置稳定共射放大电路的静态分析

分压式偏置稳定共射放大电路又称为“射极偏置电路”，如图2-40所示，其直流通路如图2-40b所示。

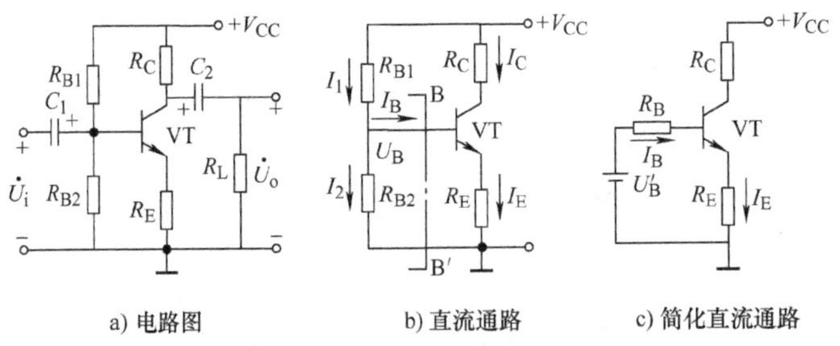

a) 电路图　　b) 直流通路　　c) 简化直流通路

图2-40　分压式偏置稳定放大电路

(1) 基极电位 U_B 的固定　在图示电路中，基极B处的电流方程为

$$I_1 = I_2 + I_B$$

设计电路时，为了稳定静态工作点，应满足 $I_1 >> I_B$ 的条件。这样就可以略去 I_B，认为 $I_1 \approx I_2$，从而使基极电位 U_B 固定，即

$$U_B \approx \frac{R_{B2} V_{CC}}{R_{B1} + R_{B2}} \tag{2-49}$$

U_B 几乎只与电阻和电源电压有关，而与晶体管的参数没有关系。

(2) 电流 I_{CQ}、I_{EQ}的稳定　当满足 $U_B >> U_{BE}$的条件时，可以求出

$$I_{CQ} \approx I_{EQ} = \frac{U_B - U_{BE}}{R_E} \approx \frac{U_B}{R_E} \tag{2-50}$$

$$U_{CEQ} \approx V_{CC} - I_{CQ}(R_C + R_E)$$

因为 U_B 固定，所以 I_{CQ}、I_{EQ}也几乎不变，即静态工作点稳定。

上述稳定Q点的自动调整过程可简便地表示为

$$\text{温度}\ T(℃)\uparrow \longrightarrow I_C\uparrow \longrightarrow U_E\uparrow \xrightarrow{U_B\ \text{固定}} U_{BE}\downarrow$$

$$I_C\downarrow \longleftarrow I_B\downarrow \longleftarrow$$

温度下降时，静态电流调整过程与此相似。在稳定的过程中，射极电阻起了重要的作用，实质上是通过 R_E 引入了直流负反馈（详见第7章）。

为了稳定Q点，必须使 $I_1 >> I_B$ 和 $U_B >> U_{BE}$。一般可取

硅管：　$I_1 = (5\sim10)I_B$；$U_B = (3\sim5)\text{V}$

锗管：　$I_1 = (10\sim20)I_B$；$U_B = (1\sim3)\text{V}$

由于锗管的 I_{CBO}受温度影响比硅管大，所以对 I_1 的相对取值锗管应较大；因为硅管发射结的导通电压大于锗管，硅管的 U_B 取值应大一些。

2. 分压式偏置稳定共射放大电路的动态分析

分压式偏置稳定共射放大电路的微变等效电路如图2-41所示。

(1) 电压增益

$$A_u = \dot{U}_o / \dot{U}_i = \frac{-\dot{I}_c R'_L}{\dot{I}_b[r_{be} + (1+\beta)R_E]}$$

$$=\frac{-\beta R_L'}{r_{be}+(1+\beta)R_E} \qquad R_L'=R_C /\!/ R_L \tag{2-51}$$

（2）输入电阻

$$R_i'=\dot{U}_i/\dot{I}_b=\dot{I}_b[r_{be}+(1+\beta)R_E]/\dot{I}_b=r_{be}+(1+\beta)R_E$$

$$R_i=\dot{U}_i/\dot{I}_i=R_{B1}/\!/R_{B2}/\!/R_i' \tag{2-52}$$

（3）输出电阻　根据定义，将输入信号 $\dot{U}_i$ 短路，去掉负载电阻 R_L。此时 $\dot{I}_b=0$，$\beta\dot{I}_b=0$，即受控电流源开路。所以

$$R_o=\dot{U}_o/\dot{I}_o=R_C \tag{2-53}$$

从图2-38b和图2-41两个微变等效电路的比较可以看出，分压式偏置稳定电路在动态时基本上就是一个射极上接了电阻 R_E 的共射基本放大电路。这两个电路的输入信号都是加在基极和地（或通过 R_E 到地）之间，而输出信号取自集电极和地之间，发射极（或通过 R_E）是输入和输出的共同点。

由以上分析可知，分压式偏置稳定电路中引入的电阻 R_E 稳定了静态工作点。但是，与共射基本放大电路相比，电压增益降低，输入电阻提高，输出电阻保持不变。R_E 越大，Q点稳定性越好，但电压增益就越低。为了解决这一问题，通常在 R_E 上并联容量为几十到几百微法的电容 C_E，如图2-42所示。对于静态，电容 C_E 相当于开路，不影响 R_E 稳定工作点的作用；对于交流信号，C_E 可视为短路，发射极直接接地，即 R_E 对交流性能没有影响。

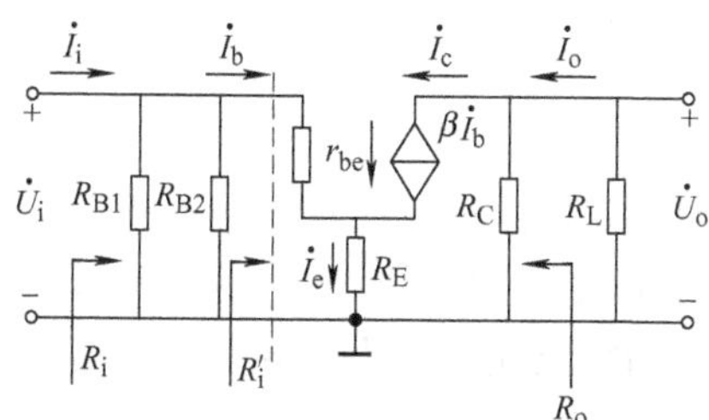

图2-41　分压式偏置稳定共射放大电路的微变等效电路

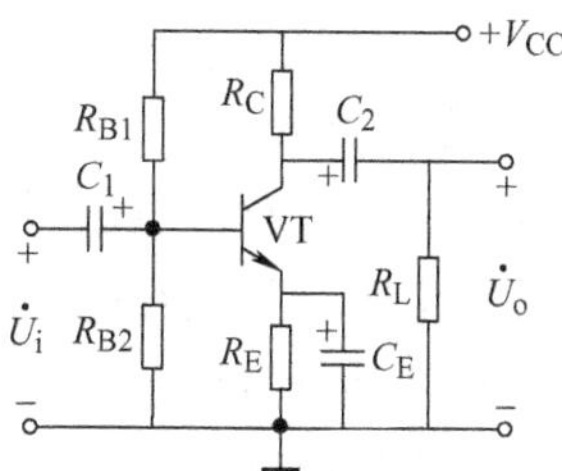

图2-42　射极接旁路电容的偏置稳定电路

例2-4　在图2-43a所示的电路中，晶体管3AX25的 $\beta=50$。试：

（1）画出其微变等效电路；

（2）当 $U_s=15\text{mV}$ 时，计算输出电压 U_o；

（3）求输入电阻和输出电阻。

解　（1）画出微变等效电路，如图2-43b所示。PNP型管与NPN型管的 H 参数简化模型相同。

（2）求 U_o　根据式(2-49)

$$U_B\approx\frac{R_{B2}V_{CC}}{R_{B1}+R_{B2}}=\frac{10}{33+10}\times(-12)\text{V}=-2.8\text{V}$$

$$I_E=\frac{2.8\text{V}-0.2\text{V}}{1.3\text{k}\Omega+0.2\text{k}\Omega}=1.73\text{mA}$$

利用式(2-45)得到

$$r_{be}=300\Omega+(1+50)\frac{26\text{mV}}{1.73\text{mA}}=1.07\text{k}\Omega$$

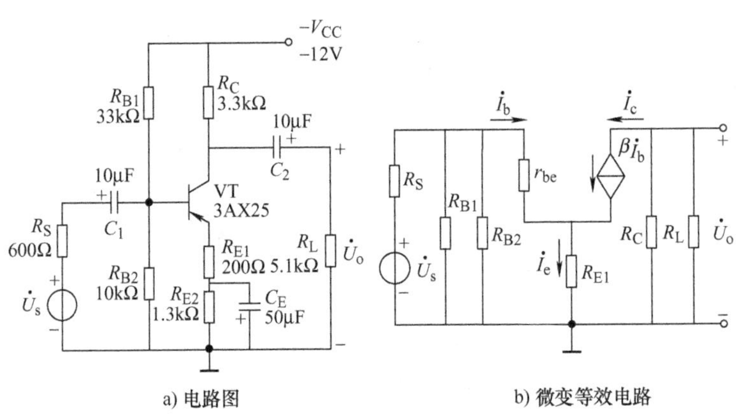

a) 电路图　　　b) 微变等效电路

图 2-43　例 2-4 图

$$R_i = R_{B1} /\!/ R_{B2} /\!/ [r_{be} + (1+\beta)R_{E1}] = 33\text{k}\Omega /\!/ 10\text{k}\Omega /\!/ (1.07 + 51\times 0.2)\text{k}\Omega = 4.6\text{k}\Omega$$

$$\boldsymbol{A}_u = \dot{U}_o / \dot{U}_i = \frac{-\beta R'_L}{r_{be} + (1+\beta)R_{E1}} = \frac{-50\times(3.3/\!/5.1)\text{k}\Omega}{1.07\text{k}\Omega + 51\times 0.2\text{k}\Omega} = -8.9$$

$$\boldsymbol{A}_{us} = \dot{U}_o / \dot{U}_s = \frac{R_i}{R_i + R_S}\boldsymbol{A}_u = -7.86$$

则输出电压 $$U_o = \boldsymbol{A}_{us} U_s = -7.86\times 15\text{mV} = -117.9\text{mV}$$

(3) 输出电阻

$$R_o = R_C = 3.3\text{k}\Omega$$

3. 晶体管恒流源

为了提高放大电路的电压增益，需要在直流电源一定的条件下，增大集电极或发射极的等效交流负载电阻，为此在电子电路中常采用“有源负载”。恒流源电路不但可以提供恒定的电流，而且因其具有直流电阻较小、交流电阻很大的特点还可作为有源负载，所以恒流源在电子电路中被广泛使用。

图 2-44a 所示的恒流源，实际上就是分压式偏置稳定电路。通过前面的分析知道，当 V_{CC}、R_{B1}、R_{B2} 和 R_E 确定后，集电极静态电流 I_{CQ} 几乎与温度及负载电阻 R_L 无关。R_E 越大，它所引入的直流负反馈作用越强，I_{CQ} 的稳定性就越好。所以，图 2-44a 相当于一个电流等于 I_{CQ} 的恒流源，其图形符号如图 2-44b 所示。

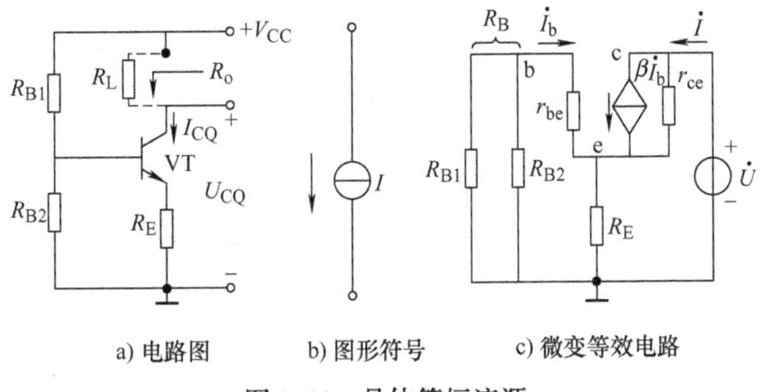

a) 电路图　　b) 图形符号　　c) 微变等效电路

图 2-44　晶体管恒流源

(1) 恒流源的直流电阻 $R_{O(DC)}$　由图 2-44a 可知，晶体管集电极与地之间的直流电阻 $R_{O(DC)}$ 为集电极对地的直流电压 U_{CQ} 与集电极电流 I_{CQ} 之比，即

$$R_{O(DC)} = U_{CQ} / I_{CQ} \tag{2-54}$$

$R_{O(DC)}$ 实际上就是在输出特性曲线上，静态工作点 Q 与坐标原点连线斜率的倒数，其值

很小，一般在几千欧范围内。

（2）恒流源的交流电阻 R_o　为了求 R_o，首先画出考虑晶体管自身输出电阻时的微变等效电路，如图 2-44c 所示。根据定义，在输出端加交流信号 $\dot{U}$，由图列出

$$\dot{U}=(\dot{I}-\beta\dot{I}_b)r_{ce}+(\dot{I}+\dot{I}_b)R_E$$

$$\dot{I}_b(r_{be}+R_B)+(\dot{I}+\dot{I}_b)R_E=0$$

可以求解得到

$$\dot{I}_b=-\frac{R_E}{r_{be}+R_B+R_E}\dot{I} \tag{2-55}$$

根据定义列出

$$R_o=\dot{U}/\dot{I}=[(\dot{I}_b+I)R_E+(\dot{I}-\beta\dot{I}_b)r_{ce}]/\dot{I} \tag{2-56}$$

将式(2-55) 代入式(2-56)，并整理得到

$$\begin{aligned}R_o&=\left(1+\frac{\beta R_E}{r_{be}+R_B+R_E}\right)r_{ce}+[R_E/\!/(r_{be}+R_B)]\\&\approx\left(1+\frac{\beta R_E}{r_{be}+R_B+R_E}\right)r_{ce}\end{aligned} \tag{2-57}$$

由式(2-57) 可以看出，$R_o \gg r_{ce}$，即恒流源的交流输出电阻很大。

2.5.2　晶体管共集放大电路

共集（CC）[⊖]基本放大电路（见图 2-45a）是集电极直接（或通过一个小的限流电阻）与电源相连，而负载接在发射极。即放大电路的输入端仍为基极，输出端为发射极，而集电极是输入和输出回路共有的交流地端。所以，共集放大电路也称为“射极输出器”。

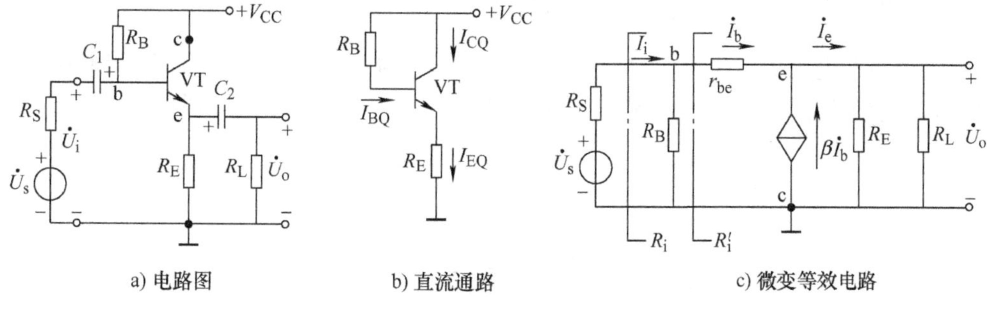

a) 电路图　　b) 直流通路　　c) 微变等效电路

图 2-45　共集基本放大电路

（1）静态工作点的分析　共集基本放大电路的直流通路如图 2-45b 所示。首先列出基极回路的方程为

$$I_BR_B+U_{BE}+I_ER_E=V_{CC}$$

所以

⊖ CC 是 Common Collector（共集电极）的字头缩写。

$$I_B = \frac{V_{CC} - U_{BE}}{R_B + (1+\beta)R_E} \approx \frac{V_{CC}}{R_B + (1+\beta)R_E} = I_{BQ} \tag{2-58}$$

$$I_{CQ} = \beta I_{BQ} \tag{2-59}$$

$$U_{CEQ} = V_{CC} - I_{CQ}R_E \tag{2-60}$$

（2）电压增益　共集基本放大电路的微变等效电路如图 2-45c 所示，由图可以得到

$$\boldsymbol{A}_u = \dot{U}_o/\dot{U}_i = \frac{\dot{I}_e R_L'}{\dot{I}_b r_{be} + \dot{I}_e R_L'} = \frac{(1+\beta)\dot{I}_b R_L'}{\dot{I}_b r_{be} + (1+\beta)\dot{I}_b R_L'}$$

$$= \frac{(1+\beta)R_L'}{r_{be} + (1+\beta)R_L'} \tag{2-61}$$

其中

$$R_L' = R_E /\!/ R_L$$

由式(2-61) 可以看出，$A_u<1$。但因为$(1+\beta)R_L' \gg r_{be}$，所以电路的$A_u \approx 1$。即$\dot{U}_o \approx \dot{U}_i$，输出电压与输入电压数值上近似相等，且相位相同。因此该电路也称为“射极跟随器”。虽然电路无电压放大能力，但是输出电流 $\dot{I}_e$ 远大于输入电流 $\dot{I}_b$，所以电路仍具有功率放大的能力。

（3）输入电阻　由图 2-45c 可以得到

$$R_i' = \dot{U}_i/\dot{I}_b = \dot{I}_b[r_{be} + (1+\beta)R_L']/\dot{I}_b = r_{be} + (1+\beta)R_L'$$

$$R_i = \dot{U}_i/\dot{I}_i = R_i' /\!/ R_B = R_B /\!/ [r_{be} + (1+\beta)R_L'] \tag{2-62}$$

因为流经 R_L'的电流 $\dot{I}_e = (1+\beta)\dot{I}_b$，所以，把 R_L'折算到输入回路时等效为$(1+\beta)R_L'$，大大提高了共集放大电路的输入电阻 R_i'。但因偏置电阻的并联，实际的 R_i 将减小，一般可达几十到几百千欧。

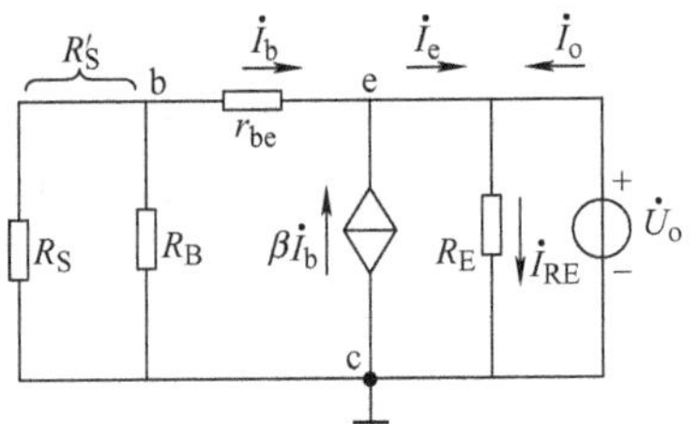

图 2-46　求射极输出器 R_o 的等效电路

（4）输出电阻　根据定义，将输入信号 $\dot{U}_s$ 短路(保留 R_S)，去掉负载电阻 R_L，此时在输出端加电压 $\dot{U}_o$。电路中各电量之间的关系如图 2-46 所示。可以得到

$$\dot{I}_{RE} = \dot{U}_o/R_E$$

$$\dot{I}_b = -\frac{U_o}{r_{be} + R_S'}$$

其中

$$R_S' = R_B /\!/ R_S$$

$$\dot{I}_o = \dot{I}_{RE} - \dot{I}_b - \beta\dot{I}_b = \frac{\dot{U}_o}{R_E} + (1+\beta)\frac{\dot{U}_o}{r_{be} + R_S'}$$

$$\frac{\dot{I}_o}{\dot{U}_o} = \frac{1}{R_E} + \frac{1+\beta}{r_{be} + R_S'}$$

$$R_o=\frac{\dot{U}_o}{\dot{I}_o}=R_E/\!/\frac{r_{be}+R'_S}{1+\beta} \tag{2-63}$$

流过电阻（$r_{be}+R'_S$）的电流 $\dot{I}_b=\frac{1}{1+\beta}\dot{I}_e$。将该电阻折算到输出回路中等效为$\frac{r_{be}+R'_S}{1+\beta}$，它比 R_E 小得多。所以，共集放大电路的输出电阻很小，一般在几十到几百欧范围内。

通过以上分析，可以得出共集放大电路的特点：电压增益接近于 1（电压跟随），输出电压与输入电压同相，输入电阻大，输出电阻小。

放大电路的输入电阻高，输入信号源提供的电流小，可减小信号源的功率容量。输出电阻低，放大电路的带负载能力增强。所以，共集放大电路多用来作为多级放大电路的输入级和输出级。也可以用在中间级作为缓冲级或阻抗变换级，减轻前级的负载，从而提高整个电路的电压增益。

2.5.3 晶体管共基放大电路

1. 共基放大电路的静态分析

在图 2-47a 所示的电路中，信号从晶体管的发射极与地之间输入，负载接在集电极与地之间，信号从集电极输出。而基极是输入和输出回路共有的交流接地端，所以叫做“共基（CB⊖）放大电路”。

共基放大电路的直流通路如图 2-47b 所示。它与偏置稳定共射放大电路的直流通路相同，其分析和计算方法也一样，因此不再重复。

2. 共基放大电路的动态分析

共基放大电路的交流通路和微变等效电路如图 2-47c 和 d 所示。

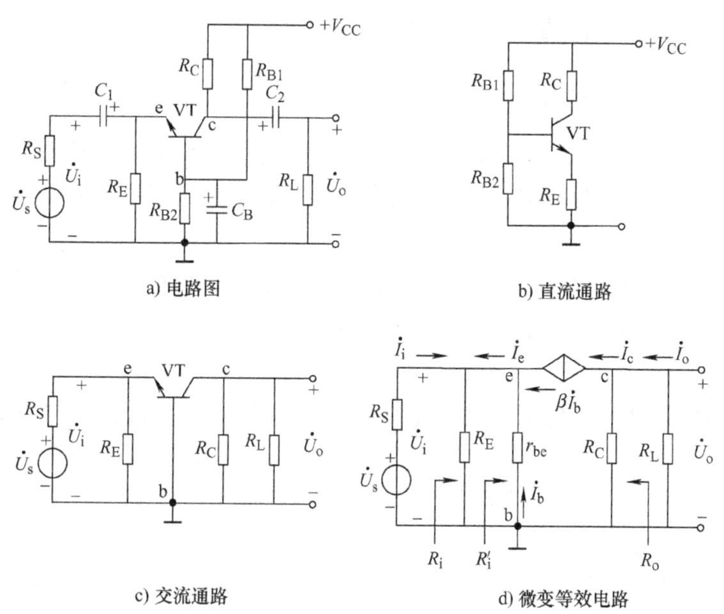

图 2-47 共基放大电路

⊖ CB 是 Common Base（共基极）的字头缩写。

（1）电压增益

$$A_u=\frac{\dot{U}_o}{\dot{U}_i}=\frac{-\beta\dot{I}_bR'_L}{-\dot{I}_br_{be}}=\frac{\beta R'_L}{r_{be}} \tag{2-64}$$

其中

$$R'_L=R_C/\!/R_L$$

将式(2-64）与式(2-46）相比，可知共基放大电路与共射放大电路的电压增益在数值上相同，但符号相反。即在共基放大电路，输出电压与输入电压相位相同。

（2）输入电阻

$$R'_i=\frac{\dot{U}_i}{-\dot{I}_e}=\frac{-\dot{I}_br_{be}}{-(1+\beta)\dot{I}_b}=\frac{r_{be}}{(1+\beta)} \tag{2-65}$$

$$R_i=R_E/\!/R'_i=R_E/\!/\frac{r_{be}}{1+\beta} \tag{2-66}$$

流过电阻 r_{be} 的电流 $\dot{I}_b=\frac{1}{1+\beta}\dot{I}_e$，将 r_{be} 折算到输入回路中等效为 $\frac{r_{be}}{1+\beta}$，所以共基放大电路的输入电阻很小。其原因在于此处对应于 $\dot{U}_i$ 所产生的电流为 $\dot{I}_e$，输入电流增大了，所以输入电阻减小。

（3）输出电阻　根据定义，将输入信号 $\dot{U}_s$ 短路，去掉负载电阻 R_L，此时 $\dot{I}_b=0$，$\beta\dot{I}_b=0$，即受控电流源开路。所以

$$R_o=\dot{U}_o/\dot{I}_o=R_C \tag{2-67}$$

可见，共基放大电路与共射放大电路的输出电阻相同。

2.5.4　三种晶体管基本放大电路的比较

以上分析了双极型晶体管组成的三种基本放大电路（或者叫三种“组态”），即共射、共集和共基电路。它们从电路的组成、放大形式、动态性能及应用场合都各具特点。

1. 从电路组成上

三种基本放大电路在组成上的区别主要看输入和输出信号接在晶体管的哪个极，这一区别就决定了电路的放大形式、动态性能参数和应用场合。

2. 从放大形式上

1）共射电路信号从基极输入、从集电极输出，这就决定了这种电路具有电流放大作用（由基极电流到集电极电流）。通过电阻的适当配置，这种电路可以具有一定的电压放大作用。因此，它也有一定的功率放大作用。但是由于它的输出电阻较大，带负载能力不强，不适合用作功率放大电路。

2）共集电路信号从基极输入、从射极输出，输出电压与输入电压近似相等，是一种“电压跟随电路”。这种电路没有电压放大作用，只有电流放大作用，所以仍具有功率放大作用。特别是因为共集电路的输出电阻很小，带负载能力强，适合用作功率放大。

3）共基电路信号从射极输入、从集电极输出，输出电流与输入电流差别不大，是一种

"电流跟随电路"。这种电路没有电流放大作用，只有电压放大作用。因为输出电阻较大而不适合用于功率放大。

3. 从动态性能参数上

1）共射电路电压增益和电流增益都较大，输入电阻和输出电阻适中，输出电压与输入电压反相。

2）共集电路电压增益略小于 1 但接近于 1，电流增益大。它是三种接法中输入电阻最大、输出电阻最小的电路，并具有电压跟随的特点。

3）共基电路电压增益与共射电路相同，但输出电压与输入电压同相。它的输入电阻和输出电阻与共射电路相同。

4. 从应用场合上

1）共射电路常用作低频电压放大，在多级放大电路中可作为输入级、输出级或中间级。

2）共集电路常用作功率输出级。由于输入电阻大、输出电阻小，在多级放大电路中可作为输入级和级间的缓冲级。

3）共基电路的频率特性在三种电路中最好，所以常用作宽频带放大和高频电压放大。

需要说明的是：输出电压与输入电压之间的相位关系只与放大电路的基本接法有关，与采用 NPN 型管还是 PNP 型管无关。

晶体管三种基本放大电路的比较，请见表 2-1。

表 2-1　三种基本放大电路的比较

电路组态		共　射	共　集	共　基
性能与应用	信号输入端	基极	基极	发射极
	信号输出端	集电极	发射极	集电极
	输出与输入电压的相位关系	相反	相同	相同
	电压增益 A_u	大	≤1，电压跟随	大
	电流增益 A_i	大	大	≤1，电流跟随
	功率放大	✓	✓	✓
	输入电阻	适中	大	适中
	输出电阻	较大	小	较大
	应用	低频电压放大电路	功率电路和多级放大电路的输入与输出级	宽频带放大电路

2.6　组合放大单元电路

放大电路中，常用两个晶体管以不同的电路组态联合使用，互相配合，以发挥各自的优点，这样就构成了"组合放大单元电路"，如共集—共集电路、共集—共射电路、共射—共基电路等。

2.6.1 共集—共集放大电路

两个 NPN 型管 VT_1、VT_2 分别接成共集、共集组态组成的电路如图 2-48 所示，其中点画线框内所包含的组合可看作一个等效的“复合管”，单独画出如图 2-48b 所示。经过分析可以知道

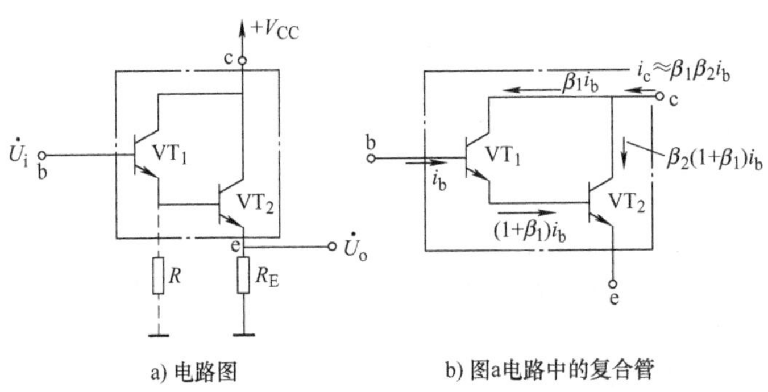

a) 电路图　　b) 图a电路中的复合管

图 2-48　共集—共集电路

$$i_c = i_{c1} + i_{c2} = \beta_1 i_b + \beta_2(1+\beta_1)i_b = (\beta_1+\beta_2+\beta_1\beta_2)i_b = \beta i_b$$

因为
$$\beta_1\beta_2 \gg (\beta_1+\beta_2)$$

所以
$$\beta \approx \beta_1\beta_2 \tag{2-68}$$

还有
$$r_{be} = r_{be1} + (1+\beta_1)r_{be2} \approx r_{be1} + \beta_1 r_{be2} \tag{2-69}$$

即复合管的电流放大系数近似为两个管子电流放大系数的乘积，其等效输入电阻近似为 $r_{be1}+\beta_1 r_{be2}$。在电子电路中使用复合管可以提高电流放大系数，增大输入电阻。

以上讨论的是两个相同类型器件组成的复合管。实际上，也可根据需要将不同类型的器件组成复合管，如图 2-49 所示。由图可知，复合管的类型由第一个管子的类型决定。这种复合管称为“互补型复合管”。

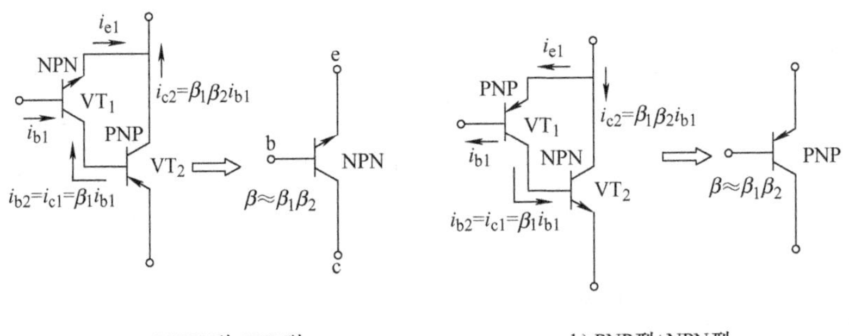

a) NPN型+PNP型　　b) PNP型+NPN型

图 2-49　互补型复合管

复合管的组成原则是：

1）保证两个管子基极电流的通路。应将前一管的基极作为复合管的基极，将它的集电极（或发射极）接在后一管的基极；而后一管的集电极和发射极作为复合后的另外两个

电极。

2）在正确极性的外加电压作用下，保证两管工作在放大区。因此，前一管的 c 极和 e 极之间不能接后一管的 be 结，否则前一管的工作区接近饱和区。

3）复合管的类型由最前面的管子类型确定。

2.6.2 共集—共射放大电路

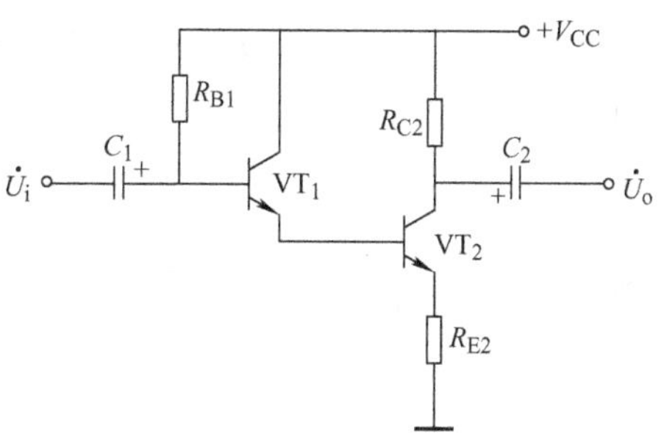

图 2-50 共集—共射电路

共集—共射电路的原理图如图 2-50 所示，VT_1、VT_2 分别接成共集、共射组态。管子的电流放大系数和交流电阻分别为 β_1、β_2 和 r_{be1}、r_{be2}。

整个组合电路的电压增益为

$$\boldsymbol{A}_u=\frac{\dot{U}_o}{\dot{U}_i}=\frac{-\dot{I}_{c2}R_{C2}}{\dot{I}_{b1}\{r_{be1}+(1+\beta_1)[r_{be2}+(1+\beta_2)R_{E2}]\}} \tag{2-70}$$

$$\boldsymbol{A}_u\approx\frac{-\beta_2\beta_1\dot{I}_{b1}R_{C2}}{\dot{I}_{b1}\beta_1\beta_2R_{E2}}\approx-\frac{R_{C2}}{R_{E2}}$$

输入电阻为

$$R_i=R_{B1}/\!/\{r_{be1}+(1+\beta_1)[r_{be2}+(1+\beta_2)R_{E2}]\}\approx R_{B1}/\!/\beta_1\beta_2R_{E2} \tag{2-71}$$

在多级放大电路的前置级或缓冲级中常采用此电路，可以使放大电路具有较大的输入电阻和电压增益。

2.6.3 共射—共基放大电路

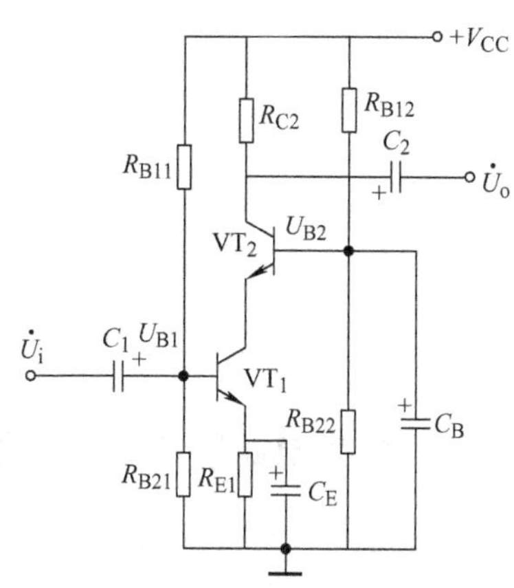

图 2-51 共射—共基电路

VT_1 和 VT_2 管组成的共射—共基电路如图 2-51 所示。由于两管是串联的，又称为“串接放大电路”。这一组合电路的静态工作点由 VT_1 和 VT_2 的基极电位 U_{B1}、U_{B2}决定，它们分别是

$$U_{B1}\approx\frac{R_{B21}V_{CC}}{R_{B11}+R_{B21}}$$

$$U_{B2}\approx\frac{R_{B22}V_{CC}}{R_{B12}+R_{B22}}$$

由此可以确定

$$I_{C1}\approx I_{C2}\approx\frac{U_{B1}-0.7\text{V}}{R_{E1}}$$

$$U_{C1}=U_{E2}=U_{B2}-0.7\text{V}$$

必须合理选取电路参数，以保证 VT_1 和 VT_2 都工作在放大区。通过调整 U_{B1}、U_{B2}就可改变两管的静态工作点。电阻 R_{B22}上并联的大电容 C_B 起交流旁路的作用，可以使 VT_2 管的基极对交流相当于接地（VT_2 是共基组态）。

组合电路的电压增益

$$\boldsymbol{A}_{\mathrm{u}}=\frac{\dot{U}_{\mathrm{o}}}{\dot{U}_{\mathrm{i}}}=\frac{-\dot{I}_{\mathrm{c2}}R_{\mathrm{C2}}}{\dot{I}_{\mathrm{b1}}r_{\mathrm{be1}}}\approx\frac{-\beta_{1}\dot{I}_{\mathrm{b1}}R_{\mathrm{C2}}}{\dot{I}_{\mathrm{b1}}r_{\mathrm{be1}}}=-\frac{\beta_{1}R_{\mathrm{C2}}}{r_{\mathrm{be1}}} \tag{2-72}$$

由此可见，共射—共基组合电路的电压增益与单管共射放大电路的电压增益近似相等。它的主要优点在于具有较宽的频带（见本书6.4.2节）。除了在此分析的三种基本组合电路外，还有共射—共集、共集—共基电路等。

2.7 Multisim应用举例

2.7.1 晶体管输出特性曲线测量

利用IV分析仪，可以测量晶体管的特性曲线，与二极管测量不同的是，在仿真参数设置时，需要对管压降V_ ce和基极电流I_ b分别进行设置。

从元器件库中选择NPN型晶体管，例如2N2222A拖至电路图中，按仪器提示连接三个电极到对应端子，设置好仿真参数后，运行仿真后可以得到输出特性曲线，如图2-52所示。

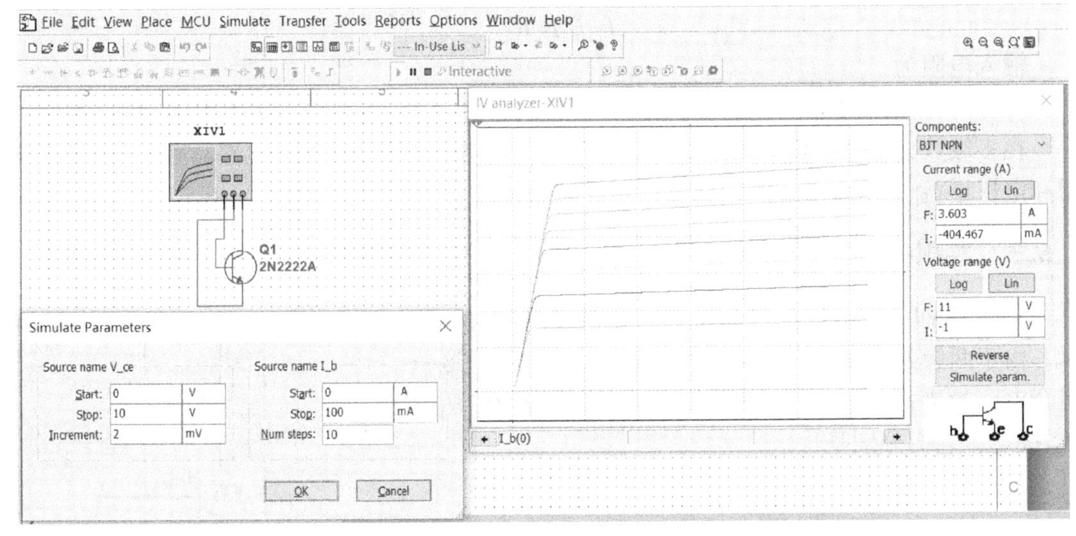

图2-52 晶体管输出特性曲线

2.7.2 放大电路静态工作点及电压放大倍数测试

搭建如图2-53所示的仿真电路，选择PNP型晶体管，双击晶体管符号可以编辑其模型，将其正向电流放大倍数（BF）值修改为50，其他参数保持不变。利用仪器栏中的万用表（Multimeter）或者探点（Probe），可以测量基极、集电极的直流电位，也可以测量发射极上的静态工作点电流，还可以测量负载上获得的交流电压；利用示波器可以观察输入电压和输出电压的波形。仿真测试结果如图2-53中所示。

利用探点读数可以得到$U_{\mathrm{BQ}}=-2.61\mathrm{V}$、$U_{\mathrm{CQ}}=-8.07\mathrm{V}$，也可以得到$I_{\mathrm{EQ}}=-1.21\mathrm{mA}$，相关数据与估算结果接近，考虑到模型参数的差异，可以认为仿真结果与估算结果一致。通

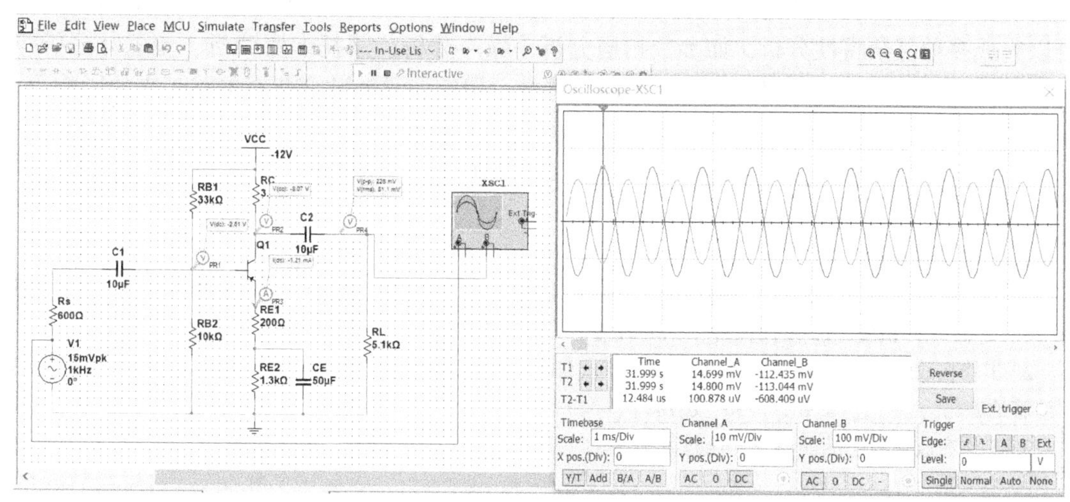

图 2-53　放大电路静态和动态测试结果

过探点还可以获得负载上的电压幅值为 114mV，从而计算出放大倍数 $|A_{US}|=7.6$。利用示波器可以读出当输入电压峰值约为 14.8mV 时，输出电压约为 -113mV，同样可以得到源电压放大倍数 $A_{US}=-7.6$；还可以观察到输入和输出波形在相位上相差了 180°。

通过仿真发现，Multisim 软件环境与实验室类似，可以搭建电路，通过虚拟仪器进行各种测量。这些虚拟仪器的调节方法与真实仪器的完全相同的。在较新的 Multisim 版本中，软件还提供了众多真实仪器的人机界面，例如安捷伦的万用表、信号发生器、示波器及泰克的示波器等，如图 2-54 所示。这都使得在软件环境下学习各种仪器的操作方法并对电路进行测试更加便捷。

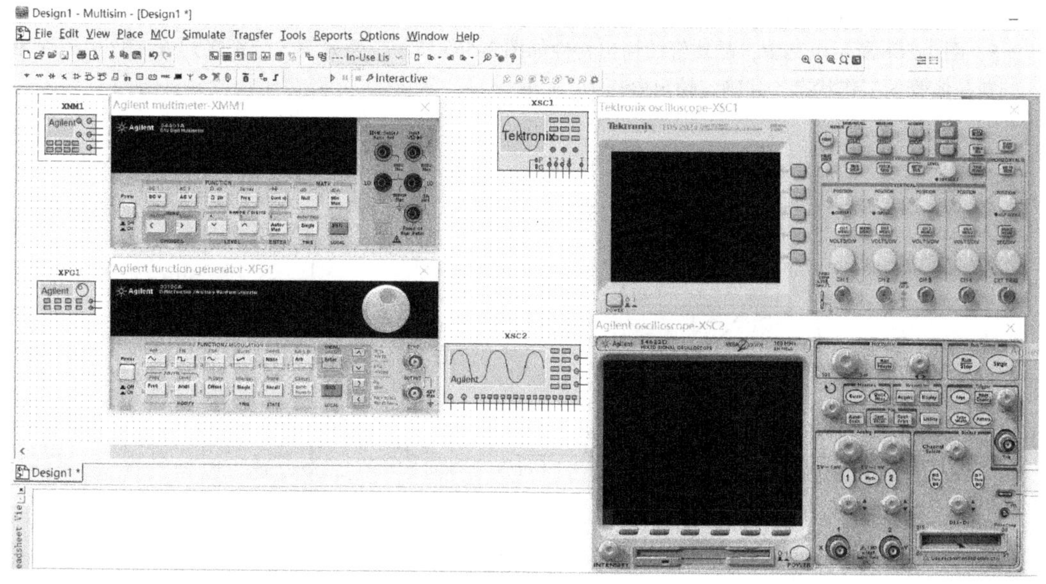

图 2-54　人机界面

同时，Multisim 提供的多种基于“SPICE”的仿真分析方法，也可帮助用户去完成电路的各种基本特性分析，如直流工作点分析、交流扫描分析、瞬态分析、直流扫描分析等；也可以完成多种复杂特性分析，如参数扫描分析、噪声分析、蒙托卡罗分析、傅里叶分析等。通过不同的分析方法，可以获得电路的相关参数，研究各种参数变化对电路带来的影响等。

习 题

2-1 选择填空

1. 晶体管工作在放大区时，发射结为____；集电结为____；工作在饱和区时，发射结为____，集电结为____。（a. 正向偏置，b. 反向偏置，c. 零偏置）

2. 工作在放大区的晶体管，当基极电流 I_B 从 20μA 增大到 40μA 时，集电极电流 I_C 从 1mA 变成 2mA，则该管的 β 约为____。（a. 10，b. 50，c. 100）

3. 工作在放大状态的晶体管，流过发射结的主要是____，流过集电结的主要是____。（a. 扩散电流，b. 漂移电流）

4. 环境温度升高时，晶体管的 β ____，反向电流____，发射结压降____。（a. 增大，b. 减小，c. 基本不变）

5. 两个晶体管，其中 A 管的 $\beta=200$，$I_{CEO}=200\mu A$；B 管的 $\beta=50$，$I_{CEO}=10\mu A$，其他参数基本相同。相比之下，____管性能较好。（a. A 管，b. B 管，c. 两管相同）

2-2 晶体管有两个 PN 结。若仿照其结构，用两个二极管反向串联（如图 2-55 所示），并提供必要的偏置条件，是否可以获得与晶体管相似的电流控制和放大作用？为什么？

图 2-55 题 2-2 图

2-3 如何利用万用表判断晶体管的三个极和类型（NPN 型或 PNP 型）？

2-4 在放大电路中测得晶体管各电极对地的直流电压如下所列，确定它们各为哪个电极，晶体管是 NPN 型还是 PNP 型？

A 管：$U_X=12V$，$U_Y=11.7V$，$U_Z=6V$；

B 管：$U_X=-5.2V$，$U_Y=-1V$，$U_Z=-5.5V$。

2-5 图 2-56b 所示电路中，晶体管的输出特性如图 2-56a 所示。当开关 S 分别接到 A、B、C 三个触点时，判断晶体管的工作状态，并确定输出电压 U_O 的值。

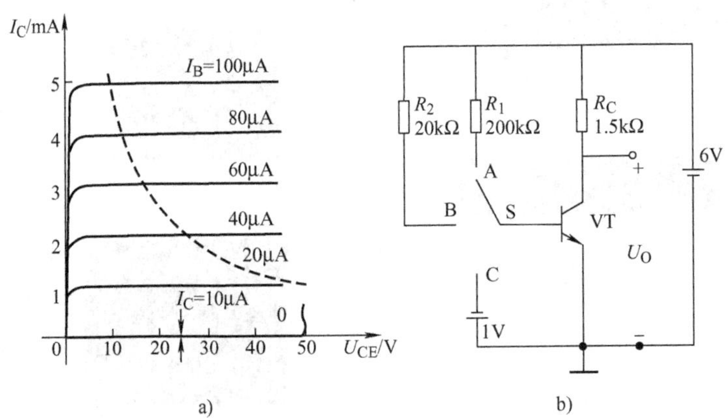

图 2-56 题 2-5 图

2-6 如果不慎将共射放大电路中晶体管的发射极与集电极对换后接入放大电路，试从放大作用方面分析将出现何种现象？为什么？

2-7　根据放大电路的组成原则判断图 2-57 所示各电路能否正常地放大？如果不能，指出其中的错误并加以改正。

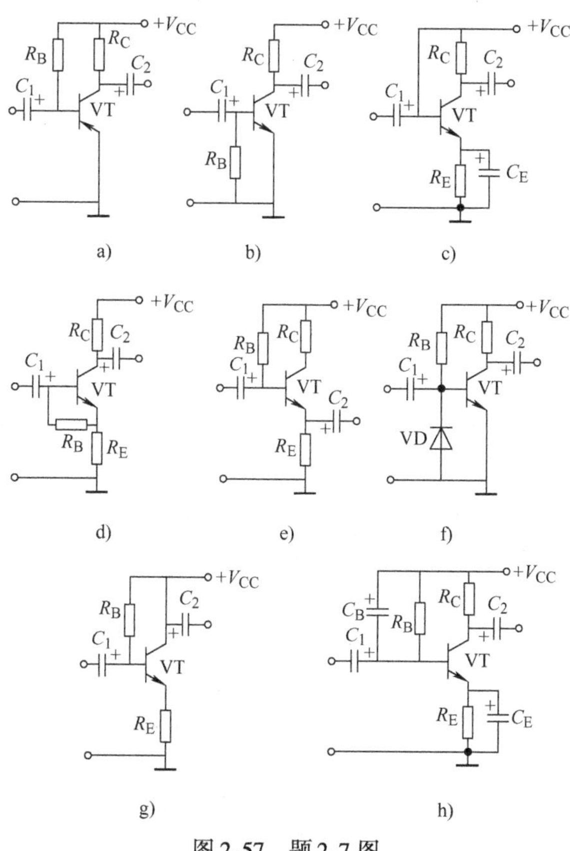

图 2-57　题 2-7 图

2-8　画出图 2-58 所示各放大电路的直流通路及交流通路，图中所有电容对交流均可视为短路。

2-9　画出图 2-58 所示放大电路的微变等效电路，要求在图上标注各电量的参考方向或极性。

2-10　图 2-59 所示共射基本放大电路中，已知晶体管的 $\beta=50$，$V_{CC}=12V$。

1. 当 $R_C=2.4k\Omega$、$R_B=300k\Omega$ 时，确定放大电路的静态工作点 I_{BQ}、I_{CQ} 和 U_{CEQ}。

2. 若要求 $U_{CEQ}=6V$、$I_{CQ}=2mA$，求 R_B 和 R_C 应改为多大？

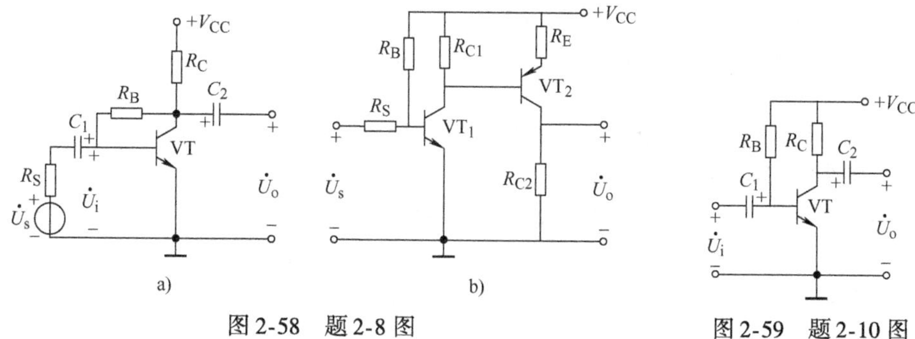

图 2-58　题 2-8 图　　图 2-59　题 2-10 图

2-11　图 2-60 所示为基极偏置共射放大电路，已知晶体管的 $\beta=50$，$V_{CC}=9V$。

1. 当 $I_{CQ}=2mA$ 时，求 V_{BB}。

2. 当 $I_{CQ}=2mA$、$-U_{CEQ}=5V$ 时，求 R_C。

3. 如果基极改为由直流电源 $-V_{CC}$ 供电，静态工作点保持不变，则 R_B 应改为多少？

2-12 放大电路及晶体管的特性曲线如图2-61所示，用图解分析法：

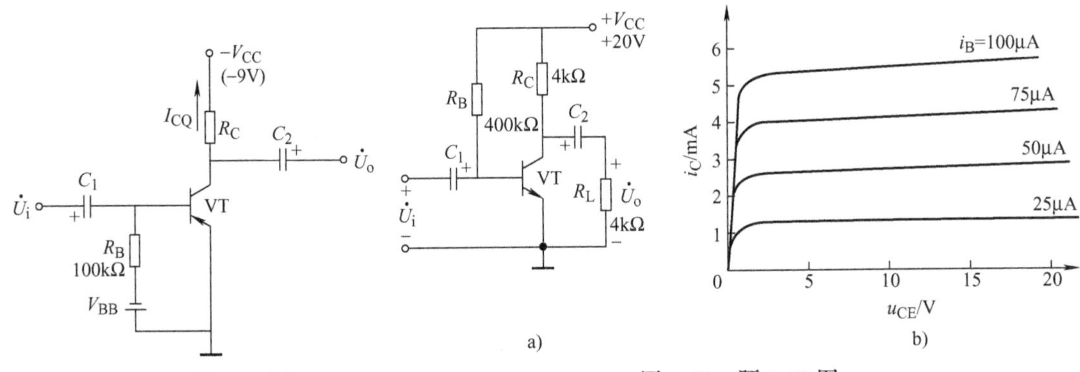

图2-60 题2-11图

图2-61 题2-12图

1. 确定放大电路静态工作点的 I_{CQ} 和 U_{CEQ}。

2. 分别求出负载电阻 $R_L=\infty$ 和 $R_L=4k\Omega$ 时，最大不失真输出电压的幅度 $(U_{om})_M$。

2-13 放大电路及晶体管的特性曲线如图2-62所示，$V_{CC}=12V$，$R_C=4.7k\Omega$，$R_E=3.3k\Omega$，$R_{B1}=30k\Omega$，$R_{B2}=10k\Omega$，$R_L=4.7k\Omega$，$U_{BEQ}=0.7V$，C_1、C_2 及 C_E 的容量足够大。试：

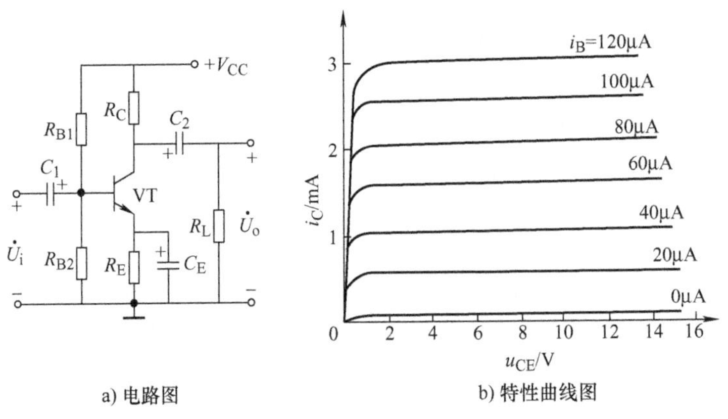

a) 电路图　　b) 特性曲线图

图2-62 题2-13图

1. 画出直流负载线，确定静态工作点的 I_{CQ} 和 U_{CEQ}。

2. 画出电路的交流负载线，求最大不失真输出电压幅度 $(U_{om})_M$。

3. 如果输入电压逐渐增大，输出电压波形将首先出现什么性质的失真？定性画出失真波形。

4. 不改变电源电压 V_{CC}，要增大 $(U_{om})_M$，应如何调整电路的参数？

2-14 放大电路如图2-63所示，已知晶体管的 $\beta=50$，$r_{bb'}=100\Omega$，$R_S=1k\Omega$。

1. 要使 $I_{CQ}=0.5mA$，求 $R_B=$？

2. 求 A_u 和 A_{us}

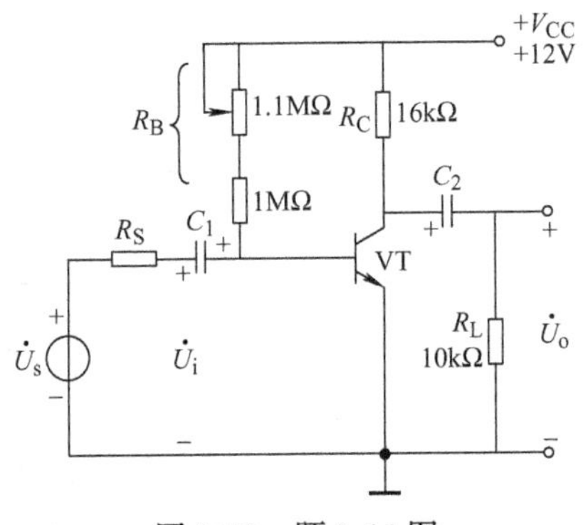

图2-63 题2-14图

3. 求 R_i 和 R_o

2-15　分压式偏置稳定放大电路如图2-64所示，已知晶体管的 $\beta=60$，$r_{bb'}$ 可略去不计。

1. 估算电路的静态工作点的 I_{BQ}、I_{CQ} 和 U_{CEQ}。

2. 若其他参数不变，要求 $U_{CEQ}=-4V$，求 $R_{B1}=?$

3. 画出微变等效电路，求 A_{us}、R_i 和 R_o。

2-16　图2-64所示分压式偏置稳定电路中，试分析以下问题：

1. 如果晶体管的 β 增大，电路其他参数不变，放大电路的电压增益、输入电阻如何变化？

2. 如果射极电阻 R_E 增大，电路中其他参数不变，放大电路的电压增益、输入电阻如何变化？（增大、减小、基本不变、无法确定）

2-17　图2-65所示放大电路中，已知晶体管的 $\beta=100$，$r_{bb'}=100\Omega$。分别求出当 $R_E=0$ 及 $R_E=200\Omega$ 时，放大电路的 $\boldsymbol{A}_u$、R_i 和 R_o。并分析 R_E 对电路性能的影响。

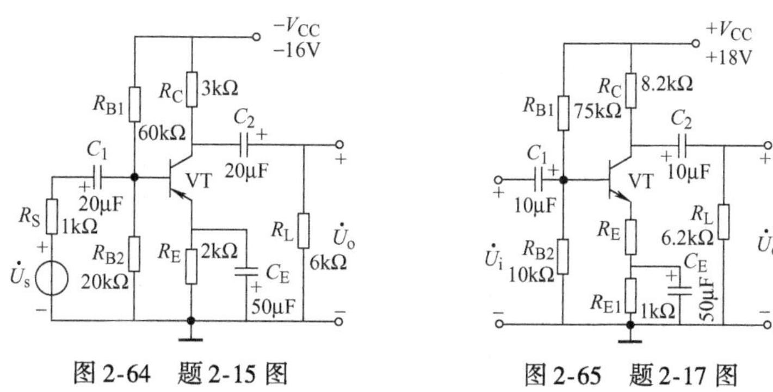

图2-64　题2-15图　　　　图2-65　题2-17图

2-18　放大电路如图2-66所示，已知晶体管的 $\beta=60$。试：

1. 估算 I_{CQ} 和 U_{CEQ}。

2. 计算 $\boldsymbol{A}_{u1}=\dot{U}_{o1}/\dot{U}_s$ 和 $\boldsymbol{A}_{u2}=\dot{U}_{o2}/\dot{U}_s$。

3. 求输入电阻 R_i 和输出电阻 R_{o1}、R_{o2}。

2-19　射极输出器电路如图2-67所示，已知晶体管的 $\beta=100$，$r_{bb'}=100\Omega$，$R_S=1k\Omega$。试：

1. 估算电路静态工作点的 I_{CQ} 和 U_{CEQ}。

2. 计算放大电路的 A_u、R_i 和 R_o。

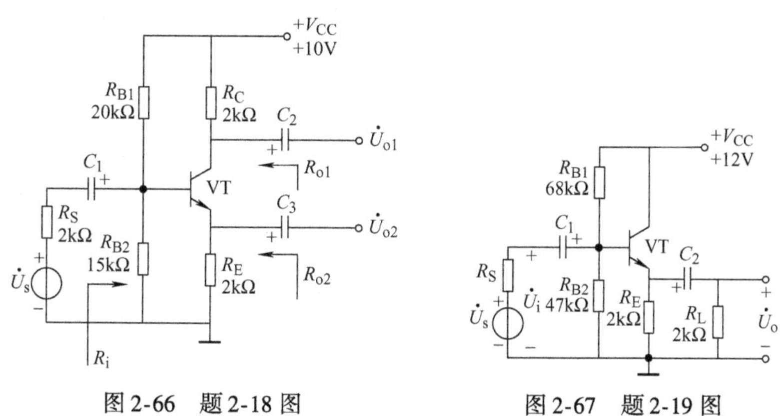

图2-66　题2-18图　　　　图2-67　题2-19图

2-20　已知图2-68所示射极输出器电路中，晶体管的 $\beta=100$，$r_{be}=2k\Omega$，$R_B=470k\Omega$，$R_E=R_L=3k\Omega$，$V_{CC}=12V$。

1. 求电路的电压增益 A_u 和输入电阻 R_i。

2. 求电路的电流增益 $A_i = (\dot{I}_o / \dot{I}_i)$。

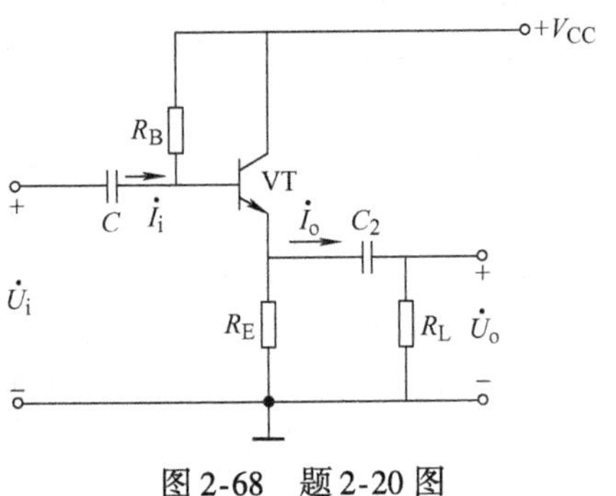

图 2-68 题 2-20 图

2-21 电路如图 2-69 所示，晶体管的 $\beta = 100$，$r_{be} = 2.7\text{k}\Omega$，$U_{BEQ} = 0.7\text{V}$。要求静态时 $I_{CQ} = 1\text{mA}$，$U_{CEQ} = 4\text{V}$，基极对地电压 $U_{BQ} \approx 5U_{BEQ}$，$I_1 \approx 10I_{BQ}$。试：

1. 估算 R_{B1}、R_{B2}、R_C、R_E 的值。

2. 求该电路的增益 A_u、输入电阻 R_i 和输出电阻 R_o。

2-22 图 2-70 所示的组合放大电路中，已知晶体管 VT_1、VT_2 的参数分别为 β_1、r_{be1}、r_{ce1}；β_2、r_{be2}、r_{ce2}，分析该电路中 VT_1 和 VT_2 管的组态，写出放大电路 A_u、R_i 和 R_o 的表达式。

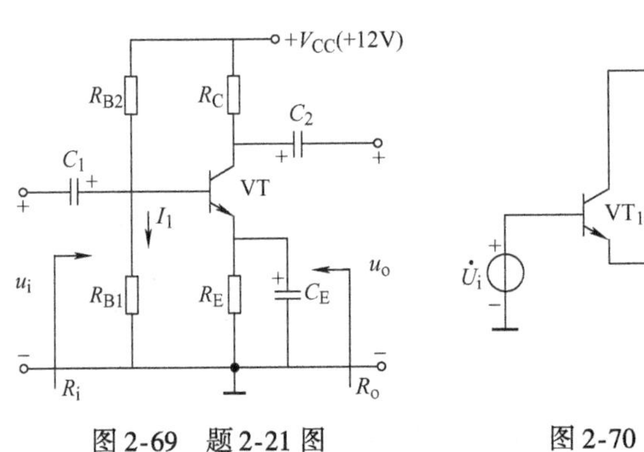

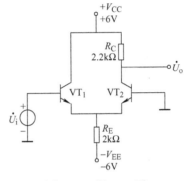

图 2-69 题 2-21 图　　图 2-70 题 2-22 图

2-23 图 2-71 表示复合管的几种接法，试分析哪些接法合理，哪些接法不合理。如果合理，复合后的管子是 NPN 型还是 PNP 型？

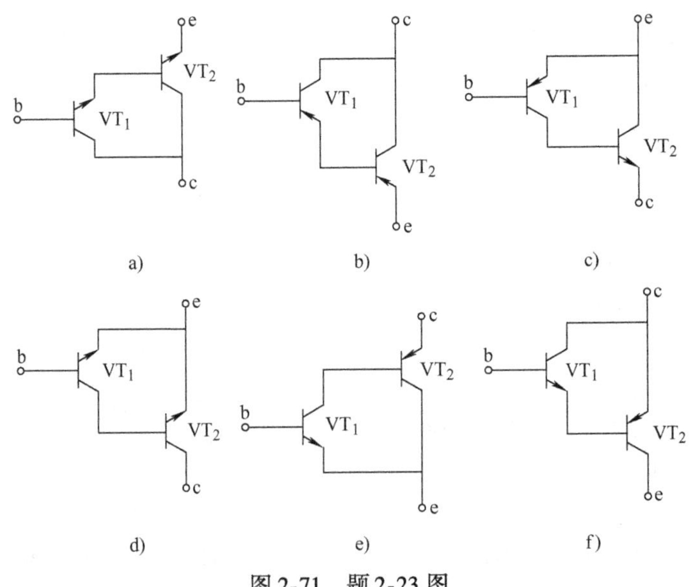

图 2-71 题 2-23 图

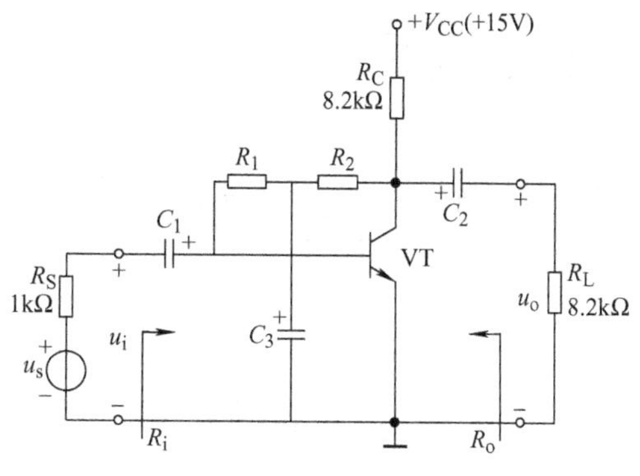

图2-72　题2-24图

2-24　已知图2-72所示电路中晶体管的$\beta=50$，$r_{bb'}=300\Omega$，静态时$U_{CEQ}=4V$，$U_{BEQ}=0.7V$，各电容的容量足够大，对交流信号可视为短路。试：

1. 设$R_1=R_2$，估算R_1、R_2的值。

2. 求电压增益$\dot{A}_u(\dot{U}_o/\dot{U}_i)$、$\dot{A}_{us}(\dot{U}_o/\dot{U}_s)$。

3. 求输入电阻R_i和输出电阻R_o。

2-25　利用Multisim分析图2-63所示电路。

1. 当R_B和R_C变化时，对Q点及A_u、R_i、R_o的影响。

2. 当β变化时，对Q点及A_u、R_i、R_o的影响。

3. 温度变化时，对Q点及A_u、R_i、R_o的影响。

第3章

场效应晶体管和基本放大电路

3.1 场效应晶体管

场效应晶体管简称 FET[㊀]，是一种通过改变半导体内的电场实现电流控制作用的半导体器件。它除了具有双极型晶体管体积小、重量轻、寿命长等特点外，还具有输入阻抗高（$10^{7}\sim10^{15}\Omega$、）、噪声低、温度稳定性好、抗辐射能力强、工艺简单等优点，因而近年来发展较快，应用广泛，特别适用于制造大规模和超大规模集成电路。

场效应晶体管和双极型晶体管的重要区别是：双极型晶体管是通过基极（或发射极）电流实现对集电极电流的控制，参与导电的有多子和少子两种载流子，所以称为“电流控制型”器件或“双极型”器件。场效应晶体管则是靠电场效应控制漏极电流，所以输入端只需电压，且参与导电的只有多子一种载流子，因此场效应晶体管也叫“电压控制型”器件或“单极型”器件。

按结构不同场效应晶体管可分为两大类：

- 结型场效应晶体管（JFET）[㊁]
  - N 沟道
  - P 沟道
- 绝缘栅型场效应晶体管（IGFET）[㊂]
  - 增强型
    - N 沟道
    - P 沟道
  - 耗尽型
    - N 沟道
    - P 沟道

3.1.1 结型场效应晶体管

1. 结型场效应晶体管的结构

以 N 型沟道为例，结型场效应晶体管的结构如图 3-1a 所示。它是在一块 N 型半导体的两侧制作高浓度的 P^{+} 区，后者与 N 型半导体间形成两个 $P^{+}N$ 结。从两个 P^{+} 区引出两个电极，并连在一起形成“栅极” g。在 N 型区的两端各引出一个电极，分别形成“源极” s 和“漏极” d[㊃]。两个 $P^{+}N$ 结中间的 N 型区为导电沟道，所以具有这种结构的场效应晶体管称为 N 沟道结型场效应晶体管，沟道中的多子（自由电子）是参与导电的载流子。图 3-1b 是

㊀ FET 是 Field Effect Transistor（场效应晶体管）的字头缩写。

㊁ JFET 是 Junction-type Field Effect Transistor 的字头缩写。

㊂ IGFET 是 Insulated Gate Field Effect Transistor 的字头缩写。

㊃ g、s、d 分别为 gate、source、drain 的字头。

它的图形符号，其中箭头方向是指 P^+N 结的正偏方向，由此可知沟道是 N 型的。图 3-1c 为 N 沟道结型场效应晶体管的实际结构。

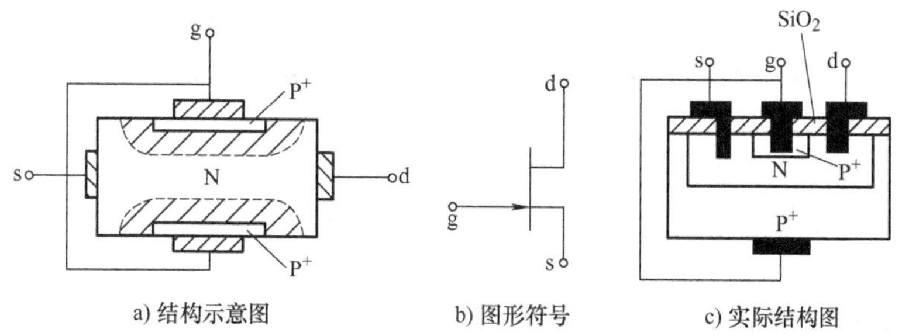

图 3-1　N 沟道结型场效应晶体管

同理，如果在 P 型半导体两侧分别制作高浓度的 N^+ 区，并引出相应的电极，则可形成 P 沟道结型场效应晶体管，其结构和图形符号如图 3-2a 和 b 所示。

2. 工作原理——电压控制作用

两种沟道的结型场效应晶体管的工作原理相同，下面以 N 沟道结型场效应晶体管为例进行介绍。

（1）g、s 间和 d、s 间均短路时的情况　此时，两个 P^+N 结均处于零偏置，结上有一定宽度的空间电荷区。由于 P^+ 区是高浓度掺杂区，所以它的空间电荷区宽度远小于 N 区的。在这种情况下，N 型导电沟道有一定宽度，并且沿沟道处处等宽，如图 3-3a 所示。

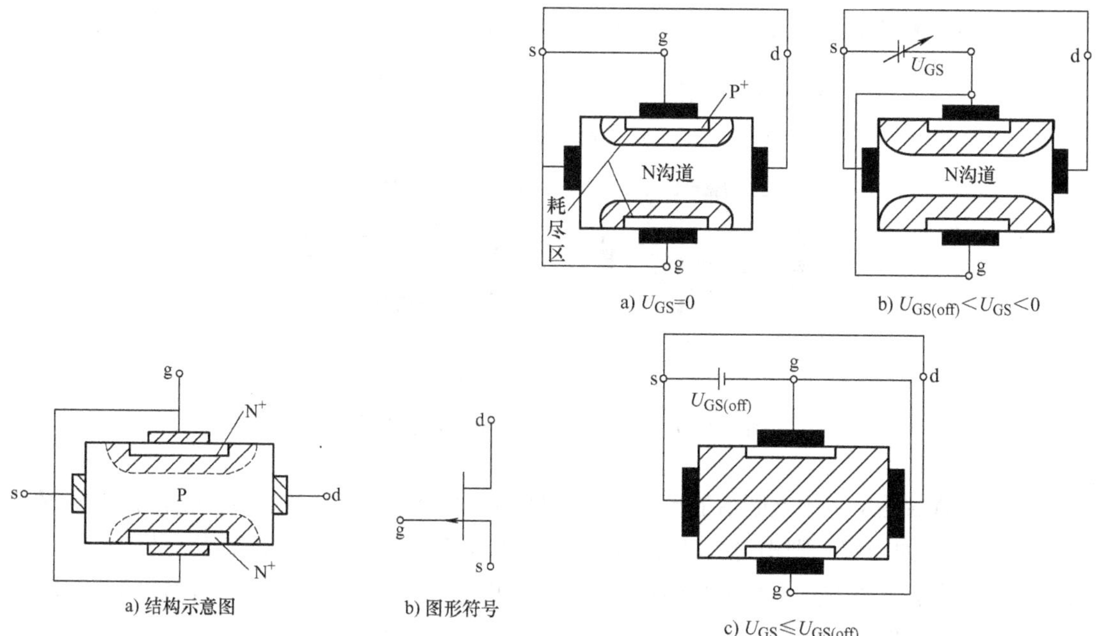

图 3-2　P 沟道结型场效应晶体管

图 3-3　$U_{DS}=0$ 时，U_{GS}对沟道的控制作用

（2）g、s 间加负压，d、s 间短路时的情况　由于 $U_{GS}<0$，两个 P^+N 结均反偏。当 $|U_{GS}|$ 增大时，耗尽区加宽并主要向 N 区延伸，使导电沟道变窄，沟道电阻增大。因整个

沟道与栅极间的电压相等，所以沟道还是平行等宽的，如图 3-3b 所示。

若 $|U_{GS}|$ 继续增大，沟道将继续变窄。当 $|U_{GS}|$ 增大到一定数值时，将使沟道两侧耗尽区相接。因为耗尽区中几乎没有参与导电的载流子，即使漏源之间加上正向电压 U_{DS}，也无法形成漏极电流 I_D。此时，沟道电阻趋于无穷大，导电沟道仿佛被夹断一样，如图 3-3c 所示。使沟道夹断时的栅源电压 U_{GS} 称为"夹断电压" $U_{GS(off)}$，对 N 沟道器件其值为负。

以上所说是 U_{GS} 对导电沟道宽度（电阻）的控制作用。

当 U_{GS} 达到 $U_{GS(off)}$ 后，再继续增大 $|U_{GS}|$，耗尽区不再有明显变化，但 $|U_{GS}|$ 过大时会使 P^+N 结反向击穿。

场效应晶体管在使用时，控制信号加在 g、s 所在的回路中。当 U_{GS} 为负时，由于 P^+N 结反向偏置，栅极电流基本为零，体现了控制信号能量消耗很小和电路输入电阻很高的优点。若 U_{GS} 为正，P^+N 结处于正向偏置，会产生栅极电流，上述优点就不复存在。而且如不采取限流措施，还会烧坏管子，这一点在使用时要注意。

（3）g、s 间短路，d、s 间加正向电压时的情况　此时，由于漏源之间有导电沟道存在，在漏源电压 U_{DS} 作用下，将有漏极电流 I_D 从漏极流向源极。I_D 沿沟道产生的电压降使沟道上各点与栅极间的电压不再相等，而是沿沟道从源极到漏极逐渐增大，到漏极附近达到最大（即 $U_{DG}=U_{DS}$）。这使得从源极到漏极沟道两侧的耗尽区逐渐加宽，而沟道逐渐变窄，如图 3-4a 所示。这就是 U_{DS} 对导电沟道的影响——使导电沟道不等宽。

随着 U_{DS} 的增加，I_D 将增大，沟道不等宽的情况将越明显，沟道在漏极附近越来越窄。因为此时 $U_{GD}=U_{GS}-U_{DS}=-U_{DS}$，当 U_{DS} 增大到 $|U_{GS(off)}|$（即 $U_{GD}=U_{GS(off)}$）时，在漏极附近两侧的耗尽区相接（见图 3-4b），这种情况叫"预夹断"（因为不是导电沟道全部夹断）。当 U_{DS} 再增加时，夹断区长度略有增加，并向源极方向延伸（见图 3-4b 中从 A 到 A′点）。

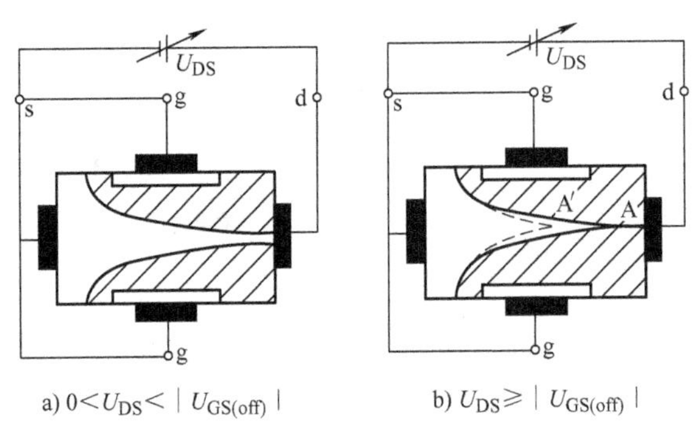

a) $0<U_{DS}<|U_{GS(off)}|$　　b) $U_{DS}\geqslant|U_{GS(off)}|$

图 3-4　$U_{GS}=0$ 时，U_{DS} 对导电沟道的影响

值得注意的是发生预夹断后的情况。夹断区的出现和延伸并不意味着 I_D 将为零或逐渐减小。因为 I_D 如为零，则沟道内处处等电位，夹断区将不复存在。实际情况是：夹断区的最左端（A′点）与栅极 g（也就是源极 s）之间的电压必然是 $|U_{GS(off)}|$，沟道的非夹断区（A′点以左）内仍有大量的载流子（多子自由电子），而夹断区则因几乎没有载流子而成为高阻区。当 U_{DS} 增加时，夹断区延伸。U_{DS} 的增加部分几乎都降落在夹断区，而非夹断区两端的电压几乎不变（仍为 $|U_{GS(off)}|$）。夹断区内形成了很强的电场，吸引非夹断区内的载流子，使它们漂移入夹断区。这就说明：发生预夹断后，导电沟道内仍有漏极电流 I_D，而

且 I_D 在 U_{DS}增大时几乎保持不变（实际是略有增加）㊀。

当 $U_{GS}=0$ 时，对应于沟道预夹断时的漏极电流 I_D 最大（与 $U_{GS}<0$ 比较），叫“饱和漏极电流” I_{DSS}。

（4）g、s 间加负压，d、s 间加正压时的情况　这是上面讨论过的第（2）、第（3）两种情况的综合（见图 3-5）。g、s 间的负电压使耗尽区变宽，导电沟道变窄（但沟道仍为等宽）；d、s 间的正电压则使耗尽区和导电沟道变得不等宽。随着 $|U_{GS}|$ 的增加，导电沟道变窄，沟道电阻增大，同样的 U_{DS}产生的 I_D 减小，发生预夹断时所对应的 U_{DS}也将减小。这是因为预夹断时 $U_{GD}=U_{GS}-U_{DS}=U_{GS(off)}$和 $U_{DS}=U_{GS}-U_{GS(off)}$。

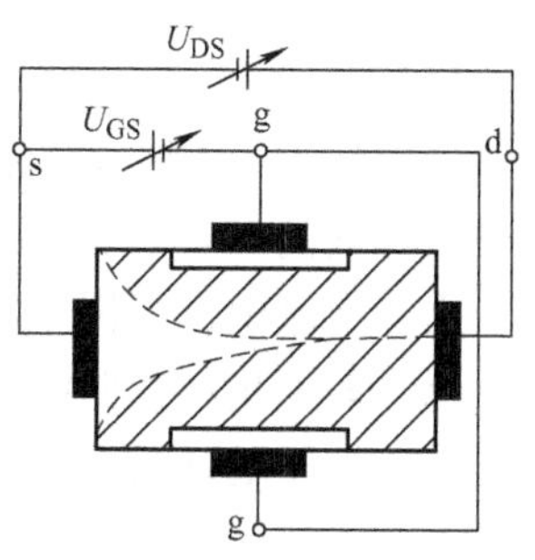

图 3-5　U_{GS}（<0）和 U_{DS}（>0）共同作用时的情况

综上所述，由于 N 沟道结型场效应晶体管工作时栅源电压始终为负，因此无栅极电流（只有很小的 PN 结反向饱和电流），这使得管子的输入电阻很大。同时，U_{GS}越负，导电沟道越窄，漏极电流越小。这点体现了栅源电压 U_{GS}对漏极电流 I_D 的控制作用，即压控电流作用。

由控制电流的原理可知，场效应晶体管各电极与双极型晶体管的各电极存在对应关系，即栅极 g⇒基极 b；漏极 d⇒集电极 c；源极 s⇒发射极 e。

3. 结型场效应晶体管的特性

场效应晶体管的特性包括输出特性和转移特性两种㊁。

（1）输出特性　输出特性是指以栅源电压 U_{GS}为参变量时，I_D 和 U_{DS}间的函数关系，即

$$I_D=f(U_{DS})\big|_{U_{GS}=\text{常数}} \tag{3-1}$$

图 3-6a 就是 N 沟道结型场效应晶体管的输出特性曲线，从图中可以看出管子的工作状态分为四个区域。

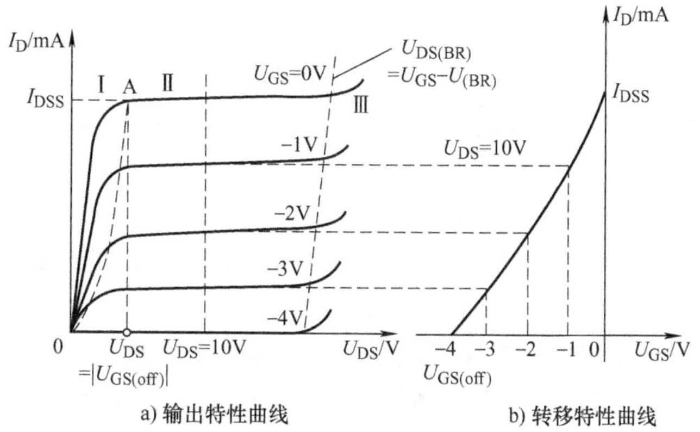

图 3-6　N 沟道结型场效应晶体管的特性曲线

㊀ 沟道非夹断区两端的电位差始终是 $|U_{GS(off)}|$。当 U_{DS}增大时，如果假定非夹断区长度变化不大，则电场强度几乎不变，载流子的漂移速度和 I_D 也几乎不变。实际上，当 U_{DS}增大时，非夹断区长度略有减小，电场强度略有增大，I_D 略有增加。

㊁ 因为在场效应晶体管中几乎没有输入电流，所以讨论输入特性没有意义，而转移特性只是输出特性的另一种表现形式。

1）可变电阻区：指图中 U_{DS}较小、特性曲线靠近纵轴的部分，它表示管子预夹断前 I_D 和 U_{DS}之间的关系。此时，$|U_{GD}| = |U_{GS} - U_{DS}| < |U_{GS(off)}|$。根据预夹断时各极之间的电压关系式 $U_{DS} = U_{GS} - U_{GS(off)}$，可以确定在不同的栅源电压 U_{GS}下，沟道出现预夹断时的漏源电压 U_{DS}。将各点相连，便得到图中虚线，它表示预夹断时 U_{DS}与 U_{GS}的关系。它和纵轴所围成的区域Ⅰ，就是“可变电阻区”。

在该区域内，当栅源电压不变时，I_D 随 U_{DS}的增加近似按直线上升，并且栅源电压越负，这一段输出特性曲线斜率越小。因此，工作在该区域的场效应晶体管可看作一个受栅源电压 U_{GS}控制的压控电阻⊖。U_{GS}越负，等效电阻值越大。因此，该区域称为“可变电阻区”。

2）饱和区（或称恒流区）：指图中 U_{DS}较大、I_D 基本不随 U_{DS}增加而增加的部分。因为这段特性曲线近似水平，所以又称“恒流区”。它表示管子预夹断后 I_D 和 U_{DS}之间的关系。

在该区域内，I_D 的大小只受 U_{GS}控制。工作在该区域内的场效应晶体管可以看作一个电压控制电流源。场效应晶体管作为放大器件应用时，都工作在该区域，因此也叫“放大区”（见图3-6a 中的Ⅱ）。

3）截止区（或称夹断区）：当 $|U_{GS}| \geqslant |U_{GS(off)}|$ 时，导电沟道全部夹断，$I_D \approx 0$，即它指输出特性曲线靠近横轴的区域（见图 3-6）。此时管子已处于截止状态，与双极型晶体管在 $I_B \leqslant 0$ 时的情况相同。

4）击穿区：指图 3-6a 中靠右侧的区域Ⅲ。当场效应晶体管工作在击穿区时，由于沟道的夹断区中电场强度很大，致使漏极附近的 PN 结产生雪崩击穿，I_D 急剧上升，甚至很快烧毁管子。

若已知 PN 结的击穿电压 $U_{(BR)}$，则由下式可求得在不同的 U_{GS}下，漏极附近产生击穿时的漏源电压 $U_{DS(BR)}$，即

$$U_{GS} - U_{DS(BR)} = U_{(BR)} \tag{3-2}$$

或

$$U_{DS(BR)} = U_{GS} - U_{(BR)} \tag{3-3}$$

将对应于不同 U_{GS}值的输出特性曲线上 $U_{DS} = U_{DS(BR)}$的各点相连，即为放大区和击穿区的分界线。

不允许场效应晶体管工作在击穿区。

（2）转移特性　转移特性是指以 U_{DS}为参变量时 I_D和 U_{GS}间的函数关系，即

$$I_D = f(U_{GS})|_{U_{DS}=\text{常数}} \tag{3-4}$$

它反映了 U_{GS}对 I_D 的控制作用。转移特性可以根据输出特性得到，因为两者都是反映场效应晶体管 U_{DS}、I_D 和 U_{GS}之间的关系。例如，在图 3-6a 所示的输出特性曲线中的 $U_{DS} = 10\text{V}$ 处作一垂线，将它与各条曲线相交处的纵坐标值 I_D 和相应的 U_{GS}画在 I_D—U_{GS}坐标系中，即得到如图 3-6 所示的转移特性曲线。

由图 3-6a 可知，在放大区内，对应于一定的 U_{GS}值的 I_D 基本恒定。所以对应于不同的 U_{DS}值的转移特性曲线几乎重合，通常可以只用一条曲线来表示放大区内的转移特性（若在

⊖ 电阻值取决于在该区中输出特性斜率的倒数。

可变电阻区，则对应于不同的 U_{DS}有不同的转移特性）。应该指出，在图 3-6b 所示的转移特性曲线上，$U_{GS}=0$ 处的 $I_D=I_{DSS}$，而在 $I_D=0$ 处的 $U_{GS}=U_{GS(off)}$。

在 $U_{GS(off)}\leqslant U_{GS}\leqslant 0$ 范围内的放大区中，转移特性可近似描述为

$$I_D=I_{DSS}\left(1-\frac{U_{GS}}{U_{GS(off)}}\right)^2 \tag{3-5}$$

3.1.2 绝缘栅型场效应晶体管

绝缘栅型场效应晶体管（MOSFET㊀，简称 MOS 管）的源极、栅极与漏极之间均采用 SiO_2绝缘层隔离，它源极与栅极间的电阻更高，一般可达 $10^9\Omega$ 以上，甚至高达 $10^{12}\sim10^{15}\Omega$。更为重要的是 MOS 管便于高密度集成，这对大规模和超大规模集成工艺有重要意义。

MOS 管分“耗尽型”和“增强型”两大类，而每一类中又有 N 沟道和 P 沟道两种。耗尽型是指当 $U_{GS}=0$ 时，管内已建立沟道，加上漏源电压后，便会产生漏极电流 I_D。以后，加上适当极性的 U_{GS}，I_D 就逐渐减小（耗尽）。这与结型场效应晶体管的工作情况一样，所以结型场效应晶体管也属于耗尽型。在增强型 MOS 管中，当 $U_{GS}=0$ 时，管内尚无导电沟道。因此，即使有漏源电压，也无漏极电流，即 $I_D=0$。只有当 U_{GS}具有一定极性且达到一定数值之后，管子内才会产生导电沟道。下面以 N 沟道为例，分别讨论这两种管子的工作原理和特性。

1. N 沟道增强型 MOS 管

（1）结构　N 沟道增强型 MOS 管的结构如图 3-7a 所示。它是以一块杂质浓度较低的 P 型硅片作为“衬底”B（工作时通常与源极 s 接在一起），利用扩散法在 P 型硅中形成两个高掺杂的 N^+区作为源极 s 极和漏极 d。然后，在半导体表面覆盖一层 SiO_2 绝缘层，在源漏极之间的绝缘层上制作一铝电极，作为栅极 g。图 3-7b 为其图形符号，其中箭头方向是由 P（衬底）指向 N（沟道），由此可判断沟道类型。符号中的虚线表示原来没有沟道，这是识别增强型 MOS 管的特殊标志。根据对偶性，可以画出 P 沟道增强型 MOS 管的结构和图形符号，如图 3-7c、d 所示。

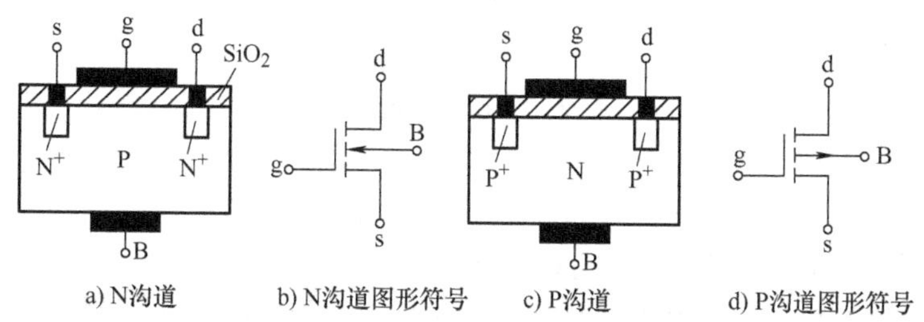

图 3-7　增强型 MOS 管的结构和图形符号

（2）工作原理

1）栅源电压 $U_{GS}=0$（栅源极间短路）时的情况：从图 3-7a 可以看出，由于漏源之间

㊀ MOSFET 是 Metal-Oxide-Semiconductor Field Effect Transistor（金属—氧化物—半导体场效应晶体管）的字头缩写。

有两个背向的 PN 结，如果加上漏源电压 U_{DS}，则不论其极性如何，其中总有一个 PN 结为反偏。所以，此时漏源之间没有导电沟道，也就不会产生漏极电流，即 $I_D=0$。

2）栅源电压 $U_{GS}>0$，漏源电压 $U_{DS}=0$ 时的情况：如图 3-8a 所示。栅源之间加正向电压时，由于绝缘层的存在，所以不会产生栅极电流。同时由于衬底与源极相接，从而在栅极经绝缘层到衬底之间建立了一个垂直于半导体表面的电场。因为绝缘层（SiO_2）很薄，在几伏的栅源电压作用下，就可产生 $10^5\sim10^6$V/cm 数量级的电场强度。该电场排斥 P 区（衬底）的多子空穴，同时吸引其中的少子自由电子，使之汇集到栅极一侧的表面层中来。当正的栅源电压增加到一定数值后，在衬底 P 区靠近栅极的表面上便会形成一个由少子自由电子组成的 N 型薄层，称为 P 型衬底内的“反型层”，如图 3-8a 所示。这个反型层就构成了漏源之间的导电沟道，此时的栅源电压 U_{GS}称为“开启电压” $U_{GS(th)}$ ⊖。

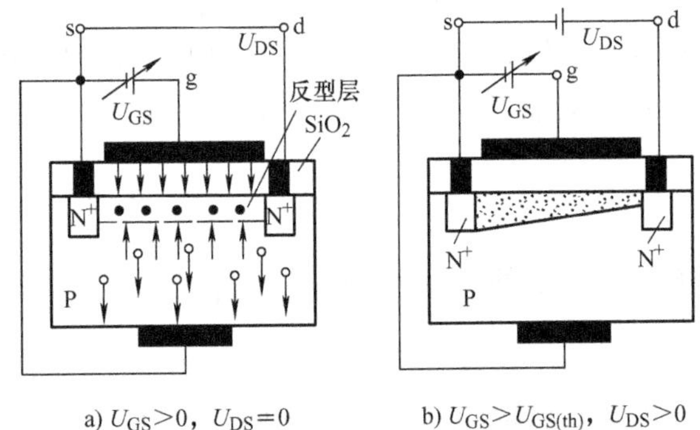

图 3-8 N 沟道增强型 MOS 管的工作原理

当栅源电压 U_{GS}到达 $U_{GS(th)}$后，U_{GS}越大，电场强度越强，反型层越厚，沟道电阻越小。因此，在相同的漏源电压 U_{DS}作用下，产生的漏极电流 I_D也越大，从而实现了压控电流作用。

3）U_{GS}、U_{DS}共同作用时的情况：在 $U_{GS}>U_{GS(th)}$时，由于 U_{DS}的作用，沿沟道产生了电位梯度，靠近漏极附近的电压 U_{GD}（$=U_{GS}-U_{DS}$）小于靠近源极附近的电压 U_{GS}。这样，漏极附近的电场将减弱，反型层变薄，使沟道变为楔形，如图 3-8b 所示。

若此时 U_{DS}较小，沟道形状变化不大（沟道电阻也无显著变化），I_D 将随 U_{DS}的增大而线性增大。如果 U_{DS}继续增大，漏极附近的沟道将进一步变薄。直至 $U_{GD}\leqslant U_{GS(th)}$时，沟道在漏极附近将被夹断。此后，随着 U_{DS}的增大，夹断区向源极方向延伸，而漏极电流 I_D 则趋于饱和。

（3）特性曲线 N 沟道增强型 MOS 管的输出特性曲线和转移特性曲线分别如图 3-9a 和 b 所示。输出特性曲线也分为可变电阻区、饱和区、截止区和击穿区四个部分。可变电阻区与饱和区的分界由下式确定：

$$U_{GS}-U_{DS}=U_{GS(th)}$$

或

$$U_{DS}=U_{GS}-U_{GS(th)} \tag{3-6}$$

在图 3-9a 所示的情况下，管子的 $U_{GS(th)}=2$V。

图 3-9b 所示的转移特性是在测试条件 $U_{DS}=10$V 时测出的。在饱和区内，不同的 U_{DS}下测得的转移特性曲线基本重合，所以通常只用一条曲线表示。在转移特性曲线上 $I_D=0$ 处的 U_{GS}值就是开启电压 $U_{GS(th)}$。转移特性曲线可近似用下式表示：

$$I_D=I_{D0}\left(\frac{U_{GS}}{U_{GS(th)}}-1\right)^2 \quad (U_{GS}>U_{GS(th)}) \tag{3-7}$$

⊖ $U_{GS(th)}$下标中的（th）表示开始形成导电沟道时的阈值（threshold）电压。

式中，I_{D0}是 $U_{GS}=2U_{GS(th)}$ 时的 I_D 值。

2. N 沟道耗尽型 MOS 管

在制造这种管子的过程中，SiO_2 绝缘层预先掺入了大量的正离子，因而即使在 $U_{GS}=0$ 时，在这些正离子产生的电场作用下，已经在 P 型衬底表面感应出较多的自由电子，形成了反型层，为漏源间建立了导电沟道。当接入正向电压 U_{DS}时，即可产生漏极电流 I_D，这与结型场效应管的情况类似。其结构和图形符号如图 3-10a 和 b 所示。

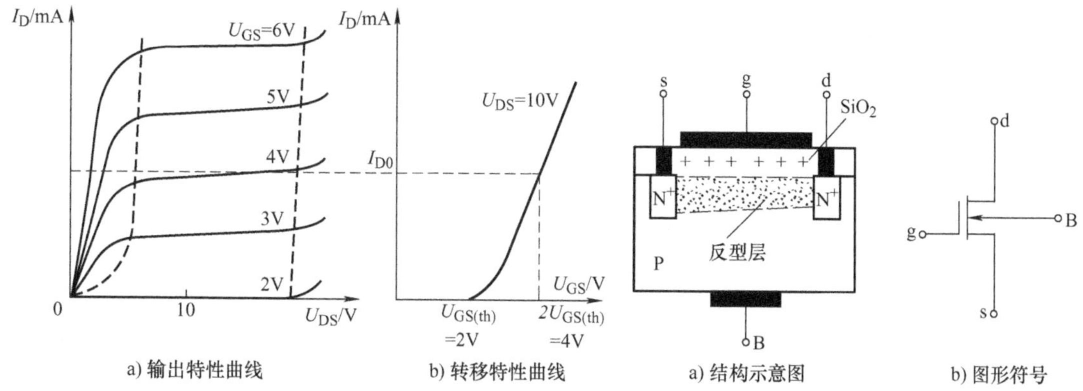

a) 输出特性曲线　b) 转移特性曲线

图 3-9　N 沟道增强型 MOS 管的特性曲线

a) 结构示意图　b) 图形符号

图 3-10　N 沟道耗尽型 MOS 管

$U_{GS}>0$ 时，作用到衬底表面的电场加强，沟道变厚，沟道电阻减小。在同样的 U_{DS}作用下，漏极电流 I_D 增大。但是，虽然 U_{GS}为正，因有绝缘层的隔离，也不会产生栅极电流，这点是与结型场效应晶体管不同的。

$U_{GS}<0$ 时，因栅源电压削弱了正离子感应的电场强度，使沟道变薄，沟道电阻增大。在同样的 U_{DS}作用下，漏极电流减小。当 $|U_{GS}|$ 达到一定值时，U_{GS}产生的电场完全抵消了正离子感应的电场，使反型层消失，漏极电流 I_D 为零。此时的栅源电压 U_{GS}称为“夹断电压” $U_{GS(off)}$。对 N 沟道耗尽型 MOS 管，$U_{GS(off)}$ 为负。

耗尽型 MOS 管在 U_{GS}为正或为负时均能实现压控电流作用，从而使其应用更为灵活，适用范围更为广泛。

因为耗尽型 MOS 管的工作原理与结型场效应晶体管类似，所以其特性曲线也与结型场效应晶体管的相似，其转移特性也可以用式(3-5) 描述。

在耗尽型 MOS 管的图形符号中没有虚线，这表示在没有加 U_{GS}时已经有了导电沟道。

各种类型场效应晶体管的特性和图形符号见表 3-1。

表 3-1　各种类型场效应晶体管的特性和图形符号

结构种类	工作方式	符　号	转移特性 $I_D=f(U_{GS})$	输出特性 $I_D=f(U_{DS})$
绝缘栅（MOSFET）N 型沟道	耗尽型	d g　B s	I_D $U_{GS(off)}$　O　U_{GS}	I_D 2 $U_{GS}=0$V −2 −4 O　U_{DS}

（续）

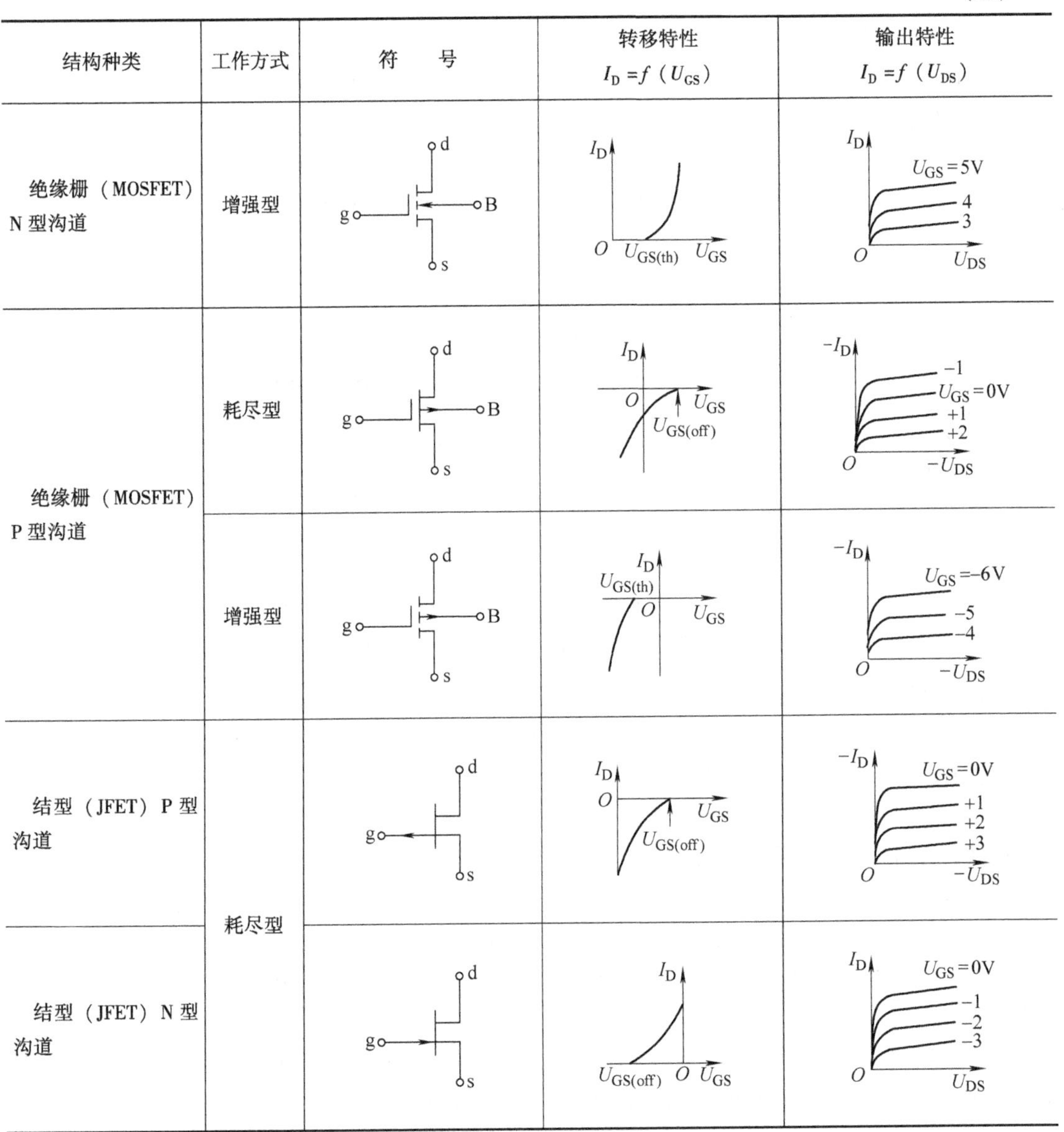

结构种类	工作方式	符　号	转移特性 $I_D=f(U_{GS})$	输出特性 $I_D=f(U_{DS})$
绝缘栅（MOSFET）N型沟道	增强型	d g B s	I_D O $U_{GS(th)}$ U_{GS}	I_D $U_{GS}=5V$ 4 3 O U_{DS}
绝缘栅（MOSFET）P型沟道	耗尽型	d g B s	I_D O U_{GS} $U_{GS(off)}$	$-I_D$ −1 $U_{GS}=0V$ +1 +2 O $-U_{DS}$
	增强型	d g B s	I_D $U_{GS(th)}$ O U_{GS}	$-I_D$ $U_{GS}=-6V$ −5 −4 O $-U_{DS}$
结型（JFET）P型沟道	耗尽型	d g s	I_D O U_{GS} $U_{GS(off)}$	$-I_D$ $U_{GS}=0V$ +1 +2 +3 O $-U_{DS}$
结型（JFET）N型沟道		d g s	I_D $U_{GS(off)}$ O U_{GS}	I_D $U_{GS}=0V$ −1 −2 −3 O U_{DS}

注：I_D 的假定正向为流进漏极。

3.1.3 场效应晶体管的主要参数

1. 直流参数

（1）开启电压 $U_{GS(th)}$　它是指在 U_{DS} 为某一固定值时能产生 I_D 所需的 $|U_{GS}|$ 最小值（为了便于测量，通常取 I_D 为某一微小值，例如 10μA）。这是增强型绝缘栅场效应晶体管特有的参数。

（2）夹断电压 $U_{GS(off)}$　它是指在 U_{DS} 为某一固定值（例如 $U_{DS}=10V$）而使 I_D 减小到某一微小值（例如 50μA）时的 U_{GS} 值。这是耗尽型场效应晶体管的参数。在 $U_{GS}=0$ 的输出特性曲线上，发生预夹断时的漏源电压在数值上也等于夹断电压，即 $U_{DS}=|U_{GS(off)}|$；在

转移特性曲线上，$I_D=0$ 处的 $U_{GS}=U_{GS(off)}$（见图 3-6）。

（3）饱和漏极电流 I_{DSS} 这是耗尽型场效应晶体管的参数。它是在 $U_{GS}=0$ 时，管子发生预夹断时的漏极电流。因为进入饱和区后，I_D 具有恒流性，所以测试条件规定：$U_{GS}=0$、$U_{DS}=10V$ 时，$I_D=I_{DSS}$。另外，在转移特性曲线上，当 $U_{GS}=0V$ 时，$I_D=I_{DSS}$。

（4）直流输入电阻 $R_{GS(DC)}$ 它是漏源电压为零（$U_{DS}=0$）时，栅源电压 U_{GS}（测试条件规定 $|U_{GS}|=10V$）与栅极电流的比值。结型场效应晶体管的 $R_{GS(DC)}$ 一般大于 $10^7\Omega$，而绝缘栅型场效应晶体管的 $R_{GS(DC)}$ 一般大于 $10^9\Omega$。

2. 交流参数

（1）低频跨导 g_m 它是表征栅源电压对漏极电流控制作用大小的一个参数。其定义为：在 U_{DS} = 常数时，i_D 的微变量与相应的 u_{GS} 的微变量之比，即

$$g_m=\left.\frac{\partial i_D}{\partial u_{GS}}\right|_{U_{DS}=常数} \tag{3-8a}$$

g_m 的单位为 mS 或 μS（S 是电导单位“西门子”，即 A/V）。在转移特性曲线上，g_m 就是曲线在各点处的切线斜率。需要注意的是，在管子静态工作点 Q 处的 $g_m=g_{m0}$。静态工作电流 I_{DQ} 越大，Q 点处转移特性曲线越陡，g_{m0} 也越大。在放大电路中，管子工作在饱和区。此时，g_m 也可以通过对转移特性的表达式(3-5) 或式(3-7) 求导得出。例如，对 N 沟道的结型场效应晶体管，有

$$g_m=-2I_{DSS}\left(1-\frac{U_{GS}}{U_{GS(off)}}\right)\Big/U_{GS(off)} \qquad (U_{GS(off)}\leqslant U_{GS}\leqslant 0) \tag{3-8b}$$

（2）交流输出电阻 r_{ds}

$$r_{ds}=\left.\frac{\partial u_{DS}}{\partial i_D}\right|_{U_{GS}=常数} \tag{3-9}$$

r_{ds} 的大小反映了 u_{DS} 对 i_D 的影响，它是输出特性曲线上静态工作点处切线斜率的倒数。在恒流区内，漏极电流基本上不受漏源电压的影响，因此，r_{ds} 很大，一般在几十千欧～几百千欧范围内。

3. 极限参数

（1）最大漏极电流 I_{DM} 它是指管子在工作时允许的最大漏极电流。

（2）最大漏源电压 $U_{DS(BR)}$ 漏极附近发生雪崩击穿时的漏源电压 U_{DS} 即为 $U_{DS(BR)}$（参见图 3-6a）。由式(3-3) 可知，对 N 沟道的情况，U_{GS} 越负，$U_{DS(BR)}$ 越小。

（3）最大栅源电压 $U_{GS(BR)}$ 对结型晶体管，栅极与沟道间 PN 结的反向击穿电压即是 $U_{GS(BR)}$。对绝缘栅型晶体管，$U_{GS(BR)}$ 是使绝缘层击穿的电压。

（4）最大耗散功率 P_{DM} 耗散功率 $P_D=U_{DS}I_D$，而 P_{DM} 与双极型晶体管的最大集电极功耗 P_{CM} 的意义相同，它受管子的最高工作温度和散热条件的限制。

3.1.4 场效应晶体管与双极型晶体管的比较

1）场效应晶体管是电压控制器件，而双极型晶体管是电流控制器件。因为场效应晶体管的压控作用小（即跨导 g_m 小），所以场效应晶体管放大电路的增益较低。

2）场效应晶体管具有较好的温度稳定性、抗辐射性和低噪声性能。在双极型晶体管中，参与导电的载流子既有多子，也有少子，而少子数量受温度和辐射的影响较大，造成管子工作的不稳定。在结型场效应晶体管中只是多子导电，所以工作稳定性较高。MOS 管的导电沟道（反型层）虽然是由衬底的少子构成的，但其数量受到较强的表面电场控制，外界环境温度和辐射的影响相对于表面电场来说较小。

3）场效应晶体管的源极和漏极结构对称，使用时两极可以互换，增加了灵活性。在双极型晶体管中，由于发射区和集电区不但掺杂浓度相差悬殊，而且发射结的结面积也远小于集电结，若将发射极和集电极互换使用，其特性将相差甚远（例如，电流放大系数β将下降很多）。

4）场效应晶体管制造工艺简单，且占用芯片的面积小。例如，MOS 管所占芯片面积仅为双极型晶体管的 15%。因此，场效应晶体管适合于大规模集成。

5）MOS 管的栅极是绝缘的，由外界静电感应所产生的电荷不易泄放。且 SiO_2 层很薄，较小的感应电压将造成较高的电场强度，致使绝缘层击穿而损坏管子。因此在存放 MOS 管时，应将各电极短接在一起。焊接时电烙铁应有良好的接地线，或断电焊接，并注意对交流电场的屏蔽。

场效应晶体管具有很多优点，因此使用广泛，发展迅速。目前大功率场效应晶体管 VMOS 管已经问世（国内已有系列产品），从而克服了 MOS 管工作电压低和电流小的缺点。

3.2 场效应晶体管放大电路

3.2.1 场效应晶体管放大电路的直流偏置及静态分析

场效应晶体管组成的放大电路与双极型晶体管一样，必须建立合适的静态工作点，保证在输入信号时场效应晶体管始终工作在恒流区。对于电压控制器件，场效应晶体管需要合适的栅极-源极电压。下面介绍几种偏置电路。

1. 自给偏压电路

N 沟道耗尽型 MOS 管的源极接入电阻 R_S，就可组成如图 3-11 所示的自给偏压式共源放大电路。

因为耗尽型 MOS 管在 $u_{GS}=0$ 时，仍有漏极电流经过 R_S 产生电压，使源极电位 $U_{SQ}=I_{DQ}R_S$。而栅极经电阻接地，$U_G=0$。所以，静态时栅源之间的电压为

$$U_{GSQ}=U_{GQ}-U_{SQ}=-I_{DQ}R_S \tag{3-10}$$

由此可见，通过源极电阻的电压为栅源两极之间提供负偏压，保证 MOS 管工作在恒流区，所以称为“自给偏压”。将式(3-10)代入耗尽型 MOS 管的电流方程中，就可求出漏极静态电流和电压

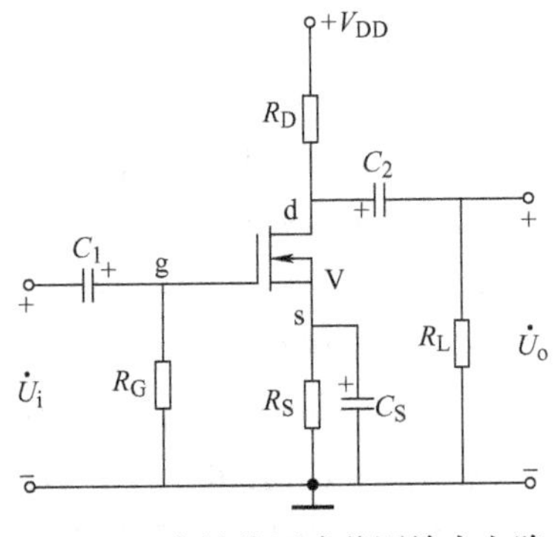

图 3-11 自给偏压式共源放大电路

$$I_{DQ}=I_{DSS}\left(1-\frac{U_{GSQ}}{U_{GS(off)}}\right)^2 \tag{3-11}$$

$$U_{DSQ}=V_{DD}-I_{DQ}(R_D+R_S) \tag{3-12}$$

自给偏压电路比较简单，但是只适用于耗尽型器件。因为增强型 MOS 管只有当栅源电压达到开启电压时才能产生漏极电流，所以增强型 MOS 管不能采用图 3-11 所示的自给偏压电路。

2. 分压式偏置电路

N 沟道增强型 MOS 管组成的共源放大电路如图 3-12a 所示。因为是通过电阻 R_{G1} 和 R_{G2} 对电源分压获得的偏置电压，所以称为“分压式偏置电路”。

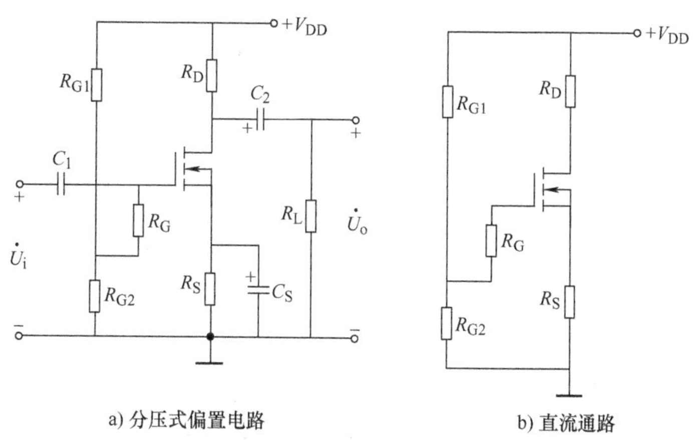

图 3-12　分压式偏置电路

栅极电流为零，所以电阻 R_G 上的电流为零，电路的直流通路如图 3-12b 所示。栅极和源极的电位分别为

$$U_{GQ}=\frac{R_{G2}}{R_{G1}+R_{G2}}V_{DD}$$

$$U_{SQ}=I_{DQ}R_S$$

因此栅源之间的电压为

$$U_{GSQ}=U_{GQ}-U_{SQ}=\frac{R_{G2}}{R_{G1}+R_{G2}}V_{DD}-I_{DQ}R_S \tag{3-13}$$

假设场效应晶体管的开启电压为 $U_{GS(th)}$。若 $U_{GSQ}>U_{GS(th)}$，NMOSFET 工作在恒流区，可以利用增强型 MOS 管的电流方程

$$i_D=I_{DO}\left(\frac{U_{GS}}{U_{GS(th)}}-1\right)^2$$

与式(3-13) 联立，求出漏极电流 I_{DQ} 和栅源电压 U_{GSQ}。利用式(3-12) 得到管压降

$$U_{DSQ}=V_{DD}-I_{DQ}(R_D+R_S)$$

从以上分析可以看出，计算场效应晶体管放大电路的静态工作点，必须首先利用管子的栅极电流为零，得到电路中栅源电压与漏极电流之间的关系式。同时，根据场效应晶体管在恒流区的电流方程，就可得到 U_{GSQ} 和 I_{DQ}。

如果已知场效应晶体管的输出特性和电路参数，还可以采用图解法进行分析。图解法的原理与双极型晶体管放大电路相似，以下通过例题来详细说明。

例 3-1 图 3-11 所示的自给偏压电路中，设 $R_G=10\text{M}\Omega$，$R_S=2\text{k}\Omega$，$R_D=18\text{k}\Omega$，$V_{DD}=20\text{V}$，场效应晶体管的输出特性如图 3-13 所示，试用图解法确定 Q 点。

解 （1）在输出特性曲线上作直流负载线 由输出回路有

$$u_{DS}+i_D(R_D+R_S)=V_{DD}$$

根据此方程即可在输出特性上作直流负载线 MN。

（2）作负载转移特性 根据直流负载线 MN 与各条输出特性的交点 a、b、c、d 和 e 相应的 i_D 和 u_{GS}的值，在 i_D—u_{GS}坐标平面上分别得到 a′、b′、c′、d′和 e′各点，连接这些点就可以得到“负载转移特性” $i_D=f(u_{GS})$。这是求解 i_D、u_{GS}两个未知量所用的第一条曲线（曲线①）。

（3）作源极负载线 为了确定 Q 点，还必须有由外电路确定的第二条曲线。对于自给偏压电路，i_D、u_{GS}还应满足 $u_{GS}=-i_DR_S$。这是一条在 i_D—u_{GS}坐标平面上过原点的直线 OL。因为它的斜率为 $-1/R_S$，所以称为“源极负载线”（曲线②）。

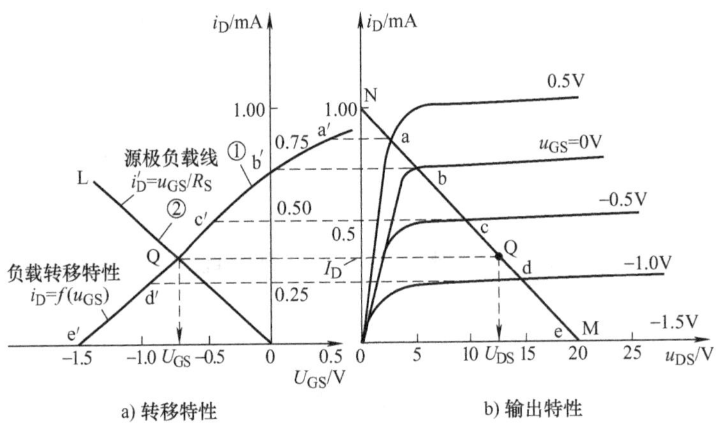

图 3-13 自给偏压电路静态工作点的图解

（4）确定静态工作点 Q 源极负载线（曲线②）与负载转移特性（曲线①）的交点就是 Q 点。在曲线上确定 Q 点的电压和电流值：$U_{GS}\approx-0.75\text{V}, I_D\approx0.37\text{mA}, U_{DS}\approx12.5\text{V}$。

例 3-2 图 3-14 所示的电路中，设 $R_{G1}=2\text{M}\Omega$，$R_{G2}=47\text{k}\Omega$，$R_G=10\text{M}\Omega$，$R_S=2\text{k}\Omega$，$R_D=30\text{k}\Omega$，$V_{DD}=18\text{V}$，场效应晶体管的 $U_{GS(off)}=-1\text{V}$，$I_{DSS}=0.5\text{mA}$。计算电路的静态工作点。

解 N 沟道耗尽型场效应晶体管转移特性表达式

$$I_{DQ}=I_{DSS}\left(1-\frac{U_{GSQ}}{U_{GS(off)}}\right)^2=0.5\left(1+\frac{U_{GSQ}}{1}\right)^2$$

对于图 3-14 电路应满足

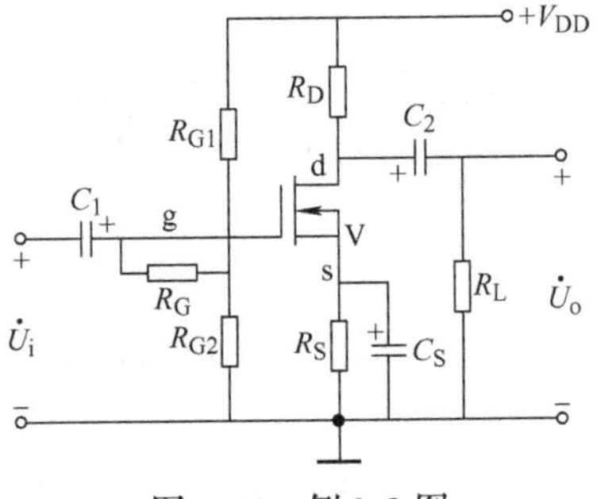

图 3-14 例 3-2 图

$$U_{GSQ}=U_{GQ}-U_{SQ}=\frac{R_{G2}}{R_{G1}+R_{G2}}V_{DD}-I_{DQ}R_S$$

$$=\frac{47}{2000+47}\times 18-2I_{DQ}$$

整理以上两式，可得

$$\begin{cases}I_{DQ}=0.5(1+U_{GSQ})^2\\ U_{GSQ}=0.4-2I_{DQ}\end{cases}$$

求解得 $I_{DQ}=(0.95\pm0.64)$mA。但 $I_{DSS}=0.5$mA，I_{DQ}不应大于 I_{DSS}，所以 $I_{DQ}=0.31$mA，$U_{GSQ}=-0.22$V，$U_{DSQ}=V_{DD}-I_D(R_D+R_S)\approx 8.1$V。

3.2.2　用微变等效电路法分析场效应晶体管放大电路的动态参数

如果输入信号很小，场效应晶体管工作在线性放大区（即输出特性中的恒流区）时，和双极型晶体管放大电路一样，场效应晶体管放大电路可用微变等效电路来分析。

1. 场效应晶体管的交流低频小信号模型

场效应晶体管的交流低频小信号模型与双极型晶体管的 H 参数模型的建立过程相同。可以将场效应晶体管看作是一个双口网络，如图 3-15 所示。因为 $i_G=0$，研究输入特性没有意义，而输出特性或转移特性表示的是 i_D、u_{DS} 和 u_{GS}之间的同一关系

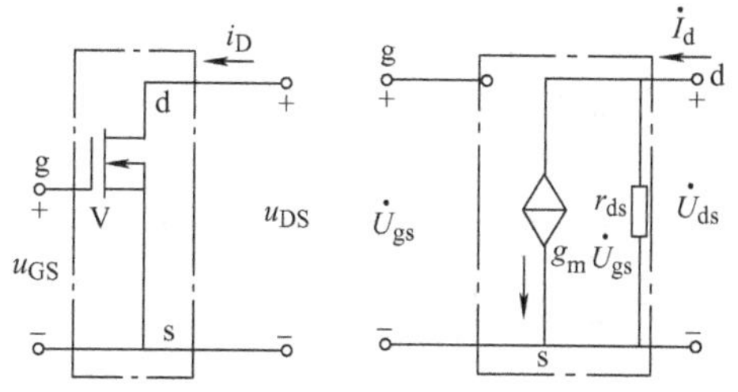

$$i_D=f(u_{GS},u_{DS}) \tag{3-14}$$

a) 共源接法时的双口网络　　b) 低频小信号模型

图 3-15　场效应晶体管的微变等效电路

对式(3-14) 求全微分，得

$$di_D=\frac{\partial i_D}{\partial u_{GS}}\bigg|_{U_{DS}}\cdot du_{GS}+\frac{\partial i_D}{\partial u_{DS}}\bigg|_{U_{GS}}\cdot du_{DS} \tag{3-15}$$

令式中

$$\frac{\partial i_D}{\partial u_{GS}}\bigg|_{U_{DS}}=g_m \tag{3-16}$$

$$\frac{\partial i_D}{\partial u_{DS}}\bigg|_{U_{GS}}=\frac{1}{r_{ds}} \tag{3-17}$$

与确定双极型晶体管 H 参数的条件相同，当信号幅度较小、管子的工作状态处在静态工作点附近小范围内时，可认为特性是线性的。此时 g_m 和 r_{ds}为常数，并且微变量也可用交流正弦量的有效值表示。因此，式(3-15) 可表示为

$$I_d=g_mU_{gs}+\frac{1}{r_{ds}}U_{ds} \tag{3-18}$$

用电路形式表示式(3-18)，即得如图 3-15 所示的场效应晶体管的交流低频小信号模型。因 $\dot{I}_g=0$，所以输入端开路。g_m 为跨导，$g_m\dot{U}_{gs}$表示压控电流源，输出电阻 r_{ds}与双极型晶

体管 H 参数模型中的 $1/h_{22e}$（即 r_{ce}）意义相同。

g_m 和 r_{ds} 两个参数均可从特性曲线上近似求出。g_m 为转移特性在静态工作点 Q 处的斜率；r_{ds} 为输出特性在 Q 点处的斜率的倒数，其值一般在几十到几百千欧之间。在放大电路中一般都有 $r_{ds} >> R_D$（或 $R'_L = R_D // R_L$），因此可以将 r_{ds} 开路得到简化的模型。

2. 应用微变等效电路分析场效应晶体管放大电路

（1）共源放大电路 用微变等效电路分析图 3-11 所示的共源电路，分析步骤与双极型晶体管放大电路相同：用场效应晶体管的简化模型代替器件，电路的其余部分按交流通路画出。这样就得到共源电路的微变等效电路，如图 3-16 所示。

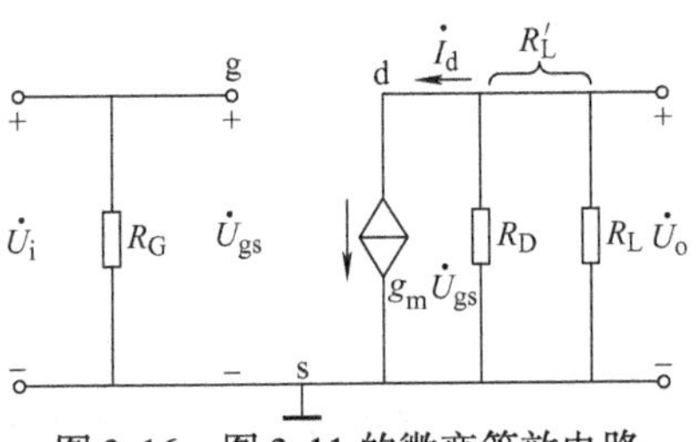

图 3-16 图 3-11 的微变等效电路

根据此电路，可求得共源电路的动态性能指标如下：

① 电压增益

$$\boldsymbol{A}_u = \frac{\dot{U}_o}{\dot{U}_i} = \frac{-g_m \dot{U}_{gs} R'_L}{\dot{U}_{gs}} = -g_m R'_L \tag{3-19}$$

式中，$R'_L = R_D // R_L$，负号说明共源放大电路的 $\dot{U}_o$ 与 $\dot{U}_i$ 反相。

② 输入电阻

$$R_i = R_G \tag{3-20}$$

为了提高放大电路的输入电阻，一般取 R_G 为几到几十兆欧。

③ 输出电阻

$$R_o \approx R_D \tag{3-21}$$

例 3-3 图 3-14 所示电路中，已知 $R_{G1} = 300\text{k}\Omega$，$R_{G2} = 100\text{k}\Omega$，$R_G = 2\text{M}\Omega$，$R_S = 2\text{k}\Omega$，$R_D = 10\text{k}\Omega$，$g_m = 1\text{mS}$，断开 R_L 和 C_S，计算 $\boldsymbol{A}_u$、R_i 和 R_o。

解 电压增益

$$\boldsymbol{A}_u = \frac{\dot{U}_o}{\dot{U}_i} = \frac{-g_m \dot{U}_{gs} R_D}{\dot{U}_{gs} + g_m \dot{U}_{gs} R_S} = \frac{-g_m R_D}{1 + g_m R_S} = \frac{-1 \times 10}{1 + 1 \times 2} = -3.3$$

输入电阻 $R_i \approx R_G + R_{G1} // R_{G2} = 2000\text{k}\Omega + 100\text{k}\Omega // 300\text{k}\Omega = 2075\text{k}\Omega = 2.075\text{M}\Omega$

输出电阻 $R_o = R_D = 10\text{k}\Omega$

由于场效应晶体管的 g_m 较小，与双极型晶体管放大电路相比，MOSFET 放大电路的电压增益较低。但 MOS 管栅源之间绝缘，MOSFET 放大电路的输入电阻很大。

（2）共漏放大电路 N 沟道耗尽型 MOS 管组成的共漏放大电路如图 3-17a 所示，图 3-17b 为其微变等效电路。

① 从图 3-17b 可以得到电路的电压增益

$$\boldsymbol{A}_u = \frac{\dot{U}_o}{\dot{U}_i} = \frac{g_m \dot{U}_{gs} R'_L}{\dot{U}_{gs} + g_m \dot{U}_{gs} R'_L} = \frac{g_m R'_L}{1 + g_m R'_L} \tag{3-22}$$

式中，$R'_L = R_L // R_S$。

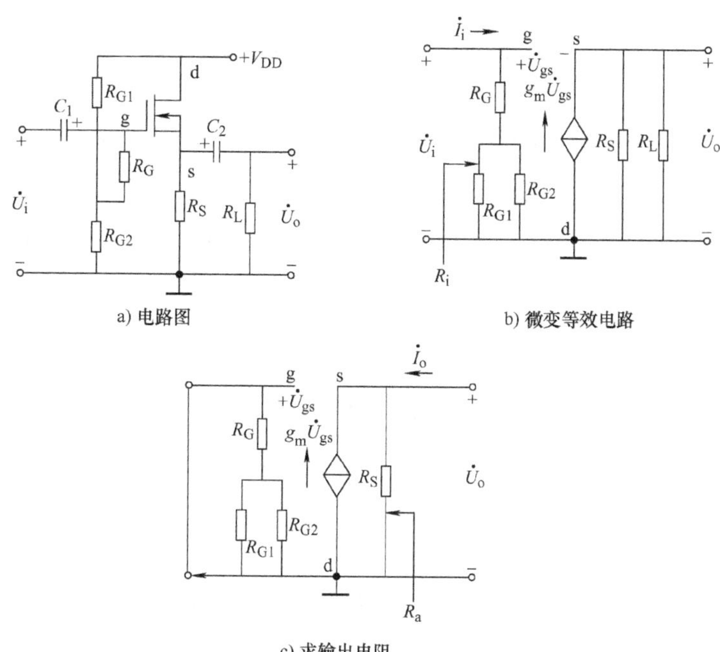

a) 电路图　　b) 微变等效电路

c) 求输出电阻

图 3-17　场效应晶体管共漏放大电路

因为 $g_m R'_L >> 1$，$A_u \approx 1$，输出与输入电压数值近似相等，相位相同。该电路具有电压跟随的特性，又称为“源极跟随器”。

② 输入电阻：因为栅极开路，所以

$$R_i = \frac{\dot{U}_i}{\dot{I}_i} = R_G + R_{G1} /\!/ R_{G2} \approx R_G \tag{3-23}$$

③ 输出电阻：断开负载，将输入端短路，在输出端加交流电压，画出图 3-17c。它是求共漏电路输出电阻的电路。由图可知

$$\dot{U}_{gs} = -\dot{U}_o$$

$$\dot{I}_o = -g_m \dot{U}_{gs} + \dot{U}_o / R_S = \dot{U}_o (g_m + 1/R_S)$$

所以

$$R_o = \frac{\dot{U}_o}{\dot{I}_o} = \frac{1}{g_m + 1/R_S} = R_S /\!/ \frac{1}{g_m} \tag{3-24}$$

这种共漏放大电路的输出电阻 R_o 比共源电路的小。

例 3-4　图 3-17 所示电路中，$R_{G1} = 91\text{k}\Omega$，$R_{G2} = 10\text{k}\Omega$，$R_G = 5\text{M}\Omega$，$R_S = 2\text{k}\Omega$，$R_L = 2\text{k}\Omega$，$V_{DD} = 10\text{V}$，场效应晶体管的 $I_{DSS} = 5\text{mA}$，$U_{GS(off)} = -4\text{V}$。

（1）求该电路的静态工作点的 I_{DQ} 和 U_{GSQ}。

（2）计算电压增益 A_u、输入电阻 R_i 和输出电阻 R_o。

解　（1）静态工作点

根据场效应晶体管的电流方程和偏置电路的线性方程

$$I_{DQ}=I_{DSS}\left(1-\frac{U_{GSQ}}{U_{GS(off)}}\right)^2=5\left(1+\frac{U_{GS}}{4}\right)^2$$

$$U_{GSQ}=U_{GQ}-U_{SQ}=\frac{R_{G2}}{R_{G1}+R_{G2}}V_{DD}-I_{DQ}R_S=1-2I_{DQ}$$

联立解得 $I_{DQ1}=1.43\text{mA}$　$I_{DQ2}=4.37\text{mA}$

$U_{GSQ1}=(1-2\times1.43)\text{V}=-1.86\text{V}$　$U_{GSQ2}=(1-2\times4.37)\text{V}=-7.74\text{V}<U_{GS(off)}$

因此，$U_{GSQ}=-1.86\text{V}$

在 Q 点处管子的低频跨导为

$$g_m=-\frac{2I_{DSS}}{U_{GS(off)}}\left(1-\frac{U_{GSQ}}{U_{GS(off)}}\right)=1.34\text{mS}$$

（2）$\boldsymbol{A}_u=\dfrac{\dot{U}_o}{\dot{U}_i}=\dfrac{g_mR_L'}{1+g_mR_L'}=\dfrac{1.34}{1+1.34}\approx0.57$，其中 $R_L'=R_L/\!/R_S=2/\!/2=1\text{k}\Omega$

$$R_i=\frac{\dot{U}_i}{\dot{I}_i}=R_G+R_{G1}/\!/R_{G2}\approx5\text{M}\Omega$$

$$R_o=\frac{\dot{U}_o}{\dot{I}_o}=R_S/\!/\frac{1}{g_m}\approx543\Omega$$

场效应晶体管放大电路还有共栅接法，因应用较少，在此不做介绍。

综上分析，场效应晶体管的三种基本接法：共源（CS㊀）、共漏（CD㊁）和共栅（CG㊂）分别与双极型晶体管（BJT）的共射（CE）、共集（CC）、共基（CB）接法一一对应，相应的输出量与输入量之间大小和相位关系一致，可以实现反相电压放大、电压跟随、电流跟随的功能。

MOSFET 与双极型晶体管相比最大的优点是可以组成输入电阻很高的放大电路。此外，还由于它具有噪声低、温度稳定性好、抗干扰能力强、功耗低等特点，而且非常便于集成化而被广泛应用。

3.3 Multisim 应用举例

本节将对场效应晶体管构成放大电路进行静态与动态测试仿真分析。仿真对象为分压式偏置共源放大电路，其中场效应晶体管为增强型 N 沟道 MOS 管，电路如图 3-18 所示。MOS 管选用 2N7000，$R_G=2\text{M}\Omega$，$R_{G1}=300\text{k}\Omega$，$R_{G2}=100\text{k}\Omega$，$R_D=10\text{k}\Omega$，$R_S=2\text{k}\Omega$，直流电源 $V_{DD}=18\text{V}$。

通过电压探点和电流探点（或者采用万用表）可以非常方便地获得该电路的静态工作点电压 $U_{GQ}=4.5\text{V}$、$U_{DQ}=10.1\text{V}$、$U_{SQ}=2.38\text{V}$，以及静态电流 $I_{DQ}=0.79\text{mA}$，通过示波器

㊀ Common Source 的字头缩写。

㊁ Common Drain 的字头缩写。

㊂ Common Gate 的字头缩写。

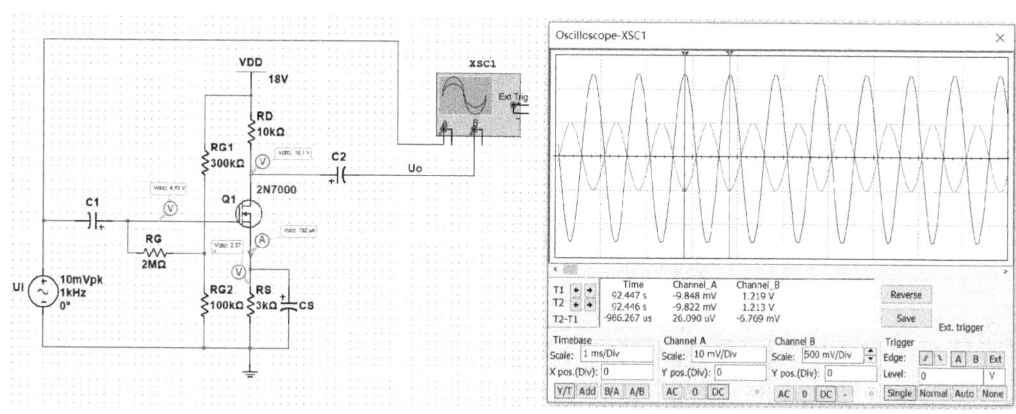

图 3-18 分压式偏置共源放大电路仿真分析

可以测量得到输出电压峰值大小约为 1.2V，从而得到该电路的电压增益为 12 左右。

为了同理论计算结果进行对比，需要了解该场效应晶体管的开启电压 $U_{GH(th)}$ 和电流 I_{DO}，用于计算低频跨导 g_m。以上参数可以通过对 2N7000 进行直流扫描分析（DC Sweep）获得，测试电路如图 3-19 所示。设定直流电源 U_{GS} 作为被扫描电压，将流过电阻 R_D 的电流即漏极电流 I_D 作为输出，运行仿真后得到图 3-19 中所示结果。通过扫描结果曲线可知，场效应晶体管 2N7000 的开启电压 $U_{GH(th)} \approx 2V$，$I_{DO} \approx 200mA$。

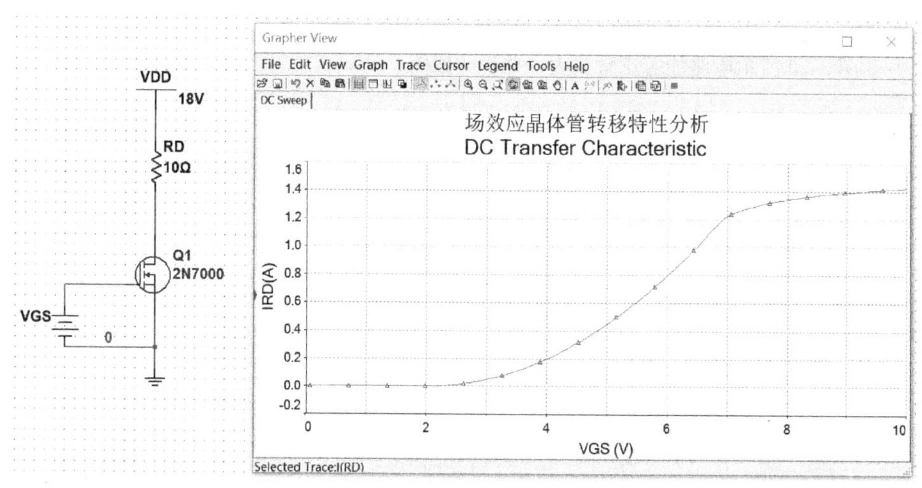

图 3-19 场效应晶体管转移特性

将相关参数带入公式 $g_m = \dfrac{2}{U_{GS(th)}}\sqrt{I_{DQ}I_{DO}}$ 后，计算可以得到该电路中低频跨导 $g_m \approx 11.9mS$。通过公式 $A_u = -g_m R_D$ 计算可以得到电路的电压增益约为 11.9，与仿真测试结果近似。

习 题

3-1 选择填空

1. 场效应晶体管 g、s 之间的电阻比晶体管 b、e 之间的电阻____。(a. 大，b. 小，c. 差不多)

2. 场效应晶体管是通过改变____（a. 栅极电流，b. 栅源电压，c. 漏源电压）来改变漏极电流的，因此是一个____（a. 电流，b. 电压）控制的____。（a. 电流源，b. 电压源）

3. 用于放大电路中，场效应晶体管工作在特性曲线的____。（a. 可变电阻区，b. 饱和区，c. 截止区）

3-2 为保证场效应晶体管工作在恒流区，将 U_{GS}、U_{DS}应有的极性和 U_{DS}应有的大小（表达式）填入表 3-2 中。

表 3-2 题 3-2 表

场效应晶体管类型			U_{DS}极性	U_{GS}极性	U_{DS}的表达式
耗尽型	结型	N 沟道			
		P 沟道			
	MOS	N 沟道			
		P 沟道			
增强型	MOS	N 沟道			
		P 沟道			

3-3 已知某 N 沟道结型场效应晶体管的 $U_{GS(off)}=-5V$。表 3-3 给出四种状态下的 U_{GS}和 U_{DS}的值，判断各状态下管子工作在什么区。（a. 恒流区，b. 可变电阻区，c. 截止区）。

表 3-3 题 3-3 表

U_{GS}/V	-1	-2	-2	-6
U_{DS}/V	3	4	2	10
工作区				

3-4 判断图 3-20 所示电路能否正常放大，并说明原因。

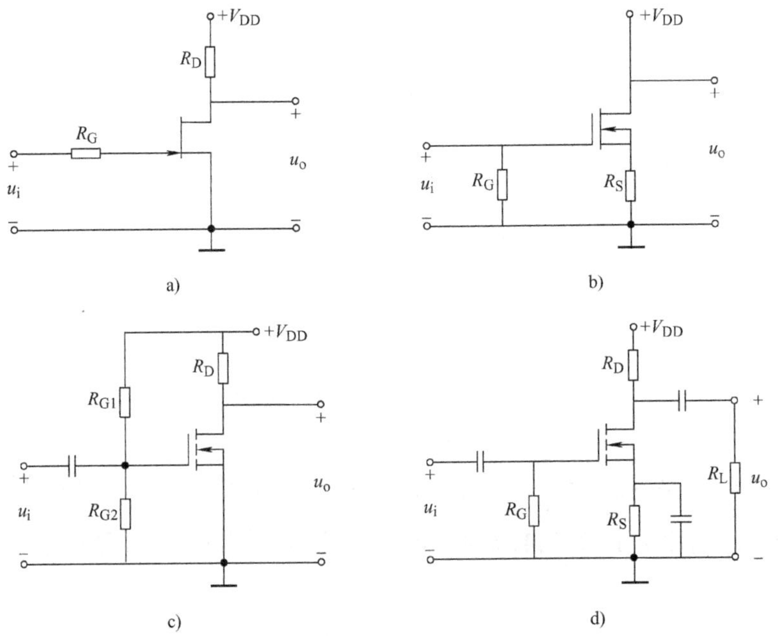

图 3-20 题 3-4 图

3-5 图 3-21 所示的电路中，已知 N 沟道结型场效应晶体管的 $I_{DSS}=2mA$，$U_{GS(off)}=-4V$，计算 I_D 和

U_{GS}的值。

3-6 已知图 3-22 所示电路中场效应晶体管的 $I_{DSS}=3mA$，$U_{GS(off)}=-3V$。当 R_D 分别取 10kΩ、2kΩ、0 等不同阻值时，场效应晶体管工作在哪个区域（可变电阻区、恒流区、截止区）？

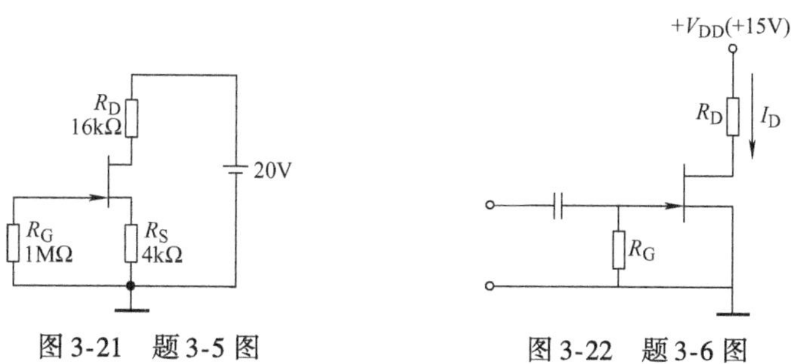

图 3-21 题 3-5 图　　图 3-22 题 3-6 图

3-7 图 3-23 所示的电路中，已知 $U_{GS}=-2V$，场效应晶体管的 $I_{DSS}=2mA$，$U_{GS(off)}=-4V$。

1. 计算 I_D 和 R_{S1} 的值。
2. 为了保证电路的正常放大，求电阻 R_{S2} 可能的最大值。
3. 计算电压增益。

3-8 耗尽型场效应晶体管组成的恒流源电路如图 3-24 所示，R_L 变化时，i_L 几乎不变。已知场效应晶体管的 $I_{DSS}=4mA$，$U_{GS(off)}=-4V$，求：

1. 电流 i_L 的值。
2. 负载电阻 R_L 的取值范围。

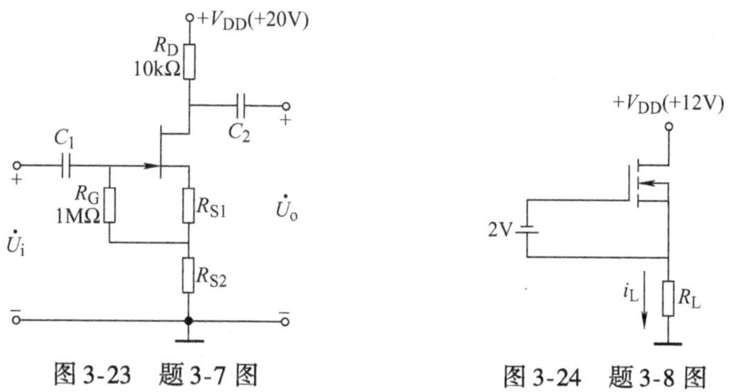

图 3-23 题 3-7 图　　图 3-24 题 3-8 图

3-9 场效应晶体管分压电路和所用管子的漏极特性曲线如图 3-25 所示。假设在 $U_i=0\sim2V$ 范围内，要求分压比 $U_o/U_i=0.4$。试问 V_{GG}应选多大？

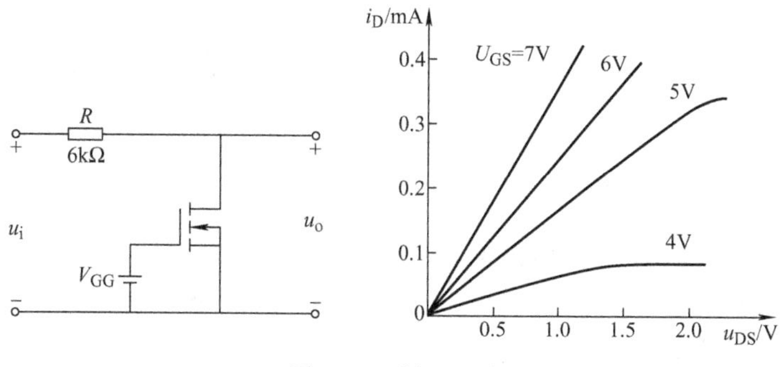

图 3-25 题 3-9 图

3-10 图3-26所示的放大电路中，已知 $g_m = 1\text{mS}$。画出其微变等效电路，并估算 A_u 和 R_i 的值。

3-11 图3-27所示的源极输出器电路中，已知 $g_m = 1\text{mS}$。画出其微变等效电路，并计算 A_u、R_i 和 R_o 的值。

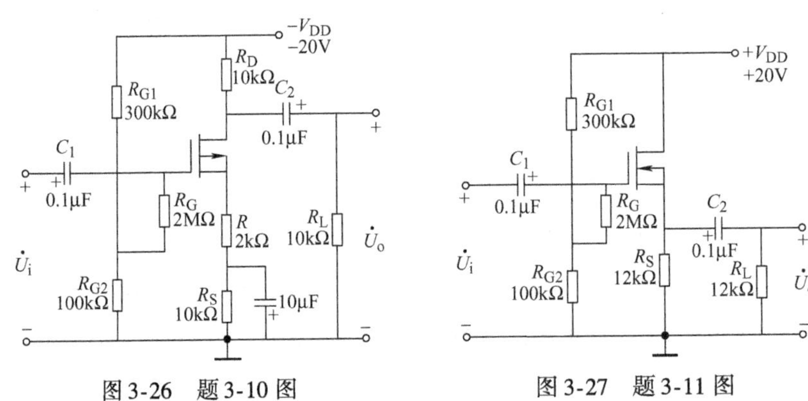

图3-26 题3-10图

图3-27 题3-11图

3-12 图3-28所示电路中，已知，$V_{DD} = 40\text{V}$，$R_G = 1\text{M}\Omega$，$R_{S1} = R_{S2} = 500\Omega$，场效应晶体管的 $I_{DSS} = 6\text{mA}$，$U_{GS(off)} = -6\text{V}$，试：

1. 计算电路的静态值 I_{DQ}、U_{GSQ} 和 U_{DSQ}。

2. 求电压增益 $\dot{U}_{o1}/\dot{U}_i$、$\dot{U}_{o2}/\dot{U}_i$ 和输出电阻 R_{o1}、R_{o2}。

3-13 图3-29所示电路中，已知 $g_m = 2\text{mS}$，$I_{DSS} = 1\text{mA}$，$U_{GS(off)} = -5\text{V}$，$U_{DQ} = 9\text{V}$。试：

1. 计算电阻 R_1 的值。

2. 画出其微变等效电路并计算 A_u 和 R_i。

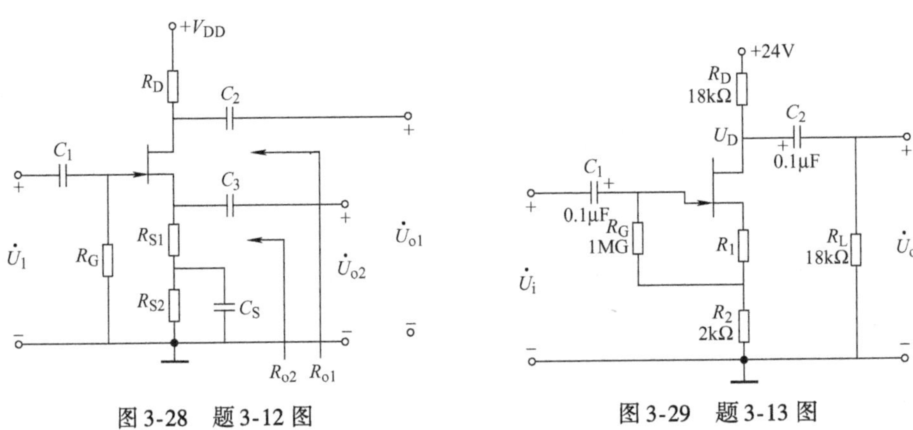

图3-28 题3-12图

图3-29 题3-13图

3-14 图3-30所示电路中，已知V管的 g_m 和VT管的 β 和 r_{be} 以及电路的所有参数。试：

1. 说明V、VT管各属何种组态。

2. 写出电路的电压增益 $\dot{U}_o/\dot{U}_i$、输入电阻 R_i、输出电阻 R_o 的表达式。

3-15 V、VT管组成的混合放大电路如图3-31所示。已知 $g_m R_E >> 1$、$\beta >> 1$。试：

1. 分析说明V、VT管各属何种组态？

2. 画出微变等效电路，写出该电路的电压增益 $\dot{U}_o/\dot{U}_i$、输入电阻 R_i 和输出电阻 R_o 的表达式。

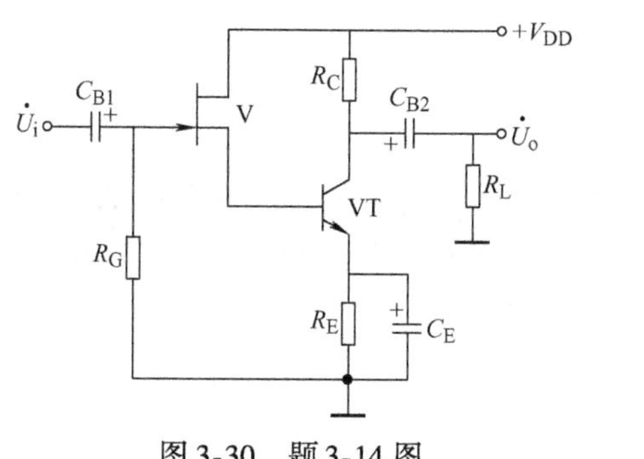

图 3-30　题 3-14 图

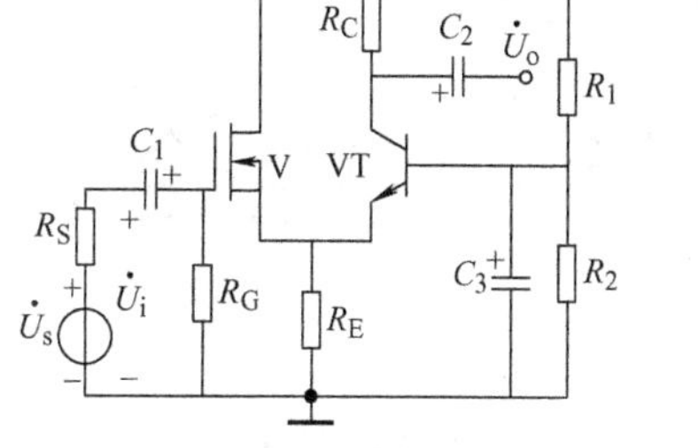

图 3-31　题 3-15 图

3-16　分析图 3-32 所示的复合管结构是否合理。如果合理，说明复合后管子的类型。

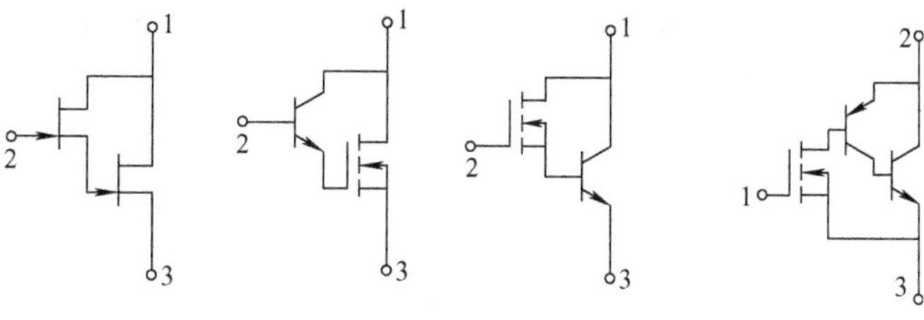

图 3-32　题 3-16 图

3-17　利用 Multisim 分析图 3-26 所示电路，场效应晶体管选用 2N7000。

1. 通过直流扫描分析，测试场效应晶体管的转移特性并读出 $U_{GS(TH)}$ 和 I_{DO} 的值。
2. 当 R_{G2} 分别为 100kΩ、150kΩ 时，测量 U_{GS}、U_{DS} 及 A_u 的变化。

第4章 多级放大电路和集成运算放大电路

4.1 多级放大电路的耦合方式及分析

在实际应用中仅靠单管放大电路的电压增益已无法满足要求，这就需要将多个基本放大电路连接起来，从而构成“多级放大电路”。其中每一个基本放大电路称为一“级”，而级与级之间的连接方式称为“耦合方式”。

4.1.1 多级放大电路的耦合方式

多级放大电路有四种常见的耦合方式：直接耦合、阻容耦合、变压器耦合和光电耦合。

1. 直接耦合

将前一级的输出端直接接到后一级的输入端，称为“直接耦合”。

（1）直接耦合的具体形式　图4-1所示是将两个共射电路直接相连组成的两级直接耦合放大电路。要基本不失真地放大输入信号，必须保证各级放大电路都有合适的静态工作点。但是在图4-1中，因为对硅管 $U_{CE1}=U_{BE2}=0.7V$，VT_1 的静态工作点已接近饱和区，动态时非常容易进入饱和区。为了解决这一问题，直接耦合可采用以下几种不同形式的电路。

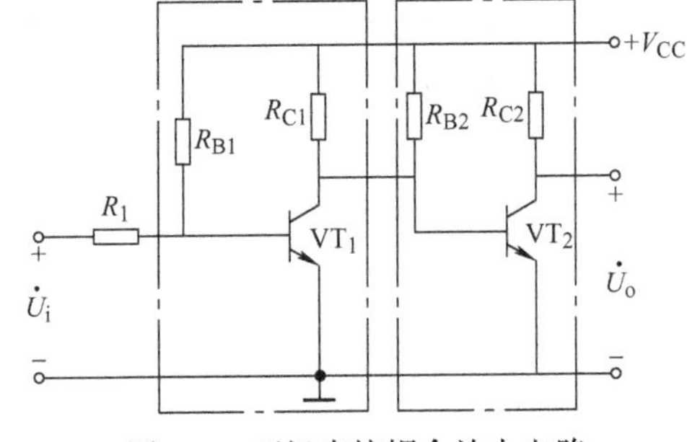

图4-1　两级直接耦合放大电路

1）第二级接射极电阻 R_{E2}，如图4-2a所示。选择适当的 R_{E2} 电阻值，可以使两级都有合适的静态工作点。但是，R_{E2} 的接入会使第二级的电压增益下降。

2）用稳压管VS代替 R_{E2}，如图4-2b所示。流过稳压管的电流在一定范围内变化时，稳压管两端的电压基本不变。所以，静态时稳压管可以有效地提高 VT_1 管的静态工作点，而在动态时它的动态电阻又很小，对第二级的电压增益影响较小。

3）NPN型和PNP型管配合使用，如图4-2c所示。在直接耦合的放大电路中，为了保证各级的晶体管都工作在放大区，如果采用同一类型的管子（如NPN型），各级集电极电位是逐渐升高的，限制了可能有的级数。在前后级中配合使用NPN型和PNP型晶体管，就可以解决这一问题。图4-2c中 VT_2 的集电极电位低于 VT_1 的集电极电位。

（2）直接耦合方式的特点

1）由于是级间直接相连，电路可以放大缓慢变化的信号，也可以放大直流信号。因此，它具有良好的低频特性。

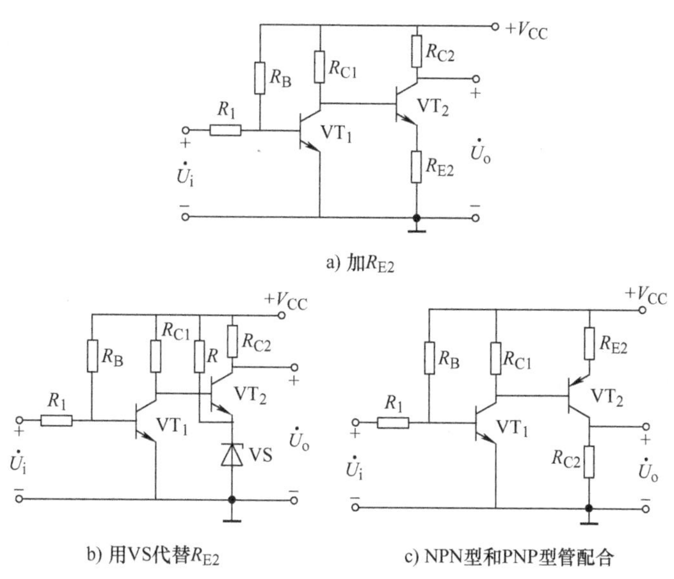

a) 加R_{E2}

b) 用VS代替R_{E2}　　c) NPN型和PNP型管配合

图 4-2　两级直接耦合放大电路

2）电路中只有晶体管和电阻，没有大容量的电容，易于将整个电路制作在一块硅片上构成集成放大电路。随着集成电路的飞速发展，直接耦合方式的应用越来越广泛。

3）由于直接耦合方式中各级的直流通路相连，使各级的静态工作点相互影响，给电路的分析、设计和调试带来了困难。计算机辅助分析软件的应用，大大简化了分析与设计的过程。

（3）直接耦合放大电路中的零点漂移　如果将直接耦合放大电路的输入端短路，将电压表接在输出端，可以发现随着时间的推移，输出电压会发生缓慢的随机的变化。这种现象称为“零点漂移”。

放大电路中任何参数的变化，如电阻元件、晶体管参数的变化或电源电压的波动，都会使输出电压变化，即产生零点漂移。如果采用高精度电阻并经过老化处理和采用高稳定度的电源，则由温度变化引起的晶体管参数的变化将成为产生零点漂移的主要原因，因而又称零点漂移为“温度漂移”。

因为温度等参数的变化都是随时间缓慢进行的，对于阻容耦合及其他耦合方式，漂移信号很难逐级传递和放大。但是对直接耦合放大电路，输入级的漂移电压和有用信号一起被逐级放大。有时，在输出端就无法正确地区分有用信号和漂移电压，致使放大电路无法正常工作。因此，必须采取措施有效地抑制零点漂移。抑制零点漂移的方法有以下几种：

1）用恒温措施保证晶体管工作温度稳定。为此需要恒温室，设备复杂，成本高。

2）用温度补偿法。在电路中用热敏元件或二极管来与工作管的温度特性互相补偿。但此法难以实现大范围的温度补偿。最有效的方法是设计特殊形式的放大电路，例如用特性完全相同的两个管子提供输出，使它们的零点漂移相互抵消，这就是“差动放大电路”的设计思想。

3）用直流负反馈稳定静态工作点，例如典型的静态工作点稳定电路。

4）用其他的耦合方式或特殊设计的调制-解调式直流放大电路。

温度变化越大，放大级数越多，输出端的零点漂移就越大。为了衡量和比较零点漂移的大小，把温度每变化1℃时，放大电路输出端的漂移电压折合到输入端，即

$$\Delta u_{\mathrm{Idr}} = \frac{\Delta u_{\mathrm{Odr}}}{A_{\mathrm{u}}\Delta T} \tag{4-1}$$

式中，Δu_{Odr}是输出端的漂移电压；ΔT是温度的变化；A_{u}是电路的电压增益；Δu_{Idr}是温度每变化1℃时折合到放大电路输入端的零点漂移电压。

2. 阻容耦合

将放大电路前一级输出端通过电容与后一级输入端相连接的耦合方式称为“阻容耦合”。图4-3所示为两级阻容耦合放大电路，每一级为共射放大电路。C_1、C_2和C_3分别为信号源与放大电路输入端、两级放大电路之间及放大电路输出端与负载之间的耦合电容。

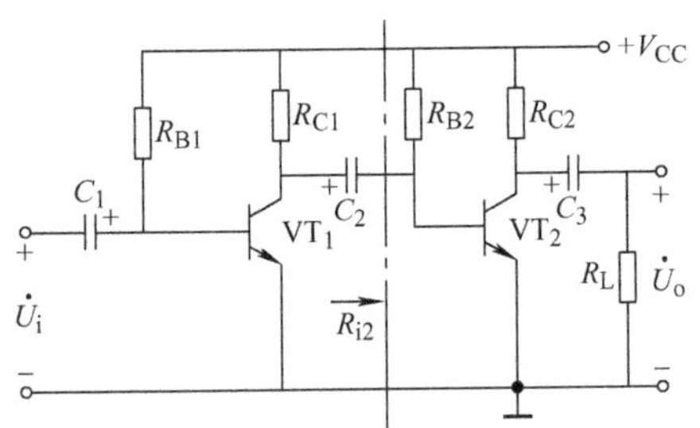

图4-3 两级阻容耦合放大电路

阻容耦合方式有以下特点：

1）各级静态工作点相互独立。由于电容对直流量具有隔断的作用，各级放大电路的直流通路是互相隔离、互不影响的，所以电路的静态分析、设计和调试就较为方便。

2）交流信号在传输过程中损失很小。只要耦合电容的电容量足够大，在一定的频率范围内，就可以将前一级的交流输出信号几乎没有衰减地传递到后一级的输入端，从而使交流信号得到充分的利用。因此，阻容耦合方式在分立元件电路中得到过广泛的应用。

3）由于耦合电容的隔直作用，电路的温漂很小。

4）阻容耦合放大电路的低频特性差，不能放大直流信号或缓慢变化的信号。因为当信号频率很低时，耦合电容的容抗变得非常大，信号难以向后级传递。

5）阻容耦合放大电路难以集成，因为在集成电路的制造工艺中，制造大电容十分困难。

3. 变压器耦合

将放大电路前级的输出通过变压器接到后级的输入端或负载上的耦合方式称为“变压器耦合”。图4-4所示为变压器耦合的两级放大电路。变压器T_1的一次绕组取代了第一级电路中VT_1管的集电极电阻R_{C1}，变化的电压和电流经变压器T_1的二次绕组加到VT_2管的基极进行再次放大，变压器T_2则把经VT_1、VT_2放大了的交流电压和电流传递到负载R_L上。

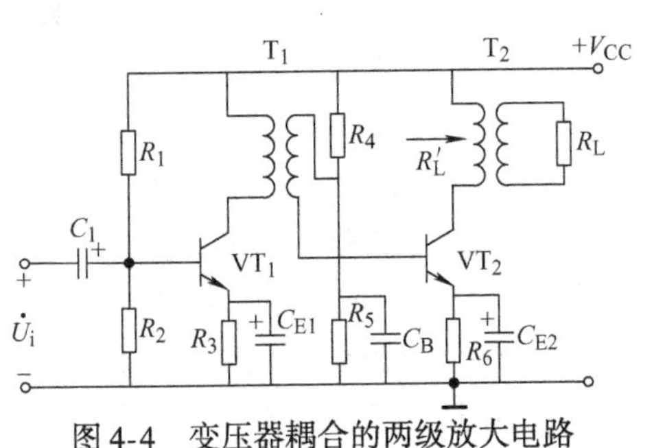

图4-4 变压器耦合的两级放大电路

变压器耦合方式的特点：

1）由于变压器耦合电路的前后级靠磁路耦合，它的各级放大电路的静态工作点相互独立，便于静态分析设计和调试。

2）由于变压器只能传送交流信号，所以变压器耦合多级放大电路没有严重的零点漂移现象。

3）变压器耦合电路的高频和低频性能都比较差。它不能传送直流和缓慢变化的信号，只能用于交流放大。当信号频率较高时，由于变压器漏感和分布电容的作用，容易使多级放大电路产生自激振荡。

4）变压器用有色金属和磁性材料制成，体积大，成本高，难以集成化。

5）变压器耦合的最大优点是可以进行电流、电压和阻抗变换。阻值较小的负载经变压器进行阻抗变换后，可以成为放大管的最佳负载，使负载得到最大输出功率。

图4-5是一个简化的变压器等效电路图，忽略了变压器一次和二次绕组的电阻，$\dot{U}_1$、$\dot{U}_2$ 和 $\dot{I}_1$、$\dot{I}_2$ 分别表示变压器一次和二次的电压和电流，R_L 表示负载电阻。设变压器一次和二次绕组的匝比为 $N_1/N_2=n$，根据变压器的工作原理，得

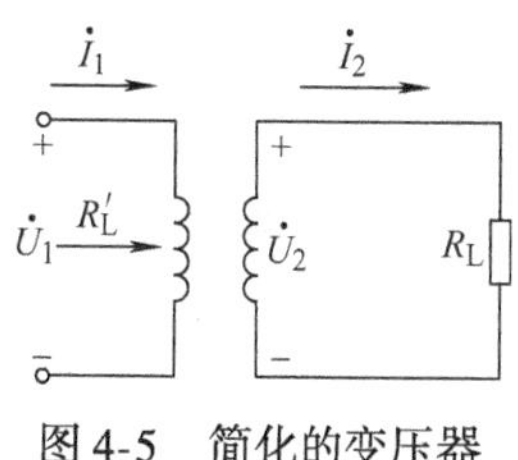

图4-5　简化的变压器等效电路图

$$\frac{\dot{U}_1}{\dot{U}_2}=n \qquad \frac{\dot{I}_1}{\dot{I}_2}=\frac{1}{n}$$

从变压器一次侧看进去的等效交流电阻 R_L' 是

$$R_L'=\frac{\dot{U}_1}{\dot{I}_1}=n^2\frac{\dot{U}_2}{\dot{I}_2}=n^2R_L \tag{4-2}$$

例如，图4-4中 R_L 是8Ω的扬声器。如果直接将其接在 VT_2 的集电极上，由于阻值太小只能得到很小的输出功率，扬声器可能无法发声。选择合适的匝数比，可以保证负载电阻 R_L' 与 VT_2 的输出电阻相匹配，从而得到足够大的输出功率。因此变压器耦合电路曾广泛地应用于功率放大电路中。目前，只有在集成功率放大电路无法满足需要时，才用分立元件构成变压器耦合放大电路。

4. 光电耦合

光电耦合是以光信号为媒介实现电信号的耦合与传递的，因其抗干扰能力强而得到越来越广泛的应用。

（1）光电耦合器　光电耦合器是实现光电耦合的基本器件，它将发光元件（发光二极管）与光敏元件（光电晶体管）组合在一起，如图4-6a所示。发光元件为输入回路，将电能转换为光能；光敏元件为输出回路，将光能转换为电能。两部分电路相互绝缘，可有效地抑制电干扰。光电耦合器的传输特性如图4-6b所示，它描述了光电晶体管的集电极电流与管压降以及发光二极管电流之间的关系。

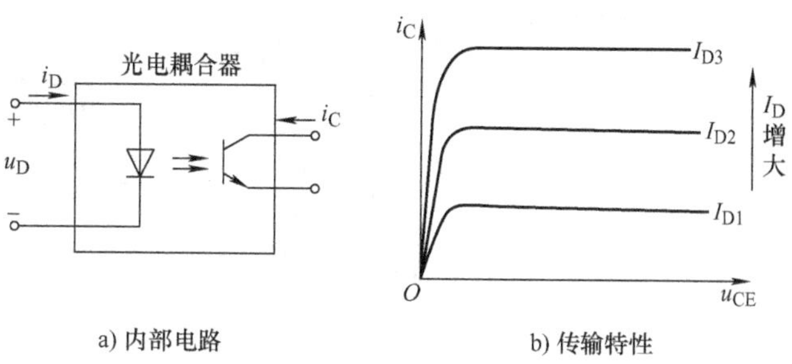

图4-6　光电耦合器及其传输特性

与晶体管的输出特性一样，当管压降 u_{CE} 足够大时，i_C 几乎仅仅由 i_D 决定。与晶体管的 β 类似，当c、e间电压一定时，i_C 的变化量与 i_D 的变化量之比称为“传输比”，即

$$CTR=\left.\frac{\Delta i_C}{\Delta i_D}\right|_{U_{CE}} \tag{4-3}$$

但其数值很小，只有0.1～1.5。

（2）光电耦合放大电路 图4-7所示是光电耦合放大电路。

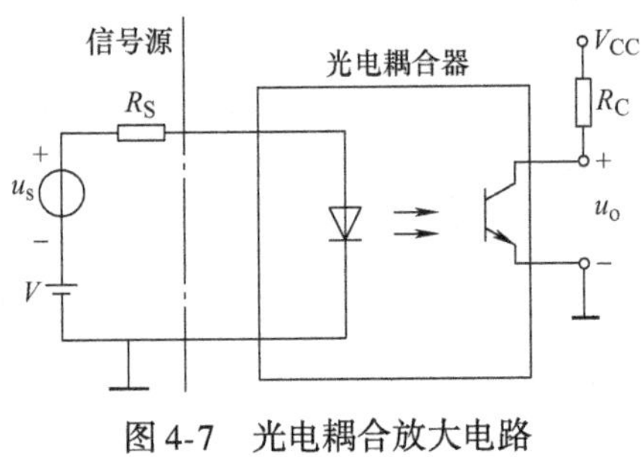

图4-7 光电耦合放大电路

根据各种耦合方式的特点，各有其不同的应用场合。阻容耦合放大电路用于交流放大；变压器耦合用于功率放大及调谐放大；直接耦合放大电路一般用于放大直流或缓慢变化的信号，并广泛用于集成电路中。

4.1.2 多级放大电路的分析

1. 静态工作点的分析

在阻容耦合和变压器耦合多级放大电路中，由于各级直流通路是相互隔离的，因此静态工作点的分析计算是独立进行的，与单管放大电路情况相同，不再重述。

在直接耦合多级放大电路中，由于各级直流通路相互联系，各级的静态工作点无法单独计算，必须统一考虑。一般需要根据电路的约束条件和管子各极的电流、电压关系，列出方程组进行求解。如果电路中有特殊电位点，则常常以此为突破口，简化求解过程。

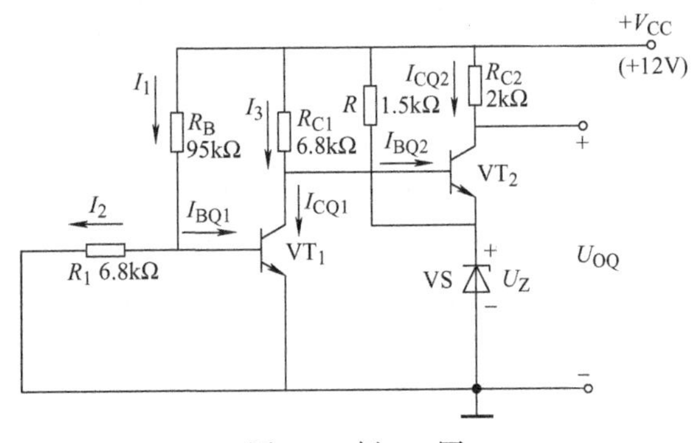

图4-8 例4-1图

例4-1 图4-8是一个输入短路的两级直接耦合放大电路，计算对应于两级静态工作点的I_{BQ1}、I_{CQ1}、U_{CEQ1}和I_{BQ2}、I_{CQ2}、$U_{CQ2}=U_{OQ}$的值。设β的值分别是$\beta_1=50$、$\beta_2=35$，稳压管VS的稳定电压$U_Z=4V$，$U_{BEQ1}=U_{BEQ2}=0.7V$。

解 由图4-8可知

$$I_1=\frac{V_{CC}-0.7}{R_B}=\left(\frac{12-0.7}{95\times10^3}\right)A=0.12mA$$

$$I_2=\frac{0.7}{R_1}=\left(\frac{0.7}{6.8\times10^3}\right)A=0.1mA$$

$$I_{BQ1}=I_1-I_2=0.12mA-0.1mA=0.02mA$$

$$I_{CQ1}=\beta_1 I_{BQ1}=50\times0.02mA=1mA$$

$$U_{CEQ1}=U_{BEQ2}+U_Z=0.7V+4V=4.7V$$

所以

$$I_3=\frac{V_{CC}-U_{CEQ1}}{R_{C1}}=\left(\frac{12-4.7}{6.8\times10^3}\right)A=1.07mA$$

$$I_{BQ2}=I_3-I_{CQ1}=1.07mA-1mA=0.07mA$$

$$I_{CQ2}=\beta_2 I_{BQ2}=35\times0.07mA=2.45mA$$

$$U_{OQ}=V_{CC}-I_{CQ2}R_{C2}=(12-2.45\times2)V=7.1V$$

2. 动态性能的分析

(1) 电压增益的计算 多级放大电路的连接示意图如图 4-9 所示。由图可知，放大电路中前级的输出电压等于后级的输入电压，即 $\dot{U}_{o1}=\dot{U}_{i2},\dot{U}_{o2}=\dot{U}_{i3},\cdots,\dot{U}_{o(n-1)}=\dot{U}_{in}$。

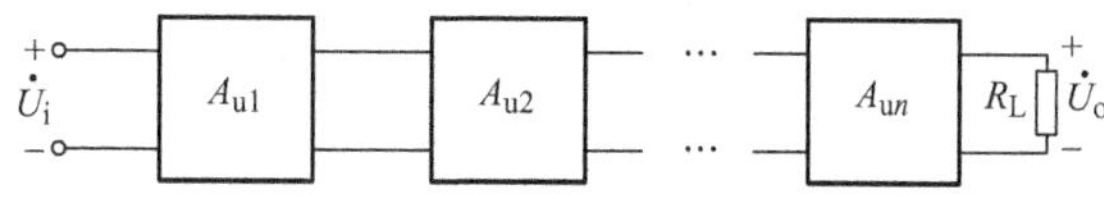

图 4-9 多级放大电路的连接示意图

所以多级放大电路的电压增益为

$$\boldsymbol{A}_u=\frac{\dot{U}_o}{\dot{U}_i}=\frac{\dot{U}_{o1}}{\dot{U}_{i1}}\frac{\dot{U}_{o2}}{\dot{U}_{i2}}\cdots\frac{\dot{U}_o}{\dot{U}_{in}}=\boldsymbol{A}_{u1}\boldsymbol{A}_{u2}\cdots\boldsymbol{A}_{un}=\prod_{k=1}^{n}\boldsymbol{A}_{uk} \tag{4-4}$$

如果用分贝表示，则有

$$20\lg A_u=20\lg A_{u1}+20\lg A_{u2}+\cdots+20\lg A_{un}=\sum_{k=1}^{n}20\lg A_{uk} \tag{4-5}$$

即总的增益为每一级增益之积或分贝数之和。但应注意：计算各级的电压增益要考虑前后级之间的相互影响。计算时可以采用两种分析计算方法：

1) 从第一到第 n 级，计算每一级的电压增益时，将后一级的输入电阻（包括偏置电阻）作为负载电阻。

2) 在计算 $\boldsymbol{A}_{u1}$时，先认为 $R_{L1}\to\infty$。从第二级起将前一级的输出电阻作为后一级的信号源内阻，计算出后一级的源电压增益。

两种方法计算得到的各级电压增益虽然不同，但是电路总的电压增益是相同的。

例 4-2 图 4-10 是一个三级阻容耦合放大电路。设 VT_1、VT_2、VT_3 的电流放大系数为 β_1、β_2、β_3，管子的输入电阻分别为 r_{be1}、r_{be2}和 r_{be3}，试写出该电路的电压增益表达式。

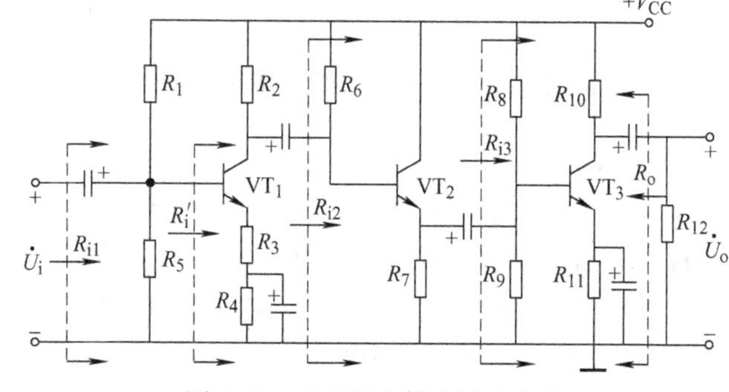

图 4-10 三级阻容耦合放大电路

解 在计算多级放大电路总的电压增益时，一般可采用以下两种方法：

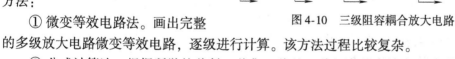

① 微变等效电路法。画出完整的多级放大电路微变等效电路，逐级进行计算。该方法过程比较复杂。

② 公式计算法。根据所学的共射、共集、共基三种组态基本放大电路增益、输入电阻和输出电阻的计算公式，通过观察实际电路可以直接写出总电路相应参数的表达式。本例采用此方法求解。

由图 4-10 可知，第一级是带射极电阻 R_3 的共射电路，交流负载电阻为 $R_2'=R_2/\!/R_{i2}$，$R_{i2}=R_6/\!/$ [$r_{be2}+$ (β_2+1) R_7']，$R_7'=R_7/\!/R_{i3}$，$R_{i3}=R_8/\!/R_9/\!/r_{be3}$，所以

$$\boldsymbol{A}_{u1}=-\frac{\beta_1R_2'}{r_{be1}+(\beta_1+1)R_3}$$

第二级为射极输出器，其

$$A_{u2}=\frac{(\beta_2+1)R_7'}{r_{be2}+(\beta_2+1)R_7'}$$

第三级为共射基本电路，其

$$A_{u3}=-\frac{\beta_3 R_{10}'}{r_{be3}} \qquad R_{10}'=R_{10}/\!/R_{12}$$

求出A_{u1}、A_{u2}、A_{u3}后，把它们相乘，即可得到总的电压增益A_u的表达式。

（2）输入和输出电阻的计算　多级放大电路输入和输出电阻的计算方法与电压增益的计算方法一样，可以采用微变等效电路法，也可以通过观察用公式法。需要注意的是必须考虑前后级的相互影响，尤其是在电路中采用了射极输出器时。如果输入级是射极输出器，则输入电阻与后几级有关系；如果输出级是射极输出器，则输出电阻不仅取决于末级，还与前几级有关系。

图4-10所示电路的输入电阻可以直接写出为

$$R_i=R_{i1}=R_1/\!/R_5/\!/R_i'$$

其中$R_i'=r_{be1}+(\beta_1+1)R_3$，所以

$$R_i=R_1/\!/R_5/\!/[r_{be1}+(\beta_1+1)R_3]$$

该电路的输出电阻为

$$R_o=R_{10}/\!/r_{ce3}\approx R_{10}$$

4.2 差动放大电路

由于集成电路的迅速发展，直接耦合放大电路得到越来越多的应用。为了抑制直接耦合电路中的零点漂移，常常采用特殊形式的“差动放大电路”。

4.2.1 电路的组成及抑制零点漂移的原理

1. 电路的组成

用两只特性完全相同的管子，组成两半结构完全对称的电路，使信号从两管的基极输入，从两管的集电极输出，这样就组成了最基本的差动放大电路（简称差放），如图4-11所示。

图中VT_1和VT_2各组成一个共射基本放大电路，它们都没有稳定静态工作点的措施，因此都有较大的零点漂移。但从两管的集电极输出，却可以使电路的输出端得到很小的零点漂移。

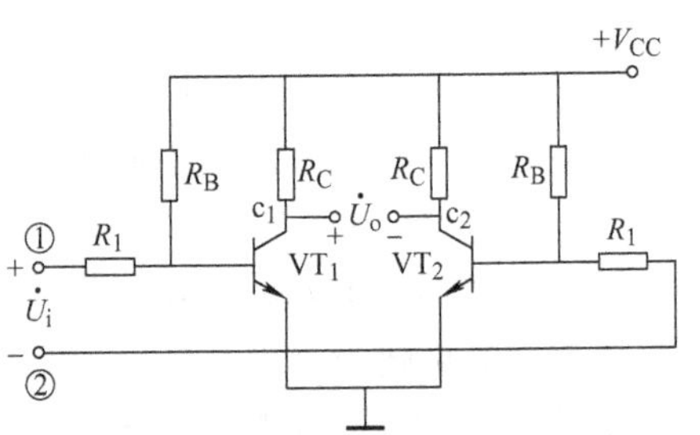

图4-11　基本的差动放大电路

2. 抑制零点漂移的原理

静态时，输入信号为零，即电路的输入端①和②短接。由于两管的特性完全相同，所以当温度或其他外界条件发生变化时，两管的集电极电流的变化规律始终相同，使两管的集电极电位始终相等，从而保证输出端电压$U_o=0$，因此消除了零点漂移。差动放大电路的实质就是用特性相同的两个管子组成两半结构对称的电路，利用相互补偿来抑制零点漂移。

挑选特性完全相同的两管十分困难，尤其是当温度大范围变化时。现在常采用相同的制造工艺，在同一块半导体材料上同时制作两个管子，而且封装在同一管壳中，构成“差分

对管”。这种管子专用于差动放大电路，可免去选管的困难。两半电路中对应的电阻则可用电桥精密选配，尽量保证阻值对称性精度满足要求。实际上，无论怎样都无法保证差动放大电路的两半都完全对称，因此只能抑制零点漂移，而无法完全消除。

3. 信号的输入方式和电路的响应

（1）共模输入方式 两管输入端接同一个输入信号，即 $\dot{U}_{i1}$ 和 $\dot{U}_{i2}$ 大小相等，相位相同，$\dot{U}_{i1}=\dot{U}_{i2}=\dot{U}_{ic}$。这种输入方式就称为“共模输入方式”，$\dot{U}_{ic}$ ㊀为共模输入信号。

当两半电路完全对称时，在共模输入信号作用下，差动放大电路的两半电路中电流变化完全相同，两管的集电极电位变化也相同。因此，输出端电压的变化量为零，即电路的共模输出电压为零。

为了描述电路对共模信号的抑制能力，将输出共模电压与输入共模信号电压的比值称为“共模电压增益”，用 $\boldsymbol{A}_c$ 表示，即

$$\boldsymbol{A}_c=\frac{\dot{U}_{oc}}{\dot{U}_{ic}} \tag{4-6}$$

可以看出，在图4-12中，共模电压增益为零。因为差动放大电路两半的对称性，又处于相同的工作环境，温度等环境因素对两半电路有相同的影响，可以将这些干扰都等效为共模信号。如果采用该电路从两管集电极之间输出的方式，输出端共模信号为零，说明差动放大电路可有效地抑制共模信号。

（2）差模输入方式 如果加在两管输入端对地的电压分别为 $\dot{U}_{i1}$ 和 $\dot{U}_{i2}$，而两电压的大小相等，相位相反，即 $\dot{U}_{i1}=\dot{U}_{id}$ ㊁，$\dot{U}_{i2}=-\dot{U}_{id}=-\dot{U}_{i1}$，如图4-13所示，这种输入方式称为“差模输入方式”，差模输入信号为 $\dot{U}_{i1}-\dot{U}_{i2}=2\dot{U}_{id}$。

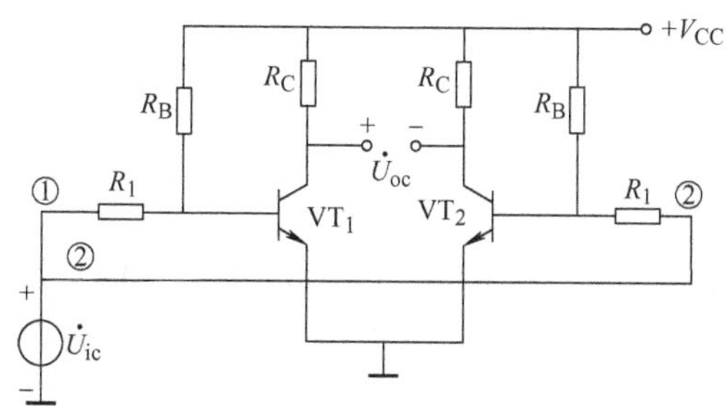

图4-12 共模输入方式

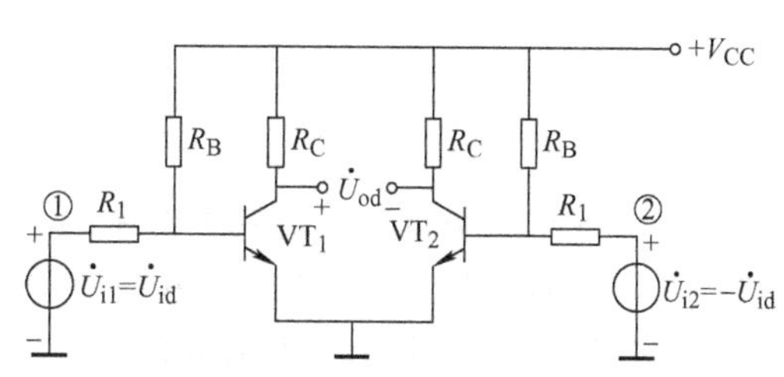

图4-13 差模输入方式

如果 $\dot{U}_{i1}$（$\dot{U}_{i2}$）的瞬时极性与图4-13中的参考极性相同（相反），则有

$$u_{i1}\uparrow\rightarrow i_{B1}\uparrow\rightarrow i_{C1}\uparrow\rightarrow u_{C1}\downarrow$$
$$u_{i2}\downarrow\rightarrow i_{B2}\downarrow\rightarrow i_{C2}\downarrow\rightarrow u_{C2}\uparrow$$

㊀ $\dot{U}_{ic}$ 下标中的 i 表示输入（input），c 表示“共模”（common-mode）。

㊁ $\dot{U}_{id}$ 下标中的 i 表示输入（input），d 表示“差模”（differential-mode）。

因此，电路的输出电压就不再为零，而是出现了“差模输出信号”，用 $\dot{U}_{od}$ 表示。差模输出电压与差模输入信号之比称为“差模电压增益”，用 $\boldsymbol{A}_d$ 表示，即

$$\boldsymbol{A}_d = \frac{\dot{U}_{od}}{2\dot{U}_{id}} \tag{4-7}$$

由于电路两半对称，在分析差动放大电路时，经常采用“半电路分析法”，即先画出一半电路及其微变等效电路，分析该半电路的性能参数，然后对整个差动放大电路进行分析计算。

图 4-13 所示电路在差模输入时的半电路及其微变等效电路如图 4-14a、b 所示。

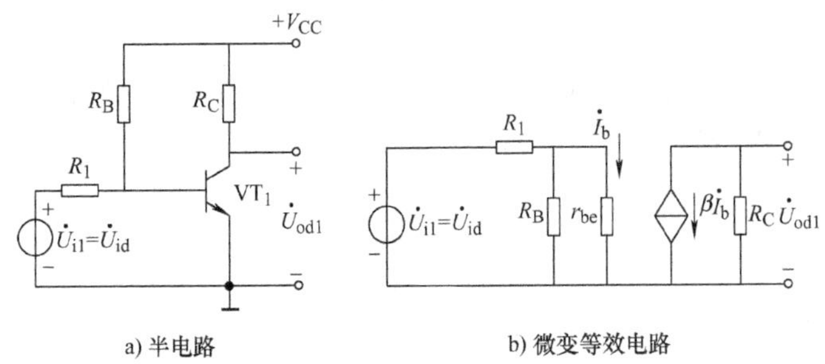

a) 半电路　　b) 微变等效电路

图 4-14　差模输入时半电路及其微变等效电路

半电路电压增益为

$$\boldsymbol{A}_{d1}^{\ominus} = \frac{\dot{U}_{od1}}{\dot{U}_{i1}} \approx -\frac{\beta R_C}{R_1 + r_{be}} \tag{4-8}$$

由于整个差动放大电路的输出电压为

$$\dot{U}_{od} = \dot{U}_{od1} - \dot{U}_{od2} = \boldsymbol{A}_{d1}\dot{U}_{id} - \boldsymbol{A}_{d1}(-\dot{U}_{id}) = \boldsymbol{A}_{d1}2\dot{U}_{id}$$

所以，整个差动放大电路的差模电压增益为

$$\boldsymbol{A}_d = \frac{\dot{U}_{od}}{2\dot{U}_{id}} = \boldsymbol{A}_{d1} = -\frac{\beta R_C}{R_1 + r_{be}} \tag{4-9}$$

式(4-9) 表明整个差动放大电路的差模电压增益与半电路相等，一般可达几十倍。由此可见，差动放大电路对差模输入信号有较强的放大作用，实质上，差动放大电路是通过多用一半电路来换取对零点漂移的抑制。

(3) 任意输入方式　加在两管输入端的输入信号分别为 $\dot{U}_{i1}$ 和 $\dot{U}_{i2}$，如图 4-15 所示，称为“任意输入方式”。对任意输入信号，可以将其看作由两个分量组成，一个是共模输入分量，另一个是差模输入分量，即

$$\dot{U}_{i1} = U_{id} + U_{ic} \qquad \dot{U}_{i2} = -U_{id} + U_{ic} \tag{4-10}$$

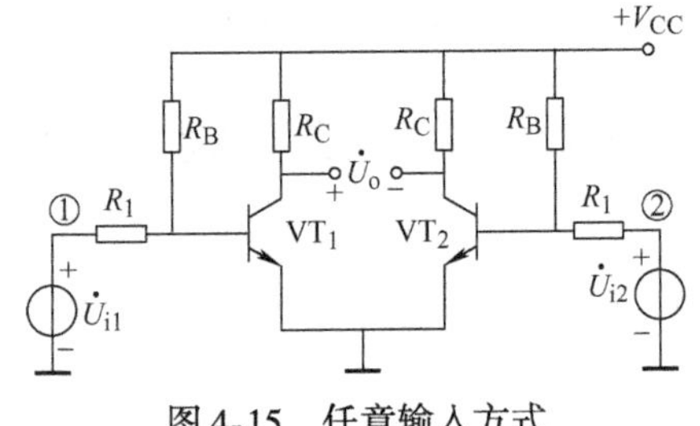

图 4-15　任意输入方式

⊖ $\boldsymbol{A}_{d1}$ 下标中的“1”表示是一个管子（半电路）的量。

可以得到差模信号和共模信号分别为

$$\dot{U}_{ic}=\frac{1}{2}(\dot{U}_{i1}+\dot{U}_{i2})$$

$$\dot{U}_{id}=\frac{1}{2}(\dot{U}_{i1}-\dot{U}_{i2}) \tag{4-11}$$

对输入信号进行分解后，任意输入方式下的电路可等效成图4-16所示的形式。

例如，当 $\dot{U}_{i1}=10\text{mV}$，$\dot{U}_{i2}=6\text{mV}$ 时，差模输入分量为 $\dot{U}_{id}=\frac{1}{2}(10-6)\text{mV}=2\text{mV}$，而共模输入分量为 $\dot{U}_{ic}=\frac{1}{2}(10+6)\text{mV}=8\text{mV}$。

如果两半电路完全对称，则共模电压增益为零，即共模输入分量不会产生输出量。此时，放大电路的输出电压只取决于差模输入分量，即

$$\dot{U}_o=\boldsymbol{A}_{d1}\dot{U}_{id}-\boldsymbol{A}_{d1}(-\dot{U}_{id})=\boldsymbol{A}_{d1}2\dot{U}_{id}=\boldsymbol{A}_{d1}(\dot{U}_{i1}-\dot{U}_{i2}) \tag{4-12}$$

由此可见，在任意输入方式下，被放大的是两个输入信号 $\dot{U}_{i1}$ 和 $\dot{U}_{i2}$ 的差值。只有当两个输入信号有差别时，输出端才有变化。所以，这种电路称为“差动放大电路”。

4. *存在的问题及解决方案*

差动放大电路的两半电路不可能完全对称。另外，如果输出信号取自一个管子的集电极与地之间，此时差动放大电路不能利用两半电路的补偿原理，与单管共射放大电路一样，对零点漂移没有抑制能力。

为了解决这些问题，需要提高每一半电路对温度变化的工作稳定性。可以参考工作点稳定电路中采用的方法，即在管子的发射极上接电阻，如图4-17所示。因为在共模信号作用时，两管的射极电流始终相等，两管的射极电位也相等，两管可以共用一个射极电阻 R_E。为了保证一定的静态工作电流和动态工作范围，又希望 R_E 取值大一些，常采用正负双电源供电。为了电路的调零，两管的射极之间还接入了电位器RP。一般RP的阻值为几十欧到一二百欧。该电路称为“长尾式差动放大电路”，又叫“射极耦合差动放大电路”。

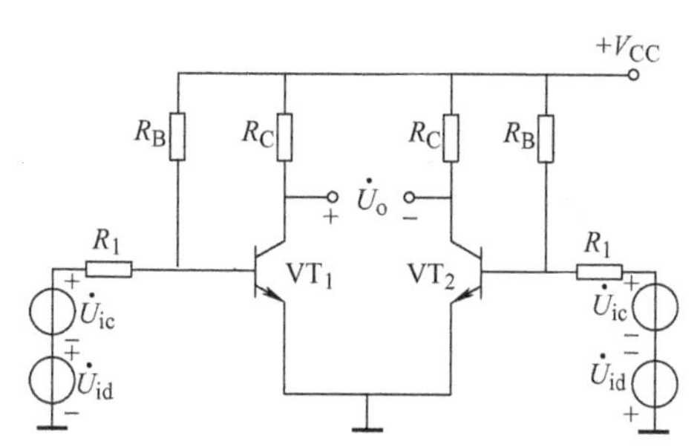

图4-16　任意输入方式的等效变换

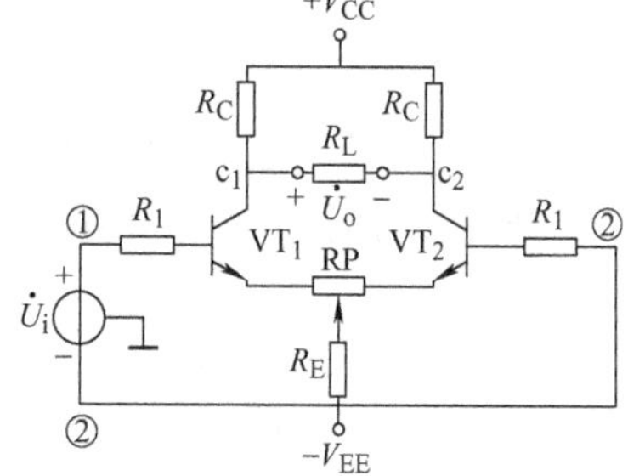

图4-17　长尾式差动放大电路

4.2.2　射极耦合差动放大电路的分析

1. *射极耦合差动放大电路的静态分析*

图4-17所示是一个典型的射极耦合差动放大电路。由于RP阻值很小，为了分析方便将其忽

略。静态时，由于 $U_{CQ1}=U_{CQ2}$，R_L 中没有电流。所以，电路变成图4-18的形式。电阻 R_E 中的电流等于 VT_1 和 VT_2 射极电流之和，即 $I_{RE}=I_{E1}+I_{E2}=2I_E$。

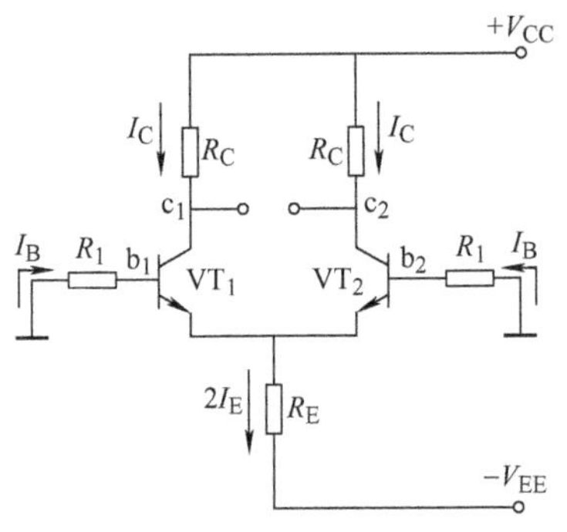

图4-18 静态时的简化电路

根据输入回路写出方程

$$I_{BQ}R_1+2I_ER_E+U_{BE}=V_{EE}$$

所以

$$I_{BQ}=\frac{V_{EE}-U_{BE}}{R_1+2(1+\beta)R_E} \tag{4-13}$$

一般 $R_1\ll 2(1+\beta)R_E, V_{EE}\gg U_{BE}$，所以

$$I_{EQ}=(1+\beta)I_{BQ}\approx\frac{V_{EE}}{2R_E} \tag{4-14}$$

式(4-14) 表明，温度变化对 $I_{EQ}(I_{CQ})$ 的影响很小，Q 基本稳定。

两管的基极电位为

$$U_{BQ1}=U_{BQ2}=-I_{BQ}R_1$$

两管的集电极电位为

$$U_{CQ1}=U_{CQ2}=V_{CC}-I_{CQ}R_C$$

电路的输出电压为

$$U_o=U_{CQ1}-U_{CQ2}=0$$

两管的管压降为

$$U_{CEQ1}=U_{CEQ2}=V_{CC}+V_{EE}-I_{CQ}R_C-2I_{EQ}R_E \tag{4-15}$$

或用关系式 $U_{CEQ}=U_{CQ}-U_{EQ}$ 求出

$$U_{CEQ1}=U_{CEQ2}=V_{CC}-I_{CQ}R_C+I_{BQ}R_1+U_{BE} \tag{4-16}$$

2. 射极耦合差动放大电路的动态分析

图4-17所示电路中，信号由①、②两端输入，称为“双端输入”；由 VT_1 和 VT_2 管的集电极 c_1 和 c_2 之间输出，称为“双端输出”，这种接法称为“双端输入，双端输出”的连接方式。

为了分析方便，将图4-17改画成图4-19所示电路，将 $\dot{U}_i$ 画成 $\dot{U}_{i1}$ 和 $\dot{U}_{i2}$ 串联的形式。$\dot{U}_{i1}$ 和 $\dot{U}_{i2}$ 分别为两输入端对地的信号。此时，差模输入分量为 $\dot{U}_{id}=\frac{1}{2}(\dot{U}_{i1}-\dot{U}_{i2})$，而共模输入分量为 $\dot{U}_{ic}=\frac{1}{2}(\dot{U}_{i1}+\dot{U}_{i2})$。

(1) 差模电压增益 $\boldsymbol{A}_d$ 由于两半电路对称，可以先研究一个管子（即半电路）的电压增益。首先画出差模输入电压作用下半电路的交流通路，如图4-20所示。

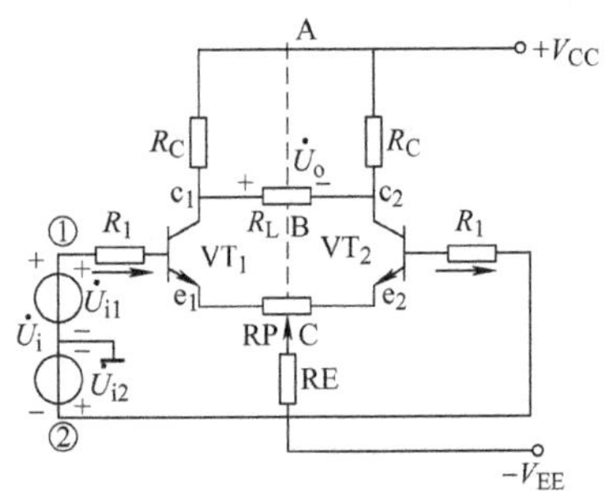

图4-19 双端输入、双端输出

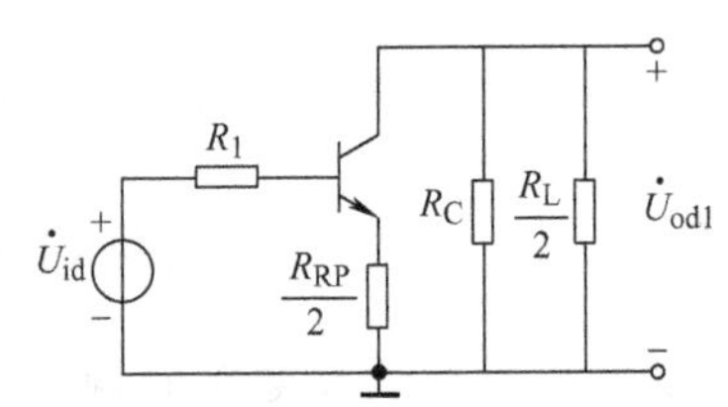

图4-20 差模输入时半电路的交流通路

在差模输入信号的作用下，VT_1 和 VT_2 管电流变化的大小相等而方向相反。即一个管子射极电流增大，另一管的射极电流必然减小，因此射极电阻 R_E 上的总电流不变。所以，图4-19中RP的滑动端C点在差模信号作用时电位恒定不变，相当于交流接地。同样，两个管子的集电极电流也是一个增大，另一个减小，使一个管子的集电极电位降低，另一个集电极电位升高。由于负载电阻 R_L 接在 c_1 和 c_2 之间，因此两端电位总是一端降低，另一端升高，而中点电位恒定。所以，电阻 R_L 的中点B相当于交流接地。因此，在图4-19中两半电路的平分线上的A、B、C三点均为交流接地。所以，可以画出差模输入时半电路的交流通路，如图4-20所示（假设RP的滑动点C在中点）。

由图4-20可以求出半电路的差模电压增益为

$$\boldsymbol{A}_{d1}=\frac{\dot{U}_{od1}}{\dot{U}_{id}}=-\frac{\beta R_L'}{R_1+r_{be}+(1+\beta)R_{RP}/2} \tag{4-17}$$

式中，$R_L'=R_C/\!/(R_L/2)$。

整个差动电路的差模电压增益 $\boldsymbol{A}_d$ 为

$$\boldsymbol{A}_d=\frac{\dot{U}_{od}}{2\dot{U}_{id}}=\boldsymbol{A}_{d1}=-\frac{\beta R_L'}{R_1+r_{be}+(1+\beta)R_{RP}/2}$$

（2）共模电压增益 $\boldsymbol{A}_c$　对双端输出的差动放大电路，在理想情况时，共模电压增益 $\boldsymbol{A}_c=0$。

（3）差模输入电阻 R_{id}　R_{id} 是由图4-19中①、②两输入端看进去的动态电阻。因为每一个管子的射极都接了电阻 $R_{RP}/2$，所以

$$R_{id}=2[R_1+r_{be1}+(\beta+1)R_{RP}/2] \tag{4-18}$$

（4）差模输出电阻 R_{od}　R_{od} 是在图4-19中，使 $\dot{U}_i$ 短路并去掉负载电阻 R_L，从 c_1、c_2 两输出端看进去的动态电阻。由图中可知，R_{od} 取决于上下两部分电阻的并联：上面电阻为 $2R_C$，下面是沿 $c_1\to e_1\to RP\to e_2\to c_2$ 的电阻。因为动态电阻 $2r_{ce}$ 的数值远大于 R_{RP} 和 $2R_C$，所以

$$R_{od}\approx 2R_C \tag{4-19}$$

（5）共模抑制比 K_{CMR}　为了综合衡量差动放大电路对差模信号的放大能力和对共模信号的抑制能力，特引入一个综合指标“共模抑制比”，记作 K_{CMR}，下角CMR是共模抑制的字头缩写。K_{CMR} 定义为差模电压增益 $\boldsymbol{A}_d$ 与共模电压增益 $\boldsymbol{A}_c$ 的模值之比，即

$$K_{CMR}=\left|\frac{\boldsymbol{A}_d}{\boldsymbol{A}_c}\right| \tag{4-20}$$

用分贝表示为

$$K_{CMR}=20\lg\left|\frac{\boldsymbol{A}_d}{\boldsymbol{A}_c}\right| \tag{4-21}$$

$\boldsymbol{A}_d$ 越大表明电路对有用信号的放大能力越大；$\boldsymbol{A}_c$ 越小表明电路对零点漂移和干扰的抑制能力越强。所以，K_{CMR} 是一个综合性指标，其值越大电路性能越好。但是一般情况下，$\boldsymbol{A}_d$ 大容易使 $\boldsymbol{A}_c$ 变大。

一般分立元件组成的差动放大电路的 K_{CMR} 可以达到60dB（10^3）以上，集成运算放大

电路的 K_{CMR} 可达 120～140dB（10^6～10^7）。

差动放大电路两半对称且双端输出时，$\boldsymbol{A}_c \approx 0$，可使 $K_{CMR} \rightarrow \infty$。

（6）最大共模输入电压 U_{icM}　差动放大电路工作时，一般既有差模信号又有共模信号。如果共模输入电压超过一定值，会使差动放大电路不能正常工作。例如，图 4-19 中，如果两输入端对地电压相等且极性为正，即输入共模信号时，两管的集电极 c_1 和 c_2 电位下降。若正向的共模输入电压增大时，c_1、c_2 电位继续降低。当正向的共模输入电压增大到某一数值 U_{icM} 时，两管的集电结变成零偏，差动放大电路就无法正常工作。当共模输入电压为负且数值过大时，又会使差动放大电路的两管截止。因此，负向共模输入电压也有限制。

（7）最大差模输入电压 U_{idM}　从图 4-19 可以看出，两个输入端之间有两个反向串联的 PN 结。如果差模输入电压数值过大，会使其中的一个 PN 结反向击穿。因此，差模输入电压也有一个最大值 U_{idM}，它是差动放大电路两个输入端之间所能承受的最大电压。

（8）差动放大电路的电压传输特性　如果差动放大电路的差模输入电压极性为：输入端①相对于输入端②为正，则 VT_1 管的 u_{c1} 下降，VT_2 管的 u_{c2} 上升，因此输出电压的极性为 VT_1 管的 c_1 相对于 VT_2 管的 c_2 为负。也就是输出电压 Δu_{Od} 和输入电压 Δu_{Id} 的极性是相反的，两者之间的关系如图 4-21 中曲线所示，它描述了差动放大电路的电压传输特性。特性曲线只有中间一段是线性的，其斜率就是差模电压增益 $\boldsymbol{A}_d$。在该线性区内，可以实现对差模信号的线性放大。当输入电压 Δu_{Id} 幅值过大，输出电压 Δu_{Od} 就会趋于不变，其值由电源电压决定。

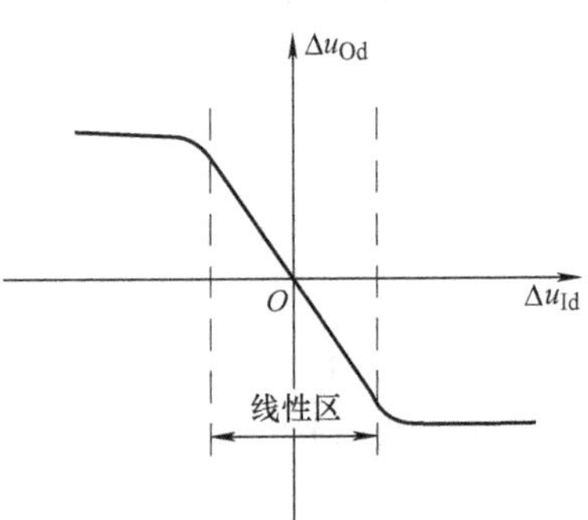

图 4-21　差动放大电路的电压传输特性

4.2.3　输入和输出的四种接法及其性能分析

差动放大电路的输入和输出方式分别包括：双端输入和单端输入、双端输出和单端输出。其中双端输入是指输入信号分别从两个管子的基极输入，单端输入是指信号从一个输入端对地输入，另一输入端接地。双端输出指输出信号从两个管子的集电极之间输出；单端输出是指信号从一个管子的集电极对地输出。因此根据输入和输出情况不同，差动放大电路有四种接法。

1. 双端输入双端输出

图 4-19 所示电路就是这种接法，该电路的性能参数为

差模电压增益

$$\boldsymbol{A}_d = \frac{\dot{U}_{od}}{2\dot{U}_{id}} = -\frac{\beta R_L'}{R_1 + r_{be} + (1+\beta) R_{RP}/2} \tag{4-22}$$

式中，$R_L' = R_C /\!/ (R_L/2)$。

共模电压增益

$$A_c \approx 0 \tag{4-23}$$

差模输入电阻

$$R_{id} = 2[R_1 + r_{be1} + (1+\beta)R_{RP}/2] \tag{4-24}$$

差模输出电阻

$$R_{od} \approx 2R_C \tag{4-25}$$

共模抑制比

$$K_{CMR} \to \infty \tag{4-26}$$

这种接法对不需要一端接地的信号源和负载是合适的（例如输入接热电偶，输出接电压表），可用于直接耦合多级放大电路的输入级和中间级。但是许多情况下负载需要一端接地，也就是要求差动放大电路单端输出。

2. 双端输入单端输出

如果在长尾式差动放大电路中选用了较大的射极电阻，它能够很好地稳定稳态工作点，使两半电路的零点漂移都较小。这样就可以从一个管子的集电极与地之间输出信号，构成“单端输出”的电路，如图4-22所示。

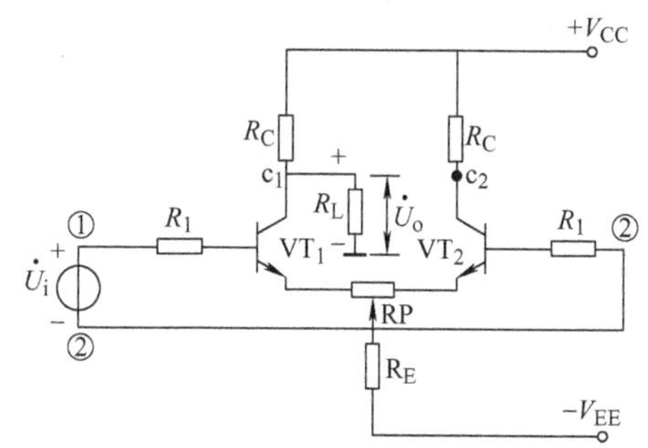

图4-22 双端输入单端输出的差动放大电路

（1）静态分析 由于输入回路参数仍然对称，所以静态时，$I_{BQ1}=I_{BQ2}$，从而 $I_{CQ1}=I_{CQ2}$。但是，由于输出回路不对称，VT_1 和 VT_2 管的集电极电位不相等。$U_{CQ2}=V_{CC}-I_{CQ2}R_C$。如果要求 VT_1 管的集电极电位 U_{CQ1}，可先列出等式

$$\frac{V_{CC}-U_{CQ1}}{R_C}-\frac{U_{CQ1}}{R_L}=I_{CQ1}$$

从而求出

$$U_{CQ1}=\frac{R_L}{R_C+R_L}V_{CC}-I_{CQ1}(R_C /\!/ R_L) \tag{4-27}$$

（2）对差模输入的动态分析 差模信号作用时，电路的输出电压只是一管的集电极对地电压，另一管的输出电压没有利用。与双端输出相比，差模电压增益减小。

差模电压增益

$$A_d=\frac{\dot U_{od}}{2\dot U_{id}}=-\frac{1}{2}\frac{\beta R_L'}{R_1+r_{be}+(1+\beta)R_{RP}/2} \tag{4-28}$$

式中，$R_L'=R_C /\!/ R_L$。

如果由 c_2 输出

$$A_d=\frac{\dot U_{od}}{2\dot U_{id}}=+\frac{1}{2}\frac{\beta R_L'}{R_1+r_{be}+(1+\beta)R_{RP}/2} \tag{4-29}$$

因为输入回路与双端输入双端输出电路相同，所以差模输入电阻不变，仍为

$$R_{id} = 2[R_1 + r_{be1} + (1+\beta)R_{RP}/2] \tag{4-30}$$

差模输出电阻为

$$R_{od} \approx R_C \tag{4-31}$$

是双端输出时输出电阻的一半。

(3) 对共模输入的动态分析　单端输出时，不能利用两管的相互补偿来抑制零点漂移，只能依靠射极电阻 R_E 的作用。要分析共模电压增益，首先画出半电路对共模输入信号的交流通路。应当注意：输入共模信号时，流过电阻 R_E 上的电流不再是常数，其交流分量为 $2\dot{I}_e$。因此，共模输入时在半电路的交流通路中，根据等效原则（等效折算原理），流过 $2\dot{I}_e$ 的射极电阻 R_E 必须等效为流过 $\dot{I}_e$ 的 $2R_E$。忽略调零电位器，可以画出共模输入半电路的交流通路如图 4-23 所示。

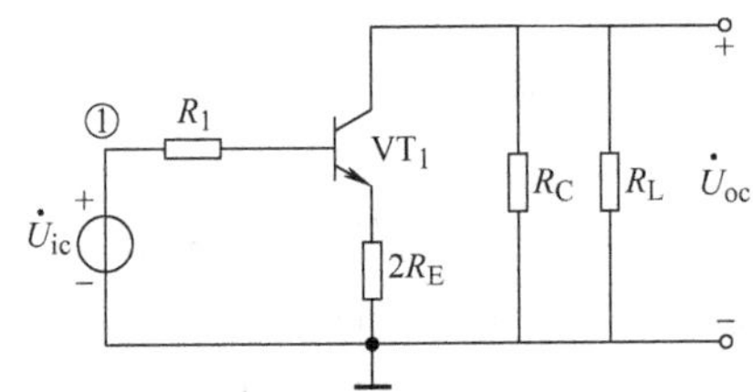

图 4-23　双端输入单端输出差放在共模输入时半电路的交流通路

由图 4-23 可求出共模电压增益为

$$\boldsymbol{A}_c = \frac{\dot{U}_{oc}}{\dot{U}_{ic}} = -\frac{\beta R_L'}{R_1 + r_{be} + 2(1+\beta)R_E} \approx -\frac{R_L'}{2R_E} \tag{4-32}$$

式中，$R_L' = R_C // R_L$。

共模抑制比为

$$K_{CMR} = \left|\frac{\boldsymbol{A}_d}{\boldsymbol{A}_c}\right| \approx \frac{\beta R_E}{R_1 + r_{be} + (1+\beta)R_{RP}/2} \tag{4-33}$$

由于共模电压增益不为零，输出端不仅有差模电压，还有共模电压，即

$$\dot{U}_o = \boldsymbol{A}_d \times 2\dot{U}_{id} + \boldsymbol{A}_c \dot{U}_{ic}$$

单端输出的优点在于它有一个输出端是地，便于和其他基本放大电路相连接。该接法常用于前级是差放、后级是基本放大电路的场合，将双端输入转换成单端输出，常作为直接耦合多级放大电路的输入级和中间级。

如果信号源的一端必须接地，这就要求差动放大电路的一个输入端接地，也就是采用单端输入。

3. 单端输入双端输出

当输入信号由差动放大电路的一个输入端与地之间接入，另一个输入端接地，而输出信号仍由两管的集电极 c_1 和 c_2 之间取出时，这种连接方式，称为“单端输入双端输出”，如图 4-24a 所示。

将单端输入方式看作一种任意输入方式，即 $\dot{U}_{i1} = \dot{U}_i$，$\dot{U}_{i2} = 0$。把输入信号分解为差模分量 $\dot{U}_{id}$ 和共模分量 $\dot{U}_{ic}$，其中共模信号为 $\dot{U}_{ic} = \frac{1}{2}(\dot{U}_{i1} + \dot{U}_{i2}) = \dot{U}_i/2$，差模信号为 $\dot{U}_{id} = \frac{1}{2}(\dot{U}_{i1} - \dot{U}_{i2}) = \dot{U}_i/2$，如图 4-24b 所示。此时输入情况就和双端输入时一样，两输入端的输入信号中既有差模分量，又有共模分量。如果共模电压增益不为零，输出端将不仅有差模分量产生的差模输出电压，还包括共模分量产生的共模输出电压。

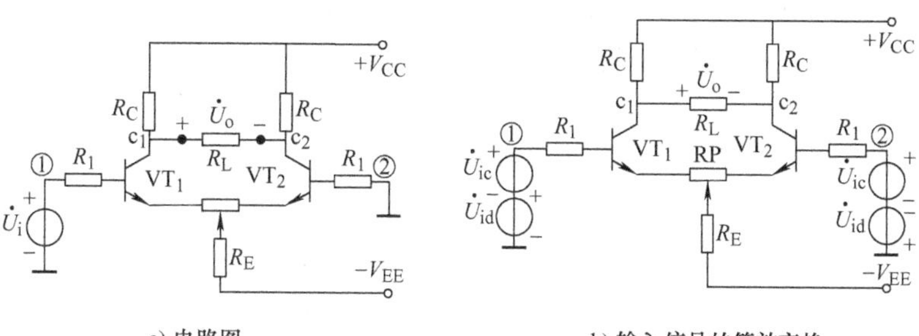

a) 电路图　　b) 输入信号的等效变换

图 4-24　单端输入双端输出的差动放大电路

因为是双端输出，如果两半电路对称，电路的共模电压增益为零，即输入信号的共模分量不会产生输出。此时，电路的输出电压仅由差模分量产生。由此可见，图 4-24 所示的单端输入双端输出电路与双端输入双端输出电路相似，静态工作点和动态参数的分析完全相同，见式(4-22) ~ 式(4-26)。

单端输入双端输出接法可用于前级是基本放大电路而后级是差动放大电路的情况，以便将单端输入转换成双端输出，常作为直接耦合多级放大电路的输入级。

4. 单端输入单端输出

图 4-25 所示电路为单端输入单端输出的接法，它与双端输入单端输出电路相似，对静态工作点及动态参数的分析见式(4-27) ~ 式(4-33)。

这种接法用于要求输入和输出端都有一端接地的场合，例如差动放大电路前后级都是基本放大电路的情况。

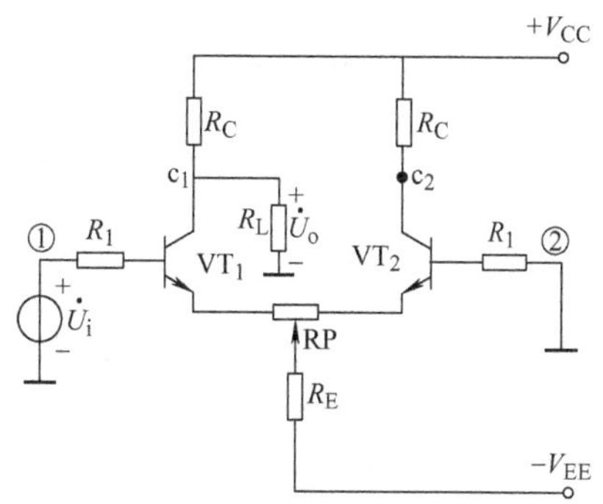

图 4-25　单端输入单端输出的差动放大电路

由以上分析，将四种接法的静态分析和动态性能参数特点归纳如下：

1）在静态分析中，要注意单端输出的 $U_{CQ1} \neq U_{CQ2}$，见式(4-27)。

2）在动态分析中，就输入端而言，单端输入可以等效为双端输入，两者没有本质的区别。就输出端而言，单端输出和双端输出的动态性能参数是不同的：

1）$\boldsymbol{A}_d$：单端输出差不多是双端输出的一半。但要注意，单端输出时，$R_L' = R_C /\!/ R_L$；双端输出时，$R_L' = R_C /\!/ \dfrac{R_L}{2}$。

2）$\boldsymbol{A}_c$：两半电路对称时，双端输出的 $\boldsymbol{A}_c = 0$；单端输出时，$\boldsymbol{A}_c \neq 0$。

3）R_{id}：因输入回路相同，双端输入和单端输入的 R_{id} 相同。

4）R_{od}：单端输出是双端输出的一半。

5）动态性能参数的计算公式：双端输出时，见式(4-22) ~ 式(4-26)；单端输出时，见式(4-28) ~ 式(4-33)。

例 4-3　图 4-19 中，$V_{CC} = 12V$，$-V_{EE} = -12V$，$R_C = 15k\Omega$，$R_L = 10k\Omega$，$R_E =$

10kΩ，$R_{RP}=100\Omega$，$R_1=0$，两管的 $\beta=50$，输入信号为 $U_{i1}=16\text{mV}$，$U_{i2}=10\text{mV}$。求负载电阻 R_L 接在两管集电极 c_1 与 c_2 之间以及接在 c_1 与地之间时的输出电压 U_o 和电路的共模抑制比。

解 分析差动放大电路与分析其他放大电路一样，首先确定静态工作点，然后再进行动态分析。

（1）静态分析 根据4.2.2节的图4-18和式(4-13)，得

$$I_{BQ}=\frac{V_{EE}-U_{BE}}{(1+\beta)R_{RP}/2+2(1+\beta)R_E}=\frac{12-0.7}{(51\times0.1/2+2\times51\times10)\times10^3}\text{A}$$
$$=0.01105\text{mA}$$

$$I_{EQ}=(1+\beta)I_{BQ}=0.563\text{mA}$$
$$I_{CQ}=\beta I_{BQ}=0.5525\text{mA}$$

如果 R_L 接在 c_1 与 c_2 之间，即双端输出时，R_L 中静态电流为零。所以

$$U_{CQ}=V_{CC}-I_{CQ}R_C=(12-0.5525\times15)\text{V}=3.7\text{V}$$

如果 R_L 接在 c_1 与地之间，即单端输出时，根据式(4-27)求得

$$U_{CQ1}=1.48\text{V}$$

确定管子的 r_{be} 为

$$r_{be}=r_{bb'}+(1+\beta)\frac{U_T}{I_{EQ}}=\left(300+51\times\frac{26}{0.56}\right)\Omega=2.67\text{k}\Omega$$

（2）动态分析 首先把输入信号分解为差模分量和共模分量，即

$$\dot{U}_{id}=\frac{1}{2}(\dot{U}_{i1}-\dot{U}_{i2})=(16-10)/2\text{mV}=3\text{mV}$$

$$\dot{U}_{ic}=\frac{1}{2}(\dot{U}_{i1}+\dot{U}_{i2})=(16+10)/2\text{mV}=13\text{mV}$$

1）R_L 接在 c_1 与 c_2 之间（双端输出）

① 差模电压增益：由式(4-22)得

$$\boldsymbol{A}_d=\frac{\dot{U}_{od}}{2\dot{U}_{id}}=-\frac{\beta R_L'}{r_{be}+(1+\beta)R_{RP}/2}=-\frac{50\times3.75\text{k}\Omega}{(2.67+51\times0.1/2)\text{k}\Omega}=-36$$

式中，$R_L'=R_C/\!/(R_L/2)=3.75\text{k}\Omega$。

② 共模电压增益：因为是双端输出，由式(4-23)得

$$\boldsymbol{A}_c\approx0$$

③ 共模抑制比：由式(4-26)得

$$K_{CMR}\to\infty$$

④ 输出电压

$$\dot{U}_O=\boldsymbol{A}_d2\dot{U}_{id}=-36\times2\times3\text{mV}=-216\text{mV}$$

2）R_L 接在 c_1 与地之间（单端输出）

① 差模电压增益：由式(4-28)得

$$\boldsymbol{A}_d=\frac{\dot{U}_{od}}{2\dot{U}_{id}}=-\frac{1}{2}\frac{\beta R_L'}{r_{be}+(1+\beta)R_{RP}/2}=-\frac{1}{2}\times\frac{50\times6\text{k}\Omega}{(2.67+51\times0.1/2)\text{k}\Omega}=-28.7$$

式中，$R_L' = R_C // R_L = 6\text{k}\Omega$。

② 共模电压增益：由式(4-32) 得

$$\boldsymbol{A}_c \approx -\frac{R_L'}{2R_E} = -\frac{6\text{k}\Omega}{2\times 10\text{k}\Omega} = -0.3$$

③ 共模抑制比：由式(4-33) 得

$$K_{CMR} = \left|\frac{\boldsymbol{A}_d}{\boldsymbol{A}_c}\right| = \left|\frac{-28.7}{-0.3}\right| = 95.67\text{dB}$$

④ 输出电压

$$\dot{U}_{o1} = \boldsymbol{A}_d 2\dot{U}_{id} + \boldsymbol{A}_c \dot{U}_{ic} = (-28.7)\times 6\text{mV} + (-0.3)\times 13\text{mV} = -176.1\text{mV}$$

如果 R_L 接在 c_2 与地之间，则输出电压

$$\dot{U}_{o2} = -\boldsymbol{A}_d 2\dot{U}_{id} + \boldsymbol{A}_c \dot{U}_{ic} = 28.7\times 6\text{mV} + (-0.3)\times 13\text{mV} = 168.3\text{mV}$$

4.2.4　带射极恒流源的差动放大电路

1. 电路的组成和工作原理

差动放大电路中，增大射极电阻 R_E 可以更有效地抑制零点漂移，提高共模抑制比，尤其是对单端输出电路就更为重要。但是，R_E 不能太大，因为 R_E 上的电压降是由电源提供的。要保持 VT_1 和 VT_2 管的静态电流为一定值，加大 R_E 必须加大电源电压，这是有困难的。同时，集成电路中不易制作大阻值的电阻。为了既能选用较低的电源电压，同时又有很大的动态等效电阻，需要一种器件或电路来代替射极电阻 R_E。后者应具有较小的直流电阻和较大的动态电阻。恒流源电路就具有这样的特性。

将长尾式差动放大电路中的射极电阻 R_E 换成一个恒流源，如图 4-26 所示，由于 I 恒定，VT_1 和 VT_2 的电流 $I_{CQ1} = I_{CQ2} = I/2$ 也被固定，即稳定了静态工作点，抑制了零点漂移。

图 4-27 所示的晶体管恒流源电路中，只要电路参数选择恰当，晶体管工作在放大区，则由于 U_{B3} 恒定，可以使集电极电流 I_{C3} 基本上不随温度变化，该恒流源的输出电阻非常大。

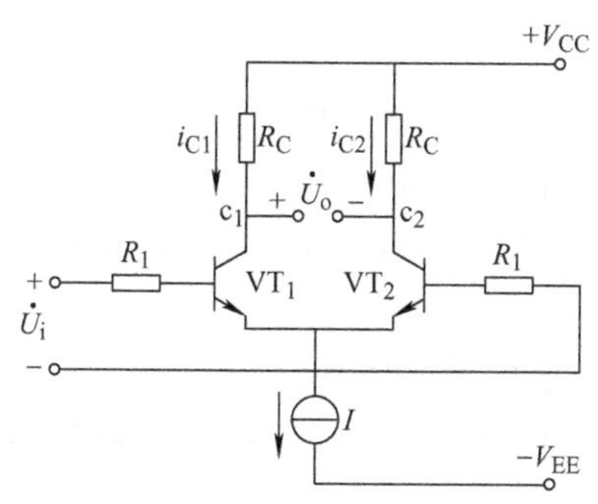

图 4-26　带射极恒流源的差动放大电路

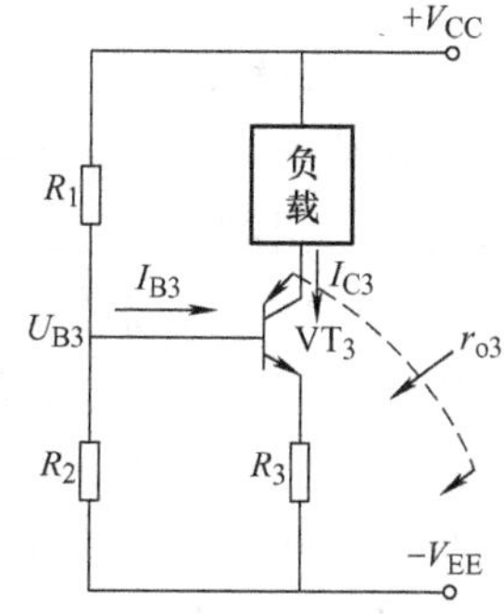

图 4-27　晶体管恒流源电路

将基本差动放大电路作为该恒流源的负载，就可得到图 4-28 所示的带恒流源的差动放大电路。

因为在恒流源电路中，晶体管的输出特性曲线几乎与横坐标轴平行，所以恒流源的动态输出电阻非常大，对共模信号相当于在 VT_1 和 VT_2 的射极接上一个很大的电阻。精确选配电路中的元器件，这种差动放大电路的 K_{CMR} 可达 10^4 以上。

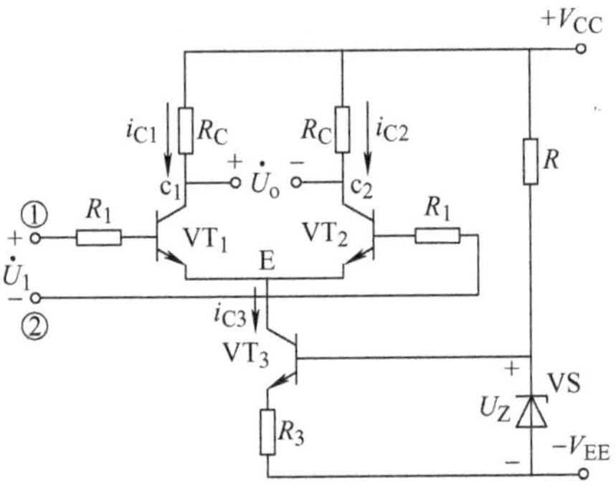

2. 静态分析

图 4-28 所示电路中，首先计算 VT_3 的集电极电流 I_{C3}。为此，从 VT_3 的发射结电路开始分析。

$$U_{R3}=U_Z-U_{BE3}$$

$$I_{C3}\approx I_{E3}=\frac{U_{R3}}{R_3}=\frac{U_Z-U_{BE3}}{R_3}$$

图 4-28 带射极恒流源的差动放大电路

$$I_{CQ1}=I_{CQ2}=I_{CQ}=I_{C3}/2$$

$$I_{BQ1}=I_{BQ2}=I_{CQ}/\beta=I_{BQ}$$

$$U_{BQ1}=U_{BQ2}=U_{BQ}=-I_{BQ}R_1$$

$$U_{EQ}=U_{BQ}-U_{BE}$$

$$U_{CQ1}=U_{CQ2}=U_{CQ}=V_{CC}-I_{CQ}R_C$$

3. 动态分析

因为射极接入了恒流源，I_{C3} 恒定，所以对差模信号 E 点电位不变，仍是交流接地。对共模信号，射极上相当于接有很大的电阻。所以，带射极恒流源的差动放大电路的动态分析与带射极电阻时一样。

4.3 集成运算放大电路

集成运算放大电路指把整个电路中的元器件制作在一块硅基片上，构成特定功能的电子电路。因为它最初用于模拟信号的运算，所以称为“集成运算放大电路”，简称“集成运放”。

4.3.1 集成运算放大电路概述

1. 集成电路的特点

集成电路在结构上与分立元件放大电路有很大差别，主要表现在：

1）因为硅片上不能制作大电容，集成运放均采用直接耦合方式。

2）集成电路中相邻元器件的对称性良好，受环境温度和干扰等影响后的变化也相同，所以特别适用于组成差动放大电路。

3）因为硅片上不宜制作高阻值电阻，常用有源器件来代替电阻。

因为增加元器件并不增加集成电路制造工艺的难度，集成运放常采用较复杂的电路形式，以提高运放各方面性能。

4）集成双极型晶体管和场效应管因制作工艺不同，性能有较大差异，运放中常采用复合形式，以满足运放各种性能要求。

2. 集成运放的组成

集成运放一般由输入级、中间级、输出级和偏置电路四部分组成，如图 4-29 所示。

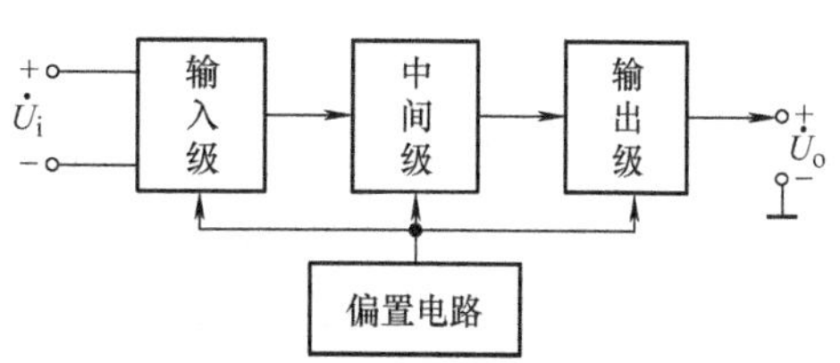

图 4-29　集成运放的组成框图

输入级的作用是提供与输出端呈同相和反相关系的两个输入端，一般要求具有一定的电压增益和较高的输入电阻，较强的抑制零点漂移能力。因此，输入级大多采用带射极恒流源的差动放大电路。

中间级的作用是提供较大的电压增益，因此常采用带有源负载的共射（或共源）放大电路，并常用复合管结构。

输出级的作用是给负载提供一定幅度的输出电压和输出电流，要求输出电压范围宽，带负载能力强。因此，大多采用射极输出器或互补对称功率放大电路（见第 5 章）。

偏置电路的作用是给各级放大电路提供静态工作电流，一般采用电流源电路。

此外，集成运放中还有电平移动电路来调节各级的电压匹配，使输入端电压为零时，输出端电压也为零；短路保护（或过电流保护）电路用来防止输出端对地（或其他电源）短路时损坏内部管子。

4.3.2　集成运放中的电流源电路

集成运放电路中的电流源电路的用途，一是为各级提供合适的偏置电流，二是作为有源负载取代高阻值电阻。

1. 镜像电流源

如果用集电极和基极相连的管子代替图 4-27 中的电阻 R_2，并令 $R_3=0$，可以得到图 4-30 所示的电流源电路。

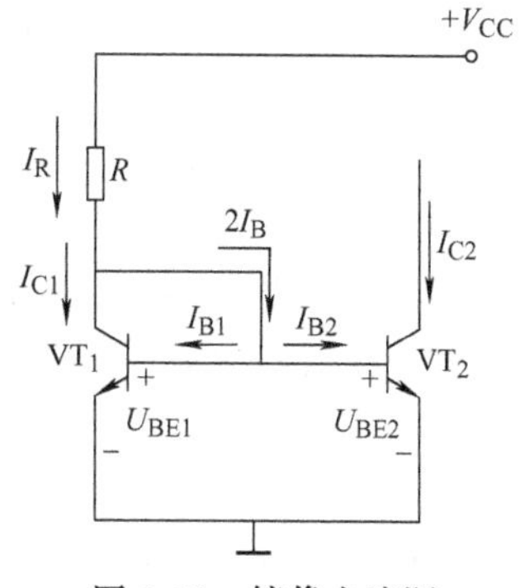

图 4-30　镜像电流源

电源 V_{CC} 经电阻 R 和 VT_1 管的发射结提供的参考电流 I_R 为

$$I_R=(V_{CC}-U_{BE1})/R$$

因为 VT_1 和 VT_2 的发射结并联，所以 VT_2 的集电极就得到相应的电流 I_{C2}，可以作为其他放大级的偏置电流。VT_1 和 VT_2 管的特性及参数相同。因为

$$U_{BE1}=U_{BE2}=U_{BE}$$

所以

$$I_{B1}=I_{B2}=I_B$$

可以得到

$$I_{C2}=I_{C1}=I_R-2I_B=I_R-2I_{C2}/\beta$$

因而得出

$$I_{C2}=\frac{I_R}{1+2/\beta} \tag{4-34}$$

如果满足 $\beta>>2$ 的条件，则有

$$I_{C2}\approx I_R=(V_{CC}-U_{BE})/R \tag{4-35}$$

由式(4-35) 可知，输出电流 I_{C2} 与参考电流 I_R 近似相等，犹如物体与镜像的关系。所

以，这种电流源电路称为“镜像电流源”。

镜像电流源电路结构简单，两管的 U_{BE} 具有一定的温度补偿作用。但是，它存在以下几个问题：

1）I_{C2} 随电源电压 V_{CC} 变化，不适用于电源电压变化范围很宽的场合。

2）如要获得微安级的电流 I_{C2}，R 的阻值必须很大。例如，$V_{CC}=15\text{V}$ 时，要求 $I_{C2}=10\mu\text{A}$，则 $R\approx1.5\text{M}\Omega$，这已大大超出集成工艺所允许的电阻值范围。因此，派生了其他类型的电流源。

3）输出电阻不够大，$r_o=r_{ce2}$，理想电流源的输出电阻应趋于无穷大。

2. 微电流源

为了用小电阻实现微电流源，在图 4-30 中的 VT_2 管的发射极接入电阻 R_E，如图 4-31 所示。由图可知

$$U_{BE1}-U_{BE2}=I_{E2}R_E\approx I_{C2}R_E \tag{4-36}$$

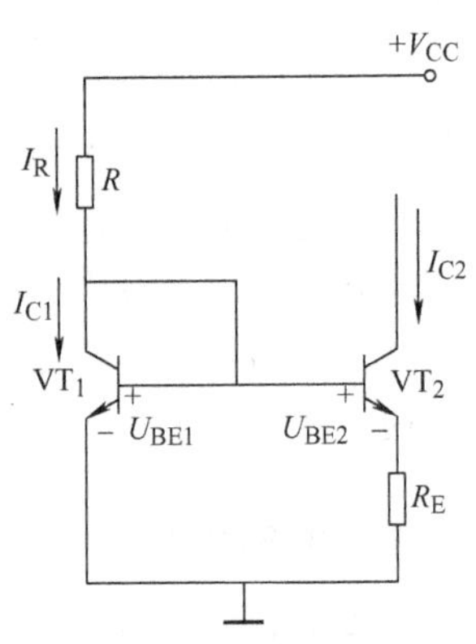

图 4-31 微电流源

由二极管方程可知

$$I_D=I_S[\mathrm{e}^{U_D/U_T}-1]$$

当 $U_D>>U_T$ 时，上式可近似为

$$I_D\approx I_S\mathrm{e}^{U_D/U_T}$$

晶体管发射结电压与发射极电流之间有同样的关系，即

$$I_E=I_S\mathrm{e}^{U_{BE}/U_T}\approx I_C$$

所以

$$U_{BE}=U_T\ln(I_C/I_S)$$

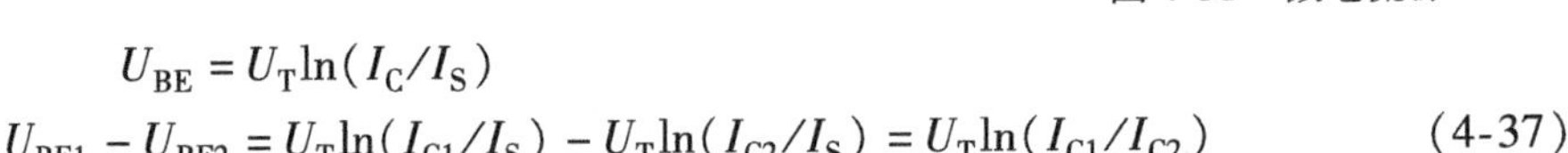

$$U_{BE1}-U_{BE2}=U_T\ln(I_{C1}/I_S)-U_T\ln(I_{C2}/I_S)=U_T\ln(I_{C1}/I_{C2}) \tag{4-37}$$

由式(4-36) 和式(4-37) 可得

$$U_T\ln(I_{C1}/I_{C2})\approx I_{C2}R_E \tag{4-38}$$

在集成电路设计中，常常是先选择合适的 I_{C1}，再根据需要的 I_{C2} 来求电阻，这样的计算非常容易。

例 4-4 若 $I_{C1}\approx I_R=0.73\text{mA}$，要求 $I_{C2}=28\mu\text{A}$，确定 R_E 的阻值。

解 由式(4-38) 可得

$$R_E=\frac{U_T}{I_{C2}}\ln\frac{I_{C1}}{I_{C2}}=\frac{26\times10^{-3}}{28\times10^{-6}}\ln\frac{730}{28}\Omega\approx3\text{k}\Omega$$

与镜像电流源相比，微电流源有以下优点：

1）用小电阻实现了微电流源。

2）由于引入了电阻 R_E，提高了输出电阻，使输出电流 I_{C2} 更加稳定。

3）电源电压 V_{CC} 变化时，I_R 和（$U_{BE1}-U_{BE2}$）也将变化。但是由于 R_E 为数千欧，使 $U_{BE1}>>U_{BE2}$，VT_2 管工作在输入特性开始的弯曲部分，所以电源电压变动对 I_{C2} 的影响不大。

3. 多路电流源

在集成运放电路中，经常要给多个放大管提供偏置电流和有源负载，需要用同一个参考电流，同时产生几路输出的多路电流源。

图4-32是一个多路电流源电路的例子。图中VT_4与VT_2组成一个镜像电流源，$I_{C4}=I_{C2}=688\mu A$。VT_1、VT_3分别与VT_2组成微电流源，可以根据给定的电流和电阻值，用式(4-38)计算出$I_{C1}=42\mu A$，$I_{C3}=47\mu A$（设各管的β均为80）。由此可见，用一路参考电流I_R（$=706\mu A$），获得了三个数值不同的输出电流。

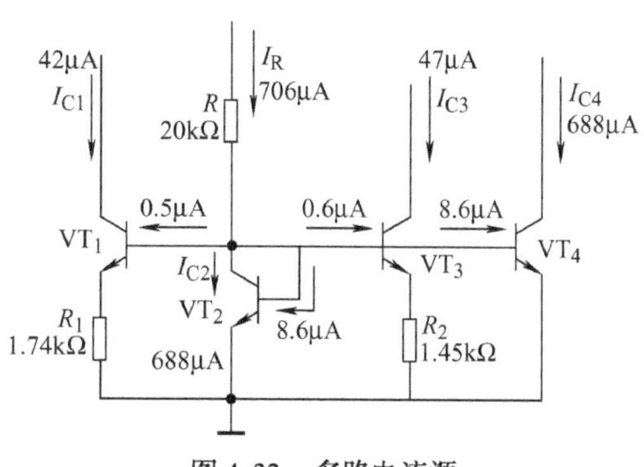

图4-32　多路电流源

4. 作为有源负载的电流源电路

在共射放大电路中，增大集电极电阻R_C，可以提高放大电路的电压增益。但是，为了保持晶体管静态电流和电压不变，必须加大电源电压，因此受到集成电路设计的限制。如果用恒流源替代R_C，因其直流压降不大，既可保证原电路的U_{CEQ}和I_{CQ}不变，而动态时又能呈现很大的电阻，可以有效地提高电压增益。

图4-33a是一个带恒流源负载的共射放大电路。加入交流信号u_i时，产生集电极电流的变化分量i_c。由于集电极接有恒流源，I恒定，因而i_c全部流过负载R_L，使输出电压u_o增大，从而提高了电压增益。图4-33b是包括实际电流源的完整电路。其中I_R为参考电流，VT_2和VT_3组成镜像电流源。I_{C2}的值可根据要求，由V_{CC}和R来设定。为了使VT_1的等效集电极电阻R_C更大，可在VT_2和VT_3的射极再接入数值相同的电阻。

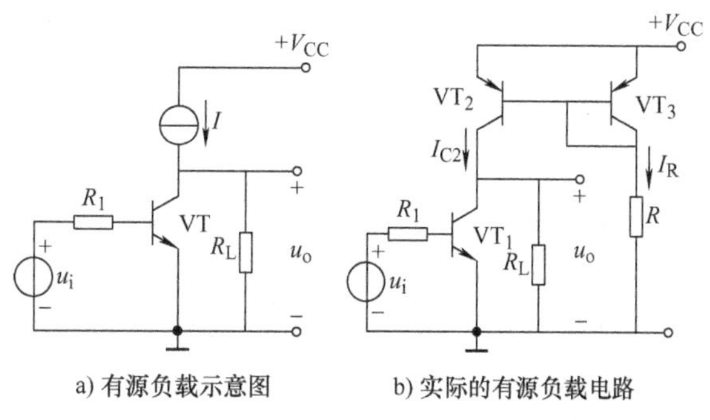

a) 有源负载示意图　　b) 实际的有源负载电路

图4-33　采用有源负载的共射放大电路

因为晶体管是有源器件，所以电路中用晶体管作为VT_1的负载就称为“有源负载”。

4.3.3　典型集成运放电路

集成运放电路是一种高电压增益、高输入电阻、低输出电阻的直接耦合多级放大电路。下面将介绍两种型号的集成运放电路，分别是由双极型晶体管组成的F007和由场效应管组成的C14573。

1. F007双极型集成运放电路

F007是第二代通用型集成运放，其原理电路如图4-34所示。它由输入级、偏置电路、中间级、输出级等构成。下面分析它的工作原理。

(1) 输入级　图4-34中，输入级由$VT_1\sim VT_9$构成。其中$VT_1\sim VT_4$组成共集—共基组态的差动放大电路，差模输入电阻可达2MΩ。$VT_5\sim VT_7$组成差动放大电路的有源负载，并实现单端输出（VT_6的集电极）。

(2) 中间级　由复合管VT_{16}、VT_{17}组成中间放大级，VT_{12}、VT_{13}为其恒流源负载。由于

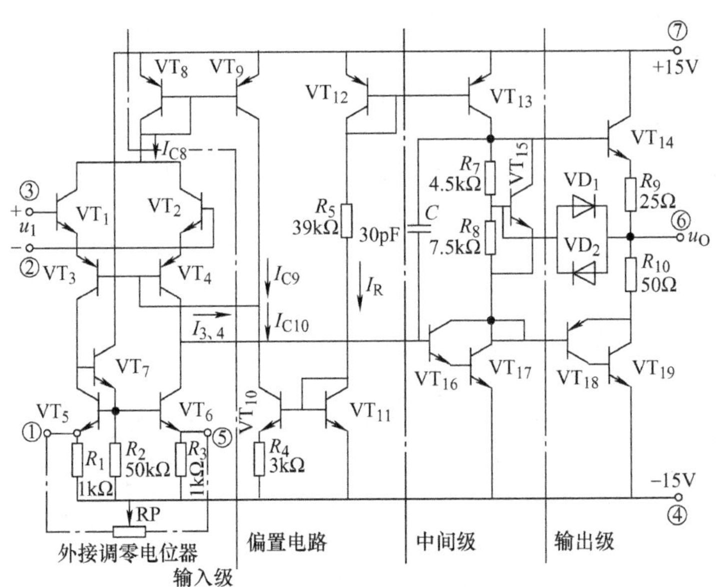

图4-34　F007的电路原理图

采用复合管，提高了增益（可达60dB）。其高输入电阻，减小了中间级对输入级的负载作用。

(3) 输出级　VT_{14}和复合管VT_{18}、VT_{19}组成准互补功率放大电路（见第5章5.4.1节）。为克服交越失真，利用R_7、R_8和VT_{15}组成的"U_{BE}扩大电路"给输出级提供偏置。由于U_{BE15}的恒压特性，使得电压U_{CE15}稳定，输出级可以获得稳定的静态工作点。

由二极管VD_1、VD_2组成过电流保护电路，可防止因输入级的信号过大或输出级负载电流过大造成VT_{14}、VT_{18}、VT_{19}的损坏。当正向输出电流过大时，R_9上的电压降变大，使VD_1两端电压上升而导通，造成对i_{B14}的分流，从而限制i_{E14}的增大，保护VT_{14}不致因过电流而损坏。VD_2的作用与VD_1相同，对过大的反向输出电流起保护作用。

(4) 偏置电路　VT_{12}、R_5、VT_{11}构成主偏置电路，I_R是基准电流。VT_{10}和VT_{11}构成微电流源，即$I_{C10} \ll I_R$。

VT_9和VT_8构成镜像电流源，I_{C8}为输入级提供静态工作点电流。I_{C9}、I_{C10}、$I_{3、4}$间构成"共模负反馈"。当温度升高时，将出现以下过程：

$$T(℃)\uparrow \rightarrow I_{3、4}\uparrow \rightarrow I_{C8}\uparrow \rightarrow I_{C9}\uparrow \text{（因为} I_{C9}+I_{3、4}=I_{C10}=\text{常数）}$$
$$I_{3、4}\downarrow \longleftarrow$$

由此可见，由于I_{C10}恒定，保证了$I_{3、4}$十分稳定，从而起到稳定工作点的作用，并且提高了整个电路的共模抑制比。

VT_{12}、VT_{13}构成镜像电流源，作为中间级的有源负载。

综上所述，F007具有较高的电压增益，一般超过100dB（10^5）。输入级静态电流很小（I_{C8}约为21μA），可以获得较高的输入电阻和很小的输入失调电流。利用共模负反馈可使共模抑制比高达80～86dB。因此，这种集成运放在实际中获得广泛应用。

2. C14573 CMOS 型集成运放电路

C14573 是由场效应管组成的集成运放电路。因采用了 N 沟道与 P 沟道互补的场效应管，所以称为 CMOS[⊖]（即互补 MOS）型。与双极型晶体管组成的运放相比，采用 CMOS 管的集成运放具有输入电阻高、集成度高、电源适用范围宽等特点。C14573 把四个运放制作在同一块基片上，封装成一个器件，它们具有相同的温度系数，可以很方便地进行补偿，组成性能优良的电路。

C14573 中一个运放的原理电路如图 4-35 所示，这是由增强型 MOS 管组成的两级放大电路。

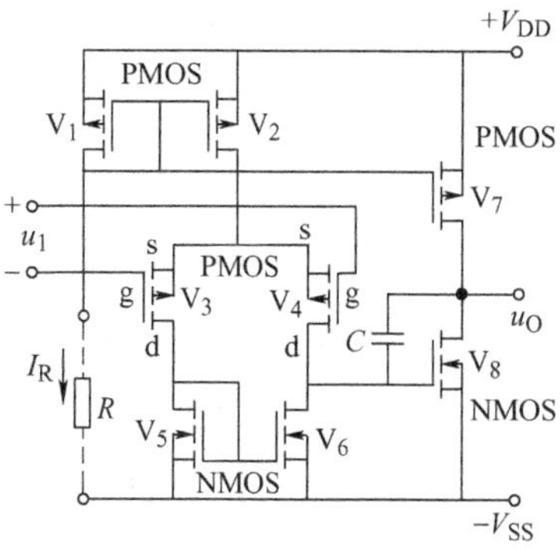

第一级是由 PMOS 管 V_3、V_4 组成的共源差动放大电路。NMOS 管 V_5、V_6 构成镜像电流源作为有源负载。PMOS 管 V_2 作为电流源提供偏置电流。

第二级是由 NMOS 管 V_8 组成的带负载 PMOS 管 V_7 的共源放大电路。

V_2 和 V_7 的电流由 V_1 确定，这是一个多路电流源，V_1 电流大小是通过外接电阻 R 由直流电源确定的。

C 是内部补偿电容，保证系统的稳定性。

图 4-35 C14573 电路原理图

V_{DD}和 V_{SS}为直流电源，数值要求在 5 ~ 15V。可以是单电源供电（正或负），也可以是不对称的正负电源。但是，输出电压的范围将随电源的不同选择而改变。

CMOS 放大电路在 MOS 集成放大电路中应用较多。它与带增强型或耗尽型有源负载的 NMOS 放大电路相比，主要特点是电压增益高（单级可达 30 ~ 60dB），功耗小，但工艺复杂。

4.3.4 集成运放的主要技术指标

集成运放的技术指标主要有以下 13 种。

1. 开环差模电压增益 $\boldsymbol{A}_{od}$

开环差模电压增益是指运放在开环（无反馈）状态下的差模电压增益，表示为 $\boldsymbol{A}_{od} = \dot{U}_{od}/2\dot{U}_{id}$，用分贝数表示则为 $20\lg A_{od}$。通用型集成运放的 $\boldsymbol{A}_{od}$约为 10^5，即 100dB。

2. 共模抑制比 K_{CMR}

共模抑制比定义为差模电压增益与共模电压增益的模值之比，即 $K_{CMR} = \left|\dfrac{\boldsymbol{A}_d}{\boldsymbol{A}_c}\right|$，主要取决于输入级差动放大电路。性能好的运放，$K_{CMR}$可达 120dB（$10^6$）以上。

3. 差模输入电阻 r_{id}

差模输入电阻是指输入差模信号时运放的输入电阻。r_{id}越大，运放从信号源索取的电流越小。

⊖ CMOS 中的 C 是 Complementary（互补）的字头。

4. 输入失调电压 U_{IO}

它指去掉调零电位器时，为使静态输出电压为零在输入端应加的补偿电压。其值越小，表明输入级差动管 U_{BE}（或 U_{GS}）的对称性越好。

5. 输入失调电压的温漂$\frac{du_{IO}}{dT}$

它是输入失调电压的温度系数。数值越小，表明集成运放的温漂越小。

6. 输入失调电流 I_{IO}

它是反映运放输入级差动对管输入电流对称性的参数。数值越小，表明差动对管的 β 值对称性越好。

7. 输入失调电流温漂$\frac{di_{IO}}{dT}$

它是输入失调电流的温度系数，要求越小越好。

8. 输入偏置电流 I_B

它是输入级差动对管的基极（栅极）偏置电流的平均值，记为 $I_B=(I_{B1}+I_{B2})/2$。数值越小，信号源内阻对集成运放静态工作点的影响就越小。

9. 最大共模输入电压 U_{icM}

它指输入差动放大级能正常工作时允许的最大共模输入信号。

10. 最大差模输入电压 U_{idM}

集成运放加差模信号时，输入差动放大级至少有一个管子的 PN 结承受反向电压。U_{idM} 是保证 PN 结不会反向击穿所允许的电压最大值。

11. -3dB 带宽 f_H

使 A_{od} 下降 3dB 时的信号频率。

12. 单位增益带宽 f_0

是指 A_{od} 下降到 1 或 $20\lg A_{od}$ 为零分贝时的信号频率。

13. 转换速率 S_R

反映运放对高速变化的输入信号的响应能力，定义为 $S_R=|du_o/dt|_{max}$。只有输入信号变化速率的绝对值小于 S_R 时，运放的输出电压才能跟上输入信号的变化。S_R 越高，表明集成运放的高频性能越好。

除了以上各个指标外，还有最大输出电压幅值、额定输出电流、输出电阻、静态功耗等，不再一一介绍。

在实际应用中，对集成运放进行近似分析时，常将其理想化。“理想运放”具有的技术指标应为：

$$A_{od}\to\infty \quad K_{CMR}\to\infty \quad r_{id}\to\infty \quad f_{BW}\to\infty \quad S_R\to\infty$$

$$U_{IO}=0 \quad \frac{du_{IO}}{dT}=0 \quad I_{IO}=0 \quad \frac{di_{IO}}{dT}=0 \quad I_B=0 \quad r_o=0$$

集成运放的图形符号如图 4-36 所示，两个输入端分别为“同相输入端”和“反相输入端”，反映了输出电压与输入电压之间的相位关系。

4.3.5　集成运放的选择与使用

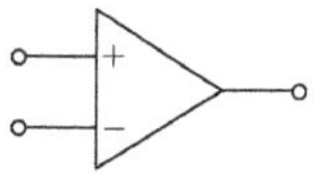

图 4-36　集成运放的图形符号

1. 集成运放的发展概况

集成运放自 20 世纪 60 年代问世以来发展迅猛，已经历了四代产品。

第一代以 1965 年问世的 FC3（μA709）为代表，它的特点是采用了微电流源、共模负反馈和标准的电源电压（±15V），在开环电压增益、输入电阻、失调电压、温漂和共模输入电压范围等技术指标方面都比一般的分立元件电路有所改善。

第二代以 1966 年问世的 F007 为代表，它的特点是采用了恒流源负载，简化了电路结构，还加入了过载保护。

第三代以 1972 年问世的 4E325（A508）为代表，它的特点是采用“超 β 管”组成输入级，并且在版图设计中考虑了热反馈的效应。减小了失调电压、失调电流及温漂，增大了开环增益、共模抑制比和输入电阻。

第四代以 1973 年问世的 HA2900 为代表。它的特点是进入了大规模集成阶段，将场效应晶体管和双极型晶体管制作在同一硅片上，并采用了斩波稳零和动态稳零技术，一般情况下运放不需要调零就能正常工作，各项性能指标更加理想化。

随着集成电路制作工艺的飞速发展，超级精密、超级低压、微功耗等新型集成运放不断出现。除了通用型的集成运放外，还出现了为完成某种特定功能的专用型运放以及可编程的模拟器件。例如 1983 年消费电子产品中常用的 ICL8083 波形发生器，1985 年第一个可编程芯片 XC2064，1978 年语音合成芯片 TMC0281，1997 年开启数字音乐的 MAS3507 MP3 解码器，1998 年用于高性能大功率运放 TA2020 等。

2. 集成运放的种类

按供电方式将运放分为双电源和单电源供电；按一个芯片上运放的个数分为单运放、双运放和四运放；按制造工艺分为双极型、CMOS 型和 BiFET 型。按工作原理运放分为：电压放大型（实现电压放大）、电流放大型（实现电流放大）、互导型（将输入电压转换成输出电流）、互阻型（将输入电流转换成输出电压）。

按性能指标分为通用型和特殊型。特殊型运放在某一方面的性能特别突出，例如高阻型运放 F3140，r_{id}可达 $1.5\times10^{12}\Omega$；高压型运放 3583，在电源电压为 ±150V 时，输出电压峰值可达 ±140V，共模输入电压范围可达 ±140V；低功耗型运放 F30781，电源电压为 ±6V 时，电源电流只有 20μA，动态功耗为 240μW；高精度型运放 F5037，$U_{IO}=10\mu V$，$I_{IO}=7nA$，$\frac{du_{IO}}{dT}=0.2\mu V/℃$。

除了通用型和特殊型运放外，还有一类为完成特定功能而制作的专用型运放，如仪表放大器、隔离放大器、缓冲放大器等。随着 EDA 技术的发展，定制专用芯片、模拟可编程器件也得到越来越广泛的应用。

3. 集成运放的选择

选用集成运放首先必须明确应用的场合，既要满足性能方面的要求，也要考虑可靠性、稳定性和价格。选择运放时，主要考虑一下几个方面：

(1) 信号源性质 信号源性质包括信号源是电压源还是电流源、电源内阻的大小、输入信号的幅值及频率的变化范围。

(2) 负载的性质 根据负载的阻抗特性及功率，确定所需运放输出电压和输出电流的要求。

(3) 精度要求 根据精度的要求选择运放的开环差模增益、失调电压、失调电流及转换速率等指标参数。

(4) 环境条件 环境条件包括环境温度、湿度、电源电压、电磁环境等。根据环境温度，选择运放的失调电压及失调电流的温漂等参数；根据所能提供的电源选择运放的电源电压。如果没有特殊要求，尽量选择通用型运放，只有在其不能满足应用才选择特殊型运放。

4. 集成运放的使用

(1) 集成运放的正确使用 集成运放使用前必须查阅有关手册，辨认引脚，以便正确连线。使用时，首先需用简易的方法测量参数判断其好坏。对于内部无自动稳零措施的运放，需要外加调零电路，使之在零输入时输出为零。为防止电路产生自激振荡，且消除各电路因共用一个电源而相互之间产生的影响，应在集成运放的电源端加去耦电容。有的运放还需外接适当的频率补偿电容。

(2) 集成运放的保护电路 集成运放的保护主要包括三个方面：输入保护、输出保护和电源保护，防止输入信号过大、输出负载短路或过载、电源电压极性接反或过大等因素造成器件的损坏。三种保护电路分别如图 4-37、图 4-38、图 4-39 所示。

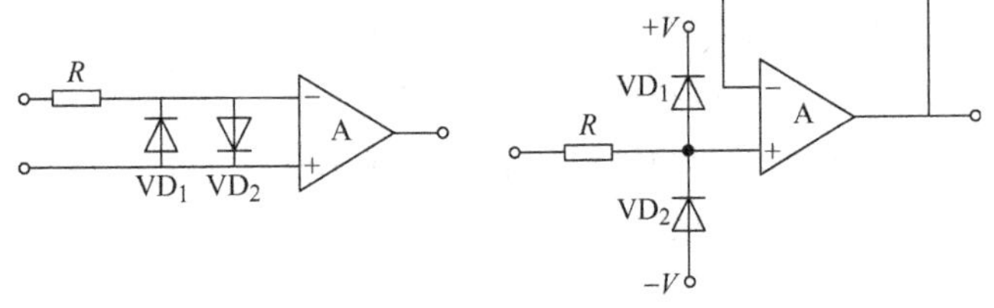

图 4-37 输入保护电路

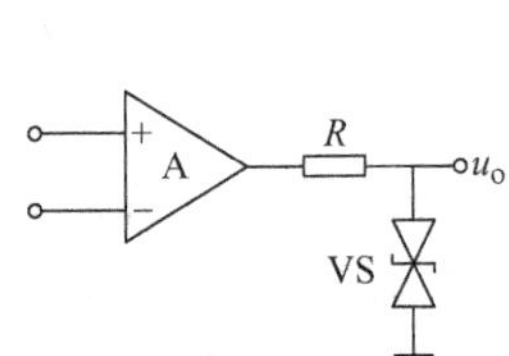

图 4-38 输出保护电路

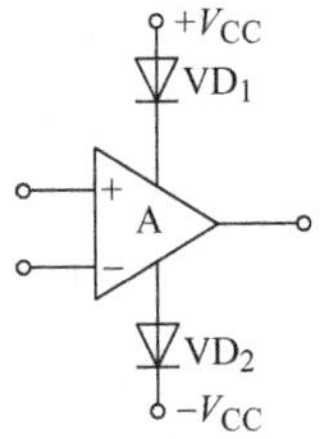

图 4-39 电源保护电路

4.4 Multisim 应用举例

本节将对图 4-28 所示的带射极恒流源的差动放大电路进行分析。其中晶体管均选择 2N2222A，稳压二极管的稳压值为 4.7V，其他参数如图 4-40 中所示。两个输入端分别加入独立信号，从晶体管 Q2 的集电极单端取输出。通过直流扫描分析或者使用电压、电流探点，可以方便地获得电路中静态工作点相关参数。恒流源电路提供了 2.04mA 的静态电流。由于仿真中使用的器件的模型完全相同，不存在非对称问题，所以即使仿真电路中未接入调零电位器，每个差动管的发射极电流也均为 1.02mA，满足对称要求。但是在实际硬件电路中则很难保证器件参数完全一致，需要增加使用调零电位器。

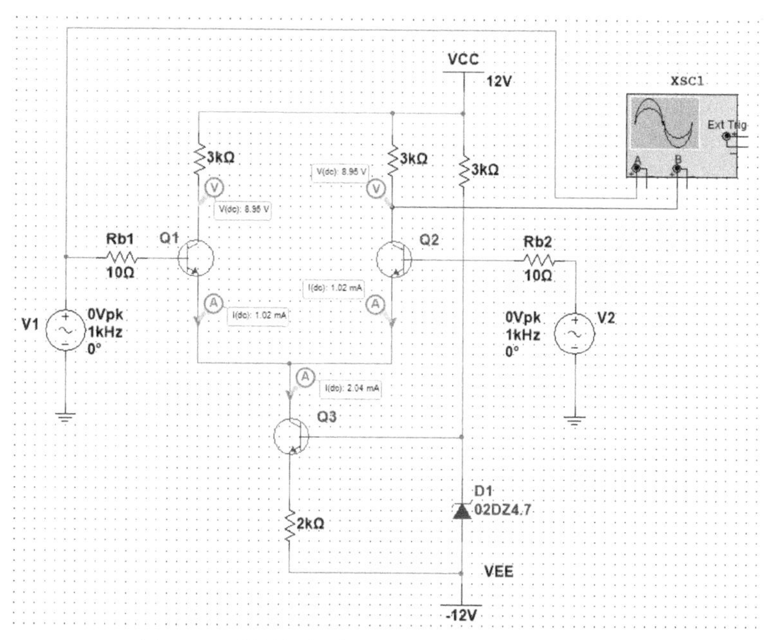

图 4-40 带射极恒流源的差动放大电路直流分析

接下来分别对输入信号源 V1 和 V2 的信号幅值进行设置，用于模拟差模输入和共模输入情况进行仿真分析，并用示波器同时观察输入信号源 V1 和输出信号的波形。

将 V1 和 V2 的幅值均设为 10mV，且相位相同，此时为共模输入情况，如图 4-41 所示。在示波器中可以看到，电路输出了幅值约为 2μV 的小信号，共模增益并不是 0。这是由于仿真中采用器件的真实模型，并不能实现恒流源电路理想化等效为无穷大的动态电阻，但结果已经非常优秀，共模增益仅为 2×10^{-4}。

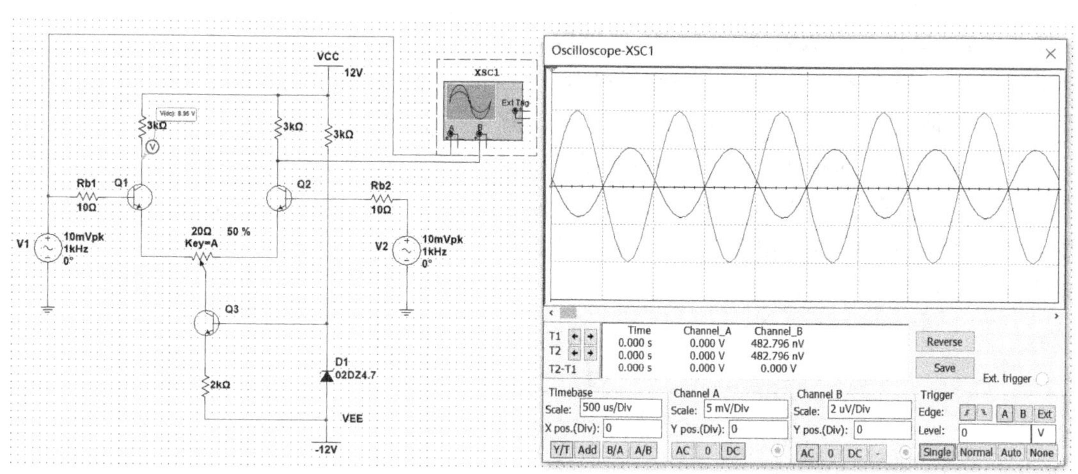

图 4-41 共模输入测试

输入信号源 V1 和 V2 的幅值保持不变，将 V2 的相位设置成 180°，即两个信号大小相等、极性相反，此时为差模输入情况，如图 4-42 所示。在示波器中可以看到电路输出信号的幅值约为 1V，其差模增益大约为 50 倍，并可以计算出电路的共模抑制比约为 2.5×10^5，与实际硬件电路相比，指标已非常优秀。

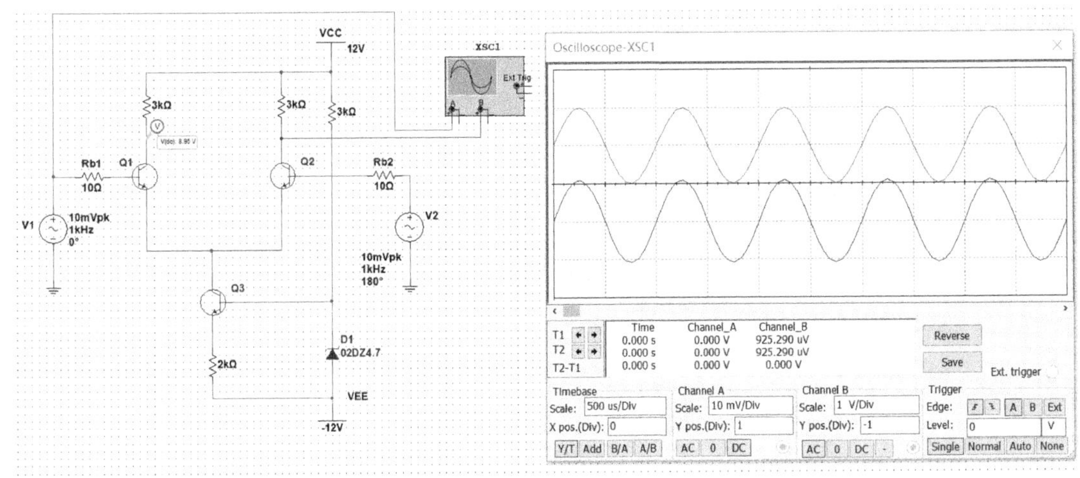

图 4-42 差模输入测试

通过理论介绍已知由于恒流源电路的负反馈作用，可以抑制零点漂移。在 Multisim 中默认温度为 27℃，温度变化对于静态工作点的影响，可以通过温度扫描（Temperature Sweep）分析获得。进入温度扫描分析界面，设置扫描温度的起始值为 0℃，结束值为 100℃，扫描点数 11 个，即步长为 10℃。在更多选项中选择扫描分析为直流工作点，并选择将结果显示在一张表中。然后输出中选择晶体管 Q2 的集电极电压，运行仿真分析后可以得到如图 4-43 所示分析结果。在温度变化 10℃ 情况下，晶体管集电极的静态工作点电压仅有 0.013V 左右变化，对应的静态工作点电流 I_{CQ} 变化值小于 5μA，温度漂移非常小，进一步验证了差动放大电路中，恒流源电路作为长尾，对共模信号的负反馈作用非常强。

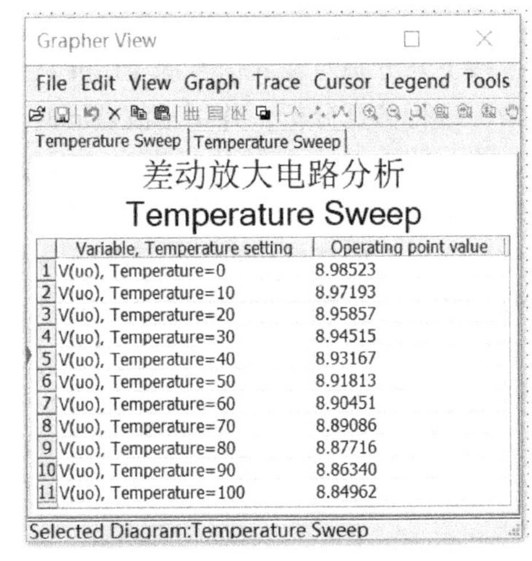

	Variable, Temperature setting	Operating point value
1	V(uo), Temperature=0	8.98523
2	V(uo), Temperature=10	8.97193
3	V(uo), Temperature=20	8.95857
4	V(uo), Temperature=30	8.94515
5	V(uo), Temperature=40	8.93167
6	V(uo), Temperature=50	8.91813
7	V(uo), Temperature=60	8.90451
8	V(uo), Temperature=70	8.89086
9	V(uo), Temperature=80	8.87716
10	V(uo), Temperature=90	8.86340
11	V(uo), Temperature=100	8.84962

图 4-43 温度扫描分析结果

习 题

4-1 选择填空

1. 由于大容量电容不易制造，集成电路采用________（a_1. 直接耦合，b_1. 阻容耦合），因此________（a_2. 低频性能好，但存在温漂问题，b_2. 无温漂但只能放大交流信号）。

2. 采用差动放大电路的目的是________（a_1. 稳定增益，b_1. 克服温漂，c_1. 提高输入电阻），主要是通过________（a_2. 增加一级放大电路，b_2. 采用两个输入端，c_2. 利用参数对称的差动对管）来实现的。

3. 差模增益是________之比，共模增益是________之比。（a. 输出变化量与输入变化量，b. 输出差模量与输入差模量，c. 输出共模量与输入共模量）

4. 电路的 A_d 越大，表示________，A_c 越大，表示________。（a. 温漂越大，b. 有用信号的增益越大，c. 抑制温漂能力越强）

5. 共模抑制比 K_{CMR} 是________之比（a_1. 差模输入信号与共模输入信号，b_1. 输出量中差模成分与共模成分，c_1. 差模增益与共模增益，d_1. 交流增益与直流增益），因此 K_{CMR} 越大，表明电路的________。（a_2. 增益越稳定，b_2. 交流增益越大，c_2. 抑制温漂能力越强，d_2. 输入信号中差模成分越大）

6. 长尾式差放电路中，R_E 越大则________（a_1. A_d 越大，b_1. A_d 越小，c_1. A_c 越大，d_1. A_c 越小），K_{CMR}________（a_2. 越大，b_2. 越小）。用恒流源代替 R_E 后使电路________（a_3. A_d 更大，b_3. A_d 更小，c_3. A_c 更大，d_3. A_c 更小），理想的 K_{CMR} 为________（a_4. 无穷大，b_4. 零）。

7. 因为电流源中流过的电流恒定，所以它的等效交流电阻________（a_1. 很大，b_1. 很小），而等效直流电阻________（a_2. 很大，b_2. 不太大，c_2. 等于零）。

8. 在放大电路中，电流源常常作为________（a_1. 有源负载，b_1. 电源，c_1. 信号源），可以使电路的增益________（a_2. 提高，b_2. 稳定）。

9. 为了提高 r_i，减小温漂，通用型集成运放的输入级大多采用________电路；为了减小 r_o，输出级大多采用________电路。（a. 共射或共源，b. 共集或共漏，c. 差动放大，d. 电流源，e. 互补或射极输出器）。

10. 集成运放的两个输入端分别为________（a_1. 差模与共模，b_1. 同相与反相），表明前者的极性与输出端________（a_2. 相反，b_2. 相同），后者的极性与输出端________（a_3. 相反，b_3. 相同）。

4-2 三个直接耦合放大电路，其中电路Ⅰ的电压增益为1000，当温度由20℃升到25℃时，输出电压漂移了10V；电路Ⅱ的电压增益为50，当温度由20℃升到40℃时，输出电压漂移了10V；电路Ⅲ的电压增益为20，当温度由20℃升到40℃时，输出电压漂移了2V。分析哪个电路的温漂参数较小。

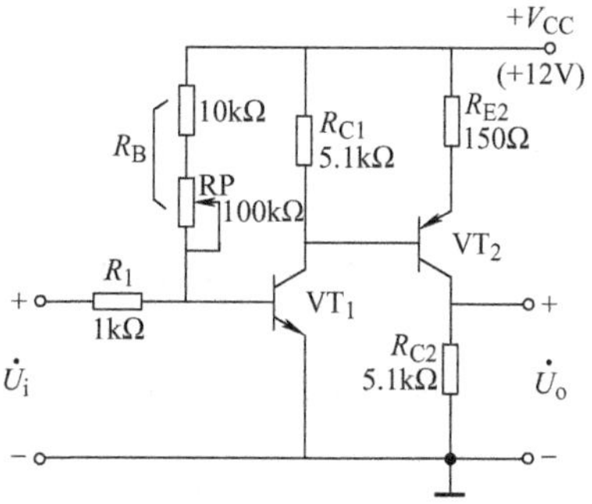

图4-44 题4-3图

4-3 放大电路如图4-44所示，晶体管 VT_1 为硅管，$U_{BE1}=0.7V$，$\beta_1=40$；VT_2 为锗管，$U_{BE1}=-0.2V$，$\beta_2=100$，$R_B=16.1k\Omega$。试：

1. 计算两级放大电路静态工作时的 I_{C1}、I_{C2} 和 U_o。
2. 计算该电路的电压增益。
3. 计算该电路的输入电阻和输出电阻。

4-4 图4-45所示的两个点画线框中分别为共射组态（单元电路Ⅰ）和共集组态（单元电路Ⅱ）。如果输入端、输出端和级间均采用电容耦合，并以下列方式组成多级放大电路：①Ⅰ（去掉 R_L）+Ⅰ，②Ⅰ（去掉 R_L）+Ⅱ+Ⅰ，③Ⅱ+Ⅰ（去掉 R_L）+Ⅱ，试分析：

1. 哪一种（或几种）组合方式输入电阻 R_i 比较大？
2. 哪一种（或几种）组合方式输出电阻 R_o 比较小？
3. 哪一种组合方式的 A_u 最大？

4-5 放大电路如图4-46所示。设晶体管 VT_1、VT_2 特性相同，且 $\beta=79$，$r_{be}=1k\Omega$，电容器对交流信号均可视为短路。计算：

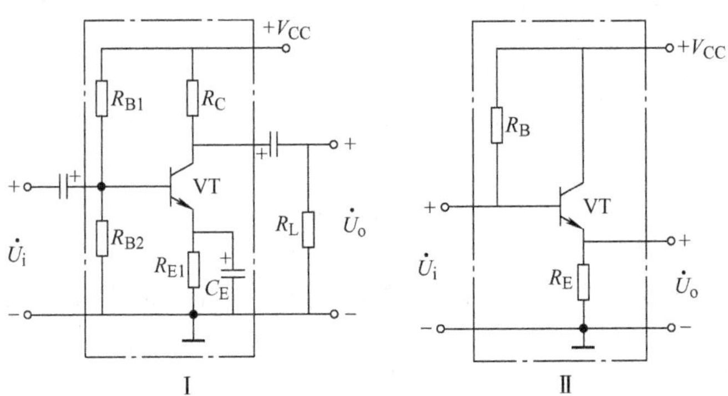

图 4-45 题 4-4 图

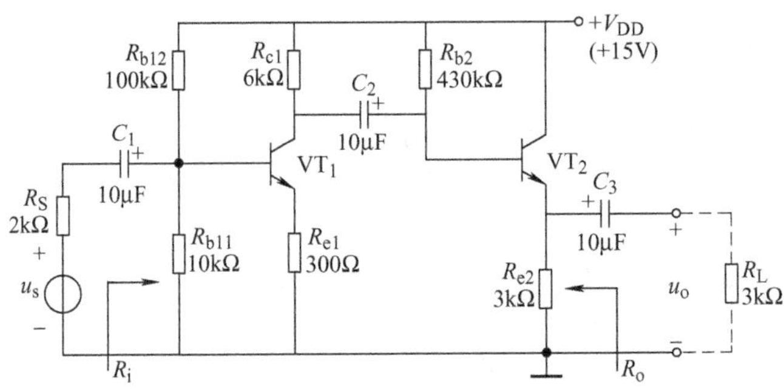

图 4-46 题 4-5 图

1. 放大电路的输入电阻 R_i 和输出电阻 R_o。

2. 空载时电路的电压增益 $\boldsymbol{A}_u=\dfrac{\dot{U}_o}{\dot{U}_i}$，$\boldsymbol{A}_{us}=\dfrac{\dot{U}_o}{\dot{U}_s}$。

3. $U_s=10\text{mV}$，$R_L=3\text{k}\Omega$ 时的 U_o 值。

4-6 判断图 4-47 所示各电路能否正常放大。

4-7 放大电路如图 4-48 所示，V 为 N 沟道耗尽型场效应晶体管，$g_m=1\text{mS}$；VT 为双极型晶体管，$\beta=50$，$r_{be}=1\text{k}\Omega$，试计算放大电路的电压增益、输入电阻 R_i 和输出电阻 R_o。

4-8 放大电路如图 4-49 所示，RP 滑动端处于中间位置，晶体管的 $\beta=50$，$r_{be}=10.3\text{k}\Omega$。

1. 求静态工作参数 I_{B1}、I_{C1} 和 U_{C1}。静态时 R_L 中是否有电流?

2. 计算差模电压增益。

3. 计算该电路的差模输入电阻 R_i 和输出电阻 R_o。

4-9 一个双端输入、双端输出差动放大电路，已知差模电压增益 $A_d=10000$，共模电压增益 $A_c=100$，一个输入端的输入电压 $U_{i2}=0.8\text{mV}$，欲获得输出电压 $U_o=2.09\text{V}$，试问另一个输入端所加的输入电压 U_{i1} 应为多大?

4-10 放大电路如图 4-50 所示，晶体管的 $\beta=50$，$r'_{bb}=100\Omega$，R_1 上的压降可以忽略，$U_{BE}=0.7\text{V}$。

1. 求静态工作点参数 I_{C1}、I_{C2}、U_{C1} 和 U_{C2}。

2. 计算电路的 A_d、R_i 和 R_o。

3. 求当 $U_I=-1\text{V}$，即 U_I 为上（-）下（+）时，$U_o=?$

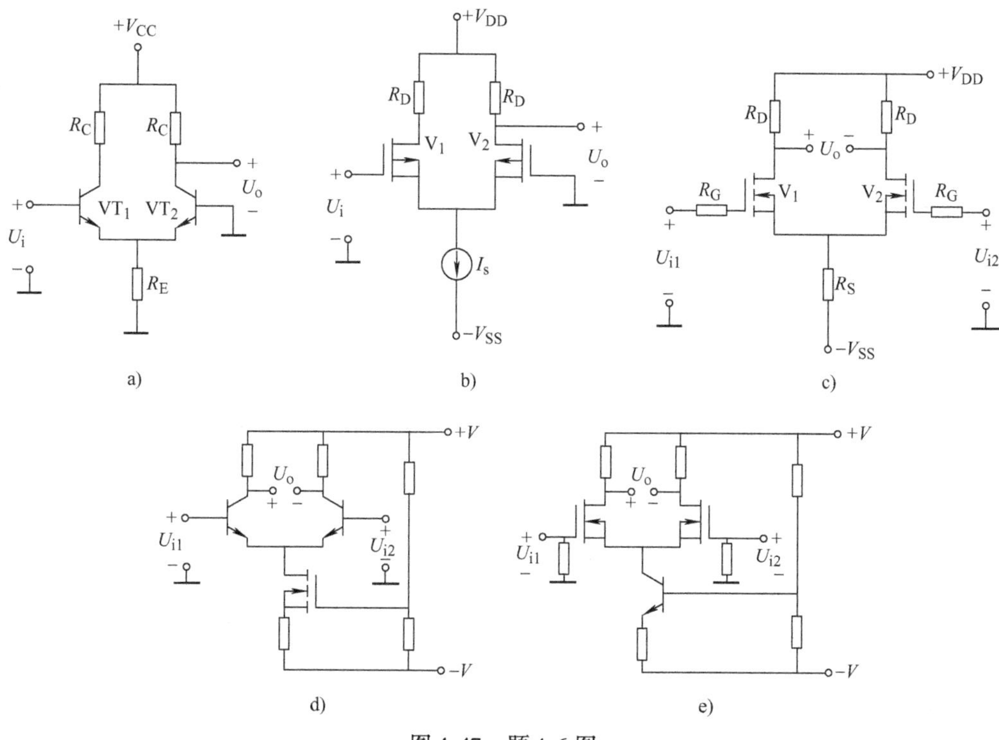

图 4-47 题 4-6 图

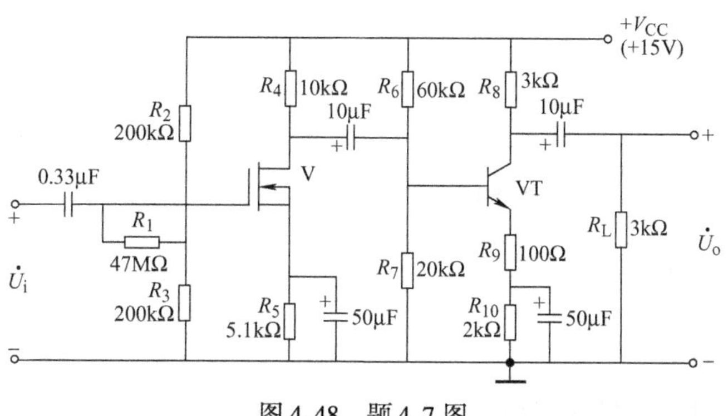

图 4-48 题 4-7 图

4-11 图 4-50 所示的差动放大电路并不完全对称。与 $R_E=0$ 的电路相比，是否有抑制温漂的作用？计算共模抑制比。

4-12 放大电路如图 4-51 所示，晶体管的 $\beta=100$，$U_{BE}=0.7V$。

1. 求输出电压的直流值 U_o。

2. 若 $u_i=10\sin\omega t\text{mV}$，求输出电压的交流分量 u_o。

4-13 放大电路如图 4-52 所示（RP 滑动端在中点），晶体管的 β 均为 50，$U_{BE}=0.7V$，$r_{bb'}=100\Omega$ 试求：

1. 静态工作参数 I_{C1}、I_{C2}、U_{C1} 和 U_{C2} 的值。

2. 双端输入单端（c_2）输出的 A_d、R_i 和 R_o。

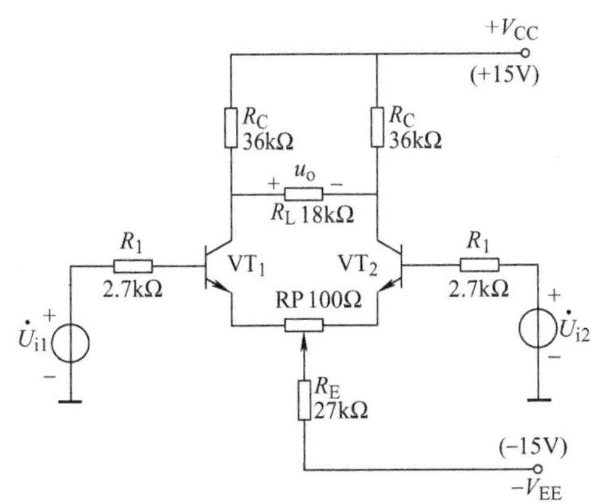

图 4-49 题 4-8 图

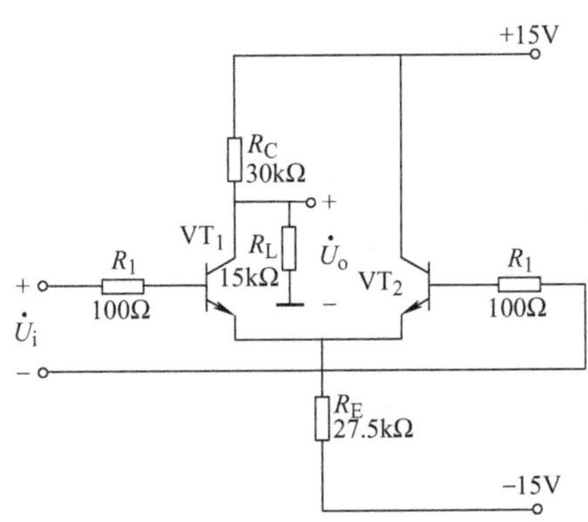

图 4-50 题 4-10 图

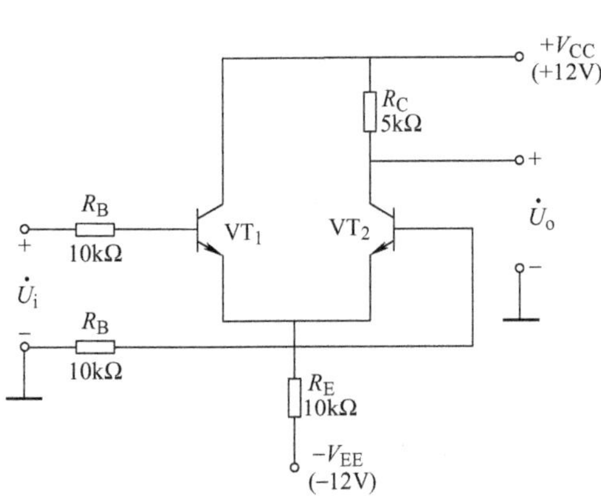

图 4-51 题 4-12 图

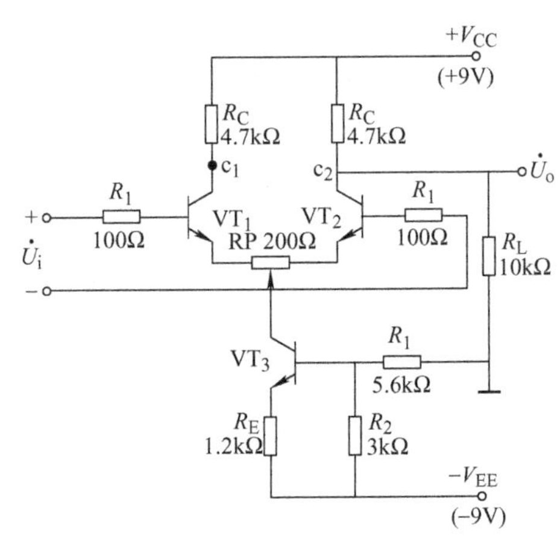

图 4-52 题 4-13 图

4-14 放大电路如图 4-53 所示，晶体管的 $\beta=100$，$U_{BE}=0.7V$，$r'_{bb}=100\Omega$。$U_i=0$ 时，$U_o=0$。试求：

1. 静态时 I_{C1}、I_{C2} 的值。
2. 电阻 R_C 的值。
3. 电路的 A_d、R_i 和 R_o。

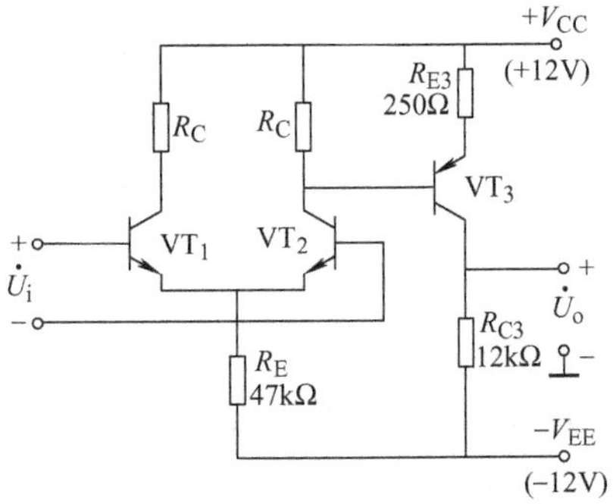

图 4-53 题 4-14 图

4-15 图 4-54 所示的差动放大电路中，两个场效应晶体管的特性相同，$I_{DSS}=1mA$，$U_{GS(off)}=-2V$，晶体管的 $U_{BE}=0.6V$，求：

1. 场效应晶体管的静态工作点参数 I_D 和 U_{GS}。
2. 计算差模电压增益。

4-16 放大电路如图 4-55 所示。已知各晶体管的 $\beta=50$，$U_{BE}=0.6V$，电阻 $R_2=50k\Omega$，$R_3=7.8k\Omega$，$R_4=R_7=2k\Omega$，$R_5=R_6=1k\Omega$，$R_{RP}=200\Omega$，且 RP 滑动端处于中间位置，电源电压 $V_{CC}=V_{EE}=10V$。

1. 若要求静态时 $U_o=0V$，试问电阻 R_1 应选多大?
2. 设 $r_{be1}=r_{be2}=1.5k\Omega$，$r_{be3}=0.57k\Omega$，计算 $U_i=0.1V$ 时的 U_o 值。

4-17 图 4-56 是改进型的镜像电流源电路。试定性说明 VT₃ 的作用，并证明当 $\beta_1=\beta_2=\beta_3=\beta$ 时，$I_{C2}=I_R/[1+2/(\beta^2+\beta)]$。

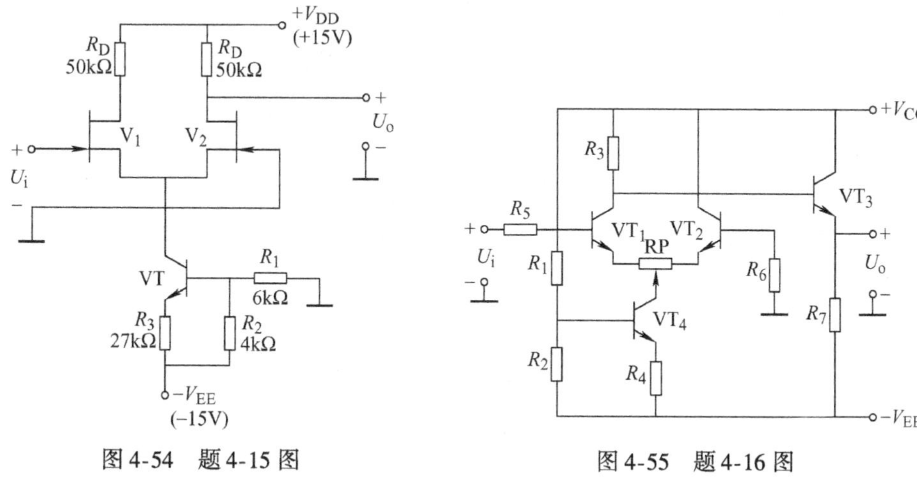

图4-54 题4-15图　　图4-55 题4-16图

4-18 图4-57是一个由结型场效应晶体管作为偏置电路的电流源电路，偏置电流一般只有几十微安。试分析该电路的特殊优点，并推导出I_{C2}的表达式。

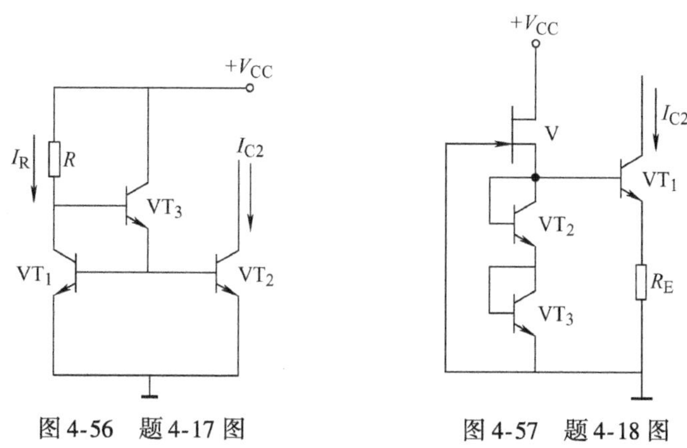

图4-56 题4-17图　　图4-57 题4-18图

4-19 图4-58所示电路中，设所有晶体管的β均为50，U_{BE}均为0.7V，静态时$U_{C1}=U_{C2}=10V$，$I_{C1}=I_{C2}=100\mu A$，$I_{C3}=I_{C4}=1mA$，$I_5=10mA$，$I_6=10.2mA$，$R_5=510\Omega$，且在静态时$U_o=0$，求：

1. R_1、R_2、R_3、R_4、R_6的值。
2. 总的电压增益$\boldsymbol{A}_u$。
3. 输入电阻R_i和输出电阻R_o的值。

4-20 电路如图4-59所示。设所有晶体管的$\beta=30$，VT_3和VT_4的$r_{be}=2.5k\Omega$，场效应晶体管的$g_m=4mS$，其他参数如图4-59所示，图中所有电位器的滑动端均在中间位置。试：

1. 计算电压增益$\boldsymbol{A}_u=\dot{U}_o/\dot{U}_i$。
2. 求输入电阻R_i和输出电阻R_o。
3. VT_1和VT_2组成了V_1、V_2的恒流源电路。为了稳定I_{C3}，采取了哪些措施？试说明其原理。

4-21 利用Multisim分析图4-52所示电路在如下情况下对电路静态工作参数及交流指标的影响。

1. RP不在中点，右移10%。
2. 两个差分管的电流放大系数β相差5%。

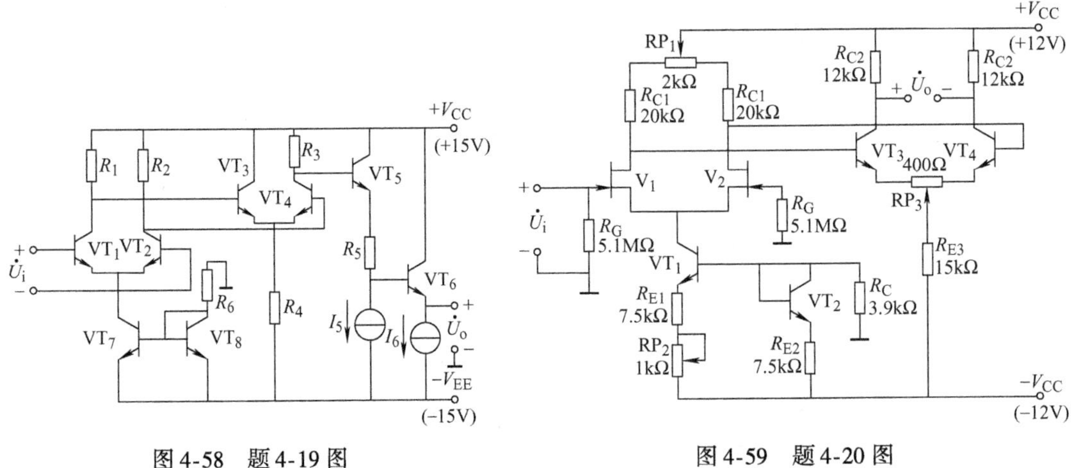

图4-58 题4-19图

图4-59 题4-20图

第5章 功率放大电路

5.1 功率放大电路概述

1. 功率放大电路的特点和要求

一个实用的放大电路，输出端可能会带有扬声器、继电器或伺服电动机等功率设备。这就要求放大电路的输出级能够为这些设备提供足够大的功率信号，通常把这样的输出级称为“功率放大电路”（简称功放电路）。与第 2 章和第 3 章讨论的小信号电压放大电路不同，功放电路主要考虑如何获得最大的输出功率，而不是单独的电压或是电流。因此一个功放电路不仅要有足够大的输出电压，而且还应有足够大的输出电流，才能提供足够大的输出功率。功放电路从组成、元器件的选择到分析方法，都与小信号放大电路有着明显的区别。功放电路具有以下几个方面的特点和要求。

（1）输出功率尽可能大　通常用最大不失真输出功率表示。它是指在不失真或失真程度在允许范围内的最大输出功率，用$(P_o)_M$表示，写成

$$(P_o)_M=(U_o)_M(I_o)_M \tag{5-1}$$

式中，$(U_o)_M$ 为最大输出电压有效值；$(I_o)_M$ 为最大输出电流有效值。

（2）转换效率 η 要高　功放电路中负载功率由直流电源经过转换提供。由于负载功率大，电源消耗的功率也大，所以必须考虑功率转换的效率问题。转换效率定义为负载得到的有用信号功率和电源提供的功率之比，用 η 表示，写成

$$\eta=\frac{P_o}{P_{V_{CC}}}\times 100\% \tag{5-2}$$

式中，P_o 为功放电路的交流输出功率（$P_o=U_oI_o$）；$P_{V_{CC}}$为直流电源供给功放电路的平均功率，它的定义是

$$P_{V_{CC}}=V_{CC}\bar{i}_C \tag{5-3}$$

式中，V_{CC}为直流电源电压；$\bar{i}_C$ 为一个周期内电源电流的平均值。

（3）非线性失真要小　要得到大的输出功率，就要求晶体管工作在极限状态，所以由晶体管特性的非线性引起的非线性失真不可避免。通常输出功率越大，非线性失真越严重。

（4）功放电路中晶体管的选择和散热问题　在功放电路中，为使输出功率尽可能大，功放管工作在接近极限运用状态。所以，在选择功率管时，必须考虑使它的工作状态不超过它的极限参数 I_{CM}、$U_{CEO(BR)}$和 P_{CM}。同时在功放电路中，相当大的功率消耗在功率管的集电结上，使 PN 结和外壳温度升高。因此，常对功率管加上一定面积的散热片和过电流保护环节。

(5) 功放电路的分析方法　在功放电路的分析方法上，由于功放电路处于大信号工作下，功放管特性的非线性不可忽略。所以在分析功放电路时，不能采用只适用于小信号的交流等效电路法，而应采用图解法。

2. 功放电路按晶体管工作状态的分类

功放电路通常是根据功率管静态工作点 Q 的不同选择来进行分类的。当 Q 点的选择使晶体管在信号的整个周期内都有电流流过，即功率管导通角 $\theta=360°$时，称为“甲类”工作状态，如第 2 章和第 3 章中的电压放大电路都属于甲类放大电路。当晶体管只在信号的半周内导通，另半周截止，功率管导通角 $\theta=180°$，这种工作状态称为“乙类”工作状态。如果选择的 Q 点使 I_{CQ}较小，功率管在信号的一周期内导通时间大于半周小于整周，即导通角 $180°<\theta<360°$时，则称为“甲乙类”工作状态。晶体管工作状态分类及其特点见表 5-1。在功放电路中主要应用“乙类”和“甲乙类”电路。

表 5-1　晶体管工作状态分类及其特点

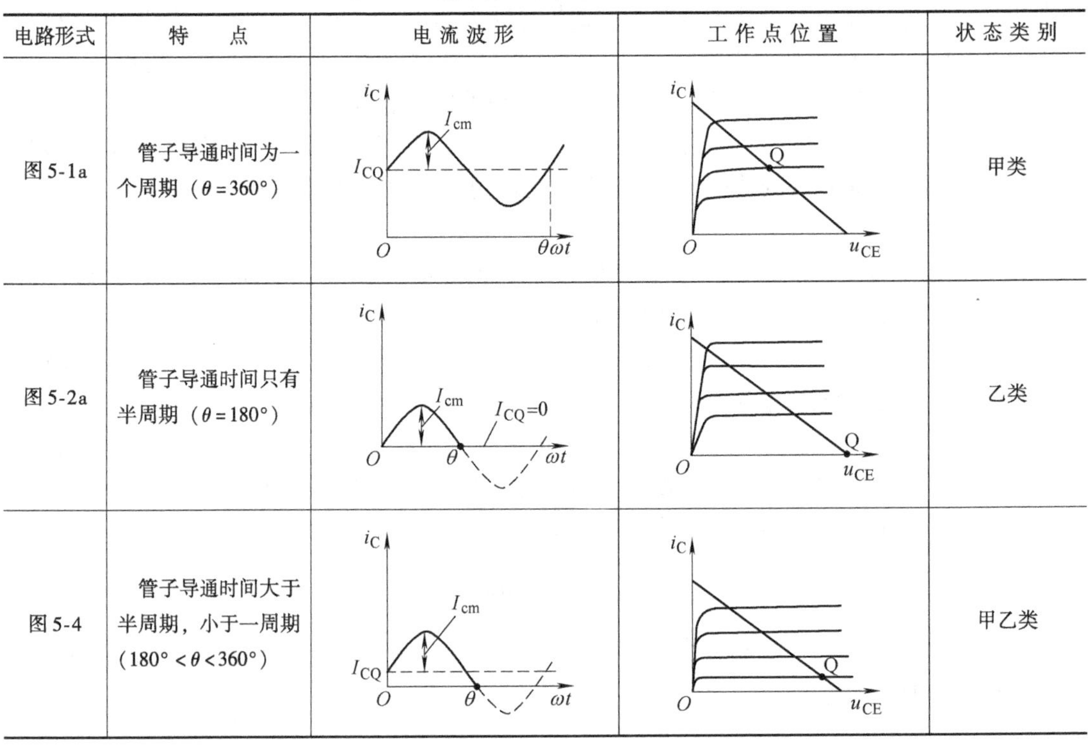

电路形式	特　点	电流波形	工作点位置	状态类别
图 5-1a	管子导通时间为一个周期（$\theta=360°$）			甲类
图 5-2a	管子导通时间只有半周期（$\theta=180°$）			乙类
图 5-4	管子导通时间大于半周期，小于一周期（$180°<\theta<360°$）			甲乙类

5.2　单管甲类功率放大电路

共集放大电路（射极输出电路）虽无电压放大作用，但有电流和功率放大能力。同时，它的输出电阻小，带负载能力强。因此，在输出功率要求较小时，可以采用单管射极输出电路作为功率输出级，电路如图 5-1a 所示。它是在射极输出电路的基础上，采用正、负电源供电形成的。

设静态（$u_i=0$）时可调节晶体管 VT 集电极电流使发射极电压 $U_{EQ}=0$。即当输入信号为零时，VT 输出 u_O 也为零。当没接负载电阻时，晶体管 VT 的静态参数值为

$$I_{CQ} \approx V_{CC}/R_E, U_{CEQ} = V_{CC}$$

根据晶体管的回路方程：$u_{CE} = 2V_{CC} - i_C R_E$，可作直流负载线如图 5-1b 中实线所示，它与 $i_B = I_{BQ}$的一条输出特性曲线相交于静态工作点 Q。

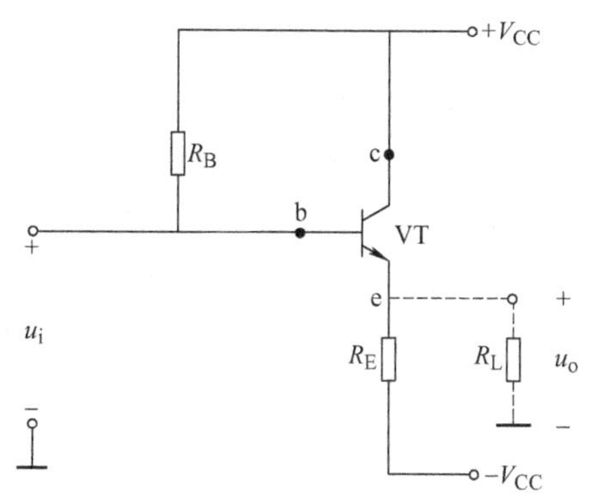

a) 电路图

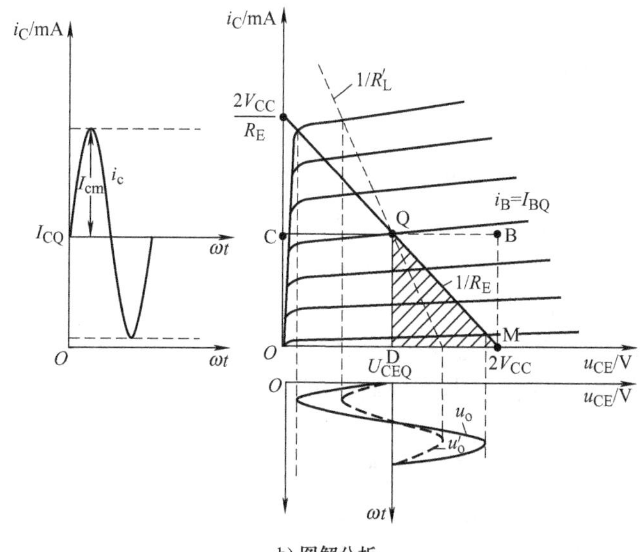

b) 图解分析

图 5-1 单管甲类功放电路

动态时，如果忽略晶体管 VT 的饱和管压降 U_{CES}，则输出电压的动态范围近似为 $2V_{CC}$，输出电压幅值及电流幅值为最大，分别为

$$(U_{om})_M \approx V_{CC}, (I_{om})_M \approx I_{CQ}$$

所以最大不失真输出功率为

$$(P_o)_M = \frac{(U_{om})_M}{\sqrt{2}} \frac{(I_{om})_M}{\sqrt{2}} \approx \frac{1}{2} V_{CC} I_{CQ} \tag{5-4}$$

两个直流电源提供的功率为

$$P_{V_{CC}} = 2V_{CC} I_{CQ} \tag{5-5}$$

从图 5-1b 可以看出，最大输出功率是三角形 DMQ 的面积，直流电源提供的功率是矩形 OMBC 的面积，所以最大的效率是

$$\eta_M = \frac{(P_o)_M}{P_{V_{CC}}} = \frac{1}{4} = 25\% \qquad (5\text{-}6)$$

如果接上负载电阻 R_L，调节晶体管 VT 的静态电流，使静态工作点 Q 不变，负载线变为图 5-1b 中虚线所示。这时直流电源输入功率不变，但输出电压 u_o 变成 u_o'，所以输出功率 P_o 下降，效率会变得更低。

通过上述分析可以看出，在甲类功放电路中，尽管静态（$u_i=0$）条件下输出功率为零，但电源仍然提供功率。这些功率全部消耗在器件（和电阻）上，并转换为热能的形式。可以看出，静态工作电流是造成效率低的主要原因。可以证明，即使在理想状态下，甲类功放电路（如单管变压器耦合功放电路）的最高效率也只能达到 50%。

因此，甲类功放电路没有多大的实用价值。如何降低静态电流，提高电路效率是需要解决的主要问题。乙类和甲乙类功放电路的采用可以有效地提高功放电路的效率。

5.3 互补对称推挽功率放大电路

5.3.1 乙类互补对称功率放大电路

如果晶体管工作在乙类状态，虽然管耗小，有利于提高效率，但存在严重的失真，因为输出信号的半个波形被削掉了。如果采用两个工作在乙类工作状态的晶体管，其中一个工作在信号的正半周，另一个工作在负半周，并使两个输出波形都能加到负载上。这样就能在负载上得到一个完整的波形，解决了提高效率与减小输出波形失真的矛盾。两个晶体管的这种工作方式称为“推挽”。基本电路如图 5-2 所示。

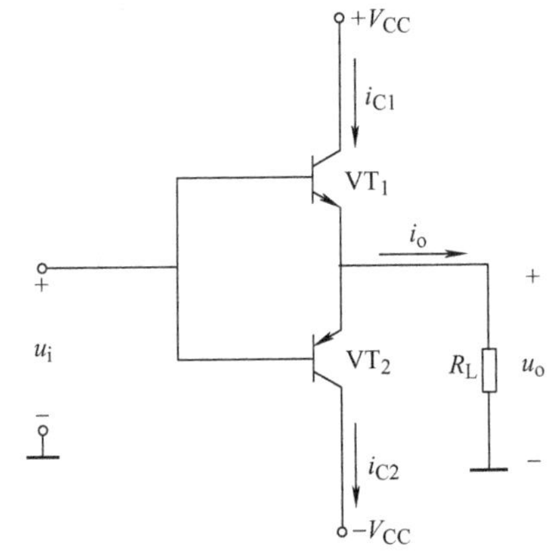

a) 乙类互补对称推挽电路

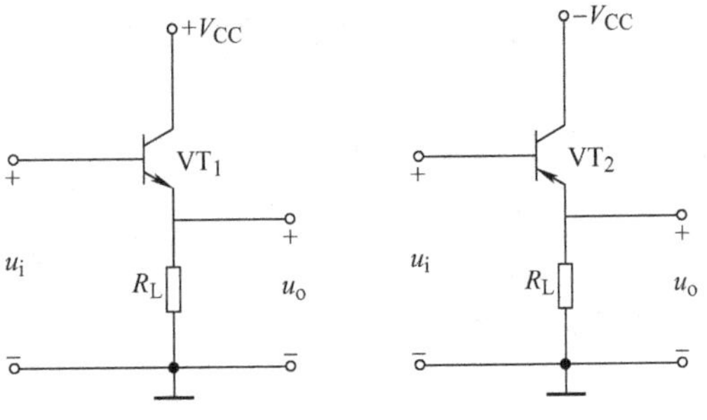

b) NPN型管射极输出电路　　c) PNP型管射极输出电路

图 5-2 乙类互补对称推挽功放电路

图 5-2a 中，VT_1 和 VT_2 分别为 NPN 型和 PNP 型晶体管，两管特性对称，R_L 是共同的负载电阻，该电路可以看成由图5-2b、c 两个射极输出电路组合而成。考虑到晶体管只有发射结处于正偏时才导通（设图中晶体管为理想的，发射结导通电压为零），当信号 u_i 处于正半周时，VT_2 截止，VT_1 导通，电流 i_{C1} 流过 R_L；当信号处于负半周时，VT_1 截止，VT_2 导通，电流 i_{C2} 流过 R_L。这样，图 5-2a 的电路就实现了推挽的工作状态：静态时两管均处于截止状态。有信号时，VT_1 和 VT_2 在信号的两个半周期内轮流导通，在负载 R_L 上形成了一个完整的输出正弦波。又因为 VT_1 和 VT_2 是两个性能对称的异型晶体管，能互相补充对方的不足，所以图 5-2a 的电路又称

为“乙类互补对称推挽功放电路”，简称“乙类互补对称电路”。应该说明的是：推挽是指两管轮流导通的工作状态，它可以用不同的方案实现，从而形成各种功放电路[⊖]，而互补对称指的是电路中采用了两个性能对称的异型晶体管。

5.3.2 甲乙类互补对称功率放大电路

1. 交越失真及其消除

前面对于由两个射极输出电路组成的乙类互补对称功放电路的讨论只是理想的情况。实际使用中，这种电路的输出波形会因各种原因引起失真。除了两个晶体管性能不对称和晶体管输出特性的非线性会引起失真以外，还有一个引起失真的重要原因，那就是晶体管输入特性的非线性。

输入特性的非线性引起的失真如图 5-3 所示。当输入信号电压 u_i 小于晶体管发射结的阈值电压（硅管 0.5V，锗管 0.1V）时，晶体管 VT_1 和 VT_2 截止，基极电流和集电极电流几乎为零，负载 R_L 上无电流通过，出现一段死区。这样，尽管输入信号 u_i 是正弦波，输出电流 i_o 和电压 u_o 会出现失真，见图 5-3 中 i_o 和 u_o 的波形。因为失真发生在两管交替工作前后，所以称为“交越失真”。

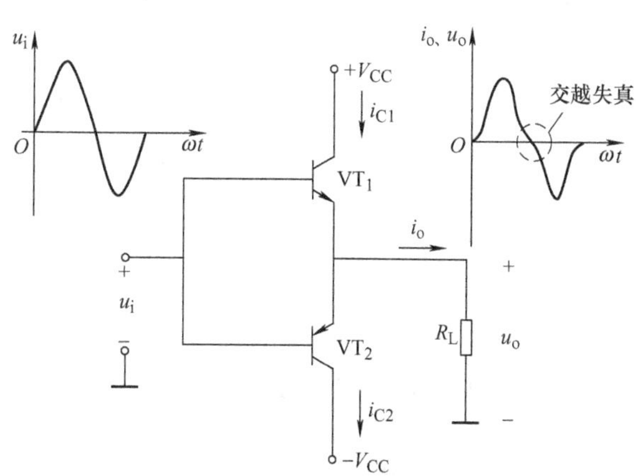

图 5-3 乙类互补对称电路有交越失真的波形

产生交越失真的原因是晶体管输入特性的非线性和晶体管的乙类工作状态。因此，为了减小和消除交越失真，应该给图 5-3 中的晶体管加上一定的静态偏置，使晶体管工作在甲乙类状态。

2. 甲乙类互补对称功放电路

在甲乙类功放电路中，给两个晶体管设置一定的静态偏置可以有不同的方案。例如，①在两管的基极之间加不大的直流电压；②由前级晶体管集电极电阻的一部分提供直流压降，为了使两管基极对交流等电位，可在上述电阻两端并联旁路电容；③在两管之间加“U_{BE}扩大电路”，如图 5-4a 所示；④在两管基极之间加二极管或接成二极管的晶体管和用于调整静态的电位器，如图 5-4b 所示。通常采用的方法是③和④，方法③的优点是：只要适当调节 R_1、R_2 的比值，就可改变晶体管的静态偏置。

对于“U_{BE}扩大电路”，由于流入 VT_4 的基极电流远小于流过 R_1、R_2 的电流，可以得到

⊖ 为了实现两管推挽工作，可以：①用两个特性相同的同类型晶体管，单电源供电，并利用输入和输出变压器的绕组倒相——“变压器耦合推挽功放电路”；②用两个特性相同的同类型晶体管，单电源供电，利用输出端的一个大电容代替另一个电源，并在功放级前面设置倒相级——“采用倒相级的推挽功放电路”；③用两个特性对称的不同类型晶体管和正、负双电源，这就是图 5-2a 的电路。它也常称为“OCL 互补对称电路”，OCL 是 Output Capacitance-Less（无输出端大电容）的缩写；④用两个特性对称的不同类型晶体管，单电源供电，输出端用大电容代替另一个电源。这就是“OTL 互补对称电路”，OTL 是 Output Transformer-Less（无输出变压器）的缩写。

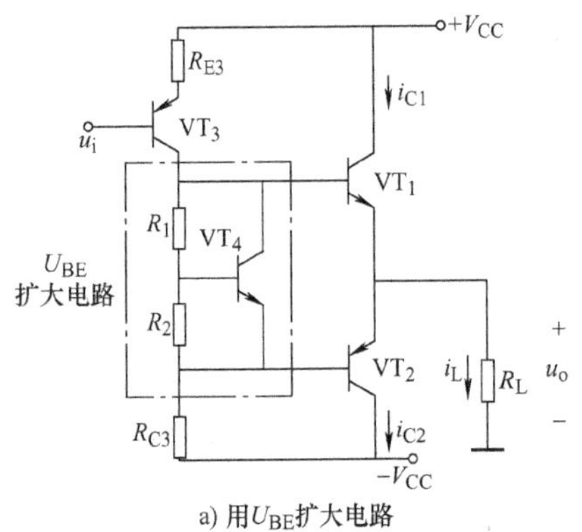

a) 用U_{BE}扩大电路

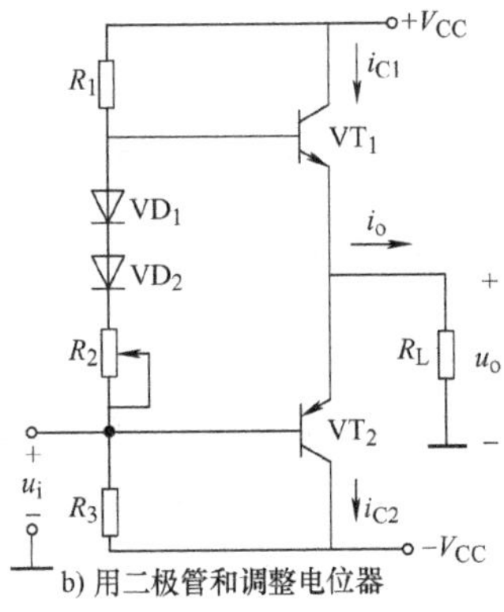

b) 用二极管和调整电位器

图 5-4 甲乙类互补对称功放电路

$U_{CE4}=U_{BE4}(R_1+R_2)/R_2$。由于 U_{BE4}为一固定值，只要调节 R_1、R_2 的比值，就可以改变 VT_1 和 VT_2 的偏压值 U_{CE4}。而且 U_{CE4}的值和 U_{BE}成比例关系，因此称为"U_{BE}扩大电路"。

在图 5-4b 中，包含 VD_1、VD_2 和 R_2 的支路用于给两个晶体管加上不大的静态偏置。两个晶体管在静态下均处于导通或者微导通状态，这样既解决了交越失真问题，又可减小损耗，提高效率。现在再来比较深入和直观地说明交越失真是如何消除的。

在静态时，由于电路两半对称，$i_{C1}=i_{C2}$，$i_o=0$，输出电压 $u_o=0$。当外加正弦信号时，由于二极管 VD_1、VD_2 的动态电阻很小，而且 R_2 的阻值也比较小，因此可以认为 VT_1 和 VT_2 的基极交流电位近似相等。当$u_i>0$且逐渐增大时，u_{BE1}增大，VT_1 管基极电流和发射极电流也必然增大，负载电阻 R_L 得到正方向的电流。与此同时，u_i 的增大使 u_{BE2}减小。当减小到一定数值时，VT_2 管截止。同理，当 $u_i<0$ 且逐渐减小时，u_{BE2}增大，VT_2 管基极电流和发射极电流也必然增大，负载电阻 R_L 得到负方向的电流。与此同时，u_i 的增大使 u_{BE1}减小。当减小到一定数值时，VT_1 管截止。可以看出，无论输入电压为何值，晶体管 VT_1 和 VT_2 总有一个导通，从而消除了交越失真。同时，每一个晶体管在信号的一周期内导通时间大于半周，即导通角 $180°<\theta<360°$，因而晶体管工作在"甲乙类"工作状态。VT_1 和 VT_2 管特性曲线及输出波形如图 5-5 所示。图 5-5a 表示晶体管的转移特性（i_C 和 U_{BE}的关系）。可以看出，晶体管在一个周期内的导通时间（从点 a 到点 b）大于半个周期。图 5-5b 和 c 表示晶体管 VT_1

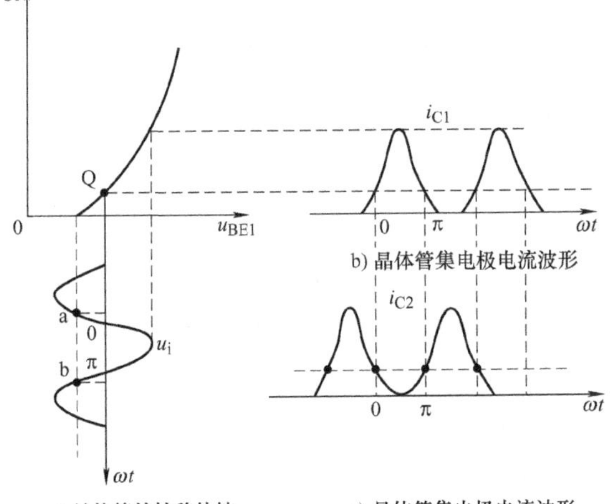

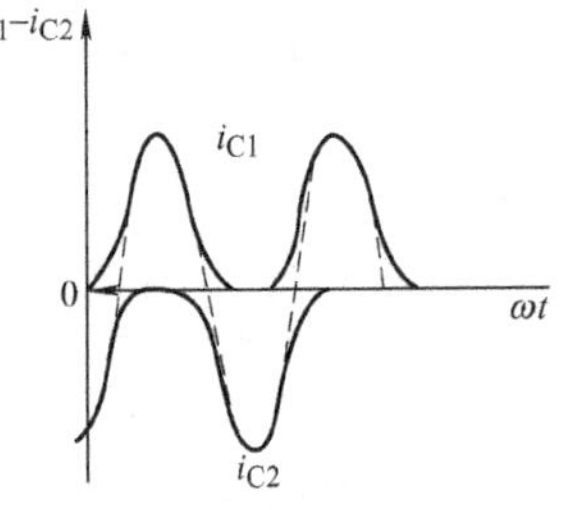

d) 负载电流波形

图 5-5 甲乙类互补对称功放电路中交越失真的消除

和 VT_2 的集电极电流波形，而负载电流 $i_o = i_{C1} - i_{C2}$ 的波形则如图 5-5d 中虚线所示。显然，交越失真基本上消除了。总之，只要给功率管设置较小的偏置电压，使它们处于临界导通状态，便可达到消除交越失真的目的。

5.3.3　互补对称功率放大电路的分析计算

图 5-6 用于分析乙类互补对称功放电路。当输入电压 $u_i > 0$ 时，图 5-2a 中的 VT_1 工作，VT_1 静态工作点为：$I_{CQ} = 0$，$U_{CEQ} = V_{CC}$，交直流负载线均通过静态工作点，其斜率为 $-1/R_L$。当输入电压 $u_i < 0$ 时，VT_2 工作，其静态工作点、负载线斜率和 VT_1 情况相似。如果用图解法进行分析，晶体管 VT_1 和 VT_2 的输出电压、电流的波形可以形成所谓的“组合输出特性”。在组合输出特性中，应注意如下几点：

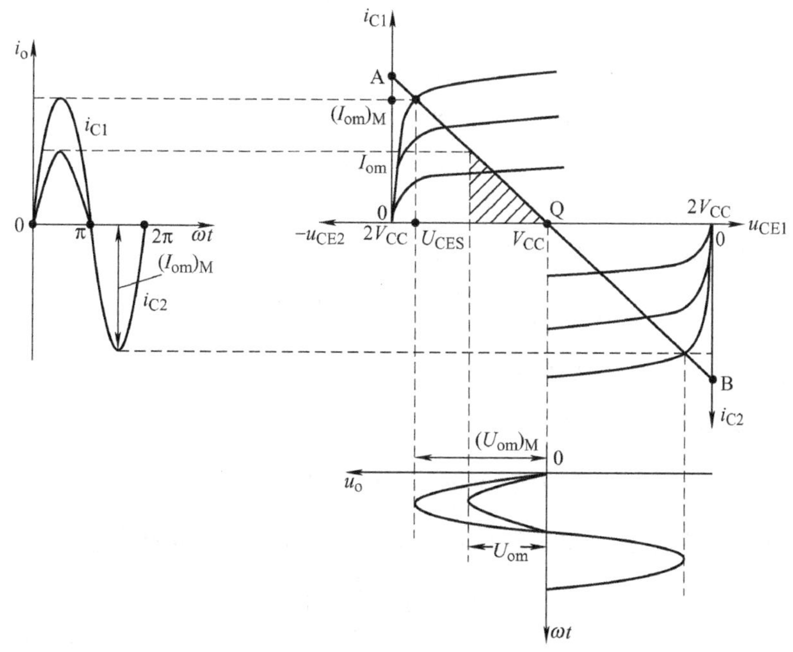

图 5-6　乙类互补对称功放电路的组合输出特性和图解分析

1）因为两管类型不同，故 u_{CE1} 与 u_{CE2} 极性相反。同时，两者应符合关系：$u_{CE1} + (-u_{CE2}) = 2V_{CC}$。因此，在图 5-6 的横坐标轴上按相反的方向分别标注 u_{CE1} 和 $-u_{CE2}$ 的值，且 $u_{CE1} = 0$，V_{CC} 和 $2V_{CC}$ 的点分别与 $-u_{CE2} = 2V_{CC}$，V_{CC} 和 0 的点重合。

2）i_{C1} 和 i_{C2} 方向相反（以 NPN 型管中的电流方向为准），所以组合特性曲线的两条纵坐标轴的正方向相反。实际上就是 VT_1 的输出特性在第一象限，而 VT_2 的输出特性在第三象限。

3）因为静态时 $U_O = 0$，$U_{CEQ1} = +V_{CC} = -U_{CEQ2}$，$I_{CQ1} = I_{CQ2} \approx 0$，所以两管的静态工作点 Q 重合。

4）因为两管 Q 点重合，又有同一负载电阻 R_L，所以组合特性上的负载线就是经过 Q 点，斜率为的 $-1/R_L$ 的一条直线（图 5-6 中的 AB）。

显然，输出电压的最大幅值为 $(U_{om})_M = V_{CC} - U_{CES}$，其中 U_{CES} 是晶体管的饱和压降。

如果忽略管子的饱和压降，输出电压的最大幅值为 V_{CC}。

根据以上分析，不难求出互补对称电路的输出功率、管耗、直流电源供给的功率和效率。

1. 输出功率 P_o 及最大不失真输出功率 $(P_o)_M$

电路的输出功率为

$$P_o = U_o I_o \tag{5-7}$$

式中，U_o、I_o 分别为正弦输出电压、电流的有效值。如果 U_{om}、I_{om} 分别为输出电压、电流的幅值，则

$$P_o = U_o I_o = \frac{1}{2}U_{om}I_{om} = \frac{1}{2}\frac{U_{om}^2}{R_L} \tag{5-8}$$

可以看出，输出功率 P_o 恰好等于图 5-6 中画阴影线的三角形面积，这一个三角形称为“功率三角形”。

在图 5-2a 或图 5-4 中，VT_1 和 VT_2 工作在射极输出电路状态，$A_u \approx 1$。如果不考虑管子饱和压降，使 $U_{im} = (U_{om})_M = V_{CC}$，可以获得最大输出功率为

$$(P_o)_M = \frac{1}{2}\frac{(U_{om})_M^2}{R_L} \approx \frac{1}{2}\frac{V_{CC}^2}{R_L} \tag{5-9}$$

如果考虑管子饱和压降 U_{CES}，则最大输出功率为

$$(P_o)_M = \frac{1}{2}\frac{(U_{om})_M^2}{R_L} \approx \frac{1}{2}\frac{(V_{CC} - U_{CES})^2}{R_L} \tag{5-10}$$

2. 直流电源提供的平均功率 $P_{V_{CC}}$

直流电源提供的平均功率为

$$P_{V_{CC}} = \frac{1}{2\pi}\int_0^{2\pi} V_{CC} i_C \mathrm{d}(\omega t) \tag{5-11}$$

式中，i_C 是通过电源的电流。在图 5-2a 所示电路中，通过正负电源的电流为

$$i_C = I_{om}\sin\omega t = \frac{U_{om}}{R_L}\sin\omega t$$

所以，电源 $+V_{CC}$ 提供的平均功率为

$$P_{+V_{CC}} = \frac{1}{2\pi}\int_0^{\pi} V_{CC} i_C \mathrm{d}(\omega t) = \frac{1}{2\pi}\int_0^{\pi} V_{CC}\frac{U_{om}}{R_L}\sin\omega t \mathrm{d}(\omega t) = \frac{V_{CC}U_{om}}{\pi R_L}$$

两个电源提供的总平均功率为

$$P_{V_{CC}} = \frac{2V_{CC}U_{om}}{\pi R_L} \tag{5-12}$$

从式(5-12) 可以看出，电源提供的功率和电路输出电压幅值 U_{om} 有关，也就是和输入正弦信号的幅值大小有关。

3. 效率 η

功放电路的效率是交流输出功率和直流电源提供的平均功率之比，即

$$\eta = \frac{P_o}{P_{V_{CC}}} \times 100\% = \frac{U_{om}I_{om}/2}{2V_{CC}I_{om}/\pi} = \frac{\pi}{4}\frac{U_{om}}{V_{CC}} \tag{5-13}$$

从式(5-13) 可以看出，功放电路的效率也和正弦输入信号的幅值有关。

在理想情况下，最大的输出电压幅值为 $(U_{om})_M = V_{CC}$，图 5-2a 所示互补功放电路的最大效率可达

$$\eta_M = \frac{\pi}{4} = 78.5\% \tag{5-14}$$

实际功放电路的效率都低于这个数值。

4. 晶体管的选择

在功放电路中，应根据晶体管所承受的最大反向管压降、集电极最大电流和最大管耗来选择晶体管。

（1）最大反向管压降 $(U_{EC})_M$ 从图 5-2a 的电路工作原理的分析可知，当输入电压 u_i 为正半周时，VT_1 导通，VT_2 截止。当 u_i 从零逐渐增大到峰值时，VT_1 管的发射极电位从零逐渐增大到 u_{om}。因此，VT_2 承受的反向管压降 U_{EC} 的数值为 $U_{EC} = V_{CC} + u_{om}$。u_{om} 最大为 $V_{CC} - U_{CES1}$，所以 VT_2 管承受的最大反向管压降为 $2V_{CC} - U_{CES1}$。同样，当 u_i 为负峰值时，VT_1 管承受的最大反向管压降也为 $2V_{CC} - U_{CES2}$。如果不考虑管子饱和压降，晶体管应承受的最大反向管压降为

$$(U_{EC})_M = 2V_{CC} \tag{5-15}$$

（2）集电极最大电流 I_{CM} 从电路最大输出功率的分析可知，晶体管的发射极电流等于负载电流。负载电阻上的最大电压为 $V_{CC} - U_{CES}$，故集电极电流最大值 $I_{cM} \approx I_{eM} = \frac{V_{CC} - U_{CES}}{R_L}$。考虑到留有一定的余量

$$I_{cM} \approx I_{eM} = \frac{V_{CC}}{R_L} \tag{5-16}$$

（3）晶体管最大管耗 $(P_T)_M$ 在功放电路中，电源提供的功率除了转换成输出功率外，其余部分主要消耗在晶体管上。考虑到 VT_1 和 VT_2 管在一个信号周期内各导通约 180°，两个晶体管的电流和管压降相等，所以求出单管的损耗就可以求出总损耗。

管压降和集电极电流瞬时值的表达式分别为

$$u_{CE} = V_{CC} - U_{om}\sin\omega t, i_C = \frac{U_{om}}{R_L}\sin\omega t$$

每个晶体管损耗的功率为

$$\begin{aligned} P_T &= \frac{1}{2\pi}\int_0^{\pi}(V_{CC} - U_{om}\sin\omega t)\frac{U_{om}}{R_L}\sin\omega t \mathrm{d}\omega t \\ &= \frac{1}{R_L}\left(\frac{V_{CC}U_{om}}{\pi} - \frac{U_{om}^2}{4}\right) \end{aligned} \tag{5-17}$$

通过 P_T 对 U_{om} 求导，令导数为零，可以得到出现最大管耗的条件和最大管耗。令 $\frac{\mathrm{d}P_T}{\mathrm{d}U_{om}} = 0$，可以求出 $U_{om} = \frac{2}{\pi}V_{CC} \approx 0.6V_{CC}$。则最大管耗为

$$\begin{aligned} (P_T)_M &= \frac{1}{2\pi}\int_0^{\pi}(V_{CC} - 0.6V_{CC}\sin\omega t)\frac{0.6V_{CC}}{R_L}\sin\omega t \mathrm{d}\omega t \\ &= \frac{{V_{CC}}^2}{\pi^2 R_L} \end{aligned} \tag{5-18}$$

当不考虑管子饱和压降 U_{CES}时，根据式(5-9)，可知

$$(P_T)_M=\frac{2}{\pi^2}(P_o)_M\approx0.2(P_o)_M\Big|_{U_{CES}=0} \tag{5-19}$$

从直观分析的角度，我们也能推导出输出功率最大的时候不是晶体管损耗功率最大的时候。这是因为，在功放电路中，晶体管处于乙类或甲乙类工作状态。当输入电压为零时，由于集电极电流很小，晶体管的管耗也很小；当输入电压最大，即输出功率最大时，由于管压降很小，晶体管的管耗也很小。可见，管耗既不会发生在输入电压最小时，也不会发生在输入电压最大时。

因此，晶体管的选择必须满足下列条件：

1）晶体管的集电极最大耗散功率 $P_{CM}>0.2(P_o)_M\big|_{U_{CES}=0}$。如果功率管工作时的实际最大管耗超过了手册上规定的 P_{CM}，将导致结温太高，从而损坏器件。

2）晶体管的反向击穿电压 $U_{CEO(BR)}>2V_{CC}$。只有这样，才不会发生管子的反向击穿。

3）晶体管集电极最大工作电流 $I_{CM}>\frac{V_{CC}}{R_L}$。

仍需强调的是，在选择晶体管时，针对其极限参数应留有一定的余量，并严格按照手册的要求安装散热片。

例 5-1 甲乙类功放电路如图 5-4b 所示，已知 $\pm V_{CC}=\pm15V$，$R_L=4\Omega$，功率管的饱和压降 $U_{CES}=3V$。

（1）求出电路的最大不失真输出功率$(P_o)_M$，以及此时的效率 η 和单管管耗 P_T。

（2）若功率管的极限参数为：$P_{CM}=10W$，$I_{CM}=5A$，$U_{CEO(BR)}=40V$，判断功率管是否能安全工作。

解（1）根据式(5-10)，得

$$(P_o)_M=\frac{1}{2}\frac{(V_{CC}-U_{CES})^2}{R_L}=\frac{(15V-3V)^2}{2\times4\Omega}=18W$$

根据式(5-17)和式(5-13)，得

$$P_T=\frac{1}{R_L}\left(\frac{V_{CC}U_{om}}{\pi}-\frac{U_{om}^2}{4}\right)\approx5.33W$$

$$\eta=\frac{\pi}{4}\frac{U_{om}}{V_{CC}}=\frac{\pi}{4}\frac{12}{15}=62.8\%$$

（2）判断功率管是否安全工作，应计算功率管承受的最大反向电压、工作电流，以及管耗。如果不考虑晶体管饱和压降，功率管承受的最大反向电压为

$$(U_{EC})_M=2V_{CC}=30V$$

最大工作电流 $$(I_{om})_M=\frac{V_{CC}}{R_L}=3.75A$$

最大管耗 $$(P_T)_M\approx0.2(P_o)_M=0.2\times\frac{15^2}{2\times4}W=5.625W$$

由于晶体管的$(U_{EC})_M<U_{CEO(BR)}$，$(I_{om})_M<I_{CM}$，$(P_T)_M<P_{CM}$，所以功率管能够安全工作。

5.4　实际的功率放大电路

5.4.1　OCL 准互补功率放大电路

实际的功率放大电路除了输出级（如图 5-4b）以外，还应包括输入级和驱动级。图 5-7 是一个实用的 OCL 准互补功率放大电路。该电路的输出级采用了复合管结构，其中 NPN 型的 VT_4 和 VT_5 管复合后仍为 NPN 型管，PNP 型的 VT_6 和 NPN 型的 VT_7 管复合成 PNP 型管。在这里，功率输出管 VT_5 和 VT_7 采用了同材料、同类型（NPN 型）的管子。把输出级的这种组成方式称为"准互补"，以区别于用同材料不同类型晶体管的互补电路。准互补电路的优点是易于挑选性能对称的同类型的晶体管作为功率输出管。

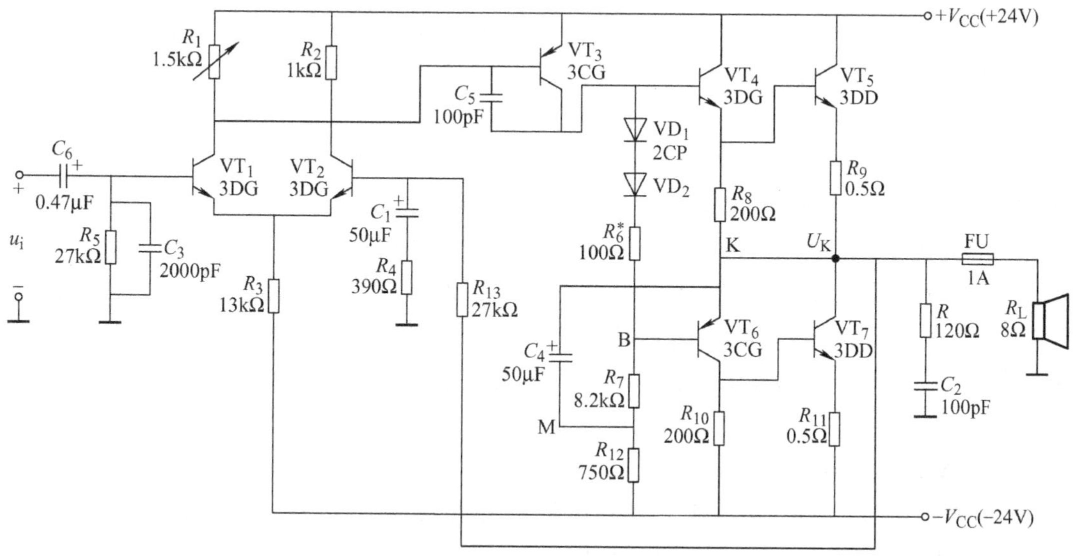

图 5-7　OCL 准互补功放电路

图 5-7 电路的组成框图如图 5-8 所示。下面结合图 5-8 分析电路各部分的功能、工作原理和性能指标。

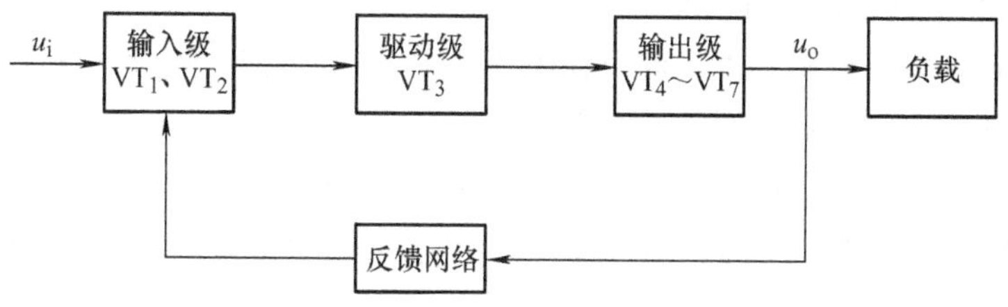

图 5-8　OCL 准互补功放电路的框图

1. 输入级

输入级是由 VT_1 和 VT_2 管组成的差动放大电路，它可以有效地克服零点漂移，并且可以通过负反馈使静态时的中点电位 U_K 稳定在 0V，防止因 U_K 偏离而损坏扬声器。C_3 用于抑制干扰和噪声。

2. 驱动级

驱动级是由 VT_3 管所组成的共射放大电路。VT_3 管之所以采用 PNP 型管，是为了和输入级的 NPN 型管在电位上进行配合，使静态时的中点电位 U_K 便于调到 0V。VT_1 管集电极上的电阻器 R_1 是 VT_3 的偏流电阻。静态时，中点电位 $U_K = U_{EB6} + I_{C3}(R_7 + R_{12}) - V_{CC}$。当 R_7 和 R_{12} 阻值确定后，只要适当调整 R_1 的阻值，从而改变 I_{C3}，就可以使 $U_K = 0V$。电容器 C_5 起相位补偿作用，以消除多级负反馈电路中的自激振荡。VT_3 管集电极电流的交流分量在电阻 R_7 上的压降，就是输出级的输入信号电压（C_4 对交流相当于短路）。

3. 输出级

输出级由 $VT_4 \sim VT_7$ 管组成。前面驱动级中 VT_3 管的静态电流在 VD_1、VD_2 和 R_6 上的压降把 $VT_4 \sim VT_7$ 管偏置在甲乙类状态。当正弦输入信号加入以后，在它的正半周期间，VT_4 和 VT_5 管导通，VT_6 和 VT_7 管截止。在理想情况下，正向输出电压最大幅值为 V_{CC}。在输入信号的负半周期间，VT_6 和 VT_7 管导通，VT_4 和 VT_5 管截止，负向输出电压最大幅值也是 V_{CC}。电阻 R_8 和 R_{10} 的作用是使 VT_4 和 VT_6 管的穿透电流分流，不使它们全部流入 VT_5 和 VT_7 管并进一步放大，以提高复合管的温度稳定性。由 R_9 和 R_{11} 引入的电流串联负反馈，稳定 VT_5 和 VT_7 管的射极电流并改善输出波形。电容器 C_4 称为“自举电容”，其作用是使最大输出电压幅值接近 V_{CC}。输出端的电阻 R 和电容器 C_2 组成容性负载，抵消扬声器部分的感性负载，以防止在信号突变时，扬声器上呈现较高的瞬时电压而遭致损坏。

4. 电路性能指标的估算

（1）电压增益 从图 5-7 可以看出，电阻 R_{13}、R_4 和电容 C_1 引入的是电压串联负反馈。在深度负反馈的条件下，电路的闭环电压增益为

$$A_{uf} \approx \frac{R_{13} + R_4}{R_4} = 1 + \frac{R_{13}}{R_4} \approx 70$$

（2）最大不失真输出功率 前面曾提及，求 $(P_o)_M$ 的关键是求 $(U_{om})_M$。而这里的关键是求最大的正向和负向输出电压幅值。

1）最大的正向输出电压幅值：此时在图 5-7 中，VT_3 应接近饱和，VT_4、VT_5 输出最大电流，而 VT_6、VT_7 管处于截止状态。这样

$$(U_{om})_M = 24V - u_{EC3} - u_{BE4} - u_{BE5} - u_{R9}$$

上式中的各量估算如下：$u_{EC3} \approx 1V$，$u_{BE4} = u_{BE5} = 0.8V$，$u_{R9} \approx 1V$，所以，最大的正向输出电压幅值为

$$(U_{om})_M = (24 - 1 - 0.8 - 0.8 - 1)V = 20.4V$$

2）最大的负向输出电压幅值：此时 VT_6 接近于饱和，VT_7 输出最大电流，而 VT_4、VT_5 处于截止状态。因此最大的负向输出电压幅值为

$$(U_{om})_M = 24V - u_{EC6} - u_{BE7} - u_{R11} = (24 - 2 - 0.8 - 1)V = 20.2V$$

如果最大的正、负向输出电压幅值不等，则为了使输出电压波形不失真，最大的输出电压幅值只能达到上面两个值中的较小的值。将 $(U_{om})_M=20.2V$ 代入式(5-9)，得到最大不失真输出功率为

$$(P_o)_M=\frac{1}{2}\frac{(U_{om})_M^2}{R_L}=\left[\frac{1}{2}\frac{(20.2)^2}{8}\right]W\approx25.5W$$

(3) 效率　将 $(U_{om})_M=20.2V$ 代入式(5-13)，得

$$\eta=\frac{\pi}{4}\frac{(U_{om})_M}{V_{CC}}=\frac{\pi}{4}\times\frac{20.2}{24}\approx66.1\%$$

上述估算表明，实际的互补功率放大电路的效率低于 78.5%。

上面分析了 OCL 准互补功放电路，它是一个比较复杂的模拟电子电路，应当注意读图方法。为了看懂一个较复杂的电路图，首先要对信号从输入到输出的传输过程建立一个大致的概念。然后，根据电路各部分在信号传输过程中的作用，将电路划分为几个单元电路（例如本节中图 5-8 表示的 OCL 电路组成框图），并分析各单元电路的功能，包括各部分主要元器件的作用。最后，将各单元电路连成一个整体，弄清整个电路的工作原理，并估算电路的总体性能指标，例如 A_u、R_i、R_o、f_{BW} 或 $(P_o)_M$、η 等。

5.4.2 单电源供电的 OTL 功率放大电路

在某些只能有单个电源供电的场合，则采用如图 5-9 所示的 OTL 功率放大电路。它与 OCL 功放电路的根本区别在于输出端接有大容量的电容 C_2。就该电路的直流通路而言，只要两管特性相同，K 点的电位便为 $V_{CC}/2$，C_2 上的直流电压也就被充电到 $V_{CC}/2$。就交流通路而言，C_2 可当作短路。只要选择时间常数 R_LC_2 比正弦输入信号的最长周期大得多，那么用一个 C_2 和一个电源 V_{CC}，就可以代替正、负双电源的作用。于是 VT_4 管的电源电压就是 V_{CC} 和 $V_{CC}/2$ 之差，即等于 $V_{CC}/2$。VT_5 管的电源电压就是 C_2 上的直流电压 $V_{CC}/2$。可见，OTL 电路的供电情况与 OCL 电路是类似的，只是在 OTL 电路中，每个输出管的直流电源电压为 $V_{CC}/2$。OTL 电路的工作原理与 OCL 电路完全相同，只是在用式(5-8) 和式(5-19) 计算性能指标时，应当用 $V_{CC}/2$ 代替式中的 V_{CC}。

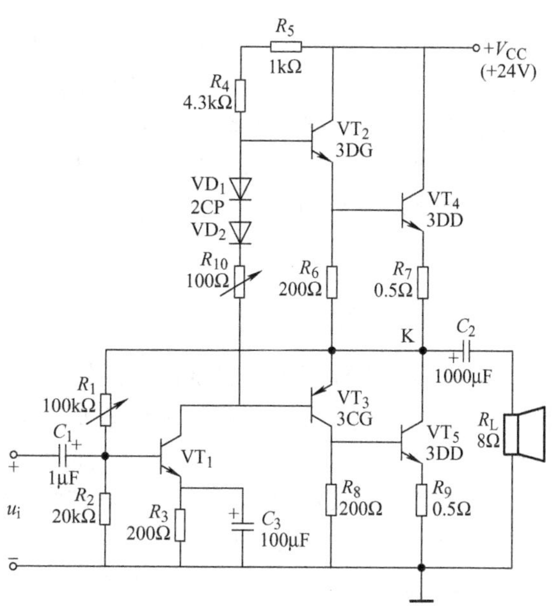

图 5-9 单电源供电的 OTL 功放电路

5.5 功放电路晶体管的散热和二次击穿

5.5.1 晶体管的散热

晶体管集电极要消耗大量的功率，这些功率会转变为热量并导致结温升高。如果结温 T_J 超过最高允许结温 T_{JM}（硅管在 150～200℃，锗管在 70～90℃），集电结的电流将急剧增大而烧坏晶体管。结温的升高除了与耗散功率的大小有关外，还和晶体管向外界的传热条件以及环境温度有关。因此，设法减小器件的耗散功率，改善散热条件，就能有效的保障晶体管正常工作。

1. 热阻

通常把在热传输过程中受到的阻力称为“热阻”。晶体管的管耗 P_T、引起的结温和环境温度的差 ΔT 可以表示为

$$\Delta T = T_J - T_A = P_T R_{JA} \tag{5-20}$$

式中，T_J 为结温（℃）；T_A 为环境温度（℃）；R_{JA}为结与环境之间的热阻（℃/W）。

式(5-20) 也可以模拟成电子传导过程中的欧姆定律的形式。温差和压差相对应，功耗和电流相对应，热阻和电阻相对应。

从式(5-20) 可以看出，物体两端的温度差 ΔT 和热阻 R_{JA} 成正比。热阻越大，温差越大。

在外部不加散热器时，热阻 R_{JA} 主要与晶体管封装时的外壳有关，该参数可通过查询晶体管的参数表获得。同时，通过参数表还能获得功率下降曲线，如图 5-10 所示。通过该曲线，就能得到在不同的环境温度 T_A 下，晶体管允许的最大管耗 $(P_T)_M$ 为

$$(P_T)_M = \frac{T_{JM} - T_A}{R_{JA}} \tag{5-21}$$

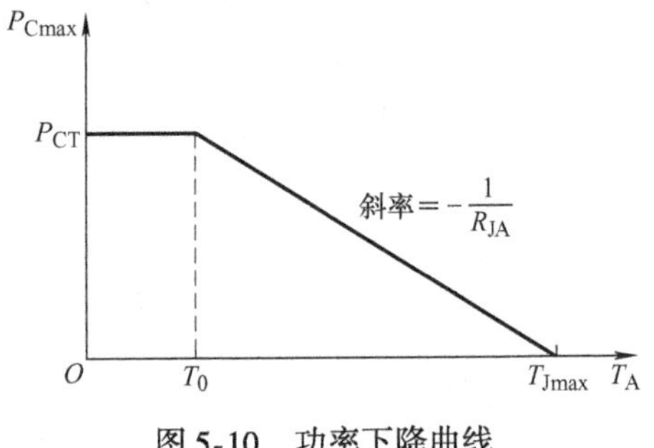

图 5-10 功率下降曲线

可以看出，当外部环境温度接近晶体管的最高允许结温 T_{Jmax}时，温差越低，能够散发的总热量就越少，允许管耗就要下降。所以，允许管耗和外部环境温度密切相关。所谓的最大管耗 $(P_T)_M$ 是指外部环境温度为 T_0（通常为 25℃）时的最大允许管耗。

2. 晶体管的散热与热阻

由 PN 结向外界散热的途径有两条：一是 PN 结（J）向外壳（C）散热；一是外壳（C）向环境（A）散热。所以，热阻也由两部分组成：内热阻 R_{JC}，它是从 PN 结到外壳的热阻；外热阻 R_{CA}，它是从外壳到环境的热阻。R_{CA}通常又分为两种，从外壳到散热器（S）的热阻 R_{CS}和从散热器到环境的热阻 R_{SA}。

通常在小功率功放电路中，功率管一般不加散热器，所以晶体管的等效热阻为

$$R_{JA} = R_{JC} + R_{CA} \tag{5-22}$$

对于一个给定的晶体管，R_{JC}是固定值，只与晶体管的设计和封装有关。制造者通过给晶体

管加上比较大的金属外壳并把集电极直接与外壳相连，从而达到减小 R_{JA} 的目的。

在大功率电路中，通常在晶体管外部安装散热器。这样热量将很容易从外壳传到散热器上，同时从散热器到环境的传输也会非常有效。所以，在使用了散热器的情况下，晶体管的等效热阻变为

$$R_{JA} \approx R_{JC} + R_{CS} + R_{SA} \tag{5-23}$$

R_{CS} 和 R_{SA} 取决于散热器的合理选配，以及晶体管和散热器之间的装配质量。在散热器和晶体管之间加润滑油脂、选择使用型材的散热器、表面钝化涂黑、垂直向上的安装方式都有利于减小热阻。这样就能使 R_{JA} 显著减小，增加在相同环境温度下的最大耗散功率。

5.5.2 二次击穿现象

从晶体管的输出特性可知，当 c、e 之间的电压增大到一定的数值时，晶体管将产生击穿现象。而且，I_B 越大，击穿电压越低。这种击穿称为“一次击穿”。如果对电流 I_C 不加限制，晶体管的工作状态将以毫秒级甚至微秒级的速度移向低压大电流区，如图 5-11a 中 BC 段所示。此时，电流 I_C 猛增，而管压降 U_{CE} 迅速减小，称为“二次击穿”。由于二次击穿点随 I_B 的不同而改变，通常把这些点连起来就构成了一条二次击穿临界曲线，如图 5-11b 所示。如果在一次击穿后限制晶体管的电流，并且进入的时间不长，则晶体管不会损坏。但在二次击穿后，晶体管的性能将显著下降甚至失效。

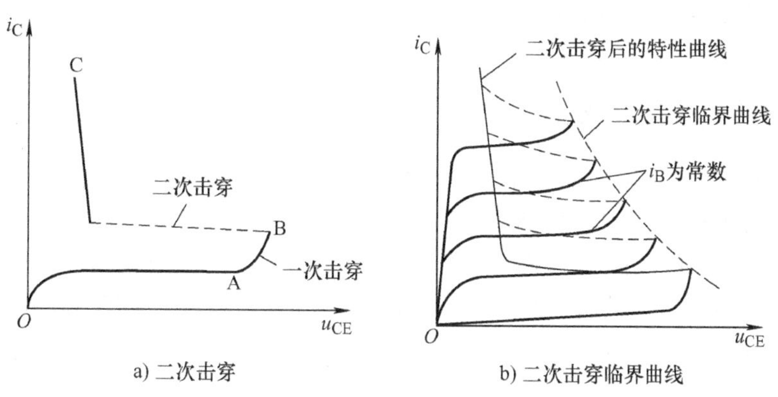

a) 二次击穿　　b) 二次击穿临界曲线

图 5-11 晶体管二次击穿现象

产生二次击穿的原因尚不清楚。一般说来，二次击穿与电流、电压、功率以及结温都有关系。多数认为，产生二次击穿的原因是由于流过晶体管结面的电流不均匀，造成结面局部高温，因而产生热击穿所致。

由以上分析可知，如果能够防止晶体管进入一次击穿，就能避免二次击穿。通常对晶体管采取降低额定使用和适当的保护措施来提高晶体管的可靠性。例如，晶体管的工作电流、工作电压和结温不应超过极限值的 80%，在晶体管的 c、e 之间加稳压值合适的稳压管等等。

5.6 其他功率电子器件

本章前面讲述的都是用晶体管的功放电路。事实上，场效应晶体管同样也适用于功放电

路。晶体管和场效应晶体管应用于功放电路中各有优缺点。晶体管是电流控制器件，其驱动功率大，导通压降小，容易制成高输出电流和电压的器件，但开关速度不够快；场效应晶体管是单极型电压控制器件，其驱动功率小，开关速度快，无二次击穿问题。但是，为了提高场效应晶体管的电流驱动能力，沟道宽度应该很大，沟道长度应该小。然而，减小沟道长度将导致击穿电压的急剧下降，因此制作高输出电流电压的单极型器件有困难。但随着技术的发展，功率 MOSFET 和综合了晶体管和场效应晶体管优点的绝缘栅双极型晶体管（IGBT）广泛地应用于功放电路中。

5.6.1 双扩散的 MOSFET——DMOS

为了适应大功率的要求，在 20 世纪 80 年代末出现了一种新型短沟道功率 MOSFET，称为 DMOS（D 是双扩散的英文字头），其结构如图 5-12 所示。DMOS 有一个低掺杂的 N^- 型衬底和一个高掺杂的 N^+ 区实现和漏极连接，并进行两次扩散，一次形成 P^+ 型衬底区，一次形成 N^+ 型源区。当 $U_{GS} > U_{GS(th)}$ 时，靠近栅极下面的 P 型衬底将形成横向反型层 N 型导电沟。这个沟道很短，自由电子沿导电沟道从源极经过沟道到达衬底，然后垂直运动到漏极，形成电流。这与小功率的场效应晶体管中载流子横向从源极到漏极不同。由于 DMOS 管漏区面积大，沟道长度短，因此允许的电流 I_D 大。同时，由于在 DMOS 管衬底和 P^+ 区域之间的耗尽层只会向衬底延伸，不会延伸到沟道中，所以 DMOS 管还可同时承载很大的电流和很大的击穿电压。可以通过工艺保证较高的击穿电压。所以，DMOS 管有利于制成大功率器件。目前，DMOS 已广泛用于功率电路中。

5.6.2 绝缘栅双极型晶体管

20 世纪 80 年代中期出现了一种新型的功率器件：绝缘栅双极型晶体管（IGBT），其输入控制部分为 MOSFET，输出级为双极型晶体管。所以，它兼有 MOSFET 和双极型晶体管的优点：输入阻抗高，电压控制、驱动功率小，开关速度快，工作频率高，饱和压降低，输出电流电压大。IGBT 的等效电路和图形符号如图 5-13 所示。目前，IGBT 耐压能力达到 1000V 以上，最大电流值高达 200A。

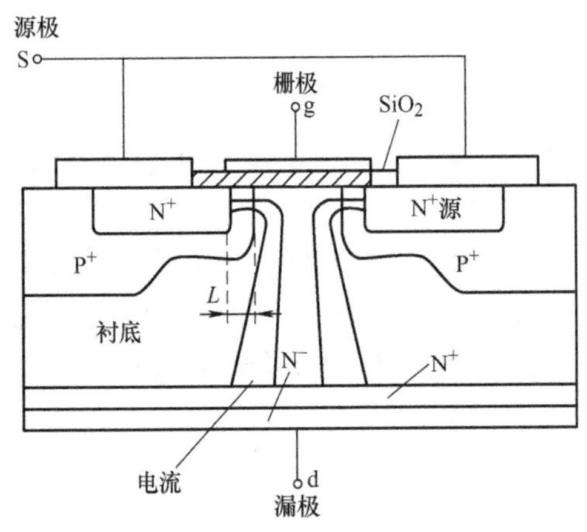

图 5-12 双扩散的垂直 MOSFET——DMOS

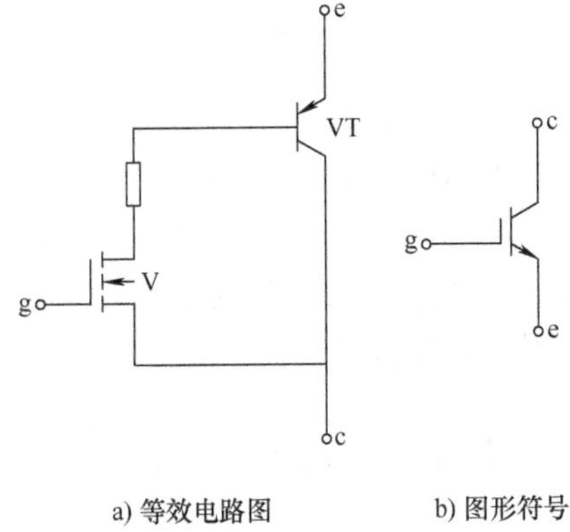

图 5-13 IGBT 的等效电路图及图形符号

5.7 集成功放电路及其应用

集成功放电路在出现后的几十年时间内发展很快并取得了广泛应用。功放电路已从一般的 OTL 功放电路发展到具有各种保护功能（如过电压保护、过热保护、负载短路保护、电源浪涌过冲电压保护等等）和静噪声抑制、滤波功能的集成功放电路。

1. 通用型集成功放电路 LM386

LM386 的内部电路如图 5-14a 所示。供电电源电压范围为 4～15V，在 8Ω 负载下，最大输出功率为 325mW，内部设有过载保护电路，输入阻抗为 50kΩ，通频带宽度 300kHz。该集成功放电路还可以通过外部连接，在 20～200 范围内进行电压增益调节。

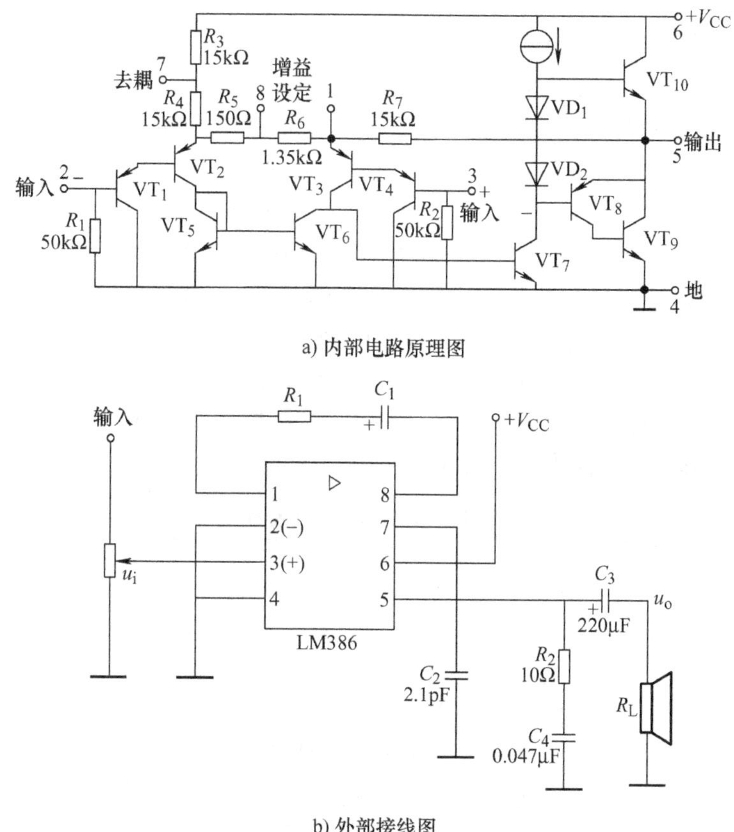

a) 内部电路原理图

b) 外部接线图

图 5-14 通用型集成功放电路 LM386

电路输入级为由 VT_2 和 VT_3 组成的差动放大电路，VT_1、VT_4 为 VT_2、VT_3 的偏置电路，VT_5、VT_6 为 VT_2、VT_3 的恒流源负载。输入级属于双端输入、单端输出的长尾式差动放大电路。驱动级是带恒流源负载的 VT_7 管组成的共射放大电路。输出级是由 VT_8、VT_9 和 VT_{10} 管组成的准互补功放电路，其中 VT_8、VT_9 组成互补型复合管，VD_1、VD_2 给输出级提供小偏置电压。

图 5-14b 是 LM386 的外部接线图。有两个输入端，其中 2 是反相端，3 是同相端。1 和

8 端是增益设定端。当 1、8 端断开时，设信号从 3 端输入，则对于差模信号来说，电阻（R_5+R_6）的中点为交流地电位。电路通过电阻 R_7 引入了电压串联负反馈，因此，闭环电压增益为

$$A_{uf}\approx 1+R_7\Big/\left(\frac{R_5+R_6}{2}\right)=21 \tag{5-24}$$

在 1 和 8 端之间外接 10μF 电容时

$$A_{uf}\approx 1+R_7\Big/\frac{R_5}{2}=201$$

图 5-14b 中电容 C_2 是为了防止电路自激振荡。输出端电阻 R_2 和电容 C_4 组成容性负载，抵消扬声器部分的感性负载，以防止信号突变时扬声器上呈现较高的瞬时电压而招致损坏。大电容 C_3 替代负电源的作用，使每个输出管的直流电源电压为 $V_{CC}/2$。

2. 集成功率放大电路 TDA2006

集成功率放大电路 TDA2006 是一种内部具有短路保护和过热保护功能的大功率音频集成功率放大电路，电路结构紧凑，外围元件少，补偿电容全部在内部，使用方便，因而得到了广泛使用。

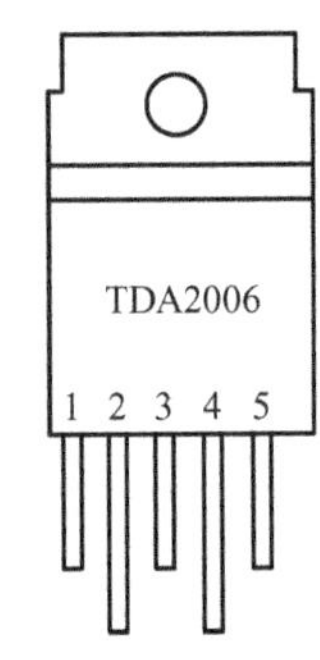

图 5-15 TDA2006 外形和引脚排列图

（1）TDA2006 的性能参数 集成功放电路 TDA2006 采用 5 脚单边双列直插式封装结构，其外形和引脚排列如图 5-15 所示。引脚 1 是信号输入端，引脚 2 是负反馈输入端，引脚 3 在使用单电源时，是集成电路的接地端，在使用双电源时，是负电源（$-V_{CC}$）端，引脚 4 是功放电路的输出端，引脚 5 是集成电路的正电源（$+V_{CC}$）端。TDA2006 的性能参数见表 5-2。

表 5-2 TDA2006 的性能参数

参数名称	符号	单位	测试条件	规范		
				最小	典型	最大
电源电压	V_{CC}	V		±6		±15
静态电流	I_{CC}	mA	$V_{CC}=\pm15V$		40	80
输出功率	P_o	W	$R_L=4$，$f=1kHz$，$THD=10\%$		12	
			$R_L=8$，$f=1kHz$，$THD=10\%$	6	8	
总谐波失真率	THD	%	$P_o=8W$，$R_L=4$，$f=1kHz$		0.2	
频率响应	BW	Hz	$P_o=8W$，$R_L=4$	40～140000		
输入阻抗	R_i	MΩ	$f=1kHz$	0.5	5	
电压增益（开环）	A_u	dB	$f=1kHz$		75	
电压增益（闭环）	A_u	dB	$f=1kHz$	29.5	30	30.5
输入噪声电压	e_N	μV	$f_{BW}=22Hz\sim22kHz$，$R_L=4$		3	

(2) TDA2006 的典型应用　图 5-16 是集成电路 TDA2006 组成的双电源供电的功放电路。输入信号经输入耦合电容 C_1 送入 TDA2006 的同相输入端（1 脚），输出信号由 4 脚输出。由于采用了正、负对称的双电源供电，故输出端的静态电位等于零。电阻 R_1、R_2 和电容 C_2 构成负反馈网络，其闭环电压增益 $A_{uf} \approx 1 + \frac{R_1}{R_2} = 1 + \frac{22}{0.68} \approx 33.4$。电阻 R_4 和电容 C_5 是校正网络，用来改善音响效果。两只二极管是外接保护二极管。

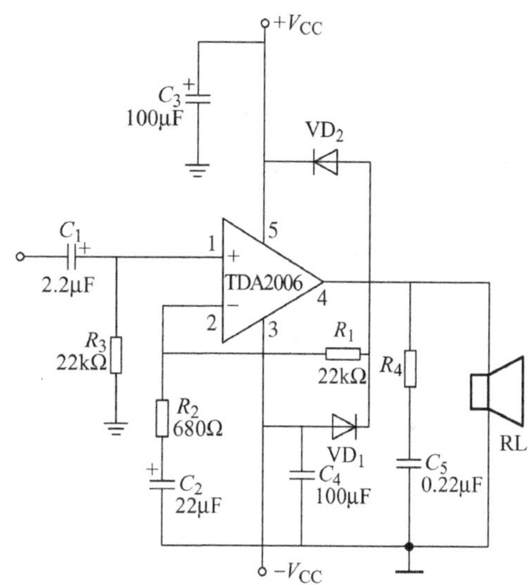

图 5-16　TDA2006 正、负电源供电的功放电路

TDA2006 在单电源下也能正常工作，典型应用电路如图 5-17 所示。电阻 R_5、R_6、R_3 和电容 C_7 用来为 TDA2006 设置合适的静态工作点，使输出在静态时获得电位近似为 $V_{CC}/2$。

3. 功率运算放大电路 LH0101

功率运算放大电路 LH0101 基本结构如图 5-18 所示，它由一个运算放大电路和一个带缓冲的甲乙类互补对称功放电路构成。晶体管 VT_1、VT_2 和电阻 R_1、R_2 构成一个单位增益的缓冲共集放大电路，用于为 VT_3、VT_4 设置静态偏置。由于 VT_1、VT_2、VT_3、VT_4 四个晶体管是匹配的，所以 VT_3、VT_4 的静态电流以及 VT_1、VT_2 的静态电流相等。电阻 R_5 和 R_6 用

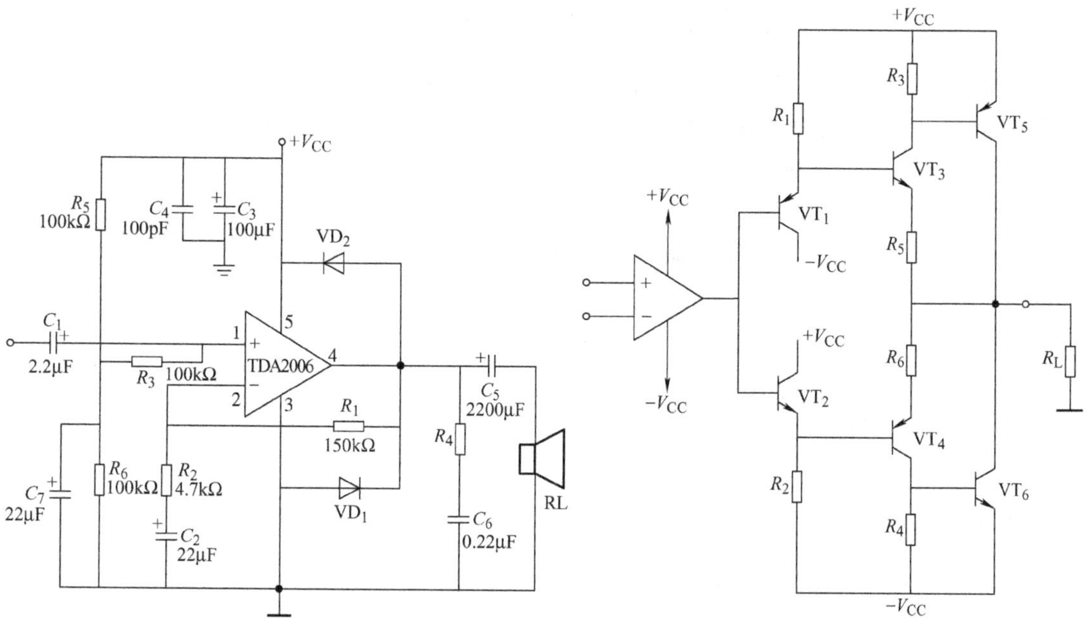

图 5-17　TDA2006 组成的单电源供电功率放大电路　　图 5-18　功率运算放大电路 LH0101 基本结构图

于引入电流串联负反馈，补偿晶体管 VT_3、VT_4 之间的不对称，稳定晶体管 VT_3、VT_4 的射极电流并改善输出波形。当输出电流增加时，电阻 R_3 和 R_4 上压降增加，晶体管 VT_5 和 VT_6 导通，向负载提供额外的电流。所以，该集成功放能向外提供 2A 的工作电流，输出功率可达 40W。

5.8 Multisim 应用举例

本节将对 OCL 功率放大电路进行仿真分析，如图 5-19 所示。输入信号为幅值 3V 的正弦波，可以明显看到，在接近横轴的位置输出波形失真。这是由于晶体管工作在乙类状态，输入信号接近 0V 时，出现两个晶体管均处于截止状态的情况，引起交越失真。

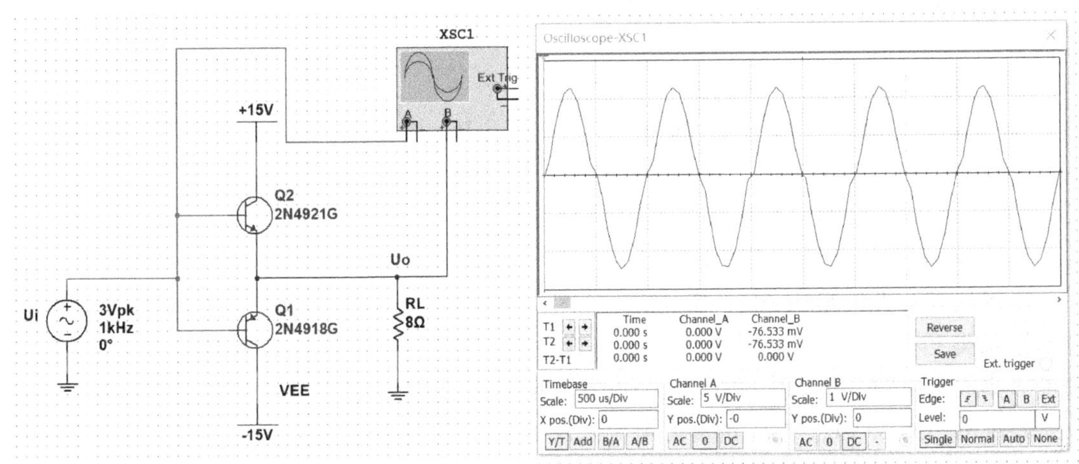

图 5-19 OCL 功率放大电路仿真分析

若要消除交越失真，需要使晶体管工作在甲乙类状态（见 5.3.2 节）。通过改变两个晶体管基极电位，使得其静态时均处于临界导通或者微导通状态。采取措施后，输出波形不再有交越失真，如图 5-20 所示。

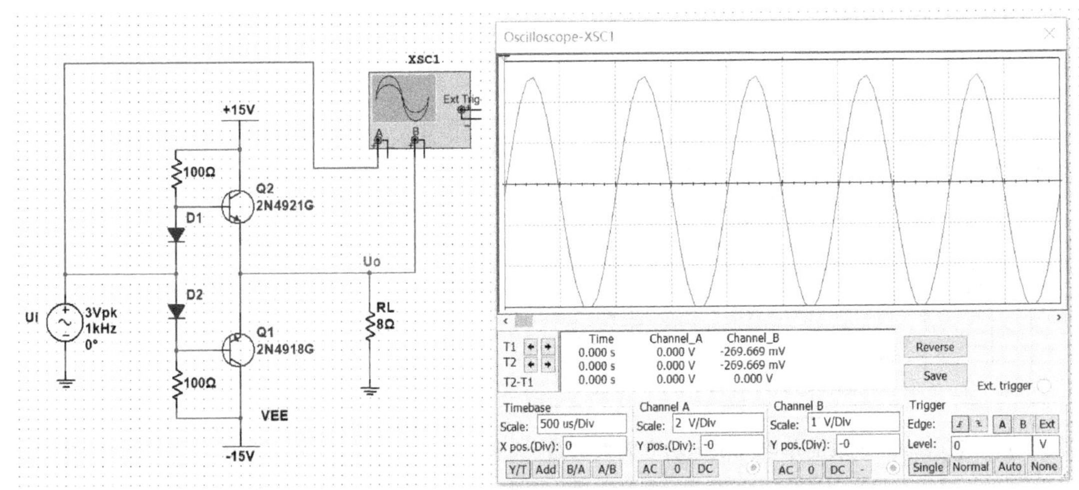

图 5-20 甲乙类 OCL 功率放大电路仿真分析

利用功率探点或者功率表，还可以测量出负载上获得的功率，通过测量电源输出的平均电流，也可以计算出电源提供的功率，并计算出该电路的效率。需要注意的是，使用功率探点时，需要将其放置在对应元件上，才可以测量并显示该元件上的实时功率和平均功率。

习题

5-1 填空题

1. 由于功放电路的输入和输出信号幅值大，所以常用晶体管的__________通过__________法进行分析。

2. 在功放电路中，效率是指________________与________________功率之比。在不用变压器耦合时，甲类功放电路的最大效率是__________%，乙类互补对称功放电路的最大效率是__________%。

3. 功放电路中的晶体管常采用______类工作状态而不用______类，是因为__________类工作状态会引起功放电路的__________失真，其特征是____________________。

4. 由于在功放电路中功放管常处于极限工作状态，在选用时特别要注意三个参数：__________、__________和__________。

5. 在功放电路中，直流电源提供的平均功率 $P_{V_{CC}}$ 一部分转换为__________，其余的就是管耗 P_T。这说明功率放大的实质是__________。

6. 功放电路的 U_o（有效值）、$P_{V_{CC}}$、η 都与________________有关，$(U_{om})_M$ 是指____________时的 U_{om}。

7. 在乙类互补对称功放电路中，当 U_{om} = ______时，管耗最大。在 $U_{om} = (U_{om})_M$ 时，管耗__________最大。单管的 $(P_T)_M$ = __________。

8. 推挽指的是功放电路中______________________________这样一种工作状态，而互补对称指的是____________________的功放电路。

5-2 功放电路常按晶体管的工作状态分成哪几类？各类的特点是什么？为什么单管甲类功放电路在工程中没有多大的实用价值？

5-3 电路如图 5-21 所示。在正弦电压 u_i 的作用下，VT_1 和 VT_2 管交替导电各半个周期。如果忽略管子导通时的发射结电压。

1. 试求 U_i（有效值）为 10V 时，电路的输出功率、管耗、电源提供的功率和效率。

2. 用 Multisim 软件观察输出电压的波形。

3. 用功率表测量输出功率 P_o。

5-4 电路如图 5-22 所示，输入为正弦信号。计算理想情况下负载上的最大不失真功率。VT_1 和 VT_2 是有散热片的功率管，其最大总耗散功率为 30W。当集电极电流的幅值为 $\frac{2}{\pi}(V_{CC}/R_L)$ 时，管耗最大。如果电路向两个并联的 8Ω 负载供电，为了使电路能安全工作，求电源电压应为多大。

5-5 电路如图 5-23 所示。设功放管导通时的发射结压降以及静态损耗均可忽略。

1. 若正弦波输入信号的有效值为 10V，求电路的输出功率、效率及单管管耗。

2. 试确定对功放管 VT_1 和 VT_2 极限参数 I_{CM}、P_{CM} 和 $U_{CEO(BR)}$ 的要求。

5-6 某集成电路输出级如图 5-24 所示。

1. 为了克服交越失真，采用了由 R_1、R_2、VT_4 构成的所谓“U_{BE} 扩大电路”，试分析其工作原理。

2. 为了对输出级进行过载保护，接有 VT_5、R_3、VT_6、R_4，试说明保护电路的工作原理。设 $R_3 = R_4$，

VT_2、VT_3 对称，VT_5 与 VT_6 也对称。

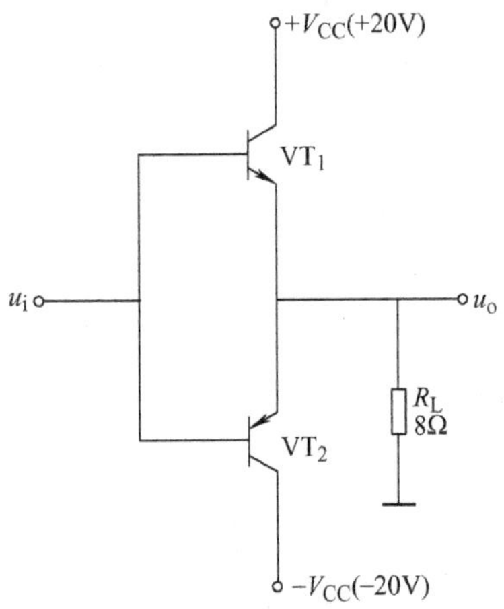

图 5-21 题 5-3 图

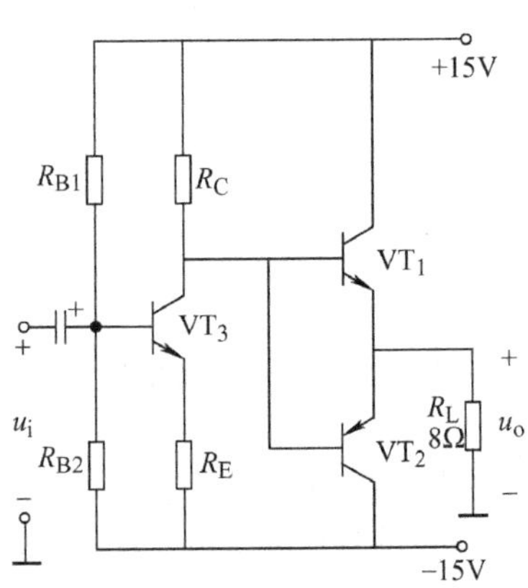

图 5-22 题 5-4 图

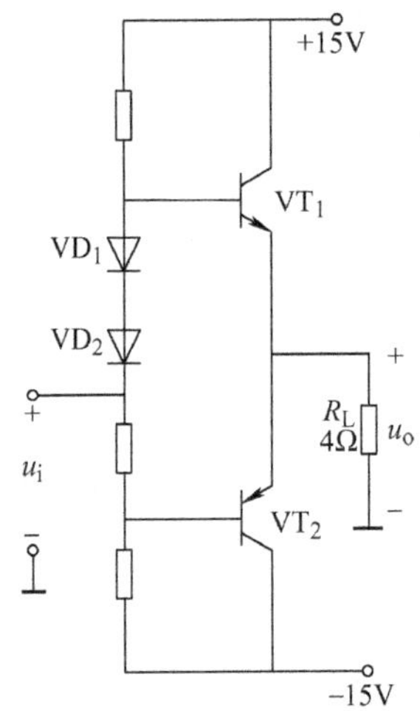

图 5-23 题 5-5 图

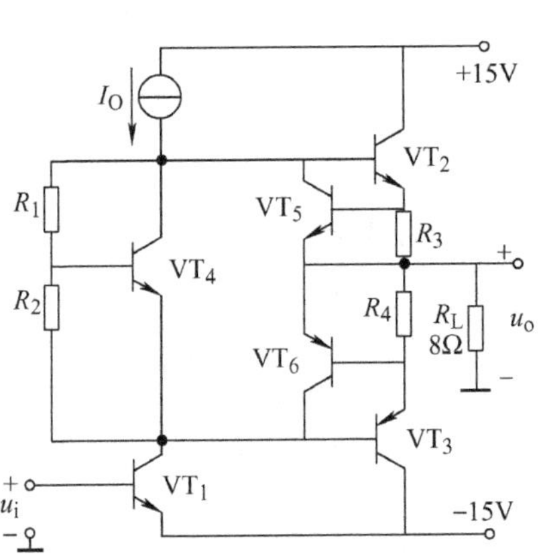

图 5-24 题 5-6 图

5-7 在图 5-25 的电路中，为了获得最大不失真输出功率，正、负电源电压值应选多大？此时输出功率 $(P_o)_M$ 和效率 η 各为多大？其中功率管选用 3DD51A，其相关参数为：$I_{CM}=1A$，$P_{CM}=1W$，$U_{CEO(BR)}\geqslant 30V$，$U_{CES}\leqslant 2V$。

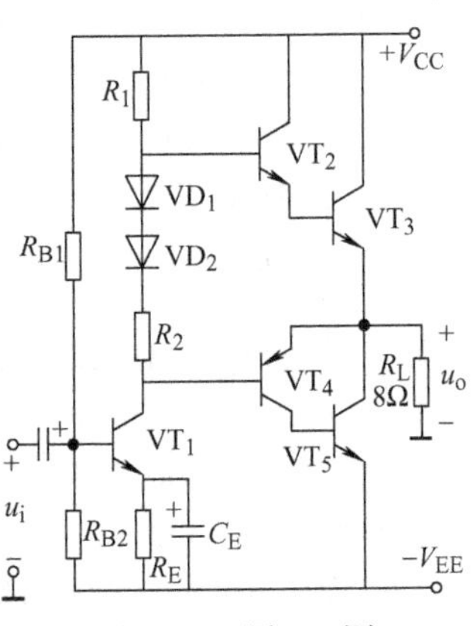

图 5-25 题 5-7 图

5-8 图 5-26 是集成功率放大器件 5G31 的内部电路原理图，其中虚线连接的部分表示外接元件。试分析其工作原理，并回答以下问题：

1. 电路的功率输出级由哪些晶体管组成？它们组成什么类型的功放输出级？

2. 设输出晶体管 VT_{10}、VT_{13} 饱和管压降 $U_{CES}=2V$，试估算电路的最大不失真输出功率 $(P_o)_M$ 和效率 η。

3. 除功率输出级外，电路中还有哪几个放大级？各由哪些晶体管组成？它们的电路结构有何特点？

4. 电路中下列元器件各起什么作用？

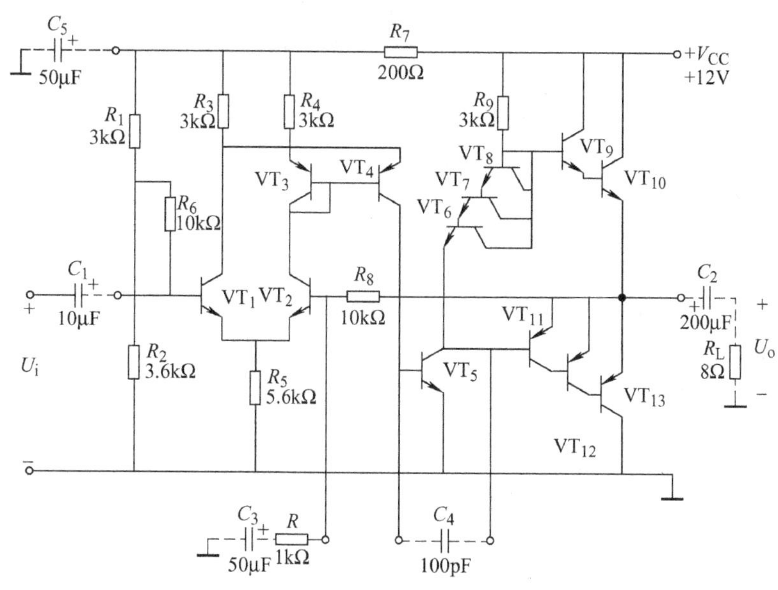

图 5-26　题 5-8 图

（1）VT_3　　（2）VT_4

（3）VT_6、VT_7、VT_8　　（4）C_4

5. 电路中由哪些元件引入什么反馈？

6. 为了在负载上得到最大不失真输出功率为 1W，应加入输入信号 U_i（有效值）=？

5-9　某扩大机的简化电路如图 5-27 所示。试解答以下问题：

1. 若集成运放输出电压幅值足够大，并设 VT_1 和 VT_2 管的饱和压降 $U_{CES}=1V$，是否可能在输出端得到 4W 的交流输出功率？

2. 为了提高整机的输入电阻，并使功放电路的性能得到改善，应如何通过 R_3 引入反馈？请在图中画出连接线。

3. 如果在 $U_i=70mV$ 时，要求 $U_o=5.6V$，试确定反馈网络的元件值。

4. 试选择功放管 VT_1 和 VT_2 的极限参数。

5-10　分析图 5-28 所示电路的工作原理，并回答下列问题：

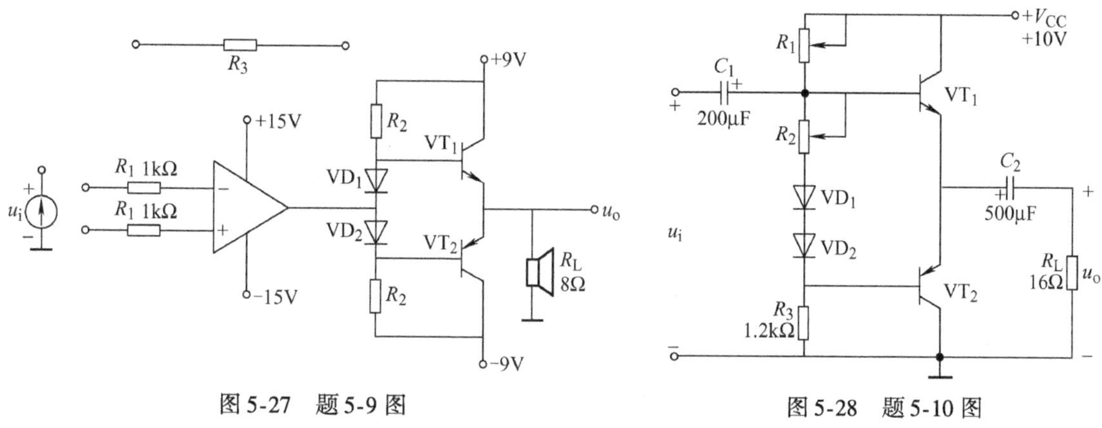

图 5-27　题 5-9 图　　图 5-28　题 5-10 图

1. 静态时电容 C_2 两端的电压应为多大？应调节哪一个电阻才能实现这一点？

2. 估算电路的最大不失真输出功率 $(P_o)_M$ 和效率 η，设管 VT_1、VT_2 的饱和压降 $U_{CES}=1V$。

3. 设 $R_1=1.2k\Omega$，晶体管 $\beta=50$，$P_{CM}=200mW$。如果电阻 R_2 或者二极管断开，试问晶体管是否安全？(设 VT_1、VT_2 均为硅管，$U_{BE}=0.7V$)

5-11 已知负载电阻 $R_L=16\Omega$，要求最大不失真输出功率 $(P_o)_M=5W$。若采用 OCL 功放电路，设输出级晶体管的饱和管压降 $U_{CES}=2.3V$，则应选用电源电压 $\pm V_{CC}=$？若改用 OTL 功率输出级，其他条件不变，则 $+V_{CC}$ 应选多大？

*5-12 电路如图 5-29 所示，设各电容对交流信号均可看作短路，A_1 和 A_2 为集成功率放大器。

1. 计算 A_1 和 A_2 的静态输出电压 U_{o1} 和 U_{o2}。

2. 当 R_L 分别接在图上 O_1 和 O_2 之间以及 O_1 和地之间时，计算两种情况下 R_L 上功率之比。

3. 当 R_L 接在 O_1 和 O_2 之间时，计算电路的电压增益 $A_u=(\dot{U}_{o1}-\dot{U}_{o2})/\dot{U}_i$。

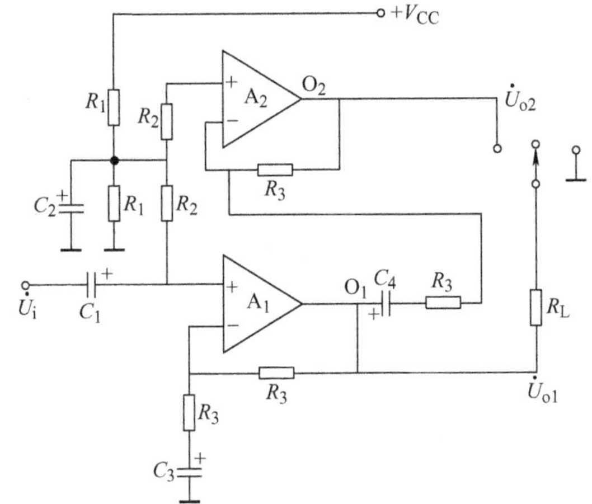

图 5-29 题 5-12 图

第6章
放大电路的频率响应

6.1　放大电路频率响应概述

6.1.1　频率响应产生的原因

放大电路的输入信号（如测量仪表的输出信号、数字系统中的脉冲信号、电视中的图像和声音信号）往往不是单一频率的信号，而是包含一系列的频率成分，或者说是在一定频率范围内的信号。在第2章和第3章中就已经知道，晶体管各极之间均存在极间电容，同时在晶体管构成的放大电路中还存在耦合电容、旁路电容和分布电容等电抗元件。它们的容抗 X_C 均随着信号频率的变化而变化，因而使放大电路对不同频率信号的放大效果将不完全相同。也就是说，放大电路的电压放大倍数（增益）$\boldsymbol{A}_u$ 是频率的函数，这种函数关系称为“频率响应”或者“频率特性”。

在前面几章中对放大电路的分析研究都只考虑中频段的情况。在这个频段，耦合电容、旁路电容的容抗 X_C 很小，可以认为短路。同时，晶体管结电容的容抗 X_C 又很大，可以看作开路。因此在以前的分析中，没有考虑放大电路的频率特性。当信号频率很低时，虽然晶体管结电容的容抗比中频时还大，可以认为是开路，但是，耦合电容和旁路电容的容抗增大，对信号传输的作用不可忽略。例如，使电压增益的幅值减小和产生附加相位移。当输入信号频率很高时，耦合电容和旁路电容的容抗很小，可以看作短路，但晶体管结电容和线路分布电容的容抗很小，对电流的并联分流作用不可忽略，同样会使增益的幅值减小，同时产生附加相位移。

在本章的分析中，将讲述频率响应的表示方法，引入晶体管的高频等效模型，说明放大电路的上限频率、下限频率和通频带的求法以及单级和多级放大电路的频率响应。

6.1.2　频率响应的表示方法

电路的频率特性包括两部分：幅频特性和相频特性，如图6-1所示。所谓幅频特性是指电压增益的幅值和频率 f 的关系，相频特性是指放大电路输出电压与输入电压之间的相位差 φ 与频率的关系[⊖]。

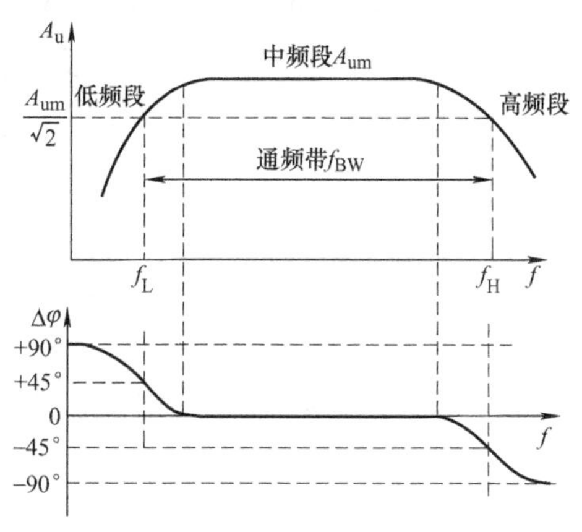

图6-1　放大电路的幅频特性和相频特性

通常把中频段的电压增益用 A_{um}（下角 m 是英文中间的字头）表示。当 A_u 在高频段和低频段下降到 $0.707A_{um}\left(=\frac{1}{\sqrt{2}}A_{um}\right)$ 时所对应的两个频率点

⊖ 图中相频特性的纵坐标 $\Delta\varphi$ 表示的是以 $\varphi=-180°$ 为基准的附加相移，$\Delta\varphi=\varphi-(-180°)=\varphi+180°$。

称为放大电路的“截止频率”，其中“下限截止频率” f_L 和“上限截止频率” f_H 之间的频率范围称为放大电路的“通频带”，记作 f_{BW}，即

$$f_{BW} = f_H - f_L \tag{6-1}$$

由于 $f_H >> f_L$，所以通常可以认为

$$f_{BW} \approx f_H \tag{6-2}$$

通频带是放大电路的重要技术指标，它是放大电路能对输入信号进行不失真放大的频率范围。

6.2 RC 电路的频率响应

为了比较顺利的研究放大电路的频率响应，首先对典型的无源 RC 电路来进行频率分析。

6.2.1 RC 低通电路的频率响应

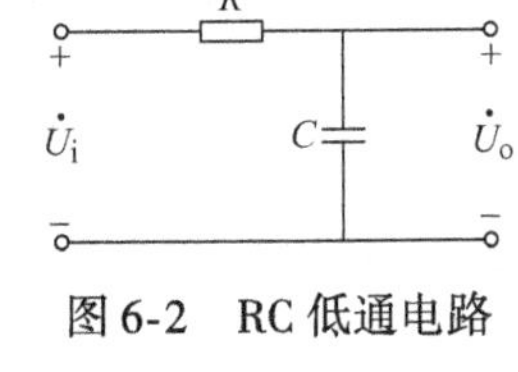

图 6-2 RC 低通电路

RC 低通电路如图 6-2 所示。可以看出，当频率为零时，电容元件的电抗 X_C 趋向于无穷大，因此 $\dot{U}_o = \dot{U}_i$，$\boldsymbol{A}_u = \dfrac{\dot{U}_o}{\dot{U}_i} = 1$[㊀]。随着频率升高，电抗 X_C 不断下降，输出电压 $\dot{U}_o$ 和电压传输系数 $\boldsymbol{A}_u$ 将不断减小。通过上述分析可以看出，只有在直流或者频率很低时，输入信号才能顺利传输到输出端，所以这种电路称为“低通电路”。

1. 电压传输系数的幅频特性和相频特性

图 6-2 所示电路的电压传输系数为

$$\boldsymbol{A}_u = \frac{\dot{U}_o}{\dot{U}_i} = \frac{1/(j\omega C)}{R + 1/(j\omega C)} = \frac{1}{1 + j\omega RC} \tag{6-3}$$

式中，ω 是输入信号的角频率。这个 RC 电路的时间常数 $\tau = RC$。如果令

$$\begin{cases} \omega_H = \dfrac{1}{RC} = \dfrac{1}{\tau} \\ f_H = \dfrac{\omega_H}{2\pi} = \dfrac{1}{2\pi RC} = \dfrac{1}{2\pi\tau} \end{cases} \tag{6-4}$$

则式(6-3) 可以变成

$$\boldsymbol{A}_u = \frac{\dot{U}_o}{\dot{U}_i} = \frac{1}{1 + j\omega/\omega_H} = \frac{1}{1 + jf/f_H} \tag{6-5}$$

其幅值和相位与频率的关系分别为

$$A_u = \frac{1}{\sqrt{1 + (f/f_H)^2}} \tag{6-6}$$

$$\varphi = -\arctan(f/f_H) \tag{6-7}$$

㊀ 对无源 RC 电路，实际上是电压传输系数。

式(6-6)和式(6-7)分别是无源 RC 低通电路的"幅频特性"和"相频特性"。

2. 通频带和上限截止频率

根据幅频特性，当 $f<<f_H$，$A_u\approx1$；当 $f=f_H$ 时，$A_u=\frac{1}{\sqrt{2}}$。可知，f_H 是低通电路的"上限截止频率"，电路的"通频带" f_{BW} 为从 $f=0$ 到 $f=f_H$ 的频率范围，即 f_H。

3. RC 低通电路的伯德图

根据本章附录（频率特性的一种画法—伯德（Bode）图），可以画出 RC 低通电路的幅频特性和相频特性的伯德图，如图 6-3 所示。对于幅频特性，如果忽略 $f=f_H$ 处的 -3dB，则在 $f\leqslant f_H$ 时，$20\lg A_u\approx0$dB。幅频特性在 $f=f_H$ 处发生转折，以后频率每增加 10 倍，幅值对数 $20\lg A_u$ 的值下降 20dB。所以，当 $f>f_H$ 以后，对数幅频特性是一条斜率为 -20dB/十倍频程的直线。

对于相频特性，如果允许有 $-5.71°$ 的误差，则可近似认为当 $f=0.1f_H$ 时，$\varphi\approx0°$；在 $f=10f_H$ 时，$\varphi\approx-90°$。所以，在波特图中，当 $f\leqslant0.1f_H$ 时，$\varphi=0°$；在 $0.1f_H\leqslant f\leqslant10f_H$ 范围内，特性是斜率为 $-45°$/十倍频程的直线，$f=f_H$，$\varphi\approx-45°$；当 $f>10f_H$ 以后，$\varphi\approx-90°$。

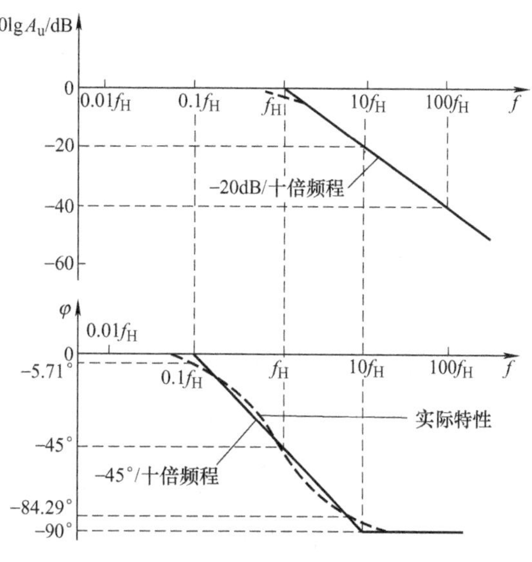

图 6-3 RC 低通电路的伯德图

6.2.2 RC 高通电路的频率响应

RC 高通电路如图 6-4 所示。当频率为零时，电容元件的电抗 X_C 趋向于无穷大，因此 $\dot{U}_o\approx0$，$\boldsymbol{A}_u=\frac{\dot{U}_o}{\dot{U}_i}\approx0$。随着频率升高，电抗 X_C 不断下降，输出电压 $\dot{U}_o$ 和电压传输系数 $\boldsymbol{A}_u$ 将不断增大。可以看出，只有频率较高时，输入信号才能顺利传输到输出端，所以这种电路称为"高通电路"。

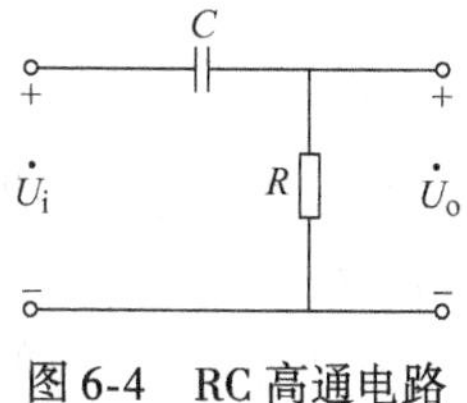

图 6-4 RC 高通电路

1. 电压传输系数的幅频特性和相频特性

RC 高通电路电压传输系数为

$$\boldsymbol{A}_u=\frac{\dot{U}_o}{\dot{U}_i}=\frac{R}{R+1/(j\omega C)}=\frac{1}{1+1/(j\omega RC)} \tag{6-8}$$

式中，ω 是输入信号的角频率。这个 RC 电路的时间常数 $\tau=RC$。如果令

$$\begin{cases}\omega_L=\dfrac{1}{RC}=\dfrac{1}{\tau}\\ f_L=\dfrac{\omega_L}{2\pi}=\dfrac{1}{2\pi RC}=\dfrac{1}{2\pi\tau}\end{cases} \tag{6-9}$$

则式(6-8) 可以变成

$$\boldsymbol{A}_{\mathrm{u}}=\frac{\dot{U}_{\mathrm{o}}}{\dot{U}_{\mathrm{i}}}=\frac{1}{1+\omega_{\mathrm{L}}/\mathrm{j}\omega}=\frac{1}{1+f_{\mathrm{L}}/\mathrm{j}f}=\frac{\mathrm{j}\dfrac{f}{f_{\mathrm{L}}}}{1+\mathrm{j}\dfrac{f}{f_{\mathrm{L}}}} \tag{6-10}$$

其幅值和相位与频率的关系分别为

$$A_{\mathrm{u}}=\frac{\dfrac{f}{f_{\mathrm{L}}}}{\sqrt{1+\left(\dfrac{f}{f_{\mathrm{L}}}\right)^{2}}} \tag{6-11}$$

$$\varphi=90-\arctan(f/f_{\mathrm{L}}) \tag{6-12}$$

式(6-11)、式(6-12) 分别是无源 RC 高通电路的“幅频特性”和“相频特性”。

2. 通频带和下限截止频率

当$f \gg f_{\mathrm{L}}$，$A_{\mathrm{u}} \approx 1$；当$f=f_{\mathrm{L}}$时，$A_{\mathrm{u}}=\frac{1}{\sqrt{2}}$。其中，$f_{\mathrm{L}}$为高通电路的“下限截止频率”，电路的通频带$f_{\mathrm{BW}}$为从$f_{\mathrm{L}} \rightarrow \infty$。

3. RC 高通电路的伯德图

RC 高通电路的伯德图如图 6-5 所示。对于幅频特性，在$f \geqslant f_{\mathrm{L}}$时，$20\lg A_{\mathrm{u}} \approx 0\mathrm{dB}$。幅频特性在$f=f_{\mathrm{L}}$处发生转折。以后频率每下降 10 倍，幅值对数$20\lg A_{\mathrm{u}}$的值下降 20dB。所以，通常认为当$f<f_{\mathrm{L}}$，对数幅频特性是一条斜率为 +20dB/十倍频程的直线。

对于相频特性，当$f \leqslant 0.1f_{\mathrm{L}}$时，$\varphi=90°$；在$f=10f_{\mathrm{L}}$时，$\varphi=0°$；在$0.1f_{\mathrm{L}} \leqslant f \leqslant 10f_{\mathrm{L}}$时，特性是斜率为 -45°/十倍频程的直线；$f=f_{\mathrm{L}}$时，$\varphi=+45°$。

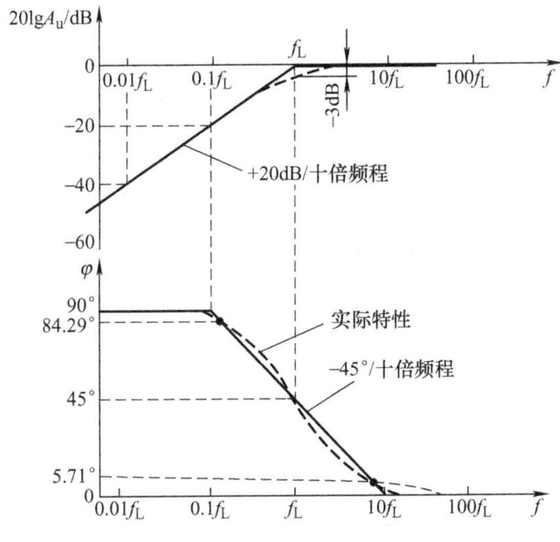

图 6-5 RC 高通电路的伯德图

通过对 RC 无源低通电路和高通电路的分析可以看出，画波特图的关键是求出对数频率特性的转折频率，即电路的上、下限截止频率，然后通过近似画法，就可以方便地画出波特图。

6.3 晶体管和场效应晶体管的高频等效模型

6.3.1 晶体管的高频等效模型

1. 晶体管的混合参数 π 形模型

在研究晶体管的高频等效模型时，本书第 2 章所介绍的晶体管低频小信号等效模型（*H* 参数等效模型）已不再适用。在高频情况下，必须考虑到晶体管的结电容。此时，$\dot{I}_{\mathrm{c}}$和$\dot{I}_{\mathrm{b}}$

不再成比例关系，相位也不相同，因而晶体管的电流放大系数 α 和 β 也是频率的函数。

（1）从结构引出物理模型　考虑到晶体管发射结和集电结电容的作用，每个 PN 结均可用一个并联的结电容和结电阻等效。按照晶体管的实际结构，可得到如图 6-6 所示晶体管的高频物理模型。图中，r_e 是发射区的体电阻，其值很小，可以忽略。r_c 是集电区的体电阻，其值和串联的集电结反偏电阻 $r_{b'c}$相比，也可以忽略。$r_{b'c}$一般是兆欧数量级，可近似认为开路。

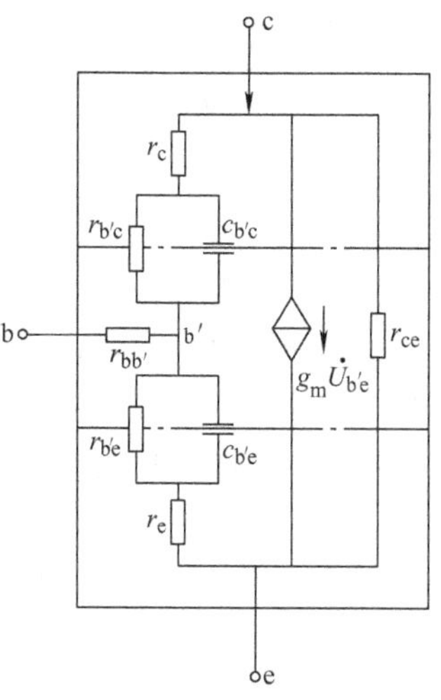

图 6-6　晶体管的高频物理模型

$r_{bb'}$是基区体电阻，其值在几欧姆到几百欧姆之间，对小功率晶体管而言，大约为 300Ω。

$r_{b'e}$是发射结动态电阻，$r_{b'e}=26/I_E$。

$g_m\dot{U}_{b'e}$表示受发射结电压控制的集电结电流（压控电流源），$\dot{I}_c=g_m\dot{U}_{b'e}$。其中 g_m 的单位为 mS。

如果忽略图 6-6 中的 r_e、r_c，认为 $r_{b'c}$开路，就可得到简化的晶体管的高频小信号等效模型。由于其形状像希腊字母 π，且各参数具有不同的量纲，所以称为“晶体管混合参数 π 形等效电路”，如图 6-7 所示。图中 C_π 表示 $C_{b'e}$，C_μ 表示 $C_{b'c}$，C_μ 的数值可以从晶体管手册中查到（有些手册中给出 C_{ob}值，它与 C_μ 近似）。手册中一般不提供 C_π 值，但可由手册中给出的特征频率 f_T 通过计算得到。

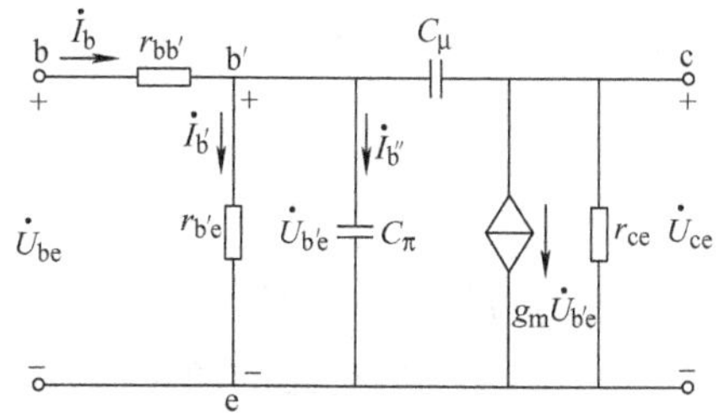

图 6-7　晶体管混合参数 π 形等效电路

由于混合参数 π 形等效电路和 H 参数等效电路都是晶体管的等效电路，所以它们的参数之间必然存在一定关系。当频率不高时，因为晶体管的结电容 C_π 和 C_μ 的数值都很小，它们的影响可以忽略。这时混合参数 π 形等效电路就可以转化为 H 参数等效电路，如图 6-8a 和 b 所示。

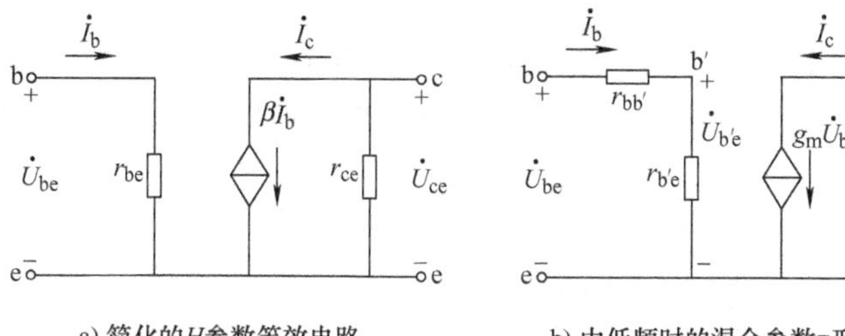

图 6-8　晶体管的等效电路

通过对两电路图的比较可得：$r_{be}=r_{bb'}+r_{b'e}$，而 $r_{b'e}=(\beta+1)\dfrac{26}{I_{EQ}}\approx\dfrac{26\beta}{I_{CQ}}$，所以

$$r_{bb'}=r_{be}-r_{b'e}\approx r_{be}-\frac{26\beta}{I_{CQ}}$$

两个受控电流源大小也应相等，即：$\beta\dot{I}_b=g_m\dot{U}_{b'e}$。又由于 $\dot{U}_{b'e}=\dot{I}_b r_{b'e}$，代入上

式，得

$$g_m = \beta/r_{b'e} = I_{CQ}/26 \tag{6-13}$$

晶体管的动态输出电阻 $r_{ce} \approx 1/h_{22}$ 可用厄雷公式计算：$r_{ce} \approx 100\mathrm{V}/I_{CQ}$。$I_{CQ}$ 的单位一般为 mA，所以 r_{ce} 的值一般在 100 ~ 200kΩ 之间，通常它比集电极电阻 R_C 和负载电阻 R_L 大很多，所以在一般计算中可以看作开路。

(2) 混合参数 π 形等效电路的简化

1) π 形等效电路的单向化：由图 6-7 可知，由于 C_μ 在 b′和 c 之间，使等效电路失去信号传输的单向性，将给计算带来不便。为此，可以通过密勒定理使电路单向化。图 6-9 所示电路为晶体管用于共射放大电路时的混合参数 π 形等效电路。和图 6-7 相比，区别仅仅在于输出端带有交流等效负载电阻 $R_L' = R_C /\!/ R_L /\!/ r_{ce} \approx R_C /\!/ R_L$。

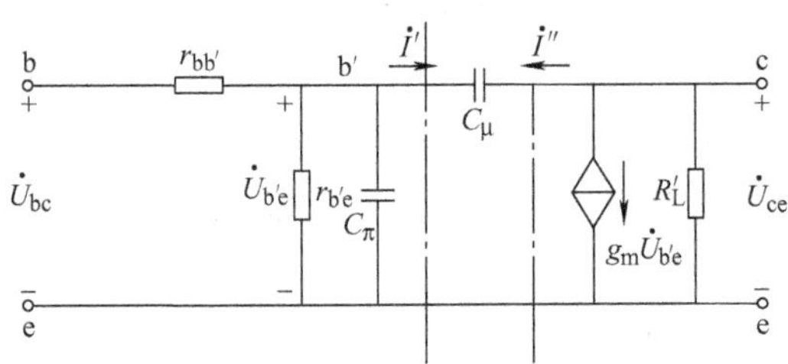

图 6-9 共射放大电路混合参数 π 形等效电路

通过单向化，在 C_μ 左端的输入回路中，C_μ 用一个接在 b′和 e 之间的电容 $(1+K)C_\mu$ 来等效；在 C_μ 右端的输出回路中，C_μ 用一个接在 c 和 e 之间的电容 $\frac{(1+K)}{K}C_\mu$ 来等效，如图 6-10 所示。其中，K 表示单管共射放大电路输出电压 $\dot{U}_{ce}$ 和发射结电压 $\dot{U}_{b'e}$ 之比，即

$$K = \left|\frac{\dot{U}_{ce}}{\dot{U}_{b'e}}\right| = g_m R_L' \tag{6-14}$$

其数值大约为几十到一百。

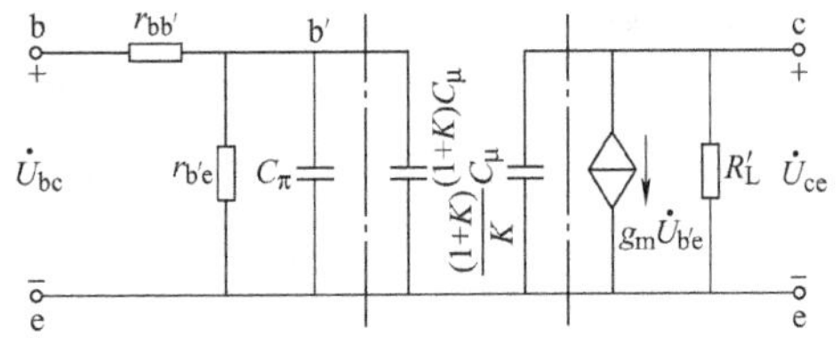

图 6-10 单向化后的晶体管共射混合参数 π 形等效电路

2) 单向化等效电路的简化：为了简化电路，把 C_π 和 $(1+K)C_\mu$ 的并联结果用 C_π' 表示，则有

$$C_\pi' = C_\pi + (1+K)C_\mu \tag{6-15}$$

而在电路右侧 $\frac{(1+K)}{K}C_\mu \approx C_\mu$，由于 C_μ 值很小，因此该支路可以忽略。这样就得到了如图 6-11所示的简化的晶体管混合参数 π 形等效电路。有关文献指出，这一电路中的各参数在工作频率低于 $f_T/3$ 时，都与频率无关。因此，这一模型适用于 $f < f_T/3$ 的情况。

2. 晶体管共射电流放大系数 β 的频率响应

(1) 频率响应的表达式 β 在直流和低频时可以看成一个常数，而随着频率的升高，β 的值也会发生改变。实际上，β 也是频率的函数。通常把在直流和低频时的共射电流放大系数用 β_0 表示。

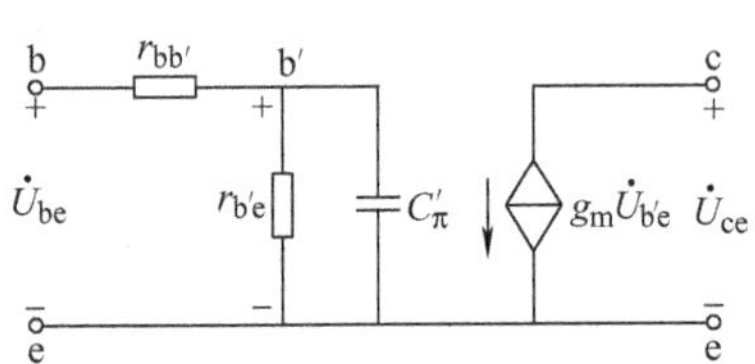

图 6-11 单向化后的晶体管混合参数 π 形等效电路的简化图

按照定义，β 是晶体管在共射接法下输出端交流短路时的电流放大系数，即

$$\beta = \left.\frac{\dot{I}_c}{\dot{I}_b}\right|_{U_{CE}=\text{常数}} \tag{6-16}$$

由图6-11可知，当输出端交流短路时，$K = g_m R_L' = 0$。所以，此时 $C_\pi' = C_\pi + (1+K)C_\mu = C_\pi + C_\mu$，$\dot{I}_c = g_m \dot{U}_{b'e}$，$\dot{I}_b = \dot{U}_{b'e}[(1/r_{b'e}) + j\omega C_\pi']$，则

$$\beta = \left.\frac{\dot{I}_c}{\dot{I}_b}\right|_{U_{CE}=\text{常数}} = \frac{g_m \dot{U}_{b'e}}{\dot{U}_{b'e}[(1/r_{b'e}) + j\omega C_\pi']}$$

$$= \frac{g_m r_{b'e}}{1 + j\omega r_{b'e} C_\pi'}$$

由式(6-13)，当频率较低时，有 $\beta_0 = g_m r_{b'e}$，所以

$$\beta = \frac{\beta_0}{1 + j\omega r_{b'e} C_\pi'} \tag{6-17}$$

令

$$\begin{cases} \omega_\beta = \dfrac{1}{r_{b'e} C_\pi'} \\ f_\beta = \dfrac{\omega_\beta}{2\pi} = \dfrac{1}{2\pi r_{b'e} C_\pi'} = \dfrac{1}{2\pi r_{b'e}(C_\pi + C_\mu)} \end{cases} \tag{6-18}$$

则

$$\beta = \frac{\beta_0}{1 + jf/f_\beta} \tag{6-19}$$

可以看出，β 的频率响应和RC低通电路一致。当 $f = f_\beta$ 时，$\beta = \beta_0/\sqrt{2}$，因此 f_β 称为晶体管共射电流放大系数 β 的“上限截止频率”。图6-12是 β 的伯德图。

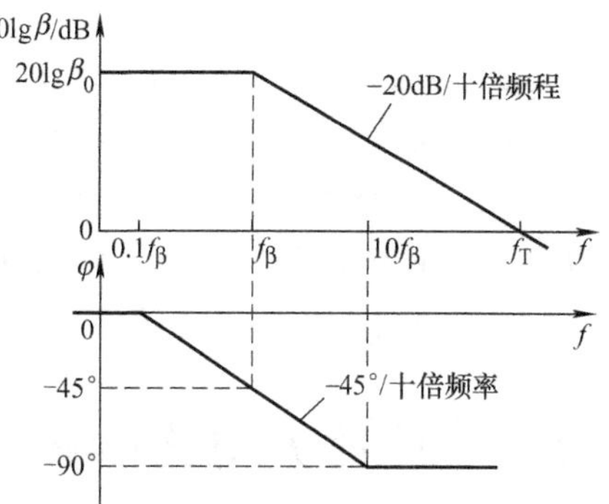

图6-12 β 的伯德图

（2）特征频率 f_T 及其与 f_β、C_π 的关系 特征频率 f_T 是 β 下降到1时的输入信号频率，晶体管 f_T 的值可由产品手册得到。

根据特征频率的定义和式(6-19)，可以求出 f_T 和 f_β 的关系

$$1 = \frac{\beta_0}{\sqrt{1 + (f_T/f_\beta)^2}}$$

一般情况下，$f_T \gg f_\beta$，所以

$$f_T \approx \beta_0 f_\beta \tag{6-20}$$

根据式(6-18)可以得到 f_T 和 C_π 的关系。将式(6-18)两边同时乘 β_0，得

$$\beta_0 f_\beta = \frac{\beta_0}{2\pi r_{b'e}(C_\pi + C_\mu)} = \frac{g_m}{2\pi(C_\pi + C_\mu)}$$

则

$$f_T = \frac{g_m}{2\pi(C_\pi + C_\mu)}$$

通常 $C_\pi \gg C_\mu$，所以

$$C_\pi \approx \frac{g_m}{2\pi f_T} \tag{6-21}$$

通过以上所述，可以得到混合参数 π 形等效电路的所有参数。

$$\begin{cases} r_{b'e} = (\beta + 1)\dfrac{26}{I_{EQ}} = \dfrac{26\beta}{I_{CQ}} \\ r_{bb'} = r_{be} - r_{b'e} \\ g_m = \dfrac{\beta_0}{r_{b'e}} = \dfrac{I_{CQ}}{26} \\ C_\pi' = C_\pi + (1 + K)C_\mu\text{，其中 } K = g_m R_L' \\ C_\pi = g_m/(2\pi f_T) \end{cases} \tag{6-22}$$

6.3.2 场效应晶体管的高频小信号模型

场效应晶体管的高频小信号模型基本上与双极型晶体管相似，共源接法场效应晶体管的混合参数 π 形等效电路如图 6-13a 所示。同样，可以把 C_{gd} 等效变换为输入电路中接在 g 与 s 之间的电容 $(1+K)\ C_{gd}$ 和输出电路中接在 d 与 s 之间的电容 $(1+1/K)C_{gd}$。由于场效应晶体管的动态输入电阻 r_{gs} 很大，输出电阻 r_{ds} 通常也比电阻 R_D 和负载电阻 R_L 大很多，因此 r_{gs} 和 r_{ds} 都可以看作开路。输入电路的总电容为 $C_{gs}' = C_{gs} + (1+K)C_{gd}$，输出电路的总电容为 $C_{ds}' = C_{ds} + (1+1/K)C_{gd}$，但是因为它很小，所以可以忽略。通过上述分析，得到进一步的简化图，如图 6-13b 所示。应当指出，场效应晶体管的电容 C_{gd} 约为 1 ~ 10pF，等效电路中的输入电容 C_{gs}' 较大，所以它的高频特性要比双极型晶体管差一些。

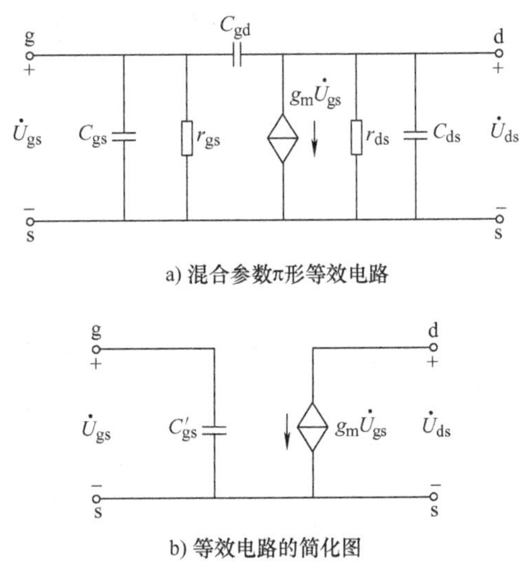

a) 混合参数π形等效电路

b) 等效电路的简化图

图 6-13 共源接法的场效应晶体管

6.4 单管放大电路的频率响应

在分析放大电路的频率响应时，通常采用“分频段研究法”，就是将频率分为低频、中频和高频三个频段分别进行讨论。由于放大电路中管子的极间电容为几十 ~ 几百皮法，而耦合电容和旁路电容通常为几 ~ 几十微法，两者的容值相差很大，所以对不同频率段的表现不同。在中频段，极间电容因为容抗大而视为开路，耦合电容和旁路电容因为容抗小而视为短路；在低频段，主要考虑耦合和旁路电容的影响，将极间电容视为开路；在高频段，由于极间电容的存在，使晶体管的电流放大系数 β 降低，而耦合和旁路电容可以视为短路。

6.4.1 单管共射放大电路的频率响应

1. 基本放大电路的中频响应 ($f_L \leqslant f \leqslant f_H$)

单管共射放大电路如图 6-14a 所示。此时信号频率 f 在 f_L 和 f_H 之间，交流等效电路如图 6-14b 所示，可以得到

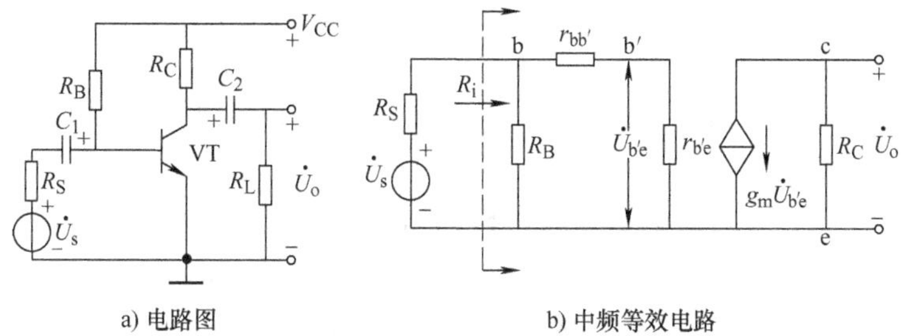

a) 电路图　　b) 中频等效电路

图 6-14　单管共射放大电路

$$\dot{U}_{b'e} = \frac{R_i}{R_S + R_i}\frac{r_{b'e}}{r_{bb'} + r_{b'e}}\dot{U}_s \tag{6-23}$$

其中

$$R_i = R_B \parallel (r_{bb'} + r_{b'e}) \tag{6-24}$$

如果将 C_2 和 R_L 归入下一级放大电路，则输出电压为

$$\dot{U}_o = -g_m\dot{U}_{b'e}R_C \tag{6-25}$$

如果考虑到负载 R_L，输出电压为

$$\dot{U}_o = -g_m\dot{U}_{b'e}R_L'(R_L' = R_L \parallel R_C) \tag{6-26}$$

因此，中频段电压增益为

$$\boldsymbol{A}_{usm} = \frac{\dot{U}_o}{\dot{U}_s} = -\frac{R_i}{R_S + R_i}\frac{r_{b'e}}{r_{bb'} + r_{b'e}}g_mR_C \tag{6-27}$$

幅频特性和相频特性表示如下：

$$\begin{cases} 20\lg A_{usm} = 20\lg\left[\dfrac{R_i}{R_S + R_i}\dfrac{r_{b'e}}{r_{bb'} + r_{b'e}}g_mR_C\right] \\ \varphi = -180^\circ \end{cases} \tag{6-28}$$

由以上两式画出的伯德图的中频段都是一条水平线。

2. 基本放大电路的低频响应（$f \leqslant f_L$）

图 6-14a 所示基本放大电路在低频时的交流等效电路如图 6-15 所示。可以得到低频电压增益为

$$\begin{aligned} \boldsymbol{A}_{usL} = \frac{\dot{U}_o}{\dot{U}_s} &= -\frac{R_i}{R_S + R_i + 1/(j\omega C_1)}\frac{r_{b'e}}{r_{bb'} + r_{b'e}}g_mR_C \\ &= -\frac{R_i}{R_S + R_i}\frac{r_{b'e}}{r_{bb'} + r_{b'e}}\frac{1}{1 + 1/[j\omega(R_S + R_i)C_1]}g_mR_C \end{aligned} \tag{6-29}$$

令 $\tau_L = (R_S + R_i)C_1$，则

$$f_L = \frac{1}{2\pi\tau_L} = \frac{1}{2\pi(R_S + R_i)C_1} \tag{6-30}$$

$$\boldsymbol{A}_{\text{usL}} = \boldsymbol{A}_{\text{usm}} \frac{1}{1+1/(\text{j}\omega\tau_{\text{L}})} = \boldsymbol{A}_{\text{usm}} \frac{\text{j}f/f_{\text{L}}}{1+\text{j}f/f_{\text{L}}} \tag{6-31}$$

将上式和式(6-10) 相比，可以看出，基本放大电路在低频段是一个高通 RC 电路，f_{L} 是电路下限截止频率。

由式(6-31) 可写出低频段对数幅频特性和相频特性为

$$20\lg A_{\text{usL}} = 20\lg A_{\text{usm}} + 20\lg(f/f_{\text{L}}) - 10\lg[1+(f/f_{\text{L}})^2] \tag{6-32}$$

$$\begin{aligned}\varphi &= -180° + 90° - \arctan(f/f_{\text{L}}) \\ &= -90° - \arctan(f/f_{\text{L}})\end{aligned} \tag{6-33}$$

低频段的伯德图如图 6-16 所示。

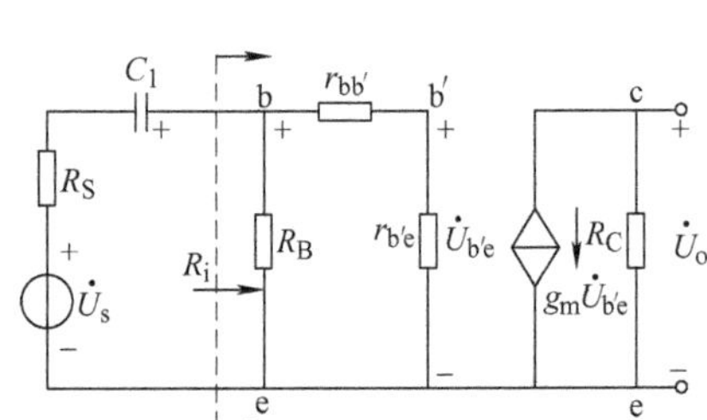

图 6-15 基本共射放大电路的低频等效电路

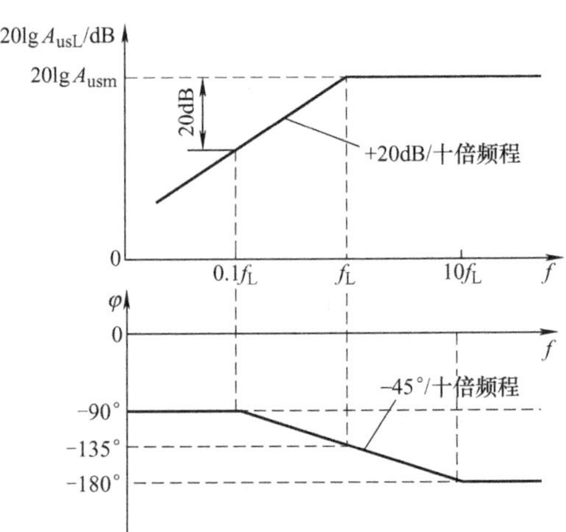

图 6-16 基本共射放大电路低频段伯德图

可以看出，对于幅频特性，当 $f \geqslant f_{\text{L}}$ 时，$20\lg A_{\text{usL}} \approx 20\lg A_{\text{usm}}$ 为常数，所以幅频特性是一条水平直线；当 $f \leqslant f_{\text{L}}$ 时，幅频特性是一条斜率为 20dB/十倍频程的直线。对于相频特性，当 $f \geqslant 10f_{\text{L}}$ 时，$\varphi = -180°$；当 $0.1f_{\text{L}} \leqslant f \leqslant f_{\text{L}}$ 时，相频特性曲线是一条斜率为 $-45°$/十倍频程的直线；当 $f < 0.1f_{\text{L}}$ 时，$\varphi = -90°$。

3. 基本放大电路的高频响应（$f \geqslant f_{\text{H}}$）

图 6-14a 所示基本放大电路在高频时的交流等效电路如图 6-17 所示。应用戴维南定理，将输入回路中 C_{π}' 以左的电路变换成图 6-18 的形式，其中

$$R = r_{\text{b}'\text{e}} \mathbin{/\!/} [r_{\text{bb}'} + (R_{\text{B}} \mathbin{/\!/} R_{\text{S}})] \tag{6-34}$$

$$\dot{U}_{\text{s}}' = \frac{R_{\text{i}}}{R_{\text{S}}+R_{\text{i}}} \frac{r_{\text{b}'\text{e}}}{r_{\text{bb}'}+r_{\text{b}'\text{e}}} \dot{U}_{\text{s}} \quad 其中\ R_{\text{i}} = R_{\text{B}} \mathbin{/\!/} (r_{\text{bb}'}+r_{\text{b}'\text{e}}) \tag{6-35}$$

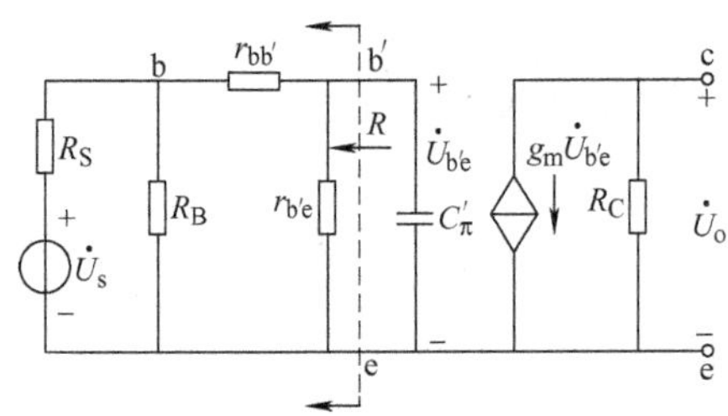

图 6-17 基本共射放大电路的高频等效电路

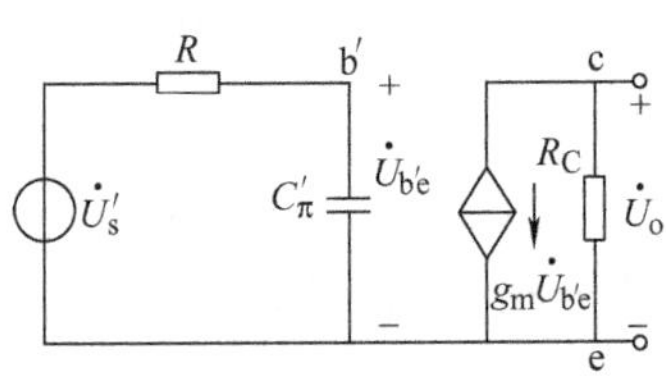

图 6-18 变换后的基本共射放大电路的高频等效电路

可以得到高频电压增益为

$$\boldsymbol{A}_{\mathrm{usH}}=\frac{\dot{U}_{\mathrm{o}}}{\dot{U}_{\mathrm{s}}}=\boldsymbol{A}_{\mathrm{usm}}\frac{1}{1+\mathrm{j}\omega RC_{\pi}'} \tag{6-36}$$

令 $\tau_{\mathrm{H}}=RC_{\pi}'$，则

$$f_{\mathrm{H}}=\frac{1}{2\pi\tau_{\mathrm{H}}}=\frac{1}{2\pi RC_{\pi}'} \tag{6-37}$$

$$\boldsymbol{A}_{\mathrm{usH}}=\boldsymbol{A}_{\mathrm{usm}}\frac{1}{1+\mathrm{j}\omega RC_{\pi}'}=\boldsymbol{A}_{\mathrm{usm}}\frac{1}{1+\mathrm{j}f/f_{\mathrm{H}}} \tag{6-38}$$

可以看出，在高频段基本放大电路是一个低通 RC 电路，f_{H} 为电路上限截止频率。

在高频段电路的对数幅频特性和相频特性表示如下：

$$\begin{cases}20\lg A_{\mathrm{usH}}=20\lg A_{\mathrm{usm}}-10\lg[1+(f/f_{\mathrm{H}})^{2}]\\ \varphi=-180^{\circ}-\arctan(f/f_{\mathrm{H}})\end{cases} \tag{6-39}$$

高频段的伯德图如图6-19所示。

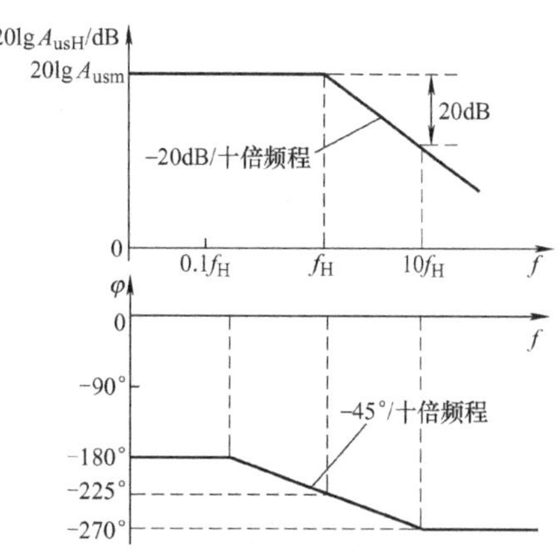

图6-19　基本共射放大电路高频段的伯德图

对于幅频特性，当 $f\leqslant f_{\mathrm{H}}$ 时，$20\lg A_{\mathrm{usH}}\approx 20\lg A_{\mathrm{usm}}$ 是常数，所以幅频特性是一条水平直线；当 $f>f_{\mathrm{H}}$ 时，幅频特性是一条斜率为 −20dB/十倍频程的直线。对于相频特性，当 $f\geqslant 10f_{\mathrm{H}}$ 时，$\varphi=-270^{\circ}$；当 $0.1f_{\mathrm{H}}\leqslant f\leqslant 10f_{\mathrm{H}}$ 时，相频特性曲线是一条斜率为 −45°/十倍频程的直线；当 $f<0.1f_{\mathrm{H}}$ 时，$\varphi=-180^{\circ}$。

4. 完整的单管共射放大电路的频率特性

将低频、中频和高频段的单管放大电路的伯德图连接在一起就得到了完整的单管共射放大电路的伯德图，如图6-20所示。

由于电容 C_1 和 C_{π}' 不会同时起作用，所以可以将三个频段的电压增益表达式(6-27)、式(6-31)、式(6-38)合在一起，得到完整的电压增益表达式

$$\boldsymbol{A}_{\mathrm{us}}=\boldsymbol{A}_{\mathrm{usm}}\frac{\mathrm{j}f/f_{\mathrm{L}}}{(1+\mathrm{j}f/f_{\mathrm{L}})(1+\mathrm{j}f/f_{\mathrm{H}})} \tag{6-40}$$

可以看出，要求出单管共射放大电路的频率特性表达式，必须得到两个截止频率：低频截止频率 f_{L} 和高频截止频率 f_{H}。通过两个截止频率，就可以得到电路的幅频特性和相频特性。

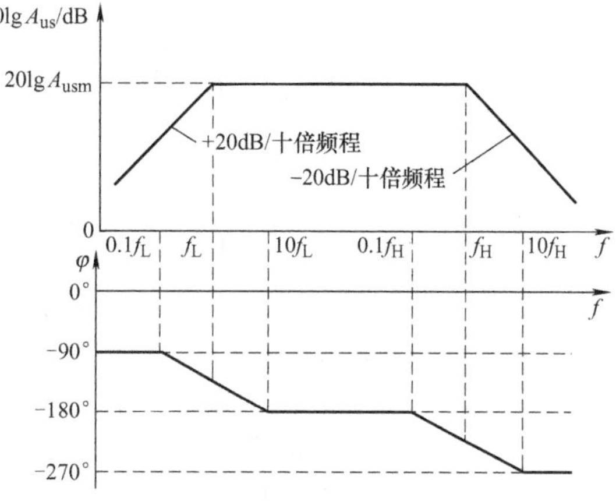

图6-20　完整的单管共射放大电路的伯德图

如果在图6-14a中，耦合电容 C_1 和 C_2 需要同时考虑，电路的中频和高频特性可以认为基本不变，只是负载电阻从 R_{C} 变为 R_{L}'。对于低频特性，则具有 f_{L1} 和 f_{L2} 两个转折频率

$$f_{L1}=\frac{1}{2\pi(R_S+R_i)C_1},f_{L2}=\frac{1}{2\pi(R_C+R_L)C_2} \tag{6-41}$$

如果两者的比值在4～5倍以上，则可取较大的值为放大电路的下限频率。否则，应该用下节介绍的方法处理。此时，伯德图要复杂一些。

如果放大电路中晶体管的射极上接有射极电阻 R_E 和旁路电容 C_E，而 C_E 的电容量又不够大，则在低频时 C_E 不能看作短路。因而，由 C_E 又可以决定一个下限截止频率。需要指出的是，由于 C_E 在射极电路中，射极电流 $\dot{I}_e$ 是基极电流 $\dot{I}_b$ 的（$1+\beta$）倍，它的大小对电压增益的影响较大，因此 C_E 往往是决定低频响应的主要因素。关于这方面的分析计算可参阅其他文献。

例6-1 在图6-21的电路中，晶体管型号为3DG8，由手册查出其 $C_\mu=4\text{pF}$，$f_T=150\text{MHz}$，$\beta=50$，电源电压 $V_{CC}=12\text{V}$，其他参数如图所示。试计算该放大电路的中频电压增益、下限和上限截止频率和通频带，并画出伯德图。设 $U_{BEQ}=0.7\text{V}$，$r_{bb'}=300\Omega$。

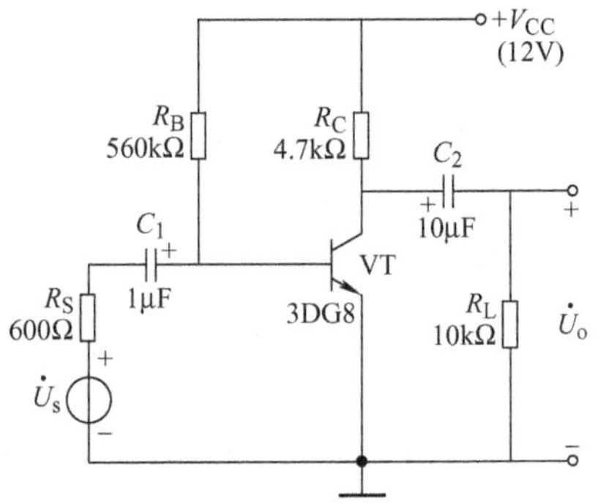

图6-21 例6-1图

解 （1）求静态工作点

$$I_{BQ}=\frac{V_{CC}-U_{BEQ}}{R_B}=\frac{12-0.7}{560\times10^3}\text{A}=0.02\text{mA}$$

$$I_{CQ}=\beta I_{BQ}=50\times0.02\text{mA}=1\text{mA}$$

$$U_{CEQ}=V_{CC}-I_{CQ}R_C=(12-1\times4.7)\text{V}=7.3\text{V}$$

（2）计算中频电压增益 A_{usm}

$$r_{b'e}=(\beta+1)\frac{26}{I_{EQ}}\approx50\times\frac{26}{1}\Omega=1.3\text{k}\Omega$$

$$R_i=R_B\,/\!/\,(r_{bb'}+r_{b'e})\approx r_{bb'}+r_{b'e}=(0.3+1.3)\text{k}\Omega=1.6\text{k}\Omega$$

$$\frac{R_i}{R_i+R_S}=\frac{1.6\text{k}\Omega}{(0.6+1.6)\text{k}\Omega}=0.727$$

$$\frac{r_{b'e}}{r_{b'e}+r_{bb'}}=\frac{1.3}{1.6}=0.813$$

$$R_L'=R_C\,/\!/\,R_L=(4.7\,/\!/\,10)\text{k}\Omega=3.2\text{k}\Omega$$

$$g_m=I_{CQ}/26=(1/26)\text{S}=38.5\text{mS}$$

所以

$$A_{usm}=-\frac{R_i}{R_S+R_i}\frac{r_{b'e}}{r_{bb'}+r_{b'e}}g_mR_L'$$
$$=-0.727\times0.813\times38.5\times3.2=-72.8$$

（3）计算下限截止频率 f_L

$$f_L=\frac{1}{2\pi(R_S+R_i)C_1}=\frac{1}{2\pi(0.6+1.6)\times10^3\times10^{-6}}\text{Hz}$$
$$=72.3\text{Hz}$$

（4）计算上限截止频率 f_H

$$C_\pi=\frac{g_m}{2\pi f_T}=\frac{0.0385}{2\pi\times150\times10^6}\text{F}=41\text{pF}$$

$$C_{\pi}' = C_{\pi} + (1 + g_m R_L')C_{\mu}$$
$$= 41\text{pF} + (1 + 38.5 \times 3.2) \times 4\text{pF} = 538\text{pF}$$
$$R_S' = R_S /\!/ R_B = (0.6 /\!/ 560)\text{k}\Omega \approx 0.6\text{k}\Omega$$
$$R = r_{b'e} /\!/ (r_{bb'} + R_S') = [1.3 /\!/ (0.3 + 0.6)]\text{k}\Omega \approx 0.53\text{k}\Omega$$

所以

$$f_H = \frac{1}{2\pi RC_{\pi}'} = \left(\frac{1}{2\pi \times 0.53 \times 10^3 \times 538 \times 10^{-12}}\right)\text{Hz} = 0.56\text{MHz}$$

（5）求通频带

$$f_{BW} = f_H - f_L \approx f_H = 0.56\text{MHz}$$

（6）画伯德图

由于已求出 $20\lg A_{usm} = 20\lg 72.8 = 37.2\text{dB}$，$f_L = 72.3\text{Hz}$，$f_H = 0.56\text{MHz}$，可以画出伯德图，如图6-22所示。

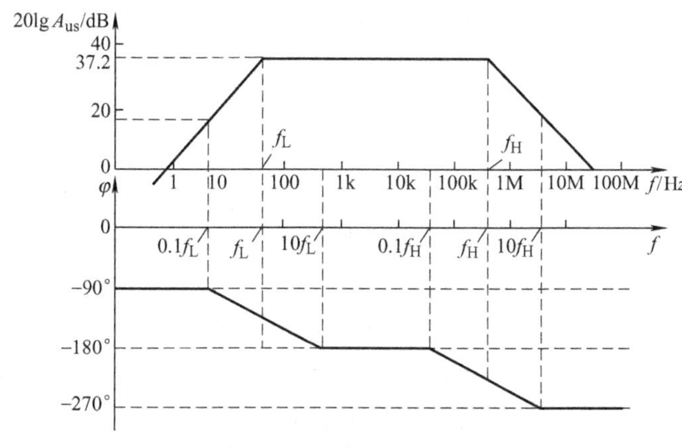

图6-22 例6-1的伯德图

6.4.2 共基接法晶体管的高频小信号模型

根据图6-7所示晶体管高频小信号模型，可以得到如图6-23a所示的共基接法晶体管的混合参数π形等效电路，而图6-23b则为共基电路的示意图。可以看出，在共基接法时，由于电路的输入端和输出端之间没有元件 C_{μ}，所以不存在等效电路单向化和 C_{μ} 的等效变换。在共射接法时输入端的等效电容 $C_{\pi}' = C_{\pi} + (1+K)\ C_{\mu}$，通常 C_{π} 为几十到一百皮法，$(1+K)C_{\mu}$ 可达几百皮法，C_{π}'的值大于 C_{π}。在共基接法时，C_{π}'式子中的第二项就不存在了。所以晶体管输入回路的电容和时间常数 τ 都很小，上限截止频率 f_H 很高。共基接法适用于高频和宽频带放大电路。

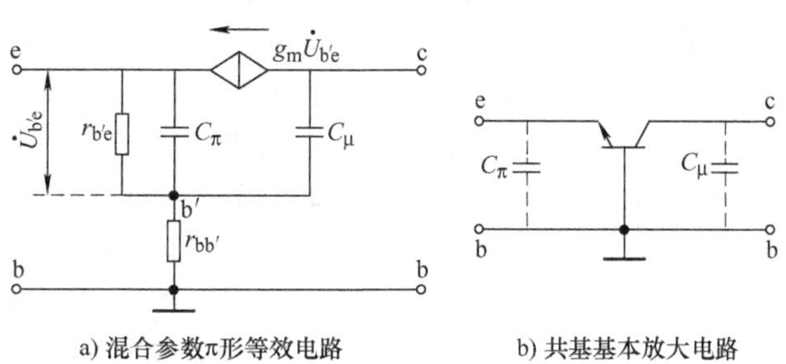

图6-23 共基接法晶体管

6.4.3 共集放大电路的高频响应

图6-24是共集放大电路的高频小信号模型。可以看出，电路的输入端和输出端之间跨接了电容 $C_{b'e}$ 和电阻 $r_{b'e}$，因而会产生密勒效应。但由于共集电路的中频电压增益近似等于1，因而密勒效应很小。所以，共集放大电路的高频响应特性也比较好，上限截止频率很高。

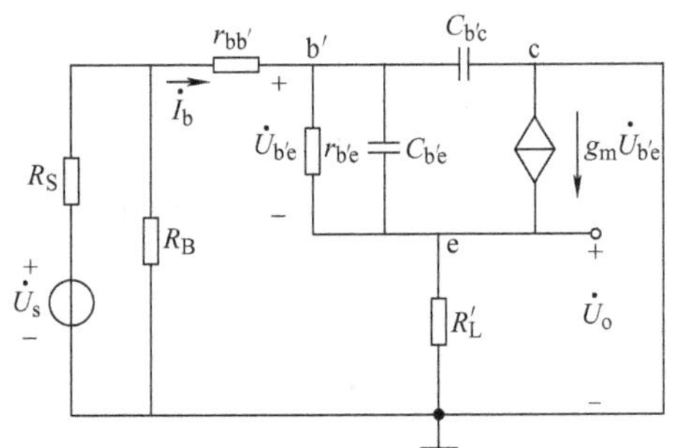

图6-24 共集放大电路的高频小信号模型

6.4.4 放大电路频率响应的改善和增益带宽积

1. 对放大电路频率响应的要求

通常认为在放大电路的通频带内，对于不同频率的信号，放大电路电压增益的幅值和相位不会发生变化。在通频带外，对于不同频率的信号，放大电路的放大效果是不同的。因此，如果输入信号包含很多频率分量，输出信号不可能完全复现输入信号的波形而产生失真，这种失真称为“频率失真”。频率失真包括“幅值失真”和“相位失真”。幅值失真是指不同频率分量的信号经放大后的相对幅值发生了变化并由此产生的失真。同时，放大电路对不同频率的信号产生的相移不同，因此在输出信号中不同频率分量的相位关系将发生变化，由此产生的失真称为“相位失真”。

为了减小频率失真，放大电路的通频带应该覆盖整个输入信号的频率范围。就是说，放大电路的低频截止频率 f_L 应低于输入信号的最低频率分量，而高频截止频率 f_H 应高于输入信号的最高频率分量。但是，放大电路的通频带也不能太宽，因为外界的“干扰”和内部的“噪声”往往是高频率的，放大电路通频带越宽，受干扰和噪声的影响也越大。而且对于某些电子电路，如正弦波发生电路就要求只对某单一频率的信号进行放大。而且电路的选频特性越好，振荡的波形将越好，这就要求放大电路应具备选频特性。所以在放大电路通频带的选择上不是越宽越好，而应符合实际使用要求。

2. 放大电路频率响应的改善

为了减小频率失真，可以采取相应的手段扩大放大电路的通频带。通常采用的方法有：

(1) 减小 f_L，改善低频响应　由式(6-30)看出，为了减小 f_L，一方面使有关电容（耦合电容 C_1、C_2 和旁路电容 C_E）的电容量增大，一方面使相应回路的电阻增大。当然，最好的办法是去掉耦合电容而采取直接耦合的方式。此时，放大电路的 $f_L=0$，即使对于直流或者变化缓慢的信号都能进行有效的放大。

(2) 增大 f_H，改善高频响应　由式(6-37)看出，为增大 f_H，应使 C'_π 和 C'_π 所在回路的电阻 R 减小。一方面，从式(6-34)看出，如果 $R_S=0$，并且选取 $r_{bb'}$ 小的晶体管，则 R 变小。另一方面，$C'_\pi=C_\pi+(1+K)C_\mu$，而且在一般情况下 $(1+K)C_\mu >> C_\pi$。因此如果需要 C'_π 小，不仅应选用特征频率 f_T 高，C_μ 小的高频管，还要减小 $g_mR'_L$。但是，如果减小 $g_mR'_L$ 会使放大电路的 A_{usm} 下降，可见扩展频带和提高电压增益是有矛盾的。

(3) 引入负反馈　在电路中引入负反馈，可以扩大放大电路的通频带，具体内容将在下一章介绍。

3. 放大电路的增益带宽积

上述分析中提到，扩展放大电路的通频带和提高电压增益之间存在矛盾。为了综合考虑这两方面的性能，引入一个新的综合指标“增益带宽积”GBP㊀，它是中频电压增益 A_{usm} 和通频带 f_{BW}（$\approx f_H$）的乘积。

因为 $R_i = R_B // (r_{bb'} + r_{b'e}) \approx r_{bb'} + r_{b'e}$，所以式(6-27) 近似为

$$A_{usm} = -\frac{r_{b'e}}{R_S + r_{bb'} + r_{b'e}} g_m R_L' \tag{6-42}$$

由式(6-37) 可写出

$$f_H = \frac{1}{2\pi R C_\pi'} = \frac{1}{2\pi\{r_{b'e} // [r_{bb'} + (R_B // R_S)]\}[C_\pi + (1+K)C_\mu]}$$

由于 $R_B \gg R_S, R_S' = R_B // R_S \approx R_S, C_\pi' \approx (1+K)C_\mu \approx g_m R_L' C_\mu$，所以

$$f_H \approx \frac{1}{2\pi[r_{b'e} // (r_{bb'} + R_S)] g_m R_L' C_\mu} \tag{6-43}$$

增益带宽积为

$$\begin{aligned} A_{usm} f_H &\approx \frac{r_{b'e}}{R_S + r_{bb'} + r_{b'e}} g_m R_L' \frac{1}{2\pi[r_{b'e} // (r_{bb'} + R_S)] g_m R_L' C_\mu} \\ &= \frac{1}{2\pi(R_S + r_{bb'})C_\mu} \end{aligned} \tag{6-44}$$

可以看出，在一般情况下，当晶体管和信号源选定后，增益带宽积也就大体确定。如果要把通频带扩大几倍，电压增益基本上就要减小同样的倍数。如果要使放大电路的通频带宽，同时又要使它的电压增益高，则应选用 $r_{bb'}$ 和 C_μ 都很小的高频管。

由上述结论可知，共集放大电路（射极输出电路）的上限截止频率 f_H 要比共射放大电路高 1 ~2 个数量级，因为前者的 $A_u \approx 1$，比后者低 1 ~2 个数量级。

6.5 多级放大电路的频率响应

6.5.1 多级放大电路的频率响应表达式和伯德图

设多级放大电路每一级的电压增益分别为 $\boldsymbol{A}_{u1}$，$\boldsymbol{A}_{u2}$，…，$\boldsymbol{A}_{un}$，则总的电压增益为

$$\boldsymbol{A}_u = \boldsymbol{A}_{u1}\boldsymbol{A}_{u2}\cdots\boldsymbol{A}_{un} \tag{6-45}$$

由式(6-45) 可写出多级放大电路电压增益的伯德图的表达式为

$$\begin{aligned} 20\lg A_u &= 20\lg A_{u1} + 20\lg A_{u2} + \cdots + 20\lg A_{un} \\ &= \sum_{k=1}^{n} 20\lg A_{uk} \end{aligned} \tag{6-46}$$

$$\varphi = \varphi_1 + \varphi_2 + \cdots + \varphi_n = \sum_{k=1}^{n} \varphi_k \tag{6-47}$$

㊀ GBP 是 Gain-Bandwidth-Product（增益带宽积）的字头缩写。

因此，只要把各级电压增益的伯德图按照同一比例尺画出并进行叠加，就可以得到多级放大电路总电压增益的伯德图。

例 6-2 已知两级放大电路的 $20\lg A_{um1}=20dB$，$f_{L1}=10Hz$，$f_{H1}=1MHz$；$20\lg A_{um2}=35dB$，$f_{L2}=100Hz$，$f_{H2}=500kHz$，画出各级电压增益的伯德图和两级放大电路总电压增益的波特图。

解 各级的伯德图分别如图 6-25 中的折线 1 和 2 所示。将 1 和 2 的纵坐标值进行叠加，即可得到两级放大电路总的伯德图（折线 3）。

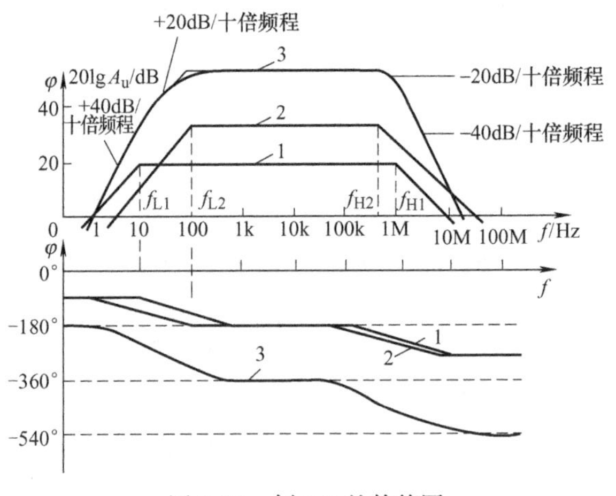

图 6-25 例 6-2 的伯德图

就总的对数幅频特性来说，从 f_{L2} 到 f_{H2}，$20\lg A_u=20\lg A_{um}=55dB=$常数；从 f_{L1} 到 f_{L2}，$20\lg A_u$ 是斜率为 +20dB/十倍频程的直线；f 从很低到 f_{L1} 之间，由于两条斜率为 +20dB/十倍频程的直线叠加，所以总的伯德图的斜率为 +40dB/十倍频程。高频段的伯德图与此类似，只是其斜率为负值。

按照定义，截止频率是 A_u 下降到 $A_{um}/\sqrt{2}$ 时的频率，此时 $20\lg A_u$ 比 $20\lg A_{um}$ 下降 3dB。在上述例子中，由于两级的 f_L 和 f_H 相差不大，所以在 f_{L2} 和 f_{H2} 处，$20\lg A_u$ 下降的数值将大于 3dB（如果 $f_{L1}=f_{L2}$，$f_{H1}=f_{H2}$，则下降 6dB）。因此，两级放大电路总的下限截止频率 $f_L>f_{L2}$，总的上限截止频率 $f_H<f_{H2}$，总的通频带 $f_{BW}=f_H-f_L$ 将比每一级的都窄。

6.5.2 多级放大电路的下限截止频率 f_L 的估算

多级放大电路在低频段的 $\boldsymbol{A}_{usL}$ 为

$$\boldsymbol{A}_{usL}=\prod_{k=1}^{n}\boldsymbol{A}_{usmk}\frac{jf/f_{Lk}}{1+jf/f_{Lk}} \tag{6-48}$$

令总的中频电压增益 $A_{usm}=A_{usm1}A_{usm2}\cdots A_{usmn}$，则

$$\frac{A_{usL}}{A_{usm}}=\prod_{k=1}^{n}\frac{f/f_{Lk}}{\sqrt{1+(f/f_{Lk})^2}}=\prod_{k=1}^{n}\frac{1}{\sqrt{1+(f_{Lk}/f)^2}} \tag{6-49}$$

根据下限截止频率 f_L 的定义，当 $f=f_L$ 时，$\frac{A_{usL}}{A_{usm}}=1/\sqrt{2}$，又已知 $f_L>f_{Lk}$，或 $f_{Lk}/f_L<1$。将式(6-49) 分母的连乘积展开，得

$$1+\left(\frac{f_{L1}}{f_L}\right)^2+\left(\frac{f_{L2}}{f_L}\right)^2+\cdots+\left(\frac{f_{Ln}}{f_L}\right)^2+\text{高次项}=2 \tag{6-50}$$

如果忽略高次项，有

$$f_{\mathrm{L}} \approx \sqrt{f_{\mathrm{L1}}^2 + f_{\mathrm{L2}}^2 + \cdots + f_{\mathrm{Ln}}^2} \tag{6-51}$$

如果需要更加精确一些，可乘以修正因子1.1，即

$$f_{\mathrm{L}} \approx 1.1\sqrt{f_{\mathrm{L1}}^2 + f_{\mathrm{L2}}^2 + \cdots + f_{\mathrm{Ln}}^2} \tag{6-52}$$

当各级的f_{Lk}相差不大时，可用上式估算多级放大电路的f_{L}。如果其中某一级的f_{Lk}比其余各级大（4～5）倍以上，则可认为总的$f_{\mathrm{L}} \approx f_{\mathrm{Lk}}$。

6.5.3 多级放大电路的上限截止频率f_{H}的估算

多级放大电路在高频段的$\boldsymbol{A}_{\mathrm{usH}}$

$$\boldsymbol{A}_{\mathrm{usH}} = \prod_{k=1}^{n} \boldsymbol{A}_{\mathrm{usmk}} \frac{1}{1 + \mathrm{j}f/f_{\mathrm{Hk}}} \tag{6-53}$$

经过与上一小节相似的推导，由于$f_{\mathrm{H}}/f_{\mathrm{Hk}} < 1$，可得出

$$\frac{1}{f_{\mathrm{H}}} \approx 1.1\sqrt{\left(\frac{1}{f_{\mathrm{H1}}}\right)^2 + \left(\frac{1}{f_{\mathrm{H2}}}\right)^2 + \cdots + \left(\frac{1}{f_{\mathrm{Hn}}}\right)^2} \tag{6-54}$$

当各级的f_{Hk}相差不大时，可用上式估算多级放大电路的f_{H}。如果其中某一级的f_{Hk}是其余各级的f_{H}的（1/4～1/5）以下，则可认为总的$f_{\mathrm{H}} \approx f_{\mathrm{Hk}}$。

6.5.4 集成运算放大电路的频率响应

集成运放是直接耦合多级放大电路，所以低频特性良好，可以放大直流信号。由于输入级和中间级存在很大的电压增益，尽管晶体管结电容的数值很小，但等效电容C_{π}'和C_{gs}'很大。同时，为了防止电路自激，通常还在集成运放内部接电容量较大的相位补偿电容。由于这些电容的存在，电路的上限截止频率很低，所以通用型运放（如F007）的通频带通常只有几赫兹到几十赫兹。

6.6 时域响应

在分析电路对输入信号的响应时，除了上述的“频域法”外，还可以通过“时域法”来进行。所谓时域法是指用阶跃函数作为放大电路的输入信号，来考察输出信号随时间的变化情况。

6.6.1 阶跃函数和阶跃响应的指标

1. 阶跃函数

阶跃函数可以表示为

$$u(t) = \begin{cases} 0 & t < 0 \\ U_{\mathrm{I}} & t \geqslant 0 \end{cases} \tag{6-55}$$

可以看出，阶跃电压不仅有变化很快的电压上升部分，还包括电压变化缓慢的平顶部分，如图6-26所示。

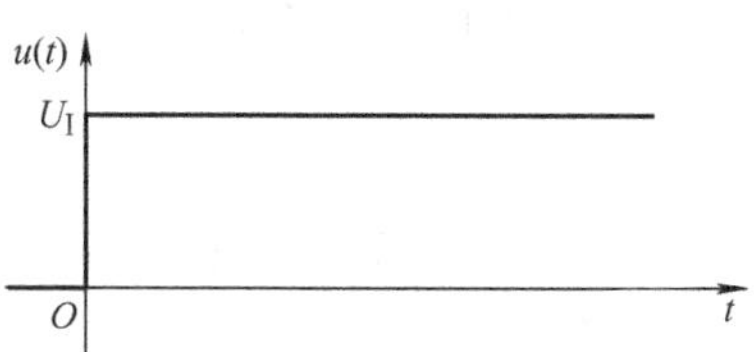

图6-26 阶跃函数波形

2. 阶跃响应的指标

由于阶跃函数在$t=0$的时刻发生突变，但放大电

路存在耦合电容和管子结电容等，电容两端的电压不可能突变，所以输出信号会产生失真，如图 6-27 所示。

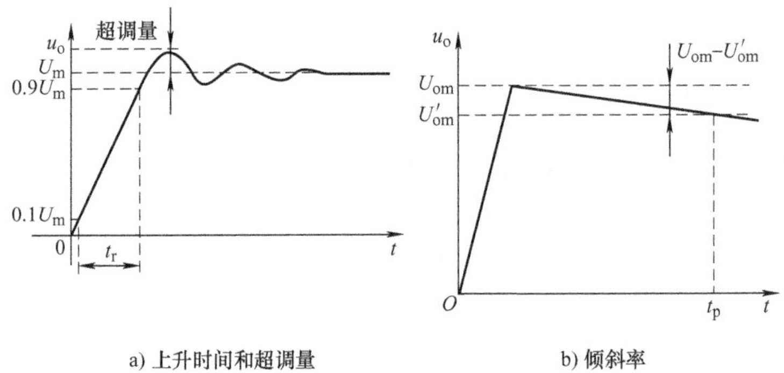

a) 上升时间和超调量 b) 倾斜率

图 6-27 阶跃响应波形及其简化图

由此引入三个失真指标：

（1）上升时间 上升时间是指输出电压从稳态电压的 10% 上升到 90% 所需的时间，即图 6-27a 中的 t_r。

（2）倾斜率 倾斜率是指在一定的时间 t_p 内，输出电压顶部的下降量和稳态电压的百分比，用 δ 表示，写成

$$\delta = \frac{U_{om} - U'_{om}}{U_{om}} \times 100\% \tag{6-56}$$

（3）超调量 超调量是指在输出电压上升的瞬态过程中，上升值超过稳态值的部分，通常用百分比表示。

6.6.2 单级放大电路的时域分析

1. 上升时间

当输入信号发生突变时，等效电路输入回路（图 6-28a）中，C'_π 上的电压 $u_{b'e}$ 不会发生突变，而是按照指数规律上升。上升时间 t_r 和 C_π' 所在的回路（输入回路）有关，即与电路的高频响应有关。所以时域法和频域法有对应的关系。如图 6-28b 中，$u_{b'e}$ 起始值为 0V，稳态值为 U_I，回路时间常数为 RC'_π，因而 $u_{b'e}$ 的表达式为

$$u_{b'e} = U_I(1 - e^{-\frac{1}{RC'_\pi}}) \tag{6-57}$$

通过计算可以得知，$u_{b'e}$ 上升到 $0.1U_I$ 的时间为 $0.1RC_\pi'$，上升到 $0.9U_I$ 的时间为 $2.3RC'_\pi$。因此，输出电压的上升时间 t_r 为 $2.2RC'_\pi$。由于放大电路的上限截止频率 $f_H = \frac{1}{2\pi RC'_\pi}$，所以上升时间和上限截止频率的关系是

$$t_r \approx \frac{0.35}{f_H} \tag{6-58}$$

通过上述分析可知，f_H 越大，t_r 越小，电路的高频响应越好。

2. 倾斜率

倾斜率是输入电压从突变到某一固定值后输出电压的变化过程。这和放大电路的输出回

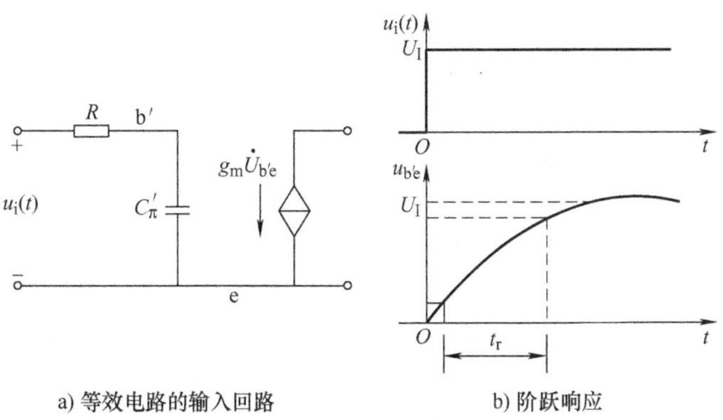

a) 等效电路的输入回路　　b) 阶跃响应

图 6-28　输入回路的阶跃响应

路有关，即和电路的低频响应有关。如图 6-29 所示，输出电压 u_o 按照指数规律下降，时间

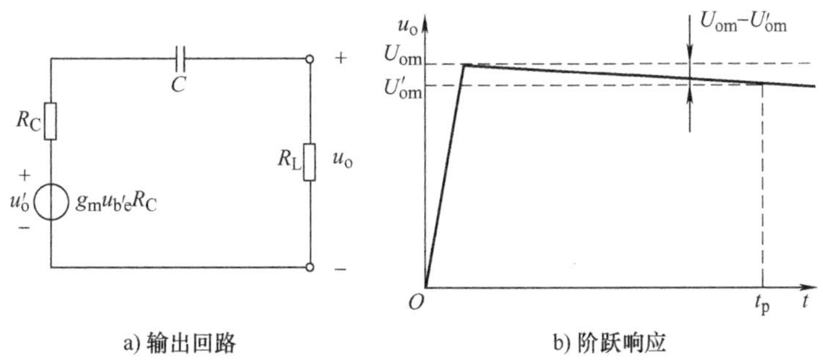

a) 输出回路　　b) 阶跃响应

图 6-29　输出回路的阶跃响应

常数为 $(R_C+R_L)C$。u_o 起始值为 U_{om}，稳态值为 0V，因而 u_o 的表达式为

$$u_o = U_{om}e^{-\frac{1}{RC}t} \qquad R = R_C + R_L \tag{6-59}$$

当 $t \ll RC$ 时

$$u_o = U_{om}\left(1 - \frac{t}{RC}\right) \tag{6-60}$$

$$\delta = \frac{U_{om} - U_{om}'}{U_{om}} \times 100\% \approx \frac{U_{om} - U_{om}\left(1 - \frac{t_p}{RC}\right)}{U_{om}} = \frac{t_p}{RC} \times 100\% \tag{6-61}$$

由于放大电路的下限截止频率 $f_L = \frac{1}{2\pi RC}$，所以倾斜率和下限截止频率的关系是

$$\delta = 2\pi f_L t_p \times 100\% \tag{6-62}$$

通过上述分析可知，f_L 越小，δ 越小，电路的低频响应越好。

3. 频域响应和时域响应的联系

从频谱的概念来理解，阶跃函数包括频率从零到无穷大的信号。只有放大电路的通频带无穷大，阶跃响应才能在电路输出端得到和阶跃函数同样波形的信号。实际上，频域响应和时域响应是分别从频域和时域的角度对同一放大电路进行分析，因此，两者之间有着内在的联系。一个频带很宽的放大电路同时也是一个很好的方波信号放大电路。

6.7 Multisim 应用举例

6.7.1 放大电路频率响应的测试

在 Multisim 仿真软件中，可以采用两种方法测试放大电路的频率响应。一种方法是直接选用仪器栏中的伯德图仪（Bode Plotter）直接进行测试，可以分别观察幅频特性和相频特性曲线；另外一种方法是采用交流扫描分析（AC Sweep）获得幅频特性和相频特性曲线，需要设置扫描的起始频率和结束频率，以及点数、扫描方式、扫描对象等。

分别采用两种方式对单管共射放大电路进行仿真测试，使用伯德图仪的结果如图 6-30a 所示，可以看到中频电压增益约为 40dB。移动指针，可以在低频端和高频段分别找到使增益下降 3dB 的对应频率，即为下限截止频率和上限截止频率。由于指针位置并不精确，在伯德图仪上很难找到准确值，需要尽量找到接近 3dB 的频率，获得近似值。考虑到下限截止频率数值较小，可以认为放大电路的通频带宽近似等于其上限截止频率的数值。图 6-30b 中则是采用交流扫描分析得到的结果，与伯德图仪中基本一致。

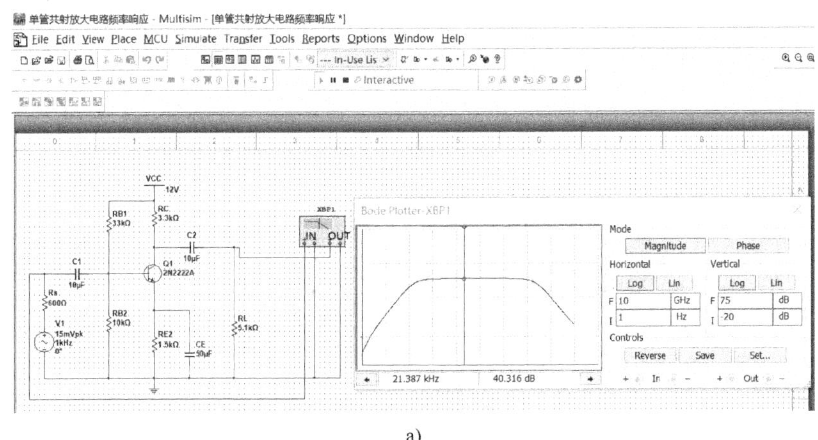

a)

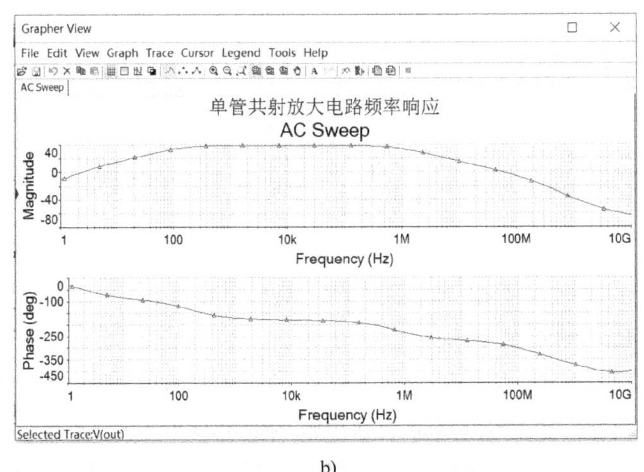

b)

图 6-30 放大电路频率响应测试

6.7.2　电路参数对于频率响应的影响

在测试电路中存在耦合电容、旁路电容，根据理论知识可知它们会影响电路的低频特性。通过分别增大输入耦合电容 C_1 和旁路电容 C_e 的容量，测试频率响应中的下限截止频率，结果如图 6-31b、图 6-31c 所示，和改变前的结果图 6-31a 进行对比可以发现，尽管将耦合电容 C_1 增大了 10 倍，但下限截止频率并没有明显变化，仍然是 167.8Hz 左右；但是将旁路电容 C_e 的容量增大到之前 2 倍时，下限截止频率已经明显下降到了 86.7Hz 附近，这是由于 C_e 所在回路的等效电阻较小，使其回路中的时间常数远小于其他回路中的时间常数，对于下限截止频率起到了主要决定作用。

在不影响其他参数情况下，增大电阻 R_e 为之前 2 倍，放大电路的静态工作点电流减小到原来的二分之一，如图 6-31d 中所示，可以发现放大电路的中频电压增益有所下降，同时下限截止频率减小，上限截止频率增大。虽然电阻 R_e 在交流通路中并不存在，但是它的改变减小了静态工作点电流 I_{EQ} 的同时，也增大了动态电阻 r_{be}，因此使得 C_1 和 C_e 所在回路的时间常数都增大，从而影响了下限截止频率；又由于增益下降，使得跨导随着减小，c'_π 随之减小，所在回路时间常数变小，使得上限截止频率增大。

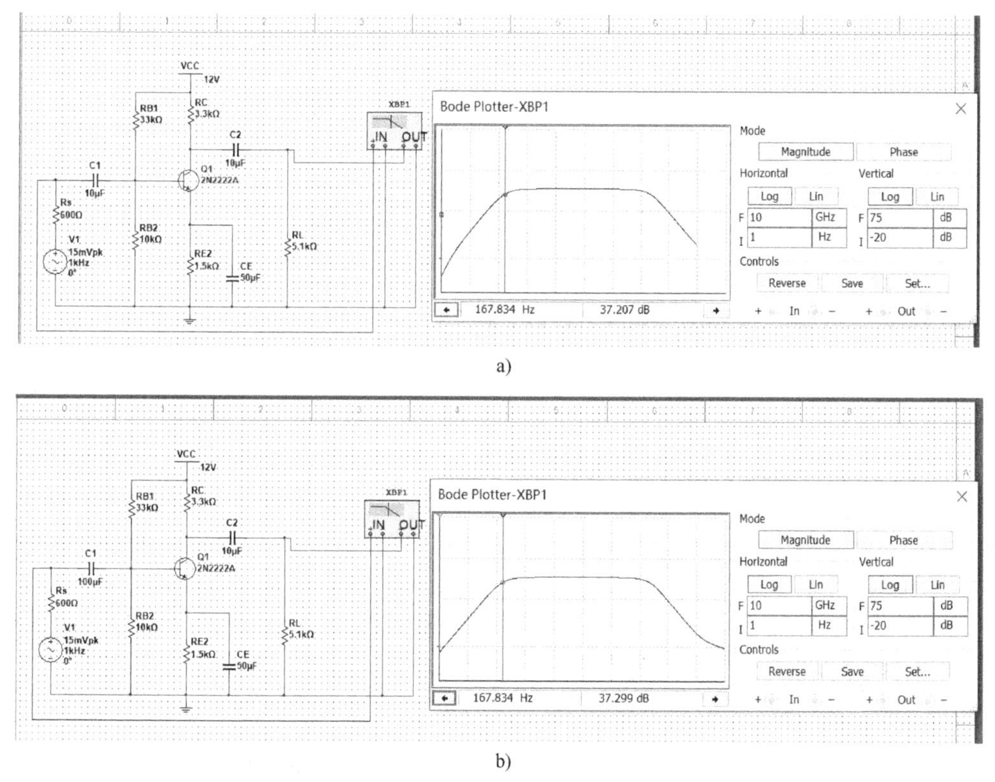

图 6-31　放大电路中的参数对频率响应影响的测试

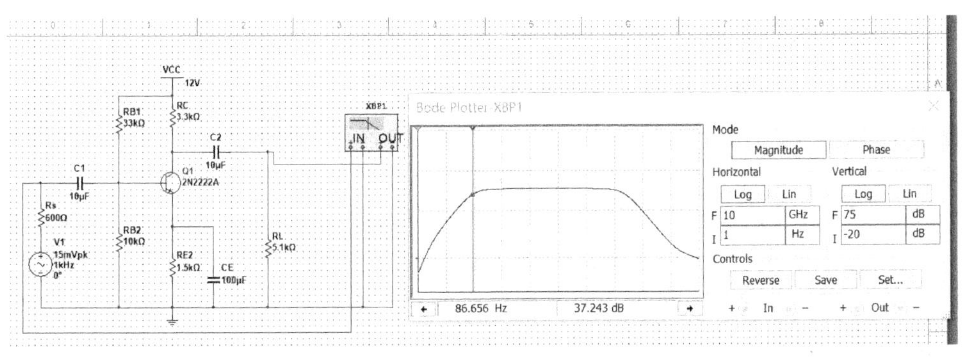

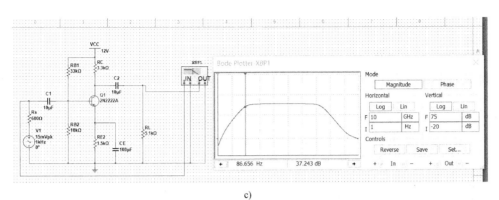

c)

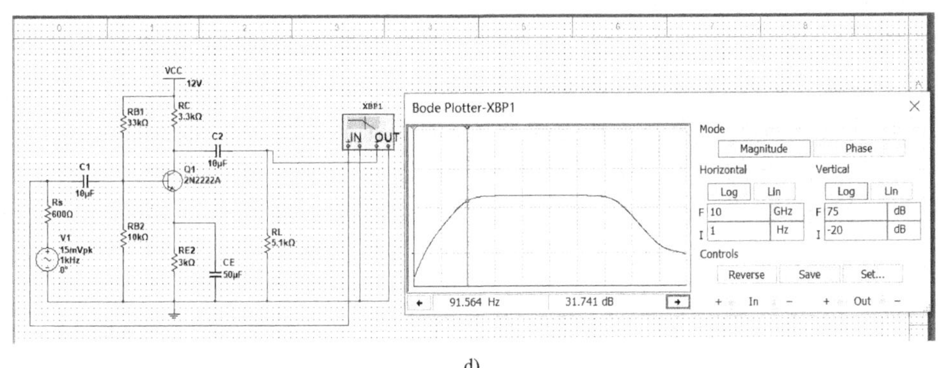

d)

图 6-31 放大电路中的参数对频率响应影响的测试（续）

习 题

6-1 填空题

1. 放大电路在高频输入信号的作用下电压增益下降的原因是__________，在低频输入信号的作用下电压增益下降的原因是__________。

2. 当输入信号频率与放大电路的下限截止频率或者上限截止频率相等时，电压增益的值约下降到中频电压增益的__________，即增益下降__________dB。

3. 某单管共射放大电路，当$f=f_L$时，在伯德图的相频特性上输出信号和输入信号的相位差为______；当$f=f_H$时，相位差为______。

4. 采用__________耦合放大电路能改善电路的低频响应特性，__________基本放大电路能有效的改善电路的高频响应。

5. 增益带宽积是__________和__________的乘积。通常情况下，选定晶体管和信号源后，增益带宽积就大体确定。如果需要提高电压增益并且拓宽通频带，需要__________。

6-2 已知一个 RC 高通电路，$R=10\text{k}\Omega$，$C=10\mu\text{F}$，试计算其下限截止频率f_L，并画出对数幅频特性和相频特性（伯德图）。

6-3 有一个三级放大电路，其各级的中频电压增益分别为 20dB、15dB 和 25dB，问三级放大电路总电压增益的分贝值为多少？其总电压增益是多少？

6-4 某放大电路的电压增益表达式为

$$\boldsymbol{A}_u = -\frac{80(\text{j}f/20)}{(1+\text{j}f/20)(1+\text{j}f/10^6)}$$

其中频率单位为 Hz。试问该电路的中频电压增益、上限和下限截止频率 f_H 和 f_L 各为多大？画出其频率特性（伯德图）。

6-5 某放大电路的对数幅频特性如图 6-32 所示，并已知中频段 $\varphi_m = -180°$。

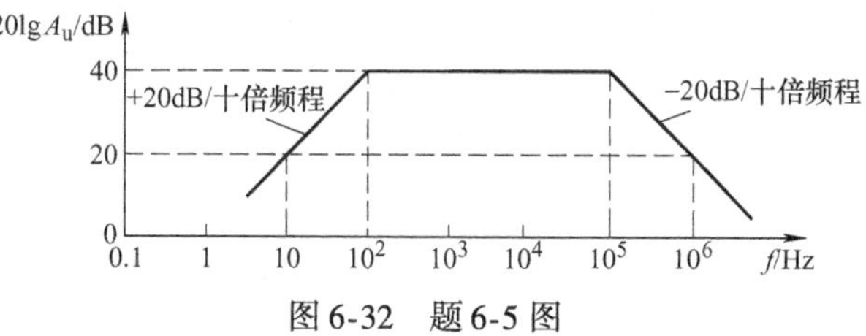

图 6-32 题 6-5 图

1. 写出 $\boldsymbol{A}_u$ 的频率特性表达式。

2. 画出相频特性，写出其表达式。

6-6 一个单级阻容耦合共射放大电路的中频电压增益为 40dB，通频带是 20Hz ~ 20kHz，最大不失真交流输出电压的范围是 −3 ~ +3V。

1. 画出电路的对数幅频特性（假设只有两个转折频率）。

2. 如果输入信号 $u_i = 20\sin(2\pi\times10^3 t)$ mV，输出电压的峰值 U_{om} 是多少？输出波形是否失真？

3. 如果 $u_i = 50\sin(2\pi\times20t)$ mV，重复 2。

4. 如果 $u_i = \sin(2\pi\times400\times10^3 t)$ mV，重复 2。

6-7 某单级阻容耦合放大电路高频段和低频段的电压增益的幅值可表示为

$$\boldsymbol{A}_{uH} = \frac{A_{um}}{\sqrt{1+(f/f_H)^2}} \qquad \boldsymbol{A}_{uL} = \frac{A_{um}}{\sqrt{1+(f_L/f)^2}}$$

如果该放大电路的通频带为 30Hz ~ 15kHz，试求电压增益由中频值下降 0.5dB 所确定的频率范围。

6-8 已知高频管 3DG6C 的 $f_T = 250$MHz，$C_{ob} = 3$pF，在 $I_{CQ} = 1$mA 时测出其低频 H 参数为 $r_{be} = 1.4$kΩ，$\beta = 50$，试求其混合 π 参数及 f_β 值。

6-9 放大电路如图 6-14a 所示，已知 $R_B = 470$kΩ，$R_C = 6$kΩ，$R_S = 1$kΩ，$R_L \to \infty$，$C_1 = C_2 = 5\mu$F，晶体管的参数为：$\beta = 49$，$r_{bb'} = 500\Omega$，$r_{be} = 2$kΩ，$f_T = 70$MHz，$C_{b'c} = 5$pF，求下限截止频率 f_L 和上限截止频率 f_H。

6-10 图 6-33 所示的电路中，如果 C_E 很大，不考虑它对低频特性的影响。

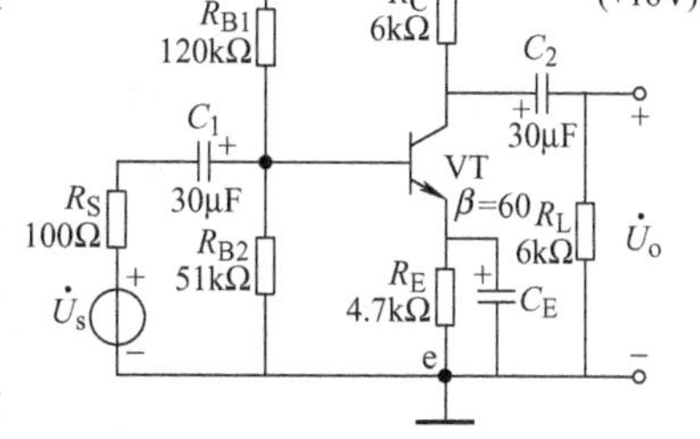

图 6-33 题 6-10 图

1. 求该电路的下限截止频率 f_L。

2. 用 Multisim 仿真分析 C_1、C_2 的变化对 f_L 的影响。

6-11 有一个三级放大电路，其各级参数分别为：$20\lg A_{um1} = 25$dB，$f_{L1} = 50$Hz，$f_{H1} = 1.5$MHz；$20\lg A_{um2} = 20$dB，$f_{L2} = 75$Hz，$f_{H2} = 2$MHz；$20\lg A_{um3} = 30$dB，$f_{L3} = 100$Hz，$f_{H3} = 1$MHz。试绘制其总的对数幅频和相频特性（伯德图）。

6-12 根据上题所给参数，试计算三级放大电路总的 f_L 和 f_H 各为多少？

6-13 放大电路的对数幅频特性如图 6-34 所示。问：

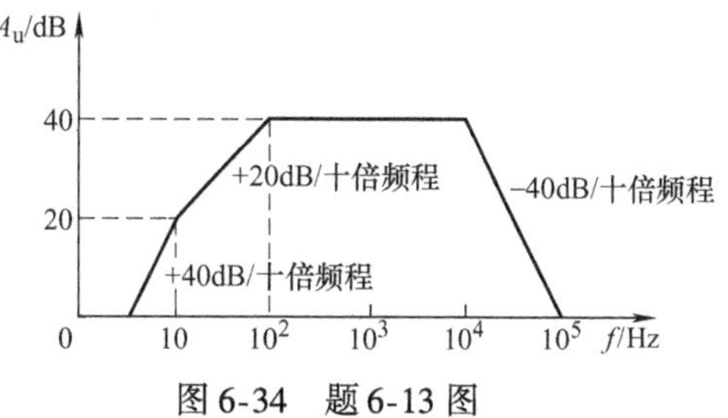

图 6-34 题 6-13 图

1. 电路由几级阻容耦合电路组成，每级下限和上限截止频率是多少?

2. 总的电压增益 A_{um}、下限截止频率 f_L 和上限截止频率 f_H 是多少?

6-14 放大电路的 $A_u = \dfrac{f^2}{\left(1+j\dfrac{f}{10}\right)^2\left(1+j\dfrac{f}{10^6}\right)\left(1+j\dfrac{f}{2\times10^7}\right)}$，$f$ 的单位是 Hz。画出它的对数幅频特性。

6-15 当一阶跃信号加入某放大电路的输入端时，若其响应信号的上升时间很短，输出信号的倾斜率很小，是否表示该电路的高频响应和低频响应都很好？为什么？

附录 频率特性的一种画法——伯德图

1. 横坐标的取法

在电子技术领域，信号频率一般为几赫兹（Hz）到几十兆赫（MHz）。为了能把如此宽广的频率范围在一张图上表示出来，幅频特性和相频特性的横坐标轴（频率）采用对数刻度。此时，每一个十倍频率范围（例如 1~10Hz、10~100Hz 等，简称十倍频程）在横坐标上所占的长度是相等的。

2. 幅频特性

由于放大电路的电压增益可以从几倍到几百万倍，变化范围很广，所以在画幅频特性时，其纵坐标也采用对数刻度 $20\lg A_u$，单位是分贝（dB）⊖。用这种坐标系画出的幅频特性称为“对数幅频特性”。

3. 相频特性

对于相频特性，纵坐标仍然用原来的值——“度（°）”表示。

频率特性的这种画法是由 H. W. Bode 提出来的，所以又叫“伯德图”。

4. RC 低通电路的伯德图

如果要逐点画出伯德图是比较麻烦的。为了便于实用，在满足工程精度要求的前提下，可以用近似的画法。对 6.2.1 节所述的低通滤波电路进行分析，其幅频特性和相频特性分别为

$$20\lg A_u = -10\lg[1+(f/f_H)^2]$$

$$\varphi = -\arctan(f/f_H)$$

如果采用近似的画法，有如下对应关系：

f	$20\lg A_u$	φ
$\ll f_H$	$\approx -10\lg 1 = 0\text{dB}$	$\approx 0°$
$0.1f_H$	$\approx 0\text{dB}$	$-5.71° \approx 0°$
f_H	$\approx -3\text{dB} \approx 0\text{dB}$	$-45°$
$10f_H$	$\approx -20\text{dB}$	$-84.29° \approx -90°$
$100f_H$	$\approx -40\text{dB}$	$-90°$

按上述关系画出的 RC 低通电路的伯德图如图 6-3 所示，图中虚线表示实际的特性，而实线表示近似的特性。对幅频特性，两者的最大误差为 +3dB；对相频特性，最大误差为 ±5.71°，均发生在近似特性的转折处。

⊖ 这种单位来自功率增益的表示法。输出功率与输入功率之比取常用对数，即 $\lg\dfrac{p_o}{p_i}$，其单位为“贝”(bel)，而更小的单位是“分贝”(decibel)，即 $A_p = 10\lg\dfrac{p_o}{p_i}(\text{dB})$。如为电压增益，则为 $A_u = 20\lg\dfrac{U_o}{U_i}(\text{dB})$。

第7章 放大电路中的反馈

7.1 反馈的基本概念和类型

反馈技术在电子电路中得到了非常广泛的应用，几乎所有的电子电路中都带有“反馈”。引入反馈是使电子电路能正常稳定工作的重要手段。正确引入反馈，可以大大改善放大电路的性能。

在现代社会里，反馈的应用已经远远超出了某一技术领域。在信息系统、管理系统、经济工作、军事和民用技术中，广泛地应用着反馈。生物和人类本身就是极其复杂的反馈系统。因此，了解反馈的概念和掌握分析反馈系统的方法，对于掌握现代科学技术是非常重要的。

本章是模拟电子技术最重要的内容之一，将深入浅出地详细介绍反馈的基本概念，判断有无反馈及其类型的方法，反馈对放大电路性能的影响，反馈放大电路的分析计算，如何正确引入反馈以及反馈放大电路的稳定性等。

7.1.1 反馈的基本概念

1. 什么叫反馈?

“反馈”就是将放大电路的输出量（输出电压或输出电流）的一部分或全部，通过一定的电路（反馈网络）反向送回到输入端或输入回路，从而使电子电路能按预期功能正常工作。应当指出，只有正确地引入反馈，才可能达到上述目的。

图7-1给出了反馈放大电路的原理框图。从图中可以看出，反馈放大电路由基本放大电路和反馈网络两部分组成。基本放大电路的主要功能是放大信号，反馈网络的主要功能是传输反馈信号。图中的信号传输方向是一种理想情况，此时认为信号的正向传输只通过基本放大电路，而反馈信号的传输只通过反馈网络。在以后的分析中将会看到，这和实际情况略有出入。但这种近似在工程上是允许的，可以使问题的分析得以简化。

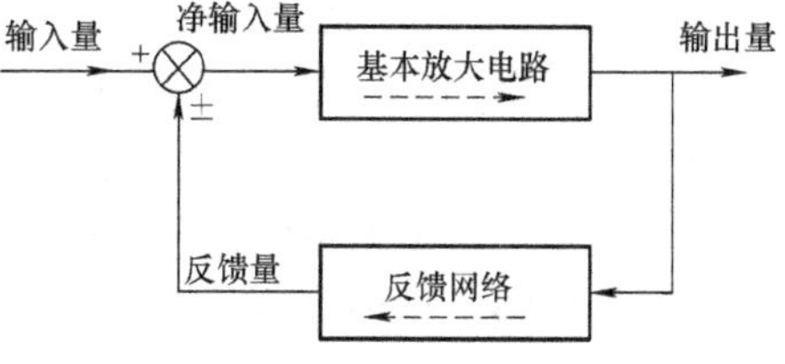

图7-1 反馈放大电路原理框图

图7-1中，基本放大电路的左端为输入端口，右端为输出端口。反馈网络则相反，右端为输入端口，左端为输出端口。基本放大电路的输入信号称为“净输入量”，它由输入量（输入信号）和反馈量（反馈信号）叠加而成。

2. 为什么要引入反馈?

电子电路的输出量应该唯一地取决于输入量。但是，事实上有许多内外干扰因素会对放大电路的输出量产生不应有的影响。例如，晶体管的参数受温度影响会发生变化，从而影响到放大电路的工作；放大电路内部的非线性失真和频率失真会使输出波形变坏；电源滤波或稳压质量不好会在放大电路输出端产生电源干扰。此外，元器件更换和负载变化也会在放大电路输入量不变时使输出量发生变化等。

为了使放大电路在输入量一定时，输出量也保持一定⊖，需引入反馈，将变化了的输出量通过一定方式引回到输入回路，在输入量与反馈量的共同作用下，使输出量保持一定。

例如，分压式偏置电路稳定静态工作点的过程就是引入反馈的结果（见第 2 章 2.5.1 节）。电路如图 7-2a 所示，图 b 是其直流通路。在这个电路中，射极电阻 R_E 就是反馈元件。电路稳定静态工作点的过程可描述如下：

$$T(\text{温度})\uparrow\rightarrow I_{CQ}\uparrow\rightarrow U_{EQ}(\approx I_{CQ}R_E)\uparrow\rightarrow U_{BEQ}(\approx U_{BQ}-U_{EQ})\downarrow$$

$$I_{CQ}\downarrow\longleftarrow I_{BQ}\downarrow\longleftarrow$$

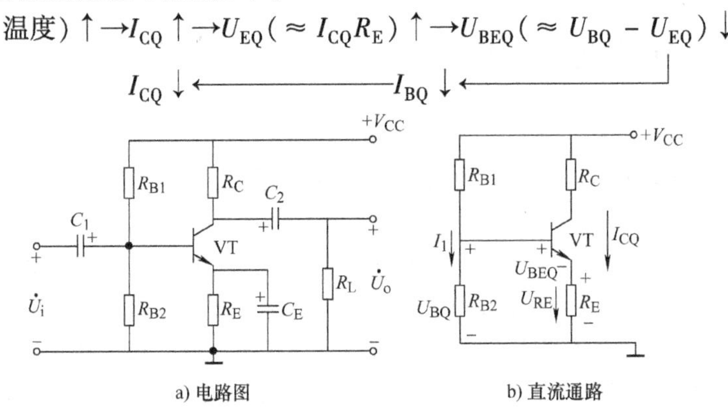

图 7-2 分压式工作点稳定电路

应该指出：产生这种反馈作用的根源是输出量（I_{CQ}）发生了不应有的变化。因此，从原理上说，采用反馈只能减小 I_{CQ} 的变化，而不能使变化量减为零。

7.1.2 反馈的类型及判断方法

1. 判断有无反馈

在放大电路中引入反馈，必须将输出量通过反馈网络送回输入回路，与输入信号相互作用，改变放大电路的净输入量。所以，要判断电路中有无反馈，首先要看电路中有无反馈网络或反馈元件。如分压式工作点稳定电路中的 R_E 就是反馈元件，它既是输出回路的元件，同时又是输入回路的元件。

2. 直流反馈和交流反馈

如果反馈回来的信号只有直流成分，称为“直流反馈”；如果只有交流成分，则称为“交流反馈”；如果直流、交流成分都有，则称为“交直流反馈”。判断交流和直流反馈的方法是看交流和直流通路的情况。如果直流通路存在反馈网络，则为直流反馈；如果交流通路存在反馈网络，则为交流反馈。正确引入直流反馈能稳定静态工作点，正确引入交流反馈能改善放大电路的各种动态性能。本章重点讨论各种交流反馈。

3. 正反馈和负反馈

引入交流反馈以后，放大电路的输入端或输入回路中除了原来的输入信号之外，还有反馈信号。如果反馈信号削弱了原输入信号，使净输入信号减小，就称为“负反馈”；如果反馈信号加强了原输入信号，使净输入信号增大，则称为“正反馈”。由此可见，交流负反馈将使放大电路的增益减小，交流正反馈将使增益增大。本章主要研究负反馈，因为只有正确

⊖ 如果是正弦量，所谓“一定”应理解为幅值（或有效值）、频率和相位一定。

引入交流负反馈才能改善放大电路的动态性能。

4. 反馈极性的判断

判断正反馈还是负反馈的一种常用方法是“瞬时极性法”。首先假设在输入端加一个对地瞬时极性为“+”或“−”的信号。从输入端到输出端，逐点确定该信号在放大电路各点上引起的对地电压的瞬时极性。然后，再由输出端经反馈网络，确定反馈信号在输入端的瞬时极性。最后，判断反馈信号是加强了还是削弱了原输入信号，是使放大电路的净输入信号增大还是减小，即可判断是正反馈还是负反馈。这个方法并不难掌握。对于分立元件电路，只要记住共射、共集、共基三种基本放大电路输入与输出之间的相位关系就可以了。对于共射电路，电压信号由基极输入、集电极输出，二者反相；对于共集电路，电压信号由基极输入、发射极输出，二者同相；对于共基电路，信号由发射极输入、集电极输出，二者同相。同时，本章中的反馈网络一般为纯电阻网络，没有移相作用。

在图7-3所示的放大电路中，设输入电压$\dot{U}_i$的瞬时极性对地为（+），因而VT_1的基极电位对地也为（+）；共射放大电路输出电压与输入电压反相，故VT_1的集电极电位对地为（−），即VT_2的基极电位对地为（−）。电路的第二级也是共射放大电路，故VT_2的集电极电位对地为（+），输出电压$\dot{U}_o$的极性是上（+）下（−）。$\dot{U}_o$作用于R_F、R_4回路产生电流，因此在R_4上产生反馈电压$\dot{U}_f$。由$\dot{U}_o$的极性可知$\dot{U}_f$的极性为上（+）下（−）。忽略第一级的“本级”反馈，则有$\dot{U}_{be1}=\dot{U}_i-\dot{U}_f$，$\dot{U}_f$作用的结果使$VT_1$的b、e之间的净输入电压减小，故判断$R_F$、$R_4$构成的反馈网络引入了“级间”负反馈。

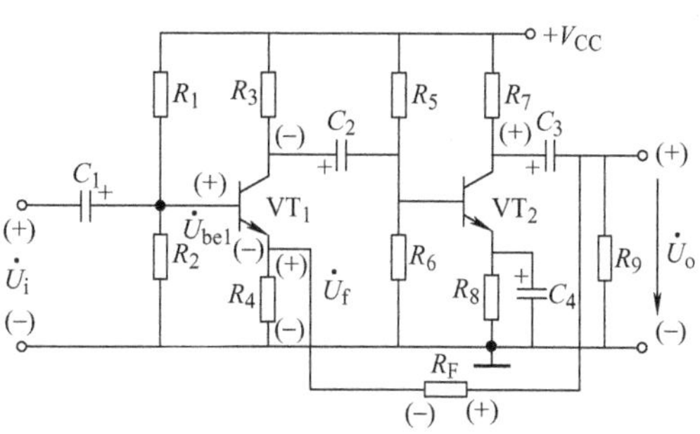

图7-3　分立元件放大电路反馈极性的判断

上述分析表明，对于分立元件放大电路，可以通过判断输入级晶体管的净输入量（b、e间净输入电压，或净输入电流）因反馈的引入是增大了还是减小了，来判断反馈的极性。

在图7-4a所示的电路中，设$\dot{U}_i$的瞬时极性对地为（+）。因为运放是同相输入，则输出电压$\dot{U}_o$的瞬时极性也是对地为（+）。$\dot{U}_o$在R_F和R回路产生电流，该电流在R上产生的电压即为反馈电压$\dot{U}_f$，其瞬时极性对地也为（+）。因$\dot{U}_f$接运放反相输入端，净输入电压为$\dot{U}_{id}=\dot{U}_i-\dot{U}_f$。由于$\dot{U}_f$的存在，使真正加到运放输入端的净输入电压减小，故为负反馈。

在图7-4b所示的电路中，当$\dot{U}_i$的瞬时极性对地为（+）时，因运放为反相输入，$\dot{U}_o$对地极性为（−），则$\dot{I}_i$、$\dot{I}_f$和$\dot{I}_{id}$的瞬时流向与图示方向一致，而净输入信号$\dot{I}_{id}=\dot{I}_i-\dot{I}_f$。由于$\dot{I}_f$的存在，导致集成运放的净输入电流减小，由此说明电路引入了负反馈。

把图7-4a电路中集成运放的两个输入端互换后，就得到图7-4c所示电路。设$\dot{U}_i$的瞬时极性对地为（+）时，$\dot{U}_o$、$\dot{U}_f$的瞬时极性如图所示。可见加到运放输入端的净输入电压 $\dot{U}_{id}$增大，表明电路引入了正反馈。

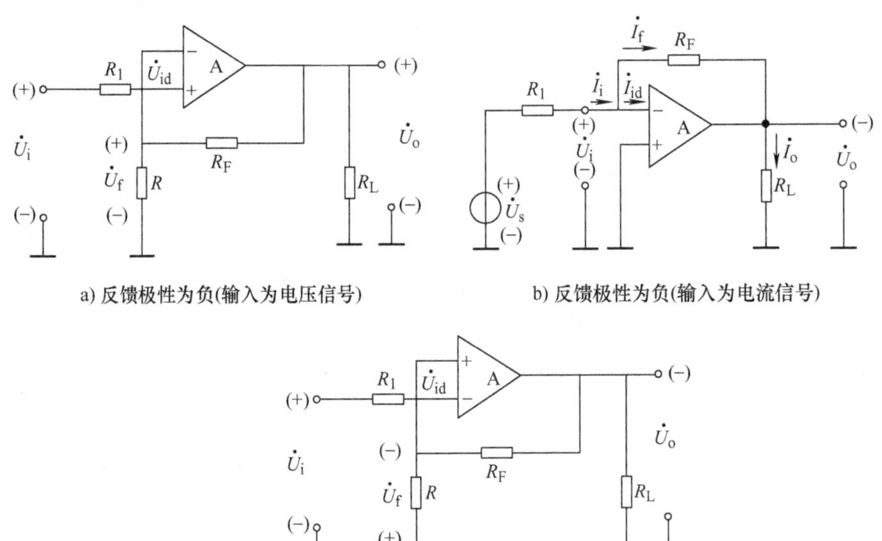

a) 反馈极性为负(输入为电压信号)

b) 反馈极性为负(输入为电流信号)

c) 反馈极性为正

图 7-4 反馈极性的判断

由以上分析可见，对于由运放组成的反馈放大电路，可以通过分析集成运放的净输入量（净输入电压 $\dot{U}_{id}$或净输入电流 $\dot{I}_{id}$）因反馈的引入是增大还是减小，来判断反馈的极性。凡使净输入量减小的为负反馈，凡使净输入量增大的为正反馈。

应当说明的是，在分析反馈极性时，反馈量仅仅由输出量决定，而与输入量无关。它是只反映输出量变化的物理量。例如，在图 7-3 所示电路中，$\dot{U}_f$ 只表示输出电压 $\dot{U}_o$作用的结果，而并不表示 R_4 上的实际电压（未考虑 VT_1 的发射极电流在 R_4 上的压降⊖）。

5. 电压反馈和电流反馈

反馈网络或反馈元件联系着放大电路的输入端与输出端。若暂不考虑反馈量在输入端的连接方式，反馈在输出端的连接方式(取样方式) 框图如图 7-5a、b 所示。

在图 7-5a 所示框图中，反馈网络对放大电路的输出电压取样，即反馈信号取自输出电压。如果将负载 R_L 短路，即令输出电压 $\dot{U}_o$等于零，则反馈网络的输入信号也为零，反馈量就不存在了。

在图 7-5b 所示框图中，反馈网络的取样信号是负载上的电流。如果将负载短路，因放大电路仍有电流输出，反馈网络不受影响，仍然能够对输出电流进行取样。

在放大电路的输出端，如果反馈信号取自输出电压 $\dot{U}_o$，称为“电压反馈”。此时反馈

⊖ VT_1 发射极电流通过 R_4 在第一级中引入了“本级”负反馈，而输出电压 $\dot{U}_o$则通过 R_F 与 R_4 的分压在一、二两级间引入了“级间”负反馈。

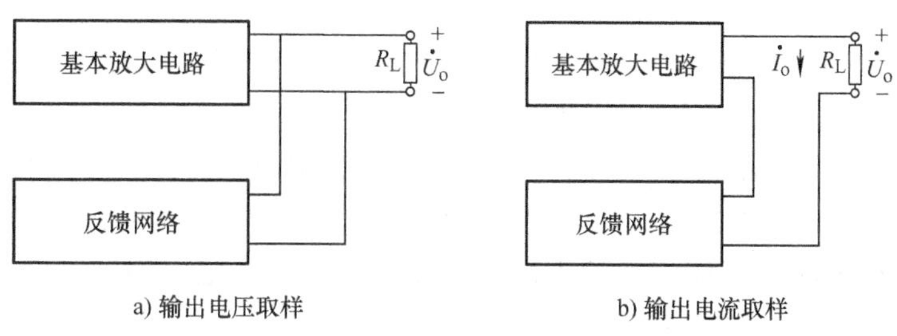

a) 输出电压取样　　b) 输出电流取样

图 7-5　输出端取样方式框图

网络（或元件）并联在输出端，反馈信号是 $\dot{U}_o$的全部或一部分。如果反馈信号取自输出电流 $\dot{I}_o$，则称为“电流反馈”。此时流过反馈元件的电流是放大电路的输出电流或是它的一部分。

常用的判断方法有两种：一是写出反馈信号的表达式。如果反馈信号正比于 $\dot{U}_o$，则为电压反馈；如果反馈信号正比于 $\dot{I}_o$，则为电流反馈。二是将放大电路的输出端交流短路[㊀]，即令 $\dot{U}_o=0$（$R_L=0$），如果反馈信号也随之为 0 则为电压反馈；如果反馈信号依然存在，则为电流反馈。这种判断方法称为“输出短路法”。

应该指出，区分电压反馈和电流反馈只有在负载电阻变化时才有意义。否则，放大电路的输出电压和输出电流成正比（$\dot{I}_o=\dot{U}_o/R_L$），区分电压反馈和电流反馈就失去意义。有时这两种反馈发生混淆，原因概出于此。另外，仔细观察放大电路中负载电阻 R_L（它两端的电压必然就是输出电压 $\dot{U}_o$）与“取样电阻” R[㊁]的相对位置，有助于区分电压反馈和电流反馈。通常 R 与 R_L 并联时，是电压反馈；R 与 R_L 串联时，是电流反馈。

6. 串联反馈和并联反馈

反馈网络在放大电路输入端的连接方式有两种：一种为反馈信号和输入信号串联；另一种为反馈信号和输入信号并联。若不考虑反馈网络在放大电路输出端的取样方式，这两种连接方式框图分别如图 7-6a、b 所示。

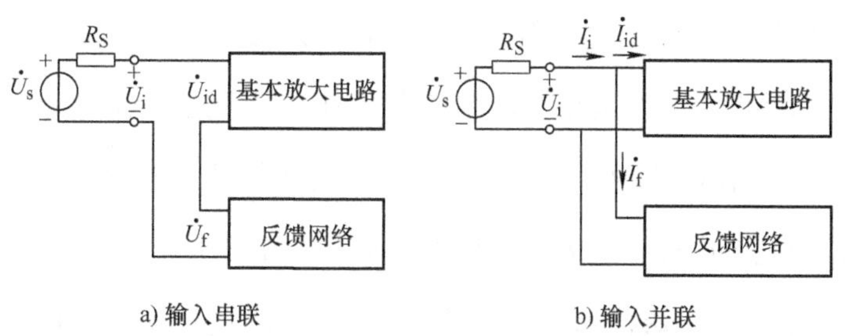

a) 输入串联　　b) 输入并联

图 7-6　输入连接方式框图

在图 7-6a 中，输入信号 $\dot{U}_i$、基本放大电路净输入 $\dot{U}_{id}$和反馈信号 $\dot{U}_f$相互串联，称为“串联反馈”。此时反馈量与输入量均以电压形式在输入电路中相加减。在图 7-6b 中，输入

㊀ 这里只是作为一种分析方法，而不是真正短路。

㊁ 取样电阻用来在放大电路的输出端提取反馈信号。

信号 $\dot{I}_i$、基本放大电路净输入信号 $\dot{I}_{id}$和反馈信号 $\dot{I}_f$相互并联，称为“并联反馈”。此时反馈量与输入量均以电流形式在输入电路中相加减。

综上所述，若反馈量取自输出电压称为电压反馈，取自输出电流称为电流反馈；若反馈量与输入量以电压方式相叠加称为串联反馈，以电流方式相叠加称为并联反馈。可见，根据输入回路接法和输出回路取样方式的不同，交流负反馈共有电压串联、电压并联、电流串联、电流并联四种基本类型或组态。

7.1.3 负反馈放大电路的四种基本组态

下面通过较多具体实例分别介绍负反馈放大电路四种组态的判断和分析方法。

1. 电压串联负反馈

在反馈放大电路中，若反馈网络从输出电压取样，其取样电压与输入电压串联相减，把它们的差值电压作为净输入信号进行放大，从而使输出电压达到稳定，则是引入了电压串联负反馈。

例 7-1 电路如图 7-7 所示，试分析其反馈组态。

解 图中基本放大电路由运放组成，电路的输出回路到输入回路之间有联系元件 R_F，因此有反馈存在，反馈网络 F 由 R_F、R 构成的分压电路组成。反馈网络的输入在右侧，输出在左侧，R 上产生的电压为反馈电压 $\dot{U}_f$。

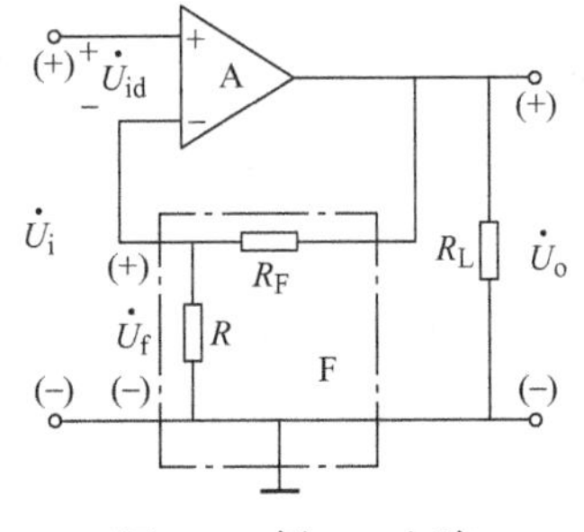

图 7-7 例 7-1 电路

现在用瞬时极性法对电路的反馈极性进行判断。设想在放大电路的输入端接入一变化的信号电压 $\dot{U}_i$，它的瞬时极性对地为（+），由此引起的 $\dot{U}_o$、$\dot{U}_f$的瞬时极性如图中所示。因 $\dot{U}_i$加在运放的同相输入端，故 $\dot{U}_o$和 $\dot{U}_i$同极性。又因反馈网络为电阻网络，其取样电压 $\dot{U}_f$和 $\dot{U}_o$同极性，故 $\dot{U}_f$和 $\dot{U}_i$极性相同。运放净输入信号 $\dot{U}_{id}=\dot{U}_i-\dot{U}_f$。可见，$\dot{U}_f$的存在，抵消了 $\dot{U}_i$的一部分，使真正加到运放输入端的净输入电压减小了，$\dot{U}_o$也随之减小，故为负反馈。

用输出短路法来判断反馈在输出端的取样方式时，设想把 R_L 短路，即令 $\dot{U}_o=0$。这样 R_F 的右端就接地了，反馈网络的输入信号变为零，反馈信号 $\dot{U}_f$也随之为零。这说明反馈在输出端的取样方式为电压取样，故为电压反馈。从另一角度看，反馈电压 $\dot{U}_f$是经 R_F、R 组成的分压电路从输出电压 $\dot{U}_o$取样而来，反馈电压 $\dot{U}_f$是 $\dot{U}_o$的一部分，即 $\dot{U}_f=\dfrac{R}{R+R_F}\dot{U}_o$。反馈电压 $\dot{U}_f$和输出电压 $\dot{U}_o$成比例，所以是电压反馈。在电路的输入端，反馈电压 $\dot{U}_f$和输入电压 $\dot{U}_i$ 求差而获得净输入电压 $\dot{U}_{id}$，故为串联反馈。

归纳起来，电路中引入了电压串联负反馈。

例 7-2 试分析图 7-8 所示放大电路中的反馈组态。

解 图 7-8 的电路和图 7-3 的电路基本相同，该电路为两级分立元件阻容耦合放大电

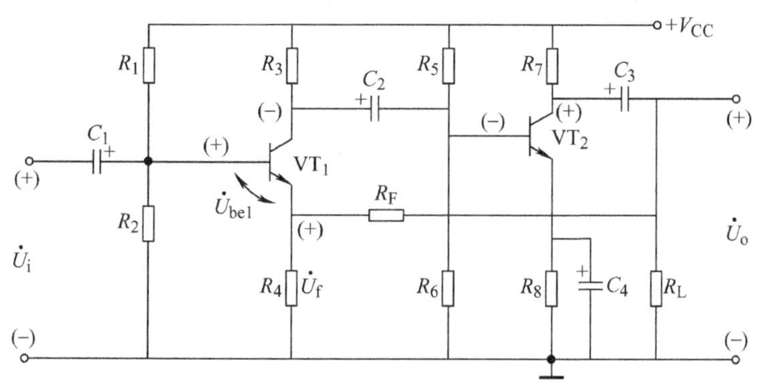

图 7-8　例 7-2 电路

路。第一级由 VT_1 组成，第二级由 VT_2 组成，它们均为分压偏置静态工作点稳定电路。R_F 和 R_4 构成的分压电路就是两级放大电路的级间反馈网络。因 C_3 隔离了直流分量，故 R_F、R_4 引入了交流反馈。

当 $\dot{U}_i$的瞬时极性对地为（+）时，由此引起的各节点电位的瞬时极性如图中所示。忽略第一级的本级反馈（R_4 对第一级的反馈作用），反馈量 $\dot{U}_f=\dot{U}_oR_4/(R_4+R_F)$，这说明$\dot{U}_f$取自 $\dot{U}_o$（对于交流，R_7 与 R_L 并联电阻上的电压为 $\dot{U}_o$），$\dot{U}_f$和 $\dot{U}_o$成正比，是电压反馈。应该指出，电路中的净输入电压不是 $\dot{U}_i$，而是 $\dot{U}_{be1}$，$\dot{U}_{be1}=\dot{U}_i-\dot{U}_f$。与上例的分析方法相类似，可以判断电路中引入了级间电压串联负反馈。

2. 电压并联负反馈

在反馈放大电路中，若反馈网络对输出电压取样，并转换为反馈电流送到输入端，与输入电流相减，其差值作为净输入电流进行放大，则是引入了电压并联负反馈。放大电路中，若输入信号为恒流源或近似恒流源，宜采用并联负反馈（详见 7.1.4 节）。

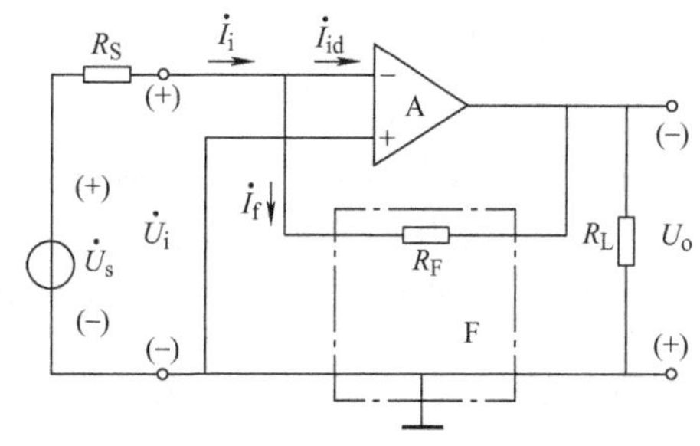

图 7-9　例 7-3 电路

例 7-3　分析图 7-9 所示放大电路的反馈组态。

解　图中，R_F 为反馈元件。$\dot{U}_s$、$\dot{U}_i$、$\dot{U}_o$的瞬时极性及 $\dot{I}_i$、$\dot{I}_f$、$\dot{I}_{id}$的瞬时流向如图中所标注。流过 R_F 的电流 $\dot{I}_f=(\dot{U}_i-\dot{U}_o)/R_F\approx-\dot{U}_o/R_F$㊀，所以反馈量 $\dot{I}_f$与输出电压 $\dot{U}_o$成正比例。如果输出短路，$\dot{U}_o=0$，则 $\dot{I}_f=0$，反馈就不存在了，是电压反馈。$\dot{I}_f$与 $\dot{U}_o$的关系式还表明，反馈量取自输出电压 $\dot{U}_o$，并转换成了反馈电流 $\dot{I}_f$。$\dot{I}_i$与 $\dot{I}_f$的差值电流 $\dot{I}_{id}$作为净输入电流进行放大。可见，电路的反馈组态是电压并联负反馈。

㊀ 反相输入的深度并联负反馈放大电路的 $\dot{U}_i=\dot{U}_-\approx\dot{U}_+=0$，详见后面的 7.4.2 节。

例 7-4 电路如图 7-10 所示，分析其反馈类型。

解 图中，R_F 跨接在集电极与基极之间，它一方面给电路提供合适的静态工作点，另一方面亦起反馈作用。

电路中相关电位的瞬时极性及电流的瞬时流向如图所示。反馈电流 $\dot{I}_f \approx -\dot{U}_o/R_F$，净输入电流 $\dot{I}_b = \dot{I}_i - \dot{I}_f$，采用与例 7-3 同样的分析方法，可以判断电路中引入了电压并联负反馈。

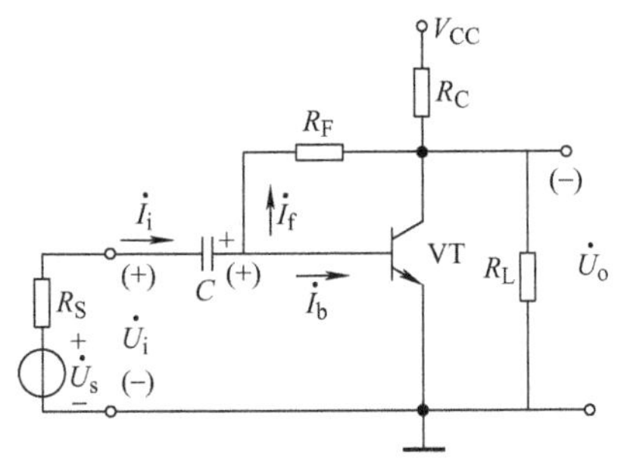

图 7-10 例 7-4 电路

图 7-10 所示电路又称为集电极-基极偏置电路。静态时，$I_B = (U_{CE} - U_{BE})/R_F \approx U_{CE}/R_F$（通常满足 $U_{CE} >> U_{BE}$）。可见，当 R_F 选定后，I_B 和 U_{CE}成比例。负反馈可以稳定 Q 点，其原理如下：

$$T(℃)\uparrow \rightarrow I_C \uparrow \rightarrow U_{CE} \downarrow \rightarrow I_B \downarrow$$
$$I_C \downarrow \leftarrow$$

该电路通过 R_F 将 I_C 变化引起的 U_{CE}的变化反送到输入回路，通过控制 I_B 的变化来稳定 I_C。

通过上面对电压串联、电压并联负反馈放大电路的分析，应该进一步明确下述重要概念，即：电压负反馈的重要作用是稳定电路的输出电压。不论反馈在输入端的连接方式如何，其实质是输出电压 $\dot{U}_o$本身通过反馈网络对电路所起的自动调节作用，使输出电压维持稳定。下面要介绍的两种电流负反馈的情况与此相类似，是输出电流 $\dot{I}_o$本身通过反馈网络对电路所起的自动调节作用，使输出电流维持稳定。

3. 电流串联负反馈

在反馈放大电路中，若反馈网络从输出电流取样，并转换为反馈电压与输入电压相减，把它们的差值电压作为净输入信号进行放大，则是引入了电流串联负反馈。

例 7-5 电路如图 7-11 所示，分析其反馈组态。

解 图中 R_F、R_1 和 R 构成反馈网络。设 $\dot{U}_i$的瞬时极性对地为（+），由此引起的 $\dot{U}_o$、$\dot{U}_R$及 $\dot{U}_f$ 的瞬时极性如图所示。需要注意的是，$\dot{U}_f$是 $\dot{U}_R$的一部分。$\dot{U}_R$不是 $\dot{U}_o$，$\dot{U}_R$与 $\dot{I}_o$ 成比例，即 $\dot{U}_f$与 $\dot{I}_o$成比例。根据分流关系，反馈电压 $\dot{U}_f = \dot{I}_o R_1 R/(R_1 + R_F + R)$，这表明反馈量取自输出电流 $\dot{I}_o$，且转换为反馈电压 $\dot{U}_f$。$\dot{U}_i$与 $\dot{U}_f$的差值电压 $\dot{U}_{id}$送入运放进行放大。故图 7-11 的电路中引入了电流串联负反馈。

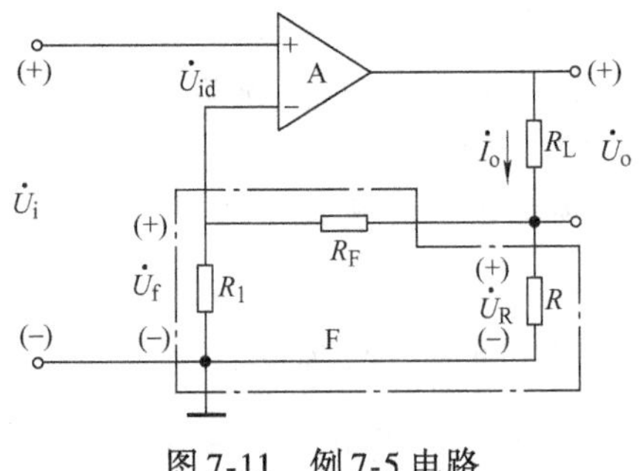

图 7-11 例 7-5 电路

例 7-6 电路如图 7-12 所示，分析其反馈组态。

解 图示电路为分压偏置式静态工作点稳定电路，在 7.1.1 中曾分析了电路能够稳定静态工作点的原理，现在来判断它的反馈组态。

图中 R_E 是联系输入回路与输出回路的公共元件，故 R_E 是反馈电阻，R_E 上的电压为反馈电压 $\dot{U}_f$。与图 7-8 类似，本电路的净输入电压是 $\dot{U}_{be}$，不是 $\dot{U}_i$。当 $\dot{U}_i$瞬时极性对地为（+）时，$\dot{I}_e$、$\dot{I}_c$流向及 $\dot{U}_f$ 的极性如图 7-12 所示。反馈电压 $\dot{U}_f = \dot{I}_e R_E \approx \dot{I}_c$[⊖] R_E，可见 $\dot{U}_f$取自 $\dot{I}_c$。采用上例的分析方法，可以判断电路的反馈组态为电流串联负反馈。

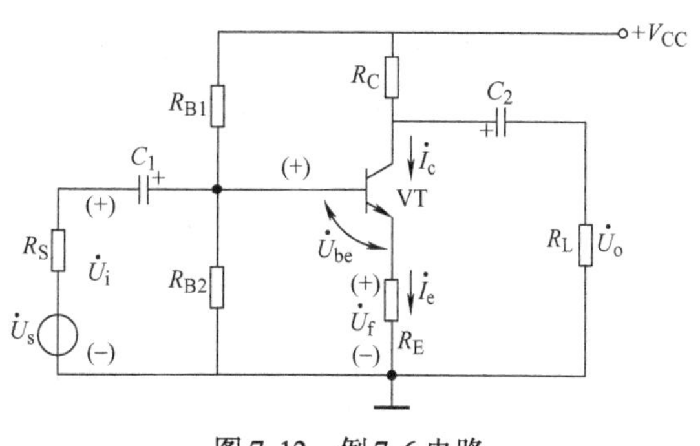

图 7-12 例 7-6 电路

4. 电流并联负反馈

在反馈放大电路中，若反馈网络从输出电流取样，其取样电流与输入电流相减，把它们的差值电流作为净输入信号进行放大，则是引入了电流并联负反馈。

例 7-7 电路如图 7-13 所示，分析其反馈组态。

解 图中 R_F 和 R 是反馈元件。$\dot{U}_i$ 加到运放的反相输入端。当 $\dot{U}_i$对地瞬时极性为（+）时，$\dot{U}_o$、$\dot{U}_R$的瞬时极性与 $\dot{I}_i$、$\dot{I}_f$、$\dot{I}_{id}$、$\dot{I}_o$的瞬时流向如图所示。根据分流关系，$\dot{I}_f = \dfrac{R}{R+R_F}\dot{I}_o, \dot{I}_f \propto \dot{I}_o$，为电流反馈。在输入端，$\dot{I}_i$ 与 $\dot{I}_f$的差值电流送运放进行放大。图7-13为电流并联负反馈放大电路。

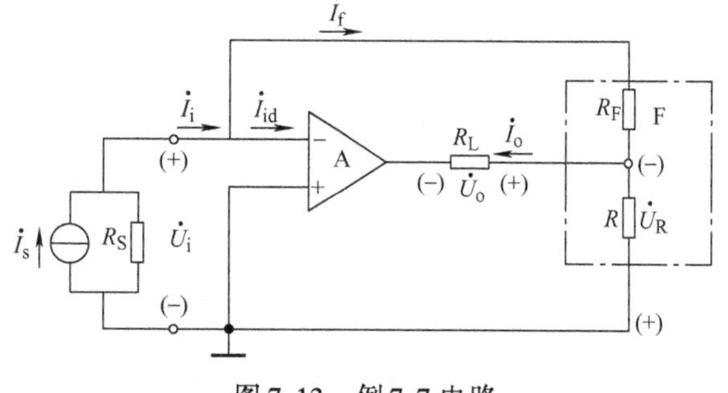

图 7-13 例 7-7 电路

顺便指出，对于由单个运放构成的反馈放大电路，若反馈引回到反相输入端，则必为负反馈。这一点由例 7-1、例 7-3、例 7-5、例 7-7 可以清楚地看出。

例 7-8 反馈放大电路如图 7-14 所示，分析其反馈类型。

解 图中为两级分立元件直接耦合放大电路，VT_1、VT_2 均构成共射反相放大电路，R_F 和 R_4 为反馈元件。本例输入信号为电流源。假设在输入端加一瞬时电流 $\dot{I}_i$，由它所引起的 $\dot{I}_{b1}$、$\dot{I}_f$、$\dot{I}_o$的瞬时流向及各节点电位的瞬时极性如图所示。反馈电流 $\dot{I}_f \approx \dot{I}_{e2} R_4/(R_4+R_F)$，$\dot{I}_{e2} \approx \dot{I}_o$，所以$\dot{I}_f$与 $\dot{I}_o$成正比，是电流反馈。比较图 7-14 与图 7-13，反馈在输入端的连接方式相同，故该电路的反馈类型也是电流并联负反馈。

7.1.4 负反馈在放大电路中的重要作用和性质

1）负反馈的基本作用是将引回的反馈量与输入量相减以调整电路的净输入量与输出量。

⊖ 这里 $\dot{I}_c$为输出电流。对于交流，通过 R_C 与 R_L 并联电阻的电流为 $\dot{I}_c$。

无论反馈量以何种方式引回到输入端，其实质都是利用电路某输出量本身通过反馈网络对放大电路起自动调节作用，从而使该输出量维持稳定。

电压负反馈的重要作用是稳定输出电压，电流负反馈的重要作用是稳定输出电流。

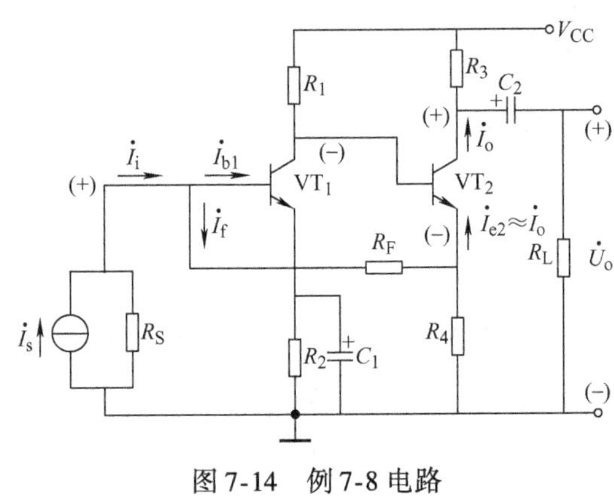

图 7-14　例 7-8 电路

以图 7-8 为例。当 $\dot{U}_i$一定时，若负载电阻 R_L 增大，则 $\dot{U}_o$增大。因电路引入了电压负反馈，反馈的结果抑制了 $\dot{U}_o$的增大，从而使 $\dot{U}_o$基本稳定。电路的自动调节过程如下：

$$R_L\uparrow\rightarrow\dot{U}_o\uparrow\rightarrow\dot{U}_f\uparrow\rightarrow\dot{U}_{be1}\downarrow$$
$$\dot{U}_o\downarrow\leftarrow\!\!\lrcorner$$

又如图 7-11，如果某种原因使 $\dot{I}_o$增大，则 R_F、R_1 支路分流增大，即 $\dot{U}_f$也增大。这样，净输入电压 $\dot{U}_{id}$减小，导致 $\dot{I}_o$也减小。因电路引入了电流负反馈，反馈的结果抑制了 $\dot{I}_o$的增加，从而使 $\dot{I}_o$保持稳定。电路的自动调节过程为：

$$\dot{I}_o\uparrow\rightarrow\dot{U}_f\uparrow\rightarrow\dot{U}_{id}\downarrow$$
$$\dot{I}_o\downarrow\leftarrow\!\!\lrcorner$$

2）直流负反馈能稳定放大电路的静态工作点，交流负反馈能改善放大电路的动态性能。

3）串联负反馈和并联负反馈对信号源内阻有不同要求。串联负反馈应该用在电压源激励的情况，信号源内阻越小，反馈效果越好。如图 7-8 所示，级间的串联负反馈，对反馈信号 $\dot{U}_f$而言，信号源内阻 R_S（图中没有画出）与管子 VT_1 的 r_{be}是串联的。要使串联负反馈有效地起作用，必须要求 R_S 小。当 $R_S=0$ 时，$\dot{U}_f$与 $\dot{U}_s$直接串联相减，负反馈起的作用最大。当 $R_S\rightarrow\infty$ 时，信号源接近于恒流源，$\dot{I}_s\approx\dot{U}_s/R_S$，流入放大电路输入端的电流是常数，反馈电压 $\dot{U}_f$完全不起作用。

并联负反馈应该用在电流源激励的情况，信号源内阻越大，反馈效果越好。如图 7-9 所示的并联负反馈电路，对反馈信号 $\dot{I}_f$而言，信号源内阻 R_S 与运放输入电阻 r_{id}是并联的。要使负反馈起的作用大，就必须要求信号源内阻 R_S 大。当 $R_S\rightarrow\infty$ 时，信号源接近于恒流源，$\dot{I}_f$ 就与信号源的恒定电流直接相减。此时，并联负反馈的作用最大。如果$R_S=0$，则集成运放两输入端之间的电压 $\dot{U}_{id}\equiv\dot{U}_s=$常数，而与有无反馈无关，并联反馈失去作用。

4）电压并联负反馈电路常称为“电流-电压转换电路”（即互阻放大电路），它适用于输入为高内阻的电流源，而要求输出为低内阻的电压信号的场合。电流串联负反馈电路常称为“电压-电流转换电路”（即互导放大电路），它适用于输入为低内阻的电压源，而要求输出为高内阻的电流信号的场合。电压串联负反馈电路可作为压控电压源（电压放大电路）。电流并联负反馈电路可作为流控电流源（电流放大电路）。

7.2　反馈放大电路的框图表示法

7.2.1　反馈放大电路的框图

在反馈放大电路中，放大电路本身和反馈网络是紧密相连、混为一体的。但是，为了突出反馈的作用，分析反馈对放大电路的影响，又希望把反馈放大电路分解为两部分：一是不带反馈的“基本放大电路”，二是“反馈网络”。之所以能这样做，依据的是“信号单方向作用的假定”。

前面已多次提到信号的正向和反向传输通道，前者是指放大电路本身，而后者是指反馈网络。实际上，这两个通道是很难分开的。因为一般由无源元件 R 和 C 组成的反馈网络显然是双向作用的，而放大电路本身也存在固有的内部反馈。但是，在工程实践中，有必要也有理由来做一些合理的假定，目的在于突出主要的因素，略去次要的因素，使工作机理更清晰，问题的处理更简单。

先看信号的正向传输。输入信号可以通过放大电路，也可以通过反馈网络进行正向传输。前者有很强的放大作用，而后者只能有衰减作用。两相比较，可略去通过反馈网络的信号正向传输（一般称为“直通信号”），而认为信号的正向传输只能通过放大电路。同样，如果略去放大电路本身固有的内部反馈（其作用一般很小），则可以认为信号的反向传输只能通过反馈网络（包括人为引入的本级反馈和级间反馈）。总之，通过基本放大电路的只有信号的正向传输，而通过反馈网络的只有信号的反向传输。

依据上述假定，就可以把反馈放大电路表示为如图7-15所示的形式。其中 $\dot{X}_i$、$\dot{X}_o$、$\dot{X}_f$ 和 $\dot{X}_{id}$分别表示反馈放大电路的输入量、输出量、反馈量和净输入量。虚线箭头表示信号的传输方向。基本放大电路不带反馈（开环），$\boldsymbol{A}$ 是开环增益。$\boldsymbol{F}$ 是反馈网络的反馈系数，反馈网络通常是电阻性的，$\boldsymbol{F}$ 一般为标量。

图中，$\xrightarrow{+}\otimes$（下方输入 $-$）表示输入量和反馈量的连接，其中的 +、－号表示连接方法是使 $\dot{X}_{id} = \dot{X}_i - \dot{X}_f$，即对应于负反馈。

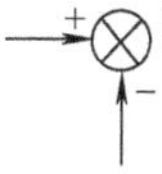

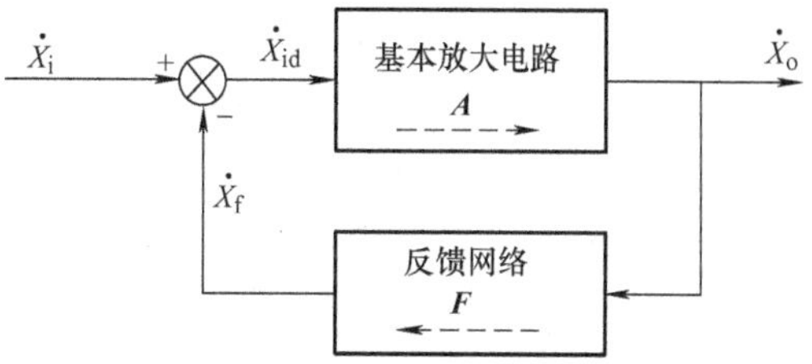

图7-15　反馈放大电路框图

应该指出，框图中的基本放大电路 $\boldsymbol{A}$ 是在断开反馈但考虑了反馈网络对基本放大电路的负载作用时构成的，反馈网络是指与 $\boldsymbol{F}$ 有关的所有元器件所构成的网络。反馈放大电路的框图表示法是分析和研究反馈系统时常用的方法。

在图7-15中，$\dot{X}_i$、$\dot{X}_o$、$\dot{X}_f$、$\dot{X}_{id}$各量既可为电压，又可为电流，因此用一般性的 $\dot{X}$ 加

相应的下标表示。在不同的反馈组态中，这些量有不同的含义。其规律为：凡属电压反馈，输出量为电压；凡属电流反馈，输出量为电流。凡属串联反馈，输入端各量均为电压；凡属并联反馈，输入端各量均为电流。

在图7-15中，基本放大电路的开环增益 $\boldsymbol{A}$ 可表示为

$$\boldsymbol{A}=\frac{\dot{X}_{o}}{\dot{X}_{id}}=\left.\frac{\dot{X}_{o}}{\dot{X}_{i}}\right|_{\dot{X}_{f}=0} \tag{7-1}$$

反馈系数 $\boldsymbol{F}$ 可表示为

$$\boldsymbol{F}=\frac{\dot{X}_{f}}{\dot{X}_{o}} \tag{7-2}$$

因此

$$\boldsymbol{AF}=\frac{\dot{X}_{o}}{\dot{X}_{id}}\frac{\dot{X}_{f}}{\dot{X}_{o}}=\frac{\dot{X}_{f}}{\dot{X}_{id}} \tag{7-3}$$

$\boldsymbol{AF}$ 表示从输入端的净输入量 $\dot{X}_{id}$ 经正向通道 $\boldsymbol{A}$ 和反向通道 $\boldsymbol{F}$，沿反馈形成的闭合环路绕行一周后，作为反馈量出现在输入端的信号传输系数，通常称为“环路增益”。

对不同的反馈类型，$\boldsymbol{A}$ 和 $\boldsymbol{F}$ 都有不同的含义和量纲，见表7-1。应该指出，不管是哪一种类型的反馈，环路增益 $\boldsymbol{AF}$ 都是无量纲的。因为 $\boldsymbol{AF}=\dot{X}_{f}/\dot{X}_{id}$，而同时出现在输入端的 $\dot{X}_{f}$ 和 $\dot{X}_{id}$ 自然应该是同量纲的，所以 $\boldsymbol{AF}$ 必然无量纲。

表7-1 $\boldsymbol{A}$ 和 $\boldsymbol{F}$ 的含义和量纲

反馈类型	$\boldsymbol{A}$		$\boldsymbol{F}$	
	含义	量纲	含义	量纲
电压串联	$\boldsymbol{A}_{u}=\dot{U}_{o}/\dot{U}_{id}$ 电压增益	无	$\boldsymbol{F}_{u}=\dot{U}_{f}/\dot{U}_{o}$	无
电压并联	$\boldsymbol{A}_{r}=\dot{U}_{o}/\dot{I}_{id}$ 互阻增益	Ω	$\boldsymbol{F}_{g}=\dot{I}_{f}/\dot{U}_{o}$	S
电流串联	$\boldsymbol{A}_{g}=\dot{I}_{o}/\dot{U}_{id}$ 互导增益	S	$\boldsymbol{F}_{r}=\dot{U}_{f}/\dot{I}_{o}$	Ω
电流并联	$\boldsymbol{A}_{i}=\dot{I}_{o}/\dot{I}_{id}$ 电流增益	无	$\boldsymbol{F}_{i}=\dot{I}_{f}/\dot{I}_{o}$	无

7.2.2 闭环增益 A_f 及其一般表达式

在图7-15中，输出量与输入量之比称为反馈放大电路的“闭环增益”，用 $\boldsymbol{A}_{f}$ 表示，即

$$\boldsymbol{A}_{\mathrm{f}}=\left.\frac{\dot{X}_{\mathrm{o}}}{\dot{X}_{\mathrm{i}}}\right|_{\dot{X}_{\mathrm{f}}\neq 0} \tag{7-4}$$

它和开环增益 A 有着本质的不同。现在来推导 $\boldsymbol{A}_{\mathrm{f}}$ 与 $\boldsymbol{A}$、$\boldsymbol{F}$ 的关系。

由图 7-15，并利用式(7-3) 可得

$$\dot{X}_{\mathrm{i}}=\dot{X}_{\mathrm{id}}+\dot{X}_{\mathrm{f}}=\dot{X}_{\mathrm{id}}+\dot{X}_{\mathrm{id}}\boldsymbol{AF}=(1+\boldsymbol{AF})\dot{X}_{\mathrm{id}} \tag{7-5}$$

所以

$$\boldsymbol{A}_{\mathrm{f}}=\frac{\dot{X}_{\mathrm{o}}}{\dot{X}_{\mathrm{i}}}=\frac{\boldsymbol{A}\dot{X}_{\mathrm{id}}}{(1+\boldsymbol{AF})\dot{X}_{\mathrm{id}}}=\frac{\boldsymbol{A}}{1+\boldsymbol{AF}} \tag{7-6}$$

在中频范围内，$\boldsymbol{A}_{\mathrm{f}}$、$\boldsymbol{A}$、$\boldsymbol{F}$ 均为实数，故式(7-6) 可以写为

$$A_{\mathrm{f}}=\frac{A}{1+AF} \tag{7-7}$$

式(7-6) 和式(7-7) 是反馈放大电路闭环增益的一般表达式，它具有非常重要的意义。该式表明了反馈放大电路中闭环增益与开环增益之间的关系，在以后的分析中将经常用到。

7.2.3　反馈深度 $|1+\boldsymbol{AF}|$

从式(7-6) 可以看出，放大电路引入反馈后，增益发生了变化，闭环增益 $\boldsymbol{A}_{\mathrm{f}}$ 的大小与因数 $|1+\boldsymbol{AF}|$ 密切相关。很显然 $|1+\boldsymbol{AF}|$ 的值反映了反馈对放大电路的影响程度，称为“反馈深度”。

从反馈深度可以得到以下的信息：

1）如果 $|1+\boldsymbol{AF}|>1$，则 $\boldsymbol{A}_{\mathrm{f}}<\boldsymbol{A}$。这就是负反馈的情况，因为它表示反馈的引入削弱了输入量的作用，使闭环增益下降。由式(7-5) 得

$$\dot{X}_{\mathrm{id}}=\frac{\dot{X}_{\mathrm{i}}}{1+\boldsymbol{AF}} \tag{7-8}$$

可见负反馈的作用是使真正加到放大电路输入端的净输入量 $\dot{X}_{\mathrm{id}}$减小到无反馈时（$\dot{X}_{\mathrm{id}}=\dot{X}_{\mathrm{i}}$）的$\dfrac{1}{|1+\boldsymbol{AF}|}$，从而使闭环增益 $\boldsymbol{A}_{\mathrm{f}}$ 下降。

2）如果 $|1+\boldsymbol{AF}|<1$，则 $\boldsymbol{A}_{\mathrm{f}}>\boldsymbol{A}$。这是正反馈的情况，表明反馈的引入加强了输入量的作用，使闭环增益加大。

3）当 $|1+\boldsymbol{AF}|=0$ 时，闭环增益 $\boldsymbol{A}_{\mathrm{f}}=\dfrac{X_{\mathrm{o}}}{X_{\mathrm{i}}}\to\infty$。这意味着即使没有输入量（$X_{\mathrm{i}}=0$），也仍然有输出量 X_{o}。这种工作状态称为放大电路的“自激”。在自激时，放大电路已失去正常的放大功能，因而一般是必须加以消除的。但是，有时又要对自激状态加以利用，例如用来产生不同频率和波形的周期性信号（见第 9 章）。

4）当 $|\boldsymbol{AF}|\gg 1$ 时，式(7-6) 变为 $\boldsymbol{A}_{\mathrm{f}}=\dfrac{\boldsymbol{A}}{1+\boldsymbol{AF}}\approx\dfrac{1}{\boldsymbol{F}}$，说明此时反馈放大电路的闭环增益 $\boldsymbol{A}_{\mathrm{f}}$ 将只取决于反馈系数 $\boldsymbol{F}$。因为反馈网络通常由无源元件 R、C 组成，这些元件性能非常稳定，所以在这种情况下反馈放大电路的工作也将非常稳定，不受除输入量以外的干扰因素

的影响。因为$|\boldsymbol{AF}|>>1$，$|1+\boldsymbol{AF}|>>1$，所以称为“深度负反馈”。

反馈系数$\boldsymbol{F}$最大不会超过1，一般比1小得多。所以，要使$|\boldsymbol{AF}|>>1$，放大电路的开环增益$\boldsymbol{A}$必须非常大。在采用集成运放时，因为它的开环差模增益$\boldsymbol{A}_{od}$很大（F007的$\boldsymbol{A}_{od}\geqslant 10^5$），很容易实现深度负反馈。一般$\boldsymbol{AF}>10$就可以认为是深度负反馈。

7.3 负反馈对放大电路性能的影响

在放大电路中引入负反馈，其主要目的是使放大电路的工作性能稳定。虽然引入负反馈后牺牲了电路增益，但提高了增益的稳定性，并且改变了输入电阻和输出电阻，扩展了通频带，减小了非线性失真等，从许多方面改善了电路性能。

7.3.1 提高闭环增益的稳定性

通常放大电路的开环增益$\boldsymbol{A}$是不稳定的，它会因环境温度的变化、负载的变化、器件老化或更换等因素的影响而发生变化。引入负反馈后，通过环路的自动调节过程，在输入量不变的情况下，稳定了输出量，自然也就稳定了闭环增益$\boldsymbol{A}_f$。当放大电路引入深度负反馈时，$\boldsymbol{A}_f\approx\frac{1}{\boldsymbol{F}}$，$\boldsymbol{A}_f$基本上仅由反馈网络决定。而反馈网络通常为电阻网络，因此$\boldsymbol{A}_f$可获得很好的稳定性。要衡量负反馈对放大电路增益稳定性的影响，比较合理的分析方法是比较$\boldsymbol{A}_f$和$\boldsymbol{A}$的相对变化量。

为简单起见，只讨论信号频率处于中频范围的情况，此时$\boldsymbol{A}_f$、$\boldsymbol{F}$均为实数。闭环增益可表示为

$$A_f=\frac{A}{1+AF} \tag{7-9}$$

式中，A为变量。A_f对A求导得

$$\frac{dA_f}{dA}=\frac{(1+AF)-AF}{(1+AF)^2}=\frac{1}{(1+AF)^2}$$

或

$$dA_f=\frac{dA}{(1+AF)^2}$$

上式与式(7-9)左右相除得

$$\frac{dA_f}{A_f}=\frac{1}{1+AF}\frac{dA}{A} \tag{7-10}$$

对于负反馈，$(1+AF)>1$，所以

$$\frac{dA_f}{A_f}<\frac{dA}{A}$$

由式(7-10)可以看出，负反馈可使闭环增益的相对变化量减小到开环增益相对变化量的$\frac{1}{1+AF}$，A_f的稳定性明显提高了。

例如，当$dA/A=\pm10\%$时，设反馈深度$1+AF=100$（深度负反馈），则$dA_f/A_f=\pm0.1\%$，即减小到dA/A的1/100。反之，如果要求dA_f/A_f减小到dA/A的1%，可算出应加

的负反馈深度为 $1+AF=100$ 或 $AF=99$。如果 A 已知，就可算出应有的反馈系数 F。

7.3.2　展宽通频带，减小频率失真

在第 6 章中已提到，由于放大电路中耦合电容、旁路电容和晶体管结电容的存在，在低频段和高频段增益都会下降。引入负反馈后，因信号频率变化及其他原因造成的增益变化将减小，负反馈使闭环增益趋于稳定。闭环增益幅频特性的下降速率减慢了，其效果是展宽了电路的通频带。如图 7-16 所示，闭环时的通频带 $f_{BWf}=f_{Hf}-f_{Lf}$ 显然大于开环时的通频带 $f_{BW}=f_H-f_L$。

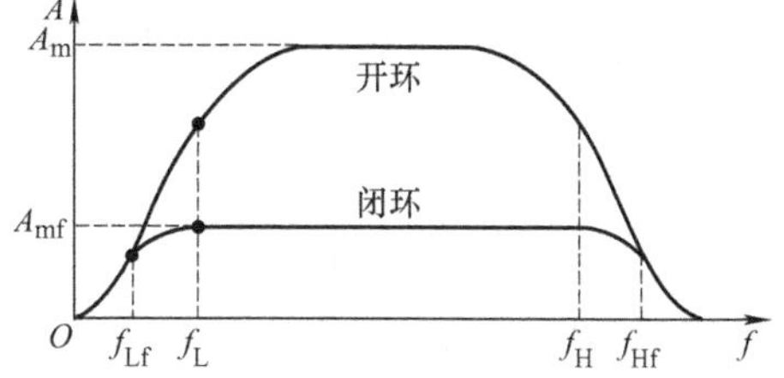

图 7-16　负反馈展宽通频带

以单级放大电路在低频段和高频段都只有一个时间常数（转折频率）的情况为例。

设在低频段，开环增益为

$$\boldsymbol{A}_L=A_m\frac{\mathrm{j}\dfrac{f}{f_L}}{1+\mathrm{j}\dfrac{f}{f_L}}$$

式中，A_m 为中频开环增益；f_L 为开环下限截止频率。

引入负反馈后，低频段的闭环增益为

$$\boldsymbol{A}_{Lf}=\frac{\boldsymbol{A}_L}{1+\boldsymbol{A}_L\boldsymbol{F}}=A_{mf}\frac{\mathrm{j}\dfrac{f}{f_{Lf}}}{1+\mathrm{j}\dfrac{f}{f_{Lf}}}$$

式中，$A_{mf}=\dfrac{A_m}{1+A_mF}$是中频闭环增益；$f_{Lf}$是闭环下限截止频率，而且

$$f_{Lf}=\frac{f_L}{1+A_mF}\tag{7-11a}$$

可见，闭环时的 f_{Lf} 是开环时的 f_L 的 $\dfrac{1}{1+A_mF}$。

同样可推导出

$$f_{Hf}=(1+A_mF)f_H\tag{7-11b}$$

即闭环时的 f_{Hf} 是开环时 f_H 的（$1+A_mF$）倍。

通常在放大电路中，可以近似认为通频带只取决于上限截止频率。因此，对开环 $f_{BW}\approx f_H$，对闭环 $f_{BWf}\approx f_{Hf}$，而式(7-11b) 变为

$$f_{BWf}=(1+A_mF)f_{BW}\tag{7-12}$$

结论：加入负反馈后，使放大电路的通频带扩大为开环时的（$1+A_mF$）倍。

从式(7-12) 还可以得到一个重要的关系式。因为 $1+A_mF=\dfrac{A_m}{A_{mf}}$，所以式(7-12) 可改写为

$$A_{mf}f_{BWf}=A_mf_{BW}\tag{7-13}$$

式(7-13) 说明，在加入负反馈前后，放大电路的“增益带宽积”GBP 是常数。

对于多级放大电路，虽然没有上述的简单关系，但“负反馈能扩展放大电路通频带”

的结论还是成立的。

7.3.3 减小非线性失真，抑制干扰和噪声

由于组成放大电路的双极型晶体管或场效应管等半导体器件具有非线性特性，当放大电路的输入信号幅值较大时，即使输入为正弦波，但 i_b、i_c、u_o 的波形往往已成为非正弦波。这种现象称为放大电路的“非线性失真”。如果是多级放大电路，位置越靠后的放大级输入信号幅值越大，输出的各次谐波幅度也越大，非线性失真的现象越严重。引入负反馈后可以在一定程度上减小这种失真，其原理可以用图7-17来说明。

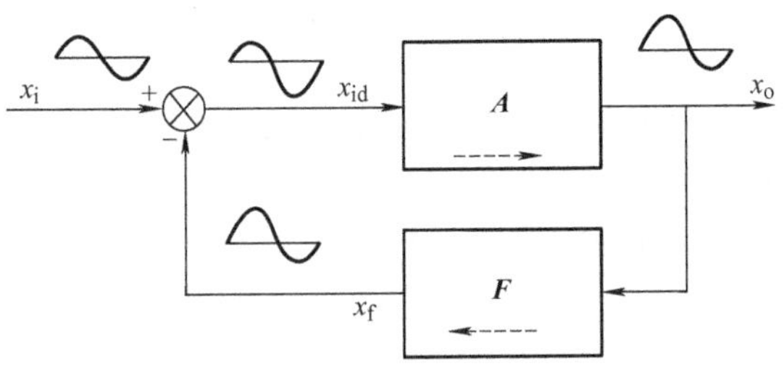

图7-17 负反馈减小非线性失真

设输入信号 x_i 为正弦波时，放大电路的开环输出信号发生了正半周幅度大、负半周幅度小的失真。当引入负反馈后，x_o 的这种失真被反馈网络取样后引回到输入端，x_f 也为正半周幅度大、负半周幅度小的波形。因净输入量 $x_{id}=x_i-x_f$，故 x_{id} 的波形变为正半周幅度小、负半周幅度大。该波形势必使 x_o 的正半周幅度减小、负半周幅度增大。负反馈的闭环自动调节作用最终会使 x_o 的正、负半周幅度趋于一致。

从另一角度讲，电路引入深度负反馈后，在 $|1+\boldsymbol{AF}|\gg1$ 的条件下，反馈放大电路的增益 $\boldsymbol{A}_f\approx\frac{1}{\boldsymbol{F}}$。通常反馈网络为线性网络，这说明 x_o 与 x_i 基本为线性关系，亦即减小了非线性失真。

负反馈在减小了非线性失真的同时，也减小了电路增益。若增大输入量 x_i 以保证闭环输出量 x_o 的基波成分与开环时相同，可以证明，引入负反馈后输出量中的谐波成分是开环时输出量中谐波成分的 $1/(1+\boldsymbol{AF})$。即加入负反馈后，非线性失真减小为无反馈时的 $1/(1+\boldsymbol{AF})$。

应该指出，负反馈只能对反馈环路内的电量起作用，只能抑制环路内的非线性失真。对来自外部的失真与干扰，例如混入 x_i 的非线性信号或干扰，则负反馈不起作用。

上述分析只有在非线性失真不十分严重时才是正确的。如果放大电路的输出量出现了严重的饱和或截止失真，说明放大电路在正弦信号一周期的部分时间内已工作在饱和区或截止区，在这种情况下 $\boldsymbol{A}\approx0$，此时负反馈已变得无能为力了。

一般说来，外来的干扰和内部的噪声⊖对放大电路输出量的影响是微小的，折合到放大电路的输入端也只有微伏（μV，10^{-6}V）的数量级。但是，如果输入信号本身也很微弱，也是微伏级，那么这种影响就不能忽视，甚至干扰和噪声会把有用的信号“淹没”。为了衡量干扰和噪声对信号的影响程度，工程上采用信号与噪声电压之比，简称“信噪比”，在用分贝（dB）为单位时，表示为

$$信噪比（dB）=20\lg\frac{信号电压}{噪声电压}=20\lg\frac{S}{N}$$

⊖ 放大电路中的干扰是由外界因素造成的。例如，放大电路周围存在杂散电磁场时，其输入电路或某些主要元件就会感应出干扰电压。直流电源中的交流纹波，直流电压随电网电压和负载的变动而变化也会引起“电源干扰”。放大电路内部的噪声是由各元器件内部载流子运动的不规则性造成的，主要有电阻热噪声和晶体管内部的噪声，是杂乱的无规则的变化电压或电流。

通常要求信噪比大于 20dB（即 $S >> 10N$）。

干扰和噪声对放大电路的影响也可看成是在输出端出现了新的频率成分。和非线性失真一样，负反馈也可以削弱这些新的频率成分。但由于有用的输入信号也以同样程度受到削弱，所以必须提高输入信号的幅度，使输出量中的信号成分恢复到引入反馈前的值。这样，由于干扰和噪声受到负反馈的削弱，输出端的信噪比就可显著提高（提高到引入反馈前的 $|1+\boldsymbol{AF}|$ 倍）。

再一次强调指出，负反馈对它所包围的闭环以外的量是无法起作用的。因此，如果非线性失真或干扰和噪声来自输入信号本身，则引入负反馈也无法改善放大电路在这些方面的性能。

7.3.4　对输入电阻和输出电阻的影响

1. 对输出电阻的影响

引入负反馈的主要目的是在输入量不变的条件下，使某输出量得到稳定。因此，负反馈必然影响放大电路的输出电阻。

电压负反馈使输出电压在负载变动时保持稳定，也就是提高了放大电路的带负载能力，使之接近于恒压源。因此，电压负反馈必然使放大电路的输出电阻减小。

电流负反馈使输出电流在负载变动时保持稳定，也就是使放大电路接近于恒流源。因此，电流负反馈必然使放大电路的输出电阻增大。

以电压串联负反馈为例。把基本放大电路输出端用电压源来表示，如图 7-18 所示。图中 $\dot{U}_{id}$ 是基本放大电路的净输入电压，$\boldsymbol{A}_0$ 为负载断开（$R_L \to \infty$）时的开环增益（即 $\boldsymbol{A}_0 = \boldsymbol{A}|_{R_L\to\infty}$），$\boldsymbol{A}_0\dot{U}_{id}$ 为负载断开时的输出电压，R_o 是基本放大电路的内阻。现在计算带负反馈时的输出电阻 R_{of}。为此，把 $\dot{U}_i$ 短路，断开 R_L，在输出端加电压 $\dot{U}_o$。此时，电压 $\dot{U}_o$ 通过反馈网络在放大电路的输入端加入了电压 $\boldsymbol{F}\dot{U}_o$，而 $\dot{U}_{id} = 0 - \boldsymbol{F}\dot{U}_o = -\boldsymbol{F}\dot{U}_o$。这样，在基本放大电路的输出产生了电压 $\boldsymbol{A}_0\dot{U}_{id} = -\boldsymbol{A}_0\boldsymbol{F}\dot{U}_o$，而输出端电流为

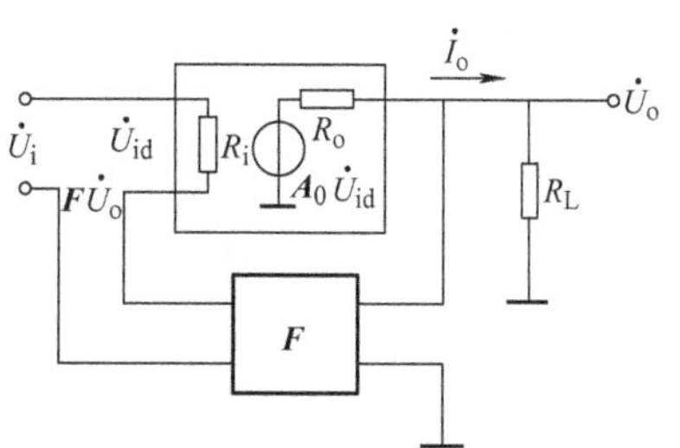

图 7-18　电压负反馈对输出电阻的影响

$$\dot{I}_o = \frac{\dot{U}_o - (-\boldsymbol{A}_0\boldsymbol{F}\dot{U}_o)}{R_o} = \frac{\dot{U}_o(1+\boldsymbol{A}_0\boldsymbol{F})}{R_o}$$

即带负反馈后放大电路的输出电阻为

$$R_{of} = \frac{\dot{U}_o}{\dot{I}_o} = \frac{R_o}{1+\boldsymbol{A}_0\boldsymbol{F}} \tag{7-14}$$

用类似的分析可以证明电流负反馈将放大电路的输出电阻 R_{of} 增大到无反馈时的 $|1+\boldsymbol{A}_s\boldsymbol{F}|$ 倍，即

$$R_{of} = R_o|1+\boldsymbol{A}_s\boldsymbol{F}| \tag{7-15}$$

其中，$\boldsymbol{A}_s$ 是输出端短路（$R_L = 0$）时的开环增益，即

$$\boldsymbol{A}_s = \boldsymbol{A}\mid_{R_L=0}$$

同时具有电压反馈和电流反馈时，输出电阻由伯莱克曼（Blackman）公式给出

$$R_{of} = R_o\frac{1+\boldsymbol{A}_s\boldsymbol{F}}{1+\boldsymbol{A}_0\boldsymbol{F}} \tag{7-16}$$

2. 对输入电阻的影响

负反馈对放大电路输入电阻的影响必然与反馈在输入端的连接方式有关。

串联负反馈削弱了放大电路的输入电压，使真正加到放大电路输入端的净输入电压下降了。因此，在同样的输入电压下，输入电流将下降。换言之，串联负反馈使输入电阻增大。

并联负反馈削弱了放大电路的输入电流，使真正流入放大电路输入端的净输入电流减小了。或者说，在同样的输入电压下，为了保持同样的净输入电流，总的输入电流将增大。换言之，并联负反馈使输入电阻减小。

串联负反馈放大电路的输入端可表示为图7-19的形式。

无反馈时，放大电路的输入电阻为 $R_i = \left|\frac{\dot{U}_{id}}{\dot{I}_i}\right|$。引入反馈后，为了保持同样的 $\dot{I}_i$，也就是保持同样的 $\dot{U}_{id}$，放大电路的输入电压必须为 $\dot{U}_i = (1+\boldsymbol{AF})\dot{U}_{id}$。因此，串联负反馈使放大电路的输入电阻增加为

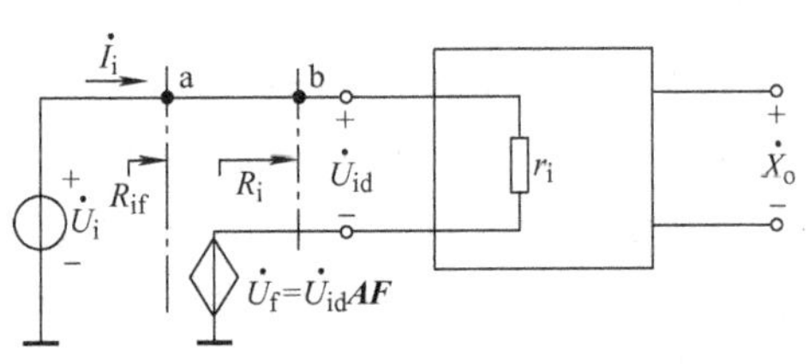

图7-19　串联负反馈对输入电阻的影响

$$R_{if} = \left|\frac{\dot{U}_i}{\dot{I}_i}\right| = \left|\frac{(1+\boldsymbol{AF})\dot{U}_{id}}{\dot{I}_i}\right| = R_i\mid 1+\boldsymbol{AF}\mid \tag{7-17}$$

应该注意：R_{if}与 R_i 的不同在于 R_{if} 是放大电路输入端 a 点与地之间的输入电阻，它包含了反馈电压 $\dot{U}_f$的影响，而 R_i 是放大电路两输入端之间的电阻，它不包含 $\dot{U}_f$的影响。

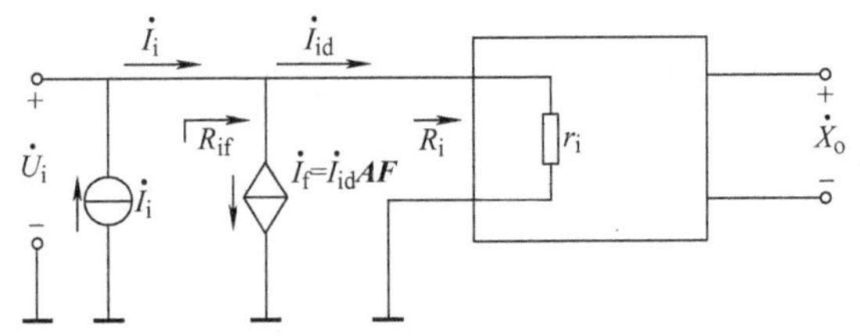

图7-20　并联负反馈对输入电阻的影响

并联负反馈放大电路的输入端如图7-20所示，无反馈时输入电阻 $R_i = \left|\frac{\dot{U}_i}{\dot{I}_{id}}\right|$。引入反馈后，对输入电流 $\dot{I}_i$来说，输入电阻为

$$R_{if} = \left|\frac{\dot{U}_i}{\dot{I}_i}\right| = \left|\frac{\dot{U}_i}{\dot{I}_{id}(1+\boldsymbol{AF})}\right| = \frac{R_i}{\mid 1+\boldsymbol{AF}\mid} \tag{7-18}$$

再次指出，R_i 是放大电路两输入端之间的电阻，它不受反馈的影响，而 R_{if}已包含了并

联负反馈的影响。负反馈对放大电路动态性能的影响归纳于表 7-2。

表 7-2　负反馈对放大电路动态性能的影响

反馈类型	稳定的增益	输入电阻	输出电阻	其他性能的改善
电压串联	$\boldsymbol{A}_{\mathrm{uf}}$	$R_{\mathrm{i}}(1+\boldsymbol{A}_{\mathrm{u}}\boldsymbol{F}_{\mathrm{u}})$	$\dfrac{R_{\mathrm{o}}}{1+\boldsymbol{A}_{\mathrm{uo}}\boldsymbol{F}_{\mathrm{u}}}$	扩大通频带，减小非线性失真，抑制干扰和噪声
电压并联	$\boldsymbol{A}_{\mathrm{rf}}$	$\dfrac{R_{\mathrm{i}}}{1+\boldsymbol{A}_{\mathrm{r}}\boldsymbol{F}_{\mathrm{g}}}$	$\dfrac{R_{\mathrm{o}}}{1+\boldsymbol{A}_{\mathrm{ro}}\boldsymbol{F}_{\mathrm{g}}}$	
电流串联	$\boldsymbol{A}_{\mathrm{gf}}$	$R_{\mathrm{i}}(1+\boldsymbol{A}_{\mathrm{g}}\boldsymbol{F}_{\mathrm{r}})$	$R_{\mathrm{o}}(1+\boldsymbol{A}_{\mathrm{gs}}\boldsymbol{F}_{\mathrm{r}})$	
电流并联	$\boldsymbol{A}_{\mathrm{if}}$	$\dfrac{R_{\mathrm{i}}}{1+\boldsymbol{A}_{\mathrm{i}}\boldsymbol{F}_{\mathrm{i}}}$	$R_{\mathrm{o}}(1+\boldsymbol{A}_{\mathrm{is}}\boldsymbol{F}_{\mathrm{i}})$	

7.4　负反馈放大电路的分析计算

负反馈放大电路的分析计算在一般情况下是比较复杂的。从电路分析的观点看，负反馈放大电路可以看成是两个双端口网络（基本放大电路和反馈网络）在输入端和输出端的串联或并联，利用电路分析中的双口网络理论可以求解。但当电路比较复杂时，此类分析方法使用起来很不方便，其计算结果往往不能清晰地反映出反馈的作用。

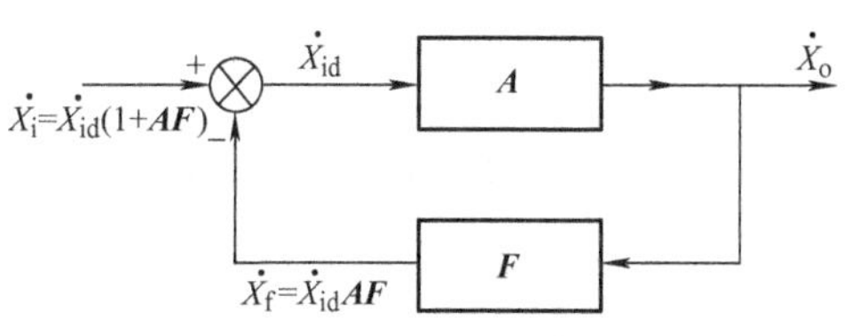

图 7-21　深度负反馈的情况

事实上，在实用的放大电路中常常引入深度负反馈，即电路满足 $|1+\boldsymbol{AF}|\gg1$ 或 $|\boldsymbol{AF}|\gg1$ 的条件。在这种情况下，负反馈放大电路的分析和计算可以大为简化。在工程上，这种近似计算方法具有非常重要的意义。下面将说明深度负反馈条件下放大电路的特点，并着重介绍该条件下电路增益的近似计算及输入、输出电阻的估算方法。

7.4.1　深度负反馈放大电路的特点

由图 7-21 可见，当 $|1+\boldsymbol{AF}|\gg1$ 或 $|\boldsymbol{AF}|\gg1$ 时，放大电路输入端的 $\dot{X}_{\mathrm{i}}=(1+\boldsymbol{AF})\dot{X}_{\mathrm{id}}\approx\boldsymbol{AF}\dot{X}_{\mathrm{id}}\approx\dot{X}_{\mathrm{f}}$，即 $\dot{X}_{\mathrm{id}}\approx0$。所以，深度负反馈放大电路的两大本质特点是：

（1）输入量≈反馈量，即

$$\dot{X}_{\mathrm{i}}\approx\dot{X}_{\mathrm{f}} \tag{7-19}$$

（2）净输入量接近于零，即

$$\dot{X}_{\mathrm{id}}\approx0 \tag{7-20}$$

由第一个特点还可得出非常重要的结果。因为 $\dot{X}_{\mathrm{f}}=\boldsymbol{F}\dot{X}_{\mathrm{o}}$，因此从式(7-19) 立即可以得出

$$\boldsymbol{A}_{\mathrm{f}}=\frac{\dot{X}_{\mathrm{o}}}{\dot{X}_{\mathrm{i}}}\approx\frac{\dot{X}_{\mathrm{o}}}{\dot{X}_{\mathrm{f}}}=\frac{\dot{X}_{\mathrm{o}}}{\boldsymbol{F}\dot{X}_{\mathrm{o}}}=\frac{1}{\boldsymbol{F}} \tag{7-21}$$

换言之，从反馈系数 $\boldsymbol{F}$ 就可直接求出深度负反馈放大电路的闭环增益 $\boldsymbol{A}_{\mathrm{f}}$，而 $\boldsymbol{F}$ 的求取比较容易。式(7-19) 和式(7-20) 是一般性的，在具体应用时可加以具体化。

1）对串联型深度负反馈电路，因为输入端各量都用电压的形式表示，因此有

$$\dot{U}_{\mathrm{i}} \approx \dot{U}_{\mathrm{f}}, \dot{U}_{\mathrm{id}} \approx 0 \tag{7-22}$$

它的物理意义是指在集成运放的同相输入端和反相输入端之间的净输入电压 $\dot{U}_{\mathrm{id}}$近似为 0。此时，两输入端接近于短路，但又不是真正的短路⊖。这种似短路非短路的状态称为“虚短路”（Virtual short-circuit，缩写为 VS），简称“虚短”。同样，如为分立元件电路，在深度串联负反馈时，第一级放大电路输入管的 b_1 和 e_1 之间的净输入电压也近似为 0。

2）对并联型深度负反馈电路，因为输入端各量都用电流的形式表示，因此有

$$\dot{I}_{\mathrm{i}} \approx \dot{I}_{\mathrm{f}}, \dot{I}_{\mathrm{id}} \approx 0 \tag{7-23}$$

它的物理意义是指在深度并联负反馈状态下，流经集成运放的同相输入端和反相输入端的电流几乎为 0。这种状态称为“虚断路”（Virtual open-circuit，缩写为 VO），简称“虚断”。同样，在深度并联负反馈下，分立元件电路的第一级输入管的净输入电流也近似为 0。

“虚短路”和“虚断路”是两个非常重要的概念，在第 8 章中分析集成运放线性应用电路时有很大的用处，必须熟练掌握。

7.4.2 深度负反馈放大电路的近似计算

1. 电压串联负反馈

对图 7-7 的电路，应用式(7-22) 的关系，即应用虚短路的概念，有

$$\dot{U}_{\mathrm{id}} \approx 0,\ \dot{U}_{+} \approx \dot{U}_{-},\ \dot{U}_{\mathrm{i}} \approx \dot{U}_{\mathrm{f}} = \dot{U}_{\mathrm{o}}\frac{R}{R+R_{\mathrm{F}}}$$

可得

$$\begin{aligned} \boldsymbol{A}_{\mathrm{uf}} &= \frac{\dot{U}_{\mathrm{o}}}{\dot{U}_{\mathrm{i}}} \approx \frac{\dot{U}_{\mathrm{i}}\dfrac{R+R_{\mathrm{F}}}{R}}{\dot{U}_{\mathrm{i}}} \\ &\approx \frac{R+R_{\mathrm{F}}}{R} = 1+\frac{R_{\mathrm{F}}}{R} \end{aligned} \tag{7-24}$$

因图 7-7 的电路带深度负反馈，也可以先求出反馈系数 $\boldsymbol{F}$，然后利用 $\boldsymbol{A}_{\mathrm{f}}=\dfrac{1}{\boldsymbol{F}}$的关系求出闭环增益。这里

$$\boldsymbol{F}_{\mathrm{u}} = \frac{\dot{U}_{\mathrm{f}}}{\dot{U}_{\mathrm{o}}} = \frac{R}{R+R_{\mathrm{F}}}$$

则

$$\boldsymbol{A}_{\mathrm{uf}} = \frac{1}{\boldsymbol{F}_{\mathrm{u}}} = \frac{R+R_{\mathrm{F}}}{R} = 1+\frac{R_{\mathrm{F}}}{R}$$

其结果与式(7-24) 相同。

⊖ 如果 $\dot{U}_{\mathrm{id}}$真正为零，放大电路就不能工作了。

应用表示虚断路特点的式(7-23)，从输入端看进去的闭环输入电阻为

$$R_{if}=\frac{\dot{U}_i}{\dot{I}_{id}}\to\infty$$

去掉 R_L，由输出端向左朝放大电路看进去的闭环输出电阻为

$$R_{of}=\left|\frac{\Delta U_o}{\Delta I_o}\right|\to 0$$

2. 电压并联负反馈

在图 7-9 中，深度负反馈条件下应有 $\dot{I}_{id}\approx 0$，$\dot{U}_{id}\approx 0$。又因 $\dot{U}_+=0$[㊀]，所以

$$\dot{U}_-\approx\dot{U}_+=0$$

这时，反相输入端的电位接近于地而又不是真正的地。这种状态叫做反相输入端处于“虚地”（Virtual ground，缩写为 VG）。“虚地”是“虚短路”在反相输入运放电路中的特殊表现形式。

因为 $\dot{U}_-\approx 0$，立即可以算出 $\dot{I}_i\approx\frac{\dot{U}_s}{R_S}$和 $\dot{I}_f\approx -\frac{\dot{U}_o}{R_F}$。因此

$$\dot{I}_i\approx\frac{\dot{U}_s}{R_S}\approx\dot{I}_f\approx -\frac{\dot{U}_o}{R_F}$$

从而得出该电路的

$$\boldsymbol{A}_{rf}=\frac{\dot{U}_o}{\dot{I}_i}=-R_F \tag{7-25}$$

和

$$\boldsymbol{A}_{usf}=\frac{\dot{U}_o}{\dot{U}_s}=-\frac{R_F}{R_S} \tag{7-26}$$

在图 7-9 中，由于 $\dot{U}_{id}\approx 0$，所以从信号源内阻 R_S 的右端向放大电路看进去的输入电阻为

$$R_{if}=\frac{\dot{U}_{id}}{\dot{I}_i}\to 0$$

应该指出，集成运放本身的输入电阻 r_{id} 并没有变。但是，加了深度并联负反馈后，从输入端分流出一个较大的反馈电流 $\dot{I}_f$，这就相当于在反相端与地之间并联了一个很小的电阻[㊁]，

㊀ 即使同相端通过电阻 R 接地，因为 $\dot{I}_{id}\approx 0$，仍有 $\dot{U}_+\approx 0$。

㊁ 根据密勒定理，可将反馈电阻 R_F 折算到输入端和地以及输出端和地之间，从而去掉反馈。折算到输入端与地之间的电阻是 $R_F/(1+\boldsymbol{A})\approx 0$。

从而使反相端与地之间的总电阻（即 R_{if}）接近于零。

从信号源 $\dot{U}_s$ 向右看的输入电阻[⊖]为

$$R_{isf}=\frac{\dot{U}_s}{\dot{I}_i}=\frac{\dot{I}_iR_S+\dot{U}_{id}}{\dot{I}_i}=R_S+R_{if}\approx R_S$$

因为是电压负反馈，去掉 R_L 后从输出端向左看进去的闭环输出电阻为

$$R_{of}=\left|\frac{\Delta\dot{U}_o}{\Delta\dot{I}_o}\right|\to 0$$

3. 电流串联负反馈

图 7-11 为电流串联负反馈的电路。在深度负反馈条件下，用与前面类似的方法可以得出

$$\boldsymbol{A}_{gf}=\frac{\dot{I}_o}{\dot{U}_i}\approx\frac{\dot{I}_o}{\dot{U}_f}=\frac{\dot{I}_o}{\dot{I}_o\dfrac{R_1R}{R+R_F+R_1}}$$

$$=\frac{R+R_F+R_1}{RR_1} \tag{7-27}$$

$$\boldsymbol{A}_{uf}=\frac{\dot{U}_o}{\dot{U}_i}=\frac{\dot{I}_oR_L}{\dot{U}_i}=\frac{R_L(R+R_F+R_1)}{RR_1} \tag{7-28}$$

$$R_{if}=\frac{\dot{U}_i}{\dot{I}_i}\to\infty$$

因为是电流负反馈，能稳定输出电流。因此，从输出端向放大电路看进去的闭环输出电阻为

$$R_{of}\to\infty$$

4. 电流并联负反馈

电路如图 7-13 所示。类似地可以推出

$$\boldsymbol{A}_{if}=\frac{\dot{I}_o}{\dot{I}_i}\approx\frac{\dot{I}_o}{\dot{I}_f}\approx-\frac{R+R_F}{R}=\left(1+\frac{R_F}{R}\right) \tag{7-29}$$

$$\boldsymbol{A}_{usf}=\frac{\dot{U}_o}{\dot{U}_s}=\frac{\dot{I}_oR_L}{\dot{I}_iR_S}=\frac{R_L(R+R_F)}{R_SR} \tag{7-30}$$

$$R_{if}\to 0$$

$$R_{isf}\approx R_S$$

$$R_{of}\to\infty$$

⊖ 包含 R_S 和深度并联负反馈的作用。

例 7-9　图 7-22a 为三级负反馈放大电路，其交流通路如图 7-22b 所示。计算这个反馈放大电路的闭环增益。

解　由于放大电路有三级，开环增益很大，只要反馈系数不是太小，很容易满足深度负反馈的条件。从 VT_3 的 e_3 通过反馈网络（R_4+R_3 以及 R_9）接到 VT_1 的 e_1 是一个级间的电流串联负反馈，应用式(7-22) 可以得出

$$\dot{U}_i \approx \dot{U}_f = \dot{U}_{R3} \approx \dot{U}_{R9}\frac{R_3}{R_3+R_4}$$

$$=\dot{I}_{e3}\frac{R_3+R_4}{R_3+R_4+R_9}R_9\frac{R_3}{R_3+R_4}$$

$$=\dot{I}_{e3}R_9\frac{R_3}{R_3+R_4+R_9}$$

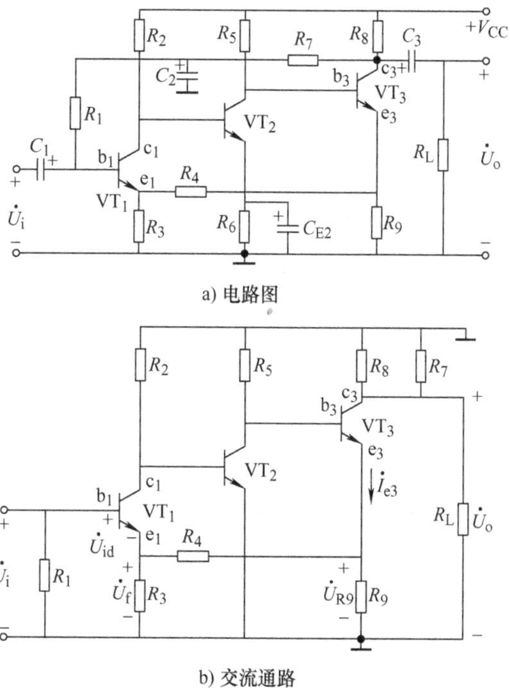

图 7-22　例 7-9 图

因此可求得从 $\dot{U}_i$ 至 $\dot{I}_{e3}$ 的闭环互导增益

$$\boldsymbol{A}_{gf}=\frac{\dot{I}_{e3}}{\dot{U}_i}=\frac{R_3+R_4+R_9}{R_3R_9}$$

如果要进一步求出闭环电压增益 $\boldsymbol{A}_{uf}=\frac{\dot{U}_o}{\dot{U}_i}$，则因 $\dot{I}_{e3}\approx\dot{I}_{c3}$，而 $\dot{U}_o=-\dot{I}_{c3}(R_7/\!/R_8/\!/R_L)\approx-\dot{I}_{e3}(R_7/\!/R_8/\!/R_L)$，所以

$$\boldsymbol{A}_{uf}=\frac{\dot{U}_o}{\dot{U}_i}=-\frac{R_3+R_4+R_9}{R_3R_9}(R_7/\!/R_8/\!/R_L)$$

例 7-10　图 7-23 是一个比较复杂的 OCL 准互补功率放大电路（见第 5 章 5.4.1 节）的一部分。试求电路的闭环电压增益。

解　不管该电路原来多么复杂，在深度负反馈条件下，计算闭环增益的关键是找出它的反馈网络。后者在本例中是从输出端的 $\dot{U}_o$ 非接地端经 R_F、C_1、R_{B2} 接到差动输入级 VT_2 管的 b 极，所形成的是电压串联负反馈。因为满足深度负反馈条件，又是串联反馈，应用式(7-22) 可以立即得出该功率放大电路的闭环电压增益

$$\boldsymbol{A}_{uf}=\frac{\dot{U}_o}{\dot{U}_i}\approx\frac{\dot{U}_o}{\dot{U}_f}=\frac{\dot{U}_o}{\dot{U}_o\frac{0.62}{22+0.62}}=36.5$$

从上面两个分立元件放大电路的例子可以明显看出，尽管原来的放大电路比较复杂，在

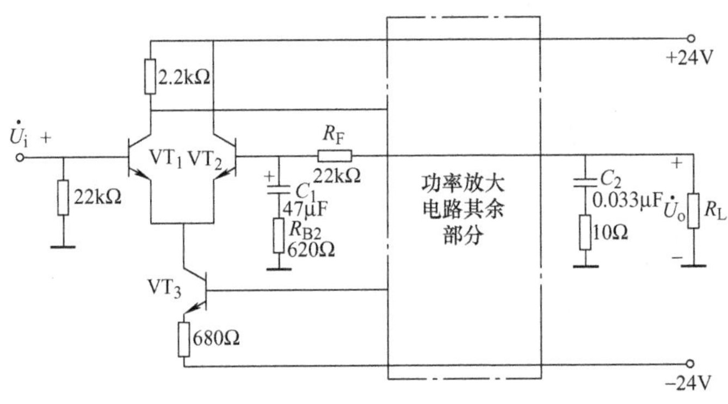

图 7-23 例 7-10 图

深度负反馈的条件下，甚至可以完全不管实际的电路，而只需注意分析它的反馈网络，就可以立即求出放大电路的闭环增益。

例 7-11 图 7-24 是由理想运放 A_1、A_2 和 A_3 构成的反馈放大电路。分析电路中存在哪些反馈，判断它们的反馈组态，并推导出闭环增益 $\boldsymbol{A}_{uf}$ 的表达式。

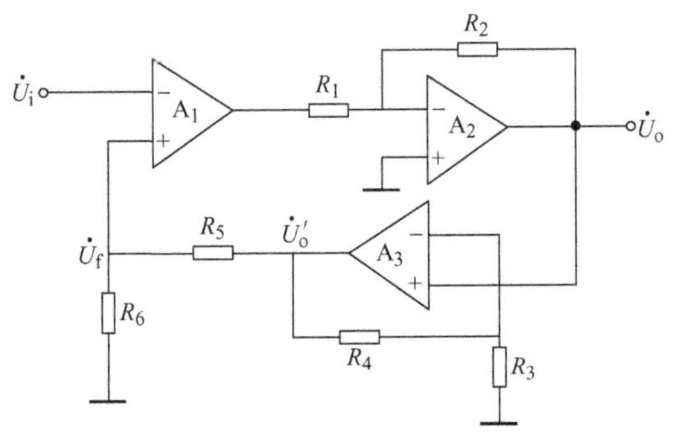

图 7-24 例 7-11 图

解 (1) 分析电路的反馈组态

不难看出 A_2 引入了电压并联负反馈，A_3 引入了电压串联负反馈。$\dot{U}_i$ 从 A_1 输入，$\dot{U}_o$ 从 A_2 输出，A_3 构成的基本放大电路连同电阻 R_5、R_6 构成了整个电路的有源反馈网络。

设想输入信号 $\dot{U}_i$ 的瞬时极性对地为正，经 A_1、A_2 的两级反相放大后，$\dot{U}_o$ 的瞬时极性对地也为正。因 A_3 为同相放大，所以 $\dot{U}'_o$ 与输出电压 $\dot{U}_o$ 同相。电阻 R_6 上的电压为反馈电压 $\dot{U}_f$，其瞬时极性为上正下负。因 $\dot{U}_f$ 的存在削弱了输入信号 $\dot{U}_i$，使电路的净输入量减小，故为负反馈。因 $\dot{U}_i$ 与 $\dot{U}_f$ 在输入端相串联，反馈网络在输出端是对输出电压 $\dot{U}_o$ 进行取样，所以整个电路的反馈组态为电压串联负反馈。

(2) 求闭环电压增益 $\boldsymbol{A}_{uf}$

因各运放均为理想运放，反馈放大电路工作在深度负反馈状态，存在

$$\dot{U}'_o=\left(\frac{R_3+R_4}{R_3}\right)\dot{U}_o$$

$$\dot{U}_f=\left(\frac{R_6}{R_6+R_5}\right)\dot{U}'_o=\left(\frac{R_6}{(R_6+R_5)}\right)\left(\frac{R_3+R_4}{R_3}\right)\dot{U}_o$$

根据式(7-22)，有 $\dot{U}_f=\dot{U}_i$，故得

$$\boldsymbol{A}_{uf}=\frac{\dot{U}_o}{\dot{U}_i}=\frac{\dot{U}_o}{\dot{U}_f}=\frac{(R_6+R_5)\ R_3}{R_6\ (R_3+R_4)}$$

需要说明，利用集成运放构成的反馈放大电路，一般均能满足 $|1+\boldsymbol{AF}| >> 1$ 的深度负反馈条件（可以认为 $|\boldsymbol{AF}|$ 趋于无穷大），故在求解过程中都采用上述近似估算方法。随着电子电路计算机辅助分析和设计软件的广泛应用，在需要精确分析电路性能指标时，不必进行手工计算，使用像 Multisim 这样功能强大的仿真软件十分方便。

7.5 放大电路中负反馈的正确引入

由前面的分析可知，合理引入负反馈可以使电路的许多性能得到改善。根据反馈组态的不同，对电路性能指标的影响各异，但影响程度均与反馈深度（$1+\boldsymbol{AF}$）有关。

在一个比较复杂的系统里，要正确引入负反馈，并不能一蹴而就。如果负反馈包围整个系统，情况就简单一些，因为至少连接负反馈的两端位置已定。如果不是这样，那么负反馈究竟从哪里引到哪里，可能有多种方案。必须经过多次反复的试探和修正，才能最后确定最佳方案。

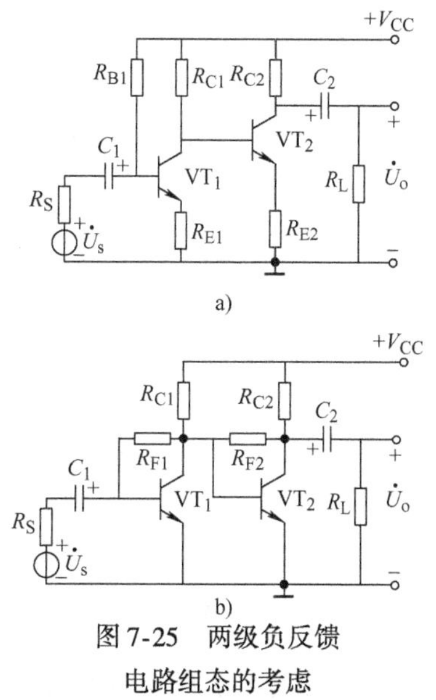

图 7-25 两级负反馈电路组态的考虑

但是，根据前面介绍的关于负反馈类型、作用和特点等知识，特别是因为在放大电路中引入负反馈通常是为了稳定输出量或改变输入和输出电阻，所以总有一些原则可以遵循。下面介绍几条原则：

1）要稳定静态工作点，应该引入直流负反馈；要改善放大电路的动态性能，应该引入交流负反馈。

2）要稳定放大电路中某个输出量（电压或电流），必须对这个量进行采样。例如，要稳定输出电压，则应采用电压负反馈；要稳定输出电流，则应采用电流负反馈。

3）根据需要，可以引入局部反馈或整体反馈。从提高负反馈效果来说，总希望它包围的放大电路级数多一些，增益高一些，以提高反馈深度。由于在放大电路中要稳定的往往是输出端的电压或电流，所以负反馈往往包围整个电路。

4）如果要提高放大电路的输入电阻，则应采用串联负反馈。反之，则应采用并联负反馈。另外，负反馈的效果还和信号源内阻 R_S 的大小有关。R_S 小，宜用串联负反馈；R_S 大，宜用并联负反馈。在分立元件放大电路中引入本级反馈时，也要注意这一点。例如图 7-25a 是一个两级电流串联负反馈电路。第二级的信号源内阻（就是第一级的输出电阻）是 R_{C1}，通常在几千欧以上。为了使第二级的电流串联负反馈效果更强，希望信号源内阻小些。因此，如能把第一级改为电压并联负反馈的电路，则将更为合理。此时，第二级的信号源内阻是一个电压负反馈电路的输出电阻，数值很小。又如图 7-25b 是两级电压并联负反馈电路。第二级的信号源内阻是一个电压负反馈电路的输出电阻，阻值很小，对发挥第二级电压并联负反馈的作用不利。如能把第一级改为电流串联负反馈电路，则第二级的信号源内阻变为第一级的 R_{C1}，阻值在几千欧以上，将更为合理。由此可知，两级电流串联负反馈电路或两级电压并联负反馈电路相连都是不太合理的。

5）要减小输出电阻，应采用电压负反馈；要增大输出电阻，应采用电流负反馈。

例 7-12 电路如图 7-26 所示，试说明如何引入负反馈。

解 （1）如果希望静态时电路元件参数的改变对输出直流电压 U_O 影响较小，则是稳定静态工作点的问题，应引入直流负反馈。可将 R_{B2} 上端与 V_{CC} 断开（图上画 × 处），改接 VT_3 的 c_3，如虚线（1）所示。

（2）如果在动态（交流工作）时，要求 $\dot{I}_{c3} \approx \dot{I}_{e3}$ 的值基本不受 R_{C3} 变化的影响，这显然是稳定输出电流的问题，应采用电流负反馈，接法同图中虚线（2）。电路中原有的 R_{E3} 也有一定的稳定电流作用。

（3）如果希望接上负载电阻 R_L 后，电压增益基本不变，则是稳定输出电压（减小输出电阻）的问题，应采用电压负反馈，如图中虚线（1）所示。

例 7-13 试在一个集成运放（主要参数为 $A_{od}=2\times10^5$，$r_i=2\text{M}\Omega$，$r_o=1\text{k}\Omega$）电路中引入负反馈，把输入电阻提高到大于 10MΩ，把输出电阻降低到小于 10Ω，使闭环增益为 1。

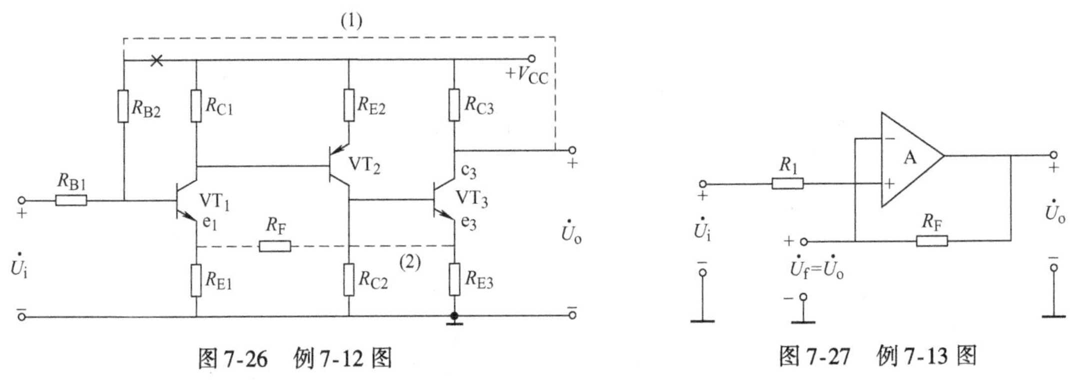

图 7-26 例 7-12 图 图 7-27 例 7-13 图

解 因为要求提高输入电阻，在输入端应采用串联接法；因为要求降低输出电阻，在输出端应采用电压取样。总之，应该引入电压串联负反馈。根据集成运放电路的特点，此时输入信号必须从同相端加入，而反馈信号则引到反相端。又因为要求 $\boldsymbol{A}_{uf}=1$，集成运放电路应接成电压跟随器，如图 7-27 所示。为了限制电流，在输入端和反馈回路中各接入电阻 $R_1=R_F=10\text{k}\Omega$。

最后，检验图 7-27 的电路能否满足所提出的要求。为此，先求出反馈深度

$$|1+\boldsymbol{A}_{od}\boldsymbol{F}|=1+2\times10^5\times1\approx2\times10^5$$

当然是深度负反馈。根据串联负反馈的特点，从式(7-17) 可求出

$$R_{if}=r_i|1+\boldsymbol{A}_{od}\boldsymbol{F}|=2\times10^5\times2\text{M}\Omega\gg10\text{M}\Omega$$

根据电压负反馈的特点，从式(7-14) 可求出

$$R_{of}=\frac{R_o}{|1+\boldsymbol{A}_{od}\boldsymbol{F}|}=\frac{10^3\Omega}{2\times10^5}=5\times10^{-3}\Omega\ll10\Omega$$

所以图 7-27 的电路完全满足要求。

例 7-14 试利用集成运放设计一个电流放大和测量电路，待测电流是 10μA 数量级，而测量仪表是量程 1mA、内阻 1～2kΩ 的毫安表。

解 先根据要求确定应采用的反馈类型。因为是电流测量问题，输出电流应唯一地取决于输入电流，而不受其他干扰因素影响，所以应采用电流负反馈。又因为待测量是电流源的电流，一般内阻大，应采用并联负反馈。总体来说，应引入电流并联负反馈，如图 7-28 所示。

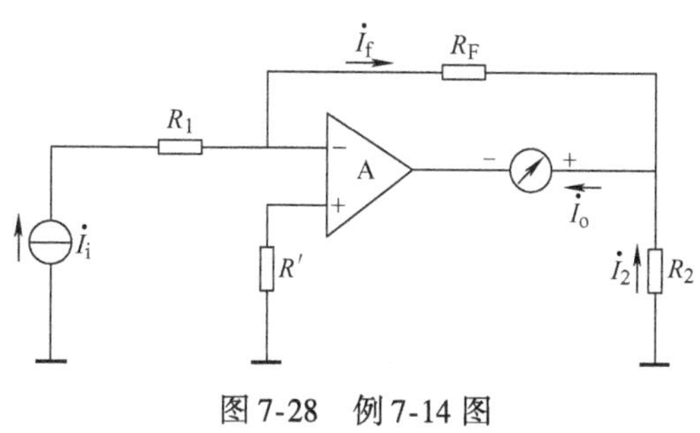

图 7-28 例 7-14 图

下面计算电路中各电阻的值。在输入电流的方向如图所示时，由于是反相输入，输出电流 $\dot{I}_o$ 的方向必然如图上箭头所示，由此确定毫安表的接法。因为 $I_i=10\mu A$ 时，$I_o=1mA$，而 $I_f \approx I_i = 10\mu A$，因此流过采样电阻 R_2 的电流 $I_2 = 1000\mu A - 10\mu A = 990\mu A$。所以，$\frac{I_2}{I_f}=99$。因为是反相输入，反相端处于“虚地”（见本章 7.4.2 节），运放的 $\dot{U}_- \approx 0$，$I_f R_F \approx I_2 R_2$，即 $\frac{R_F}{R_2}=\frac{I_2}{I_f}=99$。如果取 $R_2=1k\Omega$（考虑到 $I_2 \approx I_o$，而毫安表内阻是 1～2kΩ），则 $R_F = 99k\Omega$。电阻 R_1 和 R' 的值可根据输入电流源的内阻确定，并选 $R' = R_1 // (R_F + R_2)$。

7.6 负反馈放大电路中的自激振荡及其消除方法

从前面的讨论可知，负反馈对放大电路性能的改善取决于反馈深度 $|1+\boldsymbol{AF}|$ 或环路增益 $|\boldsymbol{AF}|$ 的大小。$|\boldsymbol{AF}|$ 值越大，反馈越深，改善程度越显著，放大电路的性能越优良。

然而在多级放大电路中，反馈太深有时反而会使放大电路工作不稳定，产生“自激振荡”。所谓自激振荡，就是在输入信号为零时，在反馈放大电路闭合环路内自发产生的某一频率的振荡。这种现象将使放大电路无法正常工作，应当尽量避免和设法消除。

下面将分析产生自激振荡的原因，研究保证放大电路稳定工作的条件，并提出消除振荡的措施。

7.6.1 产生自激振荡的原因和条件

在电路中引入负反馈时，一般都是按信号频率处于中频范围时进行设计的。此时放大电路的输出信号与输入信号不是同相就是反相，据此来决定反馈在输入端的连接方式。

在中频段，负反馈放大电路的 $\dot{X}_i$ 与 $\dot{X}_f$ 同相，则 $\boldsymbol{A}$ 和 $\boldsymbol{F}$ 的相角满足 $\varphi_A+\varphi_F=2n\times180°$（$n=0, 1, 2, \cdots$）。净输入信号 $\dot{X}_{id}$ 是 $\dot{X}_i$ 与 $\dot{X}_f$ 的差值，$\dot{X}_{id} < \dot{X}_i$，使 $\dot{X}_o$ 减小，据此实现负反馈。

然而在信号频率大大低于或高于中频范围时，不仅放大电路增益的幅值会下降，而且 $\boldsymbol{AF}$ 会产生附加相移，即 $\dot{X}_i$ 与 $\dot{X}_f$ 之间会出现相位差。假如在某一信号频率 f_c 时，$\boldsymbol{AF}$ 的附加

相移达到了180°，使 $\varphi_A+\varphi_F=(2n+1)\times180°$（$n=0，1，2，\cdots$），则 $\dot{X}_i$ 与 $\dot{X}_f$ 的相位关系便由中频时的同相变为反相。$\dot{X}_{id}$ 成为 $|\dot{X}_i|$ 与 $|\dot{X}_f|$ 的代数和，$|\dot{X}_{id}|>|\dot{X}_i|$，使 $\dot{X}_o$ 增大。这样，原来人为引入的负反馈转化成了正反馈。

在上述情况下，如果同时满足 $|\boldsymbol{AF}|=1$，如图7-29所示，即使没有外加信号（$\dot{X}_i=0$），也存在 $\dot{X}_{id}=\dot{X}'_f=0-\dot{X}_f=-\dot{X}_f$。这样，频率为 f_c 的信号 $\dot{X}'_f=\dot{X}_{id}$ 就可以在整个环路内持续下去。因此，在负反馈放大电路中就出现了自激振荡。

采用负反馈的目的原本在于稳定输出量和改善性能，然而，正因为有了负反馈，信号传输形成了环路，就有可能产生自激振荡，反而使放大电路无法正常工作。这种矛盾现象，反映出反馈这一事物的两重性。

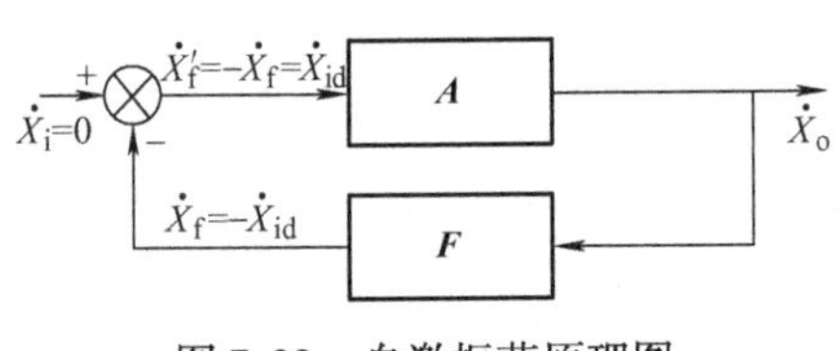

图7-29 自激振荡原理图

通常反馈网络都为电阻性，这时 F 为标量，$\Delta\varphi_F=0$，环路增益 $\boldsymbol{AF}$ 的附加相移就等于 $\Delta\varphi_A$。在这种情况下，在单级放大电路中不可能产生自激振荡，因为 $|\Delta\varphi_A|$ 的最大值为90°，无法满足 $|\Delta\varphi_A|=180°$ 的条件。在两级放大电路中，$|\Delta\varphi_A|$ 最大可达180°。但是此时放大电路的 $\boldsymbol{A}$ 一般已下降到很小，无法满足 $|\boldsymbol{AF}|=1$ 的条件，因而也不可能有自激振荡[㊀]。在三级放大电路中，$|\Delta\varphi_A|$ 最大可达270°。因此，在 $|\Delta\varphi_A|=180°$ 时，$\boldsymbol{A}$ 可能还相当大。如果同时 F 也不太小，就完全有可能产生自激振荡。结论是：①一般在级数较多（≥3）的负反馈放大电路中才有可能产生自激振荡；②要产生自激振荡，放大电路中的附加相移 $|\Delta\varphi_A|$ 要达到180°，使负反馈转化为正反馈。同时 F 也要足够大。所以，反馈深度越大，越容易产生自激。这一点与改善放大电路性能的要求有矛盾。

此外，由于电路中分布参数的作用，也有可能形成正反馈而产生自激。由于深度负反馈放大电路的开环增益足够大，因此在高频段很容易因附加相移而产生高频振荡。

根据式(7-6)，有

$$\boldsymbol{A}_f=\frac{\boldsymbol{A}}{1+\boldsymbol{AF}}$$

当分母等于0，即 $\boldsymbol{AF}=-1$ 时，$\boldsymbol{A}_f$ 趋于无穷大。这意味着即使没有外加输入信号 $\dot{X}_i$，也仍然可能有 $\dot{X}_o$，即产生了自激振荡。故自激振荡的条件是

$$1+\boldsymbol{AF}=0 \quad 或 \quad \boldsymbol{AF}=-1 \tag{7-31}$$

式(7-31) 可改写为

幅值条件：
$$|\boldsymbol{AF}|=1 \tag{7-32}$$

相位条件：
$$\varphi_A+\varphi_F=(2n+1)\times180°(n 为整数) \tag{7-33}$$

㊀ 在实际测试时会发现，在 $\boldsymbol{A}$ 较大的两级放大电路中也会有自激振荡，这是由于没有考虑到的附加因素造成的。

应该说明，式(7-32) 是维持已经产生的自激振荡的幅值条件。实际上，因为电路振荡信号在产生过程中必然有由小到大的过渡过程，故起振条件应满足

$$\left|AF\right|>1 \tag{7-34}$$

负反馈放大电路只有同时满足式(7-32)、式(7-33) 两个条件，才会产生自激振荡。同时，电路之所以进入自激状态，完全是由环路内部的条件决定的，自激不会因外部条件的改变（例如改变输入信号 $\dot{X}_i$）而消除。只有设法破坏上述自激振荡条件，才能消除自激，负反馈放大电路才能够稳定工作。

7.6.2　负反馈放大电路稳定性的分析与判断

为了使负反馈放大电路能够稳定可靠地工作，有必要对电路工作的稳定性[㊀]进行分析研究。通常通过分析负反馈放大电路环路增益 $\boldsymbol{AF}$ 的频率特性，利用反馈放大电路产生自激振荡的条件，就可以对电路工作的稳定性做出明确判断。

图 7-30a、b 和 c 分别给出了反馈放大电路在三种不同情况下的伯德图。图中，满足幅值条件 $20\lg AF=0\text{dB}$（即 $AF=1$）的频率（也叫“切割频率”）为 f_o，满足相位条件 $\Delta\varphi_{AF}$[㊁] $=-180°$的频率（也叫“临界频率”）为 f_c。

1）在图 7-30a 中，$f_o=f_c$。这说明当 $20\lg AF=0\text{dB}$，即 $AF=1$ 时，正好有 $\Delta\varphi_{AF}=-180°$，满足了式(7-32) 和式(7-33) 所示的自激条件。此时反馈放大电路恰好自激，处于临界状态。

2）在图 7-30b 中，当 $f=f_o$ 时，$20\lg AF=0\text{dB}$，幅值条件满足，但 $\left|\Delta\varphi_{AF}\right|<180°$，相位

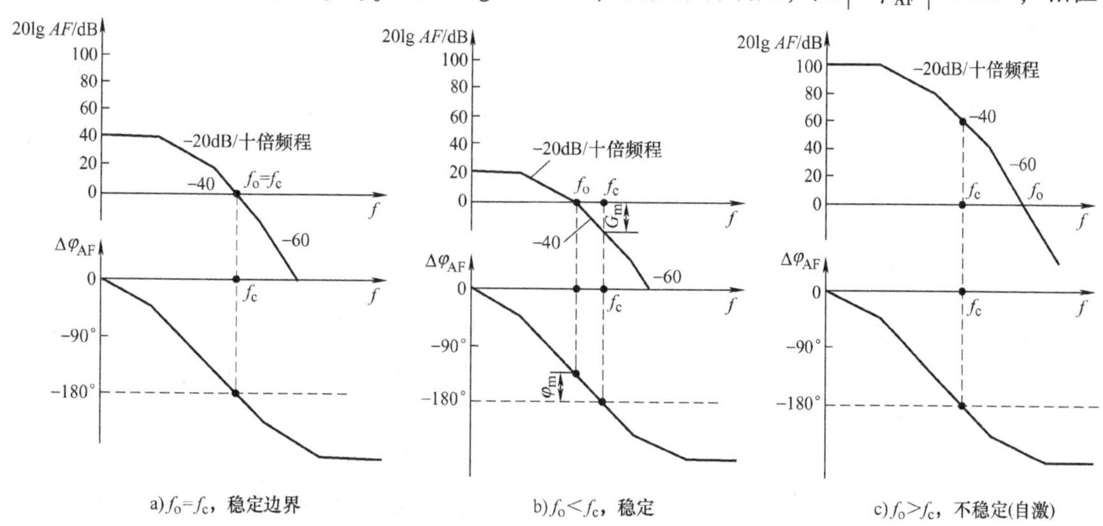

a) $f_o=f_c$，稳定边界　　b) $f_o<f_c$，稳定　　c) $f_o>f_c$，不稳定(自激)

图 7-30　反馈放大电路的稳定性

㊀ 对自控类专业来说，后续课程中有一门重要的“自动控制理论”课程，“稳定性”在该课程中是一个重要内容，还将分析讨论得更详细更深入。但是，在这里介绍的一些概念和方法还是很有用的。从本质上说，反馈放大电路就是一个自动控制系统，只是情况比较简单。组成多级放大电路的每一级从动态特性上看，都是一个“惯性环节”，而整个放大电路就是所谓“最小相位系统”。所以在这里用来判断稳定性的方法是自动控制理论中采用的“奈氏判据”（Nyguist criterion）的简单情况。

㊁ $\Delta\varphi_{AF}=\Delta\varphi_A+\Delta\varphi_F$

条件不满足；而当$f=f_c$时，$|\Delta\varphi_{AF}|=180°$，相位条件满足，但$20\lg AF<0dB$，幅值条件不满足。此时$f_o<f_c$。这说明图b所代表的电路不满足自激条件，在闭环状态下工作稳定，不会产生自激振荡。

工程上为了使所设计的电路具有足够的稳定性，要求电路具备一定的稳定裕量，也称稳定裕度。

把$f=f_c$时所对应的$20\lg AF$的值定义为增益稳定裕度（简称增益裕度），用G_m⊖表示，即

$$G_m=20\lg AF\Big|_{f=f_c} \tag{7-35}$$

在图7-30b中，当$f=f_c$时，$20\lg AF$的值已在0dB线之下，即$AF<1$，$G_m<0$。稳定的负反馈放大电路均为$G_m<0$。不难理解$|G_m|$越大，电路工作越稳定。一般要求$G_m\leqslant -10dB$。

把$f=f_o$时所对应的$\Delta\varphi_{AF}$与180°的差值定义为相位稳定裕度（简称相位裕度），用φ_m表示，即

$$\varphi_m=180°-|\Delta\varphi_{AF}|\Big|_{f=f_o} \tag{7-36}$$

一般要求$\varphi_m\geqslant +45°$。

在工程实践中，为了使负反馈放大电路具有足够可靠的稳定性，通常要求同时满足$G_m\leqslant -10dB$和$\varphi_m\geqslant +45°$，这样的负反馈放大电路才能正常稳定地工作。

3）在图7-30c中，$f_o>f_c$。当$f=f_c$时，$20\lg AF>0dB$（$AF>1$）。在这种情况下，反馈放大电路一定会产生自激，即工作在不稳定状态。

通过上面对图7-30三种情况下伯德图的分析，可以得出这样的结论：①若相频特性中不存在使$\Delta\varphi_{AF}=-180°$的频率f_c，则电路工作稳定。②若存在f_c，当$f_o=f_c$时，恰好自激；当$f_c>f_o$时，电路工作稳定，不会自激；当$f_c<f_o$时，电路工作不稳定，肯定会自激。

7.6.3 消除自激振荡的方法

为了消除负反馈放大电路的自激振荡，就要从根本上破坏式(7-32)和式(7-33)所示的自激条件。也就是说要通过一定的技术手段（例如，在电路中合适的位置加入电容、电阻元件）改变$\boldsymbol{AF}$的频率特性（所谓对特性的“校正”），使电路中要么不存在满足相位条件的频率f_c；要么在有f_c时，使$f=f_c$时的幅值满足$20\lg AF<0dB$；或者使$f=f_o$时的附加相移满足$|\Delta\varphi_{AF}|<180°$。总而言之，要满足$f_c>f_o$，同时在保证合适的增益裕度和相位裕度的前提下获得较大的环路增益。

由前面的分析可知，负反馈放大电路的反馈深度越深，对电路各项性能的改善越明显，但随之而来也越容易产生自激。为了提高放大电路在深度负反馈条件下的工作稳定性，在工程上通常采用的办法为“相位补偿”或“相位校正”。其指导思想是：通过加入一些元件来补偿或校正放大电路的开环频率特性，使幅频特性斜率为-20dB/十倍频程的线段尽量长

⊖ G_m中文字符号G是Gain（增益）的字头，下标m是margin（裕度）的字头。

(拉大主极点[⊖]和相邻极点距离)，尽可能减少极点数目，从而改变环路增益在高频段的相频特性，以此破坏自激条件。这样的消振方法称为“相位补偿法”或“相位校正法”。

以下介绍消除自激振荡的几种常用方法。为分析简单起见，设反馈网络为纯电阻网络（F 等于常数）。

1. 电容滞后补偿

在反馈放大电路的正向通道中，对频率特性影响最大的那一级接入补偿电容 C（通常 C 并接在极点频率最低一级的输出端），目的是使 $\boldsymbol{AF}$ 的幅频特性曲线提前下降，使主极点频率降低。实质上，是以牺牲高频增益来换取电路工作的稳定性。校正后，开环增益的伯德图和 RC 低通电路的伯德图极为相似，所以称为“电容滞后补偿”。因这种校正方法是将主极点频率降低，从而破坏自激振荡条件，所以也叫“主极点校正”。

放大电路中的电容滞后补偿如图 7-31a、b 所示，其简化高频等效电路如图 7-31c 所示。图 7-31c 中，R_{o1}为前一级输出电阻，R_{i2}、C_{i2}分别为后一级的输入电阻和输入电容。补偿网络中接入的电容 C 在数值上一般较大，它与前一级的负载相并联。在中、低频时，因容抗大，C 基本上不起作用。在高频时，因容抗减小，使前一级的增益减小，即其高频增益降低了。

由图 7-31c 可以看出，未加补偿电容 C 时上限频率

$$f_{H1} = \frac{1}{2\pi(R_{o1} \mathbin{/\!/} R_{i2})C_{i2}} \tag{7-37}$$

加补偿电容后上限频率

$$f_{H1} = \frac{1}{2\pi(R_{o1} \mathbin{/\!/} R_{i2})(C_{i2} + C)} \tag{7-38}$$

比较以上两式，显然可见加补偿电容后上限频率下降，其下降程度与 C 值相关。下面用伯德图来说明电容补偿电路的消振作用。

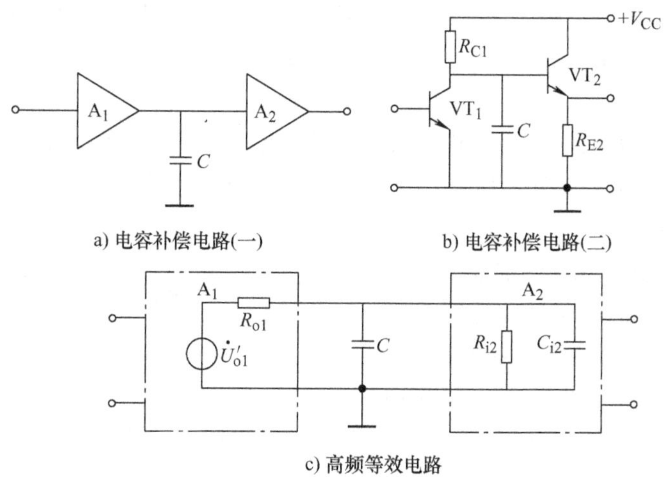

图 7-31　放大电路中的电容滞后补偿

⊖ 频率最低的极点称为主极点。零点和极点分别是放大电路增益表达式分子和分母多项式的根。

设某三级负反馈放大电路环路增益伯德图如图7-32中虚线所示。由图中可见，频率特性中含有三个极点，它们分别是 f_1（主极点）、f_2、f_3。当 $\Delta\varphi_{AF}=-180°$（$f=f_c$）时，$20\lg AF>0\text{dB}$（$AF>1$）。如不采取补偿措施，电路工作不稳定，将产生自激振荡。

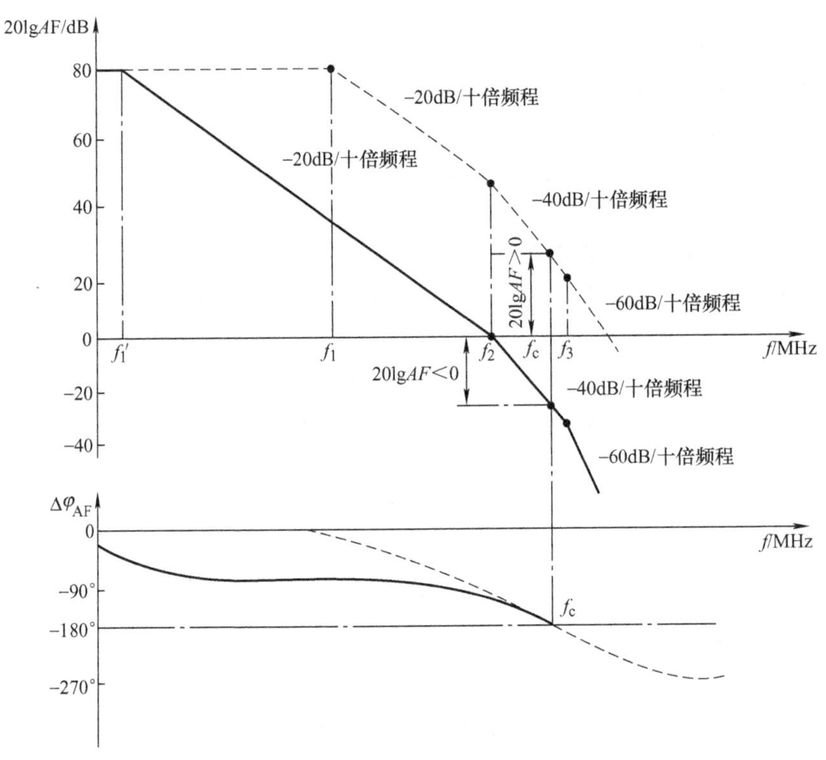

图7-32 电容滞后补偿前后环路增益伯德图

如前所述，为消除自激，在极点频率最低的一级输出端接入补偿电容。若电容值的选择使主极点频率由原来的 f_1 下降为 f_1'，这时的频率特性如图中实线所示。当 $\Delta\varphi_{AF}=-180°$时，$20\lg AF<0\text{dB}$（$AF<1$）。可见，采取补偿措施后，电路工作稳定，自激振荡消除。

这种主极点校正方法的优点是电路简单、有效，缺点是使放大电路的高频增益严重下降，通频带明显变窄了。此外，所需校正电容 C 的容值也比较大。

2. 阻容滞后补偿

把电阻和电容串联起来构成阻容补偿网络，以此来代替上述单一电容补偿网络，可使高频增益下降与通频带变窄的情况在一定程度上得到改善。把图7-31a、b中的补偿电容 C 置换为电容 C 和电阻 R 相串联，其高频等效电路如图7-33所示。与电容补偿网络在电路中的接法相类似，通常阻容补偿网络也应并接在极点频率最低的放大级输出端。

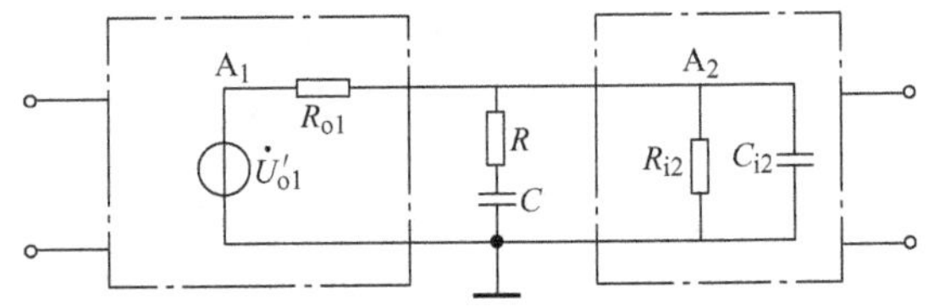

图7-33 阻容滞后补偿时的高频等效电路

RC补偿网络与前一级的负载相并联。在中、低频时，因容抗较大，补偿网络的作用可忽略。在高频时，虽然电容的容抗减小了，但因还有电阻串联，补偿网络对前一级增益的影响比单一电容补偿要小。所以阻容补偿在消除自激振荡的同时，其高频增益损失也小一些。从放大电路开环增益的表达式来看，加入 RC 补偿后在 $\boldsymbol{A}$ 中引入了一个零点。若参数选择合适，该零点可和表达式分母中的一个极点对消，使极点减少，从而可有效抑制自激。因此，这种校正方法也叫“零-极点补偿”。

图 7-34 近似画出了阻容滞后补偿的幅频特性。与单一电容滞后补偿相比，阻容补偿的频宽有一定改善。

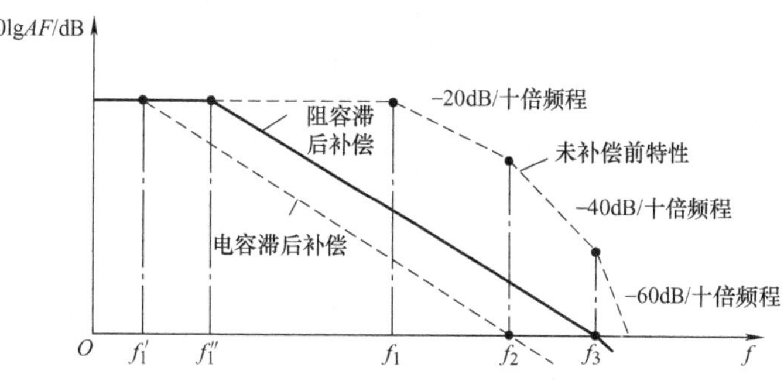

图 7-34 阻容滞后补偿时的幅频特性

3. 密勒效应滞后补偿

利用前面学过的密勒效应，把补偿元件跨接在放大电路的输入端和输出端之间，如图 7-35 所示，这样可以使补偿电容 C 的容量大大减小。根据密勒定理，以图 7-35a 为例，若图中第二级的电压增益为 A_2，则补偿电容的作用可增加大约 A_2 倍，即折合到第二级输入端的等效电容 $C' \approx A_2 C$。因此，可以用小电容达到大电容的消振效果。

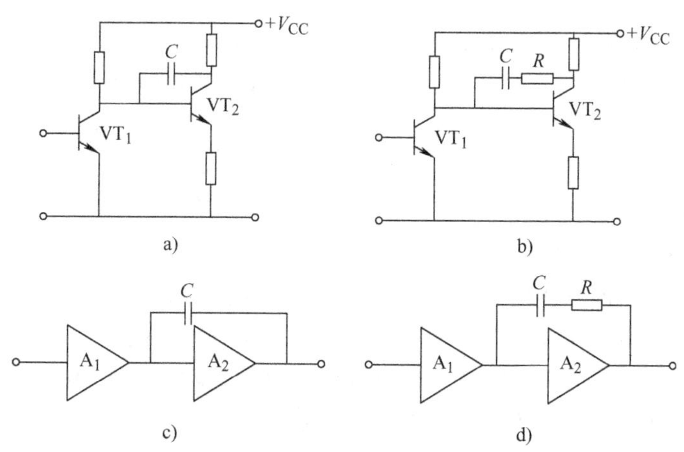

图 7-35 密勒效应滞后补偿

在实际的放大电路中，密勒效应补偿得到了广泛应用。例如，集成运算放大器 F007 的补偿电容（30pF）就跨接在中间级复合管的基极与集电极之间[⊖]。运放 741 在制作过程中就对放大电路进行了补偿。

⊖ F007 电路原理图参见第 4 章图 4-34，30pF 的补偿电容需外接。通过补偿，使第一转折频率降低到 10Hz，其开环频率特性曲线从该频率起就一直按 -20dB/十倍频程的斜率下降，直到 0dB 处。即使从 0dB 处有第二个转折频率，在最不利的情况下（$F=1$），这时的 $\left|\Delta\varphi_{AF}\right|$ 最大也只有 135°（其中 90°对应第一转折频率，而 45°对应第二转折频率）。这样校正的结果，其相位裕度达到 $\varphi_m = 180° - 135° = 45°$，保证了电路工作稳定。

4. 超前补偿

之前一直假定反馈网络为纯电阻性，事实上，在有些情况下，为了使电路工作稳定，并减小频带损失，需将补偿电容加在反馈网络中，如图7-36a所示。图中补偿电容C_F与反馈电阻R_F相并联，使反馈网络变为相位超前网络，这种补偿方法叫“超前补偿”。在这里是改变负反馈放大电路环路增益在0dB点时的相位，使$\left|\Delta\varphi_{AF}\right|$减小，从而满足$f_c > f_o$，破坏自激条件，使电路工作稳定。

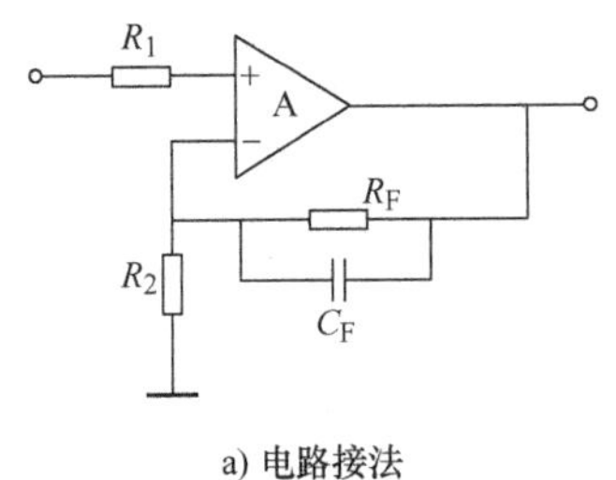

a) 电路接法

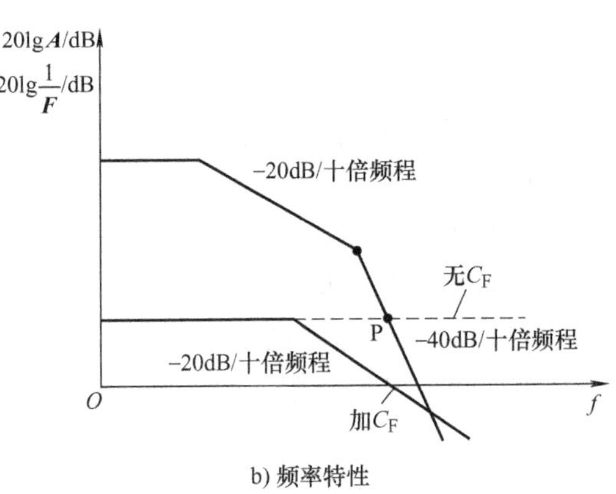

b) 频率特性

图7-36 超前补偿

为了分析方便，图7-36b给出了开环增益$\boldsymbol{A}$和$\frac{1}{\boldsymbol{F}}$的频率特性，两曲线之差就是以dB为单位的环路增益，即

$$20\lg A - 20\lg\frac{1}{F} = 20\lg AF$$

由图中可以看出，如果不加补偿电容C_F，在两曲线的交点P处（这时$\boldsymbol{A}=\frac{1}{\boldsymbol{F}}$，或$\boldsymbol{AF}=1$，即$20\lg AF = 0\text{dB}$）环路增益是以−40dB/十倍频程速率下降的。此时$\left|\Delta\varphi_{AF}\right|$大（接近180°），电路工作不稳定。接入$C_F$后，在高频段，特性$20\lg F$以+20dB/十倍频程速率上升（图中，特性$20\lg\frac{1}{F}$则以−20dB/十倍频程速率下降），故使得环路增益$20\lg AF$改为以−20dB/十倍频程速率下降。换句话说，由于$\boldsymbol{F}$的相位超前，使$20\lg AF$在0dB处所对应的$\left|\Delta\varphi_{AF}\right|$减小，从而满足$f_c>f_o$，消除了自激。

以上介绍的四种消振方法均简便易行。至于补偿元件参数值的选取，在实际应用中往往通过实验调试确定。借助计算机仿真软件可以方便地获得理想效果。

此外，通过减小电路的反馈深度，也可以减小自激危险。这样AF的频率特性曲线将垂直下移，造成f_o减小，以满足$f_c>f_o$的条件。但采用此法消除自激与加大反馈深度以改善放大电路性能有矛盾，在进行电路设计时应通盘考虑。

7.7 Multisim应用举例

本节将研究引入电压负反馈前后放大电路电压增益和带宽的变化。测量电路为阻容耦合的两级放大电路。其中晶体管使用2N2222A，电路中其他参数如图7-37中所示。采用伯德图仪分别测试幅频特性曲线。首先将反馈电阻R_f断开，考虑到其对放大电路的负载效应，将其一端接地，测试结果如图7-37a所示；然后将R_f连接到第一级放大电路中晶体管的发射极，构成电压串联负反馈，再次进行测试，结果如图7-37b所示。

由于引入的负反馈仅包含交流量，所以电阻R_f的引入并不会改变原放大电路的静态工

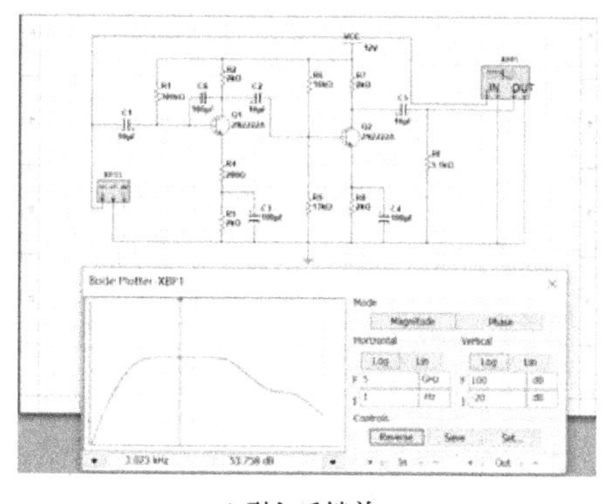

a) 引入反馈前

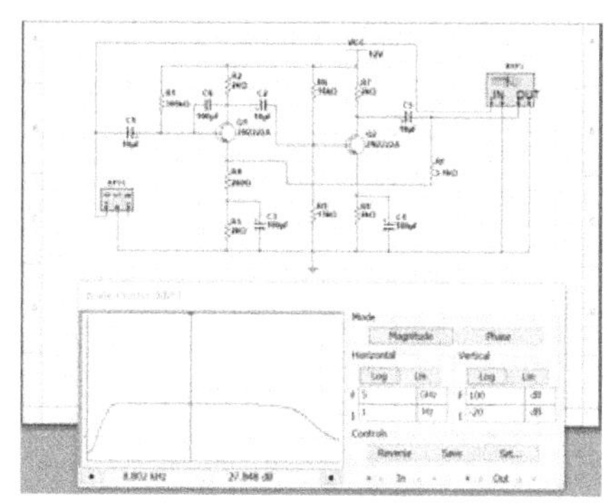

b) 引入反馈后

图 7-37　引入交流负反馈前后放大电路幅频特性测试

作点，晶体管的动态参数也不会发生明显变化。通过观察伯德图仪上的测量结果发现，开环时中频电压增益约为53.76dB，引入负反馈后中频电压增益变为27.85dB，下降明显；利用指针寻找下降3dB时的截止频率虽然不够准确，仅为近似值，但仍然可以明显发现引入负反馈后带宽变宽了，反映出了在引入负反馈之后放大电路增益和带宽的变化规律。

习　题

7-1　判断下列说法是否正确，对者画“✓”，错者画“×”。

1. 放大电路中直流负反馈能稳定电路的静态工作点，交流负反馈能改善电路的动态性能。(　　)
2. 若放大电路引入了电压负反馈，当负载电阻发生变化时，则输出电压将基本不变。(　　)
3. 若电路的增益为正，则引入的反馈为正反馈。(　　)
4. 所谓开环是指放大电路中没有反馈通路，而所谓闭环是指电路中存在反馈通路。(　　)
5. 放大电路中的反馈量只是对输出量的取样。(　　)
6. 放大电路中只要引入反馈，其性能一定会得到改善。(　　)
7. 电压负反馈在稳定了输出电压的同时也必然稳定了输出电流。(　　)
8. 负反馈放大电路的反馈作用越强，电路工作越稳定。(　　)

7-2　选择正确答案填空。

1. 为了稳定输出电压，放大电路应引入（　　）。
2. 为了稳定输出电流，放大电路应引入（　　）。
3. 为了提高输入电阻，放大电路应引入（　　）。
4. 为了减小输入电阻，放大电路应引入（　　）。
5. 为了增大输出电阻，放大电路应引入（　　）。
6. 为了减小输出电阻，放大电路应引入（　　）。
7. 为了稳定增益，放大电路应引入（　　）。
8. 为了抑制温度漂移，放大电路应引入（　　）。

a. 电压负反馈　b. 电流负反馈　c. 串联负反馈　d. 并联负反馈　e. 直流负反馈　f. 交流负反馈

7-3　在图7-38的各电路中，说明有无反馈、由哪些元器件组成反馈网络、是直流反馈还是交流反馈、是正反馈还是负反馈？所有电容对交流信号均可视为短路。

7-4　电路如图7-39所示，要求同上题。

7-5　判断图7-38所示电路中各交流负反馈的反馈组态。

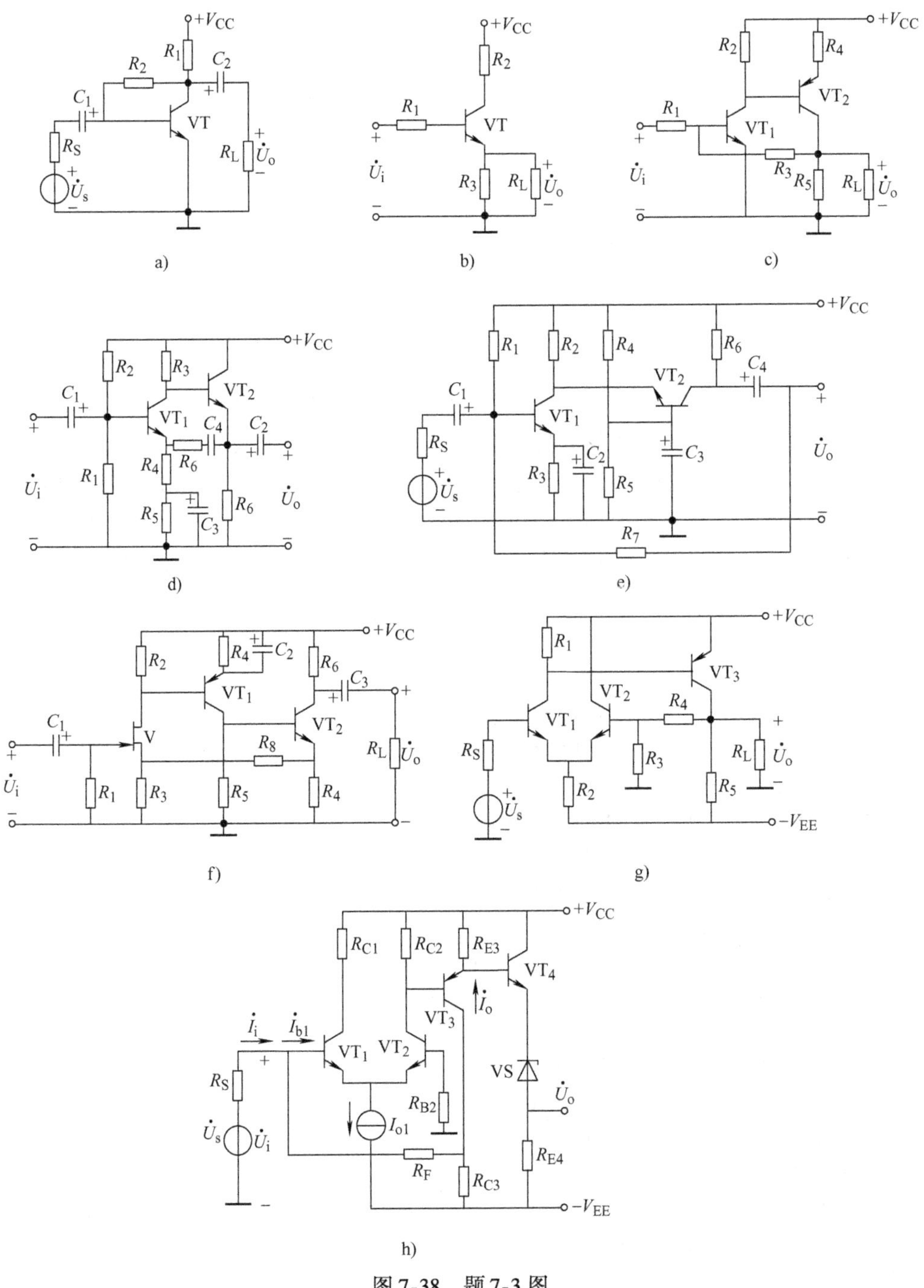

图 7-38 题 7-3 图

7-6 对图 7-39 所示各电路，要求同上题。

7-7 判断图 7-40a、b 两电路的反馈类型。

7-8 电路如图 7-41 所示，说明电路有无反馈，是什么性质的反馈，起什么作用？

提示：从反馈对差模信号起作用还是对共模信号起作用考虑。

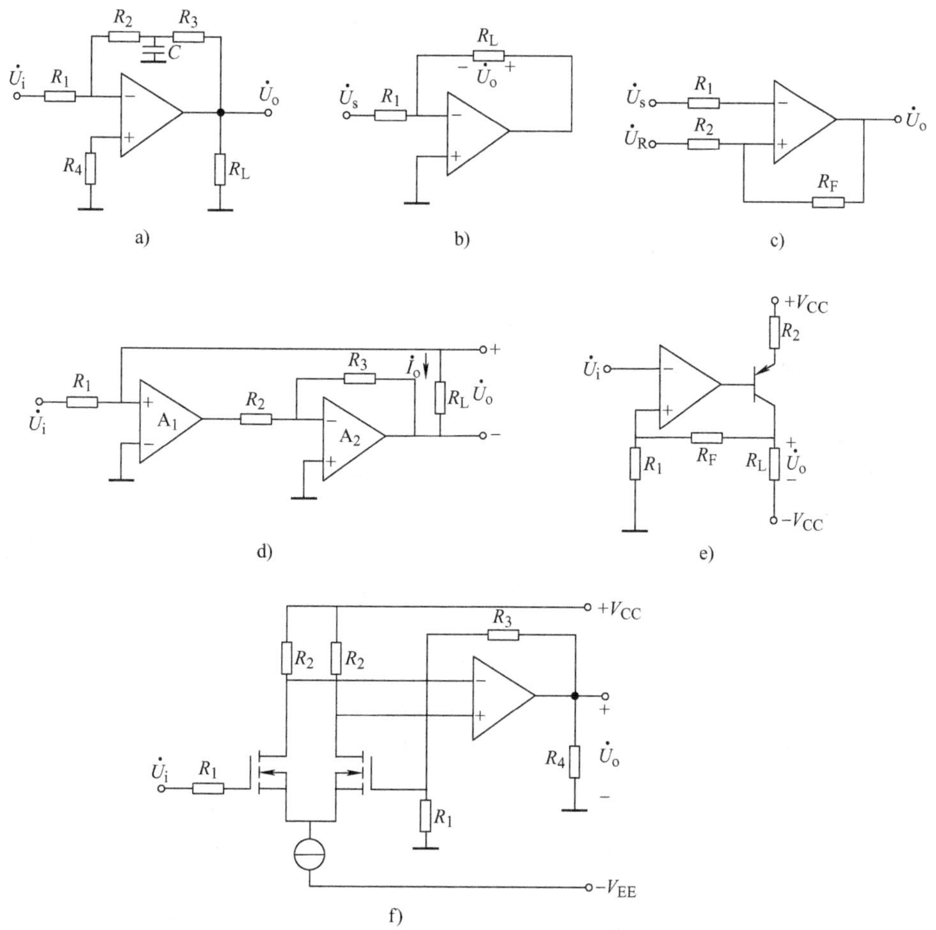

a) b) c)

d) e)

f)

图7-39 题7-6图

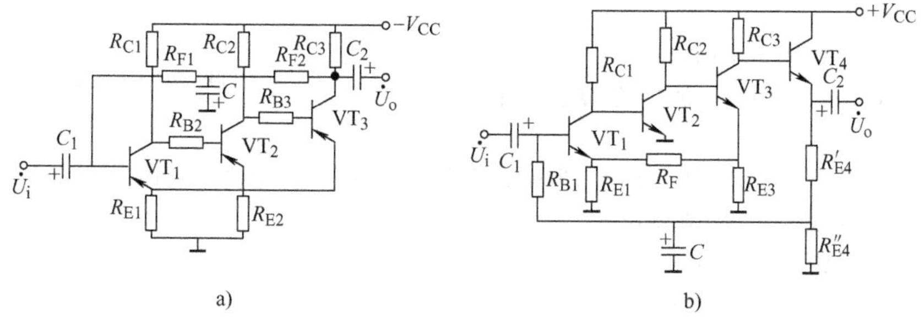

图7-40 题7-7图

7-9 图7-42所示为一反馈系统的框图。用下述两种方法求 $\boldsymbol{A}_f = \dfrac{\dot{X}_o}{\dot{X}_i}$ 的表达式。

1. 直接从图中各个量的关系求。

2. 利用式 $\boldsymbol{A}_f = \dfrac{\boldsymbol{A}}{1+\boldsymbol{AF}}$ 求 $\boldsymbol{A}_2$、$\boldsymbol{F}_2$ 组成的小闭环系统的 $\boldsymbol{A}_{f2}$，然后再求整个系统的 $\boldsymbol{A}_f$。

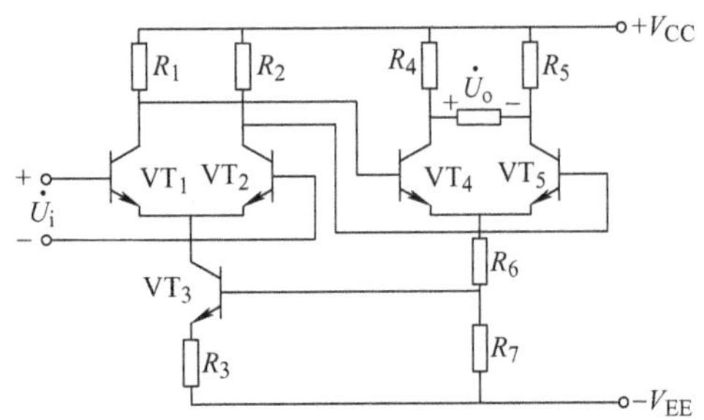

图 7-41 题 7-8 图

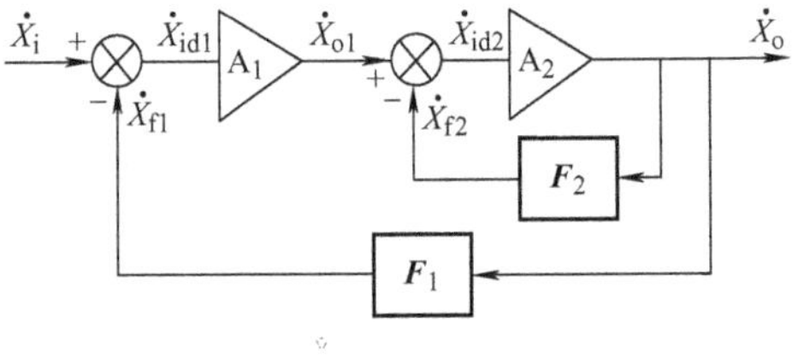

图 7-42 题 7-9 图

7-10 一个放大电路 A_u 的相对变化量为 20%。如果要求 A_{uf} 的相对变化量不大于 1%，并且 $A_{uf}=100$，问 A_u 和 F 应为多大?

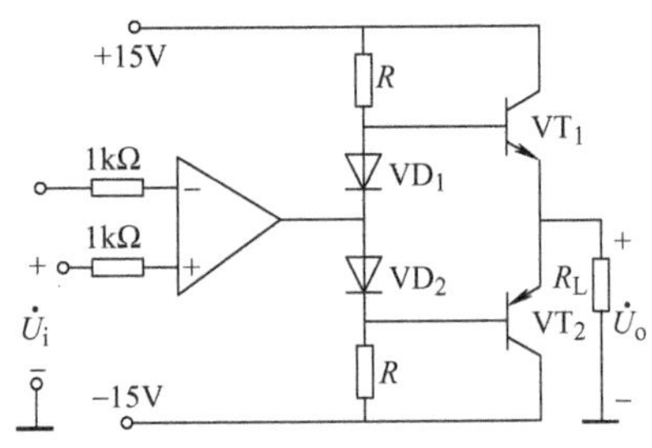

图 7-43 题 7-16 图

7-11 对于图 7-38 中的负反馈放大电路，说明它们各稳定的是哪一种闭环增益？闭环输入电阻和输出电阻是增大还是减小了?

7-12 对于图 7-39 中的负反馈放大电路，要求同上题。

7-13 设图 7-38 中 e、f、g 的放大电路满足深度负反馈条件，求它们的电压增益。

7-14 估算图 7-39 所示各交流负反馈电路在深度负反馈条件下的电压增益。

7-15 估算图 7-40 所示各电路在深度负反馈条件下的电压增益。

7-16 放大电路如图 7-43 所示。为了使 A_u 稳定，R_o 小，R_i 大，应引何种级间反馈？请画在图上，并说明该反馈的组态。如果要求 $A_{uf}=20$，确定反馈电阻的阻值。

7-17 放大电路如图 7-44 所示。

1. 为了减小输出电压的非线性失真，提高带负载能力，并提高输入电阻，试在电路中引入反馈。

2. 若 $A_{usf}=10$，计算反馈元件参数。

3. 若基本放大电路的 $A_u=1000$，估算引入反馈后的输出电阻。

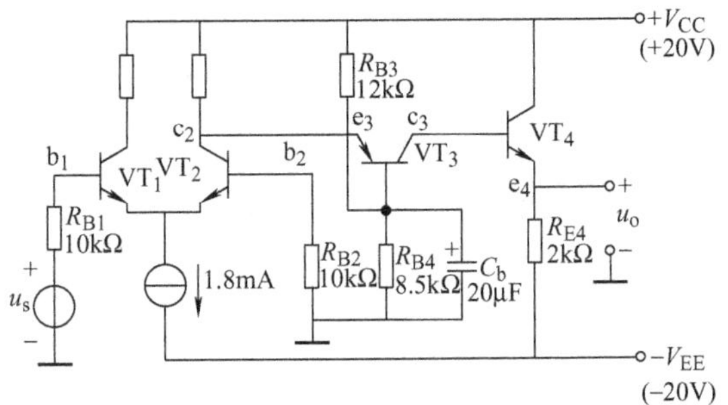

图 7-44 题 7-17 图

7-18 用集成运放作为基本放大电路，为实现下列要求引入合适的反馈，并画出电路图。

1. 电路的输入电阻低、输出电流稳定。
2. 电路的输入电阻高、输出电压稳定。
3. 电路可把电流输入转换为电压输出。
4. 电路可把电压输入转换为电流输出。

7-19 用增益相对变化之比 $S=\frac{dA_f/A_f}{dA/A}$ 来衡量放大电路增益的稳定度。图 7-45 中 a、b 分别表示了两种负反馈方案。证明在 $A_f=X_o/X_i$ 同样的条件下，方案 a 和 b 的 S 值之间有下列关系：

$$S_b=\left(\frac{1}{1+A_1F_1}\right)S_a$$

从这里可以得出什么结论?

7-20 用集成运放可以组成性能优良的欧姆表（图 7-46）。说明为什么其中的电压表的指示与待测电

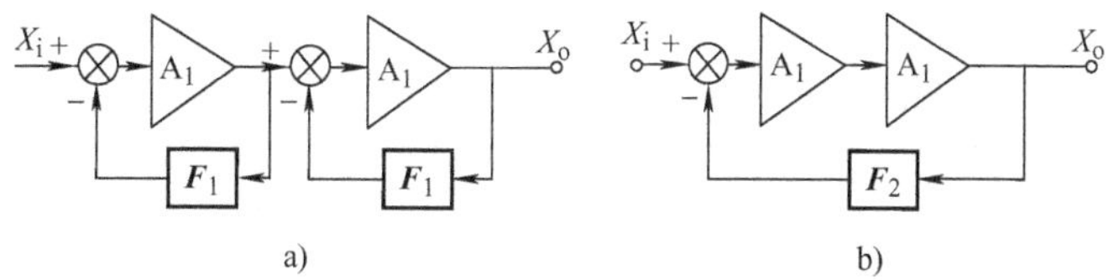

图7-45　题7-19图

阻 R_x 成正比。如果电阻的测量范围为 0～10kΩ，电压表量程为 2V，算出电阻 R_1 的值。在图上标出连接电压表时的极性。

7-21　图7-47所示为一电压基准电路，说明其工作原理，指出电压跟随器的作用是什么？

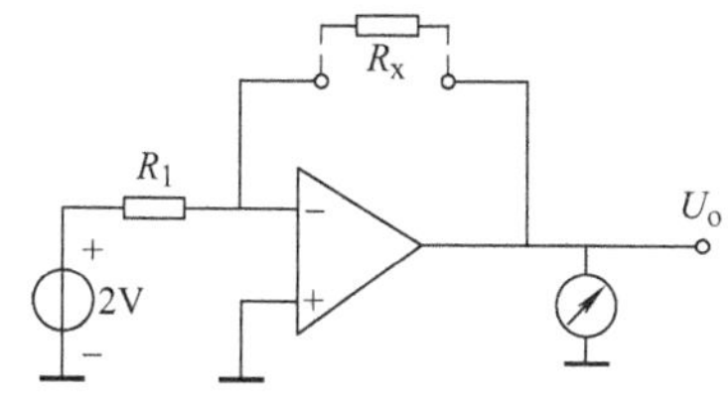

图7-46　题7-20图

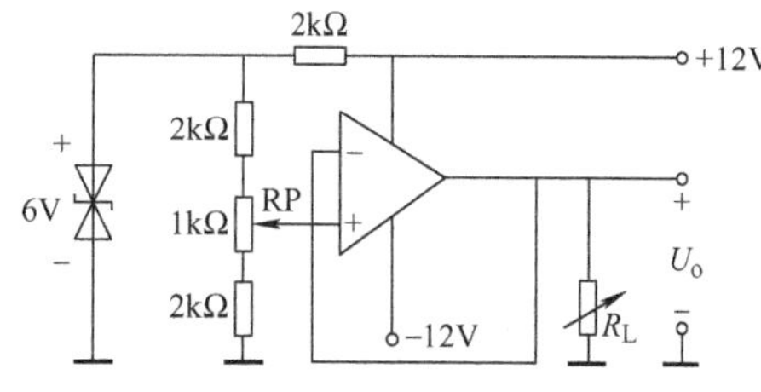

图7-47　题7-21图

7-22　分析下列说法是否正确，说明理由。

1. 在深度负反馈时 $A_f \approx 1/F$，和管子参数几乎无关。因此，可以任选管子。

2. 负反馈能减少非线性失真，所以任何程度的波形失真都可利用负反馈使之恢复正常。

3. 负反馈能扩展通频带，因此可以用低频管代替高频管。

4. 深度电压串联负反馈放大电路的源电压增益 $A_{usf} \approx \dfrac{1}{F_u}$，与信号源内阻 R_S 以及负载电阻 R_L 无关。因此，R_S 和 R_L 可为任意值。

7-23　集成运放的开环频率特性表达式为

$$\boldsymbol{A}_u = \frac{-10^3}{(1+jf/f_1)(1+jf/f_2)(1+jf/f_3)}$$

式中 $f_1 = 1\text{MHz}$，$f_2 = 10\text{MHz}$，$f_3 = 50\text{MHz}$。画出伯德图。如果用它构成负反馈放大器，反馈网络只包含电阻，并且要求相位稳定裕度 $\varphi_m = 45°$，AF 最大可为多少分贝？如果接成电压跟随器，能否稳定？

7-24　电压串联负反馈电路 $\boldsymbol{A}_u$ 的伯德图如图7-48所示。

1. 写出 $\boldsymbol{A}_u$ 的表达式。

2. 如果 $F_u = 0.01$，判断闭环是否稳定。求出相位裕度。

3. 如果自激，在要求 $\varphi_m = +45°$时，F 应为多少？

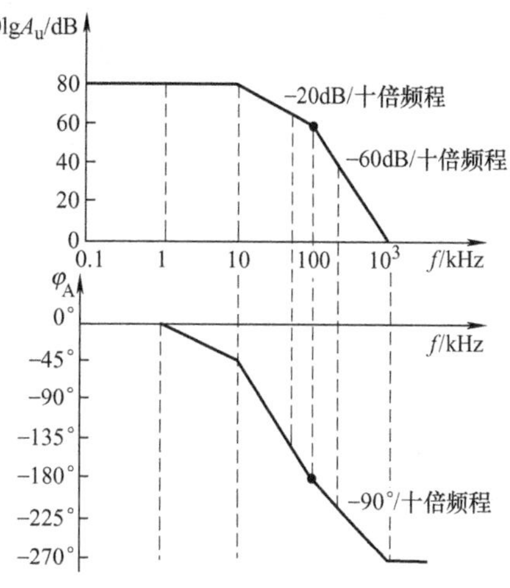

图7-48　题7-24图

7-25　负反馈放大电路如图7-49a所示，图b为图a拆环分解后的基本放大电路（用框图法分解反馈放大电路时，既要去除反馈，又要保留反馈网络对基本放大电路的负载效应。为保证拆环后直流工作点不变，图7-49b中加入了直流电流 I_D、直流电压 V_D 作为直流偏置。对图7-49a进行直流分析得出 $I_{E2} \approx 1.20\text{mA}$、$V_{B1} \approx 0.97\text{V}$，故 $I_D = I_{E2} \approx$

1. 20mA，$V_D = V_{B1} \approx 0.97V$。试运用 Multisim 软件对 a、b 两电路进行交流扫描分析。

1. 分别观察电路的电流增益幅频特性、电压增益幅频特性。读取中频段电流增益（A_i、A_{if}）、电压增益（A_{us}、A_{usf}）的值，并读出各幅频特性的上限截止频率、下限截止频率，说明反馈对电路增益及通频带的影响。

2. 观察输入电阻特性、输出电阻特性，研究反馈对输入电阻及输出电阻的影响。

说明：电路中信号源为正弦小信号，进行仿真时通常设置输入信号源的幅度为 1，相位为 0。这样，输出信号的幅度即为增益，相位值即为相位差。

7-26　负反馈放大电路如图 7-13 所示。设 $R_S = 500k\Omega$，$R_F = 1k\Omega$，$R = 100\Omega$，集成运放选用通用型运放 741，试运用 Multisim 的交流扫描功能分析 A_{if}、R_{if}、R_{of}。

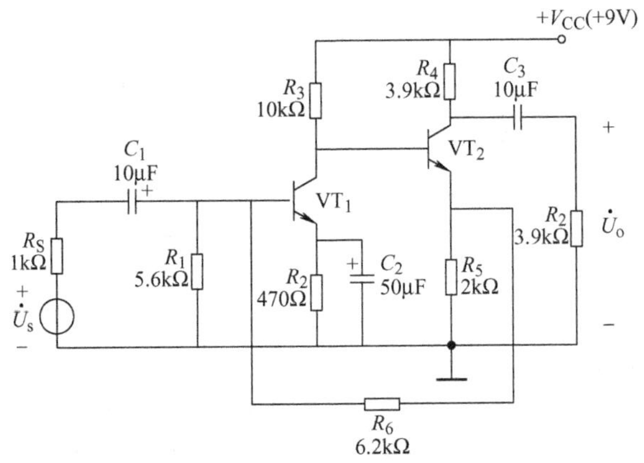

a) 负反馈放大电路

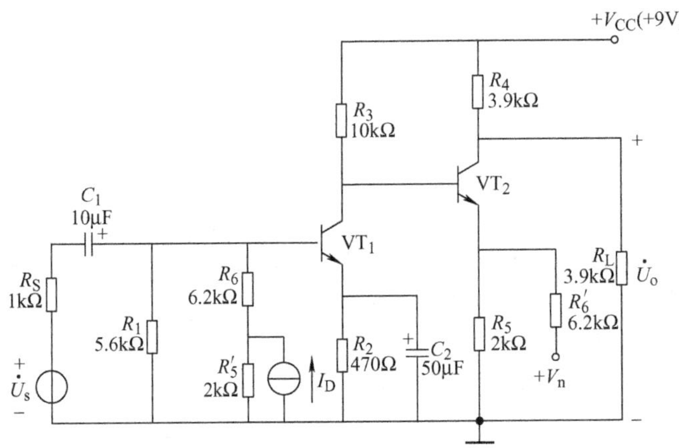

b) 图a电路的基本放大电路

图 7-49　题 7-25 图

第8章 集成运算放大电路的线性应用

8.1 概述

8.1.1 应用分类

集成运算放大电路（以下简称“集成运放”）的应用是多种多样的。引入各种不同的反馈，就可以构成具有不同功能的实用电路。根据在不同电路中集成运放所处的工作状态，可以把集成运放的应用分为两大类：线性应用和非线性应用。在本章所讲述的各种电路中，集成运放都是线性应用。

1. 线性应用

当集成运放带深度负反馈，或者是兼有正负反馈而以负反馈为主时，集成运放工作在线性状态。此时，集成运放输出量与净输入量成线性关系。但是，整个应用电路的输出与输入之间仍可能是非线性的关系。

2. 非线性应用

在这种情况下，集成运放处于无反馈（开环）或带正反馈的工作状态。此时，集成运放的输出量与净输入量成非线性关系，输出量不是处于正饱和值就是负饱和值。

8.1.2 集成运放应用电路的分析方法

对不同类型的集成运放应用电路，应该采取不同的分析方法。首先分析每个运放所带的反馈性质及其工作状态，写出输出与输入的函数关系。然后再分析整个应用电路的功能及其输出与输入的函数关系。在分析各种实用电路时，通常都将集成运放的性能指标理想化，即将其看成为理想集成运放。集成运放的理想化参数见第 4 章。

当然，在实际上集成运放的指标参数均为有限值，理想化后必然带来分析误差。但是，在一般的工程计算中，这些误差都是允许的。

1. 线性应用电路的分析方法

如同第 7 章的分析，设集成运放同相输入端和反相输入端的电位分别为 U_+、U_-，电流分别为 I_+、I_-。当理想集成运放工作在线性区时，应满足：

1）$U_- \approx U_+$，集成运放两个输入端处于“虚短路”。所谓“虚短路”是指集成运放的两个输入端电位无穷接近，但不是真正短路。

2）$I_- = I_+ \approx 0$，集成运放两个输入端处于“虚断路”。所谓“虚断路”是指集成运放两个输入端的电流趋于零，但不是真正断路。

“虚短”和“虚断”是两个非常重要的概念。在分析集成运放线性应用电路时，“虚短”和“虚断”是分析输入信号和输出信号关系的两个基本出发点。

2. 非线性应用电路的分析方法

在非线性应用中，集成运放不是处于开环就是处于带正反馈的工作状态。对于理想集成运放，差模增益无穷大，只要同相输入端与反相输入端之间有无穷小的差值电压，输出电压就将达到正的最大值或负的最大值。因此，理想集成运放工作在非线性区的两个特点是：

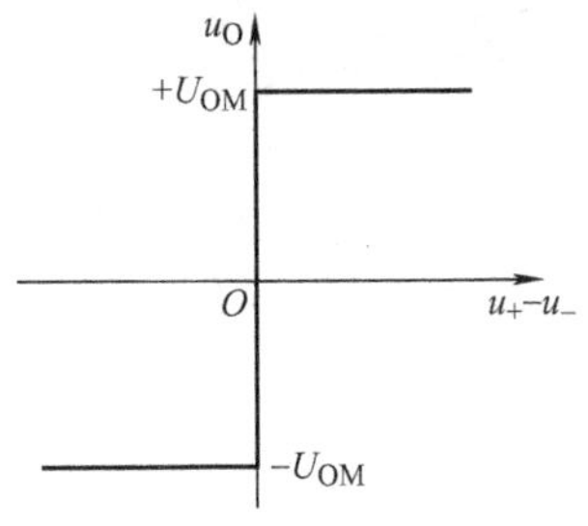

图 8-1 集成运放工作在非线性区的输入输出特性

1）输出电压 u_O 只有两种可能的情况：正的最大值或负的最大值（见图 8-1）。当 $u_+ > u_-$ 时，$u_O = +U_{OM}$；当 $u_+ < u_-$ 时，$u_O = -U_{OM}$。

2）由于理想集成运放的差模输入电阻无穷大，故净输入电流为零，即 $i_+ = i_- \approx 0$。集成运放仍然具有“虚断路”的特点。

8.2 基本运算电路

在运算电路中，集成运放必须工作在线性区。在深度负反馈条件下，利用输入和反馈网络实现输出量与输入量之间的各种运算关系。本节将介绍比例、加减、积分、微分等基本运算电路。

8.2.1 运算电路中集成运放的输入情况

在运算电路中，集成运放的输入可以有反相端输入、同相端输入和差动输入三种情况，如图 8-2 所示。

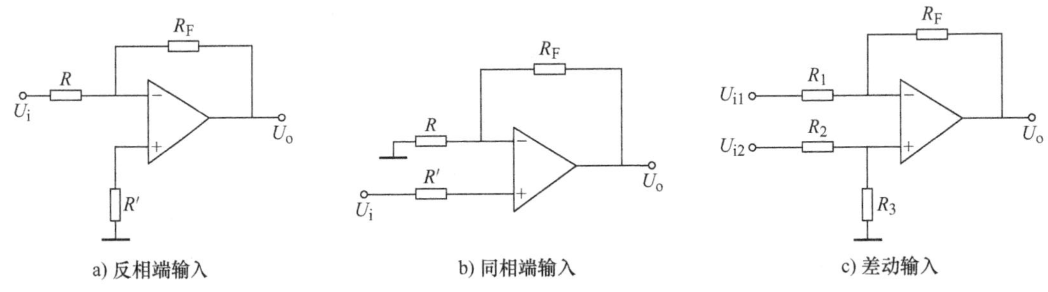

图 8-2 集成运放三种不同的输入情况

1. 反相端输入

反相端输入的运算电路如图 8-2a 所示。根据“虚短”和“虚断”的重要概念，可知反相输入端电位近似等于“地”电位，叫“虚地”。因此，加在集成运放输入端的共模输入电压极小。“虚地”是反相输入运算电路的一个重要特点，应用虚地的特点分析电路是十分重要和方便的。

2. 同相端输入

同相端输入的运算电路如图 8-2b 所示。运放输入端有“虚短”和“虚断”，但不存在“虚地”。由于集成运放两个输入端之间存在共模电压，这种电路对运放的共模抑制比的要求较高。

3. 差动输入

在图 8-2c 中，输入量 U_{i1} 和 U_{i2} 分别加到集成运放的反相端和同相端，输出电压为 U_o。利用“虚短”“虚断”和叠加原理，可以求出 U_o 与 U_{i1} 和 U_{i2} 的关系为

$$U_o = -\frac{R_F}{R_1}U_{i1} + \left(1+\frac{R_F}{R_1}\right)\left(\frac{R_3}{R_2+R_3}\right)U_{i2} \tag{8-1}$$

由于集成运放输入级一般采用差动电路，要求输入电路两半的参数对称，因此在图中同相端引入电阻 R_2 和 R_3，使 $R_n=R_p$。其中 R_n 是指集成运放反相端到地之间向外看的等效电阻，R_p 为集成运放同相端到地之间向外看的等效电阻。因此，在此图中，$R_n=R_1/\!/R_F$，$R_p=R_2/\!/R_3$。如果取 $R_2=R_1$，则 $R_3=R_F$，有 $U_o=\frac{R_F}{R_1}(U_{i2}-U_{i1})$。可以看出，输出电压 U_o 只与输入的差模部分有关，输入的共模电压和运放偏置电流引起的误差同时被消除。

8.2.2 比例运算电路

比例运算电路的输出量与输入量（一般都是电压）之间成比例关系，其比例系数就是反馈放大电路的电压增益。输出量的极性或相位可以与输入量相反（反相端输入）或相同（同相端输入）。

1. 反相比例运算电路

反相比例运算电路如图 8-2a 所示。根据“虚短”和“虚断”的概念，有

$$I_- = I_+ = 0$$
$$U_- = U_+ = 0$$

可以得到

$$U_o = -\frac{R_F}{R}U_i \tag{8-2}$$

其中同相端电阻 R' 用以保证集成运放输入级差动放大电路的对称性，其值应为 $R'=R/\!/R_F$。

可以看出，该电路引入了深度电压并联负反馈，所以输出电阻 $R_o\approx 0$，电路的输入电阻 R_i 为输入端和地之间的等效电阻，可以等效为输入端和虚地之间的等效电阻，所以电路的输入电阻 $R_i\approx R$。

2. 同相比例运算电路

将图 8-2a 所示电路的输入端和接地端互换，就得到同相比例运算电路，如图 8-2b 所示。根据“虚断”和“虚短”的概念，有

$$U_+ = U_- = U_i$$
$$I_+ = I_- = 0$$

所以输出电压

$$U_o = \left(1+\frac{R_F}{R}\right)U_i \tag{8-3}$$

由于该电路引入的是电压串联负反馈，因此输入电阻很大，输出电阻很小。可以看出，同相比例运算电路具有高输入电阻、低输出电阻的优点。但因为集成运放有共模输入，所以为了提高运算精度，应当选用高共模抑制比的集成运放。在对电路进行误差分析时，应重点注意共模信号的影响。

若将输出电压全部反馈到反相输入端，就构成图8-3a、b所示的电路。该电路输出电压和输入电压相等，即

$$U_o = U_i \tag{8-4}$$

由于输出电压跟随输入电压变化，通常称为电压跟随器。理想运放的开环差模增益为无穷大，因此电压跟随器具有比射极输出器更好的电压跟随特性。

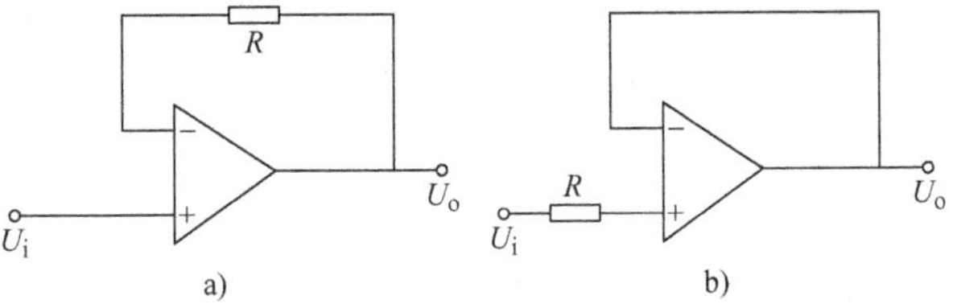

图8-3 电压跟随器电路

综上所述，对于单一信号作用的运算电路，在分析运算关系时，应首先列出关键节点的电压和电流方程，通常是集成运放的同相输入端（+）和反相输入端（-）的电压和电流方程。然后根据“虚短”和“虚断”的原则进行计算，即可得到输出电压和输入电压的运算关系。

例8-1 电压-电流变换电路。

有些应用场合，需要产生与电压成比例的电流。这种变换电路要求输入电阻高，以减小对电压信号的负载。同时要求输出电阻也高，接近于理想的电流源。图8-4为反相输入的U-I变换电路。利用“虚地”和“虚断”原则，有

$$I_L = -\frac{U_i}{R_1}\left(1+\frac{R_F}{R}\right)$$

即负载电流I_L与输入电压U_i成比例。这个电路因为信号从反相端输入，所以输入阻抗很小。为了提高输入阻抗，改用图8-5的同相输入U-I变换电路。负载电流$I_L=\frac{U_i}{R}$。在这两种变换电路中，负载电流I_L与负载电阻R_L无关，所以是一个恒流源。

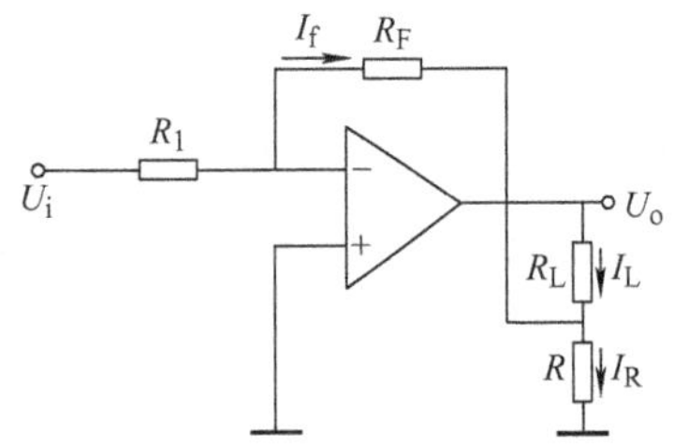

图8-4 反相输入的U-I变换电路

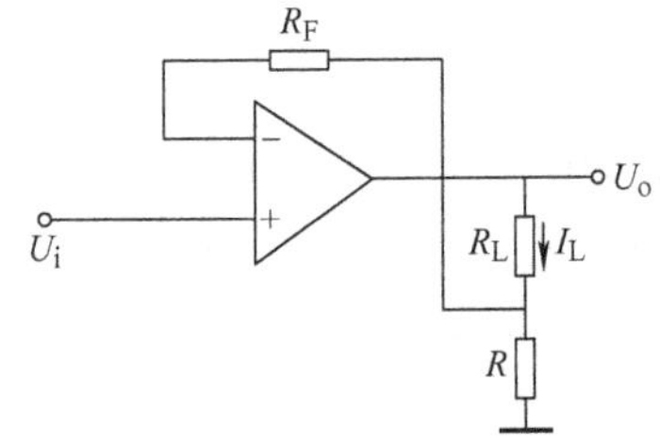

图8-5 同相输入的U-I变换电路

例8-2 电流-电流变换电路。

图8-6所示电路的输入电流为信号电流I_s，输出量为流过负载电阻R_L的电流I_L。根据“虚断”和“虚短”的原则，有

$$I_s = -I_f$$

$$I_L = -I_s\left(1+\frac{R_F}{R}\right)$$

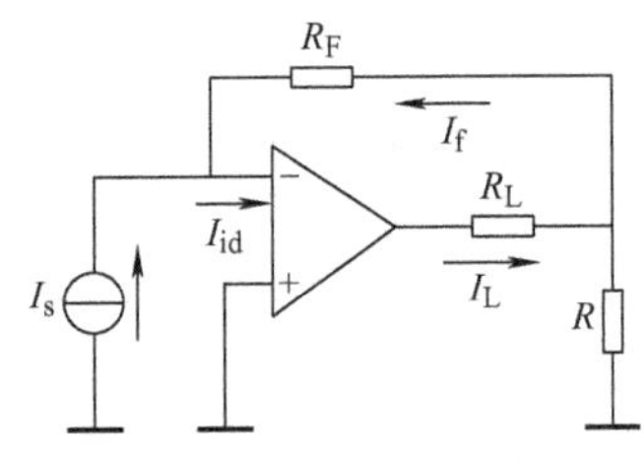

图8-6 电流-电流变换电路

可以看出，通过负载的电流I_L只与I_s、$\frac{R_F}{R}$有关，而与负载电阻R_L无关。对负载而言，

可以看作内阻无穷大的理想电流源。

例 8-3　T 形反馈网络的反相比例运算电路。

在图 8-2a 的反相比例运算基本电路中，输入电阻 $R_i=R$。如果需要增加电路的输入电阻，就要增加 R 的阻值。R 增加，R_F 的阻值必然增加。如果比例系数为 -100，当 $R=100\text{k}\Omega$ 时，$R_F=10\text{M}\Omega$。这时，电阻阻值可能和集成运放的输入电阻阻值同数量级，输入输出关系将不满足式(8-2)。但是如果利用 T 形网络取代反馈电阻，就可以得到较大的比例系数，同时不会增加反馈电阻阻值。电路如图 8-7 所示。

电阻 R_2、R_3 和 R_4 构成字母 T，所以称为 T 形网络。根据“虚断”和“虚短”的原则，有

$$U_-=0,\ I_2=\frac{U_i}{R_1}$$

则
$$U_M=-I_2R_2,\ I_3=\frac{I_2R_2}{R_3},\ I_4=I_2+\frac{I_2R_2}{R_3}$$

所以

$$U_o=-I_2R_2-I_4R_4=-\frac{R_2+R_4}{R_1}\left(1+\frac{R_2/\!/R_4}{R_3}\right)U_i$$

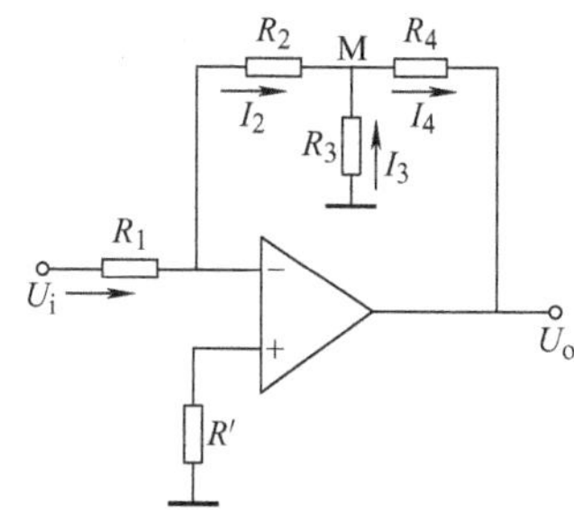

图 8-7　T 形网络比例运算电路

取 $R_1=100\text{k}\Omega$，$R_2=R_4=100\text{k}\Omega$，$R_3=1.02\text{k}\Omega$，可以看出，该电路的比例系数为 -100，输入电阻得到了提高：$R_i=100\text{k}\Omega$，而反馈电阻不必很大。

8.2.3　加减运算电路

实现将多个输入端的信号按照不同比例进行相加或者相减的电路称为加减运算电路。

1. 加法电路

(1) 反相端输入的加法运算电路　反相端输入加法运算电路如图 8-8 所示。

根据“虚断”和“虚短”的原则，有

$$U_-=U_+=0,\ I_f=I_{i1}+I_{i2}+I_{i3}=\frac{U_{i1}}{R_1}+\frac{U_{i2}}{R_2}+\frac{U_{i3}}{R_3}$$

得

$$U_o=-I_fR_F=-\left(\frac{U_{i1}}{R_1}+\frac{U_{i2}}{R_2}+\frac{U_{i3}}{R_3}\right)R_F \tag{8-5}$$

可以看出，电路实现了输入信号 U_{i1}、U_{i2}、U_{i3} 的相加。如前所述，其中电阻 R' 的作用是使差动电路输入对称：$R'=R_1/\!/R_2/\!/R_3/\!/R_F$。

对于多输入的电路，除了用上述节点电流法求解运算关系外，还可利用叠加原理。首先分别求出各输入电压单独作用时的输出电压，然后将它们相加，便得到所有信号共同作用时输出电压与输入电压的运算关系。

设 U_{i1} 单独作用，此时应将 U_{i2} 和 U_{i3} 接地，如图 8-9 所示。由于电阻 R_2 和 R_3 的一端是“地”，另一端是“虚地”，故它们的电流为零。

$$U_{o1}=-\frac{R_F}{R_1}U_{i1}$$

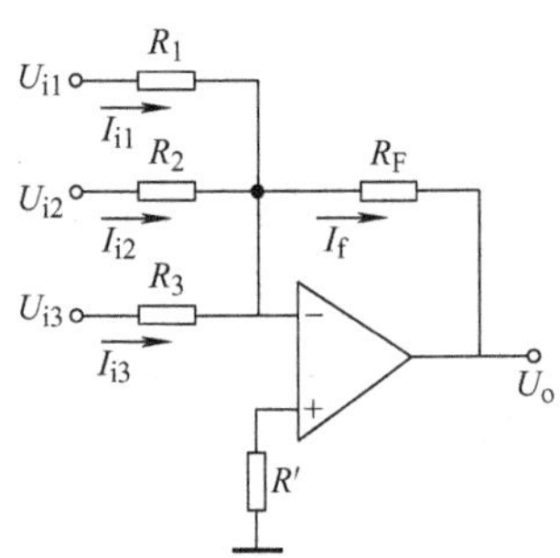

图 8-8 反相端输入的加法运算电路

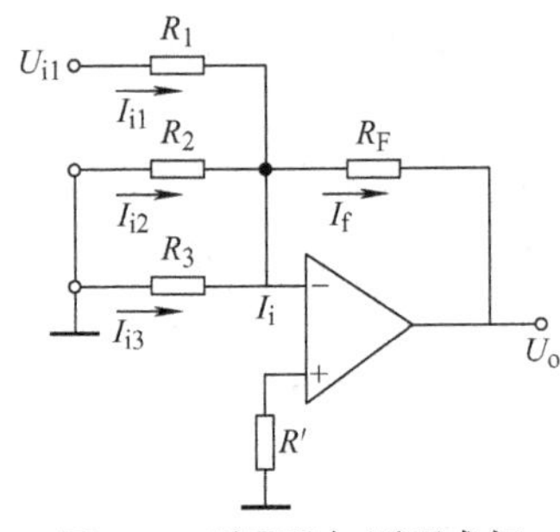

图 8-9 利用叠加原理求解

依此类推，可以得到

$$U_o = -\left(\frac{U_{i1}}{R_1} + \frac{U_{i2}}{R_2} + \frac{U_{i3}}{R_3}\right)R_F$$

（2）同相端输入的加法运算电路 仍以三输入为例，电路如图 8-10 所示。

根据“虚断”和“虚短”的原则，有 $U_- = U_+$。根据叠加原理，可以得到

$$U_+ = \frac{R_2 /\!/ R_3 /\!/ R'}{R_1 + R_2 /\!/ R_3 /\!/ R'}U_{i1} + \frac{R_1 /\!/ R_3 /\!/ R'}{R_2 + R_1 /\!/ R_3 /\!/ R'}U_{i2} + \frac{R_1 /\!/ R_2 /\!/ R'}{R_3 + R_1 /\!/ R_2 /\!/ R'}U_{i3}$$

$$= R_p\left(\frac{U_{i1}}{R_1} + \frac{U_{i2}}{R_2} + \frac{U_{i3}}{R_3}\right)$$

其中 $R_p = R_1 /\!/ R_2 /\!/ R_3 /\!/ R'$

$$U_o = \left(1 + \frac{R_F}{R}\right)U_-$$

$$R_n = R /\!/ R_F$$

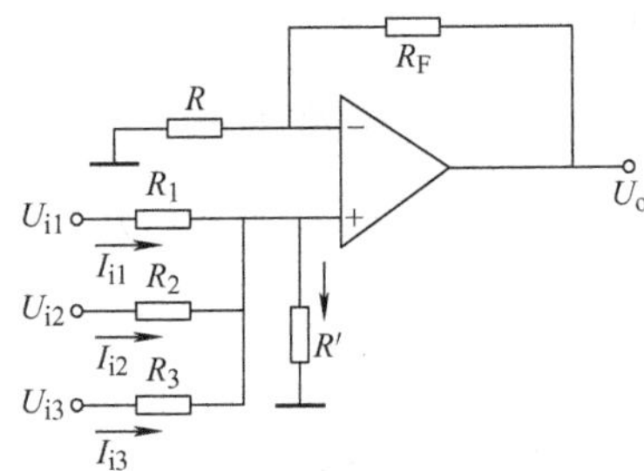

图 8-10 同相端输入的加法运算电路

所以

$$U_o = \left(1 + \frac{R_F}{R}\right)R_p\left(\frac{U_{i1}}{R_1} + \frac{U_{i2}}{R_2} + \frac{U_{i3}}{R_3}\right)$$

$$= R_F \times \frac{R_p}{R_n} \times \left(\frac{U_{i1}}{R_1} + \frac{U_{i2}}{R_2} + \frac{U_{i3}}{R_3}\right)$$

$$= R_F \times \left(\frac{U_{i1}}{R_1} + \frac{U_{i2}}{R_2} + \frac{U_{i3}}{R_3}\right) \tag{8-6}$$

可以看出，上式的推导是在 $R_p = R_n$ 的情况下得到的。如果 $R /\!/ R_F = R_1 /\!/ R_2 /\!/ R_3$，则可省略 R'。与反相输入相比，同相输入既要考虑输入端输入电阻的平衡，又在集成运放的输入端叠加了一个共模电压，使用不如反相加法电路方便。

2. 加减法运算电路

由比例运算和加法运算电路可以看出，在同一集成运放中，输出电压与同相输入端信号电压极性相同，与反相输入端信号电压极性相反。所以，将输入信号同时作用于两个输入端时，如同前面所说的差动输入，即可实现加减运算电路。实现加减运算电路的另一种方法是使用两级或多级集成运放。

（1）差动输入加减运算电路 差动输入加减运算电路如图 8-11 所示。

利用叠加原理，令输入 U_{i3}、U_{i4} 为零，输出电压 U_{o1} 为

$$U_{o1} = -R_F\left(\frac{U_{i1}}{R_1} + \frac{U_{i2}}{R_2}\right)$$

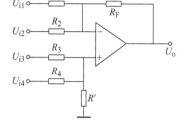

令输入 U_{i1}、U_{i2} 为零，若 $R_1 /\!/ R_2 /\!/ R_F = R_3 /\!/ R_4 /\!/ R'$，输出电压 U_{o2} 为

$$U_{o2} = R_F\left(\frac{U_{i3}}{R_3} + \frac{U_{i4}}{R_4}\right)$$

因此，所有输入电压同时作用后输出电压为

$$U_o = U_{o1} + U_{o2} = R_F\left(\frac{U_{i3}}{R_3} + \frac{U_{i4}}{R_4} - \frac{U_{i1}}{R_1} - \frac{U_{i2}}{R_2}\right) \quad (8\text{-}7)$$

图 8-11　差动输入加减运算电路

使用单个集成运放构成加减运算电路时存在两个缺点：

1）应考虑同相和反相输入端输入电阻的平衡，电阻的选择和调整比较困难。

2）对于每一个输入端，输入电阻都比较小。所以，还可以采用两级集成运放来实现加减运算电路。

（2）两级集成运放实现加减运算电路　反相输入加减运算电路如图 8-12 所示。根据前面的分析可知

$$U_{o1} = -R_{F1}\left(\frac{U_{i1}}{R_1} + \frac{U_{i2}}{R_2}\right)$$

$$U_{o2} = -R_{F2}\left(\frac{U_{o1}}{R_3} + \frac{U_{i3}}{R_4}\right)$$

当 $R_{F1} = R_3$ 时，有

$$U_o = U_{o2} = -R_{F2}\left(\frac{U_{i1}}{R_2} + \frac{U_{i2}}{R_2} - \frac{U_{i3}}{R_4}\right) \quad (8\text{-}8)$$

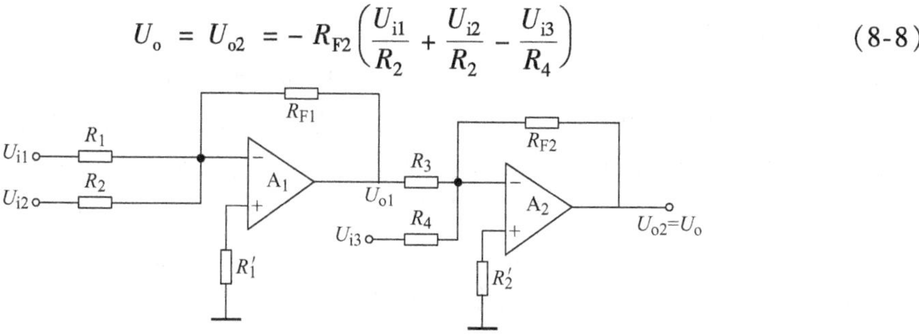

图 8-12　反相输入加减运算电路

为了提高输入电阻，可考虑采取同相输入的方法，电路如图 8-13 所示。

$$U_{o1} = \left(1 + \frac{R_{F1}}{R_1}\right)U_{i1}$$

$$U_o = \left(1 + \frac{R_{F2}}{R_3}\right)U_{i2} - \frac{R_{F2}}{R_3}U_{o1}$$

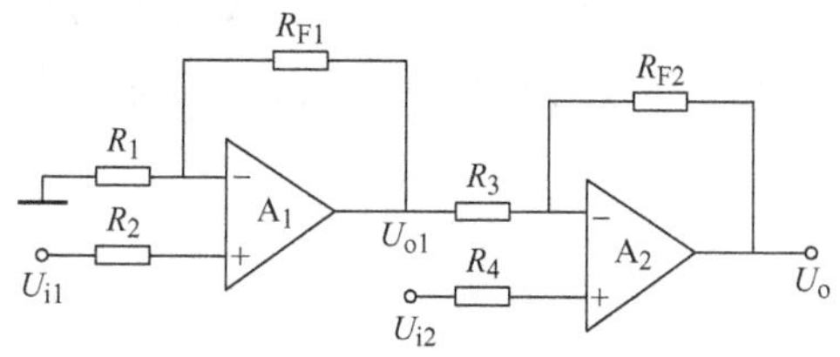

图 8-13　同相输入加减运算电路

若 $R_1 = R_{F2}$，$R_3 = R_{F1}$，则有

$$U_o = \left(1 + \frac{R_{F2}}{R_3}\right)(U_{i2} - U_{i1}) \quad (8\text{-}9)$$

从电路的组成来看，无论对于 U_{i1} 还是 U_{i2}，均可认为集成运放的输入电阻无穷大。

通过以上分析可知，在分析由多个集成运放构成的复杂电路时，应抓住如下几个要点：

1）认清每一个运放的运算功能，以便确定它的输出和输入之间的关系。

2）对具有深度负反馈的运放，要善于应用“虚短”（在反相端输入时，还有“虚地”）和“虚断”等概念来确定电路中某些点的电位和电流之间的关系。

3）根据上述关系确定整个电路的输出和输入之间的关系。

例 8-4 高输入阻抗和高共模抑制比的仪表放大电路。

仪表放大电路如图 8-14 所示，该电路由集成运放 A_1 和 A_2 组成第一级差动电路，A_3 组成第二级差动电路。

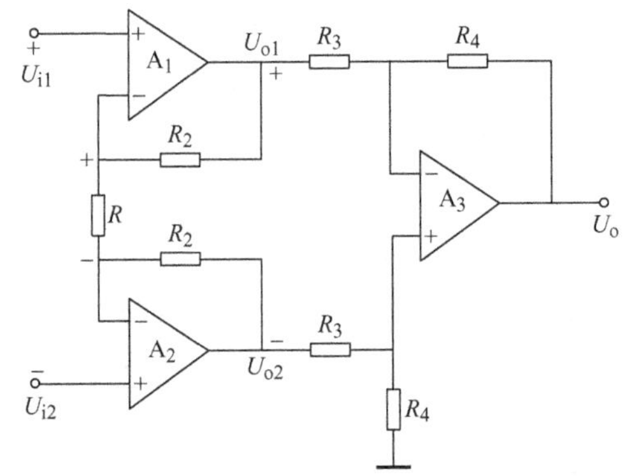

图 8-14 仪表放大电路

第一级电路中，U_{i1}、U_{i2}分别加到 A_1 和 A_2 的同相端。根据“虚短”和“虚断”原则，可知 R_1 两端电压为 $U_{R1}=U_{i1}-U_{i2}$

$$U_{o1}-U_{o2}=\frac{2R_2+R_1}{R_1}U_{R1}=\frac{2R_2+R_1}{R_1}(U_{i1}-U_{i2})$$

根据差动输入加减运算电路的分析，由于运放 A_3 两边参数对称，所以

$$U_o=-\frac{R_4}{R_3}(U_{o1}-U_{o2})=-\frac{R_4}{R_3}\left(\frac{2R_2+R_1}{R_1}\right)(U_{i1}-U_{i2})$$

电路分析：该放大电路第一级是具有深度电压串联负反馈的电路，输入电阻高。若 A_1 和 A_2 选用特性相同的运放，则它们的共模输出电压和漂移电压均相等。通过 A_3 组成的差动电路，共模电压可以互相抵消，故该电路有较强的共模抑制能力、较小的输出漂移电压和较高的差模电压增益。同时为进一步提高电路的性能，几个电阻 R_1、R_2、R_3、R_4 必须严格匹配。

该电路广泛应用于测量仪表，特别用在测量几微伏的微弱信号时。如果使用单端输入的运放，往往无法抑制高频噪声干扰。如果使用差动运放，通过两根输入线相绞合可以抑制噪声干扰。目前这种仪用放大器已有多种型号的单片集成电路。

图 8-15 表示了差动运放用于微弱信号测量的实例。图的左边是传感器部分，通过传感器把压力、应变等物理量转换为电量。当压力变化时引起电阻 R 的阻值发生变化时，电桥输出电压 U_s 随之变化。U_s 与电阻的相对变化成正比，其值很小，通常为毫伏级。为了减少传输中干扰电压的影响，避免外界电磁的感应和使每根导线对地的电容效应对称，用具有金属屏蔽的双

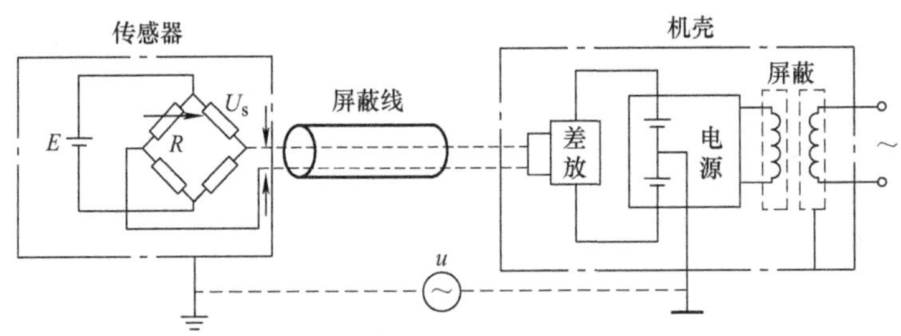

图 8-15 差动运放用于微弱信号测量

股导线将信号传送到差放，同时电源变压器采用双重屏蔽，以抑制交流电网电压的影响。

8.2.4　反相输入运算电路的组成规律

在大多数运算电路中，运放采用反相端输入，因此有必要进一步研究组成反相端输入的运算电路的一般规律。

图8-16是一个一般性的反相输入运算电路。由于在反相输入电路中，输入端具有虚地，$u_- \approx 0$，这样 i_I 只与 u_I 有关，而 i_F 只与 u_O 有关。再利用"虚断"的概念，就不难推导出 $i_I = f_1(u_I) \approx i_F = -f_2(u_O)$。所以

$$f_2(u_O) \approx -f_1(u_I) \tag{8-10}$$

这就是反相输入运算电路的输出与输入运算关系的一般表达式。从该式可以看出，采用不同类型的元件1和2，就可使运算电路的 u_O 与 u_I 之间具有不同的运算关系。

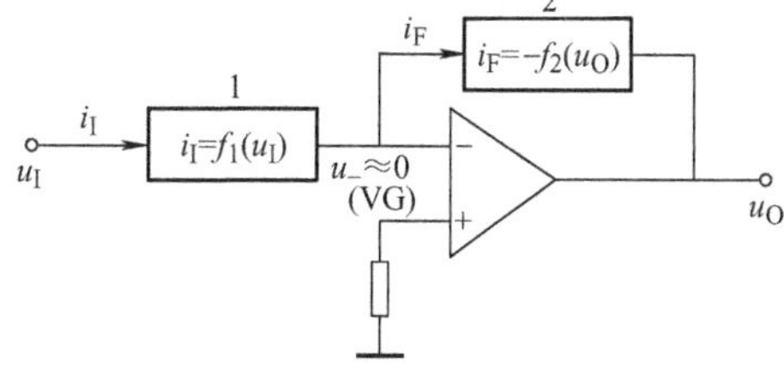

图8-16　反相输入运算电路的一般结构图

1. 正函数型的反相输入运算电路

如果在输入回路里采用函数元件1，使 $i_I = f_1(u_I)$，而在反馈回路里采用电阻元件2，使 $i_F = -\dfrac{u_O}{R_F}$，则由式(8-10)可得

$$u_O = -R_F f_1(u_I) \tag{8-11}$$

此时，u_O 与 u_I 之间的运算关系是输入回路中函数元件1的 i_I 和 u_I 的函数关系。这一类反相输入运算电路称为"正函数型"的运算电路。

2. 反函数型的反相输入运算电路

如果在输入回路里采用电阻元件1，使 $i_I = \dfrac{u_I}{R_1}$，而在反馈回路里采用函数元件2，使 $i_F = -f_2(u_O)$，则由式(8-10)可得

$$\frac{u_I}{R_1} = -f_2(u_O)$$

或者

$$u_O = f_2^{-1}\left(-\frac{u_I}{R_1}\right) \tag{8-12}$$

此时，u_O 与 u_I 之间的运算关系是反馈回路中函数元件2的 i_F 和 u_O 之间关系的反函数。这一类反相输入运算电路称为"反函数型"的运算电路。

8.2.5　积分和微分运算电路

1. 积分运算电路

(1) 基本积分运算电路　积分运算电路如图8-17所示。这是一个反相输入的反函数型运算电路，电容元件 C 的电流和电压的关系是 $i_C = C\dfrac{du_C}{dt}$，所以整个电路的输出电压 u_o 和输入电压 u_i 的运算关系是积分关系。

根据"虚地"和"虚断"的原则，$u_+ = u_- = 0$，电容 C 中的电流等于电阻 R 的电流，

即 $i_C = i_R = \dfrac{u_i}{R}$。

输出电压和电容上电压的关系为 $u_o = -u_C$，所以输出电压为

$$u_o = -\frac{1}{C}\int i_C \mathrm{d}t = -\frac{1}{RC}\int u_i \mathrm{d}t$$

在 t_0 到 t 时间段内积分值为

$$u_o = -\frac{1}{RC}\int_{t_0}^{t} u_i \mathrm{d}t + u_o(t_0) \tag{8-13}$$

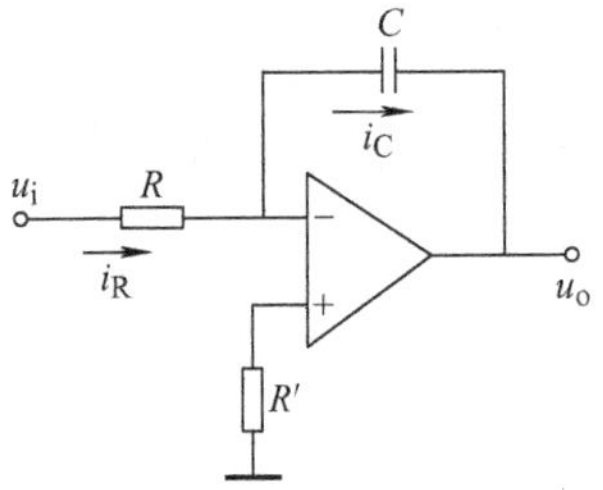

图 8-17 基本积分运算电路

式中，$u_o(t_0)$为积分起始时刻 t_0 的输出电压。当输入为阶跃信号、方波信号和正弦波信号时，输出波形如图 8-18a、b、c 所示。

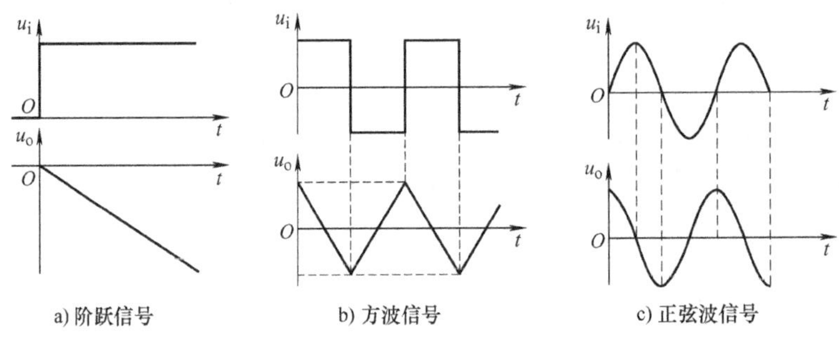

a) 阶跃信号　b) 方波信号　c) 正弦波信号

图 8-18 积分电路在不同输入信号下的输出波形图

如果把积分电路的输出电压作为电子开关或其他类似装置的输入控制电压，则积分电路可以起延时作用，如图 8-18a 所示。只有当积分电路的输出电压变化到一定值时，才能使受控制的装置动作。积分电路还可以用在模-数转换中，把电压量转换为与之成比例的时间量，电路仍然如图 8-18a 所示。积分电路可以用作波形变换电路，把输入的方波变换成三角波，如图 8-18b 所示，也可使正弦输入信号移相，如图 8-18c 所示。

（2）基本积分电路存在的问题　基本积分电路存在以下几个问题：

1）当输出电压 u_o 值不断增大达到负向电压饱和值 $-U_{OM}$时，运放进入非线性区，积分作用停止。集成运放同相和反相输入端之间不再是虚短，反相输入端 u_- 不再是虚地，这种现象称为“积分饱和”。在理想情况下，即使当 $u_i=0$ 时，u_o 仍将保持为 $-U_{OM}$，直至 u_i 为负时，电路才向相反方向积分，u_o 才由 $-U_{OM}$向正方向变化。在实际电路中，由于电容漏电等原因，如果 $u_i=0$，u_o 将不能保持在 $-U_{OM}$，其绝对值将下降。积分电容器 C 的漏电是积分电路产生误差的主要原因之一，可以通过选用漏电阻大的电容器来减小这种误差。

2）由于集成运放存在输入失调电压 U_{IO}、失调电流 I_{IO}以及它们的温漂，即使输入信号 $u_i=0$，积分电路输出电压仍不断向某一方向缓慢变化，直至输出电压达到饱和值，这就是所谓的“积分漂移”。解决积分漂移的方法是选用性能优良的运放，或者在电容 C 上并联电阻 R_F，引入直流负反馈，从而有效抑制 U_{IO}和 I_{IO}所造成的积分漂移。

2. 微分运算电路

（1）基本微分运算电路　只要把积分电路中的 R 和 C 的位置互换，即输入回路接 C，反馈回路接 R，就可以构成微分电路，如图 8-19 所示。该电路是正函数型运算电路，输出电压和输入电压的关系与电容 C 的电流和电压的关系相同，所以该电路是微分运算电路。

根据“虚短”和“虚断”的原则，$u_- = u_+ = 0$，电容两端电压 $u_C = u_i$。因而

$$i_R = i_C = C\frac{du_i}{dt}$$

输出电压
$$u_o = -i_R R = -RC\frac{du_i}{dt} \tag{8-14}$$

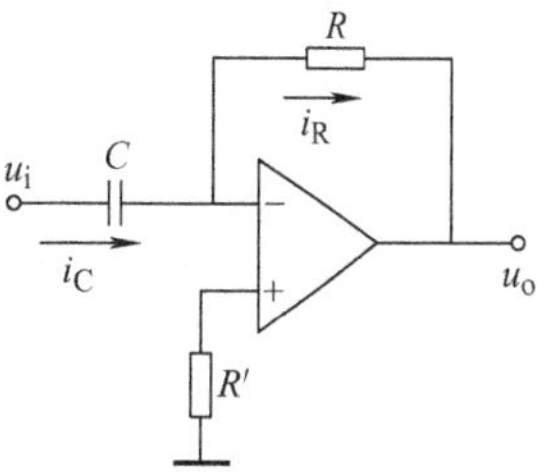

图 8-19　基本微分运算电路

输出电压和输入电压的变化率成比例。当输入端加上阶跃信号 u_i 时，运放的输出端在 u_i 发生突变时将出现脉冲电压，其大小和 R、C 以及$\frac{du_i}{dt}$有关，而最大输出值受运放输出电压饱和值 $+U_{OM}$ 和 $-U_{OM}$ 的限制。当输入信号 u_i 不变时，$u_o = 0$。输入输出波形如图 8-20 所示。

（2）微分运算电路存在的问题　由于微分电路对输入电压的变化率非常敏感，所以基本微分运算电路在使用中存在以下问题：

1）当输入信号存在高频干扰时，输出电压就会存在误差，即微分电路的抗干扰性能差。

2）微分电路对输入信号产生相位滞后，如果和集成运放内部的相位滞后作用结合起来，可能会引起电路的自激振荡。

3）当输入电压突变时，反馈回路中电流与电阻的乘积可能超过运放的最大输出电压，甚至可能使电路不能正常工作。

通常解决这些问题的办法有：

1）在输入回路中加一个小电阻与电容串联，以限制输入电流，也就限制了电阻 R 中的电流。

2）在反馈电路的电阻两端并联具有一定稳压值的稳压管，以限制输出电压，保证集成运放始终工作在线性区。

3）在反馈电阻 R 两端并联一个小电容，起相位补偿作用，以提高电路的稳定性。

用这些办法所构成的实用微分运算电路如图 8-21 所示。在该电路中，输出电压和输入电压近似成微分关系。

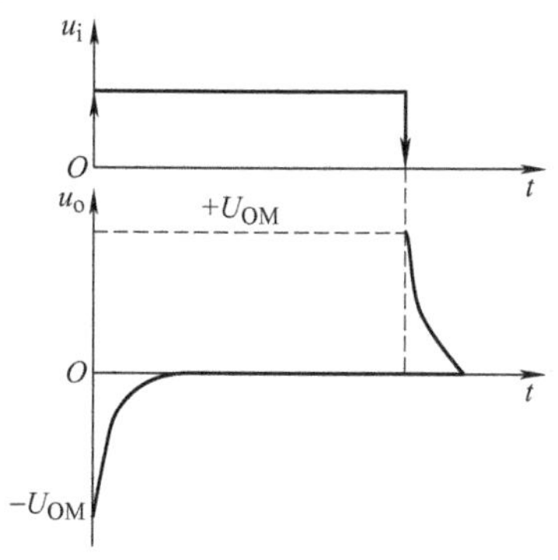

图 8-20　微分电路在阶跃输入信号下的输入输出波形

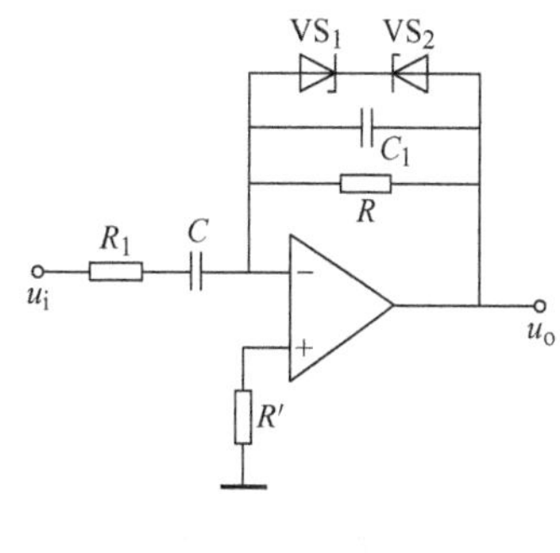

图 8-21　实用微分运算电路

例 8-5　PID 参数调节器。

PID 是 Proportion（比例）、Integration（积分）和 Differentiation（微分）的字头缩写。

在自动控制系统中，通常采用 PID 调节电路，即比例—积分—微分电路，具体如图 8-22 所示。

根据“虚短”和“虚断”的原则，有

$$u_{-}=u_{+}=0,\ i_{C2}=i_1+i_{C1}=\frac{u_i}{R_1}+C_1\frac{du_i}{dt}$$

输出电压等于电阻 R_2 和电容 C_2 压降之和

$$u_o=u_{R2}+u_{C2}=-i_{C2}R_2-\frac{1}{C_2}\int i_{C2}dt=-\left(\frac{u_i}{R_1}+C_1\frac{du_i}{dt}\right)R_2-\frac{1}{C_2}\int\left(\frac{u_i}{R_1}+C_1\frac{du_i}{dt}\right)dt$$

$$=-\left(\frac{R_2}{R_1}+\frac{C_1}{C_2}\right)u_i-R_2C_1\frac{du_i}{dt}-\frac{1}{R_1C_2}\int u_i dt$$

可以看出，电路中包含了比例、积分和微分运算，所以称为 PID 控制器。根据控制中的需要，当 $R_2=0$ 时，电路输出只有比例和积分部分，称为比例积分（PI）控制器。当 $C_2=0$，电路只有比例和微分运算部分，称为比例微分（PD）控制器。

（3）利用积分电路实现微分运算　根据反函数型的反相输入运算电路的组成规律，如果把积分运算电路作为反馈回路，输入回路采用电阻，电路就实现了积分运算的逆运算——微分运算，电路如图 8-23 所示。为了保证电路引入的是负反馈，根据瞬时极性法判断，积分运算电路输出端应和放大电路同相输入端相连。

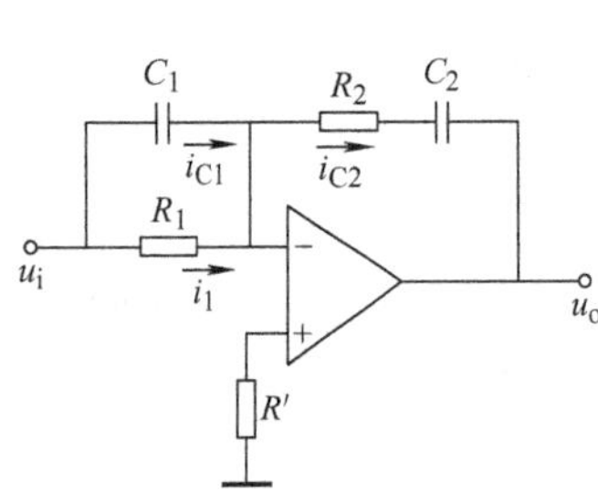

图 8-22　PID 参数调节电路

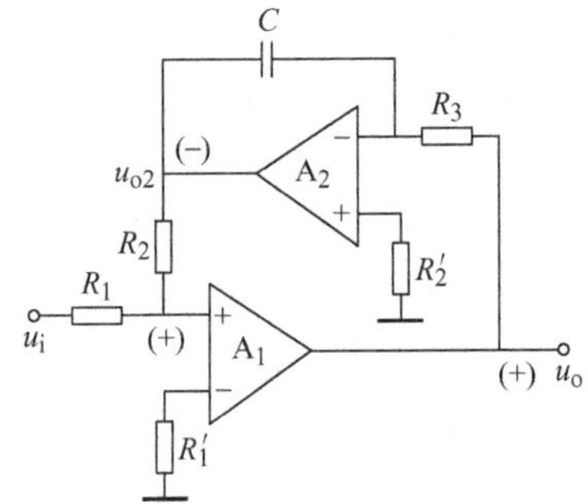

图 8-23　利用积分电路实现微分运算

积分运算电路的输出电压 u_{o2} 为

$$u_{o2}=-\frac{1}{R_3C}\int u_o dt$$

$$u_{o2}=-\frac{R_2}{R_1}u_i$$

所以，输出电压

$$u_o=\frac{R_2R_3C}{R_1}\frac{du_i}{dt}$$

8.3　对数和指数运算电路

8.3.1　对数运算电路

二极管的电流和两端电压在一定工作范围内呈指数关系。在反馈回路中采用 PN 结，在输入回路中采用电阻，就可以实现反函数型的对数运算电路，如图 8-24 所示。

二极管两端电压和电流的关系为

$$i_D \approx I_S e^{\frac{u_D}{U_T}}$$

因而

$$u_D \approx U_T \ln \frac{i_D}{I_S}$$

由于 $U_- \approx U_+ = 0$，所以 $i_D = i_I = \frac{u_I}{R}$，而

$$u_O = -u_D \approx -U_T \ln \frac{u_I}{I_S R} \qquad (8\text{-}15)$$

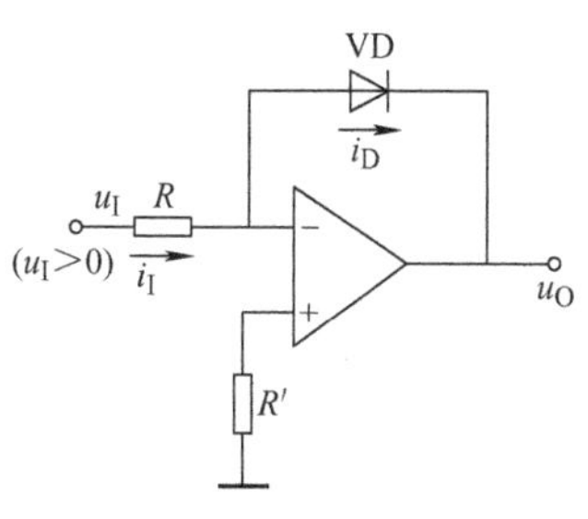

图 8-24　用二极管构成的对数运算电路

图 8-24 所示电路如果要正常工作必须满足输入信号 $u_I > 0$ 的条件。如果输入信号 $u_I < 0$，二极管截止，集成运放为开环状态，输出电压为正向饱和值。

图 8-24 所示电路存在如下问题：

1）二极管两端电压必须满足 $e^{\frac{u_D}{U_T}} \gg 1$。当 u_D 太小时，$i_D \approx I_S\left(e^{\frac{u_D}{U_T}} - 1\right)$，$i_D$ 和 u_D 不再成为指数关系。如果 i_D 较大，二极管的伏安特性又与指数关系差别较大。为了扩大输入电压的范围，实用电路中常用接成二极管形式的晶体管取代二极管，电路如图 8-25 所示。

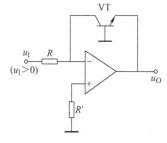

发射极电流和发射结电压的关系为：$i_E \approx I_S e^{\frac{u_{BE}}{U_T}}$，同样可使电路的输出电压 u_O 与输入电压 u_I 成对数关系。而且，由于在集电结接近零偏时，晶体管还有电流放大作用，所以电流的工作范围较宽。

对于晶体管 VT，$u_{BE} \approx U_T \ln \frac{i_C}{I_S}$，所以

$$u_O = -u_{BE} \approx -U_T \ln \frac{u_I}{I_S R} \qquad (8\text{-}16)$$

图 8-25　用晶体管构成的对数运算电路

2）在式(8-15) 和式(8-16) 中，I_S 为反向饱和电流，它受温度的影响很大，需要在电路中采取新的方法消除这种影响。考虑到如前所述的差动电路，采用两个特性相同的晶体管构成两个对数电路，并将电路的输出进行减法运算，则可以消去 I_S，从而消除温度对计算精度的影响。电路如图 8-26 所示。

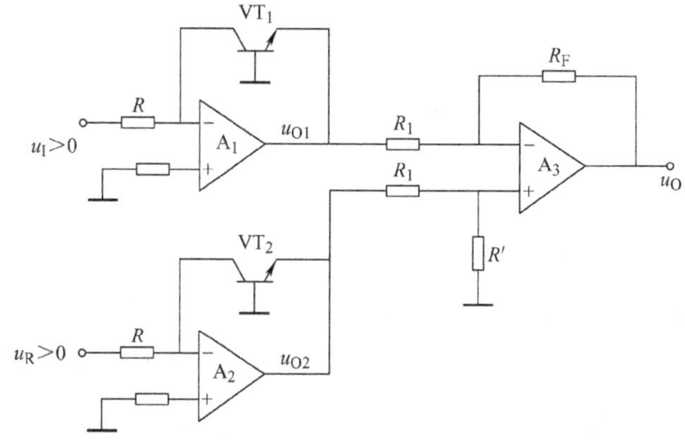

图 8-26　用差动电路克服温漂的对数运算电路

由式(8-16) 得知

$$u_{O1} \approx -U_T \ln \frac{u_I}{I_S R}$$

$$u_{O2} \approx -U_T \ln \frac{u_R}{I_S R}$$

所以

$$u_O = \frac{R_F}{R_1}(u_{O2} - u_{O1}) = \frac{R_F}{R_1} U_T \ln \frac{u_I}{u_R} \tag{8-17}$$

式(8-17) 中还含有随温度变化的参数 U_T。为了消除 U_T 对运算精度的影响，可以采用热敏电阻来代替运算电路中的某些电阻。只要参数选得合适，原则上就能补偿 U_T 受温度的影响。

8.3.2 指数运算电路

1. 正函数型的指数运算电路

将图 8-25 电路中电阻和晶体管进行互换，即输入回路采用接成二极管的晶体管，反馈回路采用电阻，就得到了正函数型的指数运算电路，如图 8-27 所示。

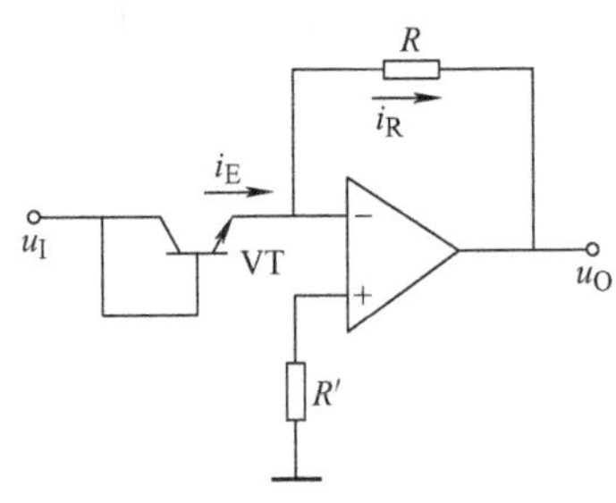

图 8-27 正函数型指数运算电路

根据“虚短”和“虚断”原则，有

$$u_{BE} = u_I$$

$$i_R = i_E \approx I_S e^{\frac{u_{BE}}{U_T}}$$

所以输出电压

$$u_O = -i_R R \approx -I_S R e^{\frac{u_I}{U_T}} \tag{8-18}$$

为保证电路正常工作，电路输入 u_I 应该满足 $u_I > 0$，而且输出与 I_S、U_T 有关，所以电路的运算精度和温度有关。

2. 反函数型指数运算电路

通过前面的分析可知，如果将对数电路作为反馈回路，而在输入回路中接电阻，就能实现反函数型指数运算电路，如图 8-28 所示。其中对数电路采用图 8-26 所示电路，$u_F = \frac{R_F}{R_1} U_T \ln \frac{u_O'}{U_R} = K \ln \frac{u_O'}{U_R}$。

由于 $u_O' = \frac{R_2}{R_1 + R_2} u_O$，$u_F = -u_I$

所以

$$u_O = \left(1 + \frac{R_1}{R_2}\right) U_R e^{-\frac{u_I}{K}} \tag{8-19}$$

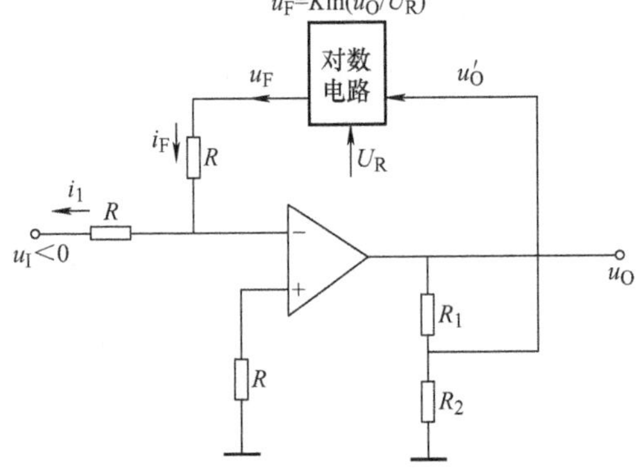

图 8-28 用对数运算电路实现指数运算

这个指数运算电路正常工作的条件是：运放必须引入深度负反馈。在图 8-28 中，输入信号接在集成运放的反相端，因此 u_O 与 u_- 反相。为了保证是负反馈，则从 u_O' 到 u_F 不能再反相，即 $\frac{R_F}{R_1} U_T \ln \frac{u_O'}{U_R} > 0$。所以有 $\frac{u_O'}{U_R} > 1$，$u_O' = \frac{R_2}{R_1 + R_2} u_O > U_R$。因此在 $U_R > 0$ 的条件下，必须有 $u_O > 0$，或 $u_I < 0$（u_I 和 u_O 反相）。

所以，上图所示指数运算电路的正常工作条件是 $u_I < 0$。如果 $u_I > 0$，集成运放将因带正反馈而出现自锁现象。

上面介绍的对数和指数运算电路还可以与加法、减法运算电路结合起来，构成乘法和除法运算电路。

8.4　乘法和除法运算电路

8.4.1　模拟乘法电路的基本概念

模拟乘法电路（模拟乘法器）是重要的非线性运算电路，用于实现两个或多个模拟量的相乘。利用模拟乘法电路和运放相结合，再加上各种不同的外部电路，可以组成求二次方、二次方根、高次方和高次方根的运算电路，以及各种函数发生电路。把模拟乘法电路接在运放的反馈网络中，可以组成反函数型的除法运算电路。同时在通信电路中，模拟乘法电路还常用于振幅调制、混频、倍频、同步检波、鉴相、鉴频、自动增益控制等电路中。

模拟乘法电路有同相和反相两种，它们的输出与输入的关系是

$$u_O = \pm K u_X u_Y \tag{8-20}$$

式中，K 为乘积增益，也称乘积系数或标尺因子，其值多为 $0.1V^{-1}$㊀；u_X、u_Y 为两个模拟输入量；u_O 为输出。

模拟乘法器图形符号及等效电路如图 8-29 所示。r_{i1} 和 r_{i2} 分别为两个输入端的输入电阻，r_o 是输出电阻。对于理想乘法器，r_{i1} 和 r_{i2} 为无穷大，输出电阻 r_o 为零。

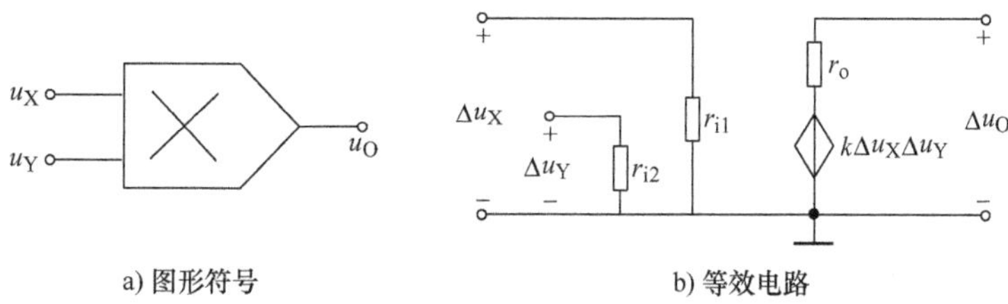

图 8-29　模拟乘法器的图形符号及等效电路

按输入电压允许的极性分类，乘法运算电路有：

1）四象限乘法电路：它的两个输入电压极性可正可负，或者正负交替。

2）两象限乘法电路：它只允许两个输入电压之一极性可正可负，另一个应是单极性的。

3）单象限乘法电路：两个输入电压都只能是单极性的。

应该说明的是，如果适当增加外接电路，单象限或两象限乘法电路就可以转化成四象限乘法电路。

实现乘法运算的方法很多，下面介绍其中主要的两种，即利用对数和指数电路的乘法电路和“变跨导式”模拟乘法电路。

8.4.2　利用对数和指数运算电路实现乘法和除法运算

利用对数和指数运算电路实现乘法运算的框图如图 8-30 所示，具体电路如图 8-31 所示。

㊀ 这样，当 u_X 和 u_Y 均为 10V 时，$u_O = \pm 10V$。

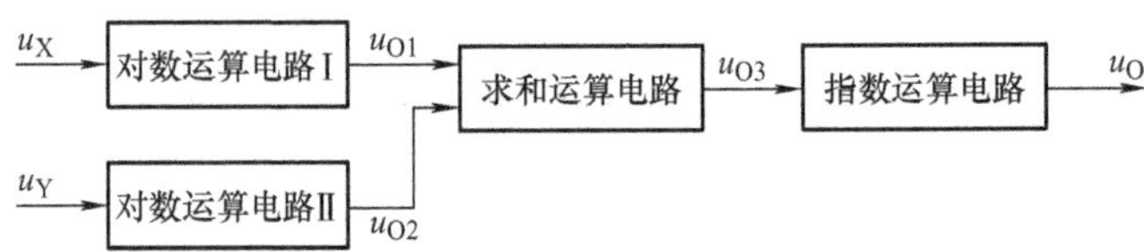

图 8-30 利用对数和指数运算电路实现乘法运算的框图

如果把求和运算电路用减法运算电路取代，则可得到除法运算电路。

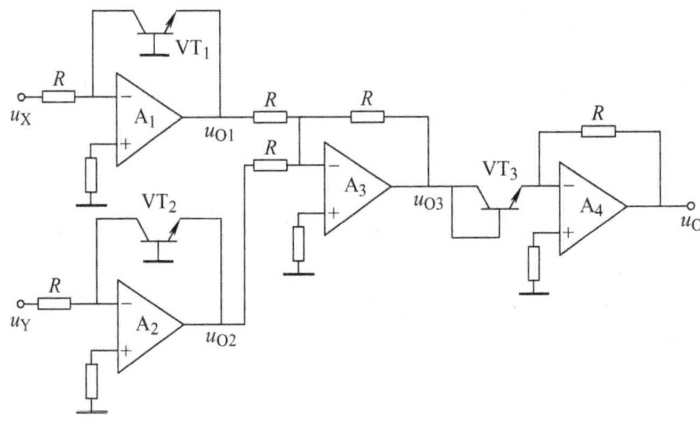

图 8-31 乘法运算电路

根据前面的推导，可以求得

$$u_{O1} \approx -U_T \ln \frac{u_X}{I_S R}$$

$$u_{O2} \approx -U_T \ln \frac{u_Y}{I_S R}$$

$$u_{O3} = -(u_{O1} + u_{O2}) \approx U_T \ln \frac{u_X u_Y}{(I_S R)^2}$$

所以

$$u_O \approx -I_S R e^{\frac{u_{O3}}{U_T}} = -\frac{u_X u_Y}{I_S R} \tag{8-21}$$

8.4.3 变跨导型模拟乘法电路的工作原理

变跨导型模拟乘法电路是在带恒流源的差动放大电路的基础上形成的，其原理图如图 8-32所示。对于差动放大电路，在一定范围内，输出电压与输入电压成正比，与晶体管发射结交流电阻 r_{be}成反比。其中，r_{be}又与静态射极电流有关。在差动放大电路两边对称的情况下，I_{EQ}是射极恒流源电流 I 的一半。这样

$$r_{be} = r_{bb'} + (1+\beta)\frac{U_T}{I_{EQ}} = r_{bb'} + (1+\beta)\frac{2U_T}{I}$$

当 I_{EQ}比较小时，可以忽略 $r_{bb'}$，从而得到

$$r_{be} = (1+\beta)\frac{2U_T}{I}$$

可以看出，带恒流源的差动放大电路的输出电压与输入电压及恒流源电流 I 的乘积成正比。如果恒流源是电压控制电流源，则差动放大电路的输出电压就与两个输入电压的乘积成

正比，即实现了乘法运算。由于恒流源电流 I 与一个输入电压成正比，两者的比值具有电导量纲，所以这种乘法运算电路称为变跨导型模拟乘法电路。

在图 8-33 所示的差放电路中，有 $I=\dfrac{u_Y-u_{BE3}}{R_E}$，若 $u_Y \gg u_{BE3}$，则可以认为

$$I=\frac{u_Y}{R_E}$$

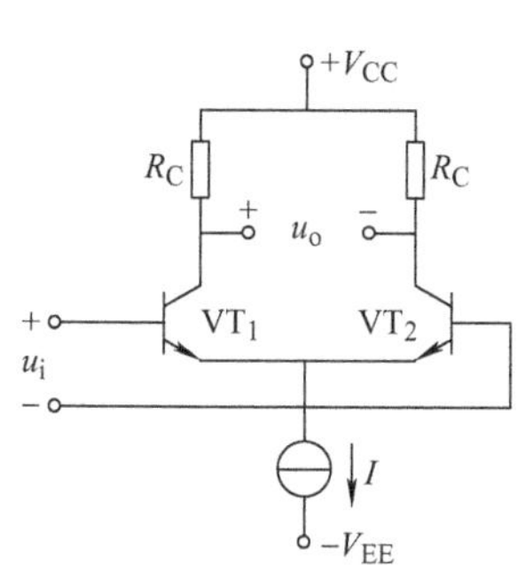

图 8-32 变跨导型模拟乘法电路原理图

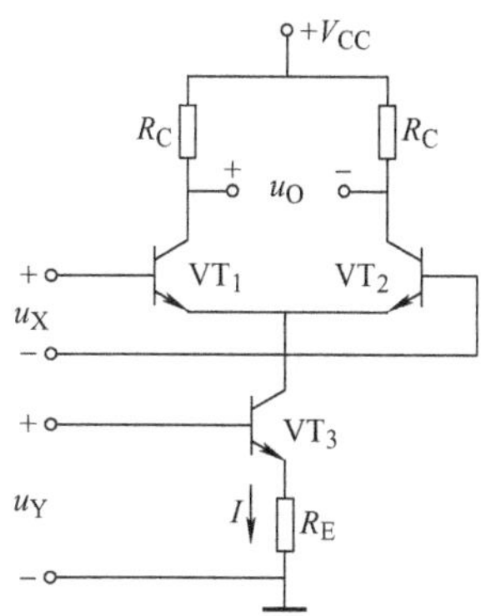

图 8-33 两象限变跨导型模拟乘法电路

因此差动电路的输出电压为

$$u_O = K u_X u_Y \tag{8-22}$$

式中，u_X 可正可负，但 u_Y 必须大于零，所以电路为两象限模拟乘法器。电路有如下明显的缺点：

1）输出电压 u_O 和 U_T 有关，即和温度有关。

2）输入电压 u_X 取值范围太小。

3）电路工作在两象限。

若输入 u_Y 和 u_X 均采用差动形式，使两个输入量都可正可负，就构成了四象限模拟乘法电路，如图 8-34 所示。

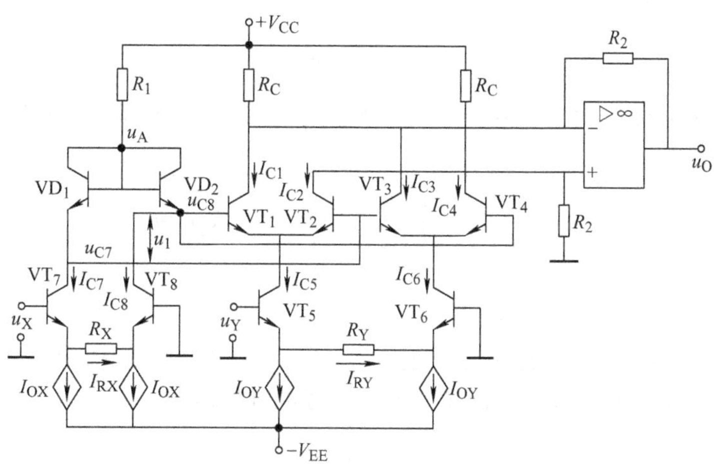

图 8-34 四象限变跨导型模拟乘法器

电路由两个并联工作的差动放大电路（由 VT_1、VT_2 和 VT_3、VT_4 组成），每个差放带

电流负反馈，由 VT_5、VT_6 构成。VT_5、VT_6 管发射极电流由两个电流源提供。设流过 R_Y 的电流为 I_{RY}，由图可得

$$I_{C5}=I_{OY}+I_{RY}=I_{OY}+\frac{u_Y}{R_Y}$$

$$I_{C6}=I_{OY}-I_{RY}=I_{OY}-\frac{u_Y}{R_Y}$$

因此
$$I_{C5}-I_{C6}=2\frac{u_Y}{R_Y} \tag{8-23}$$

若 $I_{ES1}=I_{ES2}=I_{ES}$，利用晶体管发射结的指数特性，则有

$$\frac{I_{C1}}{I_{C2}}=e^{\frac{U_{BE1}-U_{BE2}}{U_T}}=e^{\frac{u_1}{U_T}}$$

VT_1、VT_2 的集电极总电流 $$I_{C1}+I_{C2}\approx I_{C5}$$
通过上面两式可以得到 I_{C1}、I_{C2}用 I_{C5}表达的关系式

$$I_{C1}=\frac{e^{\frac{u_1}{U_T}}}{1+e^{\frac{u_1}{U_T}}}I_{C5},\ I_{C2}=\frac{1}{1+e^{\frac{u_1}{U_T}}}I_{C5}$$

因此有

$$I_{C1}-I_{C2}=\frac{e^{\frac{u_1}{U_T}}-1}{e^{\frac{u_1}{U_T}}+1}I_{C5}=I_{C5}\tanh\frac{u_1}{2U_T} \tag{8-24}$$

同理有

$$I_{C4}-I_{C3}=I_{C6}\tanh\frac{u_1}{2U_T} \tag{8-25}$$

运放的输出电压 u_O 是两个差动放大部分集电极电流$(I_{C1}+I_{C3})$与$(I_{C2}+I_{C4})$之差流过反馈电阻 R_2 上的压降

$$u_O=R_2[(I_{C1}+I_{C3})-(I_{C2}+I_{C4})] \tag{8-26}$$

由式(8-23)~式(8-25) 可得到输出电压

$$u_O=R_2\frac{2u_Y}{R_Y}\tanh\frac{u_1}{2U_T} \tag{8-27}$$

当差动信号 $u_1\ll 2U_T$时，将式(8-27) 中的双曲正切函数按幂级数展开，忽略高次项的影响，可近似得到

$$u_O=\frac{2R_2}{R_Y}u_Y\frac{u_1}{2U_T}=\frac{R_2}{R_YU_T}u_Yu_1=K_1u_Yu_1 \tag{8-28}$$

式中，$K_1=\frac{R_2}{R_YU_T}$。

式(8-28) 中，尽管 u_1 或 u_Y均可取正或者负极性，但 u_1 的取值范围还是太小。因此，在 u_1 信号之前加一由 VD_1、VD_2 和 VT_7、VT_8 组成的补偿电路。

根据 $u_{BE}=U_T\ln\frac{I_{D1}}{I_{ES}}$，同时用 u_D表示二极管压降，有

$$u_{D1}=u_A-u_{C7}=U_T\ln\frac{I_{D1}}{I_{ES}}$$

$$u_{D2}=u_A-u_{C8}=U_T\ln\frac{I_{D2}}{I_{ES}}$$

则

$$u_1=u_{C8}-u_{C7}=U_T\ln\frac{I_{D1}}{I_{D2}} \tag{8-29}$$

设 VT_7、VT_8 的 $\beta>>1$，则

$$I_{D1}=I_{C7}=I_{OX}+I_{RX}=I_{OX}+\frac{u_X}{R_X} \tag{8-30}$$

$$I_{D2}=I_{C8}=I_{OX}-I_{RX}=I_{OX}-\frac{u_X}{R_X} \tag{8-31}$$

由式(8-29) ~ 式(8-31) 可得

$$u_1=U_T\ln\frac{I_{OX}+\dfrac{u_X}{R_X}}{I_{OX}-\dfrac{u_X}{R_X}} \tag{8-32}$$

进一步简化得到

$$u_1=U_T\ln\frac{1+\dfrac{u_X}{I_{OX}R_X}}{1-\dfrac{u_X}{I_{OX}R_X}}$$

这是双曲函数的标准形式，代入式(8-27)，可求得输出电压为

$$u_O = R_2\frac{2u_Y}{R_Y}\tanh\left[\frac{U_T\ln\dfrac{1+\dfrac{u_X}{I_{OX}R_X}}{1-\dfrac{u_X}{I_{OX}R_X}}}{2U_T}\right] \tag{8-33}$$

于是得到

$$u_O=R_2\frac{2u_Y}{R_Y}\frac{u_X}{I_{OX}R_X}=Ku_Xu_Y \tag{8-34}$$

式中，$K=\dfrac{2R_2}{I_{OX}R_XR_Y}$。可以看出，通过调整 I_{OX} 可调节 K 的值。

综上分析可知：

1）输出电压 u_O 和两输入电压 u_X、u_Y 的乘积成正比。

2）由于 U_T 被抵消，故 u_O 与温度无关，电路的温度稳定性较好。

3）提高了 u_X 的取值范围。

8.4.4 模拟乘法电路在运算电路中的应用

模拟乘法电路除了能够实现模拟信号的乘法运算外，还可以和集成运放相结合，加上其

他电路一起构成除法、求二次方、开方和求方均根值等运算电路。需要注意的是，在构成运算电路时，集成运放必须引入负反馈。

1. 二次方运算和乘方运算电路

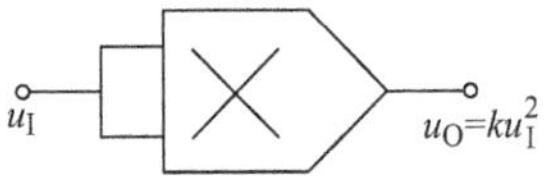

电路如图 8-35 所示。将模拟乘法电路的两个输入端接同一个输入信号，就构成了二次方运算电路。

图 8-35 二次方运算电路

电路输出和输入的关系为

$$u_O = ku_I^2 \tag{8-35}$$

如果二次方运算电路的输入信号是正弦波 $u_I = u_{im}\sin\omega t$，输出电压

$$u_O = ku_{im}^2\sin^2\omega t = \frac{k}{2}u_{im}^2(1 - \cos2\omega t)$$

可以看出，输出中不仅包含输入的二倍频电压信号，还包含有直流分量。为了得到纯交流二倍频电压，可在输出端加隔直电容。

从理论上讲，可以用多个模拟乘法电路串联组成任意次幂的运算电路。但在实际应用中，当串联的模拟乘法电路超过三个时，运算误差的积累就使得电路的精度变得很差，在要求较高时将不适用。因此，在实现高次幂的乘方运算时，可以考虑采用由模拟乘法器、集成对数运算电路和指数运算电路组合而成的电路，如图 8-36 所示。

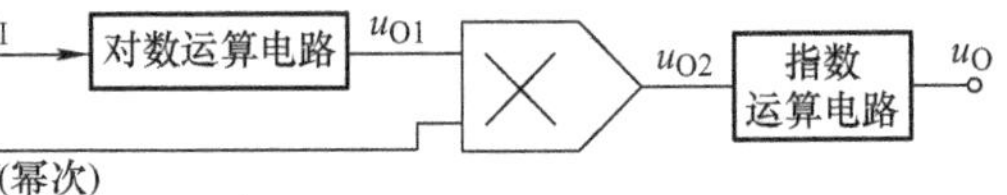

图 8-36 任意次幂运算电路

对数运算电路的输出电压 $u_{O1} = k_1\ln u_I$

模拟乘法电路的输出电压 $u_{O2} = k_1k_2N\ln u_I$

输出电压

$$u_O = k_3u_I^{k_1k_2N} \tag{8-36}$$

设 $k_1 = 10\text{V}$、$k_2 = 0.1\text{V}^{-1}$、$N = 2$，就实现了二次方运算。

2. 除法运算电路

根据组成反函数型运算电路的基本原理，将模拟乘法电路放在集成运放的反馈通路中，可构成除法运算电路，如图 8-37 所示。

根据“虚地”和“虚断”的原则，有

$$\frac{u_{I1}}{R_1} = -\frac{u'_O}{R_2} = -\frac{ku_{I2}u_O}{R_2}$$

则输出电压

$$u_O = -\frac{R_2}{kR_1}\frac{u_{I1}}{u_{I2}} \tag{8-37}$$

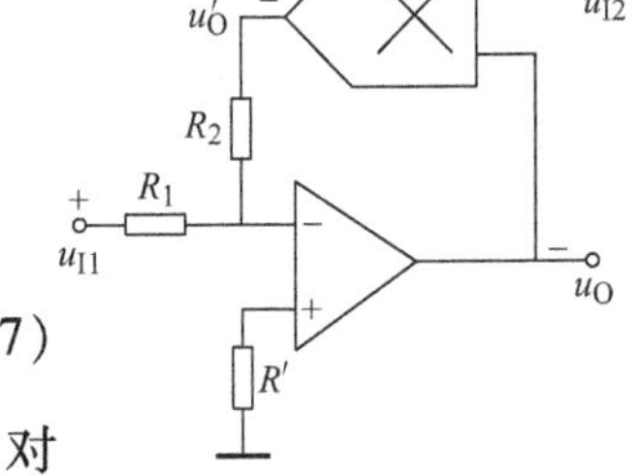

图 8-37 除法运算电路

为保证运算电路正常工作，必须为集成运放引入负反馈。对于所示电路，由于输入信号 u_I 接在集成运放的反相端，因此输出和输入反相。为了引入负反馈，必须保证 u'_O 和输出 u_O 同相。因此，当模拟乘法器的 k 小于零时，u_{I2} 应当小于零；而 k 大于零时，u_{I2} 应当大于零，即 u_{I2} 应与 k 同符号。

3. 开方运算电路

利用二次方运算电路作为集成运放的反馈回路，就能构成开方运算电路，如图 8-38 所示。有

$$\frac{u_I}{R_1}=-\frac{u'_O}{R_2}=-\frac{ku_O^2}{R_2}$$

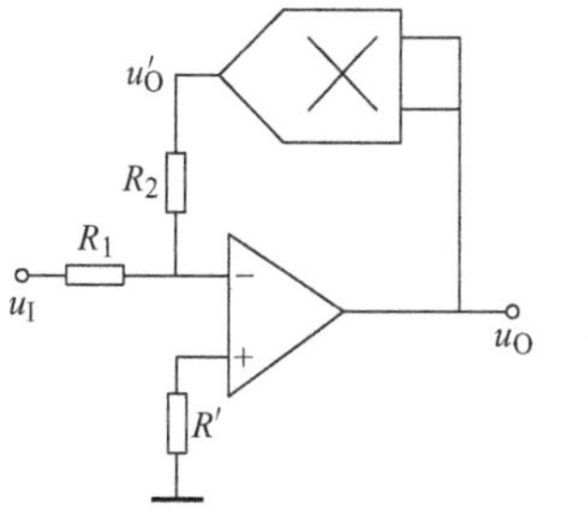

输出电压

$$u_O=\sqrt{-\frac{R_2u_I}{kR_1}} \tag{8-38}$$

图 8-38 开方运算电路

当 $k>0$ 时，二次方电路输出电压 u'_O 必然大于零。由于 u'_O 与 u_I 反相，所以 u_I 必须小于零，这点也可从式(8-38) 看出。如果输入信号 u_I 大于零，必须采用反相乘法电路（即 $k<0$），否则 u'_O 在任何情况下均大于零，反馈极性变正，最终使集成运放电路内部的晶体管工作到截止区或饱和区，电路不能正常工作。即使 u_I 变得小于零，晶体管也不能回到放大区，电路不能恢复正常工作，运放出现闭锁或锁定现象。为了防止闭锁现象的出现，实用电路中常在输出回路串联一个二极管。

如果把高次方运算电路接在运放的反馈回路中，就可组成反函数型的高次方根运算电路。

4. 方均根运算电路

信号电压的方均根值（有效值）反映了它的能量和功率。方均根运算电路常用于信号电压和噪声电压测量。对于任意波形的周期性交流电压或噪声电压 $u_i(t)$，其方均根值为

$$U_i=\sqrt{\overline{u_i^2(t)}}=\sqrt{\lim_{T\to\infty}\frac{1}{T}\int_0^T u_i^2(t)\,dt} \tag{8-39}$$

式中，T 为取平均值的时间间隔。

实现方均根运算的电路框图如图 8-39 所示，其中求平均值的电路可以是一个由集成运放构成的一阶低通滤波电路（见本章 8.6 节）。应该指出，一般的交流电压表只能测量正弦电压有效值，而按上述原理构成的方均根运算电路则可测任意波形的周期性电压，包括噪声电压的有效值。

5. 函数发生电路

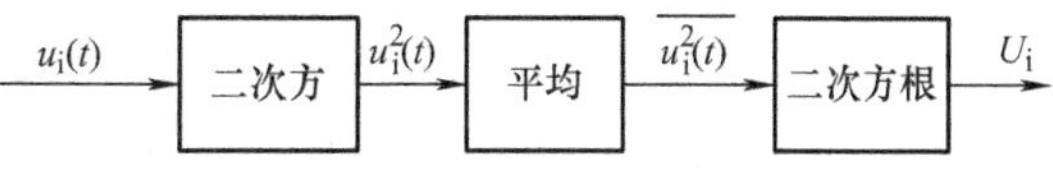

图 8-39 方均根运算电路框图

这种电路的输出电压与输入电压之间具有以方程式、曲线或表格形式给出的函数关系。函数发生电路是重要的模拟运算电路，也是电子模拟计算机中的重要部件。

任意给定的函数可用项数有限的级数来近似表示，即

$$f(x)=a_0+a_1x+a_2x^2+a_3x^3+\cdots+a_nx^n$$

这样，函数关系就可以用加、减、乘、除、二次方或者二次方根运算电路来实现。

6. 放大倍数（增益）可控的放大电路

如果模拟乘法电路的一个输入端接输入信号电压，另一个输入端接直流控制电压，则乘法电路输出电压与输入电压之间的增益将与直流控制电压的大小成正比。当直流控制电压可调时，就形成可控增益放大电路。它可用在通信接收机中，实现自动增益控制。

7. 电功率测量电路

如果使模拟乘法电路的两个输入电压分别与被测电路的电压及电流成正比，则乘法电路的输出电压将与待测电路的功率成正比。

以上讨论了集成运放组成的各种运算电路。现在根据反相输入运算电路的组成规律和特点，归纳为表 8-1。

表 8-1 反相输入运算电路的组成规律

输入回路元件	反馈回路元件	运算关系	运算电路类型	共同特点
$i_I=f_1(u_I)$	R_F	$u_O=-R_Ff_1(u_I)$	正函数型	u_O 与 u_I 极性或者相位相反。运放输入端有虚地，$u_-\approx 0$；同时有虚断
R_1	$i_F=-f_2(u_O)$	$u_O=f_2^{-1}\left(-\frac{u_I}{R_1}\right)$	反函数型	
R_1	R_F	$U_o=-\frac{R_E}{R_1}U_i$	比例(加、减)	
R	电容 $i_c=-C\frac{du_o}{dt}$	$u_o=-\frac{1}{RC}\int_{t_0}^{t}u_i dt$	积分	
电容 $i_i=C\frac{du_i}{dt}$	R	$u_o=-RC\frac{du_i}{dt}$	微分	
R	二极管或者晶体管 $i_F\approx I_S e^{u_O/U_T}$	$u_O=-U_T\ln\frac{u_I}{I_SR}$	对数	
二极管 $i_I\approx I_S e^{u_I/U_T}$	R	$u_O=-I_SRe^{u_I/U_T}$	指数	
u_{I1}，R	R，乘法电路	$u_O=\frac{1}{k}\frac{u_{I1}}{u_{I2}}$	除法	
u_I，R	R，二次方电路	$u_O=\sqrt{\frac{1}{k}u_I}$	求二次方根	

8.5 实际集成运放对运算电路的影响

在上述各运算电路的分析中，均认为集成运放为理想运放。实际上，集成运放开环差模增益 A_{od}、差模输入电阻 r_{id} 和共模抑制比 K_{CMR} 为有限值，且输入失调电压 U_{IO}、失调电流 I_{IO} 以及它们的温漂 $\frac{dU_{IO}}{dT}$，$\frac{dI_{IO}}{dT}$ 和输入偏置电流 I_{IB} 均不为零，必然给运算电路造成误差。下面对输入失调电压 U_{IO}、失调电流 I_{IO} 和输入偏置电流 I_{IB} 这三个参数对运算电路的影响进行分析。

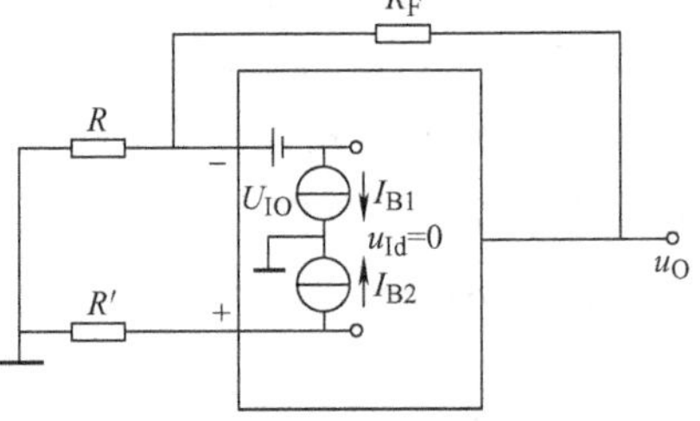

图 8-40 考虑 U_{IO}、I_{IO} 及 I_{IB} 时比例运算电路的等效电路

考虑失调电压 U_{IO}、失调电流 I_{IO} 和偏置电流 I_{IB} 的影响，比例运算电路的等效电路如图 8-40 所示。图中 $I_{B1}=I_{IB}+I_{IO}/2$，$I_{B2}=I_{IB}-I_{IO}/2$，差模输入电压为零。

可以看出：集成运放同相输入端电位 $u_+=-\left(I_{IB}-\frac{1}{2}I_{IO}\right)R'$；反相输入端电位 $u_-=U_{IO}-\left(I_{IB}-\frac{1}{2}I_{IO}\right)R'$。

反相输入端的电流方程　$\frac{u_-}{R}+I_{IB}+\frac{1}{2}I_{IO}=\frac{u_O-u_-}{R_F}$

整理后可以得到　$u_-=\frac{R_n}{R_F}u_O-\left(I_{IB}+\frac{1}{2}I_{IO}\right)R_n$

其中，$R_n=R/\!/R_F$。所以

$$u_O=\left(1+\frac{R_F}{R}\right)\left[U_{IO}+I_{IB}(R_n-R')+\frac{1}{2}I_{IO}(R_n+R')\right]$$

当 $R_n=R'$时

$$U_O=\left(1+\frac{R_F}{R}\right)[U_{IO}+I_{IO}R_n] \tag{8-40}$$

可以看出，如果同相端等效电阻和反相端等效电阻相等时就可以抵消输入偏置电流 I_{IB}带来的影响。当$\left(1+\frac{R_F}{R}\right)$、$R_n$越大时，$U_{IO}$、$I_{IO}$引起的输出误差电压就越大。如果需要减小失调电压和失调电流给输出带来的影响，就需要对集成运放进行调零。对于设有调零端的集成运放，通过调节外加调零电位器，一般能满足要求；对于没有调零端的集成运放，通常在集成运放的输入端加一个补偿电压，以抵消运放本身的失调电压，从而达到调零的目的。

如果用式(8-40）考虑失调温漂所产生的输出电压的变化时，则有

$$\Delta u_O=\left(1+\frac{R_F}{R}\right)(\Delta U_{IO}+\Delta I_{IO}R_n) \tag{8-41}$$

式中，$\Delta U_{IO}=\frac{dU_{IO}}{dT}\Delta T_{max}$；$\Delta I_{IO}=\frac{dI_{IO}}{dT}\Delta T_{max}$，$\Delta T_{max}$为温度变化的最大范围。

需要注意的是：由温漂产生的输出电压误差难以用调零或者补偿的方法消除。

应当指出，运算电路的运算误差不仅来源于集成运放非理想的指标参数，还取决于其他元器件的精度及电源电压的稳定性等。因此，为了提高运算精度，除了应选择高质量的集成运放外，还应采取其他措施，如合理选择其他元器件，提高电源电压的稳定性，减小环境温度的变化，抑制干扰和噪声，精心设计电路板等。

8.6　有源滤波电路

对于信号的频率具有选择性的电路称为滤波电路，滤波电路的基本功能是允许一定频率范围内的信号通过电子电路，而对不需要的频率分量则尽可能加以抑制或削弱。

8.6.1　滤波电路的频率特性、分类和主要参数

1. 滤波电路的频率特性

通常把允许通过滤波电路的信号频段称为滤波电路的“通带”（即通频带），滤波电路要加以抑制或削弱的信号频段称为“阻带”。对于理想的滤波电路，在通带内，滤波电路增益或传输系数（输出量与输入量之比）应保持为常数。在阻带内，滤波电路的增益应该为零或很小。

因此，滤波电路的理想频率特性应该是矩形。

2. 滤波电路的分类

通常，按照滤波电路的工作频带为其命名，分为低通滤波电路（LPF）、高通滤波电路（HPF）、带通滤波电路（BPF）、带阻滤波电路（BEF）和全通滤波电路（APF）。

设截止频率为f_P。频率低于f_P的信号可以通过而高于f_P的信号被衰减的滤波电路称为“低通”滤波电路。此时，截止频率称为高频截止频率f_H。反之，频率高于f_P的信号可以通过，而频率低于f_P的信号被衰减的滤波电路称为“高通”滤波电路。此时，截止频率称为低频截止频率f_L。

设低频段的截止频率为f_{P1}，高频段的截止频率为f_{P2}。频率在f_{P1}到f_{P2}之间的信号可以通过，低于f_{P1}或高于f_{P2}的信号被衰减的滤波电路称为“带通”滤波电路；反之，频率低于f_{P1}和高于f_{P2}的信号可以通过，而频率在f_{P1}到f_{P2}之间的信号被衰减的滤波电路称为“带阻”滤波电路。

另外有一种特殊的滤波电路—全通滤波电路。全通滤波电路对于频率从零到无穷大的信号具有同样的传输系数，但对于不同频率的信号将产生不同的相移。

理想滤波电路的幅频特性如图8-41示。

3. 滤波电路的主要参数

(1) 通带电压增益A_{up}　理想滤波电路的通带电压增益应为常数。

(2) 通带截止频率$f_P(\omega_P)$　电压增益下降到A_{uP}的$1/\sqrt{2}$(=0.707)时所对应的频率。带通和带阻滤波电路有两个f_P，即f_{P1}和f_{P2}。

(3) 特征频率$f_0(\omega_0)$　它只与滤波电路的电阻和电容元件的参数有关。对带通（带阻）电路，$f_0(\omega_0)$是通带（阻带）内电压增益最大（最小）点的频率，所以也叫“中心频率”（通带或阻带中点频率）。

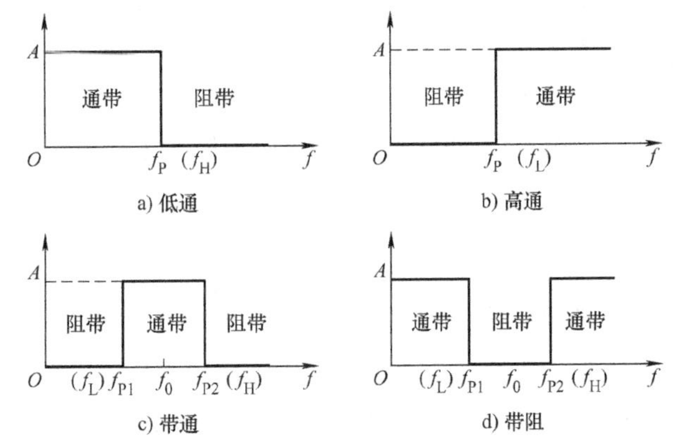

图8-41　理想滤波电路的幅频特性

(4) 通带（阻带）宽度　带通（带阻）电路两个f_P之差，即$f_{BW}=f_{P2}-f_{P1}$。

(5) 等效品质因数Q　它说明滤波电路频率特性的形状。例如，对频率特性出现谐振峰的低通电路，$Q=|A_u(j\omega)|_{\omega=\omega_0}/A_{uP}$；对带通（带阻）电路，$Q=f_0/f_{BW}$，即$Q$是中心频率$f_0$与带宽$f_{BW}$之比。

4. 滤波电路的实际幅频特性

实际上，任何滤波电路均不可能具备图8-41所示的理想幅频特性，而是在通带和阻带之间都存在称为“过渡带”的频段。图8-42为低通滤波电路的实际幅频特性。从f_P到A_u接近零的频段是过渡带。使A_u趋近于零的频段称为阻带。过渡带越窄，电路的选择性越好，滤波特性越理想。

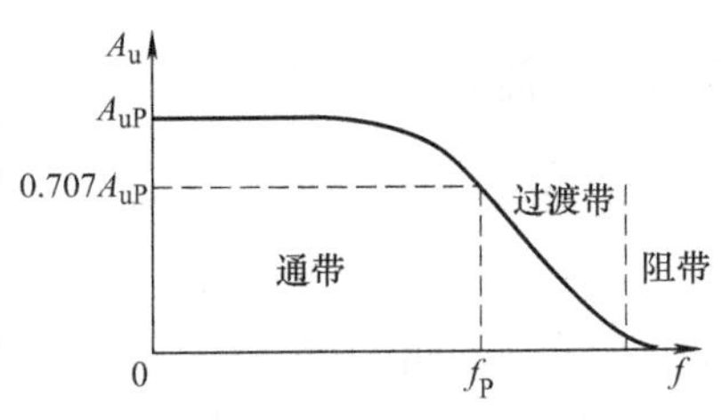

图8-42　低通滤波器的实际幅频特性

8.6.2 无源滤波电路和有源滤波电路

若滤波电路仅由无源元件（电阻、电容、电感）组成，则称为无源滤波电路。若滤波电路中不仅有无源元件，还有有源器件（双极型晶体管、场效应晶体管、集成运放），则称为有源滤波电路。

图8-43所示为无源低通滤波电路。如不考虑负载电阻，当信号频率趋于零时，电容的容抗趋于无穷大，故通带增益[⊖]

$$A_{uP}=\frac{U_o}{U_i}=1 \tag{8-42}$$

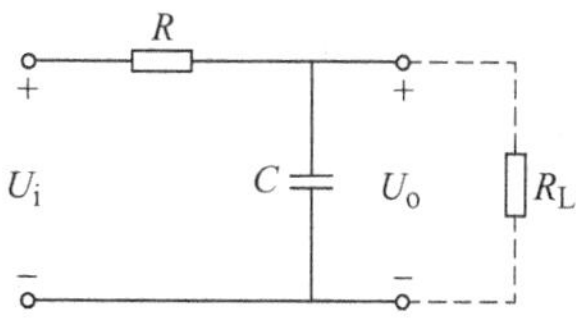

图8-43 无源低通滤波电路

滤波电路的传递函数为 $A_u(s)=\frac{U_o(s)}{U_i(s)}=\frac{1}{1+sRC}$ (8-43)

令 $s=j\omega$，当 $|A_u(j\omega)|=A_u(\omega)=\frac{1}{\sqrt{2}}$，即 $\sqrt{1+(\omega RC)^2}=\sqrt{2}$ 时，可以求出通带截止频率

$$f_P=\frac{1}{2\pi RC}\text{或}\ \omega_P=2\pi f_P=\frac{1}{RC} \tag{8-44}$$

当电路带上负载 R_L 后，通带增益变为

$$A_{uP}=\frac{U_o}{U_i}=\frac{R_L}{R+R_L} \tag{8-45}$$

电压传递函数
$$A_u(s)=\frac{U_o(s)}{U_i(s)}=\frac{\frac{R_L}{R+R_L}}{1+s(R/\!/R_L)C} \tag{8-46}$$

通带截止频率
$$f'_P=\frac{1}{2\pi(R/\!/R_L)C},\ \omega'_P=\frac{1}{(R/\!/R_L)C} \tag{8-47}$$

可以看出，带负载后，无源滤波电路通带增益减小，通带截止频率升高。对于无源滤波电路，其通带增益及截止频率都随负载而变化，这一缺点不符合信号处理的要求。集成运放具有开环电压增益和输入阻抗高、输出阻抗低等特点，因此，用集成运放（有源器件）与无源滤波网络可以组成性能更好的有源滤波电路。在有源滤波电路中，集成运放通常带有深度负反馈。但是，有时为了提高滤波性能，使集成运放同时带有负反馈和正反馈，以负反馈为主。

在有源滤波电路中，如果加上电压串联负反馈（同相端输入），则可使集成运放的输入阻抗更高、输出阻抗更低，同时在输入与信号源以及输出与负载之间具有良好的隔离。如果把几个一阶的滤波电路串联起来，就可以组成高阶的滤波电路，而不必考虑前后级之间的相互影响。此外，有源滤波电路还可以对信号进行放大，而且增益容易调节。但是，由于通用型集成运放的通频带一般较窄，因此有源滤波电路不适用于高频（1MHz以上）。另外，必须有直流电源才能使滤波电路工作。

8.6.3 有源滤波电路及其分析方法

在有源滤波电路中，除集成运放外，常包含较复杂的无源网络，它是电阻 R、电容 C 以及电感 L 等元件的串联和并联组合。在分析有源滤波电路时，一般都通过拉普拉斯变换，将

⊖ 实际上在这里是从输入到输出的传递系数。

电压与电流变换成 s 域内的"象函数"$U(s)$或$I(s)$。此时电阻元件的运算阻抗仍为$R(s)=R$，电容为$Z_C(s)=1/sC$，电感为$Z_L(s)=sL$。输出量与输入量象函数之比称为"传递函数"。在求得运算电路的传递函数$A_u(s)$后，应用拉普拉斯反变换，就可以求得表示输出量与输入量在时间域内的关系的微分方程式。不难看出，$A_u(s)$分母上 s 的方次表示这一微分方程式的阶数，因此常用$A_u(s)$分母上 s 的方次把有源滤波电路划分为一阶、二阶及更高阶。一般说来，阶数越高，滤波电路幅频特性曲线上从通带到阻带的分界线越陡直，越接近于图 8-41 所示的理想情况，但滤波电路的设计计算也越复杂。

1. 低通滤波电路

（1）一阶低通滤波电路 为了提高滤波电路的带负载能力，可以在 RC 无源滤波电路和负载 R_L之间接入一个由集成运放组成的电压跟随器，从而构成最简单的有源一阶低通滤波电路。如果要求电路能放大，可以把电压跟随器改为同相比例运算电路，如图 8-44 所示。

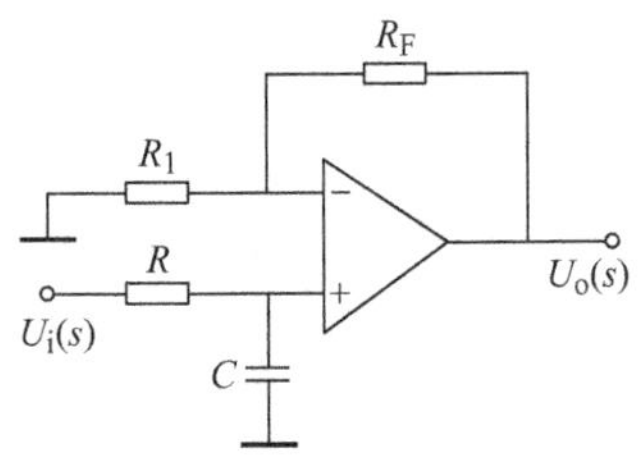

图 8-44 一阶有源低通滤波电路

电路传递函数为

$$A_u(s)=\frac{U_o(s)}{U_i(s)}=\left(1+\frac{R_F}{R_1}\right)\frac{1}{1+sRC} \tag{8-48}$$

可知通带增益为

$$A_{uP}=1+\frac{R_F}{R_1}=A_{uf} \tag{8-49}$$

式中，A_{uf}是同相比例运算电路的电压增益。

通带截止频率

$$f_P=\frac{1}{2\pi RC},\ \omega_P=\frac{1}{RC} \tag{8-50}$$

特征频率

$$f_0=f_P,\ \omega_0=2\pi f_P=\frac{1}{RC} \tag{8-51}$$

幅频特性曲线如图 8-45 所示。当$f>>f_P=f_0$ 即 $f/f_0>>1$ 时，幅频特性曲线下降的斜率为 -20dB/十倍频程。显然，这种频率特性的形状与理想特性相差很远。如果要求幅频特性曲线下降得更快（以 -40 或 -60dB/十倍频程的斜率下降），则需采用二阶、三阶或更高阶次的滤波电路。实际上，高于二阶的滤波电路都可以由一阶和二阶有源滤波电路构成。因此，下面将进一步重点研究二阶有源滤波电路的组成和特性。

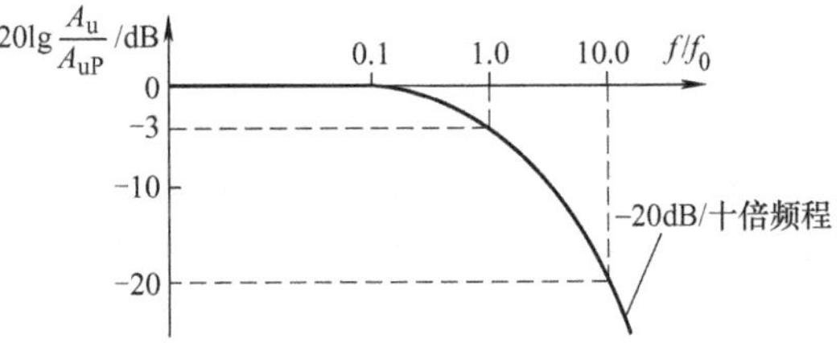

图 8-45 一阶有源低通滤波电路的幅频特性曲线

（2）简单二阶低通滤波电路 图 8-46 为简单二阶低通滤波电路。根据"虚短"和"虚断"的特点，可以得到电路传递函数

$$A_u(s)=\frac{U_o(s)}{U_i(s)}=\left(1+\frac{R_F}{R_1}\right)\frac{U_+(s)}{U_i(s)}=\left(1+\frac{R_F}{R_1}\right)\frac{U_+(s)}{U_M(s)}\ \frac{U_M(s)}{U_i(s)}$$

其中

$$\frac{U_+(s)}{U_M(s)}=\frac{1}{1+sRC_2},\ \frac{U_M(s)}{U_i(s)}=\frac{\frac{1}{sC_1}/\!/\left(R+\frac{1}{sC_2}\right)}{R+\frac{1}{sC_1}/\!/\left(R+\frac{1}{sC_2}\right)}$$

令 $C_1=C_2=C$,得到

$$A_u(s)=\left(1+\frac{R_F}{R_1}\right)\frac{1}{1+3sRC+(sRC)^2} \tag{8-52}$$

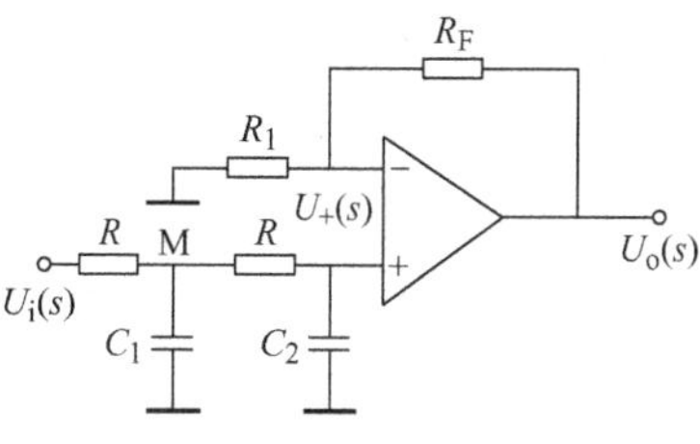

图 8-46　简单二阶低通滤波电路

由于 $A_u(s)$ 分母上 s 的方次为 2，所以这种电路是二阶的。在式(8-52) 中，令 $s=j\omega$，$\omega_0=\frac{1}{RC}$或$f_0=\frac{1}{2\pi RC}$，$A_{uP}=1+\frac{R_F}{R_1}=A_{uf}$，则频率特性为

$$A_u(j\omega)=A_{uP}\frac{1}{1+j3\frac{\omega}{\omega_0}-\left(\frac{\omega}{\omega_0}\right)^2} \tag{8-53}$$

从式(8-53) 可以得到电路的通频带截止频率

$$\omega_P\approx0.37\omega_0 \text{ 或 } f_P\approx0.37f_0 \tag{8-54}$$

电路幅频特性曲线如图 8-47 所示。

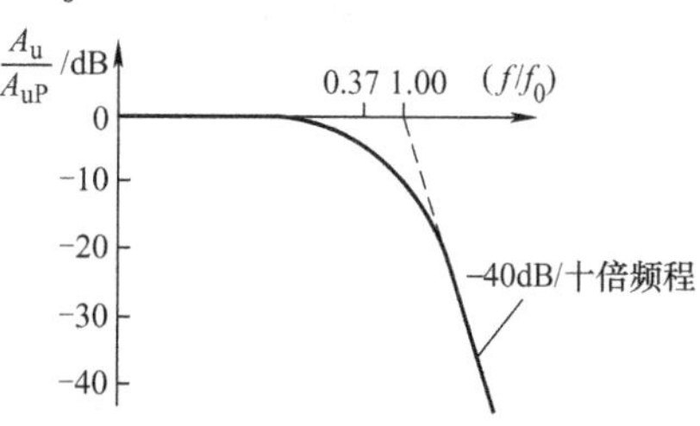

图 8-47　简单二阶低通滤波电路的幅频特性

简单二阶低通滤波电路的主要缺点是：在特征频率点 f_0（或 $f/f_0=1$）附近，幅频特性实际值与理想值相差很大，甚至比一阶滤波电路的还要大。为提高在特征频率点处幅频特性的幅值，必须提高电路在该点的电压增益，因此考虑在集成运放中引入正反馈。

（3）二阶压控电压源低通滤波电路　将图 8-46 中电容 C_1 的接地点改接集成运放的输出端，就构成二阶压控电压源低通滤波电路，如图 8-48 所示。该电路在 $f>>f_P$ 时能提供 −40dB/十倍频程的衰减，所以滤波效果比一阶滤波电路要好。同时，通过把电容 C_1 的下端接到运放输出端，形成了正反馈。在正反馈电路中，C_1 使相位超前，C_2 仍使相位滞后。只要参数选得合适，可使整个电路在 $f=f_0$ 附近带有正反馈而又不造成自激振荡。这样，就可使滤波电路在 $f=f_0$ 附近的电压增益提高，使 $f=f_0$ 附近的对数幅频特性曲线接近于理想的水平线。

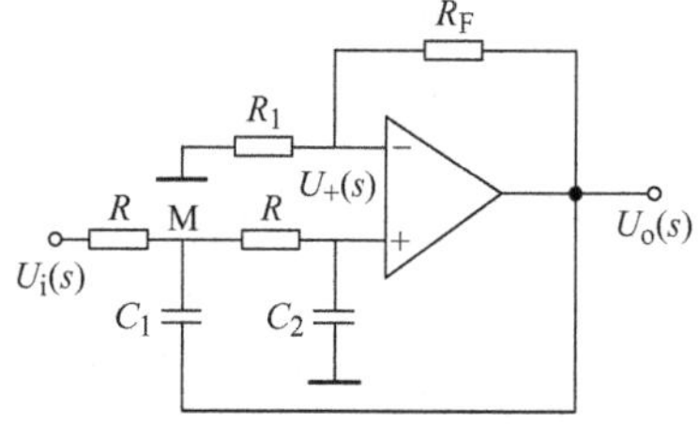

图 8-48　二阶压控电压源低通滤波电路

所以，图 8-48 所示电路是同时应用了负反馈和正反馈（但以负反馈为主）的集成运放应用电路。在该电路中，集成运放和电阻 R_1、R_F 一起组成了由输入电压 U_+ 控制的电压源，所以称为“压控电压源”低通滤波电路。电路具体分析如下：

设 $C_1=C_2=C$，M 点的电流方程为

$$\frac{U_i(s)-U_M(s)}{R}=\frac{U_M(s)-U_o(s)}{\frac{1}{sC}}+\frac{U_M(s)-U_+(s)}{R}$$

运放同相端电流方程为

$$\frac{U_M(s)-U_+(s)}{R}=\frac{U_+(s)}{\frac{1}{sC}}$$

所以，电路的传递函数为

$$A_u(s) = \frac{A_{uP}}{1 + (3 - A_{uP})sRC + (sRC)^2} \tag{8-55}$$

其中

$$A_{uP} = 1 + \frac{R_F}{R_1} = A_{uf} \tag{8-56}$$

令 $s = j\omega$，$\omega_0 = \frac{1}{RC}$或$f_0 = \frac{1}{2\pi RC}$，电路频率特性为

$$A_u(j\omega) = \frac{A_{uP}}{1 + j(3 - A_{uP})\frac{\omega}{\omega_0} - \left(\frac{\omega}{\omega_0}\right)^2} = \frac{A_{uP}}{1 + j\frac{1}{Q}\frac{\omega}{\omega_0} - \left(\frac{\omega}{\omega_0}\right)^2} \tag{8-57}$$

其中 $Q = \frac{1}{3 - A_{uP}}$。在 $f = f_0$ 或 $\omega = \omega_0$ 时

$$A_u = \frac{A_{uP}}{3 - A_{uP}} = QA_{uP} \tag{8-58}$$

所以，Q 的物理意义是 $f = f_0$ 处电压增益与通带增益之比。画出这种有源二阶低通滤波电路在不同 Q 值下的对数幅频特性，如图 8-49 所示。可以看出，对数幅频特性在 $f = f_0$ 附近得到了提高。当 $Q = 0.707$ 时，幅频特性最平坦，而当 $Q > 0.707$ 时将出现峰值。因此，选取合适的 Q 值，可使 $f = f_0$ 附近的对数幅频特性接近于理想的水平线。由图还可看到，当 $Q = 0.707$ 时，在 $\frac{f}{f_0} = 1$ 的情况下，$20\lg A_u/A_{uP} = -3\text{dB}$；在 $\frac{f}{f_0} = 10$ 的情况下，$20\lg A_u/A_{uP} = -40\text{dB}$。显然，它比一阶低通滤波电路的滤波效果要好得多。

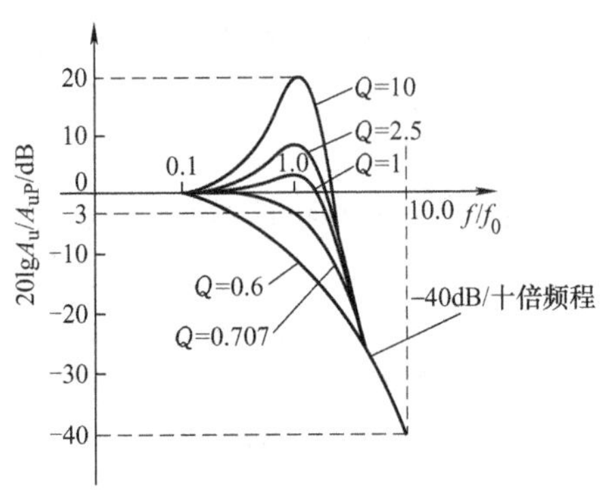

图 8-49 不同 Q 值下压控电压源二阶低通电路的幅频特性

通过式(8-55) 可以看出，只有当 A_{uP}小于 3 时，分母中 s 的一次项系数才大于零，电路才能稳定工作，不会产生自激振荡。

(4) 二阶无限增益多路反馈低通滤波电路 在二阶压控电压源低通滤波电路中，由于输入信号加到集成运放的同相输入端，同时电容 C_1 在电路中引入了一定量的正反馈，所以，在电路参数不合适时会产生自激振荡。为避免这一点，A_{uP}取值应小于 3。可以考虑将输入信号加到集成运放的反相输入端，采取和二阶压控电压源低通滤波电路相同的方式，引入多路反馈，构成反相输入的二阶低通滤波电路，如图 8-50 所示。这样既能提高滤波电路的性能，也能提高在 $f = f_0$ 附近的频率特性幅度。由于所示电路中的运放可看成理想运放，即可认为其增益无穷大，所以该电路称为无限增益多路反馈低通滤波电路。

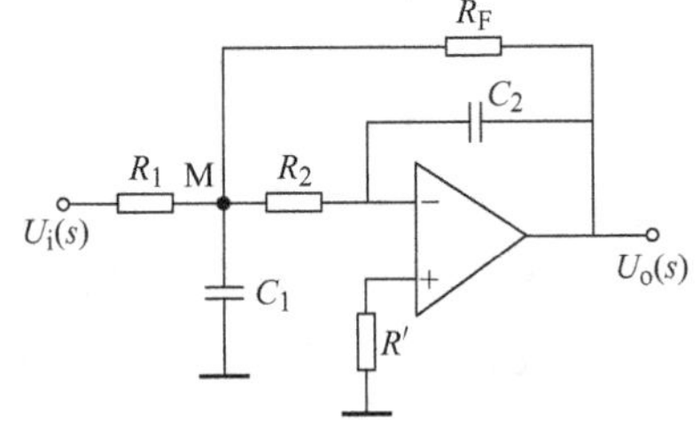

图 8-50 二阶无限增益多路反馈低通滤波电路

利用输出电压与 M 点电位的关系，可以得到 M 点的电流方程为

$$\frac{U_i(s)-U_M(s)}{R_1}=\frac{U_M(s)-U_o(s)}{R_F}+\frac{U_M(s)}{R_2}+U_M(s)sC_1$$

$$U_o(s)=-\frac{1}{sR_2C_2}U_M(s)$$

电路的传递函数为

$$A_u(s)=\frac{A_{uP}}{1+sC_2R_2R_F\left(\frac{1}{R_1}+\frac{1}{R_2}+\frac{1}{R_F}\right)+s^2C_1C_2R_2R_F} \tag{8-59}$$

其中

$$A_{uP}=-\frac{R_F}{R_1}=A_{uf} \tag{8-60}$$

令特征频率

$$\omega_0=\frac{1}{\sqrt{C_1C_2R_2R_F}} \quad 或 \quad f_0=\frac{1}{2\pi\sqrt{C_1C_2R_2R_F}} \tag{8-61}$$

品质因子

$$Q=(R_1/\!/R_2/\!/R_F)\sqrt{\frac{C_1}{R_2R_FC_2}} \tag{8-62}$$

就可以把式(8-59)写成如式(8-57)的一般形式。

从式(8-59)的分母可以看出，包含 s 的一次项系数大于零，所以滤波电路不会因通带增益数值过大而产生自激振荡。

2. 高通滤波电路

（1）高通滤波电路和低通滤波电路在频率特性上的对偶关系　两者频率特性的关系示意图如图8-51所示。如果两者的通带截止频率（即高通的 $f_{pH}=f_L$ 和低通的 $f_{pL}=f_H$）相等，则两者的幅频特性对称于垂直线 $f=f_P$。在 f_P 附近，低通滤波电路的 A_u 随频率增加而下降，而高通滤波电路的 A_u 随频率增加而上升。

（2）高通滤波电路与低通滤波电路在传递函数上的对偶关系　一阶低通滤波电路的传递函数如式(8-48)所示。如果把其中的 sC 换成 $1/R$，而将 R 换成 $1/sC$，则传递函数变为 $A_{uH}(s)=\left(1+\frac{R_F}{R_1}\right)\frac{sRC}{1+sRC}$，它对应于高通电路的传递函数。

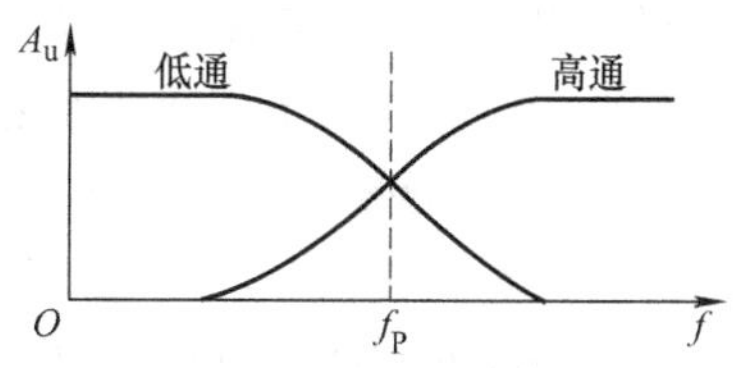

图8-51　高、低通滤波电路在频率特性上的对偶关系

（3）高通滤波电路与低通滤波电路在电路结构上的对偶关系　如果将低通滤波电路中起滤波作用的电容换成电阻，电阻换成电容，就可以得到各种高通滤波电路。图8-52a所示为压控电压源二阶高通滤波电路，图8-52b则为无限增益多路反馈高通滤波电路。

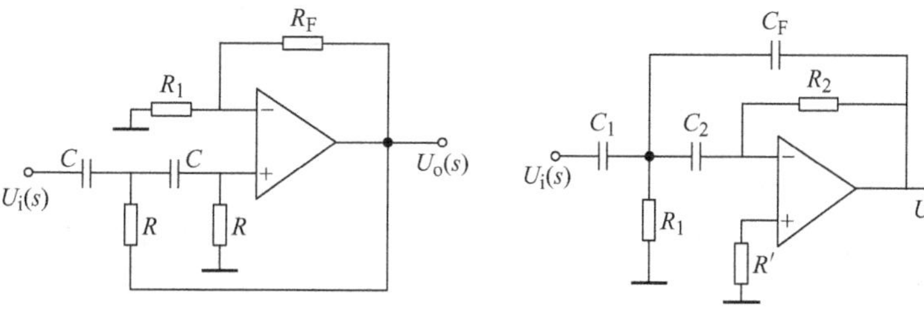

a) 压控电压源二阶高通滤波电路　b) 无限增益多路反馈高通滤波电路

图8-52　二阶高通滤波电路

图 8-52a 所示电路的传递函数、通带增益、特征频率和品质因数分别为

$$A_u(s) = A_{uP}\frac{(sRC)^2}{1+(3-A_{uP})sRC+(sRC)^2} \tag{8-63}$$

其中

$$A_{uP}=1+\frac{R_F}{R_1} \tag{8-64}$$

$$\omega_0=\frac{1}{RC}\text{或}f_0=\frac{1}{2\pi RC} \tag{8-65}$$

$$Q=\frac{1}{3-A_{uP}} \tag{8-66}$$

图 8-52b 所示电路的传递函数、通带增益、特征频率和品质因数分别为

$$A_u(s) = A_{uP}\frac{s^2R_1R_2C_2C_F}{1+s\dfrac{R_2}{C_2C_F}(C_1+C_2+C_F)+s^2R_1R_2C_2C_F} \tag{8-67}$$

其中

$$A_{uP}=-\frac{C_1}{C_F} \tag{8-68}$$

$$\omega_0=\frac{1}{\sqrt{R_1R_2C_2C_F}}\quad\text{或}\quad f_0=\frac{1}{2\pi\sqrt{R_1R_2C_2C_F}} \tag{8-69}$$

$$Q=(C_1+C_2+C_F)\sqrt{\frac{R_1}{C_2C_FR_2}} \tag{8-70}$$

3. 带通滤波电路

通过把带通滤波电路的幅频特性与高通以及低通滤波电路的幅频特性相比，不难看出，如果低通滤波电路的上限截止频率f_{PL}高于高通滤波电路的下限截止频率f_{PH}，则通过把低通和高通两个滤波电路“串联”，就可以得到带通滤波电路。此时，在低频时，整个滤波电路的幅频特性取决于高通滤波电路；而在高频时，整个滤波电路的幅频特性取决于低通滤波电路。带通电路幅频特性如图 8-53 所示，电路的通频带为$f_{BW}=f_{P2}-f_{P1}$。

图 8-54 所示为单个集成运放构成的压控电压源二阶带通滤波电路。电阻 R、R_F和集成运放构成的同相比例运算电路的电压增益为

$$A_{uf}=\frac{U_0}{U_+}=1+\frac{R_F}{R} \tag{8-71}$$

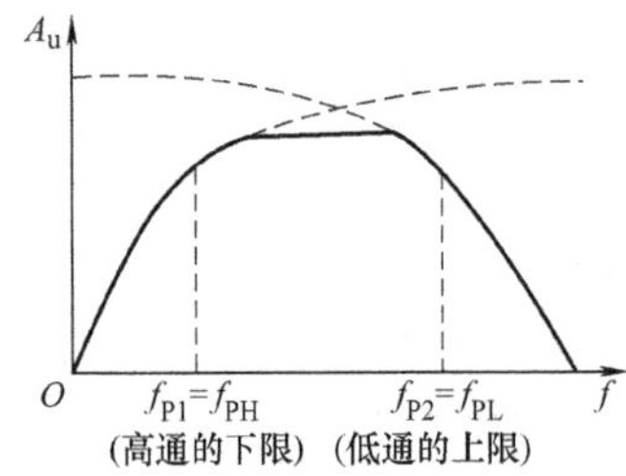

图 8-53 带通滤波电路幅频特性图

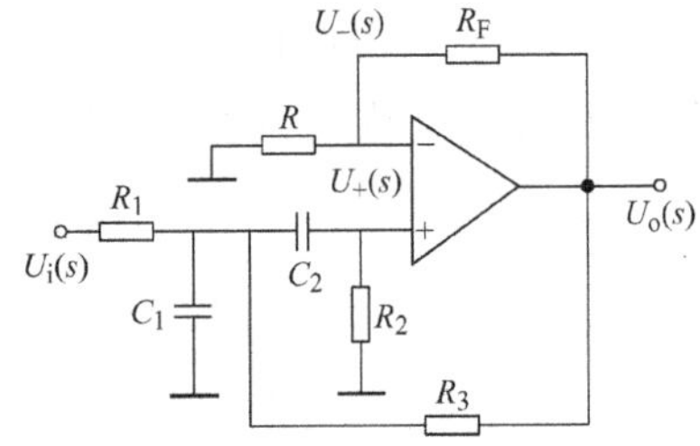

图 8-54 压控电压源二阶带通滤波电路

当 $C_1=C_2=C$，$R_1=R$，$R_2=2R$ 时，传递函数为

$$A_u(s) = A_{uf}\frac{sRC}{1+(3-A_{uf})sRC+(sRC)^2} \tag{8-72}$$

令中心频率 $\omega_0=\dfrac{1}{RC}$或$f_0=\dfrac{1}{2\pi RC}$，频率特性为

$$A_u(j\omega)=\frac{A_{uf}}{3-A_{uf}}\frac{1}{1+j\dfrac{1}{3-A_{uf}}\left(\dfrac{\omega}{\omega_0}-\dfrac{\omega_0}{\omega}\right)} \tag{8-73}$$

当 $\omega=\omega_0$ 或$f=f_0$ 时，得到通带增益

$$A_{uP}=\frac{A_{uf}}{3-A_{uf}}=QA_{uf} \tag{8-74}$$

令$\dfrac{1}{3-A_{uf}}\left(\dfrac{\omega}{\omega_0}-\dfrac{\omega_0}{\omega}\right)=1$，求得高通下限截止频率$f_{P1}$和低通上限截止频率$f_{P2}$分别为

$$f_{P1}=\frac{f_0}{2}\left[\sqrt{(3-A_{uf})^2+4}-(3-A_{uf})\right] \tag{8-75}$$

$$f_{P2}=\frac{f_0}{2}\left[\sqrt{(3-A_{uf})^2+4}+(3-A_{uf})\right] \tag{8-76}$$

通频带

$$f_{BW}=f_{P2}-f_{P1}=(3-A_{uf})f_0=\frac{f_0}{Q} \tag{8-77}$$

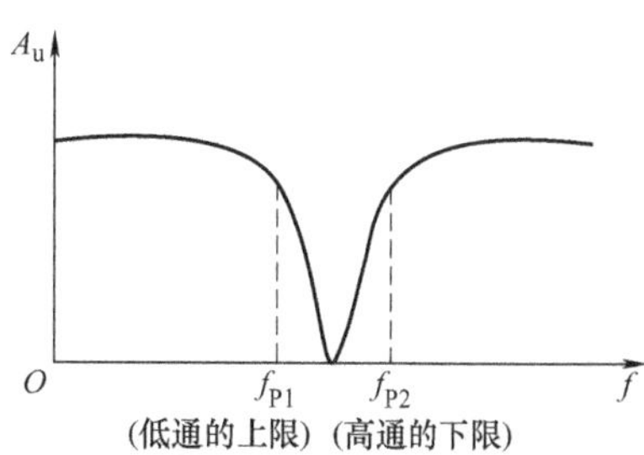

图 8-55　带阻滤波电路幅频特性图

可以看出，Q 值越大，通带增益A_{uP}数值越大，频带f_{BW}越窄，选频特性越好。

4. 带阻滤波电路

由图 8-55 所示带阻滤波电路的幅频特性不难看出，如果把低通和高通两个滤波电路“并联”，并使低通滤波电路的上限截止频率f_{P1}小于高通滤波电路的下限截止频率f_{P2}，就可以得到带阻滤波电路。低频时只有低通滤波电路起作用，而在高频时电路特性又只取决于高通滤波电路，在$f_{P1}\sim f_{P2}$频段内就形成了阻带。但是，有源滤波电路并联比较困难，电路元器件也比较多。因此，常用无源的低通和高通滤波电路并联，组成无源带阻滤波电路，再将它与集成运放组成有源带阻滤波电路。图 8-56a 是一个 T 形无源低通滤波电路，图 8-56b 是一个 T 形无源高通滤波电路，并联以后就形成了如图8-56c所示的无源带阻滤波电路，通常称为“双 T 电路”。将“双 T 电路”和同相比例运算电路相连，就可以得到有源带阻滤波电路，如图8-57 所示。

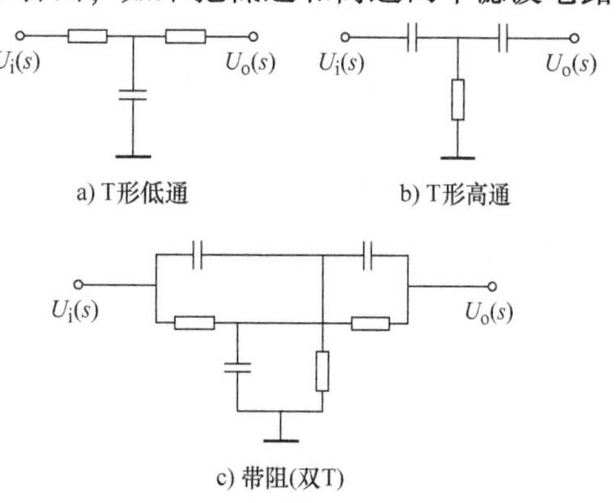

图 8-56　无源滤波电路

令

$$A_{uf}=1+\frac{R_F}{R_1} \tag{8-78}$$

传递函数

$$A_u(s)=A_{uf}\frac{1+(sRC)^2}{1+2(2-A_{uf})sRC+(sRC)^2} \tag{8-79}$$

令中心频率 $\omega_0=\dfrac{1}{RC}$或$f_0=\dfrac{1}{2\pi RC}$，频率特性为

$$A_u(j\omega)=\frac{A_{uf}}{1+j2(2-A_{uf})\dfrac{\omega\omega_0}{\omega_0^2-\omega^2}} \tag{8-80}$$

求得两个截止频率

$$f_{P1}=f_0[\sqrt{(2-A_{uf})^2+1}-(2-A_{uf})] \tag{8-81}$$

图 8-57 有源带阻滤波电路

$$f_{P2}=f_0[\sqrt{(2-A_{uf})^2+1}+(2-A_{uf})] \tag{8-82}$$

阻带宽度
$$f_{BW}=f_{P2}-f_{P1}=2(2-A_{uf})f_0=\frac{f_0}{Q} \tag{8-83}$$

其中
$$Q=\frac{1}{2(2-A_{uf})} \tag{8-84}$$

可以看出，当 $A_{uf}=1$ 时，$Q=0.5$；A_{uf}由 1 向 2 增大，Q 也增大。Q 值越大，阻带f_{BW}越窄，选频特性越好。

5. 全通滤波电路

图 8-58 为一阶全通滤波电路。电路中，同相端和反相端的电位为

$$U_+\approx U_-=\frac{R}{\dfrac{1}{j\omega C}+R}U_i=\frac{j\omega RC}{1+j\omega RC}U_i$$

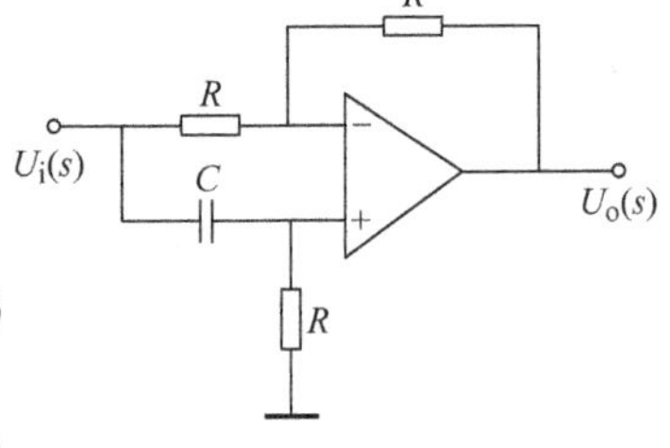

图 8-58 一阶全通滤波电路

根据叠加原理，输出电压

$$U_o=-\frac{R}{R}U_i+\left(1+\frac{R}{R}\right)\frac{j\omega RC}{1+j\omega RC}U_i \tag{8-85}$$

所以，电压增益为 $A_u(j\omega)=-\dfrac{1-j\omega RC}{1+j\omega RC}$ (8-86)

分别写成幅值和相位的形式，可得到

$$A_u=1$$

$$\varphi=180°-2\arctan\frac{f}{f_0}$$

$$f_0=\frac{1}{2\pi RC}$$

从上式可以看出，信号频率从零到无穷大，输出电压的数值与输入电压相等，但相位随着频率的变化而变化。当$f=f_0$ 时，$\varphi=90°$；当$f=0$ 时，$\varphi=180°$；f趋于无穷大时，φ 趋于0°。

根据以上对二阶有源滤波电路的分析，可以归纳出电路滤波功能和传递函数一般形式的关系，见表 8-2。据此，可以从传递函数的形式推断滤波电路的功能。

表 8-2 二阶滤波电路功能和传递函数的关系

滤波电路功能	低通	高通	带通	带阻
传递函数的一般形式	$\dfrac{A_{uP}\omega_0^2}{s^2+\dfrac{\omega_0}{Q}s+\omega_0^2}$	$\dfrac{A_{uP}s^2}{s^2+\dfrac{\omega_0}{Q}s+\omega_0^2}$	$\dfrac{A_{uP}\dfrac{\omega_0}{Q}s}{s^2+\dfrac{\omega_0}{Q}s+\omega_0^2}$	$\dfrac{A_{uP}\ (s^2+\omega_0^2)}{s^2+\dfrac{\omega_0}{Q}s+\omega_0^2}$

8.6.4　三种常用的滤波电路

理想的滤波电路的频率响应，在通带内应幅值相等和线性相移，并且在阻带内幅值为零。实际的滤波电路不可能达到理想的要求。所以，应根据实际使用的需要，寻找最佳的频率响应特性，可以着重考虑幅频特性或者着重考虑相频特性。按照 $f=f_0$ 附近频率特性的特点，通常将滤波电路分为巴特沃思（Butterworth）、切比雪夫（Chebyshev）和贝塞尔（Bessel）三种类型。

巴特沃思滤波电路的幅频响应在通带中具有最大平坦度，但从通带到阻带衰减较慢。切比雪夫滤波电路能很快衰减，但通带中有一定的波纹。贝塞尔滤波电路着重于考虑相频响应，相移与频率基本成正比，可以得到失真较小的波形。三种类型滤波电路二阶 LPF 的幅频特性如图 8-59 所示。

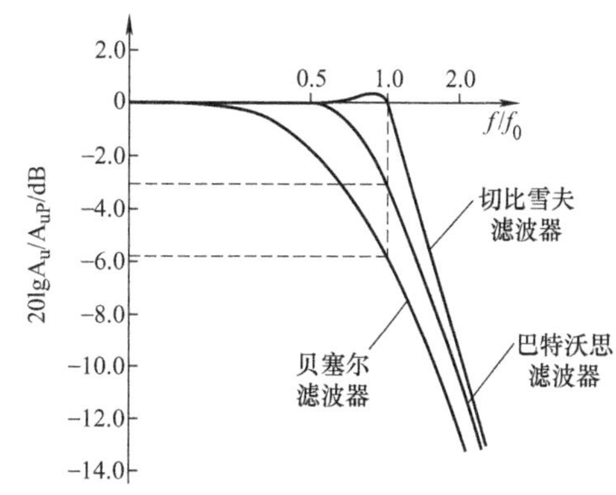

图 8-59　三种类型滤波电路二阶 LPF 的幅频特性

8.7　开关电容滤波电路

在有源滤波电路中，最基本的单元是积分电路（一般称为密勒积分电路），它由运算放大电路、电阻以及电容构成。如果需要得到精确的时间常数，电阻和电容值必须达到很高的精度，以至于在制作集成电路时有较大的难度。但随着 MOS 工艺的发展，出现了由 MOS 开关、电容和集成运放组成的开关电容滤波电路，并得到了越来越广泛的应用。这种电路的特性与每个电容的精度无关，而只与各个电容的电容量之比的准确性有关。在集成电路中，电容量之比主要取决于每个电容电极的面积，因此很容易得到准确的电容比，从而得到精密的时间常数。

自 20 世纪 80 年代以来，开关电容电路广泛地应用于滤波器、振荡器、平衡调制器和自适应均衡器等各种模拟信号处理电路之中。由于开关电容电路应用了 MOS 工艺，尺寸小、功耗低、工艺过程较简单，且易于制成大规模集成电路。目前，开关电容滤波电路的性能已达到相当高的水平，大有取代一般有源滤波电路的趋势。

8.7.1　基本原理

开关电容滤波电路的基本原理是：在电路两节点间接有带高速开关的电容，等效于在两节点间串联一个电阻，如图 8-60 所示。

图中 φ 和 $\overline{\varphi}$ 是互补的时钟脉冲信号：当 φ 为高电平时，$\overline{\varphi}$ 为低电平；当 φ 为低电平时，$\overline{\varphi}$ 为高电平。当 φ 为高电平时 V_1 导通，V_2 截止，反之亦然。

V_1 导通时，电路对电容 C_1 充电，充电电荷为：$Q_1=C_1u_i$。当 V_1 截止、V_2 导通时，电容 C_1 放电，Q_1 传输到 C_2 上。因此在一个时钟周期内，节点 1、2 之间的平均电流为

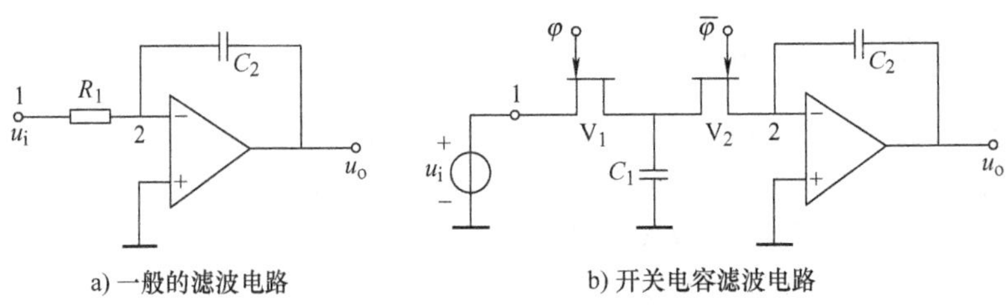

a) 一般的滤波电路　　b) 开关电容滤波电路

图 8-60　开关电容滤波电路的基本原理

$$i=\frac{Q_1}{T_C}=\frac{C_1u_i}{T_C}$$

式中，T_C 为时钟脉冲信号周期。如果时钟脉冲频率 f_C 足够高，可以认为电流是连续的，所以节点 1、2 之间等效为一个电阻 R。

$$R=\frac{u_i}{i}=\frac{T_C}{C_1}$$

积分电路等效的时间常数为

$$\tau=RC_2=\frac{C_2}{C_1}T_C \tag{8-87}$$

可以看出，影响电路频率特性的时间常数取决于时钟周期 T_C 和电容比值，而与电容的绝对值无关。电路通带截止频率

$$f_P=\frac{1}{2\pi\tau}=\frac{C_1}{C_2}f_C \tag{8-88}$$

显然，决定滤波电路频率响应的时间常数取决于时钟周期 T_C 和电容比值 C_2/C_1，而与电容的绝对值无关。因此，只要选择合理的时钟频率和电容比，就能得到合适的时间常数。

8.7.2　开关电容滤波电路的非理想效应

在集成电路中，有许多不可避免的寄生效应，所以会产生非理想效应。主要包括如下几个方面：

（1）开关的非理想效应　在开关电容滤波电路中，开关由 MOS 管构成，其导通电阻并不为零，而且还存在寄生电容和漏电流。

（2）电容的不精确性　开关电容电路中，时间常数与电容的比值有关。目前通常的 CMOS 工艺可达到 0.1% 的匹配精度，但仍然会带来一定的误差。

（3）非理想运算放大电路的影响　包括失调电压、有限直流增益、有限带宽、输出电阻和噪声等等。

（4）开关电容电路中的噪声　虽然存在上述非理想因素的影响，但由于开关电容滤波电路只取决于时钟周期和电容比，通过采取相关措施，可以实现高精度和高稳定性，同时便于集成。目前，国内外有多家公司生产集成开关电容滤波电路，如 Maxim、Linear Technology 等。目前，开关电容滤波电路正向着高频的方向发展，某些型号的产品带宽噪声已非常小，能对微伏数量级的有用信号进行滤波。

8.8　状态变量型有源滤波电路

将比例、积分、求和等基本运算电路组合在一起，实现各种滤波功能，这种电路称为状态变量型有源滤波电路。

二阶滤波电路的基本传递函数为

$$A_u(s) = \frac{a_0 + a_1 s + a_2 s^2}{b_0 + b_1 s + b_2 s^2} \tag{8-89}$$

由表 8-2 可知，如果能够根据式(8-89) 组成电路，并能方便的改变参数 a_0、a_1、a_2 和 b_0、b_1、b_2 的数值，不但能够改变滤波的类型，而且可以获得不同的通带增益和通带截止频率。

图 8-61 表示所组成的电路，图中方框表示一个基本运算电路，箭头表示信号的传递方向。

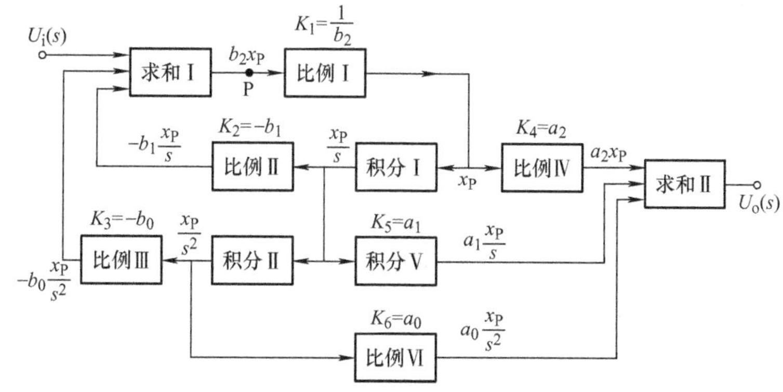

图 8-61　二阶状态变量型有源滤波电路框图

节点 P 处的表达式

$$U_P(s) = b_2x_P = U_i(s) - \frac{b_1x_P}{s} - \frac{b_0x_P}{s^2}$$

可得

$$U_i(s) = \left(\frac{b_0}{s^2} + \frac{b_1}{s} + b_2\right)x_P$$

输出电压表达式

$$U_o(s) = \left(\frac{a_0}{s^2} + \frac{a_1}{s} + a_2\right)x_P$$

所以传递函数

$$A_u(s) = \frac{U_o(s)}{U_i(s)} = \frac{a_0 + a_1 s + a_2 s^2}{b_0 + b_1 s + b_2 s^2} \tag{8-90}$$

得到的传递函数和式(8-89) 相同。改变求和运算的输入就可以得到不同的滤波电路。也可以利用相同的方法，组成高阶滤波电路。

8.9　Multisim 应用举例

本例中将对带通滤波电路的幅频特性进行仿真分析。搭建压控电压源二阶带通滤波电路，仿真电路如图 8-62 中所示，其中集成运放采用 μA741，其电源电压为 ±15V，在仿真软件中已默认连接电源。设定带通滤波电路的中心频率为 1kHz，令电阻 $R_1 = R_3 = R = 10\text{k}\Omega$，$R_2 = 2R = 20\text{k}\Omega$，电容 $C_1 = C_2 = 16\text{nF}$。令反馈电阻 R_F 分别为 10kΩ、15kΩ 和 20kΩ，对应得到不同的品质因数 Q 的值分别为 1、2、5，对电路进行仿真分析，在伯德绘图仪中移动指针，可以测量其中心频率处的电压增益，仿真结果如图 8-62 所示。

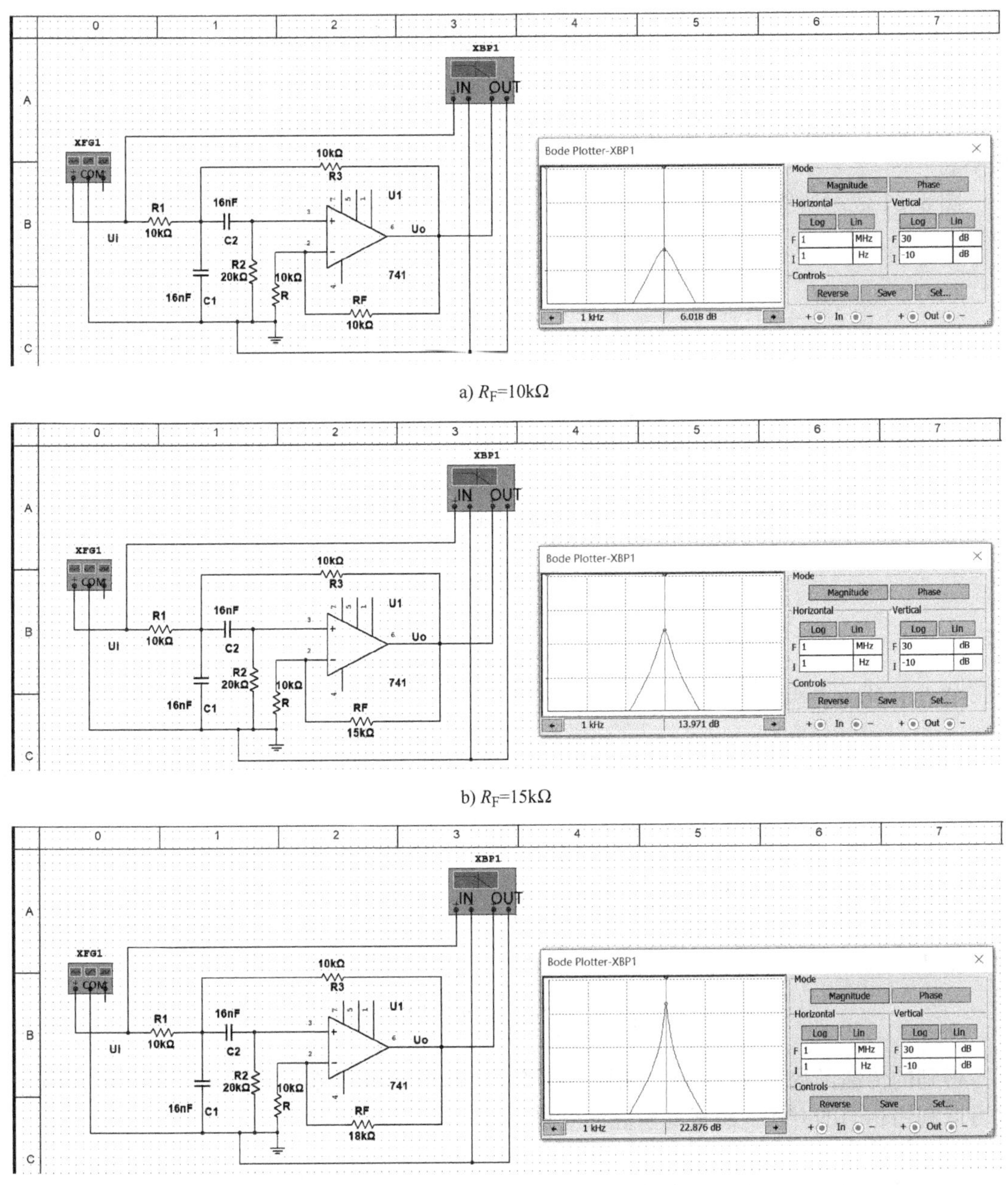

a) R_F=10kΩ

b) R_F=15kΩ

c) R_F=18kΩ

图 8-62 压控电压源二阶带通滤波电路幅频特性测试

通过仿真结果对比可以发现，当反馈电阻 R_F 增大时，品质因数 Q 随之增大，从而使得在中心频率 f_0 处的电压增益变大。同时还可以发现，品质因数越大，频带越窄，电路的选频特性越好。

习　题

8-1　在图 8-63 的电路中，$R_1=100\text{k}\Omega$，$R_2=R_4=30\text{k}\Omega$，$R_3=1\text{k}\Omega$，$U_i=0.5\text{V}$。

1. 求 U_o。

2. 如果反馈电路中改接单一的电阻 R_F，同时要保持 $\frac{U_o}{U_i}$ 不变，问 R_F 应为多大？

3. 如果把 R_3 的接地端改接虚地点，在同样的 U_i 下，U_o 是否改变，说明理由。

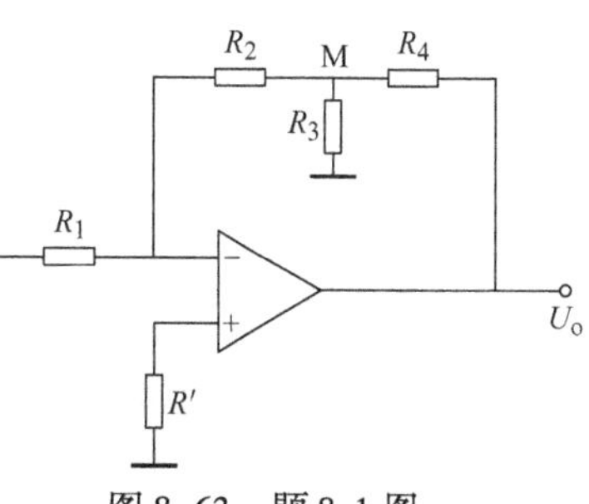

图 8-63　题 8-1 图

8-2　在图 8-64 所示的电路中，设集成运放的最大输出电压为 ±12V，$R_1=10\text{k}\Omega$，$R_F=90\text{k}\Omega$，$R'=R_1/\!/R_F$，$U_i=0.5\text{V}$，求正常情况下的 U_o。如果 $U_i=1.5\text{V}$，U_o 又是多大？如果 R_1 因虚焊而断开，电路处于什么工作状态？U_o 是多大？如果 R_F 断开，情况又如何？

8-3　电路如图 8-65 所示。在开关 S 断开和接通时，说明电路的功能，并求 $\frac{U_o}{U_i}$。

8-4　由集成运放组成的晶体管 β 测量电路如图 8-66 所示。设晶体管的 $U_{BE}=0.7\text{V}$。

1. 算出 e、b、c 各点电压的大致数值。

2. 若电压表读数为 0.8V，试求被测晶体管的 β 值。

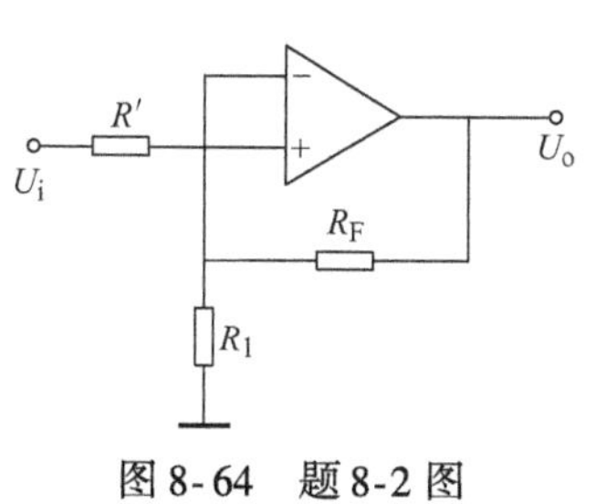

图 8-64　题 8-2 图

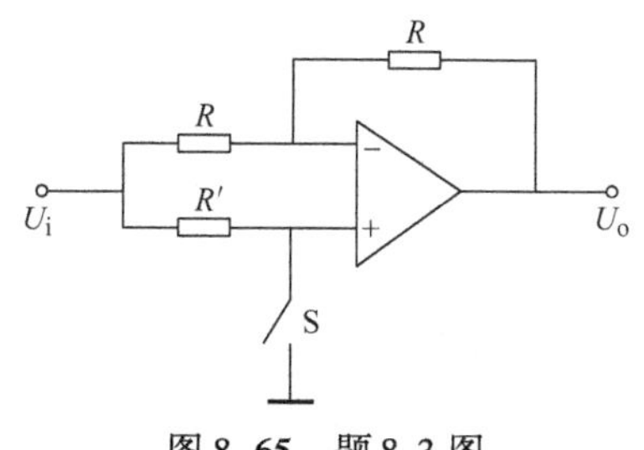

图 8-65　题 8-3 图

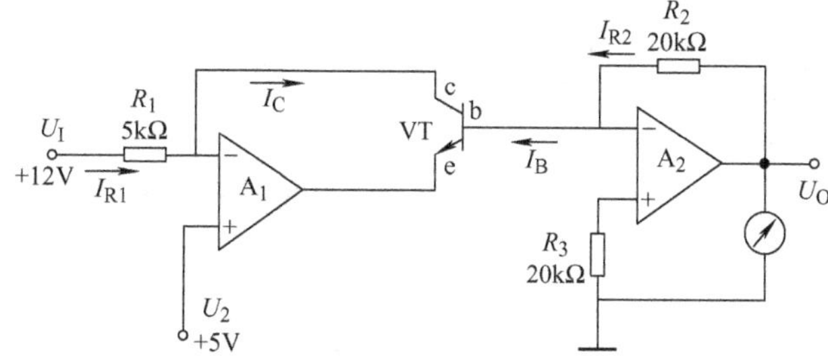

图 8-66　题 8-4 图

8-5　求图 8-67 所示电路的输入电阻为最大值的条件。

8-6　高输入电阻的桥式放大电路如图 8-68 所示，试写出 $U_i=f(\delta)$ 的表达式（$\delta=\Delta R/R$）。

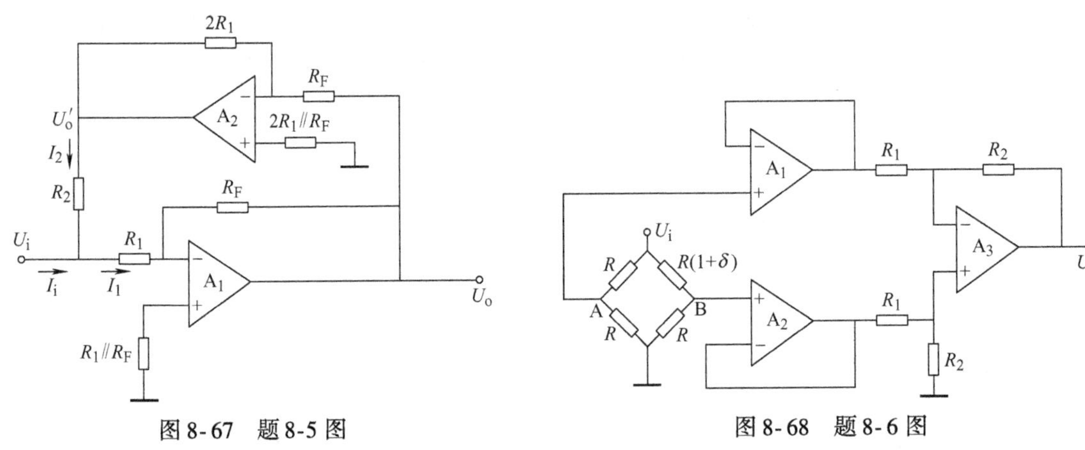

图 8-67 题 8-5 图　　　　图 8-68 题 8-6 图

8-7 试求图 8-69 所示各电路输出电压和输入电压的运算关系式。

8-8 集成运放运算电路如图 8-70 所示。求输出电压 U_o。

8-9 设计电路并完成运算 $U_o = 4.5U_{i1} + 0.5U_{i2}$。

8-10 图 8-71 是一个增益可以进行线性调节的运算电路。说明各运放的功能，并推导$\frac{U_o}{U_{i1} - U_{i2}}$的表达式。

8-11 电路如图 8-72 所示，写出 I_o的表达式。确定在什么条件下 I_o与 R_L无关，因而该电路可作为电压控制电流源。求 I_o的值。

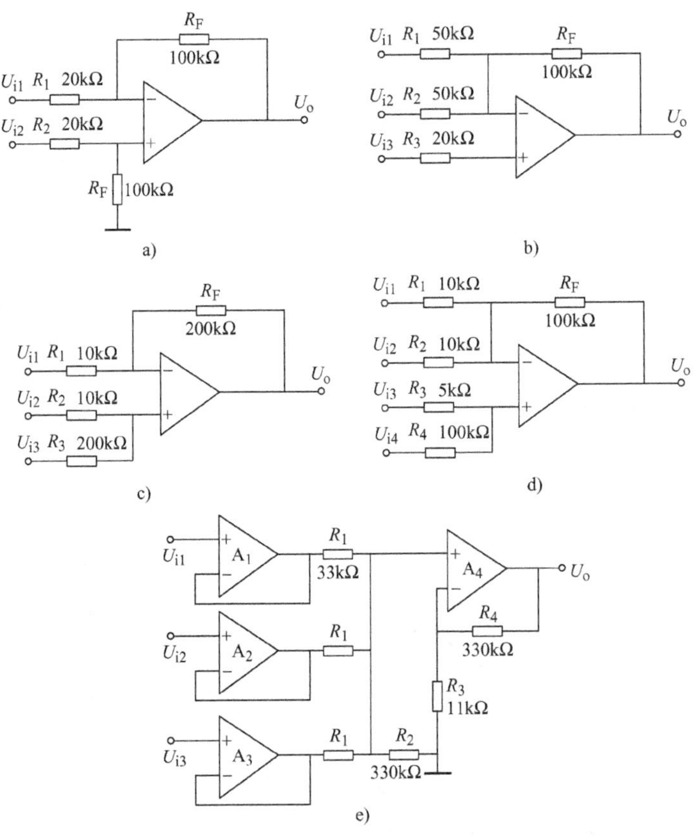

图 8-69 题 8-7 图

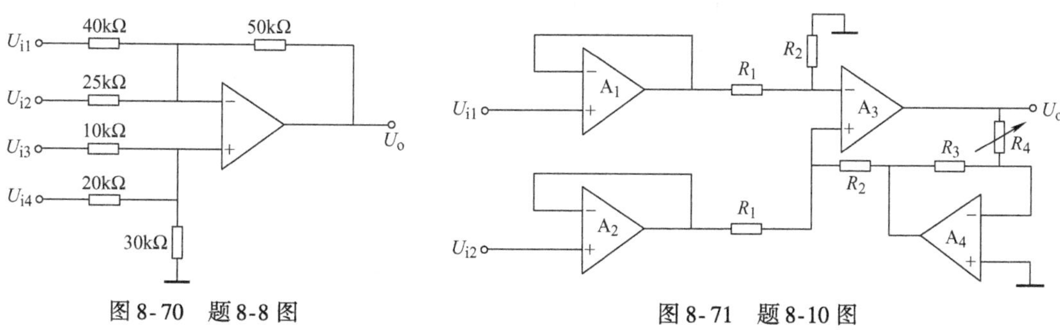

图 8-70 题 8-8 图　　图 8-71 题 8-10 图

8-12 在图 8-73 中，A_1 组成一半波整流电路，A_2 组成一反相输入加法电路，二者构成一全波整流电路。

1. 试画出其输入-输出特性 $u_o=f(u_i)$。
2. 试画出 $u_i=10\sin\omega t$V 时 u_o'和 u_o的波形。
3. 说明此电路具有取绝对值的功能。

8-13 在图 8-17 中，$R=100\text{k}\Omega$，$C=0.1\mu\text{F}$，$R'=100\text{k}\Omega$。如果 u_i 的波形如图 8-74 所示，$U_c(0)=0$，画出 u_o的波形，并算出其幅值。如果 $u_i=5\sin2\pi\times80t$V，并且要求 u_o的稳态幅值为5V，求 R 的值，画出 u_o 和 u_i的波形。

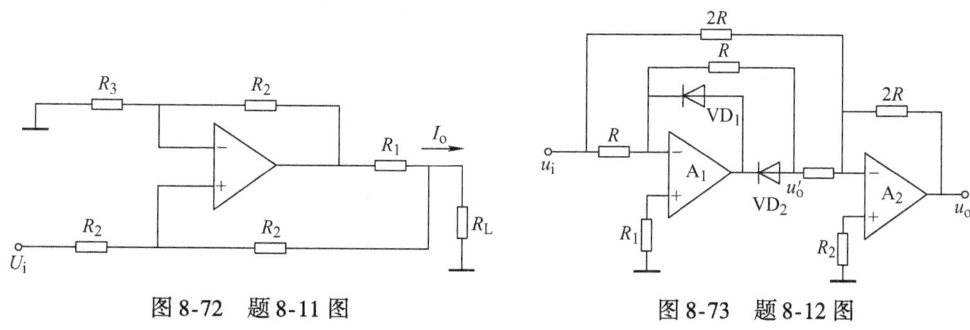

图 8-72 题 8-11 图　　图 8-73 题 8-12 图

8-14 电路如图 8-75 所示，试推导它的传递函数，并证明 $u_o=\frac{1}{RC}\int u_i\text{d}t$，从而说明它是一个同相积分电路。

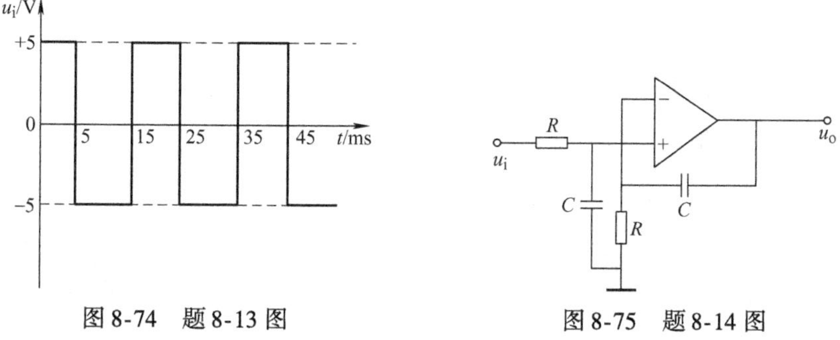

图 8-74 题 8-13 图　　图 8-75 题 8-14 图

8-15 在图 8-76 所示电路中，已知 $R_1=R=R'=50\text{k}\Omega$，$R_2=R_F=50\text{k}\Omega$，$C=1\mu\text{F}$。

1. 试求出 u_o和 u_i的运算关系。

2. 设 $t=0$ 时 $u_o=0$，且 u_i 由 0 跃变为 $-1V$，试求输出电压 u_o 上升到 $+5V$ 所需要的时间。

8-16 试求出图 8-77 所示电路的运算关系。

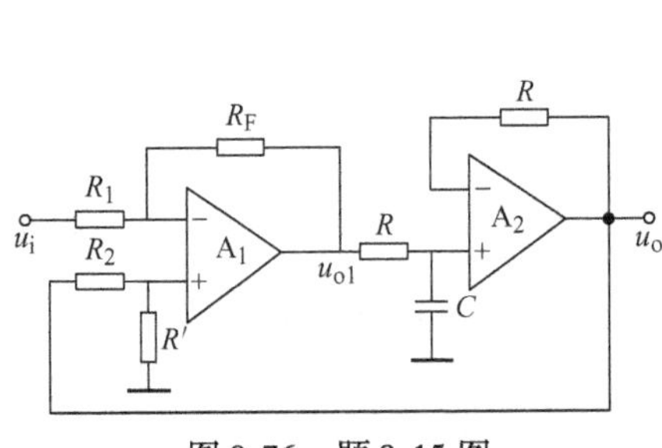

图 8-76 题 8-15 图

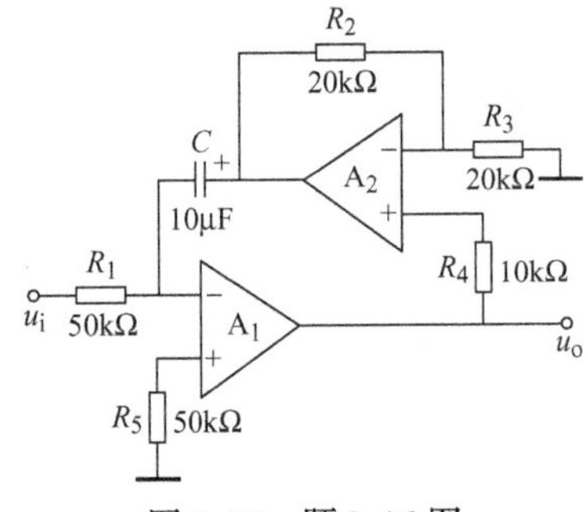

图 8-77 题 8-16 图

8-17 电路如图 8-78 所示。已知晶体管 $VT_1 \sim VT_3$ 特性相同，集电极电流 $i_C \approx i_E = I_S e^{u_{BE}/U_T}$，电阻比 $R_F/R=n$。求开关 S 在位置 1 和 2 时的输出 u_O。

8-18 用模拟乘法电路组成实现 $u_O = K\sqrt{u_X^2+u_Y^2}$ 的运算电路。

8-19 分析图 8-79 所示电路的正常工作条件，推导 u_O 与 u_{I1}、u_{I2} 的关系，并与图 8-37 比较，说明其特点。

8-20 有效值检测电路如图 8-80 所示。若 R_2 为∞，试证明 $u_O=\sqrt{\frac{1}{T}\int_0^T u_i^2(t)\,dt}$。

8-21 在下列情况下，应采用哪一类滤波电路（低通、高通、带通、带阻）？

1. 有用信号频率为 7Hz。
2. 有用信号频率低于 500Hz。

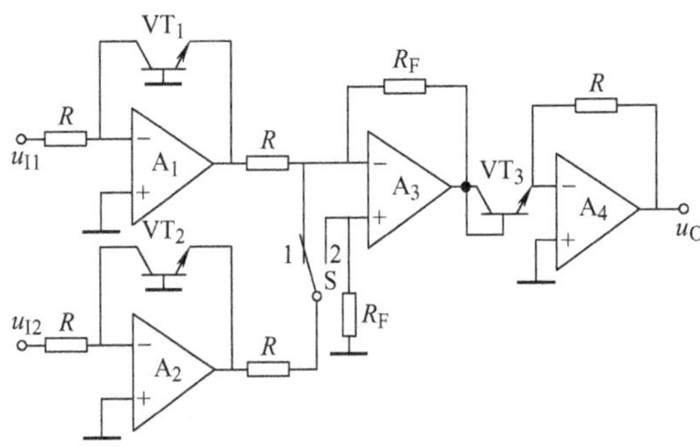

图 8-78 题 8-17 图

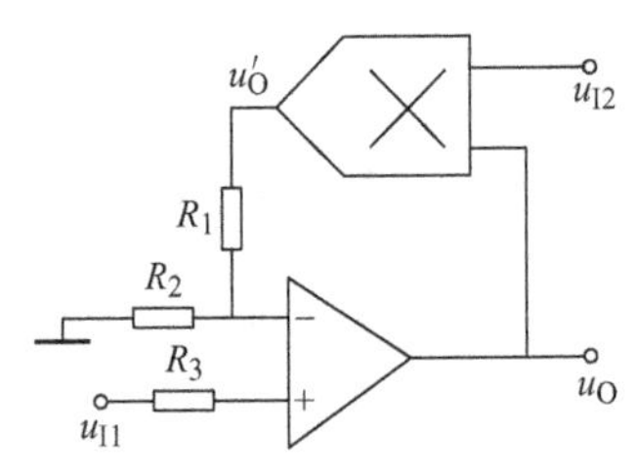

图 8-79 题 8-19 图

3. 要求抑制 50Hz 交流电源的干扰。
4. 要求抑制 1kHz 以下的信号。

8-22 设 s 为归一化复频率变量，即 $s=s/\omega_0=j\frac{\omega}{\omega_0}$，即二阶滤波电路传递函数的一般形式为

$$A_u(s)=\frac{a_0+a_1s+a_2s^2}{b_0+b_1s+b_2s^2}$$

试分别说明在下列情况下，上式各构成何种滤波电路。

1. $a_1=a_2=0$
2. $a_0=a_1=0$
3. $a_0=a_2=0$

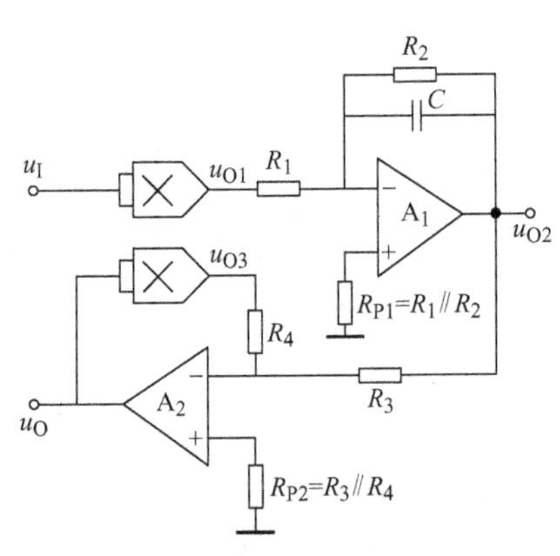

图 8-80 题 8-20 图

4. $a_1=0$，$a_0=a_2$

5. $a_0=b_0$，$a_1=-b_1$，$a_2=b_2$

8-23 电路如图 8-81 所示。导出$\frac{U_{o1}(s)}{U_i(s)}$和$\frac{U_o(s)}{U_i(s)}$的表达式，判断电路的功能。

8-24 电路如图 8-82 所示。说明其功能，求出传递函数和主要性能参数。

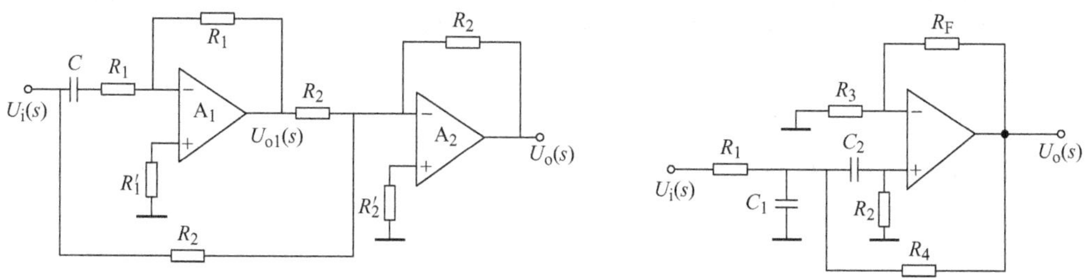

图 8-81 题 8-23 图　　图 8-82 题 8-24 图

8-25 图 8-83a 和 b 分图所示的电路是几阶滤波电路？属于哪种类型？求出它们的 A_{uP}表示式。

8-26 电路如图 8-84 所示。导出 $U_o(s)/U_i(s)$的表达式，指出它属于哪一种类型的滤波电路。

8-27 试述开关电容滤波电路的原理和特点。

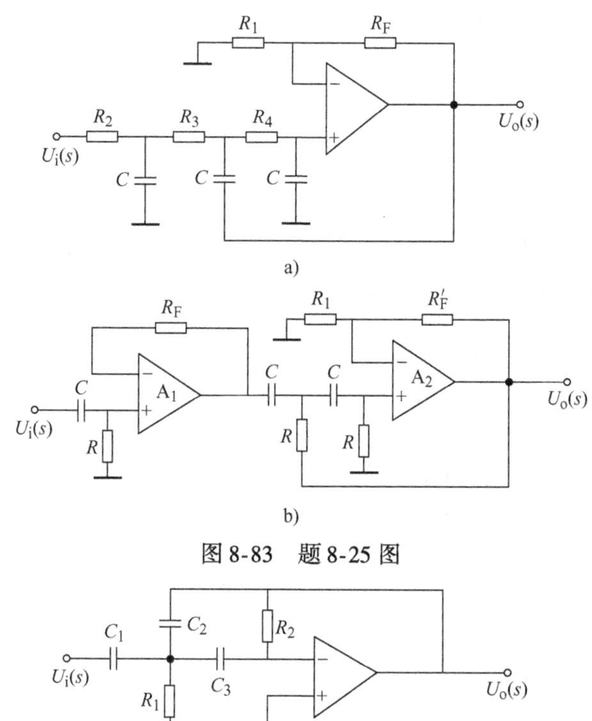

图 8-83 题 8-25 图

图 8-84 题 8-26 图

8-28 设计电路并完成运算 $U_o=-(7U_{i1}+14U_{i2}+3.5U_{i3}+10U_{i4})$，允许使用的最大电阻值为 280kΩ。

8-29 已知输入矩形波信号的频率 $f=1\text{kHz}$、幅值 $U_{im}=\pm 2\text{V}$，占空比为 50%，输出电压的幅值 $U_{om}=\pm 8\text{V}$，输入电阻 $R_i=10\text{k}\Omega$，运放的电源电压 $\pm V_{cc}=\pm 12\text{V}$。

1. 设计满足上述要求的反相积分运算电路。

2. 利用 Multisim 软件仿真，观察并分析输出波形，验证设计电路。

第9章

波形发生电路和集成运放的非线性应用

在电子电路中，通常需要各种波形的信号，如正弦波、矩形波、三角波和锯齿波等。本章将讲述有关波形发生和变换电路的组成原则、工作原理及主要参数。

9.1　正弦波发生电路

9.1.1　正弦波发生电路的一般问题

1. 正弦波发生电路的自激条件

由第7章可知，负反馈放大电路在一定的条件下可能产生自激振荡，使放大电路不能正常工作。所谓自激振荡是指：即使放大电路的输入端不加信号，它的输出端也会出现某一频率和幅度的波形。也就是说，在这个频率点上，负反馈电路已经转变为正反馈电路。自激振荡原本是不希望看到的，但正弦波发生电路就是利用这种自激振荡的现象来产生正弦信号。在正弦波发生电路中，人为地在电路中引入了正反馈。

正弦波发生电路的框图如图9-1所示，其中：$\dot{X}_i$ 是电路的输入信号，$\dot{X}_{id}$是电路的净输入信号，$\dot{X}_f$ 是电路的反馈信号，$\dot{X}_o$ 是电路的输出信号。在正弦波发生电路中，人为地接成正反馈。而且，即使输入信号 $\dot{X}_i=0$，当反馈信号能完全代替原来的净输入信号，即 $\dot{X}_f=\dot{X}_{id}$时，仍可以产生输出信号 $\dot{X}_o$。由图9-1得

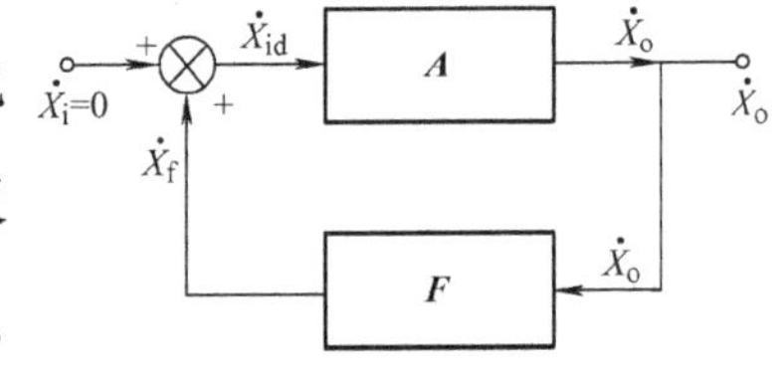

图9-1　正弦波发生电路的框图

$$\dot{X}_f = \boldsymbol{F}\dot{X}_o,\dot{X}_o = \boldsymbol{A}\dot{X}_{id}$$

因为 $\dot{X}_f=\dot{X}_{id}$，所以有

$$\boldsymbol{F}\dot{X}_o = \dot{X}_o/\boldsymbol{A}$$

或者

$$\boldsymbol{AF} = 1 \tag{9-1}$$

式(9-1) 是正弦波发生电路中能维持等幅自激振荡的平衡条件。因为 **A**、**F** 是复数，所以式(9-1) 包含幅值条件和相位条件，即

$$\begin{cases} AF = 1 \\ \varphi_A + \varphi_F = 2n\pi(n\text{ 为整数}) \end{cases} \tag{9-2}$$

通过式(9-2) 可知，放大电路的环路增益之模等于1，即反馈信号的幅值和净输入信号

的幅值相等。同时，放大电路的相移与反馈网络的相移之和等于 $2n\pi$，即放大电路的反馈信号 $\dot{X}_f$ 和净输入信号 $\dot{X}_{id}$同相位。

需要注意的是，式(9-2) 所表示的是自激振荡的幅值平衡条件。但如果一个波形发生电路仅仅满足幅值平衡条件 $AF=1$，那么，它虽然可以使已经建立并进入稳态的振荡持续下去，却无法使振荡从无到有地建立起来。要建立振荡，或者说“起振”，电路必须满足正反馈条件，即：$\varphi_{AF}=\varphi_A+\varphi_F=2n\pi$，同时使反馈信号 $\dot{X}_f$大于净输入信号 $\dot{X}_{id}$，或者说

$$AF>1 \tag{9-3}$$

才能使电路中自激振荡和输出信号由小到大建立起来，因此式(9-3) 是波形发生电路起振的幅值条件。

2. 正弦波发生电路的组成部分

正弦波发生电路一般由以下四个基本部分组成：

1）放大电路。

2）引入正反馈的反馈网络。

3）选频网络。由于正弦波发生电路的输出波形应是单一频率的正弦波，要求电路只在所需的频率时才满足起振和维持振荡的条件。因此，在环路中应包含一个具有选频特性的选频网络。它既可设置在放大电路中，也可设置在正反馈网络中。在很多正弦波发生电路中，正反馈网络和选频网络实际上是同一个网络。

4）稳幅环节。电路满足起振条件起振后，输出信号将随时间逐渐增大。当幅值增大到一定程度后，放大电路中的晶体管进入饱和或者截止区，输出波形将产生失真。所以在波形发生电路中还必须有稳幅环节，它的作用是在振荡建立后，使幅值条件从 $AF>1$ 自动演变为 $AF=1$，输出波形基本不失真。

3. 正弦波发生电路的分析方法

1）分析电路的组成是否包含放大、反馈、选频和稳幅等基本环节。

2）分析放大电路能否正常工作，是否有合适的静态工作点且动态信号是否能够输入、输出和放大。

3）检查电路能否满足自激条件。

① 关键在于检查相位平衡条件。具体方法是：假定断开反馈信号与放大电路输入端的连线，在断开处加一假想的输入信号，用瞬时极性法判断输出电压和反馈电压极性。如果反馈电压的极性和输入电压极性相同，则说明满足相位条件，否则肯定不能产生正弦波。如果电路存在多个反馈，则需逐个检查。

② 检查幅值平衡条件。$AF<1$ 不能振荡；$AF=1$ 不能起振；$AF>1$，如果没有稳幅措施，输出波形将失真。一般应取 AF 略大于 1，起振后由稳幅措施达到 $AF=1$，产生幅值稳定且几乎不失真的正弦振荡。

4）估算振荡频率 f_0（ω_0），它取决于选频网络参数。

正弦波发生电路分为 RC 正弦波发生电路、LC 正弦波发生电路和石英正弦波发生电路三种类型。RC 正弦波发生电路振荡频率较低，一般在 1MHz 以下；LC 正弦波发生电路的振荡频率都在 1MHz 以上；石英晶体正弦波发生电路也可等效为 LC 正弦波发生电路，其特点是振荡频率十分稳定。

9.1.2 RC 正弦波发生电路

根据结构的不同，RC 正弦波发生电路又可分为 RC 串、并联电路式(桥式)、移相式和双 T 电路式等类型，最常见的是 RC 串、并联电路式。

1. RC 串、并联电路的选频特性

图 9-2 所示电路由 R_1 和 C_1 的串联组合以及 R_2 和 C_2 的并联组合串联组成，它在 RC 正弦波发生电路中既是反馈网络又是选频网络。

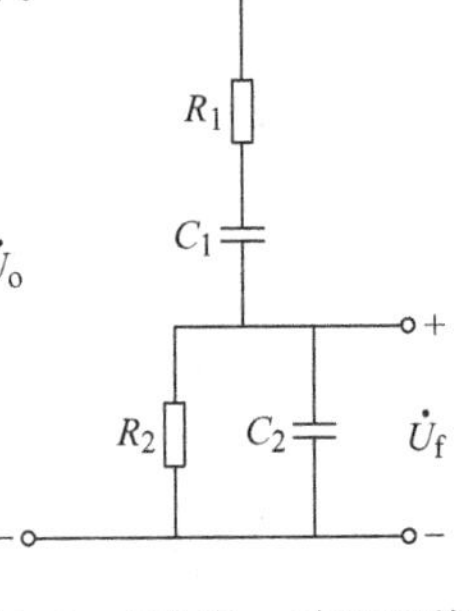

图 9-2 RC 串、并联网络

由于 R_1 和 C_1 的串联阻抗 $\mathbf{Z}_1=R_1+1/\mathrm{j}\omega C_1$，$R_2$ 和 C_2 的并联阻抗 $\mathbf{Z}_2=R_2/\!/1/\mathrm{j}\omega C_2=\dfrac{R_2}{1+\mathrm{j}\omega R_2C_2}$，电路输出电压 $\dot{U}_f$ 与输入电压 $\dot{U}_o$ 的关系（即振荡电路中的反馈系数）为

$$\boldsymbol{F}=\frac{\dot{U}_f}{\dot{U}_o}=\frac{\mathbf{Z}_2}{\mathbf{Z}_1+\mathbf{Z}_2}=\frac{\dfrac{R_2}{1+\mathrm{j}\omega R_2C_2}}{R_1+1/\mathrm{j}\omega C_1+\dfrac{R_2}{1+\mathrm{j}\omega R_2C_2}}$$

$$=\frac{1}{\left(1+\dfrac{C_2}{C_1}+\dfrac{R_1}{R_2}\right)+\mathrm{j}\left(\omega R_1C_2-\dfrac{1}{\omega R_2C_1}\right)}$$

通常取 $R_1=R_2=R$，$C_1=C_2=C$，有

$$\boldsymbol{F}=\frac{1}{3+\mathrm{j}\left(\dfrac{\omega}{\omega_0}-\dfrac{\omega_0}{\omega}\right)} \tag{9-4}$$

式中，$\omega_0=\dfrac{1}{RC}$是电路的特征角频率。

$\boldsymbol{F}$ 的幅频特性为

$$F=\frac{1}{\sqrt{9+\left(\dfrac{\omega}{\omega_0}-\dfrac{\omega_0}{\omega}\right)^2}} \tag{9-5}$$

相频特性为

$$\varphi_F=-\arctan\frac{\left(\dfrac{\omega}{\omega_0}-\dfrac{\omega_0}{\omega}\right)}{3} \tag{9-6}$$

根据式(9-5) 和式(9-6) 可画出 $\boldsymbol{F}$ 的频率特性如图 9-3 所示。可以看出，当 $\omega=\omega_0=\dfrac{1}{RC}$（即 $\omega/\omega_0=1$）时，F 幅值最大，其值为 1/3；当 ω 偏离 ω_0 时，F 急剧下降。因此 RC 串、并联电路具有选频特性。并且当 $\omega=\omega_0$ 时，$\varphi_F=0°$，电路呈现纯阻性，即 $\dot{U}_f$ 与 $\dot{U}_o$ 同相。因此，RC 串、并联电路既可作为反馈网络，又可作为选频网络。

2. RC 桥式正弦波发生电路

(1) 电路组成　利用 RC 串、并联电路和同相比例运算电路可构成 RC 桥式正弦波发生电路，具体电路如图 9-4 所示。图中集成运放和电阻 R_F、R'构成同相比例放大电路，通过 R_F 和 R'为集成运放引入负反馈，这个反馈网络没有选频作用。RC 串、并联电路为集成运放引入了另一个反馈，这个电路既是选频网络又是正反馈网络。从电路结构上看，RC 串、并联电路和 R_F、R'接成了电桥形式，电桥的两条对角线分别接到 $\dot{U}_o$ 和 $\dot{U}_{f(+)}$，所以这种波形发生电路又称为 RC 桥式（文氏电桥）正弦波发生电路。

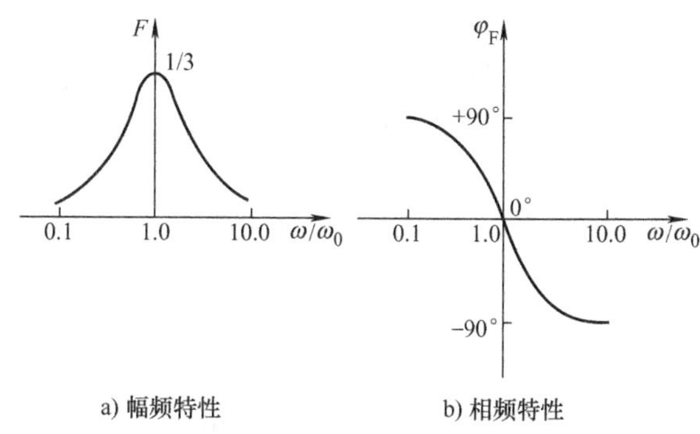

图 9-3　RC 串、并联网络的频率特性

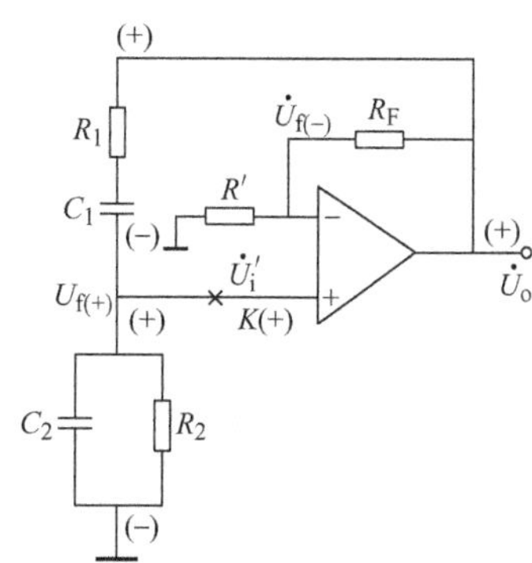

图 9-4　RC 桥式正弦波发生电路

(2) 振荡条件和起振条件

1) 产生振荡的相位平衡条件：如果 $\dot{U}_{f(+)}$引入的是正反馈，则能满足产生自激振荡的相位平衡条件，反之则不能。可以通过采用瞬时极性法来判断反馈的极性。断开 $\dot{U}_{f(+)}$到集成运放同相输入端的连线，加入瞬时极性为正的电压 $\dot{U}_i'$。由于集成运放是同相输出，所以 $\dot{U}_o$ 和 $\dot{U}_i'$极性相同。又根据 RC 串、并联电路的频率特性，在某一频率点 $\omega=\omega_0$ 上，$\dot{U}_o$ 和 $\dot{U}_{f(+)}$极性也相同。所以 $\dot{U}_{f(+)}$与假想的输入信号 $\dot{U}_i'$同相，电路满足产生振荡的相位平衡条件。

2) 产生振荡的起振条件和幅值平衡条件：如果忽略运放电路的输入电阻和输出电阻与反馈网络的相互影响[⊖]，并把同相比例电路看作是一个不带反馈的放大电路，则其电压增益为

$$A_u = 1 + \frac{R_F}{R'}$$

由式(9-5) 或图 9-3a，当 $\omega=\omega_0$ 时，$F=\frac{1}{3}$。因此，只有满足

$$1 + \frac{R_F}{R'} > 3$$

⊖ 运放带深度电压串联负反馈，$R_{if}\to\infty$，$R_{of}\approx 0$。

才能满足 $AF>1$ 的起振条件。由此可以得到

$$R_F > 2R' \tag{9-7}$$

式(9-7) 为 RC 桥式正弦波发生电路的起振条件，而

$$R_F = 2R' \tag{9-8}$$

是维持振荡的幅值平衡条件。

（3）振荡的稳幅和稳频

1）振荡幅值的稳定：对于实际的正弦波发生电路，电源电压、温度、湿度等外界因素的变化将导致晶体管和电路元件参数发生改变，从而破坏维持振荡的幅值平衡条件 $AF=1$。为了稳定输出电压的幅值，可以在放大电路的负反馈回路中采用非线性元件来自动调整反馈的强弱。例如，在图 9-4 的负反馈网络中采用具有负温度系数的热敏电阻 R_F。当输出电压 U_o 增大时，R_F 上功耗增大，温度上升，阻值减小。结果运放的负反馈量增大，A_{uf}减小，使得 U_o 减小。当然，也可以对 R'选用正温度系数的热敏电阻，同样可以稳定振荡幅度。

2）振荡频率的稳定：除了振荡幅度需要稳定之外，在实用电路中往往要求正弦波发生电路的振荡频率有一定的稳定度，如射频振荡器、时钟发生器都要求振荡频率十分稳定。

正弦波信号的角频率是其瞬时相位对时间的导数$\left(\omega=\dfrac{d\varphi}{dt}\right)$。由于某种原因，当 $\omega=\omega_0$ 处的 $[\varphi_A(\omega)+\varphi_F(\omega)]|_{\omega_0}>0$ 时，则反馈电压的相位不断超前于原输入电压的相位，相应的振荡角频率将大于原振荡角频率 ω_0。反之，当 $\omega=\omega_0$ 处的$[\varphi_A(\omega)+\varphi_F(\omega)]|_{\omega_0}<0$ 时，则相应的振荡角频率将小于原振荡角频率 ω_0。实际上，放大电路的 φ_A 随 ω 的变化比选频网络的 φ_F 随 ω 的变化小得多。可以近似认为，φ_A 与 ω 无关，而 φ_F 随 ω 而变化的特性 $\varphi_F(\omega)$ 就代表整个正弦波发生电路的相位 $\varphi_{AF}=\varphi_A+\varphi_F$ 随 ω 变化的特性。如果 $\varphi_F(\omega)$ 随 ω 的变化而反向变化，即在 ω_0 附近，$\dfrac{\Delta\varphi_F\ (\omega)}{\Delta\omega}<0$，则能阻止角频率的变化。例如，设由于某种原因使振荡频率升高时，φ_F 随之减小，反馈电压 $\dot{U}_f$ 将比净输入电压 $\dot{U}_{id}$ 在相位上落后 $\Delta\varphi_F$，从而迫使振荡频率降低。反之亦然。其结果都能使振荡在原振荡频率附近达到新的平衡，即实现了稳频。通过上述分析不难得知：正弦波发生电路振荡频率稳定的条件是相频特性曲线 $\varphi_F(\omega)$ 在 ω_0 附近的斜率小于零，即$\left.\dfrac{d\varphi_F}{d\omega}\right|_{\omega_0}<0$。

（4）振荡频率$f_0(\omega_0)$ 的计算　在 RC 桥式正弦波发生电路中，同相比例放大电路的输出电阻很小，可视为零，而输入阻抗很大，可以忽略其对 RC 串、并联网络的影响。所以电路的振荡频率就是 RC 串、并联网络的特征（谐振）频率

$$f_0 = \frac{1}{2\pi RC}\ ^{\ominus} \tag{9-9}$$

如果需要得到较高的振荡频率，必须选择较小的 R 和 C 的数值。但 R 的减小将使放大电路的负载加重，而 C 的减小又受到晶体管结电容和线路分布电容的限制，所以 RC 正弦波

⊖ 一般$f_0=\dfrac{1}{2\pi\sqrt{R_1R_2C_1C_2}}$。

发生电路通常只能用作低频和中频正弦波发生电路（1Hz ~ 1MHz）。

3. RC 移相式正弦波发生电路

（1）电路组成和振荡条件的实现 RC 移相式正弦波发生电路如图 9-5a 所示。图中放大电路是反相输入的带电压并联负反馈（通过电阻 R_F）的运放电路，因此 $\varphi_A = -180°$。若需要满足式(9-2)的相位平衡条件，反馈网络还必须在某一特定的频率点上使正弦电压再移相 180°，使 $\varphi_A + \varphi_F = 0°$。RC 电路有超前移相和滞后移相的作用。由于一节 RC 移相网络可以移相 0° ~ 90°，如需要满足产生振荡的相位平衡条件，必须有三节或者三节以上的移相电路。此时，只需要调整电阻 R_F，就可以产生正弦波振荡。

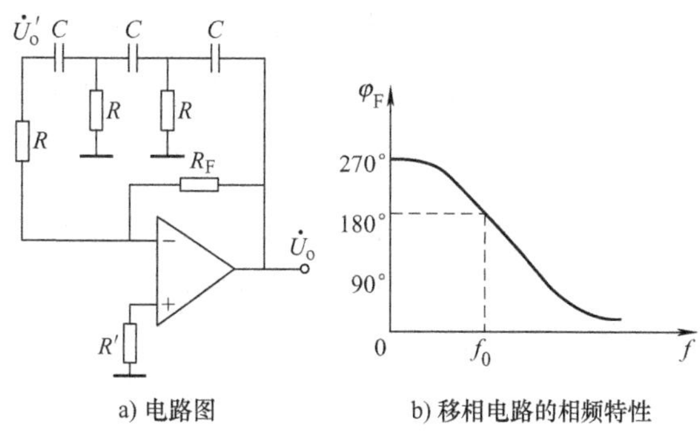

a) 电路图　　b) 移相电路的相频特性

图 9-5　RC 移相式正弦波发生电路

（2）振荡频率的定量计算　由图 9-5a 列出的 RC 移相电路中电压与电流的关系式，可得

$$\frac{\dot{U}_o'}{\dot{U}_o} = \frac{1}{1-5\left(\frac{1}{\omega RC}\right)^2 - \mathrm{j}\left[\frac{6}{\omega RC} - \left(\frac{1}{\omega RC}\right)^3\right]} \tag{9-10}$$

产生振荡时，式(9-10) 虚部为零，有

$$\frac{6}{\omega RC} - \left(\frac{1}{\omega RC}\right)^3 = 0$$

所以

$$\omega_0 = \frac{1}{RC\sqrt{6}},\quad f_0 = \frac{1}{2\pi RC\sqrt{6}} \tag{9-11}$$

振荡时反馈系数为

$$F = \frac{\dot{U}_o'(\mathrm{j}\omega_0)}{\dot{U}_o(\mathrm{j}\omega_0)} = \frac{1}{1-5\left(\frac{1}{\omega_0 RC}\right)^2} = -\frac{1}{29}$$

因此，为达到幅值平衡，应有

$$A = \frac{R_F}{R} = 29 \tag{9-12}$$

通过式(9-10) 可知

$$\varphi_F = \arctan\frac{\frac{6}{\omega RC} - \left(\frac{1}{\omega RC}\right)^3}{1-5\left(\frac{1}{\omega RC}\right)^2} \tag{9-13}$$

可以画出 RC 移相电路的相频特性曲线如图 9-5b 所示。

RC 移相式正弦波发生电路结构简单，使用方便，但选频作用和输出波形较差，频率调节比较困难，输出幅值不够稳定。因此，一般用于振荡频率固定且稳定性要求不高的场合，其频率范围为几赫兹 ~ 几十千赫兹。

4. 双T选频网络正弦波发生电路

双T选频网络正弦波发生电路如图9-6所示。R_F 和 R_1 为集成运放引入正反馈，双T网络则引入负反馈，同时又是选频网络。在第8章中已经指出，双T网络特征频率 $f_0=\dfrac{1}{2\pi RC}$。当 $f=f_0$ 时，双T网络的输出最小，集成运放的负反馈最弱，$f=f_0$ 的振荡信号不被衰减。与此同时，$f\neq f_0$ 的信号则因为存在较强的负反馈而受到抑制。因此，电路的输出端只有频率 $f=f_0$ 的正弦波信号。

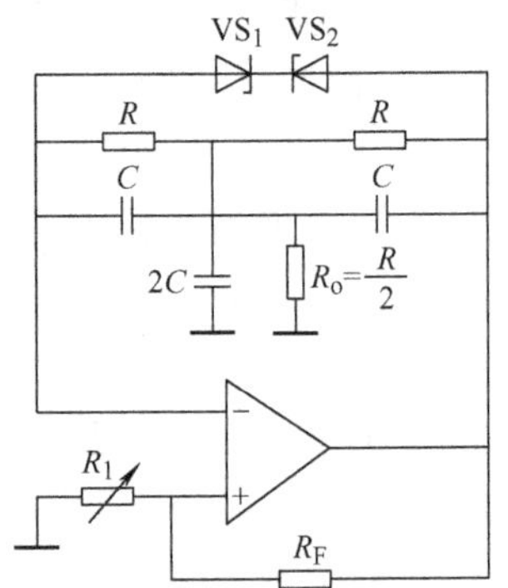

图9-6 双T选频网络正弦波发生电路

调整正反馈网络中的 R_1 可以改变正反馈量，使之既满足起振要求，又不至于因正反馈过强而使波形严重失真。

图中的稳压管 VS_1 和 VS_2 用来稳定输出幅值。当输出幅值增加时，稳压管的非线性电阻将减小，加强了负反馈，从而抑制了输出幅值的增加。当输出幅值减小时，稳压管的非线性电阻将增加，从而抑制了输出幅值的减小。通常选稳压管的稳定电压约为电路输出不失真正弦波峰-峰值的1.5倍。

双T网络比RC串、并联网络具有更好的选频特性，因此这种正弦波发生电路选频性能好。其缺点是频率调节困难，故一般适用于需要产生固定频率的场合。

9.1.3 LC正弦波发生电路

LC正弦波发生电路通常用于产生高频（>1MHz）正弦信号。LC和RC正弦波发生电路组成原则基本相同，只是选频网络采用可调谐的LC回路。LC回路在谐振频率 $f=f_0$ 时能提供较大的增益，而其余频率的信号则被大大衰减。通过一个正反馈使整个发生电路在LC回路谐振频率处形成一个可持续的振荡。

1. LC谐振回路的选频特性

LC正弦波发生电路中的选频网络大多采用LC并联谐振回路，如图9-7a所示。

电路的等效导纳为

$$\boldsymbol{Y}=\frac{1}{R_p}+j\left(\omega C-\frac{1}{\omega L_p}\right) \tag{9-14}$$

令 $G_p=\dfrac{1}{R_p}$，则

$$\dot{U}=\frac{\dot{I}_s}{\boldsymbol{Y}}=\frac{\dot{I}_s}{G_p+j\left(\omega C-\dfrac{1}{\omega L_p}\right)} \tag{9-15}$$

可以看出，电路的谐振频率为

$$\omega_0=\frac{1}{\sqrt{L_pC}} \tag{9-16}$$

电压 $\dot{U}$ 的幅值 U、相角 φ_u（相对于 $\dot{I}_s$）和品质因数 Q 分别为

$$U=I_s\Big/\sqrt{G_p^2+\left(\omega C-\frac{1}{\omega L_p}\right)^2} \tag{9-17}$$

$$\varphi_u = -\arctan\frac{\omega C - \frac{1}{\omega L_p}}{G_p} \tag{9-18}$$

$$Q = R_p\omega_0 C = \frac{R_p}{\omega_0 L_p} = R_p\sqrt{\frac{C}{L_p}} \tag{9-19}$$

品质因数 Q 是评价回路损耗大小的指标，一般 Q 值在几十到几百的范围内。

由此可画出 LC 并联回路的谐振曲线和相频特性，如图 9-7b 所示。当谐振时，U 最大或者 Z 最大。当 $\omega < \omega_0$ 时，$\omega C - \frac{1}{\omega L_p} < 0$，$\varphi_u > 0$，LC 回路呈感性；当 $\omega > \omega_0$ 时，$\omega C - \frac{1}{\omega L_p} > 0$，$\varphi_u < 0$，LC 回路呈容性。

在 ω_0 附近，$\omega \approx \omega_0$，$\frac{\omega C}{G_p} \approx \frac{\omega_0 C}{G_p} = Q$，$\omega + \omega_0 \approx 2\omega_0$，$\omega - \omega_0 = \Delta\omega_0$。令谐振时最大电压 $U_m = I_s/G_p$，则

$$U/U_m = U\bigg/\frac{I_s}{G_p} = 1\bigg/\sqrt{1 + \left(Q\frac{2\Delta\omega}{\omega_0}\right)^2} \tag{9-20}$$

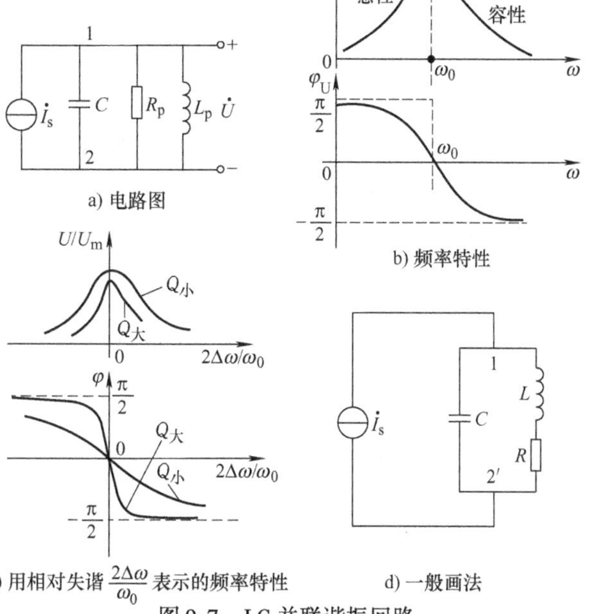

a) 电路图　b) 频率特性　c) 用相对失谐 $\frac{2\Delta\omega}{\omega_0}$ 表示的频率特性　d) 一般画法

图 9-7　LC 并联谐振回路

$$\varphi = -\arctan Q\frac{2\Delta\omega}{\omega_0} \tag{9-21}$$

由式（9-21）可以画出以相对失谐$\frac{2\Delta\omega}{\omega_0}$表示的幅频特性和相频特性，如图 9-7c 所示。

图 9-7a 的并联 LC 回路也可等效[⊖]地画成图 9-7d 的形式。在 $Q \gg 1$ 的条件下

$$L \approx L_p, R \approx R_p/Q^2 \tag{9-22}$$

由于通用型集成运放的频带较窄，而高速型集成运放又较贵，所以 LC 正弦波发生电路一般采用分立元件组成，在必要时还应采用共基放大电路。

采用 LC 并联谐振回路的 LC 正弦波发生电路通常可分为变压器耦合式和 LC 三点式两大类。

2. 变压器耦合式 LC 正弦波发生电路

根据 LC 回路的端点接到晶体管电极的不同方式，变压器耦合 LC 正弦波发生电路可分为集电极调谐、发射极调谐和基极调谐三种类型。

（1）共射集电极调谐型变压器耦合 LC 正弦波发生电路　电路如图 9-8 所示，首先判断电路是否能够产生正弦波振荡。可以看出，电路包含共射放大、反馈网络、LC 选频网络和

⊖ 所谓“等效”是指图 9-7a 中的 1—2 和图 9-7d 中的 1′—2′之间的阻抗相等。

稳幅环节（利用晶体管的非线性实现）四个部分。其中放大电路是典型的工作点稳定电路，交流信号能够输入、输出和放大。断开反馈输入点（基极画×处），加入一个瞬时极性为（+）的信号，电路中各点的瞬时极性如图 9-8 所示。

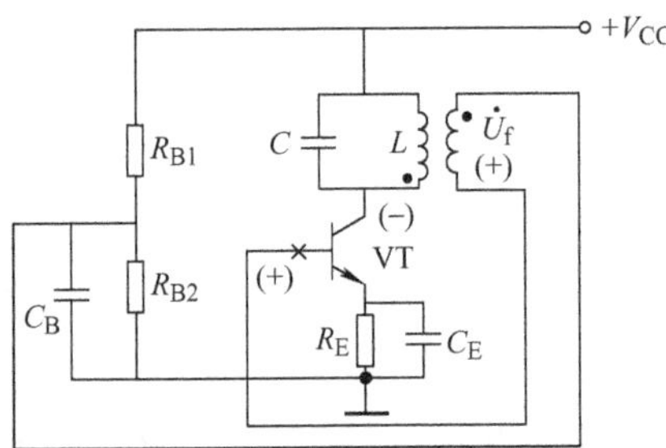

图 9-8 共射集电极调谐型变压器耦合 LC 正弦波发生电路

由此可得 $\dot{U}_f$ 接到基极点的极性为（+），$\varphi_A+\varphi_F=2n\pi$，满足产生振荡的相位平衡条件。对于幅值平衡条件，一般情况下只要合理选择变压器一、二次线圈的匝数和其他电路参数，就很容易得到满足。

需要指出的是，在图 9-8 中，C_B 和 C_E 为基极和发射极旁路电容，在数值上比 LC 谐振回路的 C 值大很多。但由于 LC 振荡电路的频率较高，所以即使是 C_B 和 C_E 也不过是几百皮法数量级。

(2) 共基发射极调谐型变压器耦合 LC 正弦波发生电路　电路如图 9-9 所示。断开反馈输入点（射极画×处），加入一个瞬时极性为（+）的信号，集电极瞬时极性也为（+）。通过同名端和互感 L，L_3 上的 $\dot{U}_f$ 接射极点的瞬时极性也为（+）。因此，$\varphi_A+\varphi_F=2n\pi$，满足产生振荡的相位平衡条件。

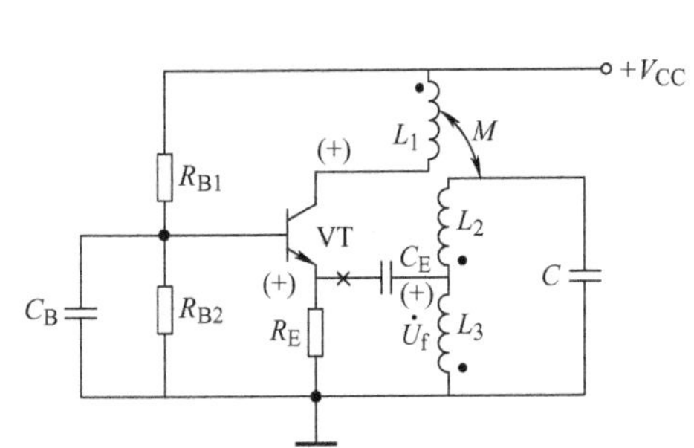

图 9-9 共基发射极调谐型变压器耦合 LC 正弦波发生电路

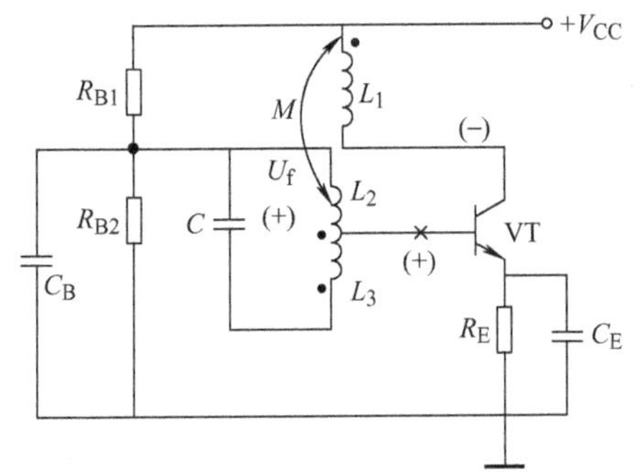

图 9-10 共射基极调谐型变压器耦合 LC 正弦波发生电路

(3) 共射基极调谐型变压器耦合 LC 正弦波发生电路　电路如图 9-10 所示。断开反馈输入点（基极画×处），加入一个瞬时极性为（+）的信号。通过反相放大以及同名端和互感 L，L_2 上的 $\dot{U}_f$ 接基极点的瞬时极性也为（+），满足产生振荡的相位平衡条件。

(4) 各种变压器耦合 LC 正弦波发生电路的比较及应用　由于共基放大电路的截止频率大大高于共射放大电路，所以共基组态能产生频率较高且比较稳定的正弦波振荡。

变压器耦合式正弦波发生电路应用广泛，但频率稳定度都不高。同时由于互感线圈的分布电容限制了频率，所以一般只适合产生频率不太高的中、短波的正弦振荡。图 9-9 的电路常作为收音机中的“本机振荡电路”。

3. LC 三点式正弦波发生电路

将并联 LC 回路中的电容 C 或者电感 L 一分为二（或设置中间抽头），LC 回路就有三个端点。把这三个端点分别与晶体管的三个极（或者集成运放的两个输入端和一个输出端）

相连，就形成了 LC 三点式正弦波发生电路。这种电路又可以分为电感三点式和电容三点式两类。

（1）电感三点式 LC 正弦波发生电路　电感三点式 LC 正弦波发生电路也叫哈托莱（Hartley）振荡电路，如图 9-11 所示。图中采用了 NPN 型双极型晶体管和集电极调谐型 LC 并联回路，可变电容器用于调节 LC 振荡频率。

首先该电路包括了正弦波发生电路的各个基本环节，放大电路也能正常工作。然后采用瞬时极性法，可以判断电路满足产生正弦振荡的相位平衡条件。最后只要适当选择电感 L_2 和 L_1 的比值，就能使电路能满足起振的幅值条件。

在图 9-11 所示电路中，正弦波的振荡频率近似为

$$f_0 \approx \frac{1}{2\pi\sqrt{L'C}} \tag{9-23}$$

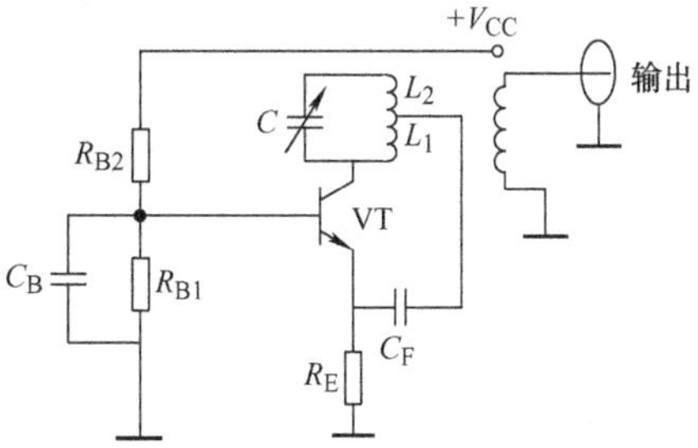

图 9-11　电感三点式 LC 正弦波发生电路

式中，L'是谐振回路的等效电感，即：$L' = L_1 + L_2 + 2L$（L 是两绕组之间的互感）。

由于电感三点式 LC 正弦波发生电路可以采用可变的电容，因此它的振荡频率可在较宽的范围内调节，在需要经常改变频率的场合中得到广泛应用。但是，由于它的反馈电压取自电感 L_2，后者对高次谐波电抗大，因此输出波形中所含高次谐波大，波形较差。

（2）电容三点式 LC 正弦波发生电路　电容三点式 LC 正弦波发生电路也叫考尔比兹（Collpitts）振荡电路，如图 9-12 所示。如电感三点式 LC 正弦波发生电路一样对该电路进行分析，电路满足相位平衡条件。如果选择合适的 C_2 和 C_1 的比值，电路能满足起振的幅值条件。通常 C_2 和 C_1 的比值选为 0.01～0.5 左右。

在图 9-12 所示电路中，由于反馈电压取自电容 C_2，高次谐波分量小，因此输出波形较好。振荡频率近似为

$$f_0 \approx \frac{1}{2\pi\sqrt{LC'}} \tag{9-24}$$

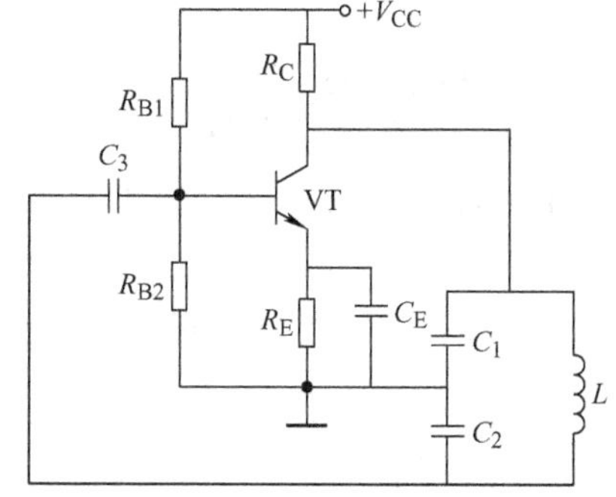

图 9-12　电容三点式 LC 正弦波发生电路

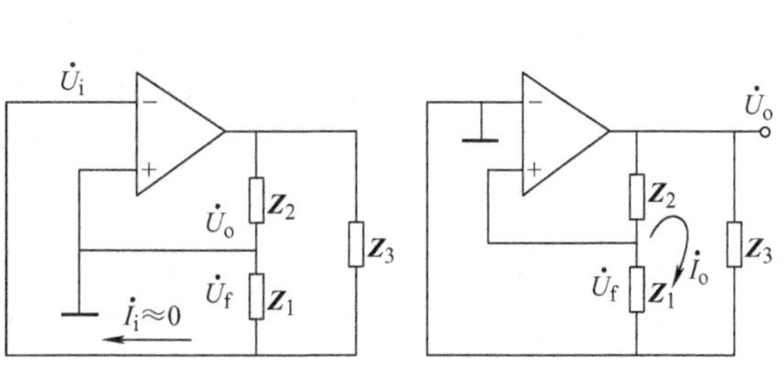

a) 反相放大　b) 同相放大

图 9-13　LC 三点式正弦波发生电路的一般结构

其中 C'是谐振回路的等效电容，即

$$C' = \frac{C_1 C_2}{C_1 + C_2}$$

由于电容 C_1、C_2 的容量可以选得很小（但受放大电路的输入电容和输出电容的影响），

所以振荡频率可高达100MHz。

(3) 组成LC三点式正弦波发生电路的规律 LC三点式正弦波发生电路的一般结构如图9-13所示。

考虑到图9-13a中的负载阻抗 $\boldsymbol{Z}_L=\boldsymbol{Z}_2 /\!/ (\boldsymbol{Z}_1+\boldsymbol{Z}_3)$，运放输出电阻为 r_o，无反馈时的 $\boldsymbol{A}_u=-A_{uo}\boldsymbol{Z}_L/(r_o+\boldsymbol{Z}_L)$，$\boldsymbol{F}_u=\boldsymbol{Z}_1/(\boldsymbol{Z}_1+\boldsymbol{Z}_3)$，因此

$$\boldsymbol{A}_u\boldsymbol{F}_u=\frac{-A_{uo}\boldsymbol{Z}_1\boldsymbol{Z}_2}{r_o(\boldsymbol{Z}_1+\boldsymbol{Z}_2+\boldsymbol{Z}_3)+\boldsymbol{Z}_2(\boldsymbol{Z}_1+\boldsymbol{Z}_3)}=\frac{A_{uo}X_1X_2}{-X_2(X_1+X_3)+\mathrm{j}r_o(X_1+X_2+X_3)} \tag{9-25}$$

其中，$\boldsymbol{Z}_1=\mathrm{j}X_1$，$\boldsymbol{Z}_2=\mathrm{j}X_2$，$\boldsymbol{Z}_3=\mathrm{j}X_3$。

为了使电路振荡，应有 $\boldsymbol{A}_u\boldsymbol{F}_u=1$，式(9-25)应为实数，分母的虚部应为零，即

$$X_1+X_2+X_3=0,\quad X_3=-(X_1+X_2) \tag{9-26}$$

进而可得

$$\boldsymbol{A}_u\boldsymbol{F}_u=-\frac{A_{uo}X_1X_2}{X_2(X_1+X_3)}=-\frac{A_{uo}X_1}{X_1+X_3}=\frac{A_{uo}X_1}{X_2} \tag{9-27}$$

式(9-27)说明，在图9-13a的情况下，为了产生振荡，X_1、X_2 的符号必须相同，而 X_3 必须与 X_1、X_2 异号。换言之，如果 $\boldsymbol{Z}_1$、$\boldsymbol{Z}_2$ 为电感，则 $\boldsymbol{Z}_3$ 必须为电容（电感三点式）；如果 $\boldsymbol{Z}_1$、$\boldsymbol{Z}_2$ 为电容，则 $\boldsymbol{Z}_3$ 必须为电感（电容三点式）。

在图9-13b中，$\boldsymbol{Z}_L=\boldsymbol{Z}_3 /\!/ (\boldsymbol{Z}_1+\boldsymbol{Z}_2)$，$\boldsymbol{A}_u=\boldsymbol{A}_{uo}\boldsymbol{Z}_L/(r_o+\boldsymbol{Z}_L)$，$\boldsymbol{F}_u=\boldsymbol{Z}_1/(\boldsymbol{Z}_1+\boldsymbol{Z}_2)$，因此

$$\boldsymbol{A}_u\boldsymbol{F}_u=\frac{A_{uo}\boldsymbol{Z}_1\boldsymbol{Z}_L}{(r_o+\boldsymbol{Z}_L)(\boldsymbol{Z}_1+\boldsymbol{Z}_2)}=\frac{-A_{uo}X_1X_3}{-X_3(X_1+X_2)+\mathrm{j}r_o(X_1+X_2+X_3)} \tag{9-28}$$

为了产生振荡，由式(9-28)可得

$$X_3=-(X_1+X_2) \tag{9-29}$$

和

$$\boldsymbol{A}_u\boldsymbol{F}_u=-\frac{A_{uo}X_1}{X_3}$$

因此，X_3 必须与 X_1 异号。由于 $|\dot{U}_f|=|-\dot{I}_oX_1|<|\dot{U}_o|=|\dot{I}_oX_3|$，所以必须有 $|X_3|>|X_1|$。进而从式(9-29)可得：X_1、X_2 应该同号，而 X_3 必须与 X_1、X_2 异号。

结论：在LC三点式正弦波发生电路中，为了满足产生振荡的相位平衡条件，同性质电抗（L_1 和 L_2 或 C_1 和 C_2）的中间点必须接集成运放的同相输入端（对应于晶体管的射极e和场效应管的源极s）。

例9-1 三点式正弦波发生电路如图9-14所示。

这是一个电容三点式正弦波发生电路，选频网络为并联LC谐振回路，放大电路为结型场效应管组成的共源电路。通过瞬时极性法对反馈极性进行分析，或直接应用上面导出的关于三点式正弦波发生电路组成规律，由于同性质的 C_1 和 C_2 的中间点接管子的源极s，可知选频网络引入了正反馈，所以电路能振荡。振荡频率为

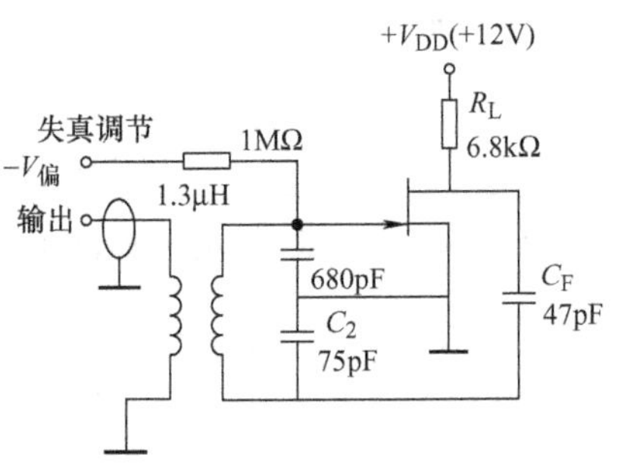

图9-14 例9-1的图

$$f_0 \approx \frac{1}{2\pi\sqrt{LC'}} = \frac{1}{2\pi\sqrt{1.3\times10^{-6}\times\frac{680\times75}{680+75}\times10^{-12}}}\text{Hz} \approx 17\text{MHz}$$

9.1.4 石英晶体振荡电路

石英晶体振荡电路具有很高的频率稳定度，适用于频率稳定性要求高的电路。通常 RC 正弦波发生电路不难获得 0.1% 的稳定度，适用于袖珍计算器中多位数字显示（1kHz）；LC 正弦波发生电路的稳定度在相当长的时间内能够达到 0.01%，能满足无线电接收机和电视机的要求。如果要求频率稳定度高于 10^{-5} 的数量级，就必须采用石英晶体振荡电路。

1. *石英谐振器的电特性*

石英谐振器是利用石英晶体的压电效应而制成的谐振器件。将石英晶体按一定方位切割成薄片后抛光和涂敷银层，并作为两个极引出管脚，加以封装，就构成石英谐振器。图 9-15 为石英谐振器的图形符号、等效电路和频率特性曲线。

石英晶体具有压电效应。如果在晶片的两电极上加交变电压，晶片中会产生机械振动和声波，而机械振动又会在晶体表面产生交变电场，因而在一定频率下晶片会产生共振。在一般情况下，无论机械振动的振幅还是交变电场的振幅都非常小。但当交变电场的频率为某一固定值时，振幅骤然增大，产生共振。这个特定频率就是石英晶体的固有频率，也叫“谐振频率”。

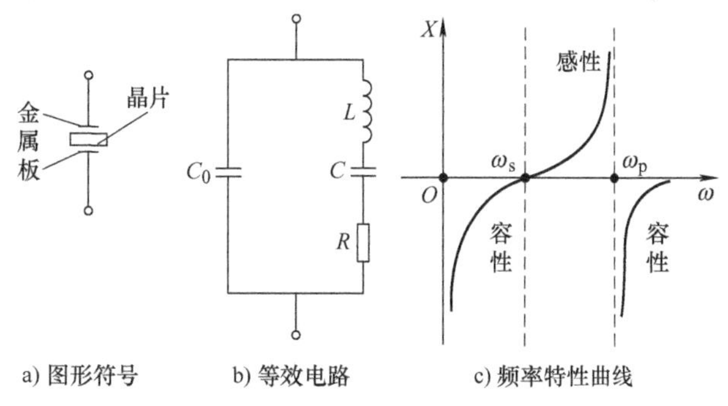

图 9-15 石英谐振器

当石英晶体不振动时，用静态电容 C_0 来模拟，通常 C_0 的值为几到几十皮法。石英晶体振动时，用电感 L 模拟晶片的惯性，L 的值为 $10^{-3}\sim10^{-2}$H；用电容 C 模拟晶片的弹性，C 的值一般只有 0.0002 ~ 0.1pF；晶片振动时的摩擦损耗用电阻 R 来等效，其值一般为 100Ω 左右，理想值为 0。

由于晶片的 L 很大，C 很小，R 也很小，所以品质因数 $Q=\omega_0 L/R$ 很大，可达到 $10^4\sim10^6$。从石英晶片的物理参数很稳定也可以看出，利用石英谐振器可以组成频率稳定度很高的振荡电路。

当忽略 R 时，回路的等效电抗为

$$X = \frac{-\frac{1}{\omega C_0}\left(\omega L-\frac{1}{\omega C}\right)}{-\frac{1}{\omega C_0}+\left(\omega L-\frac{1}{\omega C}\right)} = \frac{\omega^2 LC-1}{\omega(C_0+C-\omega^2 LC_0 C)} \tag{9-30}$$

电抗 X 的频率特性曲线如图 9-15c 所示。当 $X=0$ 时，相应的角频率 ω_s 为 L、C 支路的串联谐振角频率。由式(9-30)，令 $\omega_s^2 LC-1=0$，则

$$\omega_s = \frac{1}{\sqrt{LC}} \tag{9-31}$$

当 $\omega < \omega_s$ 时，由式(9-30) 看出，X 为容抗。

当 $X \to \infty$ 时，谐振回路发生了并联谐振，此时 $\omega = \omega_p$。令式(9-30) 分母中的 $(C_0 + C - \omega_p^2 L C_0 C) = 0$，得

$$\omega_p = \frac{1}{\sqrt{L\left(\frac{CC_0}{C + C_0}\right)}} = \frac{1}{\sqrt{LC}}\sqrt{1 + \frac{C}{C_0}} = \omega_s\sqrt{1 + \frac{C}{C_0}} \tag{9-32}$$

当 $\omega > \omega_p$ 时，X 也为容抗。由图9-15c 可见，只有在 $\omega_s < \omega < \omega_p$ 的频率范围内，X 呈感性，其余频率下均呈容性。由于 $C \ll C_0$，因此 ω_s 与 ω_p 非常接近，石英晶体呈感性的频率范围很狭窄。

2. 晶体振荡电路

根据石英晶体等效电路电抗 X 的频率特性，可以构成两种类型的晶体振荡电路。

（1）并联型晶体振荡电路　电路如图 9-16 所示。石英晶体工作在 ω_s 和 ω_p 之间，即 X 呈感性的频段内，它和两个外接电容 C_1 和 C_2 构成了电容三点式正弦波发生电路。根据电路组成规律，具有同性质的 C_1 和 C_2 的中间点接晶体管的发射极 e，满足产生振荡的相位平衡条件。

（2）串联型晶体振荡电路　电路如图 9-17 所示。石英晶体工作在 ω_s 处。因为是串联谐振，晶体相当于一个纯电阻，它接在电路的反馈网络中，构成正反馈，以满足产生振荡的相位平衡条件。同时，它又是选频网络。调节电阻 R 的大小，可使电路满足幅值平衡条件。

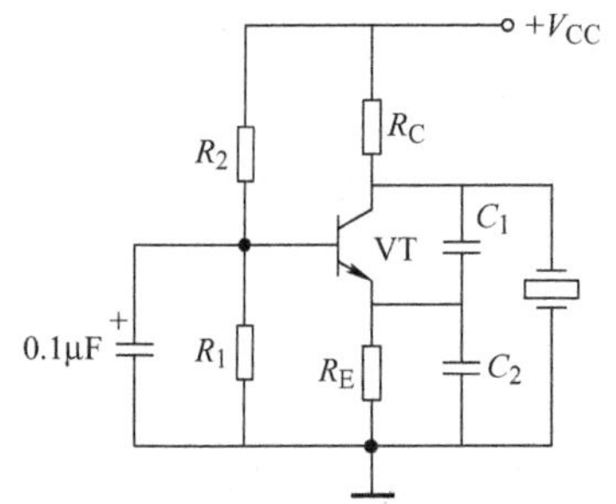

图 9-16　并联型晶体振荡电路

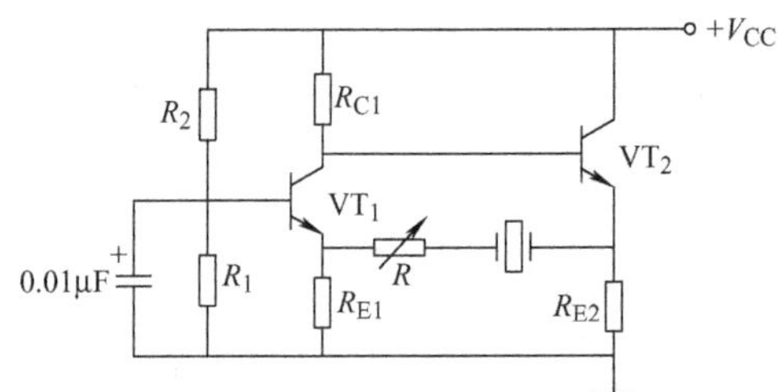

图 9-17　串联型晶体振荡电路

9.2　电压比较电路

电压比较电路的功能是比较两个电压（如输入电压 u_I 和参考电压 U_R）的大小，并用输出的高、低电平表示比较结果。电压比较电路在测量、控制以及波形发生等许多方面有着广泛的应用。它的种类很多，如单门限比较电路，滞回比较电路以及窗口比较电路等等。

9.2.1　单门限电压比较电路

单门限电压比较电路如图 9-18 所示，先设参考电压 $U_R = 0$。当输入电压 u_I 略小于零时，由于运放处于开环状态，输出电压将达到正的最大值 $+U_{OM}$。当输入电压 u_I 略大于零时，输出电压将达到负的最大值 $-U_{OM}$。$+U_{OM}$ 和 $-U_{OM}$ 分别为集成运放饱和时的正负向输

出电压值。

可以看出，使运放输出电压发生跳动的“阈值电压”（也叫“门限电压”）$U_{TH}=0$，U_{TH}是根据临界条件 $u_{-}\approx u_{+}$ 得到的（其下标 TH 是英语门限的字头缩写）。这种设定参考电压 $U_R=0$ 的比较电路叫“过零比较电路”，其传输特性如图 9-19 所示。

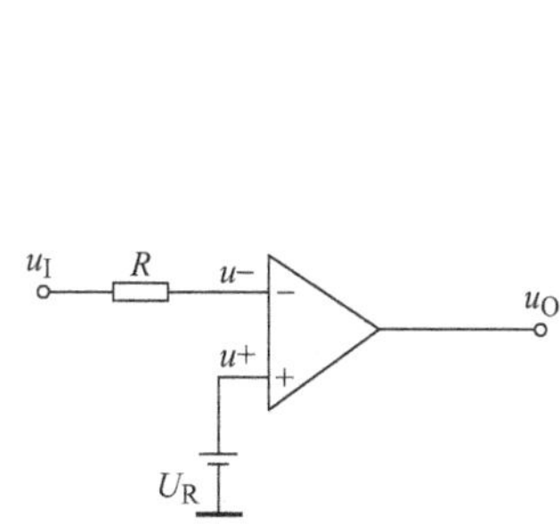

图 9-18　单门限电压比较电路

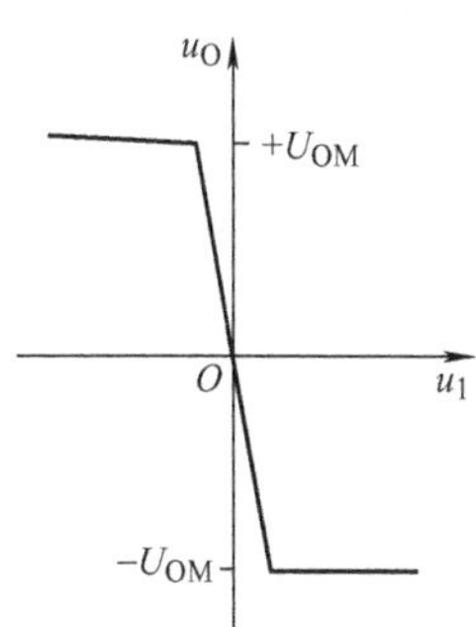

图 9-19　过零比较电路的传输特性

若参考电压 $U_R\neq0$，当 $u_I<U_R$ 时，输出电压为 $+U_{OM}$；当 u_I 略大于 U_R 时，输出电压为 $-U_{OM}$，其传输特性如图 9-20 所示。这里，阈值电压 $U_{TH}=U_R$。

单门限电压比较电路也可采用同相输入接法，即把输入电压 u_I 接到集成运放的同相输入端。这样就获得了与输出电压 u_O 跳变方向相反的电压传输特性。究竟采用何种接法，由比较电路前后的电路所需电压的极性来决定。

在实际的比较电路中，为了防止因输入电压过大而损坏集成运放输入级的晶体管，常在运放输入端接入二极管限幅电路，双向限制运放的输入电压，如图 9-21a 所示。为了满足负载的需要，常在集成运放的输出端加稳压管限幅电路，从而获得合适的 U_{OH} 和 U_{OL}，如图 9-21b所示。电路的传输特性如图 9-21c 所示，u_O 值等于稳压管的稳压值 $\pm U_Z$。由图可见，在理想的情况下，输出电压从 $+U_Z$ 跳变到 $-U_Z$ 是在瞬间完成的。

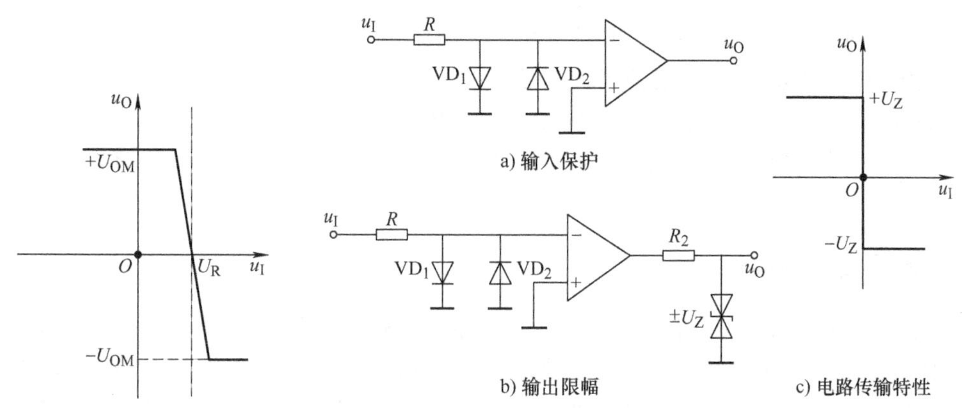

图 9-20　$U_R\neq0$ 时单门限电压比较电路的传输特性

图 9-21　有输入输出限幅保护的过零比较电路

例 9-2　电路如图 9-22 所示，设稳压管 VS 的稳压值 $\pm U_Z$ 为 ±6V。求阈值电压，并画出电路的电压传输特性。

解 图 9-22 为非零单门限电压比较电路，输出电压发生跳变的条件是：$u_- \approx u_+ = 0$。此时有

$$\frac{u_R}{R_2} + \frac{u_I}{R_1} = 0$$

因而有

$$u_I = -\frac{R_1}{R_2}U_R = U_{TH}$$

当 $u_I < U_{TH}$ 时，$u_- < 0$。此时 $u_- < u_+$，u_O 为高电平，VS_2 击穿，$u_O = +U_Z$；当 $u_I > U_{TH}$ 时，$u_- > 0$，u_O 为低电平，VS_1 击穿，$u_O = -U_Z$。电路的电压传输特性如图 9-22b 所示。

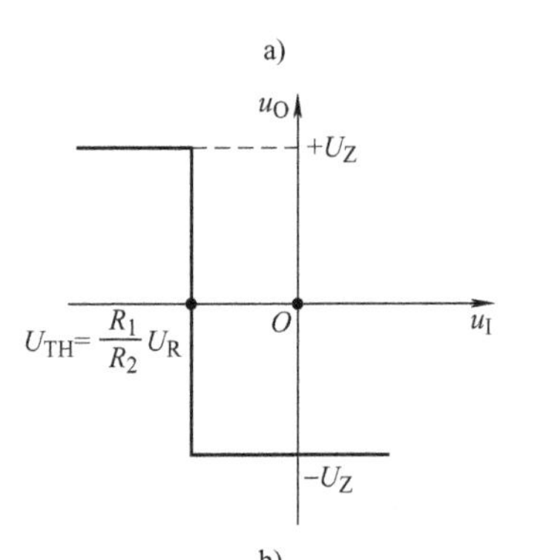

图 9-22 例 9-2 图

9.2.2 电压比较电路的特点

1. 集成运放工作在开环或正反馈状态

图 9-18 和图 9-21a、b 中的集成运放都工作在开环状态。为了提高比较电路的灵敏度和响应速度，在集成运放中有时还引入正反馈，如滞回比较电路中的集成运放就是工作在正反馈状态。

2. 电压比较电路的输入与输出之间是非线性关系

由于集成运放工作在开环或正反馈状态，只要两个输入端之间有很小的差值电压，输出电压就将达到正的最大值或者负的最大值。因此，集成运放的输出与输入呈现非线性关系。

从上面的分析可以看出，电压比较电路相当于一个受输入信号 u_I 控制的开关。输入信号可以是模拟信号，但输出 u_O 只有两种可能：高电平 U_{OH} 和低电平 U_{OL}。当输入信号通过阈值 U_{TH} 时，输出电压从一个电平跳变到另一个电平。

可以通过电压传输特性，即输入电压 u_I 和输出电压 u_O 的函数关系来描述电压比较电路。为了正确画出电压传输特性，必须求出三个要素：

1）输出电压的高电平值 U_{OH} 和低电平值 U_{OL}。

2）阈值电压 U_{TH}，它根据临界条件 $u_+ = u_-$ 求出。

3）当 u_I 变化且经过 U_{TH} 时，u_O 跳变的方向，即是从 U_{OH} 跳变为 U_{OL}，还是从 U_{OL} 跳变为 U_{OH}。

9.2.3 滞回比较电路

单门限电压比较电路有两个缺点；①如果输入变化非常缓慢，输出的变化也可能相当慢；②如果输入中带有噪声，当输入经过阈值时，输出可能发生多次跳变（见图 9-23）。这两个缺点都可以通过采用“正反馈”得到弥补。由于采用了正反馈，比较电路具有了两个阈值，分别取决于输出所处的状态。另外，不管输入波形的变化速率如何，正反馈能保证输出的迅速跳变。由于这种电路的输出既与当前的输入电压有关，又与输入的历史状态有关，所以称为“滞回比较电路”，又称为“施密特触发器”。其电路如图 9-24 所示。在集成运放中，通过 R_3 引入了正反馈。u_I 为输入信号，U_R 为参考电压，集成运放输出电压为 $u_O = \pm U_Z$。

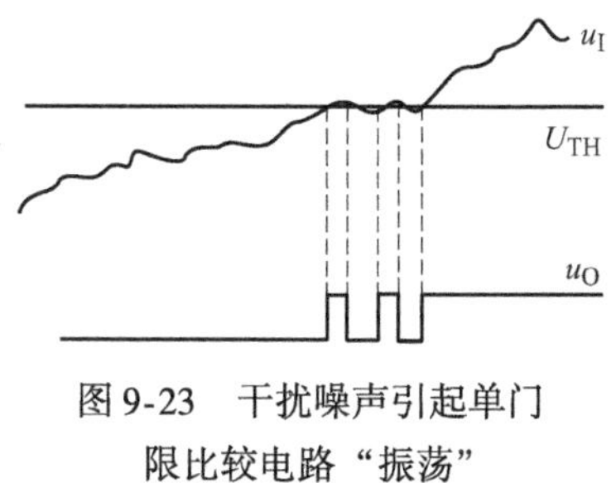

图 9-23 干扰噪声引起单门限比较电路“振荡”

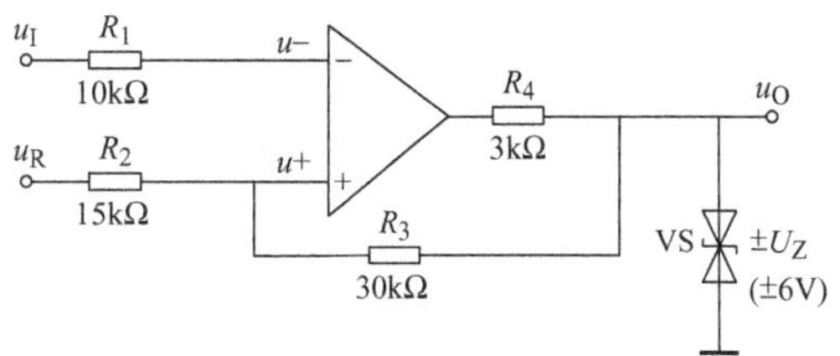

图 9-24 滞回比较电路

1. 求阈值

比较电路的输出电压发生跳变的临界条件是：$u_- \approx u_+$。由图得

$$u_- = u_I \tag{9-33}$$

运用叠加原理，可得

$$u_+ = \frac{R_3 U_R + R_2 u_O}{R_2 + R_3} \tag{9-34}$$

由式(9-33) 和式(9-34) 得

$$U_{TH} = \frac{R_3 U_R + R_2 u_O}{R_2 + R_3} \tag{9-35}$$

式中，u_O 是输出电压的高低电平值，$u_O = \pm U_Z$。于是

$$U_{TH1} = \frac{R_3 U_R + R_2 U_Z}{R_2 + R_3} \tag{9-36}$$

$$U_{TH2} = \frac{R_3 U_R - R_2 U_Z}{R_2 + R_3} \tag{9-37}$$

可以看出，在滞回电压比较电路中，出现了两个阈值。

2. 分析输出和输入之间的关系

设 $U_R = 0V$，$U_Z = \pm 6V$，有 $U_{TH1} = 2V$，$U_{TH2} = -2V$。由于电路中集成运放是反相输入，因此，当 u_I 足够负时，$u_- < u_+$，u_O 为高电平 $u_O = +U_Z = +6V$，$u_+ = U_{TH1} = 2V$。所以，只要 $u_I < 2V$，u_O 保持 +6V。当输入 u_I 逐渐增大并达到 U_{TH1} 时，u_O 发生跳变，从 $+U_Z$ 跳变为 $-U_Z$。此后如果输入继续增加，输出都将保持不变。这就是 u_I 由负变正时的 u_O 与 u_I 之间的关系，是正向电压传输特性。

当 u_I 足够正时，$u_- > u_+$，u_O 为低电平，$u_O = -U_Z = -6V$，$u_+ = U_{TH2} = -2V$。此时如果输入 u_I 逐渐减小并达到 U_{TH2}，u_O 又一次发生跳变，从 $-U_Z$ 跳变为 $+U_Z$。此后如果输入继续减小，输出将保持不变。这就是 u_I 由正变负时的 u_O 与 u_I 之间的关系，是负向电压传输特性。

3. 电压传输特性

滞回比较电路的电压传输特性如图 9-25 所示。图中，单箭头表示正向过程，双箭头表示负向过程，曲线具有方向性。由图可知，滞回比较器具有滞回环，它可用正反馈过程来解释。

当 $u_I = u_- < u_+$ 时，u_O 为高电平。但是，当 u_I 上升到使 u_- 接近并略小于 u_+ 时，由于

$u_{id}=u_+-u_-\approx 0$，集成运放进入线性放大状态。又由于电路引入了正反馈，加快了输出电压的跳变过程。具体如下：u_I 增加使 u_O 下降，u_O 下降使 u_+ 下降。由于 u_+ 下降，u_- 更接近于 u_+，使输出电压 u_O 进一步下降，加正反馈的结果就是使输出电压 u_O 迅速变为 $-U_Z$。

输出电压的正跳变过程和负跳变过程基本一致。图9-25中正向过程中 ab 段的变化和负向过程中 cd 段的变化都十分迅速，近似于跳变。

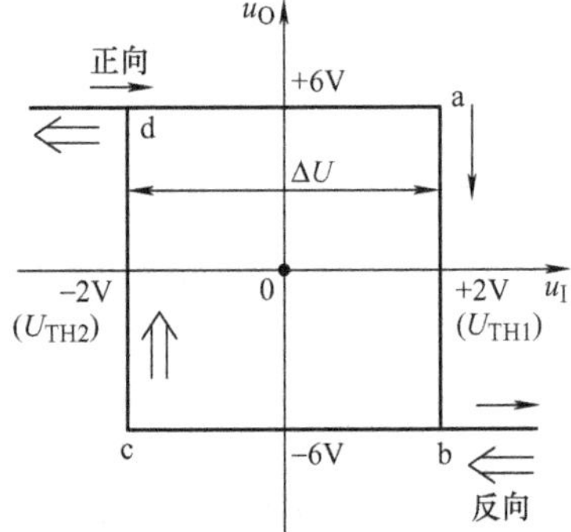

图9-25 滞回比较电路电压传输特性

4. 滞回比较电路的应用

滞回比较电路有两个阈值电压，其差 $\Delta U=U_{TH1}-U_{TH2}$ 称为“回差电压”或“迟滞电压”（见图9-25）。和单门限电压比较电路相比，滞回比较电路有较强的抗干扰能力，不易产生误跳变。这是因为当输出电压发生跳变后，只要输入的干扰电压不超过迟滞电压，输出电压就会保持不变。因此，滞回比较电路可应用在环境干扰比较大的场合和波形整形。但由于存在迟滞电压，滞回比较电路的工作精度比较差。

例9-3 电路如图9-26所示，设稳压管 VS 的稳压值为 $\pm U_Z=\pm 6V$，试：

(1) 画出电路的传输特性。

(2) 如果输入信号 u_I 波形如图9-26b 所示，画出输出 u_O 的波形。

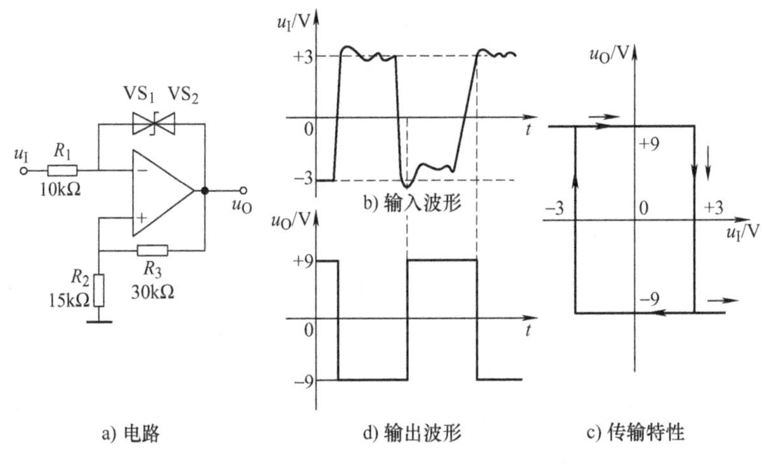

图9-26 例9-3的图

解 (1) 图9-26a 所示为滞回电压比较电路。注意，运放负反馈电路中出现了稳压管。只要 $u_+>u_-$，应有 $u_O=+U_{OM}$，此时稳压管 VS_1 击穿。稳压管的动态电阻很小，可以认为稳压管为集成运放引入了深度负反馈，可以用线性分析方法进行分析。同理，当 $u_+<u_-$ 时，工作情况类似。

在 u_O 跳变时，必有 $u_+\approx u_-$。$u_+=u_O\dfrac{R_2}{R_2+R_3}$，$u_-=u_O\pm U_Z$。所以，$u_O=\pm U_Z\left(1+\dfrac{R_2}{R_3}\right)$，阈值电压 $U_{TH}=u_O\dfrac{R_2}{R_2+R_3}$。代入参数可得 $u_O=\pm 9V$，$U_{TH}=\pm 3V$。比较电路的传输特性如图9-26c 所示。

（2）从电压传输特性可以看出，输入电压增加或较小，输出电压只跳变一次。正向阈值电压为 $U_{TH1} = +3V$，负向阈值电压为 $U_{TH2} = -3V$。输出电压波形如图 9-26d 所示。电路有很强的抗干扰能力。当 u_I 波形不整齐时，得到的 u_O 都是标准的矩形波，如图 9-26d 所示。

9.2.4 集成电压比较器

由于电压比较电路可将模拟信号转换成高低电平信号，因此，电压比较电路可用作模拟电路和数字电路的接口电路。

上述的电压比较电路都是由集成运放组成的，这种比较电路的输出电平在最大正负输出电压之间跳变。因此如果要把它和数字电路相连，还必须有附加电路。为此，生产了专用的集成电压比较器。它的特点是输出的高低电平分别等于数字电路的逻辑“1”和逻辑“0”电平，因此可以直接驱动数字电路。集成电压比较器的输出级大多为集电极开路（OC）方式和发射极开路（OE）方式，其频率特性也与集成运放有明显不同。电压比较器的频带较宽，没有也无需相位补偿，以便尽可能获得高速翻转，减小响应时间。集成电压比较器改变输出状态的典型响应时间为 30～200ns，而对于普通集成运放 μA741，其响应时间为 30μs 左右，大约是集成电压比较器的 1000 倍。

按一个集成器件中所含比较器的数目，分为单电压、双电压、四电压比较器；按信号传输速度，可分高速、中速比较器；按性能指标，可分为精密比较器和高精度比较器等。

图 9-27 为集电极开路的双电压比较器 LM119。两个比较器的输出可直接并联，共用外接电阻，实现“线与”，如图 9-27a 所示。电路的电压传输特性如图 9-27b 所示，可以看出，该电路为“窗口比较电路”。

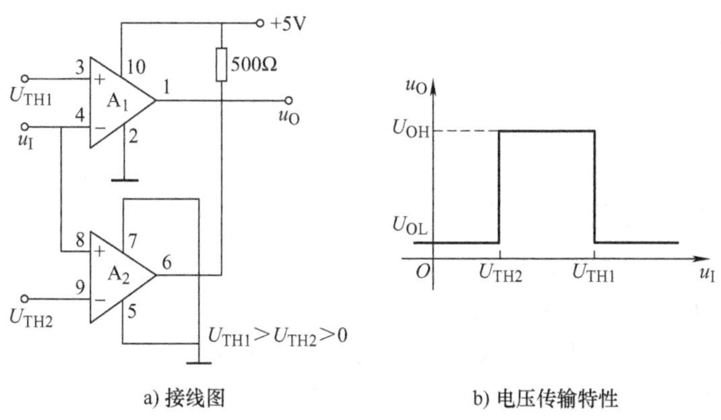

a) 接线图　　b) 电压传输特性

图 9-27 窗口比较电路

应当指出的是，集成电压比较器的响应速度一般比集成运放快，但是它的输入级的偏置电流比运放大，输入失调电压也比集成运放大（一般都超过 1mV），而它的差模电压增益和共模抑制比却不太高。因此，在响应速度要求低，精度要求高的场合，应选用精密集成运放构成电压比较器。

9.3 非正弦波发生电路

除了正弦波外，常用的还有矩形波、三角波、锯齿波、尖顶波和阶梯波等非正弦波。非正弦波发生电路的基本组成环节是：电压比较电路、反馈环节和延迟环节，其中比较电路是关键环节。

通过前面的分析可知，电压比较电路的输出只有高低两种电平。如果在电压比较电路的基础上加上延迟和反馈环节，保证在一定的延迟时间后，比较电路的输出就会发生周期性跳变，从而产生振荡。电路结构和波形图如图 9-28 所示。

本节主要讲述矩形波、三角波和锯齿波三种非正弦波发生电路的组成、工作原理、波形分析和主要参数。矩形波发生电路是基础。有了它，加上积分环节，就可组成三角波或锯齿波发生电路。

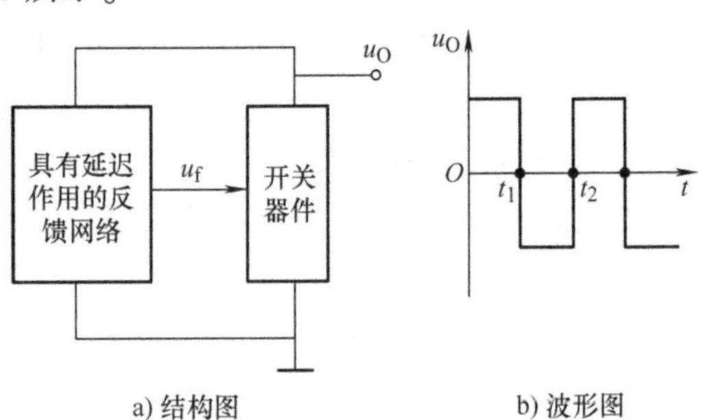

图 9-28 非正弦波发生电路的结构图和波形图

9.3.1 矩形波发生电路

矩形波有两种：一种是输出处于高电平的时间和低电平的时间相等，称为“方波”；一种是输出处于高电平和低电平的时间不等，称为“矩形波”。后者通常用“占空比”来描述，占空比是指在一个时钟周期内输出处于高电平的时间与周期之比。可以看出，方波的占空比为 50%。

1. *方波发生电路的组成和工作原理*

方波发生电路如图 9-29 所示，它是由滞回电压比较电路和 RC 电路组成的。R_1 和 C 组成“有延迟的反馈网络”，电容 C 两端的 u_C 电压就是反馈电压；稳压管构成输出限幅电路；R_4 为集成运放的限流电阻。

设 $t=0$ 时，输出电压为 $u_O=+U_Z$，$u_C=0$，则集成运放同相端的电位为

$$u_+=\frac{R_2}{R_2+R_3}(+U_Z)$$

与此同时，$u_O=+U_Z$ 通过电阻 R_1 向电容 C 充电，电容两端电压 u_C 逐渐上升。只要 $u_-<u_+$，输出电压 $u_O=+U_Z$保持不变。一旦 u_-上升到略大于 u_+时，由于内部正反馈的作用，输出电压 u_O 迅速地由 $+U_Z$ 跳变到 $-U_Z$。集成运放同相端电压也随之变为

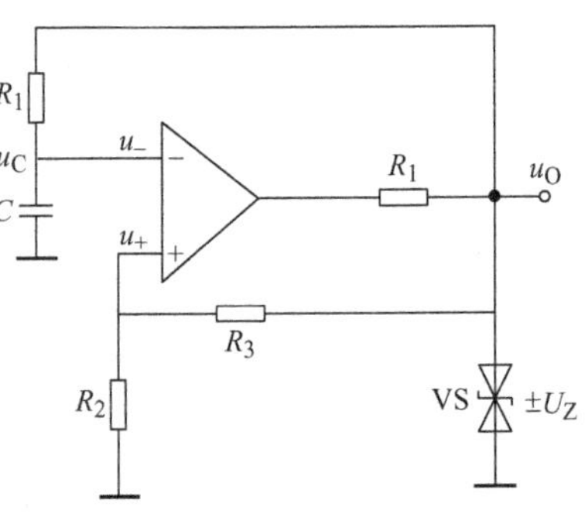

图 9-29 方波发生电路

$$u_+'=\frac{R_2}{R_2+R_3}(-U_Z)$$

在 $u_O=-U_Z$ 作用下，电容 C 通过电阻 R_1 放电，电容两端电压 u_C 逐渐下降。当 $u_->u_+'$时，输出电压 $u_O=-U_Z$ 保持不变。当 u_-下降到略小于 u_+'时，内部正反馈又产生作用，输出电压 u_O 迅速地由 $-U_Z$ 跳变到 $+U_Z$。如此周而复始，在输出端将产生周期信号。由于电路中电容正向充电和反向放电的时间常数均为 R_1C，而且充放电的电压幅值也相等，所以输出为

方波信号，而电容 C 两端电压 u_C 的波形则近似为三角波。输出电压 u_O 和电容电压 u_C 的波形如图 9-30 所示。

2. 方波周期的确定

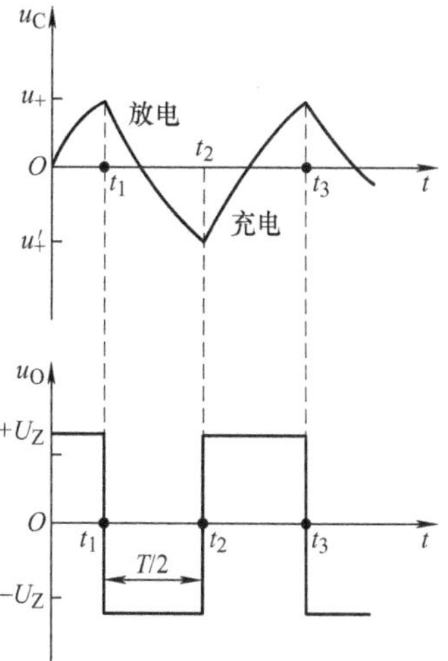

图 9-30　方波发生电路输出电压和电容电压波形

方波周期可以由电容充放电规律和波形发生器的工作原理得到。电容两端电压的变化规律为

$$u_C(t) = U_C(\infty) + [U_C(0) - U_C(\infty)]e^{-\frac{t}{\tau}} \tag{9-38}$$

其中，$U_C(0)$ 是在选定的时间起点时，电容 C 两端的初始电压值。如果选取时间的起点为 t_1（见图 9-30），电容初始电压值为

$$U_C(0) = \frac{R_2}{R_2 + R_3}(+U_Z)$$

$U_C(\infty)$是 $t=\infty$ 时，电容两端电压的终了值

$$U_C(\infty) = -U_Z$$

若将电容充、放电时间常数 $\tau = R_1C$ 代入式(9-38)，得

$$u_C = -U_Z + \left[\frac{R_2}{R_2 + R_3}U_Z - (-U_Z)\right]e^{-\frac{t}{R_1C}} \tag{9-39}$$

根据电容两端电压波形可知，在二分之一的周期内（$t_1 \sim t_2$），电容放电的最后值为

$$u_C = -\frac{R_2}{R_2 + R_3}U_Z$$

有

$$-\frac{R_2}{R_2 + R_3}U_Z = -U_Z + \left[\frac{R_2}{R_2 + R_3}U_Z - (-U_Z)\right]e^{-\frac{T}{2R_1C}}$$

可以得到方波的周期为

$$T = 2R_1C\ln\left(1 + \frac{2R_2}{R_3}\right) \tag{9-40}$$

由式(9-40) 可知，改变 R_1、C 或者改变 R_2/R_3 均能达到调节方波周期或者频率的目的。由图 9-30 可知，改变稳压管的稳压值可以改变输出电压幅值。

3. 矩形波发生电路

矩形波发生电路如图 9-31a 所示，它与图 9-29 的方波发生电路的区别仅仅在于电容充、放电回路不同。矩形波发生电路的充电回路为 VD_1、R 和 C，放电回路为 VD_2、R'和 C，工作原理与图 9-29 完全相似。

如果忽略二极管 VD_1 和 VD_2 的导通管压降，则电容充电时间常数为 RC，放电时间常数为 $R'C$。参照式(9-40)，可以得到，输出电压处于高电平（即电容充电）的时间为

$$T_1 = RC\ln\left(1 + \frac{2R_2}{R_3}\right) \tag{9-41}$$

输出电压处于低电平（即电容放电）的时间为

$$T_2 = R'C\ln\left(1 + \frac{2R_2}{R_3}\right) \tag{9-42}$$

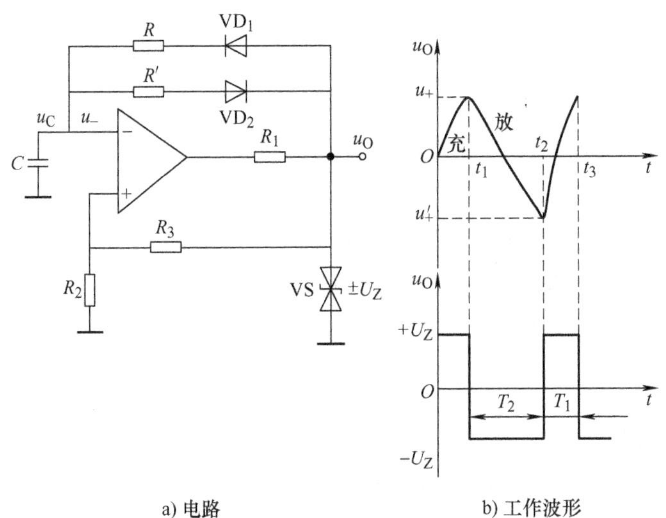

a) 电路　　　b) 工作波形

图 9-31　矩形波发生电路

如果 $RC<R'C$，则 $T_1<T_2$，此时输出电压和电容两端电压的波形如图 9-31b 所示。可知，输出波形的周期 $T=T_1+T_2$，占空比为 $D=\dfrac{T_1}{T}=\dfrac{R}{R+R'}=\dfrac{1}{1+\dfrac{R'}{R}}$。

可见，改变 R'/R 就可以改变占空比，故图 9-31a 所示电路称为“占空比可调”的矩形波发生电路。

9.3.2 三角波发生电路

1. 电路组成和工作原理

三角波发生电路如图 9-32 所示。图中集成运放 A_1 为同相输入的滞回电压比较电路，集成运放 A_2 为积分电路。电压比较电路的输出 u_{O1}，经电位器 RP 分压后作为积分电路的输入信号。同时，经过反馈，积分电路的输出信号 u_{O2} 又作为电压比较电路的输入信号，它们共同构成闭合环路。

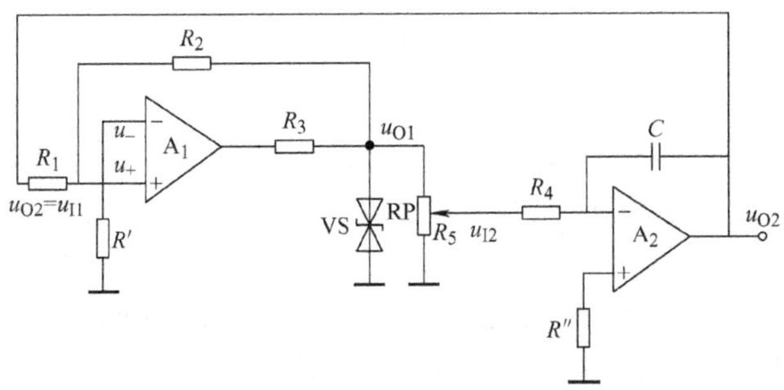

图 9-32　三角波发生电路

对于由多个集成运放构成的应用电路，一般应首先分析每个集成运放的输入输出函数关系及实现的基本功能，然后分析各电路之间的相互联系，并在此基础上得到电路的功能。在本电路中，应重点分析积分电路的输出如何使电压比较电路的输出电平发生跳变。

假定电压比较电路初始输出电压为 $u_{O1}=+U_Z$，经 RP 分压后的 u_{I2} 向电容充电，u_{O2}（$=u_{I1}$）线性下降，从而使 A_1 的同相端电压 $u_+=\dfrac{U_ZR_1}{R_1+R_2}+\dfrac{u_{O2}R_2}{R_1+R_2}$ 也下降。当 u_{O2} 下降到使 u_+ 略小于 u_-（$=0$）时，u_{O1} 从 $+U_Z$ 跳变到 $-U_Z$。u_+ 随之变为 u_+'，$u_+'=\dfrac{-U_ZR_1}{R_1+R_2}+\dfrac{u_{O2}R_2}{R_1+R_2}$。同时，$u_{O1}=-U_Z$ 经电位器 RP 分压后的 u_{I2} 使电容放电，u_{O2} 线性上升，从而使 A_1 的同相端电压 u_+' 也上升。当 u_+' 略大于 u_-（$=0$）时，u_{O1} 从 $-U_Z$ 再次跳变到 $+U_Z$。如此周而复始，就产生了振荡。图 9-33 为三角波发生电路的波形。

由于图 9-32 中电容的充放电时间常数相同，幅值变化相同，因而 u_{O1} 为方波，u_{O2} 的波形为三角波。

通过上述分析，可以得到滞回比较电路的两个阈值电压

$$u_+'=\frac{\pm U_ZR_1}{R_1+R_2}+\frac{u_{O2}R_2}{R_1+R_2}=0$$

$$u_{O2}=U_{TH}=\pm\frac{R_1}{R_2}U_Z \tag{9-43}$$

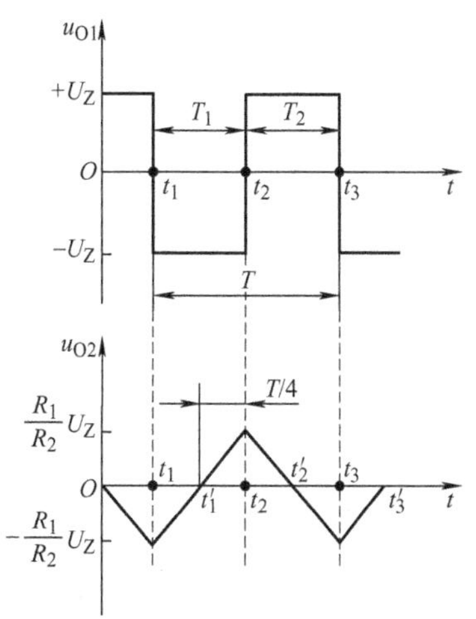

图 9-33　三角波发生电路的波形

2. 周期的确定

如图 9-33 所示，以 t_1' 作为时间的起点。经过 $T/4$ 后，$t=t_2$，u_{O2} 从 0 变为 $\dfrac{R_1}{R_2}U_Z$。另一方面，当 $t=t_1'$ 时，$u_{O1}=-U_Z$，而 $u_{I2}=u_{O1}R_5/R_{RP}=-nU_Z$，并在 $T/4$ 周期内保持不变。因此有

$$u_{O2}(t_2)=-\frac{1}{R_4C}u_{I2}(t_2-t_1')+u_{O2}(t_1')$$

$$\frac{R_1}{R_2}U_Z=-\frac{1}{R_4C}(-nU_Z)\left(\frac{T}{4}\right)$$

$$T=\frac{4R_4C}{n}\frac{R_1}{R_2} \tag{9-44}$$

式中，$T=T_1+T_2$，并且 $T_1=T_2$。所以

$$T_1=\frac{2R_4C}{n}\frac{R_1}{R_2} \tag{9-45}$$

式(9-45) 说明，改变 n、R_4、C 和 $\dfrac{R_1}{R_2}$ 的值，可以改变三角波的周期或频率，改变 $\dfrac{R_1}{R_2}$ 的值还会影响三角波的幅值。

3. 锯齿波发生电路

如果电容 C 的充、放电时间常数不相等，则可使积分电路的输出为锯齿波，滞回比较电路的输出为矩形波。电路如图 9-34 所示。忽略二极管的导通内阻，当 $u_{O1}=+U_Z$ 时，u_{I2} 经二极管 VD_2 对电容 C 充电，时间常数为 $R'C$。当 $u_{O1}=-U_Z$ 时，u_{I2} 使二极管 VD_1 导通，电容 C 放电，时间常数为 RC。若 $R'<R$ 时，积分电路输出波形上升速率小于下降速率，输

出为锯齿波，输出波形如图 9-35 所示。它广泛应用于图形显示器中。

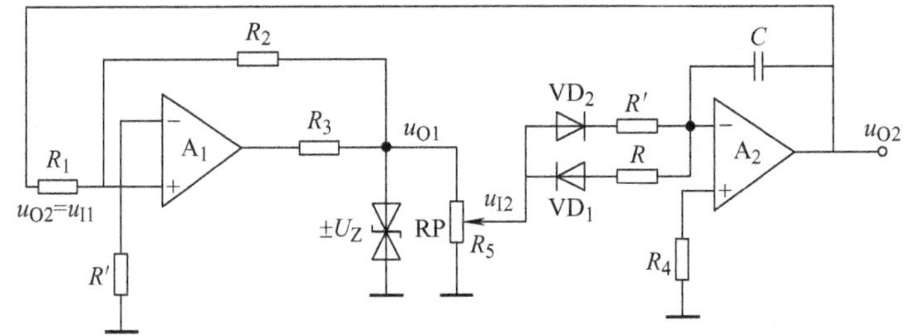

图 9-34 锯齿波发生电路

参考式(9-45)

$$T_1 = \frac{2R'C}{n}\frac{R_1}{R_2} \tag{9-46}$$

$$T_2 = \frac{2RC}{n}\frac{R_1}{R_2} \tag{9-47}$$

习惯上 T_1 称为逆程时间，T_2 称为顺程时间。振荡周期为

$$T = T_1 + T_2 = \frac{2R_1}{nR_2}(R' + R)C \tag{9-48}$$

占空比为

$$D = \frac{T_1}{T} = \frac{1}{1 + \dfrac{R}{R'}} \tag{9-49}$$

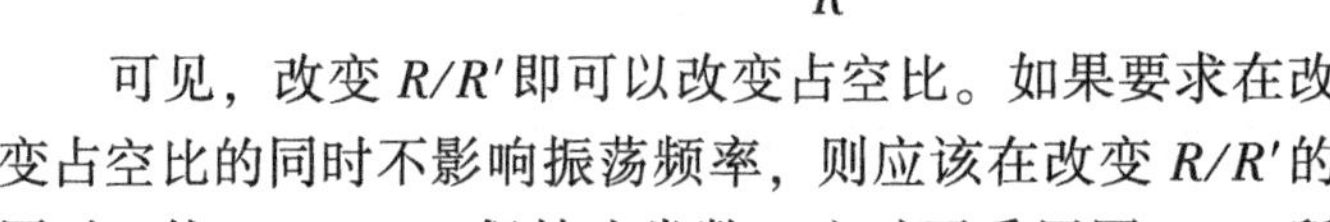

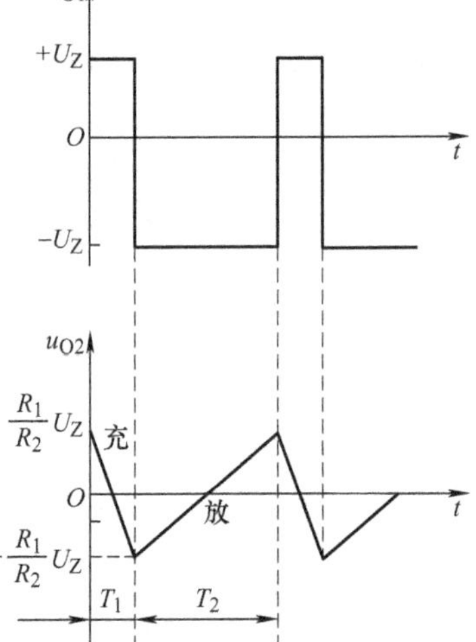

图 9-35 锯齿波发生电路输出波形图

可见，改变 R/R' 即可以改变占空比。如果要求在改变占空比的同时不影响振荡频率，则应该在改变 R/R' 的同时，使（$R'+R$）保持为常数。这时可采用图 9-36 所示的锯齿波发生电路。由图可知，通过调节电位器 RP_2 滑动端的位置，只改变 R/R' 而（$R+R'$）为常数，所以只改变占空比而不影响振荡频率。由式(9-48）和式(9-49）可以看出，改变 n 和电容 C，可以改变振荡周期和频率，但占空比不变。

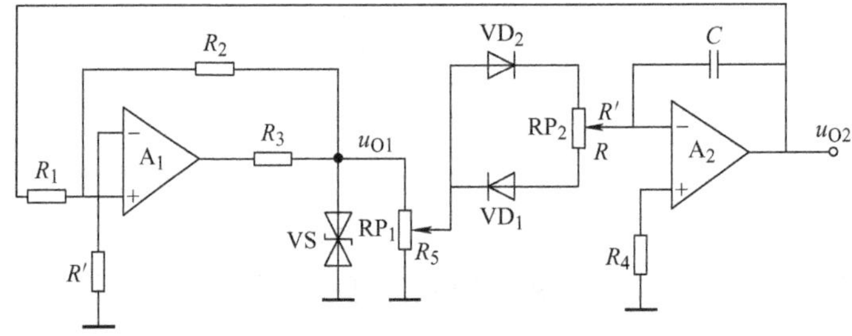

图 9-36 占空比可调的锯齿波发生电路

上面讨论的是由分立元件或部分集成器件构成的正弦波和非正弦波信号发生器。目前使用较多的是由集成电路构成的函数发生器，它是一种可以同时产生正弦波、方波和三角波的专用集成电路。当调节外部电路参数时，还可以获得占空比可调的矩形波和锯齿波，因此广泛用于仪器仪表中。

9.3.3　压控振荡器

压控振荡器（Voltage Controlled Oscillator，VCO）通过外加电压来控制输出信号的频率，输出波形可以是正弦波、方波、三角波等，但通常的输出波形是矩形波。目前，压控振荡器广泛应用于模拟/数字信号的转换、调频、遥控遥测等各种设备之中。压控振荡器有多种形式，主要有复位式和电荷平衡式两种，以下分别讨论。

1. 复位式压控振荡电路

复位式压控振荡电路的原理图如图9-37a所示。它包括积分电路、电压比较电路和模拟开关S等，模拟开关受电压比较电路输出的控制。电路习惯画法如图9-37b所示。当输出电压为高电平 $u_O=+U_Z$ 时，晶体管VT截止，输入电压 u_I 向电容 C 充电，输出电压 u_{O1} 下降。当 u_{O1} 下降到 $u_{O1}=-U_R$ 时，输出电压跳变为 $u_O=-U_Z$，晶体管VT饱和导通，导通电阻很小，C 迅速放电至零，即 $u_{O1}=0$。电压比较电路输出电压又跳变为 $u_O=+U_Z$，晶体管VT截止。如此反复进行，使电路产生自激振荡，波形如图9-37c所示。

下面对图9-37b所示电路进行具体分析。当输出电压 $u_O=-U_Z$ 时，$u_{O1}=0$；当 $u_O=+U_Z$ 时，积分电路 A_1 的输出

$$u_{O1}=-\frac{1}{R_1C}\int u_I\mathrm{d}t$$

有

$$u_{O1}=-\frac{u_I}{R_1C}T_1 \tag{9-50}$$

当 $u_{O1}=U_R$ 时，输出发生跳变，所以有

$$T_1=R_1C\frac{-U_R}{u_I}(U_R<0)$$

由于 $T_1\gg T_2$，所以可以近似认为振荡周期

$$T\approx T_1=R_1C\frac{-U_R}{u_I} \tag{9-51}$$

振荡频率为

$$f_0=\frac{1}{T}\approx\frac{u_I}{-U_RR_1C} \tag{9-52}$$

由式(9-52)可见，信号发生电路的振荡频率与输入控制电压 u_I 成正比。当改变输入 u_I 时，可以获得振荡频率可变而幅值恒定的锯齿波和矩形波输出。

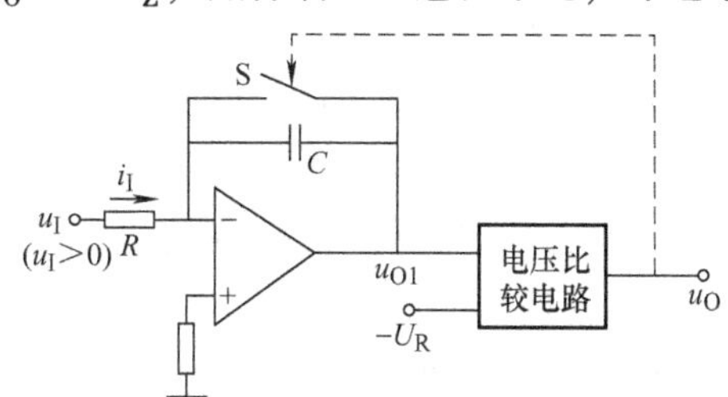

a) 原理图

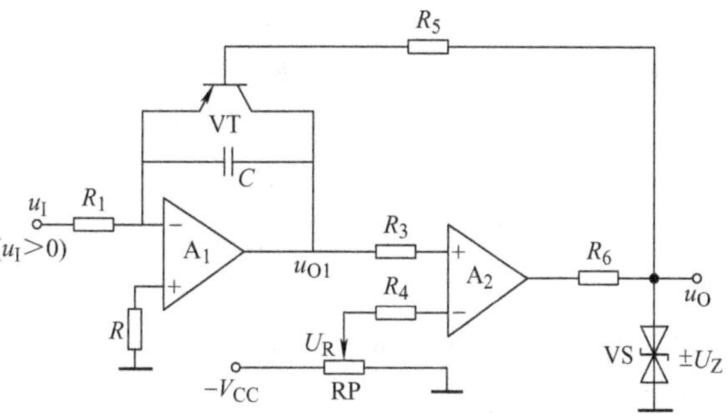

b) 电路习惯画法

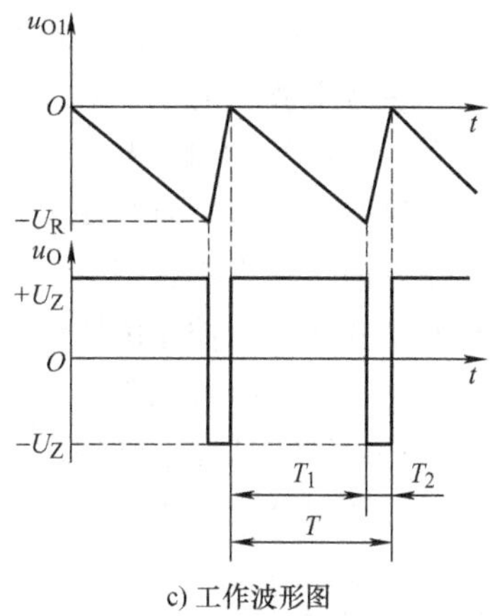

c) 工作波形图

图9-37　复位式压控振荡电路

2. 电荷平衡式压控振荡电路

电荷平衡式压控振荡电路的原理图如

图 9-38a 所示，波形如图 9-38b 所示。当比较电路的输出 $u_O=-U_{OM}$时，模拟开关 S 断开，积分电路的输入为 $u_I<0$。电容 C 进行充电，充电电流 $i_I=u_I/R$，输出电压 u_{O1}线性上升。当 u_{O1}增大到一定值时，输出 u_O从 $u_O=-U_{OM}$跳变到 $u_O=+U_{OM}$，模拟开关 S 闭合。由于恒流源电流 I 远大于 i_I，所以电容 C 放电电流近似为 I，输出电压 u_{O1}下降。当 u_{O1}下降到一定值时，输出电压 u_O 从 $u_O=+U_{OM}$ 跳变到 $u_O=-U_{OM}$。电路重复上述过程，产生自激振荡。由于充电电流 i_I 远远小于放电电流 I，所以电容充电时间 T_1 远远大于电容放电时间 T_2，可以认为振荡周期 $T\approx T_1$。而且如果输入电压 u_I越大，T_1 越小，振荡频率 f 就越高，因此实现了压控振荡。

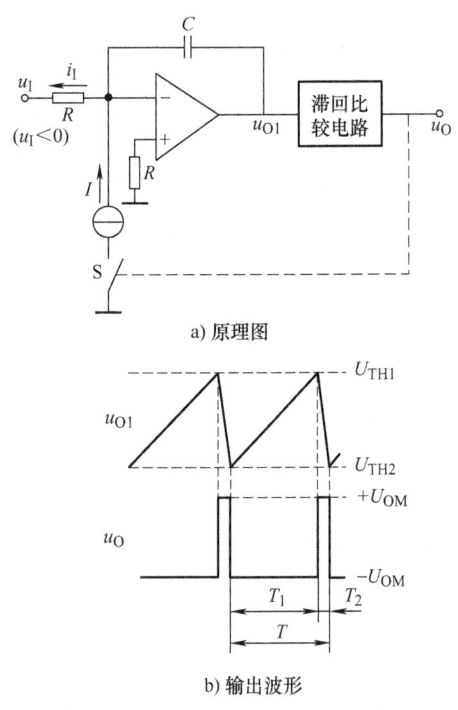

a) 原理图

b) 输出波形

图 9-38 电荷平衡式压控振荡电路

由于电流源使电容 C 放电的电荷量等于电容 C 充电的电荷量，所以这种电路称为电荷平衡式电路。

3. 压控振荡器的应用

（1）模数转换 如果任何物理量通过传感器和转换电路变为合适的电压，用输出电压去控制压控振荡器，并通过对后者的输出频率进行计数，就可以得到与之相对应的输入物理量的大小。可以看出，这种电压-频率转换电路是一种模拟量到数字量的转换电路。

（2）锁相环的频率-电压转换 锁相环应用范围很广，可以用于实现信号提取、信号跟踪和同步、模拟和数字通信中调制和解调、频率合成、噪声过零等功能，已经成为电子设备中常用的基本部件之一。目前有多种不同性能的集成锁相环电路，从电路结构上分，包括模拟和数字两种电路。

图 9-39 锁相环原理框图

锁相环（Phase Locked Loop，PLL）原理框图如图 9-39 所示。可以看出，锁相环由压控振荡器（VCO）、鉴相器（PD）、低通滤波电路（LPF）和参考晶体振荡电路四部分组成，是一种反馈控制系统。当输出信号频率与输入信号频率相等时，输出信号与输入信号保持固定的相位差值，所以称为锁相环。当输出信号的频率和输入信号频率不相同时，两个信号的相位随着时间的不同而不同，鉴相器输出电压就会跟着发生变化。压控振荡器输出频率也会随之改变，直到输出信号的频率和输入信号的频率相同。此时，输出信号和输入信号保持恒定的相位差，压控振荡器的输入电压恒定，输出信号频率保持恒定，从而达到输出信号频率跟踪输入信号频率的目的。电路中环路滤波电路一般为低通滤波电路，用于滤除鉴相器输出电压中的高频分量和干扰信号。

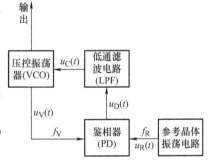

（3）高抗干扰数据传输 在很多应用场合中，电压信号必须在高噪声环境下远距离传送。通过使用压控振荡器，使电压信号转换为频率信号。这样，在传输过程中，信号对外部噪声和共模电压干扰不敏感，有利于信号的传输。

9.4　Multisim 应用举例

9.4.1　RC 桥式正弦波发生电路仿真测试

搭建如图 9-40 所示电路，其中集成运放使用 μA741，Multisim 默认其电源引脚 4、7 已接电源。运行仿真后，在示波器中可以观察到电路的起振过程。利用示波器的光标可以测量出稳定输出时的电压峰值 U_{op}和运放同相输入端（即正反馈送回到放大电路输入端）的电压峰值 U_{+p}。

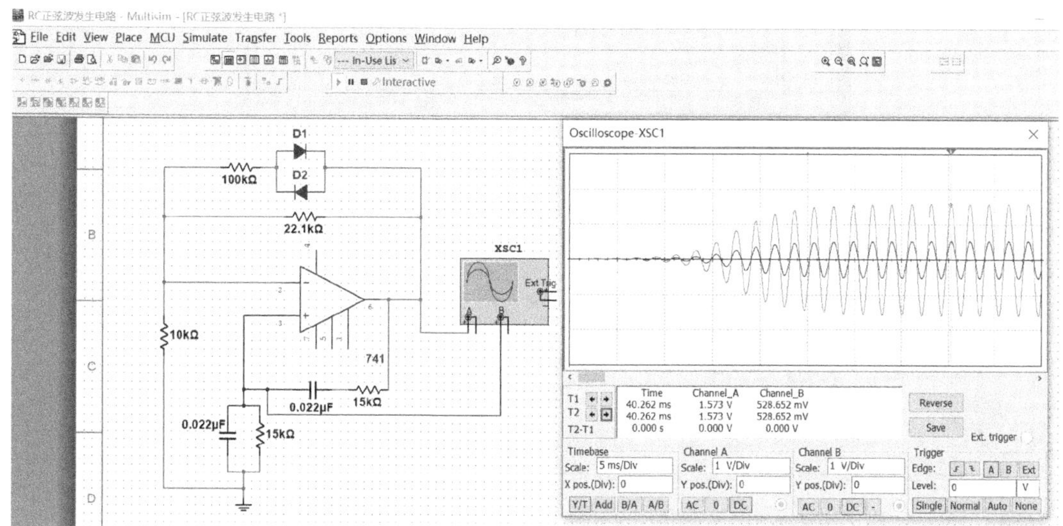

图 9-40　RC 桥式正弦波发生电路

在硬件实验中是很难观察到正弦波发生电路的起振过程的，Multisim 解决了这个问题。该电路利用二极管的非线性，实现了从起振到稳幅的自动调整。在示波器中可以观察到，在输出电压幅值稳定后，输出电压 U_{op}是反馈电压 U_{+p}的 3 倍，满足正弦波发生电路的幅值条件，即 $AF=1$。

9.4.2　锯齿波发生电路仿真测试

搭建如图 9-36 所示占空比可调的锯齿波发生电路，其中运放仍然采用 μA741，采用 ±12V电源供电，其他参数如图 9-41 所示，其中滑动变阻器 RP1 和 RP2 的抽头处于中间位置。运行仿真后在示波器中可以观察到 U_{o1}和 U_{o}的波形分别为方波和三角波，二者的频率相同。方波的幅值由稳压二极管确定，大约为（5.1 +0.7）V =5.8V；三角波的幅值由运放 U1 构成的滞回电压比较器的阈值确定，大约为 3V。当调整滑动变阻器 RP1 的抽头位置时，可以发现产生波形的频率随之改变。如图 9-42 所示，当 RP1 调整为 30% 和 70% 时对比可以发现其频率的变化规律。当单独调整 RP2 时可以发现，产生波形的频率不变，U_{o1}和 U_{o}的波形分别变成了矩形波和锯齿波，如图 9-43 所示。具体分析可通过观察现象并结合理论知识来完成。

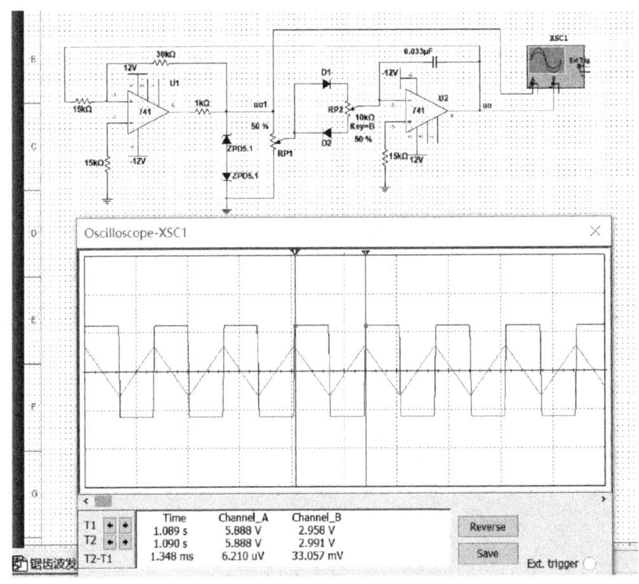

图 9-41 锯齿波发生电路

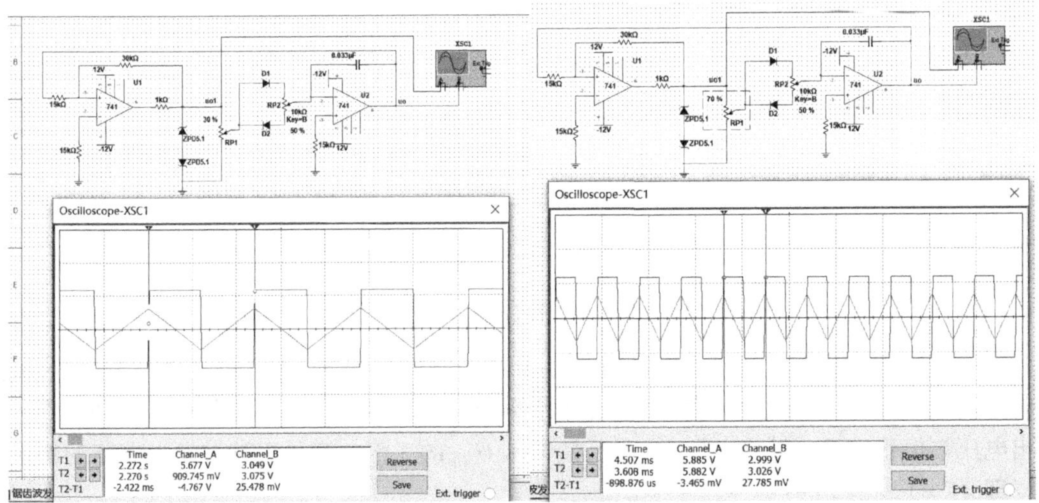

图 9-42 RP1 调整时频率变化情况

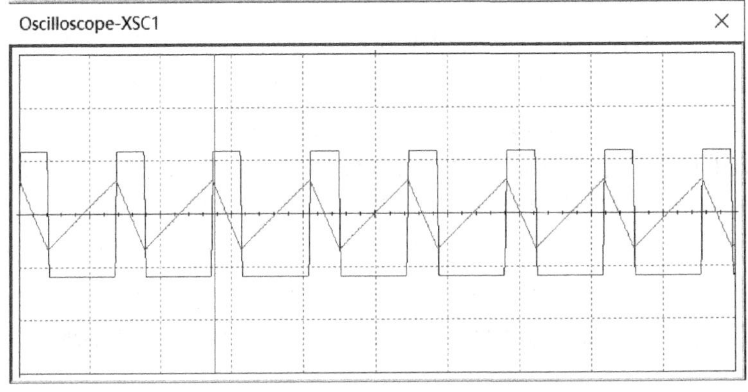

图 9-43 RP2 调整后波形的变化情况

习　题

9-1　说明为什么负反馈放大电路产生自激振荡的相位条件是 $\varphi_{AF}=\varphi_A+\varphi_F=(2n+1)\pi$，而正弦波发生电路产生振荡的相位平衡条件是 $\varphi_{AF}=\varphi_A+\varphi_F=2n\pi$。

9-2　在满足相位平衡条件的前提下，既然正弦波发生电路的振幅平衡条件为 $AF=1$，如果 F 为已知，则使 $A=\frac{1}{F}$就可以了。你认为这种说法对吗？

9-3　是否只要电路引入了正反馈，就一定会产生振荡？如果不是，还需要满足什么其他条件？

9-4　RC 正弦波发生电路如图 9-44 所示。

1. RC 串并联网络在谐振频率点上呈容性还是阻性状态？
2. 若 R_1 短路，电路将产生什么状态，为什么？
3. 若 R_1 断路，电路将产生什么状态，为什么？
4. 若 R_F 分别处于短路和断路，电路又将产生什么状态，为什么？

9-5　将图 9-45 合理连线，组成 RC 正弦波振荡电路。

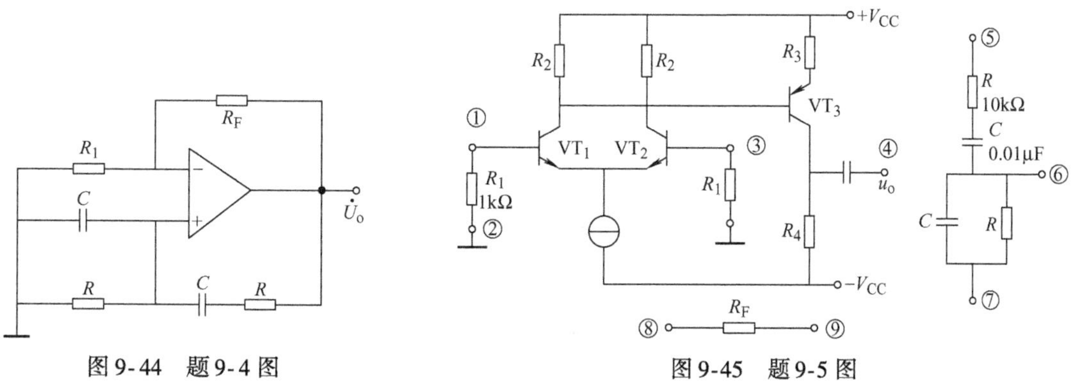

图 9-44　题 9-4 图　　　图 9-45　题 9-5 图

9-6　试用产生正弦波振荡的相位平衡条件判断图 9-46 中的各电路能否产生正弦振荡。

9-7　试分析图 9-47 中各电路是否满足产生正弦振荡的相位平衡条件，其中图 9-47d 是交流等效电路。

9-8　图 9-48 是一个 RC 桥式正弦波发生电路。

1. 指出选频网络和负反馈支路由哪些元器件组成，管子 V、R_4、VD 和 C_1 的作用。
2. 说明电路的稳幅过程。
3. 计算振荡频率。
4. 设 $R_2+R_3=22.5\text{k}\Omega$，求稳定振荡时 V 的漏源电阻 R_{ds}。

9-9　判断图 9-49 各电路能否满足产生正弦振荡的相位平衡条件。

9-10　改正图 9-50 电路中的错误，使之能产生正弦波振荡（不改变放大电路的基本接法）。

9-11　电路如图 9-51 所示。试分析：

1. 电路中有哪些级间反馈支路？各起什么作用？
2. 若 C_2 因虚焊造成开路，电路能否产生振荡？如有振荡，输出波形是正弦波吗？
3. 在 C_3 开路时，电路能否产生振荡？

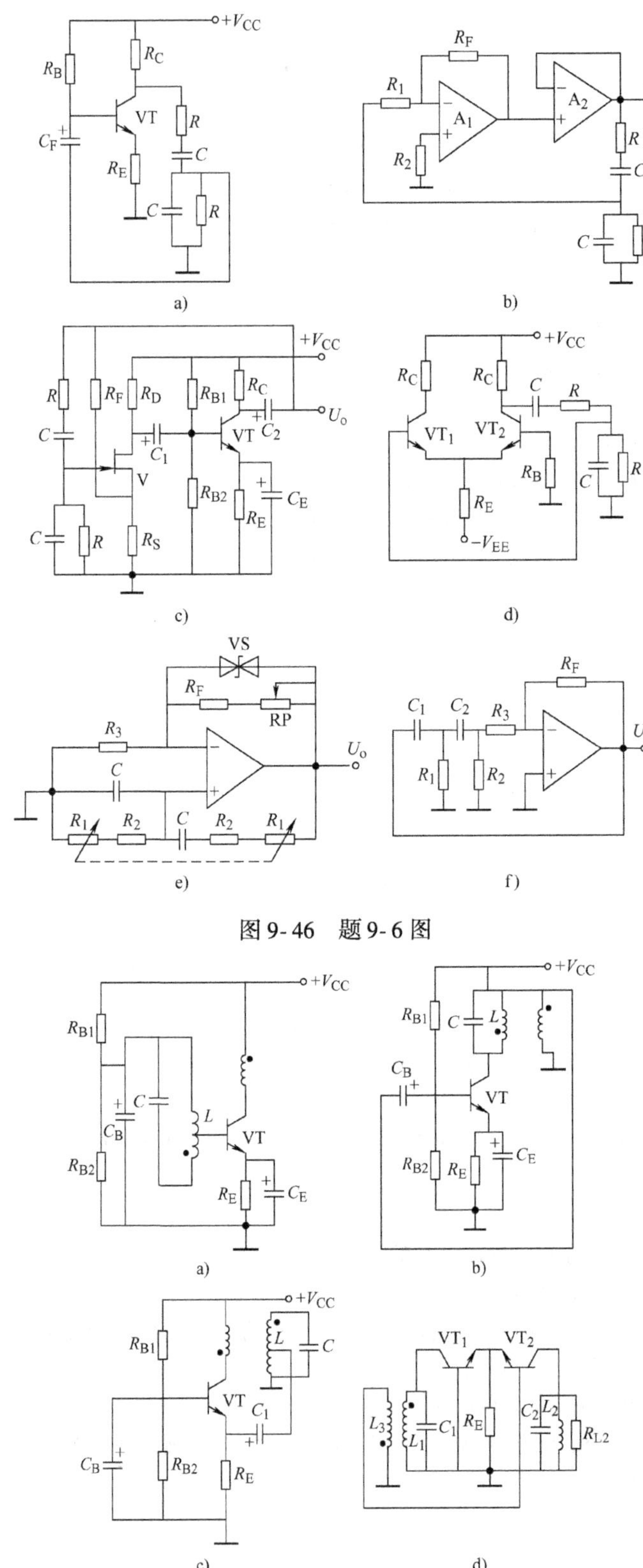

图 9-46 题 9-6 图

图 9-47 题 9-7 图

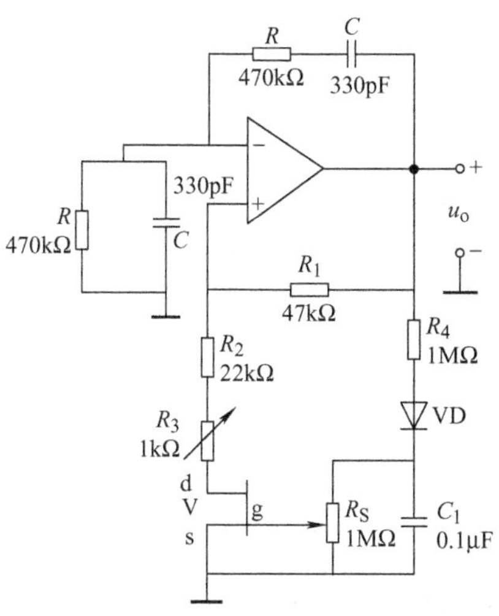

图9-48 题9-8图

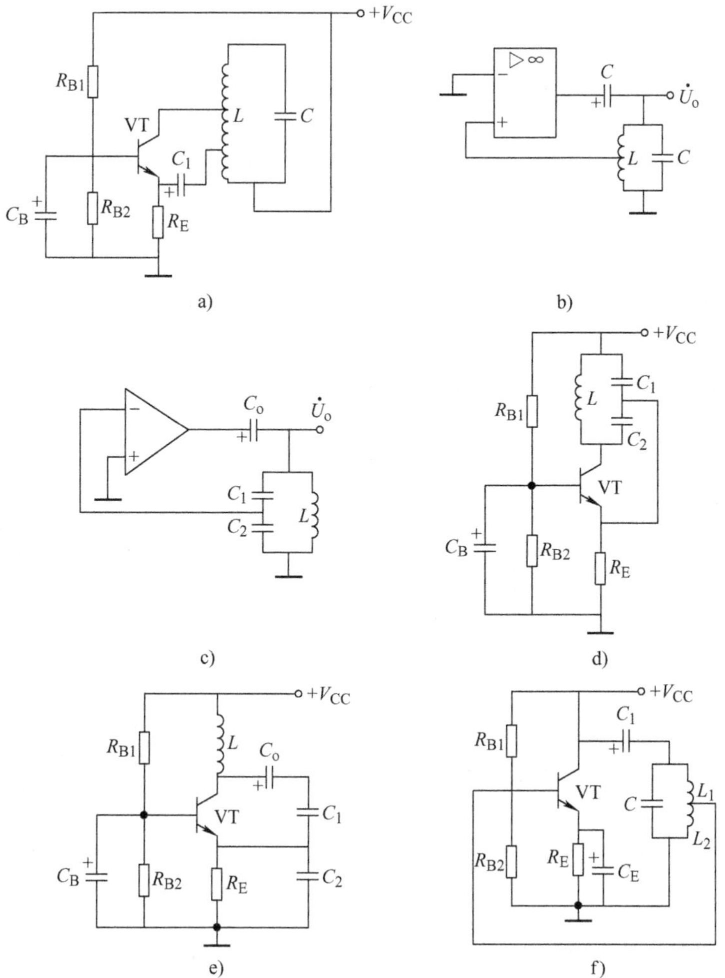

图9-49 题9-9图

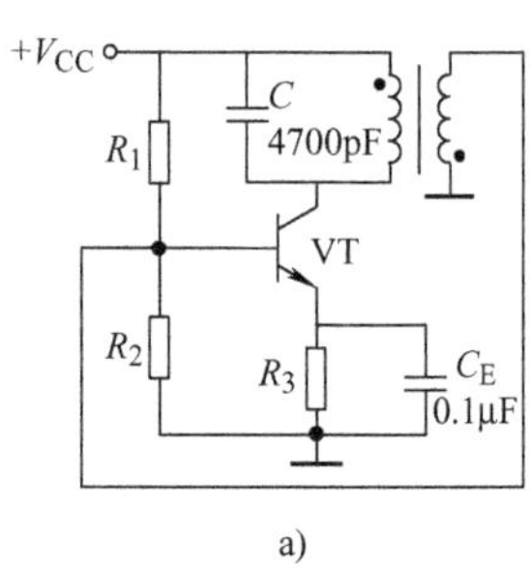

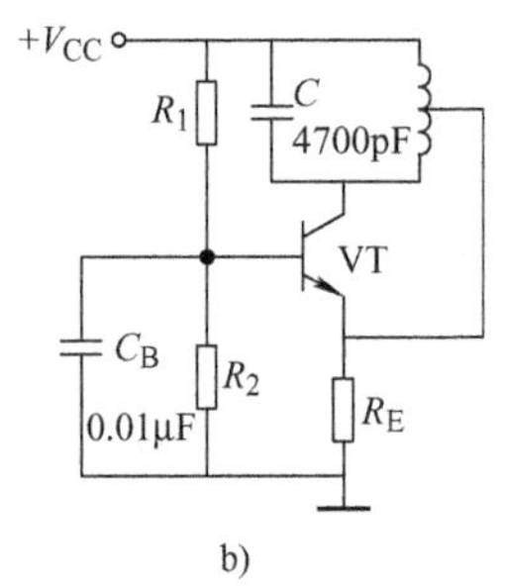

图 9-50 题 9-10 图

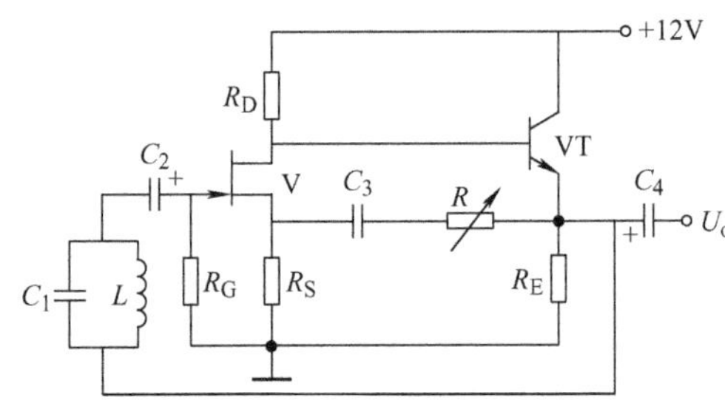

图 9-51 题 9-11 图

9-12 图 9-52 是收音机的本机振荡电路。

1. 分析相位平衡条件是如何满足的。

2. 如果希望在可变电容 C_1 从 12pF 变到 340pF 时，振荡频率从 11.5MHz 变到 8MHz，C_3 的值应取多大？（设 $C_4=10\text{pF}$）

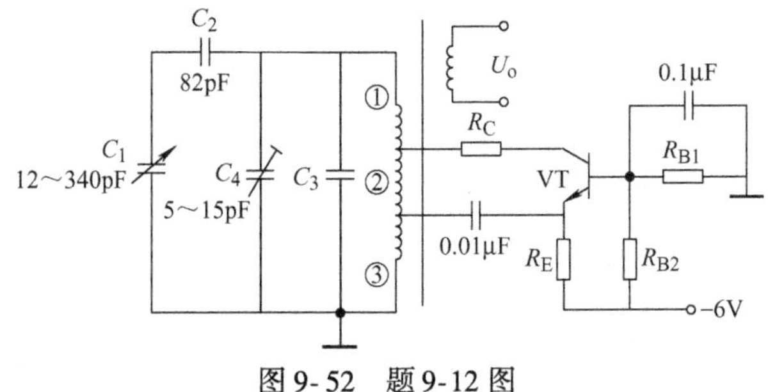

图 9-52 题 9-12 图

9-13 两种改进型的电容三点式正弦波发生电路的交流通路如图 9-53 所示，试说明电路特点并求振荡频率。

9-14 电路如图 9-54 所示，说明其功能，并求出主要参数。

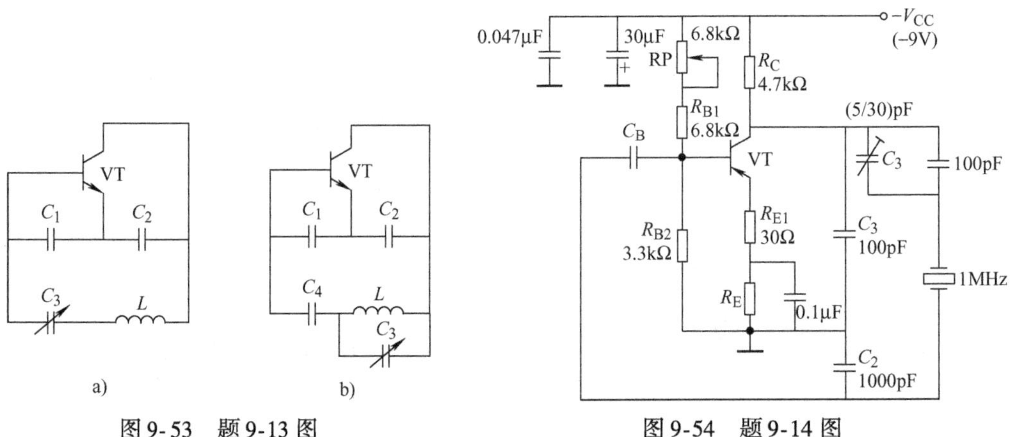

图 9-53 题 9-13 图

图 9-54 题 9-14 图

9-15 试回答如下问题：

1. “在比较电路中，集成运放必然处于非线性工作状态”，这种说法对吗？

2. 单门限比较电路和滞回比较电路相比，哪种的抗干扰能力强，哪种的灵敏度高？

3. 在电压比较电路中，集成运放通常处于负反馈、正反馈还是开环状态？一般情况下，电压比较电路的输出是否只有高电平和低电平两个稳定状态？

9-16 图 9-55 中集成运放的最大输出电压是 ±13V，输入信号是 $u_I = 5\sin\omega t$ 的低频信号。按理想情况画出 $U_R = +2.5V$、0V、$-2.5V$ 时输出电压的波形。

9-17 图 9-56 是理想集成运放，VS 的 U_Z 为 6V，VD 的正向压降可略去不计。试求比较电路的阈值，并画出它的传输特性。

9-18 电路如图 9-57 所示。要求画出电压传输特性。设集成运放和二极管为理想器件。

9-19 在图 9-58 中，设稳压管稳定电压为 6V，正向压降为 0.7V。试：

1. 画出电路的传输特性。
2. 在输入信号 $u_I = 4\sin\omega t$V 时，画出与 u_I 对应的输出电压波形 u_O。

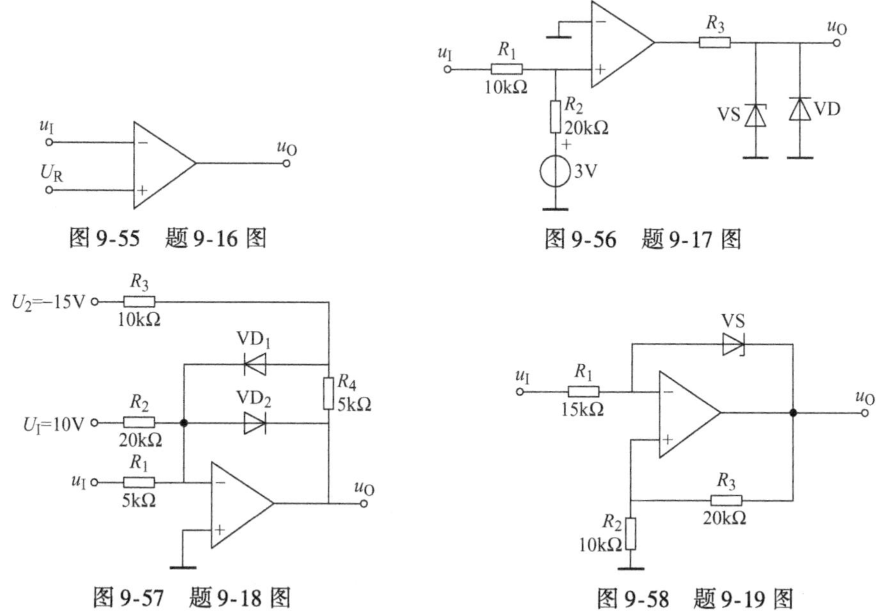

图 9-55 题 9-16 图

图 9-56 题 9-17 图

图 9-57 题 9-18 图

图 9-58 题 9-19 图

9-20 试画出图 9-59 中电路的传输特性。

9-21 图 9-60 是由两个简单比较电路构成的窗口比较电路，它能指示 u_I 是否处在 U_{RH} 与 U_{RL} 之间。设电路输出高电平为 U_{OH}，低电平为 U_{OL}，$U_{RH} > U_{RL}$，且 $U_{RL} > 0$。试画出电路的传输特性。

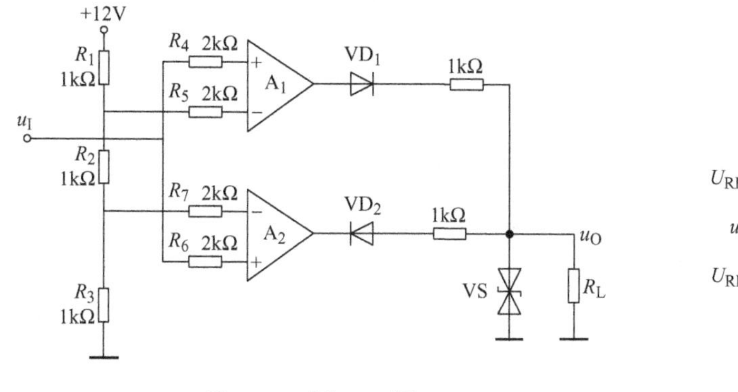

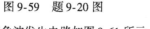

图 9-59 题 9-20 图

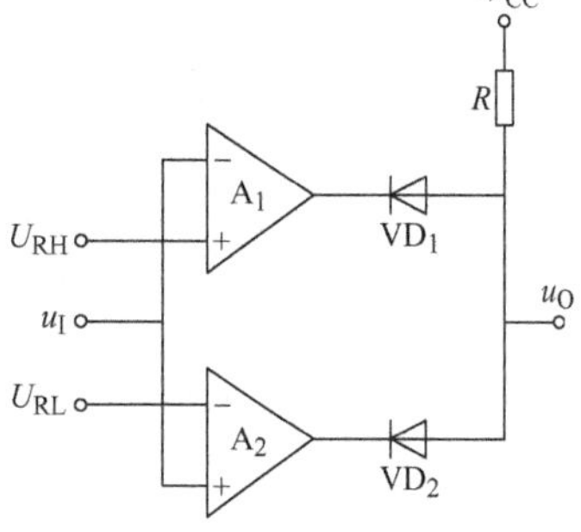

图 9-60 题 9-21 图

9-22 方波和三角波发生电路如图 9-61 所示。

1. 求出调节 RP 时所能获得的 f_{max}。

2. 画出 u_{O1} 和 u_O 的波形，标明峰-峰值。如果 A_1 的反相端改接 U_{REF}，方波和三角波的波形有何变化？

3. 要求三角波和方波的峰-峰值相同，R_1 应为多大？

4. 不改变三角波原来的幅值而要使 $f=10f_{max}$，电路元件的参数应如何调整？

5. 如果调节可变电阻 RP，使滑动端向上移动，输出电压的幅值和频率将如何变化？

9-23 图 9-62 中，$R_1=10\text{k}\Omega$，$n=0.8$，$C=0.1\mu\text{F}$，$f=1000\text{Hz}$，锯齿波的幅度等于矩形波幅度的一半，占空比在 1/4～1/8 之间可调。试求电阻 R'、R 和 R_2 的值。

9-24 试画出图 9-63 所示波形发生电路中 u_{O1}、u_{O2}、u_{O3} 的波形。

9-25 图 9-64 所示电路为压控振荡电路，试说明其工作原理并定性画出 u_O 和 u_{O1} 的波形（其中 $u_I>0$；晶体管 VT 工作在开关状态，截止时相当于开关断开，导通时相当于开关闭合，管压降近似为零）。

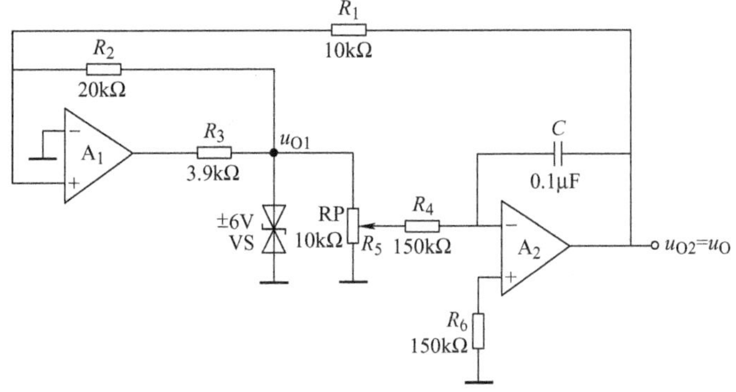

图 9-61 题 9-22 图

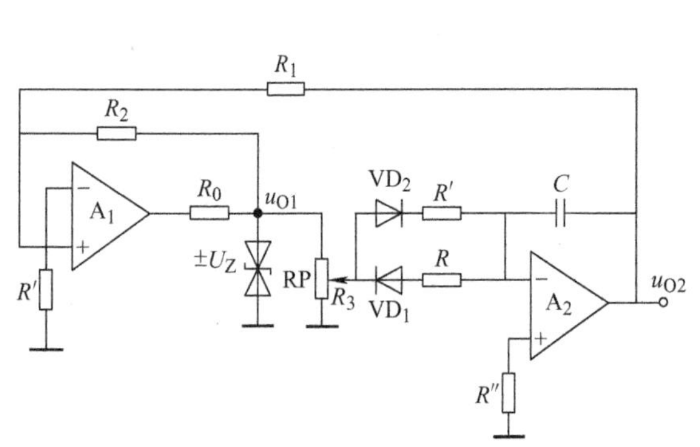

图 9-62 题 9-23 图

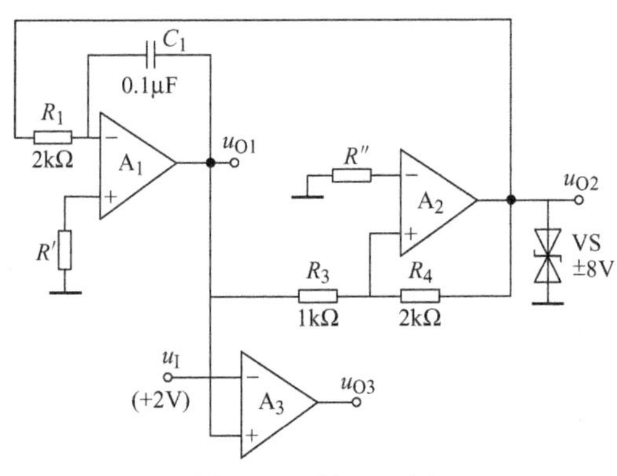

图 9-63 题 9-24 图

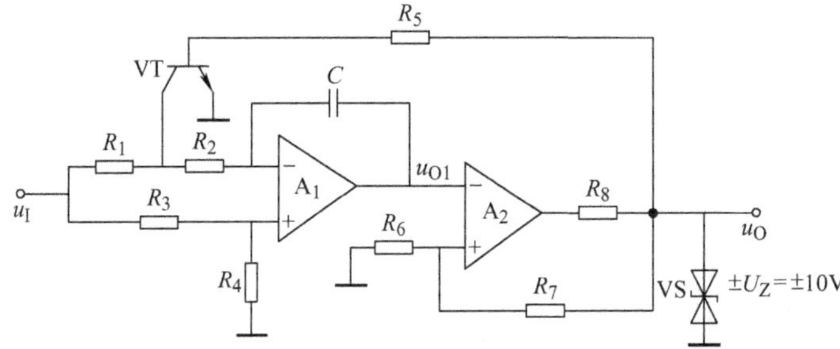

图 9-64 题 9-25 图

9-26　已知三个电压比较器的电压传输特性分别如图 9-65a、b、c 所示，输入电压波形如图 9-65d 所示，画出 U_{o1}、U_{o2}和 U_{o3}的波形。

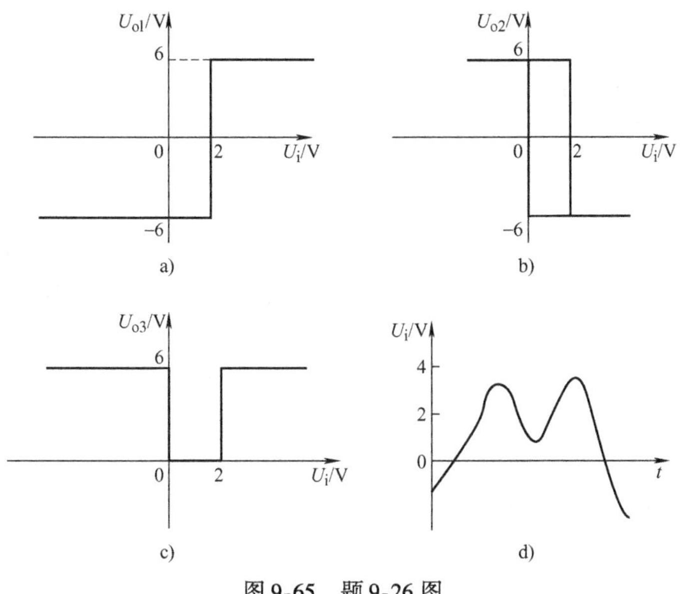

图 9-65　题 9-26 图

9-27　已知电压传输特性如图 9-66 所示。

1. 设计电压比较器，要求除稳压管限流电阻外，所用电阻阻值在 20 ~ 100kΩ。
2. 利用 Multisim 软件仿真，观察并分析电压传输特性曲线，验证设计电路。

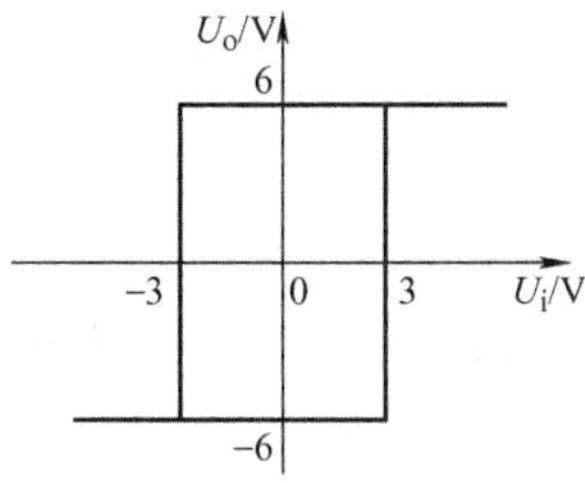

图 9-66　题 9-27 图

第10章 直流电源

直流电源是电子设备的重要组成部分，电子系统的正常运行离不开稳定的电源。除在特定环境下需要化学电池或光电池做电源外，多数情况下直流电源是由电网的交流电转换而来的。

本章介绍的是应用极其广泛的单相小功率直流稳压电源，它将220V、50Hz的电力网单相交流电压转换成幅值稳定的直流电压，同时可以提供几伏到几十伏的直流电压和几十安以内的直流电流。图10-1表示了直流稳压电源的原理框图及各部分电路的输入输出波形。

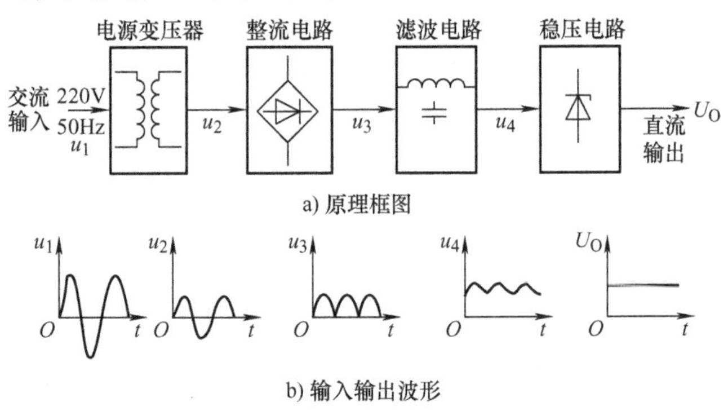

图10-1 直流稳压电源原理框图及波形图

(1) 电源变压器　其作用是将来自电网的有效值为220V的交流电压转换为符合整流需要的有效值较低的交流电压（目前也有电路不用变压器而采用其他方式降压）。

(2) 整流电路　利用具有单向导电性能的整流元件，将正弦交流电压 u_2 变为单向脉动电压 u_3。u_3 为非正弦周期电压，含有直流成分和多种频率的交流成分。

(3) 滤波电路　利用电容、电感元件的频率特性，将直流脉动电压中的谐波成分滤掉，使电压 u_3 成为比较平滑的脉动直流电压 u_4。

(4) 稳压电路　当电网电压波动或负载变动时，经滤波后的直流电压大小还会变动。稳压电路的作用是使直流输出电压基本不受上述因素的影响。

下面分别讨论各部分电路的组成、工作原理和性能。

10.1 整流电路

整流电路的功能是将交流电变换为直流电，利用二极管的单向导电性可以方便地实现这一功能。在整流电路中，二极管是核心器件。本节中为简化分析过程，假定整流二极管为理想模型㊀，即外加正向电压时导通，外加反向电压时截止，忽略其正向电阻与反向电流。

㊀ 在整流电路中，加在电路两端的交流电压远大于二极管导通电压 U_{on}，而整流电流也远大于二极管反向饱和电流 I_s。所以在分析时，二极管都用理想模型代替。

10.1.1 单相半波整流电路

1. 电路组成及工作原理

单相半波整流电路的组成如图 10-2a 所示。T 是电源变压器，其作用是把单相 50Hz 的电网交流电压 u_1（有效值 220V）变成满足整流电路输入要求的交流电压 u_2（变压器二次电压)。R_L 表示整流电路的负载，它是消耗电能的设备，一般具有纯电阻性质。R_L 两端的电压 u_O 和流过 R_L 的电流 i_O 是整流电路的输出量。

设变压器二次电压为

$$u_2 = \sqrt{2}U_2\sin\omega t \tag{10-1}$$

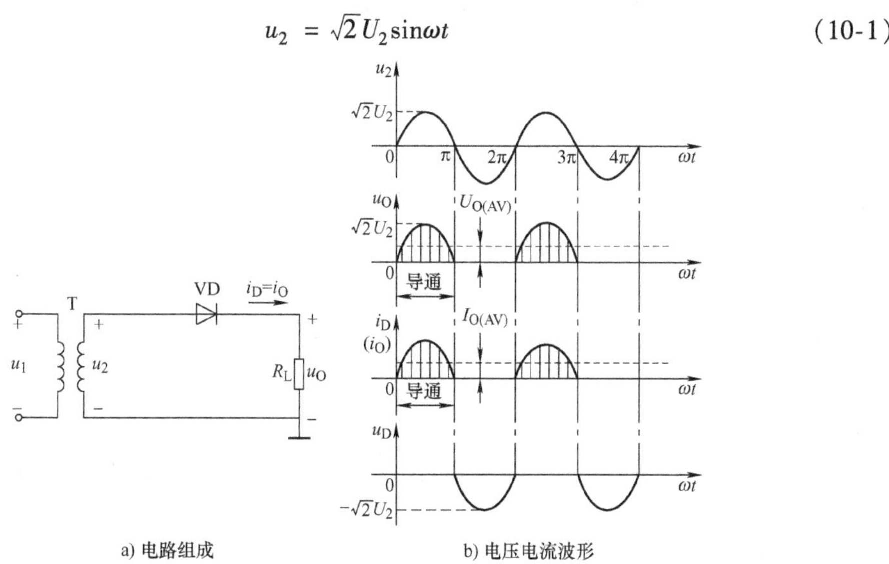

a) 电路组成　　b) 电压电流波形

图 10-2　单相半波整流电路

由于二极管的单向导电性，当交流正弦电压 u_2 处于正半周时，二极管 VD 承受正偏电压而导通，有电流 $i_O=i_D$ 流过 R_L。此时 u_O 的波形与 u_2 完全相同。当 u_2 为负半周时，二极管承受反偏电压而截止，此时 R_L 中的电流 i_O 为零，电压 u_O 也为零。u_O 与 i_D 的波形如图 10-2b所示。因此，在负载 R_L 上得到了单方向脉动电压。因为负载上只有半个周期内有电流和电压，所以称为“半波整流电路”。

2. 电路参数分析

衡量整流电路工作性能的主要参数有输出电压平均值、输出电流平均值及脉动系数。

(1) 输出电压的平均值 $U_{O(AV)}$　它是负载电阻上电压的平均值，即输出电压 u_O 在一个周期内的平均值，或 u_O 的直流分量。把图 10-2b 中的电压 u_O 用傅里叶级数分解为

$$u_O = \sqrt{2}U_2\left(\frac{1}{\pi} + \frac{1}{2}\sin\omega t - \frac{2}{3\pi}\cos 2\omega t\cdots\right) \tag{10-2}$$

其中的直流分量就是 $U_{O(AV)}$。所以

$$U_{O(AV)} = \frac{\sqrt{2}}{\pi}U_2 \approx 0.45U_2 \tag{10-3}$$

式中，U_2 是变压器二次电压 u_2 的有效值。

由式(10-3)可知，单相半波整流电路输出电压的平均值只是变压器二次电压有效值的45%。如果 R_L 较小，考虑到变压器二次绕组和二极管上的电压降，$U_{O(AV)}$ 更低。可见，半波整流电路的转换效率较低。

(2) 输出电流的平均值 $I_{O(AV)}$ 它是负载电阻上电流的平均值。

$$I_{O(AV)}=\frac{U_{O(AV)}}{R_L}\approx\frac{0.45U_2}{R_L} \tag{10-4}$$

例如，当单相半波整流电路中变压器二次电压 $U_2=22V$ 时，$U_{O(AV)}\approx9.9V$。若负载电阻 $R_L=30\Omega$，则输出电流的平均值 $I_{O(AV)}\approx0.33A$。

(3) 输出电压的脉动系数 S 它定义为整流后的输出电压 u_O 的基波分量幅值 U_{O1M} 与平均值 $U_{O(AV)}$ 之比。即

$$S=\frac{U_{O1M}}{U_{O(AV)}} \tag{10-5}$$

它表明了整流后输出电压 u_O 的脉动情况（平滑程度）。

由式(10-2)可得

$$U_{O1M}=\frac{\sqrt{2}}{2}U_2 \tag{10-6}$$

将式(10-3)和式(10-6)代入式(10-5)，求出

$$S=\frac{\sqrt{2}U_2/2}{\sqrt{2}U_2/\pi}=\frac{\pi}{2}\approx1.57 \tag{10-7}$$

这个结果表明，半波整流电路输出电压 u_O 的脉动很大，其基波峰值比平均值约大57%。

3. 二极管的选择

选择整流二极管一般需要考虑的参数是流过管子的正向平均电流和管子所承受的最大反向电压。当整流电路的输入电压和负载电阻确定之后，上述参数也就确定了。

(1) 整流二极管的平均电流 $I_{D(AV)}$ 由图10-2a可知，通过整流二极管的电流与负载电流相同，所以

$$I_{D(AV)}=I_{O(AV)}=\frac{U_{O(AV)}}{R_L}\approx\frac{0.45U_2}{R_L} \tag{10-8}$$

选择整流二极管时，应满足最大整流电流 $I_F>I_{D(AV)}$。

(2) 整流二极管承受的最大反向电压 U_{RM} 在单相半波整流电路中，当 u_2 处于负半周时，电路中 i_O 和 u_O 均为零。此时，二极管承受的反向电压就是 u_2，其最大值就是 u_2 的峰值，即

$$U_{RM}=\sqrt{2}U_2 \tag{10-9}$$

选择整流二极管时，二极管最大反向工作电压应满足 $U_R>U_{RM}$。

由以上分析可知，单相半波整流电路结构简单，所用二极管少。但是，缺点是转换效率低，输出电压的平均值小，脉动大。

10.1.2 单相桥式整流电路

单相半波整流电路存在缺点的主要原因是：在交流正弦电压 u_2 的一个周期内，负载电阻 R_L 只获得半个周期的电压和电流。为了提高整流效率，需将另一半的电压也引到负载 R_L

上，即正半周和负半周都有电流按同一方向流过负载。这种方式称为“全波整流”，其中最常用的是桥式整流电路。

1. 电路组成及工作原理

单相桥式整流电路由四个二极管接成电桥形式。设变压器二次电压 $u_2=\sqrt{2}U_2\sin\omega t$，$U_2$ 为有效值。

当 u_2 为正半周时，引入两个二极管 VD_1 和 VD_2，如图 10-3a 所示。此时，将有电流由 A 点自上而下流入负载电阻 R_L。

当 u_2 为负半周时，再引入两个二极管 VD_3 和 VD_4，其连接方式应能导引电流沿同一方向由 A 点自上而下流入负载电阻 R_L，如图 10-3b 所示。

上述电路连接方式实现了在 u_2 的一个周期内都有同一个方向的电流流过 R_L，即达到了全波整流的目的。将以上两个电路组合在一起，得到如图 10-3c 所示电路。

在变压器二次电压 u_2 为正半周（上正下负）时，二极管 VD_1、VD_2 导通，VD_3、VD_4 截止。电流 i_O 的通路为 $a\rightarrow VD_1\rightarrow A\rightarrow R_L\rightarrow B\rightarrow VD_2\rightarrow b$，负载电阻 R_L 上得到一个半波电压 u_O，如图 10-3e 中 $\omega t=0\sim\pi$ 段所示。

在变压器二次电压 u_2 为负半周（下正上负）时，二极管 VD_3、VD_4 导通，VD_1、VD_2 截止。电流 i_O 的通路为 $b\rightarrow VD_3\rightarrow A\rightarrow R_L\rightarrow B\rightarrow VD_4\rightarrow a$，负载电阻 R_L 上又得到一个半波电压 u_O，如图 10-3e 中 $\omega t=\pi\sim 2\pi$ 段所示。

如此，由于两对二极管 VD_1、VD_2 和 VD_3、VD_4 交替导通，使负载电阻 R_L 上在 u_2 的整个周期内都有电流通过，而且方向相同。输出电压 u_O 的波形如图 10-3e 所示。图 10-3d 给出了二极管电桥的简化画法。

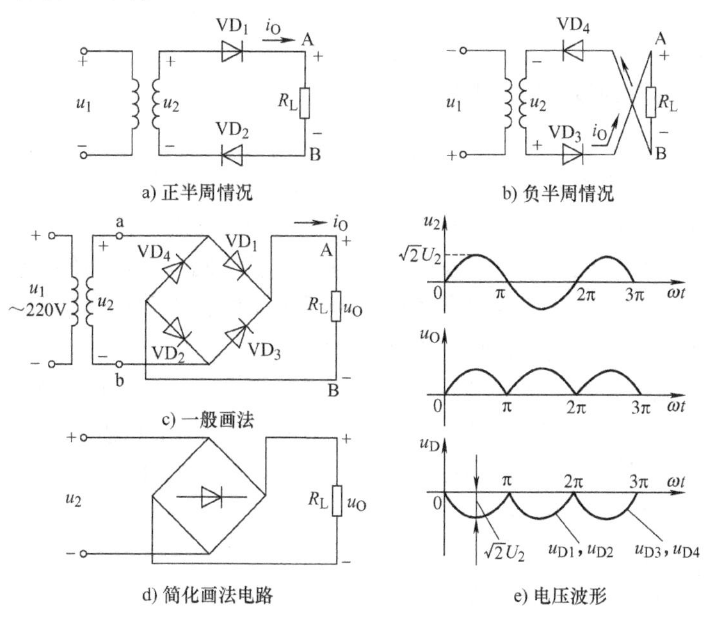

图 10-3 单相桥式整流电路

2. 电路参数分析

（1）输出电压的平均值 $U_{O(AV)}$ 把图 10-3e 中 u_O 的波形用傅里叶级数分解为

$$u_O = \sqrt{2}U_2\left(\frac{2}{\pi} - \frac{4}{3\pi}\cos 2\omega t - \frac{4}{15\pi}\cos 4\omega t\cdots\right) \tag{10-10}$$

其中直流分量就是 $U_{O(AV)}$。所以

$$U_{O(AV)} = \frac{2\sqrt{2}}{\pi}U_2 \approx 0.9U_2 \tag{10-11}$$

与式(10-3) 相比，可见桥式整流电路输出电压平均值是半波整流电路输出电压平均值的两倍。

(2) 输出电流的平均值 $I_{O(AV)}$　在变压器二次电压相同、负载也相同的情况下，输出电流的平均值也是半波整流电路的两倍。

$$I_{O(AV)} = \frac{U_{O(AV)}}{R_L} \approx \frac{0.9U_2}{R_L} \tag{10-12}$$

(3) 脉动系数 S

$$S = \frac{4\sqrt{2}U_2/(3\pi)}{2\sqrt{2}U_2/\pi} = \frac{2}{3} \approx 0.67 \tag{10-13}$$

与式(10-7) 相比，可见 U_O 的脉动情况大有改善。

(4) 整流二极管承受的最大反向电压 U_{RM}　二极管截止时，管子两端承受的最大反向电压可从图 10-3e 中得出。如在 u_2 正半周时，VD_1、VD_2 导通，VD_3、VD_4 截止，此时 VD_3、VD_4 所承受的最大反向电压就是变压器二次电压的最大值，即

$$U_{RM} = \sqrt{2}U_2 \tag{10-14}$$

同理，在 u_2 的负半周，VD_1、VD_2 也承受同样大小的反向电压。

考虑到电网电压具有 10% 的波动范围，在实际应用中选用二极管时应至少有 10% 的余量。所以，选择二极管的最大反向电压 U_R 应为

$$U_R > 1.1\sqrt{2}U_2 \tag{10-15}$$

由以上分析可知，与半波整流电路相比，若 u_2 相同，桥式整流电路输出电压平均值提高了一倍；若输出负载电流相同，则每个整流管流过的平均电流减少了一半；同时，脉动系数也下降了许多；每个二极管承受的反向峰值电压二者相同。所付出的代价是多用了三个二极管。但在整个电源设备中这一代价所占的比例是很小的，因此桥式整流电路应用广泛。目前市场上已有整流桥堆集成电路出售，例如 QL62A ~ L、QL51A ~ G 等。

除上述两种整流电路外，还有利用两个二极管和具有中心抽头的电源变压器组成的全波整流电路，参见习题 10-3，读者可自行分析其工作原理并和前面的两种电路进行比较。

例 10-1　已知交流电源电压 $U_1 = 220V$，负载电阻 $R_L = 50\Omega$，采用单相桥式整流电路供电，要求输出电压的平均值 $U_O = 24V$。

(1) 如何选用二极管？

(2) 求电源变压器的电压比与容量。

解

(1) 负载电流

$$I_O = \frac{U_O}{R_L} = \frac{24V}{50\Omega} = 480mA$$

二极管的平均电流

$$I_D = \frac{1}{2}I_O = 240\text{mA}$$

变压器二次电压有效值

$$U_2 = \frac{U_O}{0.9} = \frac{24\text{V}}{0.9} = 26.7\text{V}$$

考虑到变压器二次侧及管子的压降，变压器二次电压大约需提高10%，即

$$U_2 = 26.7\text{V} \times 1.1 = 29.4\text{V}$$

二极管最大反向电压

$$U_{RM} = \sqrt{2}U_2 = \sqrt{2} \times 29.4\text{V} = 41.6\text{V}$$

因此可选用型号为2CZ54C的二极管，其最大整流电流为500mA，反向工作峰值电压为100V。

（2）变压器的电压比

$$n = \frac{220\text{V}}{29.4\text{V}} = 7.5$$

变压器二次电流有效值

$$I_2 = \frac{I_O}{0.9} \approx \frac{480\text{mA}}{0.9} = 533.3\text{mA} \approx 0.53\text{A}$$

电源变压器容量

$$U_2I_2 = 29.4\text{V} \times 0.53\text{A} = 15.58\text{V} \cdot \text{A}$$

如果考虑小功率电源变压器的效率为$\eta = 0.8$，则

$$U_1I_1 = \frac{15.58\text{VA}}{0.8} = 19.5\text{V} \cdot \text{A}$$

10.2 滤波电路

前面分析的整流电路虽然可以把交流电转换为直流电，但所得到的输出电压中含有较大的脉动成分（主要是50Hz或100Hz信号）。在某些设备（例如电镀、蓄电池充电设备）中，这种电压的脉动是允许的。但是当用作电子设备的电源时，会引起严重的谐波干扰。为此，整流后都要加接滤波电路，以保留整流后输出电压的直流成分，滤掉脉动成分，使输出电压接近于理想的直流电压。直流电源中采用的滤波电路一般为无源电路，常用的电路有电容滤波、电感滤波、π形滤波等。

10.2.1 电容滤波电路

图10-4a是广泛应用的电容滤波电路。负载电阻R_L上并联了大容量的滤波电容C，电容器两端电压u_C即为输出电压u_O。

1. 滤波原理

电容C的滤波作用可以归纳为它的储能和放能。

如果单相桥式整流电路中没有接电容C，输出电压波形如图10-4b中虚线所示。

当接入电容 C 后，设其两端初始电压为零，且在 $\omega t=0$ 时接通交流电源。

（1）$\omega t>0$ 时　u_2 由 0 开始上升，二极管 VD_1、VD_2 导通，一方面给负载供电，同时对电容 C 充电。如果不考虑整流电路的内阻，电容电压随电源电压 u_2 的上升而上升，如图 10-4b 实线所示。此时，$u_O=u_C=u_2$。

（2）$\omega t=\frac{\pi}{2}$时　u_2 和 u_C 同时达到最大值$\sqrt{2}U_2$。

（3）$\omega t>\frac{\pi}{2}$时　u_2 按正弦规律下降，先慢后快，如图 10-4b 虚线所示。电容电压 u_C 则按指数规律通过负载电阻 R_L 放电，先快后慢，如图 10-4b上实线所示。

（4）ωt_2[⊖] $>\omega t>\frac{\pi}{2}$时　$u_C>u_2$，二极管 VD_1、VD_2 因承受反向电压而截止。此时，流过 R_L 的电流是电容 C 的放电电流，$u_O=u_C$ 按指数规律下降。放电电路的时间常数 $\tau_{放}=R_LC$ 越大，$u_O=u_C$ 下降越慢。

（5）$\omega t>\omega t_2$ 以后　$u_2>u_O=u_C$，二极管 VD_3、VD_4 导通，再次对 C 充电和对 R_L 供电。

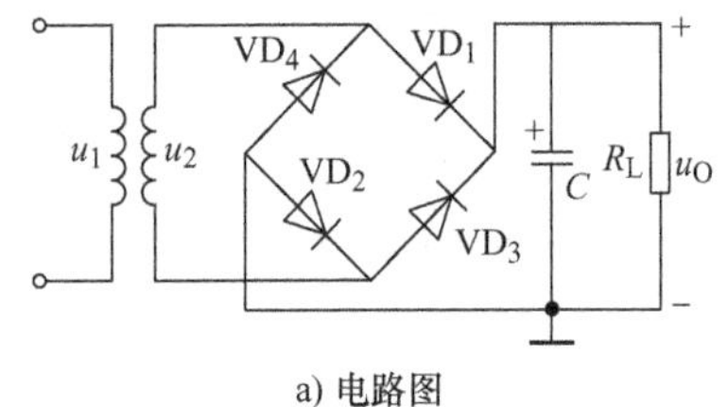

a) 电路图

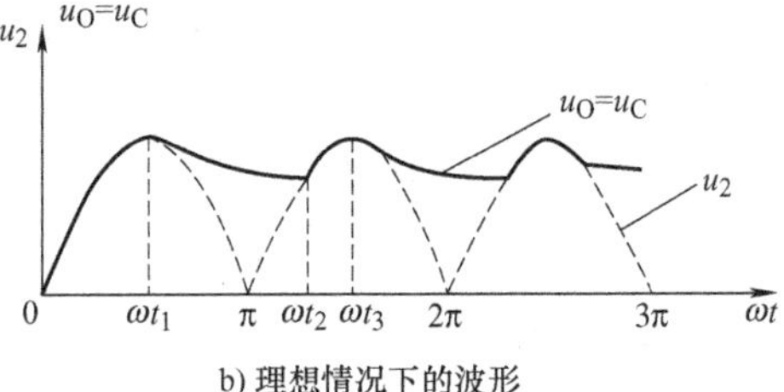

b) 理想情况下的波形

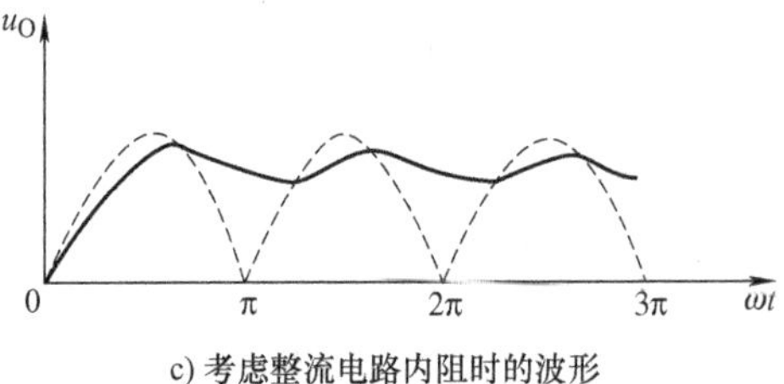

c) 考虑整流电路内阻时的波形

图 10-4　桥式整流电容滤波电路

当 $\omega t=\omega t_3$ 时，C 又充电到 $u_C=u_O=\sqrt{2}U_2$。此后，u_2 下降，$u_C=u_O>u_2$，二极管截止，u_C 再次向 R_L 放电。以后，每半个周期情况重复一次。负载 R_L 上的电压 $u_O=u_C$ 的波形如图 10-4b 中实线所示。

由于放电时间常数 $\tau_{放}=R_LC$ 通常远大于充电时间常数 $\tau_{充}$（取决于 C 和整流电路内阻），所以 $u_O=u_C$ 的脉动情况比不接电容 C 以前有明显的改善，而且输出电压的直流分量 U_O 也提高了。

如果考虑整流电路的内阻，则 $u_C=u_O$ 的波形将如图 10-4c 所示。

显然，R_LC 越大，输出电压 u_O 的脉动越小，直流分量 U_O 越大。当 $R_LC\to\infty$ 或负载开路时，$u_O=u_C$ 将被充电到 u_2 的最大值，且保持不变。此时 $U_O=\sqrt{2}U_2=1.4U_2$。

当 $R_LC\to 0$（即不接电容 C 时），图 10-4a 就是一个不带滤波电路的桥式整流电路，此时 $U_O\approx 0.9U_2$。

在工程实践中，一般取

$$\tau=R_LC\geqslant(2\sim5)T/2 \tag{10-16}$$

式中，T 是交流电的周期。

在整流电路内阻不大时，可按下式估算电容滤波全波整流电路的输出电压，即

⊖ 实际上，此时 u_2 已处于负半周。

$$U_O \approx 1.2U_2 \tag{10-17}$$

若为半波整流电容滤波，工程设计中一般取

$$U_O \approx U_2$$

二极管所承受的最大反向电压U_{RM}与整流电路的类型有关。在桥式整流电容滤波电路中，二极管的U_{RM}仍为$\sqrt{2}U_2$，而在半波整流电容滤波电路中，当负载开路时，$U_{RM}=2\sqrt{2}U_2$，因此选用二极管时，应选$U_{RM} \geqslant 2\sqrt{2}U_2$。

2. 整流二极管电流及导通角

在整流电路未加滤波电容之前，二极管有半个周期处于导通状态，即二极管的导通角等于π。加滤波电容后，只有在滤波电容充电时二极管才导通。因此，二极管导通时间变短，导通角θ小于π。因为经电容滤波后输出平均电流增大，而二极管的导通角反而减小，所以二极管在短暂的导通时间内瞬时电流很大，如图10-5所示。这将影响二极管的使用寿命，故选用二极管时应考虑这种情况，通常应选择最大整流平均电流为实际通过二极管平均电流的2~3倍。

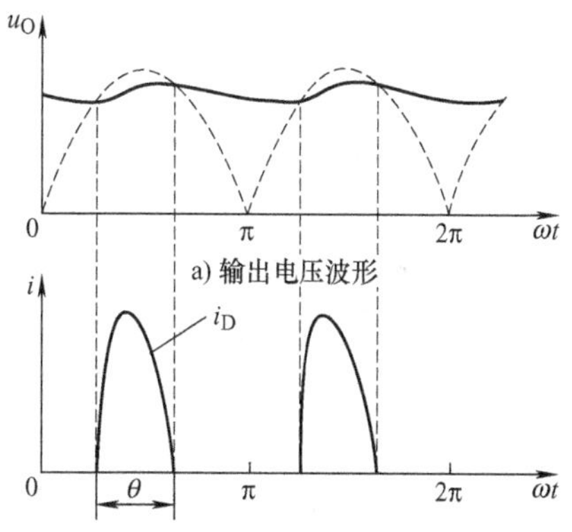

图10-5 整流二极管的电流波形和导通角

电容滤波电路简单，输出电压U_O较高，脉动较小。但是外特性（指以电容C为参变量时$U_{O(AV)}$与I_O的关系）较差，且有电流冲击。因此电容滤波电路一般用于要求输出电压较高，负载电流较小并且变化也较小的场合。滤波电容数值一般在几十微法到几千微法，视负载电流的大小而定，其耐压应大于输出电压的最大值，一般取1.5倍左右。由于滤波电容容量较大，通常采用电解电容，在使用中要注意电解电容的正、负极性。

例10-2 有一单相桥式整流电容滤波电路如图10-4a所示。已知交流电源频率$f=50\text{Hz}$，负载电阻$R_L=200\Omega$，要求直流输出电压$U_O=30\text{V}$，试选择整流二极管及滤波电容。

解

(1) 选择整流二极管

流过二极管的电流

$$I_D = \frac{1}{2}I_O = \frac{1}{2} \times \frac{U_O}{R_L} = \frac{1}{2} \times \frac{30\text{V}}{200\Omega} = 0.075\text{A} = 75\text{mA}$$

因为$U_O=1.2U_2$，变压器二次电压有效值

$$U_2 = \frac{U_O}{1.2} = \frac{30\text{V}}{1.2} = 25\text{V}$$

二极管承受的最高反向电压

$$U_{RM} = \sqrt{2}U_2 = 25\text{V} \times \sqrt{2} = 35.4\text{V}$$

因此可选用二极管2CZ52B，其最大整流电流为100mA，反向工作电压为50V。

(2) 选择滤波电容

根据式(10-16)，取$R_LC=5 \times \frac{T}{2}$，所以

$$R_LC = 5 \times \frac{1/50}{2}\text{s} = 0.05\text{s}$$

已知 $R_L = 200\Omega$，所以

$$C = \frac{0.05}{R_L} = \frac{0.05\text{s}}{200\Omega} = 250 \times 10^{-6}\text{F} = 250\mu\text{F}$$

选用 $C = 500\mu$F、耐压为 50V 的极性电容[⊖]。

10.2.2 电感电容滤波电路

为了减小输出电压的脉动程度，在滤波电容之前串接一个铁心线圈，就组成了电感电容滤波（LC 滤波）电路，如图 10-6 所示。

由于通过电感线圈的电流发生变化时，线圈中要产生自感电动势阻碍电流的变化，因而使负载电流和负载电压的脉动大大减小。频率越高，电感越大，滤波效果越好。

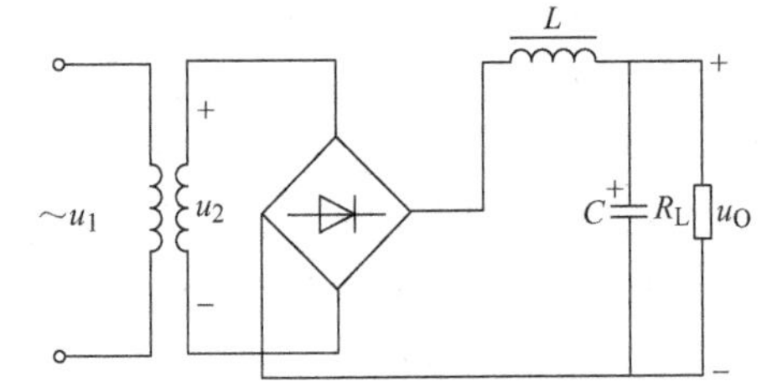

图 10-6 电感电容滤波电路

电感线圈所以能滤波也可以这样来理解：交流电压 u_2 经整流后的直流脉动电压既含有各次交流谐波分量，又含有直流分量。具有铁心的电感线圈有较大的电感，交流阻抗很大，直流电阻却很小。所以，整流后电压的直流分量大部分降在 R_L 上。而对交流分量，谐波频率越高，感抗越大，因而交流分量大部分降在电感上。同时又经过后面的电容滤波，再一次滤掉交流分量。这样，便可以在输出端负载上得到较平坦的直流输出电压。

具有 LC 滤波的整流滤波电路适用于电流较大、要求输出电压脉动很小的场合，更适用于高频。在电流较大，负载变化较大，并对输出电压的脉动程度要求不太高的场合（例如晶闸管电路的电源），也可以将电容除去，而采用“电感滤波电路”（L 滤波电路）。

10.2.3 π 形滤波电路

如果要求输出电压的脉动更小，可采用“LC-π 形”滤波或“RC-π 形”滤波电路，如图 10-7 和图 10-8 所示。

LC-π 形滤波电路相当于在 LC 滤波电路的前面并联一个滤波电容 C_1。这样，滤波效果比 LC 滤波更好，但整流二极管的冲击电流较大。

由于电感线圈体积大而且笨重，成本又高，所以有时用电阻 R 代替 π 形滤波电路中的电感线圈，构成了 RC-π 形滤波电路。它是利用 R 和 C 对输入回路整流后电压的交直流分量的不同分压作用来实现滤波作用的。电阻对交直流电压分量均有同样降压作用，但是电阻 R 与电容 C_2 及 R_L 配合以后，就使交流分量较多地降在电阻 R 两端（因为电容 C_2 的交流阻抗甚小），而较少地降在负载 R_L 上，从而起到滤波作用。R 越大，C_2 越大，滤波效果越好。但是，R 太大，将使直流压降增大。所以这种滤波电路适用于负载电流较小而又要求输出电压脉动小的场合。

⊖ 铝电解电容器的标称容量（μF）有：1，2，5，10，20，50，100，200，500，1000，2000，5000；工作电压分 ≤50V，>50V。

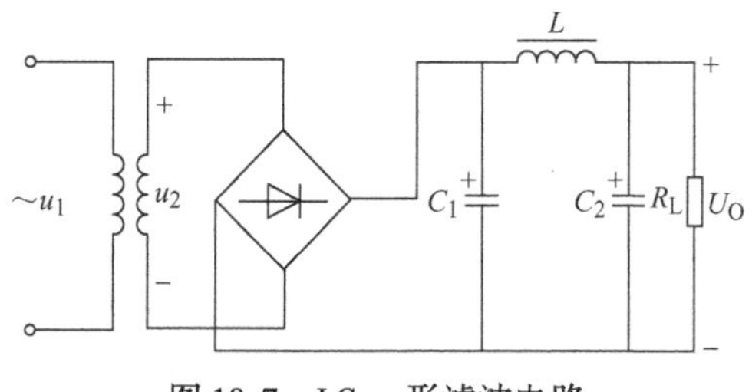

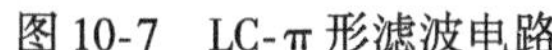

图 10-7 LC-π 形滤波电路

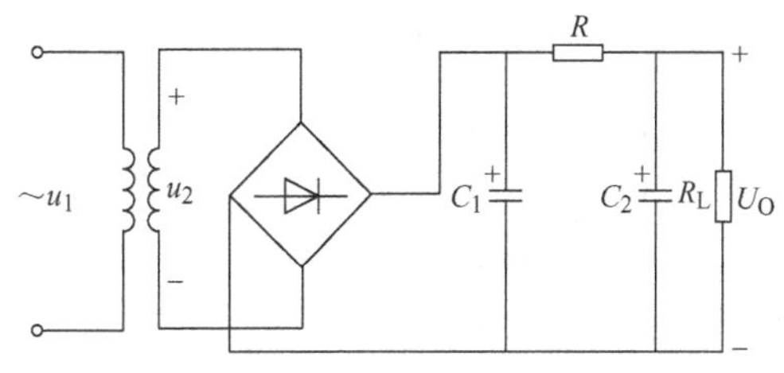

图 10-8 RC-π 形滤波电路

10.2.4 倍压整流电路

在实际应用中，有时需要高电压小电流的直流电源。如采用前面介绍的整流电路，则要求变压器二次绕组有很高的电压，而且还要求整流二极管的耐压很高。在这种情况下可采用倍压整流电路。

倍压整流电路由多个电容和二极管构成，它利用电容的电荷存储作用和二极管的单向导电性，将较低的直流电压分别存储在多个电容上，再把电容按照相同的极性串接起来，从而在变压器二次电压一定的情况下，能获得高于它若干倍的直流电压。

倍压整流电路的形式较多，下面介绍两种常见的电路。

1. 二倍压整流电路

图 10-9 所示为二倍压整流电路。当变压器二次电压为正半周（u_2 的极性为上正下负）时，二极管 VD_1 导通。在理想情况下，将电容 C_1 充电至 u_2 的最大值$\sqrt{2}U_2$，极性如图中所示。在负半周时，VD_2 导通，将电容 C_2 充电至$\sqrt{2}U_2$，极性如图示。因此，在负载 R_L 上的输出电压是两个电容电压之和，即为$2\sqrt{2}U_2$。

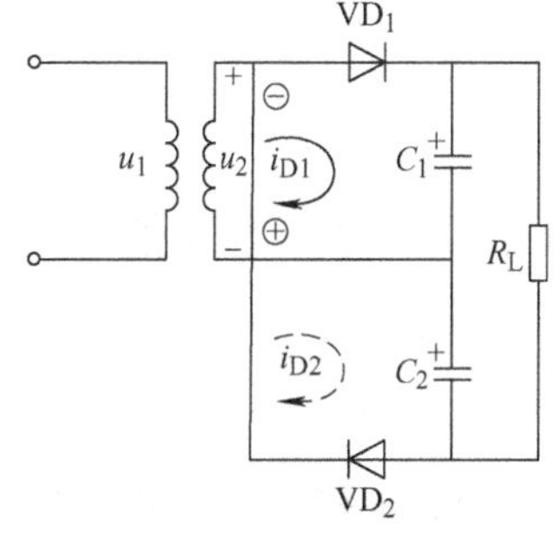

图 10-9 二倍压整流电路

2. 多倍压整流电路

根据上述的原理，只要把更多个电容串联起来，并安排相应的二极管分别给它们提供充电通路，就可以得到多倍的直流输出电压，如图 10-10 所示。

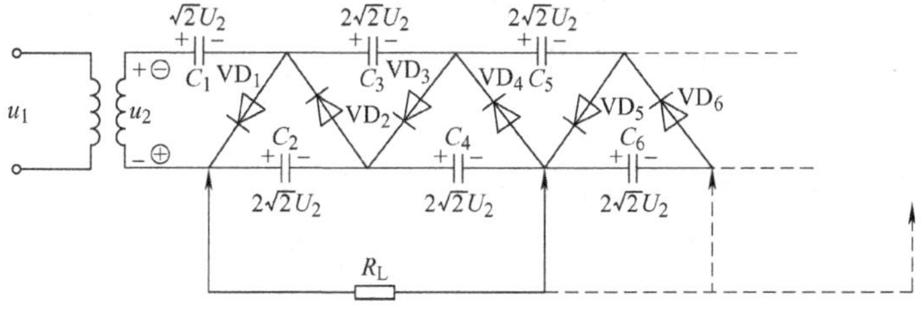

图 10-10 多倍压整流电路

在图 10-10 的电路中，当 u_2 为正半周（即极性上正下负）时，电源电压通过 VD_1 将电容 C_1 充电到$\sqrt{2}U_2$。然后，在 u_2 负半周（上负下正）时，VD_2 导通。由图可见，此时 C_1 上的电压 u_{C1}与 u_2 的极性一致，它们共同将电容 C_2 充电到$2\sqrt{2}U_2$。到 u_2 的下一个正半周时，通过 VD_3 向 C_3 充电，$u_{C_3}=u_2+u_{C_2}-u_{C_1}\approx 2\sqrt{2}U_2$。而在 u_2 的下一个负半周时，通过 VD_4 向 C_4 充电，$u_{C_4}=u_2+u_{C_1}+u_{C_3}-u_{C_2}\approx 2\sqrt{2}U_2$。依次类推，可以分析出电容 C_5、C_6 也会依次充

电至$2\sqrt{2}U_2$，它们的极性如图所示。最后，只要把负载接到有关电容组的两端，就可以得到相应的多倍压直流输出。㊀

以上在分析倍压整流电路的工作原理时，都是假定在理想情况下，即电容电压被充电至变压器二次电压的最大值或其两倍。实际上由于存在放电回路，所以电容上的电压达不到最大值。而且在充放电过程中，电容上的电压上下波动，即包含有脉动成分。计算倍压整流电路的输出电压和脉动系数过程比较烦琐，一般都用经验公式进行估算，或者采用查曲线的方法。

由于负载电阻R_L越小时，电容放电过程越快，于是输出直流电压越低，而且脉动成分越大，所以倍压整流电路适用于要求输出电压高，但是负载电流很小的场合。

10.3 稳压电路

在前几节中，主要讨论了如何通过整流电路把交流电变成单方向的直流脉动电压，以及如何利用储能元件组成各种滤波电路以减少输出的脉动成分。但是，当电网电压波动和负载变化时，整流滤波电路的输出电压会随之变化。电源电压的不稳定可以产生测量和计算误差，引起电子设备和控制装置工作的不稳定，甚至使之根本无法正常工作。为了能够提供更加稳定的直流电源，需要在整流滤波后面加入稳压电路。使直流电源的输出电压基本上不随交流电网电压波动和负载变化而变化。

10.3.1 稳压电路的主要性能指标

通常用以下指标来衡量稳压电路的性能。

1. 稳压系数S_r

稳压系数反映了电网电压波动对直流输出电压的影响。通常定义为负载及环境温度T不变时，直流输出电压U_O的相对变化量与稳压电路输入电压U_I的相对变化量之比，即

$$S_r = \left.\frac{\Delta U_O/U_O}{\Delta U_I/U_I}\right|_{\substack{R_L=常数\\T=常数}} \tag{10-18}$$

式中，U_I是经过整流滤波后的直流电压，它是不稳定的。在工程上，常常把电网电压的波动为±10%时，输出电压的相对变化量作为性能指标，叫“电压调整率”。㊁

2. 输出电阻

输出电阻反映了负载变化对输出电压的影响，定义为在输入电压U_I及温度T不变时，输出电压的变化量与输出电流的变化量之比的绝对值，即

$$R_o = \left.\left|\frac{\Delta U_O}{\Delta I_O}\right|\right|_{\substack{U_I=常数\\T=常数}} \tag{10-19}$$

工程上常常用“电流调整率”㊂作为衡量稳压性能的指标。它是指负载电流由零变到额定值时，输出电压的相对变化量。

㊀ 把R_L分别接到C_1、C_1+C_3、$C_1+C_3+C_5$、…两端，可以得到$U_O=\sqrt{2}U_2$、$3\sqrt{2}U_2$、$5\sqrt{2}U_2$、…的奇数倍倍压输出。与此相似，也可得偶数倍倍压输出。

㊁㊂ 电压调整率和电流调整率还有其他不同的定义和单位，见本章10.4.1节中表10-1的附注。

3. 最大纹波电压

最大纹波电压是指稳压电路输出端的交流分量（通常为100Hz），用有效值或幅值表示。

10.3.2 稳压管稳压电路

最简单的稳压电路由稳压管组成。关于稳压管的稳压原理在第 1 章 1.2.5 节中已经介绍过，在这里只分析稳压管稳压电路的性能及限流电阻的选择。图 10-11a 是稳压管稳压电路，电路中由于稳压管 VS 与负载电阻 R_L 并联，所以也称为“并联型稳压电路”。图 10-11b 是稳压管的伏安特性曲线。

1. 稳压管稳压电路的工作原理

图 10-11a 中整流滤波后的直流电压是稳压电路的输入电压 U_I，稳压管的稳定电压 U_Z 也就是稳压电路的输出电压 U_O，R 是限流电阻。

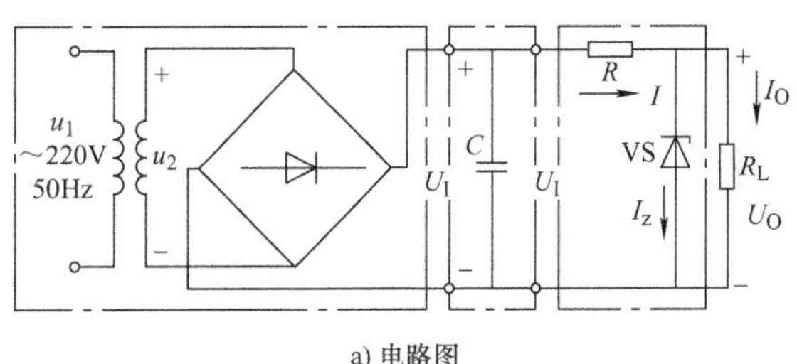

a) 电路图

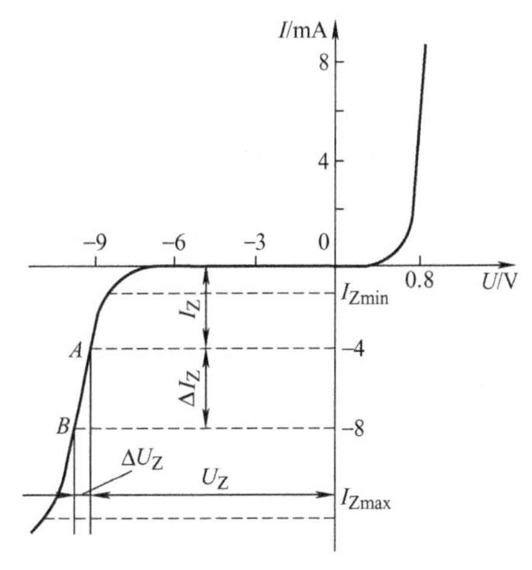

b) 稳压管伏安特性

图 10-11 稳压管稳压电路

由图 10-11a 可知，负载上的输出电压为

$$U_O = U_Z = U_I - IR \quad (10\text{-}20)$$

电路的稳压原理如下：

(1) 设输入电压 U_I 保持不变 当负载电阻 R_L 减小，I_O 增大时，由于电流 I 增大，引起电阻 R 上的压降增大，使得输出电压 U_O 下降。由稳压管的伏安特性（见图 10-11b）可知，当稳压管两端电压略有下降的趋势时，电流 I_Z 急剧减小。于是，由 I_Z 的减小来补偿 I_O 的增大，最终使 I 基本保持不变（因为 $I = I_O + I_Z$），因而输出电压 U_O 也保持不变。

上述过程简明表示如下：

$$R_L\downarrow \to I_O\uparrow \to I\uparrow \to U_O\downarrow \to I_Z\downarrow \to I\downarrow \to U_O\uparrow$$

(2) 设负载电阻 R_L 保持不变 由于电网电压升高而使 U_I 升高时，输出电压 U_O 也将随之上升。根据稳压管伏安特性，I_Z 也将急剧增加，使得流过限流电阻 R 上的电流 I 急剧增加，R 上的压降增大，由此抵消了 U_I 的增加，从而使输出电压基本保持不变。

上述过程可简明表示如下：

$$U_I\uparrow \to U_O\uparrow \to I_Z\uparrow \to I\uparrow \to U_R\uparrow \to U_O\downarrow$$

由此可见，稳压管稳压电路所以能使输出电压保持稳定，是利用了稳压管的稳压特性，即：电流在一定范围内变化时，U_Z 可基本保持一定。同时，限流电阻 R 是必不可少的，它起了调节电压的作用。

2. 限流电阻的选择

在稳压管稳压电路中，限流电阻 R 和稳压管的特性必须相互配合，使稳压管的工作点在输入电压波动和负载电阻变化时，始终处在稳压区内，使 $I_{Zmin} \leqslant I_Z \leqslant I_{Zmax}$。因此，必须合理选择限流电阻 R。

当电网电压最高（$U_I = U_{Imax}$），而负载电流又最小（$I_O = I_{Omin}$）时，流过稳压管的电流 I_Z 最大。此时，I_Z 不应超过允许的最大值 I_{Zmax}。由此可决定 R 的最小值，即

$$\frac{U_{Imax} - U_Z}{R} - I_{Omin} < I_{Zmax}$$

或

$$R > \frac{U_{Imax} - U_Z}{I_{Zmax} + I_{Omin}} = R_{min} \tag{10-21}$$

当电网电压最低（$U_I = U_{Imin}$），而负载电流又最大（$I_O = I_{Omax}$）时，流过稳压管的电流 I_Z 最小。此时，I_Z 不应低于允许的最小值 I_{Zmin}。因此可以决定 R 的最大值，即

$$\frac{U_{Imin} - U_Z}{R} - I_{Omax} > I_{Zmin}$$

或

$$R < \frac{U_{Imin} - U_Z}{I_{Zmin} + I_{Omax}} = R_{max} \tag{10-22}$$

因此，限流电阻 R 的选择必须满足

$$R_{min} < R < R_{max} \tag{10-23}$$

如果在已给的条件下，经计算得到的 R 值不能满足上式，则说明实际工作条件已超出稳压管的工作范围，必须限制 U_I 和 R_L 的变化，或另选稳压管。

例 10-3 在图 10-11a 中，设稳压管的 $U_Z = 6\text{V}$，$I_{Zmax} = 40\text{mA}$，$I_{Zmin} = 5\text{mA}$，$U_{Imax} = 15\text{V}$，$U_{Imin} = 12\text{V}$，$R_{Lmax} = 600\Omega$，$R_{Lmin} = 300\Omega$，试选择限流电阻。

解

$$I_{Omin} = \frac{U_Z}{R_{Lmax}} = \frac{6\text{V}}{600\Omega} = 0.01\text{A} = 10\text{mA}$$

$$I_{Omax} = \frac{U_Z}{R_{Lmin}} = \frac{6\text{V}}{300\Omega} = 0.02\text{A} = 20\text{mA}$$

根据式(10-21)

$$R > R_{min} = \left(\frac{15 - 6}{0.04 + 0.01}\right)\Omega = 180\Omega$$

根据式(10-22)

$$R < R_{max} = \left(\frac{12 - 6}{0.005 + 0.02}\right)\Omega = 240\Omega$$

所以取 $R = 200\Omega$。

在输出电压不需调节、负载电流比较小的情况下，硅稳压管稳压电路的效果比较好。所以，在小型的电子设备中经常采用它。但是，这种稳压电路存在两个缺点：一是输出电压由稳压管的型号决定，不可随意调节；二是电网电压和负载电流的变化太大时，电路将不能适应。

为了改进上述缺点，可以采用其他形式的稳压电路。稳压电路有多种形式。当起调节作

用的晶体管与负载串联时，构成“串联型稳压电路”；当上述管子与负载并联时，构成“并联型稳压电路”（包括稳压管稳压电路）。串联型稳压电路根据起调节作用的晶体管的工作状态又可分为两种：当调节晶体管工作在线性放大状态时，叫“线性串联型稳压电路”；当调节晶体管工作在开关状态时，叫“开关式串联型稳压电路”。

10.3.3 线性串联型稳压电路

线性串联型稳压电路是在稳压管稳压电路的基础上，增加了调整元件、比较放大电路、取样电路等环节。利用晶体管的放大作用，加大输出电流，并引入深度电压负反馈以稳定输出电压。同时，可以通过改变电路参数，使输出电压具有一定的调节范围。

1. 线性串联型稳压电路的基本组成

线性串联型稳压电路的一般组成如图10-12所示。图中，比较放大环节可以是单管放大电路、差动放大电路或集成运放。调整元件VT的形式可以是单个晶体管，也可以是复合管，或是由若干个晶体管并联而成。基准电压是决定电源输出电压是否稳定的标准，要求严格保持恒定，不受输入电压、负载电流、温度等诸多因素的影响。取样电路应该取出稳压电路输出电压的一部分，并把它送往比较放大电路去和基准电压进行比较。当电源的输出电压偏离所需的稳压值时，就有一个偏差信号经放大后送到调整元件的输入端。调整管起到调整输出电压的作用，同时还向负载提供电流。由于电路中调整管与负载相串联，并且工作在线性放大状态，所以这类电路称为线性串联型稳压电路。

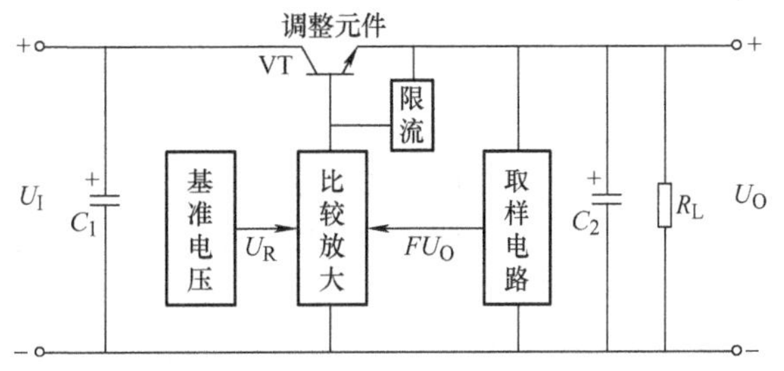

图10-12 线性串联型稳压电路框图

2. 稳压原理

电路如图10-13所示。如图中所标注，U_I为整流滤波电路的输出电压，晶体管VT是调整元件，运算放大器A构成比较放大电路，稳压管VS和限流电阻R_3为稳压电路提供基准电压，电阻R_1、RP、R_2是反映输出电压变化的取样电路。从反馈放大电路和运算电路的角度来说，电路通过R_1、RP、R_2引入了电压串联负反馈。电阻R_1、RP、R_2与运放A、晶体管VT构成了同相比例运算电路，通过调节RP可改变运算电路的比例系数。若输入基准电压稳定，比例系数可调，则电路的输出电压稳定且可调。同时，晶体管VT采用射极输出方式，具有电流放大作用，可以扩大输出电流。

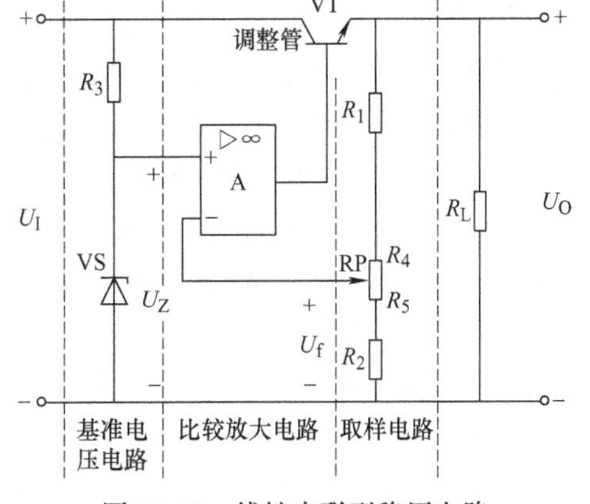

图10-13 线性串联型稳压电路

电路的稳压过程可简述如下：

当输入电压波动或负载变化引起输出电压U_O升高时，输出电压的变化通过取样值U_f反馈到运放的反相输入端。因同相输入端接基准电压U_Z，经比较放大后，使运放A的输出电压（即VT的基极电压）降低。因为VT接成了射极跟随器，所以输出电压U_O也随之降

低。这一稳压过程可简单表示为

$$U_O\uparrow\rightarrow U_f\uparrow\xrightarrow{U_Z\text{一定}}U_B\downarrow$$
$$U_O\downarrow\leftarrow$$

与上述分析方法相类似，当输入电压波动或负载变化引起输出电压 U_O 下降时，经过反馈系统的自动调节，可使输出电压 U_O 升高，从而使输出电压保持稳定。

3. 输出电压及其调节范围

由反馈理论可知，要使输出电压稳定，反馈深度 $|1+\boldsymbol{AF}|$ 要尽可能大。因集成运放的开环差模增益非常大（可达 80dB 以上），电路引入了深度电压串联负反馈，其输出电阻接近于零，输出电压非常稳定，且有

$$U_O=\left(1+\frac{R_1+R_4}{R_5+R_2}\right)U_Z \tag{10-24}$$

由式(10-24) 可知，稳压电路的输出电压取决于基准元件的 U_Z 和取样电阻值。当 RP 的滑动点在最下端，即 $R_5=0$ 时，输出电压最大，为

$$U_O=U_{Omax}=U_Z\frac{R_1+R_{RP}+R_2}{R_2} \tag{10-25}$$

当 RP 的滑动点在最上端，即 $R_5=R_{RP}$时，输出电压最小，为

$$U_O=U_{Omin}=U_Z\frac{R_1+R_{RP}+R_2}{R_{RP}+R_2} \tag{10-26}$$

4. 能隙基准电压源电路

由式(10-25)、式(10-26) 清楚地看出，线性串联型稳压电路的输出电压与基准电压 U_Z 密切相关，基准电压源的性能直接影响着稳压电源的性能。上面介绍的线性串联型稳压电路采用稳压管做基准电压源，它的优点是电路简单，但存在输出电阻大、噪声电平较高的弊端。性能好的基准电压源应该输出电阻小、噪声低、温度稳定性好。目前，被广泛采用的能隙基准电压源（又叫带隙基准电压源）就具备上述优点，其电路构成如图 10-14 所示。

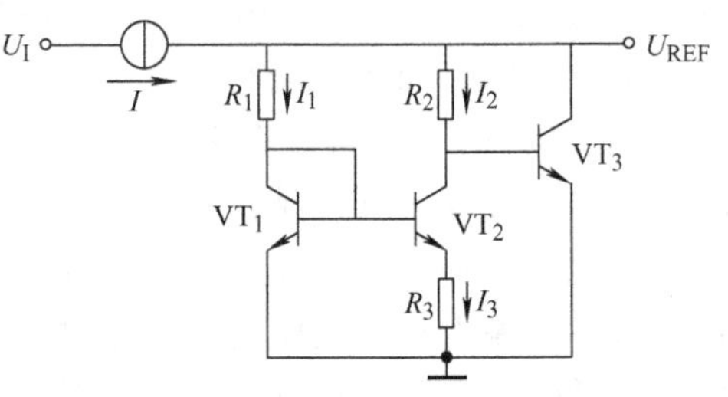

图 10-14 能隙基准电压源电路

图中 VT_1、VT_2 和 R_3 构成微电流源（见第 4 章 4.3.2 节），I_2 由微电流源提供。该电路的基准电压为

$$U_{REF}=U_{BE3}+I_2R_2 \tag{10-27}$$

式中，第一项 U_{BE3} 具有负温度系数（≈ −2mV/℃）（见第 2 章 2.1.3 节）；第二项 I_2R_2 具有正温度系数，两者叠加可较好地实现温度补偿。对于微电流源，有

$$U_{BE1}-U_{BE2}=I_3R_3\approx U_T\ln\left(\frac{I_1}{I_2}\right)$$

由此可得

$$I_3 \approx \frac{U_T}{R_3}\ln\left(\frac{I_1}{I_2}\right)$$

因 $I_3 \approx I_2$，将上式代入式(10-27)，有

$$U_{REF} \approx U_{BE3} + \frac{R_2}{R_3}U_T\ln\left(\frac{I_1}{I_2}\right) \tag{10-28}$$

一般在同一集成电路中晶体管的特性相同，只要合理选择 R_2/R_3 和 I_1/I_2 的值，就可以使式(10-27) 中具有负温度系数的 U_{BE3} 补偿具有正温度系数的 I_2R_2，从而使基准电压与温度无关。这时基准电压可表示为

$$U_{REF} = \frac{E_G}{q} = 1.205\text{V} \tag{10-29}$$

式中，q 为电子电荷；E_G 为硅材料的能带间隙（禁带宽度）。

所以，该电路称为能隙基准电压源电路。这种基准电压源的温度稳定性极高，市场上有集成产品出售，如 CJ336、AD580 等。虽然能隙基准电压源的输出电压值较低，但在使用中可方便地转换成 1.2～10V 多档基准电压源，故在集成稳压器中应用广泛。

10.3.4　开关式稳压电路

前面介绍的线性串联型稳压电路中，调整管工作在线性放大区。这种电路结构简单，输出纹波小，稳压性能好。但是，在负载电流较大时，调整管的集电极损耗（$P_C = U_{CE}I_O$）相当大（调整管与负载串联，通过负载电流），电源效率较低，一般为 40%～60%，往往需配置笨重的散热装置。

为了克服上述缺点，可将稳压电源改为开关式，即电源中的调整管主要工作在饱和导通和截止两种状态。在调整管饱和导通时，管子压降 U_{CES} 很小；而在调整管截止时，管子电流 I_{CEO} 也很小，所以调整管的管耗很小，并且主要发生在状态转换过程中。这样，电源效率可提高到 80%～95%，同时省去了笨重的散热装置，体积小、重量轻。开关式稳压电源的主要缺点是输出电压所含纹波较大，对电子设备有较大干扰。但由于它优点突出，且制造工艺成熟，故在功率较大、负载固定的场合得到了广泛的应用。

1. 开关式串联型稳压电路

开关式串联型稳压电路的原理图如图 10-15 所示。它在线性串联型稳压电路的基础上增加了 LC 滤波电路、固定频率三角波发生电路、比较放大电路和比较电路。电路中调整管与负载相串联，输出电压总是小于输入电压，这种电路属于降压型稳压电路。

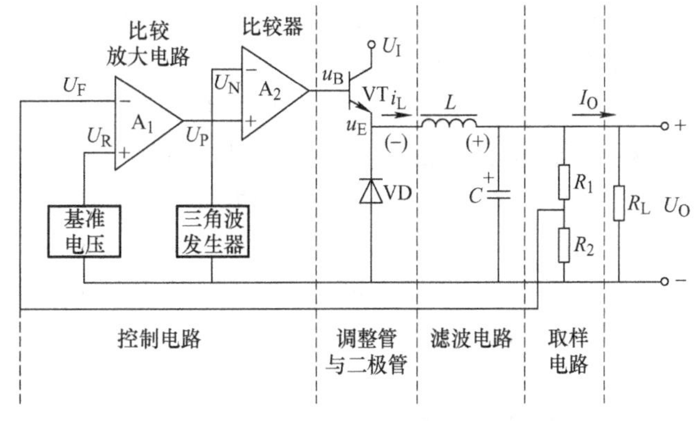

图 10-15　开关式串联型稳压电路原理图

图中，U_I 是整流滤波电路的输出电压，u_B 是比较电路的输出电压，VT 是调整管，它与负载 R_L 相串联。这里利用 u_B 来控制调整管 VT 的通与断，把 U_I 变换成断续的矩形脉冲电压 u_E（u_D），再经

LC 滤波后输出平滑的直流电压 U_O。

当 u_B 为高电平时，VT 饱和导通，使 U_I 经 VT 加到二极管 VD 上，造成 VD 截止（此时 VD 两端为反向电压。若忽略 VT 的饱和压降，$u_D = u_E = U_I$）。这时，负载中有电流 I_O，电感 L 中存储能量。当 u_B 为低电平时，VT 截止，L 产生自感电动势（极性如图中所示），使 VD 导通。此时，L 中存储的能量通过 VD 向 R_L 释放，使负载中仍然有电流。VD 常称为"续流二极管"。

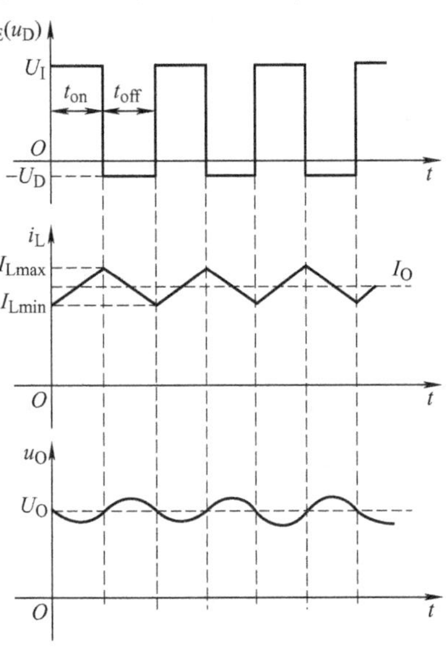

图 10-16 开关式串联型稳压电路波形

虽然调整管工作在开关状态，但由于 LC 电路的滤波作用和 VD 的续流，输出电压 U_O 还是比较平滑的。图 10-16 画出了 u_E（u_D）、i_L 和 u_O 的波形，图中 t_{on}、t_{off}分别是调整管的导通时间和截止时间，$T = t_{on} + t_{off}$是开关周期。略去 L 的直流压降，输出电压的平均值为

$$U_O = \frac{t_{on}}{T}(U_I - U_{CES}) + (-U_D)\frac{t_{off}}{T}$$

$$\approx U_I \frac{t_{on}}{T} = DU_I \tag{10-30}$$

式中，D 是矩形波 u_E 的"占空比"。当 U_I 一定时，调节 D 就可以调节输出电压 U_O。

如果利用反馈电压 U_F 构成闭环系统，电路就能自动稳定输出电压。在正常情况下，U_O 为设定值 U_{OS}，令 $U_F = U_R$，比较放大电路输出为 0，比较电路输出的矩形波的占空比 $D = 50\%$。当 U_I 增大使 U_O 增大时，$U_F > U_R$，比较放大电路输出为负，通过比较电路，使矩形波 u_B 的占空比小于 50%，使输出电压平均值减小，从而使 U_O 恢复到预设的电压 U_{OS}。同理，当 U_I 减小使 U_O 减小时，$U_F < U_R$，比较放大电路输出为正，通过比较电路，使 u_B 的占空比大于 50%，使输出电压的平均值增大，从而使 U_O 恢复到设定值 U_{OS}。

为进一步理解开关型稳压电路的自动稳压原理，现将三角波发生电路的输出波形 u_N 及波形 u_B 表示在图 10-17 中。可以看出，当取样电压 $U_F < U_R$ 时，u_B 的占空比大于 50%；当 $U_F > U_R$ 时，u_B 的占空比必然小于 50%。可见，通过反馈，用 U_O 的取样电压 U_F 来调节控制电压 u_B 的占空比，就可以达到稳定输出电压的目的。这类电路的稳压控制方式属于电压-脉冲宽度调制（Pulse Width Modulation，PWM）型，所以这类电源又叫脉宽调制型开关电源，也称为直流-直流变换器（DC-DC 变换器[㊀]）。

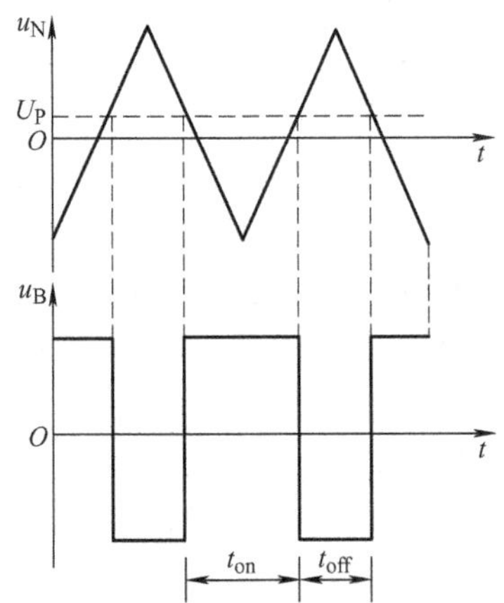

图 10-17 图 10-15 电路中 u_N 和 u_B 的波形

㊀ 开关稳压电源将经过整流滤波后尚不稳定的直流电压变换成交变电压，而后再把交变电压转换为数值稳定的直流电压输出，所以又称为"直流-直流变换器"。

开关频率$f_T\left(f_T=\frac{1}{T}\right)$是影响稳压电路工作的重要性能指标。提高$f_T$，滤波元件$L$、$C$的数值可以减小，从而使电源的体积减小、重量减轻，成本也会降低。但同时会使调整管的转换速率加快，使功耗加大，效率降低。目前，随着技术的不断改进，在兼顾功耗和效率的情况下，f_T可提高到15～500kHz，甚至更高。

需要说明，负载电阻R_L的变化会使LC的滤波效果受到影响，所以这种开关式串联型稳压电路不适合负载变化较大的场合。

2. 开关式并联型稳压电路

开关式并联型稳压电路中，调整管工作在开关状态并与负载并联，因而得名。电路中利用电感的储能作用，负载上的输出电压是输入电压和电感感应电动势共同作用的结果，使输出电压大于输入电压，故这类电路属于升压型稳压电路。

开关式并联型稳压电路的主回路如图10-18所示。图中输入电压U_I来自整流滤波电路，VT为调整管，L、C为储能滤波元件，VD为续流二极管。

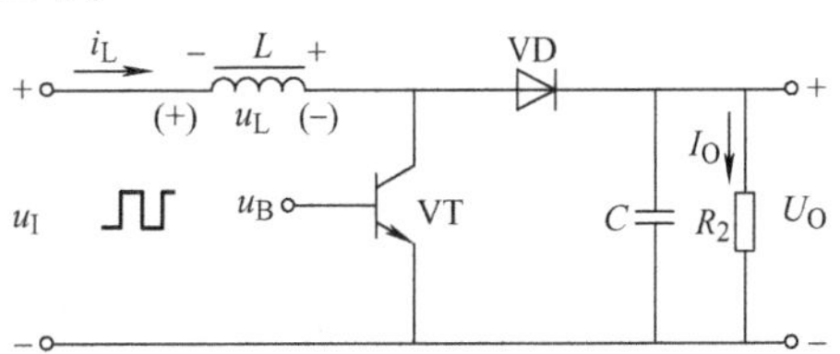

图10-18 开关式并联型稳压电路主回路

控制电压u_B为矩形波，它作用于调整管VT使其工作在开关状态。当u_B为高电平时，VT饱和导通，U_I经VT直接加到电感L两端，电流i_L线性增加，电感存储能量，L两端电压u_L方向为左（+）右（−）。略去VT的饱和导通压降，$u_L\approx U_I$。二极管VD因承受反向电压而截止，电容C则通过R_L放电，形成负载电流。当u_B为低电平时，VT截止。这时L中的电流i_L不能突变，感应电动势u_L阻止i_L的变化，其方向为左（−）右（+），这与U_I的方向相同。当$U_I+u_L>U_O$时，VD导通，U_I与u_L相加后给负载提供电流并向电容C充电。电感L也称为“升压电感”。综合上述两种情况，不论调整管VT导通还是截止，负载电流I_O的方向始终相同。

在u_B控制下，u_L、i_L和输出电压u_O的波形如图10-19所示。从上面的分析及波形图中可以看出，当u_B的周期一定时，它的占空比越大，VT的导通时间t_{on}越长，电感L存储的能量就越多，VT截止后由L向负载R_L提供的能量也就越多，U_O就越高。事实上，当L足够大时，才有明显的升压效果。同时，电容C越大滤波效果越好。

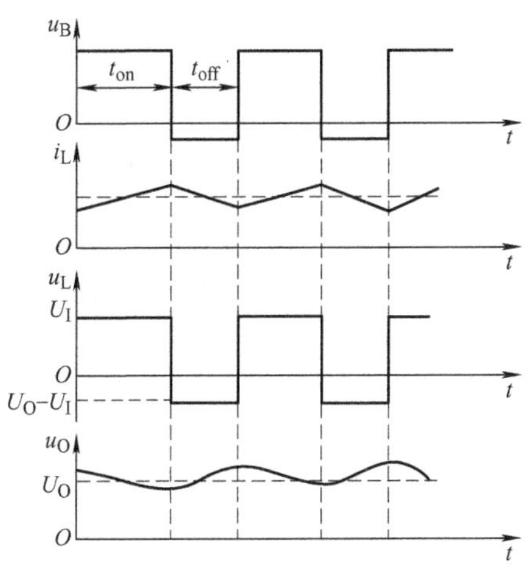

图10-19 u_B、i_L、u_L及u_O波形

3. 无工频变压器开关稳压电源

50Hz的市电频率又称为“工频”。由于工作频率低，工频变压器往往体积大而笨重。自20世纪70年代以来，没有工频变压器的开关式稳压电源在世界各工业化国家兴起，成为稳压电源的主流。这类稳压电源直接从市电电网经滤波整流供电，调整

管工作在开关状态，稳压效率高，体积小，重量轻。目前在计算机中最常用的就是无工频变压器开关稳压电源，下面介绍它的组成及工作原理。

(1) 电路组成 无工频变压器开关式稳压电源框图如图 10-20 所示。它由电网滤波、输入整流滤波、直流变换、输出整流滤波电路及控制电路、保护电路和辅助电源等构成。

电网滤波电路的作用是抑制来自市电的高频干扰。整流滤波电路输出的直流电压经直流变换器变换成高频脉冲电压（一般频率为几千赫兹），再经整流滤波就可获得所需要的直流输出电压。通过控制电路的调节作用可使输出电压保持稳定。

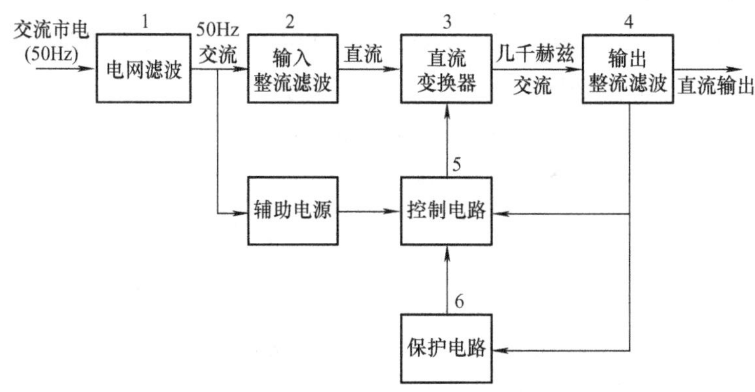

图 10-20 无工频变压器开关式稳压电源框图

(2) 直流变换器的工作原理 “直流变换器”又叫“逆变器”[⊖]，其作用是把输入的直流电压变换成高频脉冲电压。它是无工频变压器开关电源的核心部分，按工作方式分为“自激式直流变换器”和“它激式直流变换器”两种。

1) 自激式直流变换器：自激式直流变换器按其电路结构又分为单管自激式变换器和推挽自激式变换器，现以单管自激式变换器（见图 10-21）为例介绍它的工作原理。

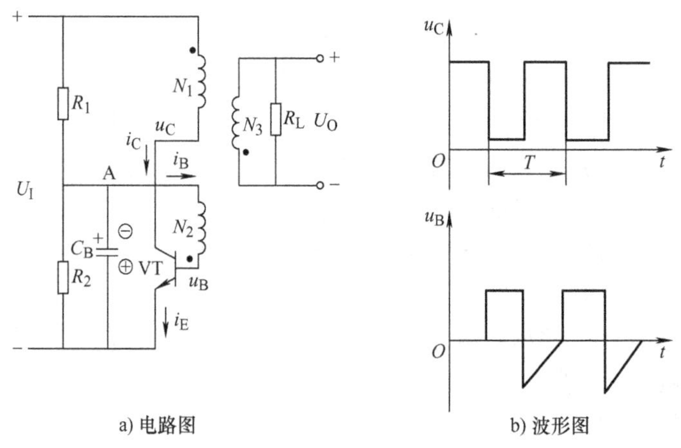

a) 电路图 b) 波形图

图 10-21 单管自激式直流变换器

⊖ 它把直流输入电压变换成交流输出电压。“逆变”是相对于通常的把交流变为直流的变换来说的。

当整流滤波电路接通交流市电后，U_I 经电阻 R_1 给电容 C_B 充电，并给晶体管 VT 的基-射极之间加上正向偏置，VT 由截止开始导通。集电极电流通过变压器的一次绕组 N_1，在 N_1 两端感应出电压（标有符号“·”的同名端极性为正），通过与变压器二次绕组 N_2 的耦合使基极电位逐步增加，i_B 进一步增加，流过 N_1 的电流（即集电极电流 i_C）也进一步增加，使 N_1 两端电压增加，通过与 N_2 耦合再使 u_B 增加……。这是个正反馈过程，导致晶体管 VT 迅速饱和。在趋向饱和期间，i_B、i_C 和 u_B 的增加减慢，i_C 继续线性增加到维持 N_1 上的电压近似等于输入电压 U_I 不变。N_2 上的电压则为 $U_I/n\left(n=\dfrac{N_1}{N_2}\text{是变压器线圈匝数比}\right)$，其方向为下正上负，电容 C_B 通过 N_2 充电（其方向如图 10-21a 中⊕、⊖所示）。随着电容 C_B 不断充电，A 点电位逐渐下降，i_B 逐渐减小。当 i_C 变化到 $i_C=\beta i_B$ 时，晶体管脱离饱和而又进入放大区。于是 u_C 增加，N_1 两端电压减小，通过变压器耦合使 N_2 上电压减小，这样又使 u_C 进一步增加……。这又是一个正反馈过程，使晶体管迅速由导通变为截止。晶体管截止后，C_B 通过 R_1、R_2 放电，放电时间常数 $\tau=\dfrac{R_1R_2}{R_1+R_2}C_B$。随着电容放电，A 点电位逐渐抬高。当 u_A 大于发射结死区电压后，晶体管又饱和导通，重复上述过程。单管自激式直流变换器的 u_C、u_B 波形如图 10-21b 所示。由于 U_I 是常数，所以 N_1 两端电压波形与 u_C 反相，脉冲电压通过变压器耦合输出。于是通过直流变换器就把输入的直流电压变成了输出的高频脉冲电压。

2）它激式直流变换器：它激式直流变换器按其电路形式不同分为变压式、振铃式、半桥式、推挽式和全桥式。这五种电路各有其特点，读者可参阅有关资料。

（3）无工频变压器开关稳压电源的特点　无工频变压器开关稳压电源与线性串联型直流稳压电源相比，有以下特点：

1）体积小，重量轻。由于不用工频（50Hz）变压器，只用一个体积小、重量轻的高频（几千赫兹）脉冲变压器，因此，体积只有线性串联型稳压电源的 20% ~30% 。

2）功耗小，效率高。以 5V 电源为例，线性串联型稳压电源的效率只有 30% ~40%，而无工频变压器开关电源效率可达 80% 以上。

3）不容易出现过电压现象。线性串联型稳压电源由于输入和输出电压差值大，调整管一旦短路，输入电压就全部加到输出端。由于过程快，电压上升速率大，以致过电压保护电路还来不及动作就已经危及了负载。而在无工频变压器开关电源中不论晶体管是开路还是短路，输出电压都下降到零，没有过电压现象。

4）容易做成低电压大电流的稳压电源。无工频变压器开关电源是一种功率转换电路，高频变压器一次侧电压高，调整管接在一次侧，所以调整管流过电流较小，而变压器二次侧却可获得大电流。

由于上述优点，使无工频变压器开关电源得到了越来越广泛的应用。

无工频变压器开关电源的缺点是：电路复杂，输出纹波较大，瞬态响应较差。

随着半导体器件及磁性材料的快速发展，开关电源技术不断有新的突破，当前正在朝着高效率、高频率、高精度、大功率及集成化的方向发展，种类很多。按调整管与负载的连接方式可分为串联式和并联式；按调整管是否参与振荡可分为自激式和它激式；按稳压控制方式又可分为脉冲宽度调制（PWM）式、脉冲频率调制（Pulse Frequency Modulation，PFM）式及混合调制（脉宽-频率调制）式等。

10.3.5 稳压电路的保护措施

在串联型稳压电路中，调整管承担了全部负载电流。为了防止电路过载或输出短路时，调整管因电流过大或电压过高，导致管耗过大而损坏，在稳压电路中，必须设置调整管的保护电路。对保护电路的要求是：当稳压电路正常工作时，保护电路不工作。一旦电路发生过载或短路时，保护电路立即动作，或是限制输出电流的大小，或是使输出电流下降为零，以达到保护调整管的目的。

1. 限流式保护电路

限流式保护电路的设计思想是：当调整管的电流超过一定值时，对它的基极电流进行分流，以限制调整管的发射极电流。常用的保护电路如图 10-22a 所示，它由电阻 R 和晶体管 VT_1 组成，其中 R 作为对输出电流 I_O 的检测电阻。在正常情况下，由于 I_O 不大，U_R 小于 VT_1 的导通电压，VT_1 管截止，保护电路对稳压电路没有影响。当稳压电路发生过载或短路时，I_O 增大，导致 U_R 增大到足以使 VT_1 导通。此时流过 VT_1 管的电流 I_{C1} 使调整管的基极电流减小（$I_B = I - I_{C1}$），从而使输出电流 I_O 的增大受到了限制。I_O 越大，VT_1 管导通程度越大，对 VT_2 管基极电流的分流作用也越强。当 I_O 大于规定的额定值 I_{OM} 时，即使输出端短路，I_O 也不会太大。

图 10-22b 为稳压电路加入限流保护电路后的外特性。该图说明：在电路正常工作、输出电流 I_O 小于额定值 I_{OM} 时，保护电路不工作，输出电压为正常值。当电路发生过载或短路时，即 $I_O \geqslant I_{OM}$ 时，保护电路开始工作，使输出端电压下降。即使 $R_L = 0$，$U_O = 0$ 时，输出电流 I_O 也不会太大。

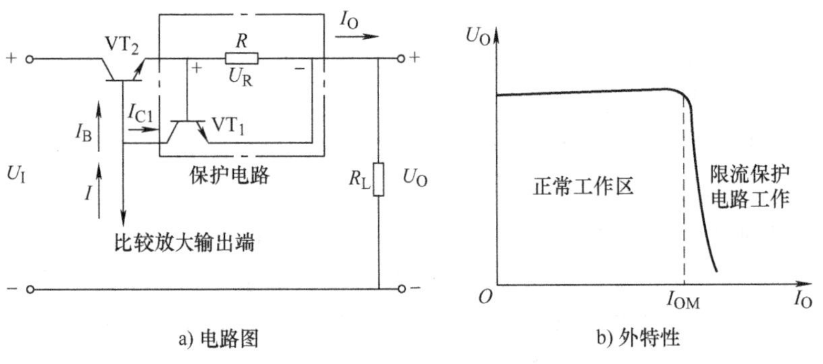

图 10-22 限流式保护电路

应当指出，在采用限流式保护电路的稳压电路中，当输出端发生短路时，调整管不但承受了最大电压 U_I（因为 $U_O = 0$），而且通过了最大电流 I_{OM}，所以调整管的管耗很大。为此，在设计稳压电路时，VT_2 必须选用大功率的晶体管，这就很不经济。从保护电路上考虑，最好能使调整管在保护电路工作期间处于接近截止的状态，实现这种想法的电路就是“截流式”保护电路。

2. 截流式保护电路

截流式保护电路如图 10-23a 所示，它由 R_1、R_2、R 和晶体管 VT_1 组成。加上截流式保护电路后，稳压电路的外特性如图 10-23b 所示，即所谓“折返式”限流特性。这种特性表现在保护电路一旦动作，输出电压 U_O 下降到零，输出电流 I_O（$= I_{OS}$）也接近零。下面分析电路的工作原理。

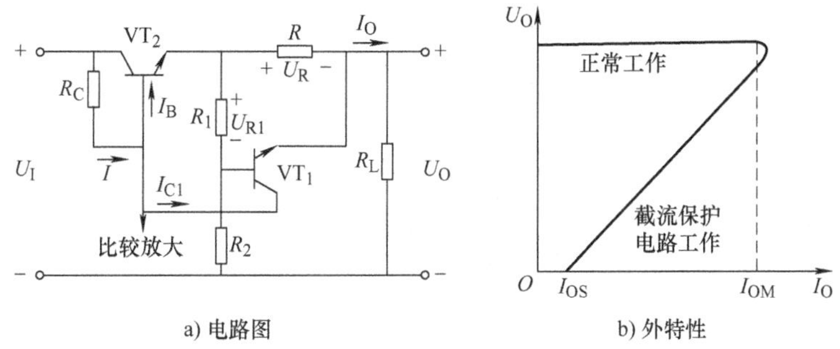

图 10-23 截流式保护电路

由图中可知

$$U_{BE1} = U_R - U_{R1} = I_O R - U_{R1} \tag{10-31}$$

当稳压电路正常工作时，$I_O R < U_{R1}$，VT_1 管截止，保护电路对稳压电路没有影响。当稳压电路的输出电流超过最大值 I_{OM}时，$I_O R > U_{R1}$，VT_1 管导通。由于I_{C1}的分流作用使 VT_2 管的基极电流 I_B 减小（$I_B = I - I_{C1}$），从而使得输出电流 I_O 减小，输出电压 U_O 下降。由于 U_O 下降，又使得电阻 R_1 上的压降 U_{R1}下降。由式(10-31）可知，VT_1 管的 U_{BE1}进一步增大，VT_1 管进一步导通，它对 VT_2 管的基极电流的分流作用更增强，使I_O 和 U_O 进一步减小。这一过程可表示如下：

$$\begin{array}{c} U_O \downarrow \rightarrow U_{R1} \downarrow \rightarrow I_{C1} \uparrow \\ \downarrow \\ U_O \downarrow\downarrow \leftarrow I_O \downarrow \leftarrow I_B \downarrow \end{array}$$

这是一个正反馈过程，它一直进行到 VT_1 管进入饱和，VT_2 管进入截止为止。此时 U_O 为零，I_O 减小到I_{OS}，如图 10-23b 所示。

10.4 集成稳压器及其应用

集成稳压器的集成度高，应用时外接元件少，能在电网电压波动或负载发生变化时使输出电压保持非常稳定。因其性能可靠，价格低廉，使用方便，在电子设备中应用十分广泛。

10.4.1 线性集成稳压器及其应用

在线性集成稳压器件中，“三端集成稳压器”只有三个引脚，即输入端、输出端和公共端（或调整端)，因而得名。三端集成稳压器按输出电压是否可调分为“固定式”和“可调式”两类。

1. 输出电压固定的三端集成稳压器

固定式三端集成稳压器分为 W78××和 W79××两个系列。型号中 78 表示输出为正电压，79 表示输出为负电压，最后两位数表示输出电压值。输出电压有 5V、6V、9V、12V、15V、18V 和 24V 七个档次。如 W7806 表示输出电压为 +6V，W7912 表示输出电压为 -12V。最大输出电流有 0.1A（W78L××和 W79L××系列)、0.5A（W78M××和 W79M××系列）和 1.5A（W78××和 W79××系列）三种。其中 W78L××的国外对应产品型号为 LM78L××。

W78××型三端集成稳压器的外形、图形符号如图 10-24 所示。

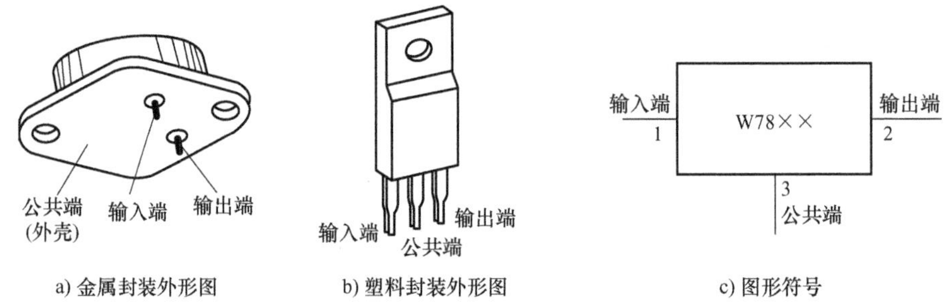

a) 金属封装外形图　b) 塑料封装外形图　c) 图形符号

图 10-24　W78××型三端集成稳压器

以 W7805 为例，其内部电路结构框图如图 10-25 所示。它由启动电路、基准电压电路、取样比较放大电路、调整管及保护电路等组成。该电路以 10.3.3 节介绍过的线性串联型稳压电路为基础，属集成线性串联型稳压电路。

W7805 的主要参数（25℃条件下）如表 10-1 所示。由表中参数可见，该器件的温度稳定性好，交流噪声很小。在实际应用中要注意器件对输入电压的要求，通常应满足 $8\text{V} \leqslant U_I \leqslant 18\text{V}$。输入电压过低时不能保证调整管工作在线性状态，从而失去稳压作用。过高时，调整管可能因承受的压差过大而击穿。

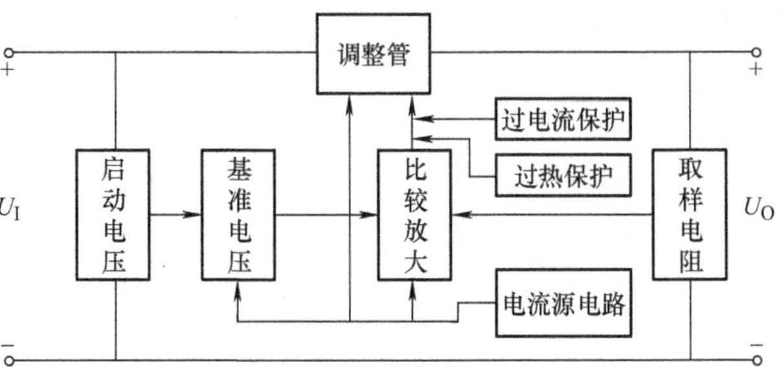

图 10-25　W7805 三端集成稳压器内部电路结构框图

表 10-1　W7805 的主要参数

参数名称	符　号	测试条件	单　位	W7805（典型值）
输入电压	U_I		V	10
输出电压	U_O	$I_O=500\text{mA}$	V	5
最小输入电压	U_{Imin}	$I_O \leqslant 1.5\text{A}$	V	7
电压调整率①	S_U（ΔU_O）	$I_O=500\text{mA}$ $8\text{V} \leqslant U_I \leqslant 18\text{V}$	mV	7
电流调整率②	S_I（ΔU_O）	$10\text{mA} \leqslant I_O \leqslant 1.5\text{A}$	mV	25
输出电压温度变化率	S_r	$I_O=5\text{mA}$	mV/℃	1
输出噪声电压	U_{no}	$10\text{Hz} \leqslant f \leqslant 100\text{kHz}$	μV	40

① “电压调整率”表示输入电压 U_I 变化 1V 时，输出电压 U_O 的相对变化率，$S_U=\dfrac{\Delta U_O/U_O}{\Delta U_I}$，单位为（%/V）。有时也定义为在额定负载且输入电压产生最大变化的条件下，输出电压产生的变化量，用 ΔU_O 表示，单位 mV。

② “电流调整率”指输出电流 I_O 从零变到最大时，输出电压的相对变化量，$S_I=\dfrac{\Delta U_O}{U_O}\times 100\%\Big|_{\Delta I_O=I_{max}}$，单位为（%）。有时也定义为在输入电压一定且负载电流产生最大变化的条件下，输出电压产生的变化量，用 ΔU_O 表示，单位 mV。

2. 输出电压可调的三端集成稳压器

顾名思义，可调式三端集成稳压器的特点是输出电压连续可调。这类器件是依靠外接电阻来调节输出电压的，输出电压的调节范围较宽。它的三个接线端分别为输入端、输出端和调整端，其外形、图形符号如图 10-26 所示。

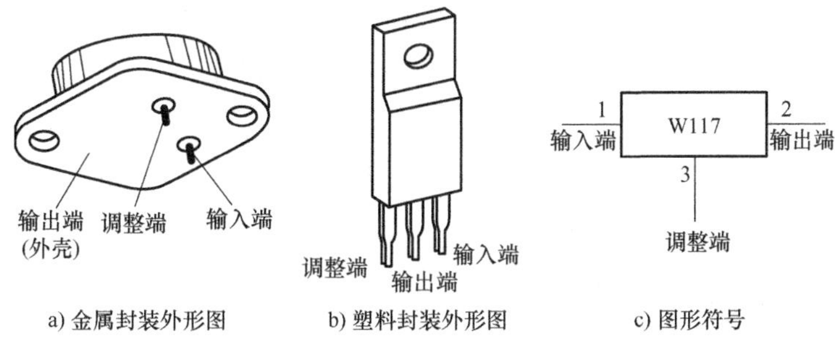

图 10-26　可调式三端集成稳压器

W××7 系列为可调式三端集成稳压器，其中 W117（国外对应产品型号为 LM117）、W217 和 W317 为正电压输出，W137、W237 和 W337 为负电压输出。与 W78×× 相类似，最大输出电流也有 0.1A（W117L）、0.5A（W117M）和 1.5A（W117）三档。

W317 的电路框图及外接电阻如图 10-27 所示。它的内部电路由电流源、基准电压电路（能隙基准电压电路）、比较放大电路与调整管等构成（保护电路、偏置电路未画出）。电路内部基准电压的典型值为 1.25V，它接在比较放大电路的同相端与电路调整端之间，调整端接在 R_1 和 R_2 的连接点上，器件本身无接地点。W117、W217 与 W317 内部电路相似，基准电压与引脚也相同。

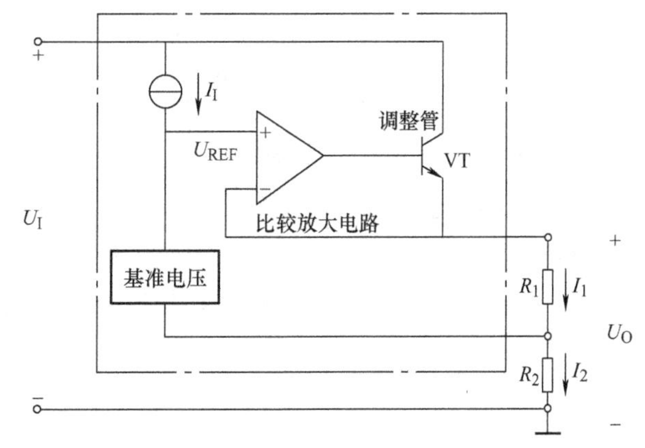

图 10-27　W317 电路框图及外接电阻

在图 10-27 中，输出电压 U_O 为 R_1 和 R_2 上的电压之和，R_1 上的电压即 U_{REF}。因调整端电流（约 50μA）远远小于 I_2 可忽略不计，所以

$$I_2 \approx I_1 = \frac{U_{REF}}{R_1}$$

从而有

$$\begin{aligned} U_O &= U_{R1} + U_{R2} = U_{REF} + I_2 R_2 = U_{REF} + \frac{U_{REF}}{R_1} R_2 \\ &= U_{REF}\left(1 + \frac{R_2}{R_1}\right) \end{aligned} \tag{10-32}$$

可见，只要合理选择外接电阻（通常 R_1 为固定电阻，R_2 为可调电阻），就可实现输出电压在一定范围内可调。

W117、W217 和 W317 的工作温度范围分别是 −55 ~ 150℃、−25 ~ 150℃和 0 ~ 125℃。在25℃条件下，W117、W217 和 W317 的主要参数见表 10-2。由器件参数可以看出，调整端的电流很小，且变化也很小。使用中应注意输入端和输出端电压差的要求，通常应满足 $3V \leqslant (U_I - U_O) \leqslant 40V$。

表 10-2 W117、W217 和 W317 的主要参数（25℃）

参数名称	符号	测试条件	单位	W117、W217			W317		
				最小值	典型值	最大值	最小值	典型值	最大值
输出电压	U_O	$I_O = 1.5A$	V	1.2 ~ 37					
电压调整率	S_U	$I_O = 500mA$ $3V \leqslant U_I - U_O \leqslant 40V$	%/V		0.01	0.02		0.01	0.04
电流调整率	S_I	$10mA \leqslant I_O \leqslant 1.5A$	%		0.1	0.3		0.1	0.5
调整端电流	I_{Adj}		μA		50	100		50	100
调整端电流变化	ΔI_{Adj}	$3V \leqslant U_I - U_O \leqslant 40V$ $10mA \leqslant I_O \leqslant 1.5A$	μA		0.2	5		0.2	5
基准电压	U_R	$I_O = 500mA$ $25V \leqslant U_I - U_O \leqslant 40V$	V	1.2	1.25	1.30	1.2	1.25	1.30
最小负载电流	I_{Omin}	$U_I - U_O = 40V$	mA		3.5	5		3.5	10

3. W78××和 W79××固定式集成稳压器的应用

（1）输出正电压　采用 W78××系列集成稳压器输出正电压的电路如图 10-28 所示，电容 C_1 和 C_2 用来减少稳压器输入和输出的脉动，并改善负载的瞬态响应。

（2）输出负电压　采用 W79××系列集成稳压器，按图 10-29 接线，即可得到负的输出电压。

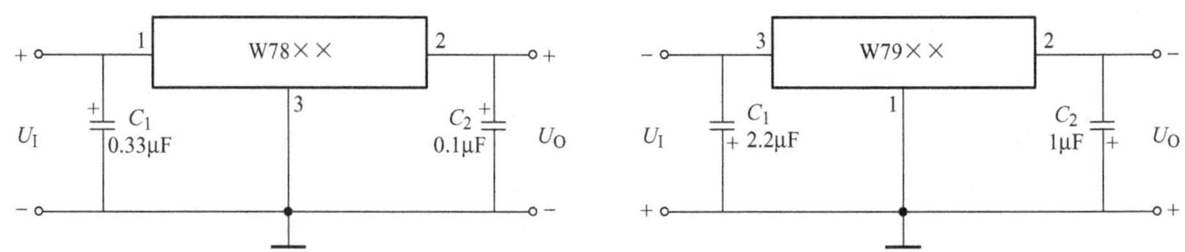

图 10-28 输出正电压的接法　　图 10-29 输出负电压的接法

（3）同时输出正电压和负电压　同时具有正、负两路直流输出电压的稳压电路如图 10-30 所示。图中，W79××和 W78××配合使用。这里要特别注意输入电压和输出电压的极性。

（4）扩大输出电压　W78××系列稳压器的最大输出电压为 24V。当需要更大的输出电压或要求输出电压可调时，可采用图 10-31 所示电路。

图中，电压跟随器将三端稳压器与取样电阻隔离。因电压跟随器的输出电压等于其输入电压，故 R_1 与 R_3 上的电压之和即为 W78××系列稳压器的输出电压 $U_{\times\times}$。当电位器 RP 滑动端的位置发生变化时，输出电压 U_O 也将随之变化，其值为

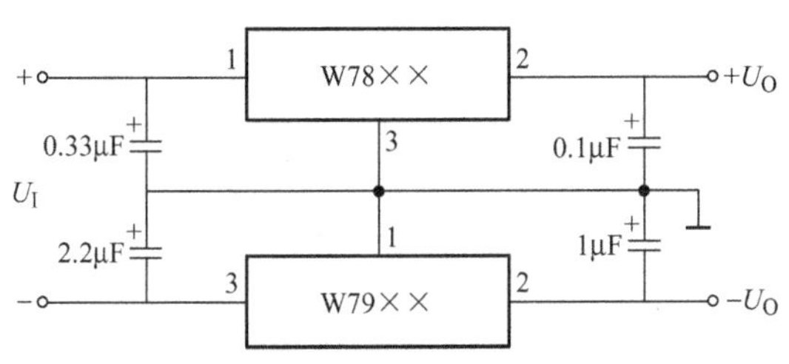

图 10-30　具有正、负两路输出电压的接法

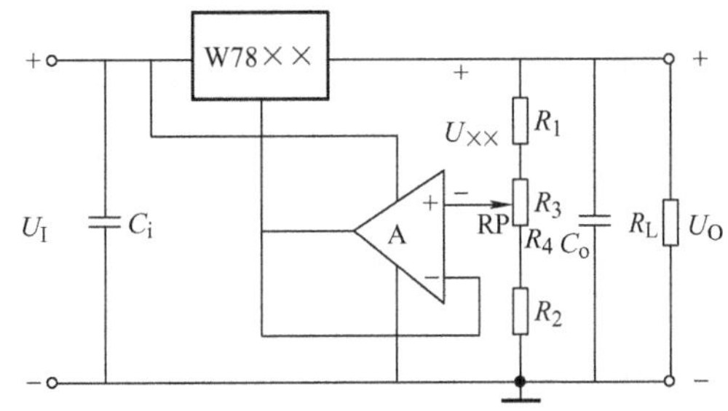

图 10-31　扩大输出电压的电路

$$U_O = \frac{R_1 + R_{RP} + R_2}{R_1 + R_3} U_{××} \tag{10-33}$$

输出电压的最小值（此时 $R_3 = R_{RP}$）是

$$U_{Omin} = \frac{R_1 + R_{RP} + R_2}{R_1 + R_{RP}} U_{××} \tag{10-34}$$

输出电压的最大值（此时 $R_3 = 0$）是

$$U_{Omax} = \frac{R_1 + R_{RP} + R_2}{R_1} U_{××} \tag{10-35}$$

若 $U_{××} = 9V$，$R_1 = R_{RP} = R_2 = 300\Omega$，则输出电压 U_O 的调节范围为 13.5～27V。

（5）扩大输出电流　W78××和 W79××系列集成稳压器的最大输出电流为 1.5A。在需要输出电流更大的场合，可采用图 10-32 所示的电路。图中 VT_1 是外接的功率管，起扩大输出电流的作用。VT_2 与电阻 R 组成功率管的保护电路。$I_{O××}$ 表示稳压器的输出电流，扩大后的输出电流为

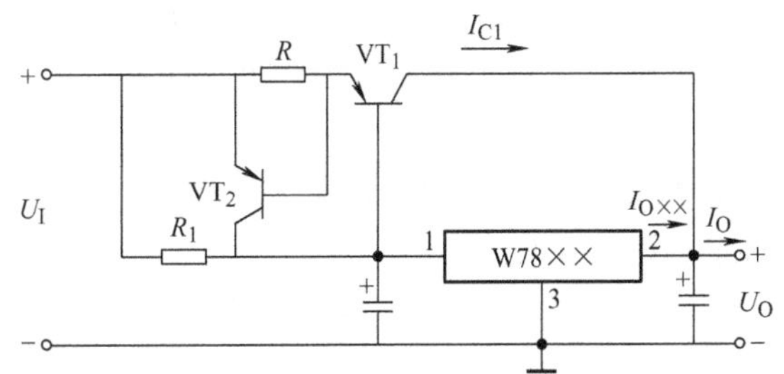

图 10-32　扩大输出电流的电路

$$I_O = I_{C1} + I_{O××} \tag{10-36}$$

4. W××7 可调式三端集成稳压器的应用

（1）输出正电压可调　虽然 W78××和 W79××系列集成稳压器通过外接元件可以组成输出电压可调的电路，但外接元件较多，这会对稳压性能产生影响。W××7 系列集成稳压器的主要应用就是输出电压可调，并且使用方便，工作可靠。图 10-33 为用 W317 组成的可调式稳压电源。图中，W317 的输出端 3 与调整端 1 之间为基准电压，其值为 1.25V㊀，故 $U_{R1} = 1.25V$。考虑到 I_1 很小可略，根据式(10-32）有

$$U_O = 1.25\left(1 + \frac{R_2}{R_1}\right)V \tag{10-37}$$

图中 C_1、C_3 的作用与图 10-28 中 C_1、C_2 的作用相同，C_D 为滤波电容，C_2 用来消除电阻 R_2 两端的纹波电压。由于 R_2 上的电压是输出电压的一部分，故输出电压纹波会明显减

㊀ 由表 10-2 中的参数可知，对于某特定的稳压器，其基准电压 U_{REF} 为 1.2～1.3V 之间的一个值。一般在分析计算时可取典型值 1.25V。

小。VD_1、VD_2 为稳压器的保护二极管。若 R_2 选取 6.8kΩ 电位器，该电源可实现输出电压在 1.25～37V 连续可调。

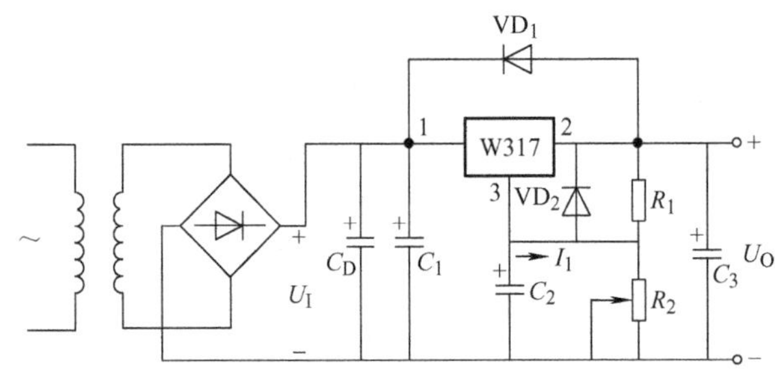

图 10-33　用 W317 组成的可调式稳压电源

在实际应用中，通常 R_1 取值在 120～240Ω[⊖]，R_2 取值由输出电压的调节范围确定。应选择高精度的外接电阻以保证输出电压的精度。为了减小误差，外接电阻的位置要最大限度地靠近稳压器。

(2) 输出正、负电压可调　由 W117 和 W137 联合组成的正、负输出电压可调的稳压电源如图 10-34 所示。注意 W117 的引脚 1 为输入端，2 为输出端，3 为调整端；而 W137 的引脚 2 为输入端，1 为输出端，3 为调整端。

如果电路参数取 $C_1 = C_1' = 0.01\mu F$，$C_2 = C_2' = 10\mu F$，$C_3 = C_3' = 1\mu F$，$R_1 = R_1' = 120\Omega$，$R_2 = R_2' = 2k\Omega$，当 $U_I = \pm 25V$ 时，U_O 的调节范围是 ±(1.2～20)V。

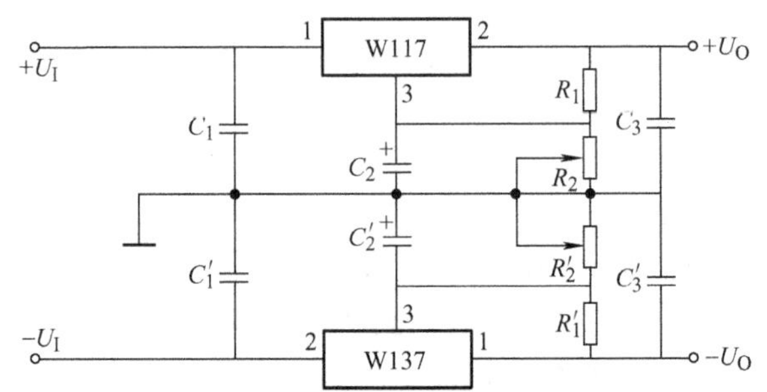

图 10-34　用 W117 和 W137 组成的可调稳压电源

W××7 系列可调式三端集成稳压器使用方便，应用形式很多，这里不再赘述。

表 10-3 列出了部分常用集成稳压器的性能指标，供参考。

表 10-3　部分常用集成稳压器的性能指标

类型			三端固定	三端可调	大电流可调	正负双路	基准电压源（并联式）		高　压
参　数	符号	单位	正压 78M×× 负压 79L××	正压 LM317 负压 LM337	LM138	CM1468 SW1568	MC1403 带隙	TL431 可调基准	AD2712 高压-高精度
输入电压	U_I	V	±(8～40)	±(3～40)	35	±30	4.5～15		13.5～35
输出电压	U_O	V	±(5～24)	±(1.2～37)	1.2～32	±15	2.5	2.75	10±0.001
最小（输入-输出）电压差	$(U_I \sim U_O)_{min}$	V	±(2.0～2.5)	1.2～22	2.8		±0.025		
电压调整率	ΔU_O S_U	mV %/V	50～300 3～18	0.01	0.01	<10 U_I=(18～30)V	3 0.002		12.5 $\times 10^{-4}$

⊖ 由表 10-2 中最小输出电流 I_{Omin}，可以求出 R_1 的最大值。若 I_{Omin} 取值为 5mA，则 $R_{1max} = U_{REF}/I_{Omin} = 1.25V/0.005A = 250\Omega$，工程上一般取 $120\Omega \leq R_1 \leq 240\Omega$。

（续）

类型			三端固定	三端可调	大电流可调	正负双路	基准电压源（并联式）		高压
参数	符号	单位	正压 78M×× 负压 79L××	正压 LM317 负压 LM337	LM138	CM1468 SW1568	MC1403 带隙	TL431 可调基准	AD2712 高压-高精度
电流调整率	ΔU_O S_I	mV %	12~15	20 0.1	0.03	<10 $I_O=(0\sim50)$mA	0.06	0.5	5×10^{-4}
温度系数	S_T	10^{-6}/℃	300	1% (0~75)℃			10	10	
纹波抑制比	*RR*	dB	53~62 60	65 77~80	60~75	75			
调整端电流	I_d	μA		50 65~100					

10.4.2 开关式集成稳压器及其应用

目前开关式集成稳压器的种类很多，有集成 PWM、PFM 控制器及集成开关稳压器。例如 MAX731（升压式 PWM）、MAX758（降压式 PWM）、MAX637（降压式 PWM，反极性输出）、MC34060（具有升压、降压及反极性输出）、CW4960/4962（串联型）、CW2575/2576（串联型）、CW2577（并联型）等。限于篇幅，这里仅对 CW4960 做简要介绍。

1. CW4960 开关式集成稳压器

CW4960 是串联型开关式集成稳压器，其内部电路主要由基准电压源、功率开关管、脉冲宽度调制电路、误差放大电路、软启动电路及过电压、过电流保护电路等组成。该器件有 7 个引脚，其外形如图 10-35 所示。CW4960 最大输入电压 50V，输出电压范围为 5.1~40V，工作频率可达 100kHz，额定输出电流为 2.5A，过电流保护电流为 3~4.5A[⊖]。

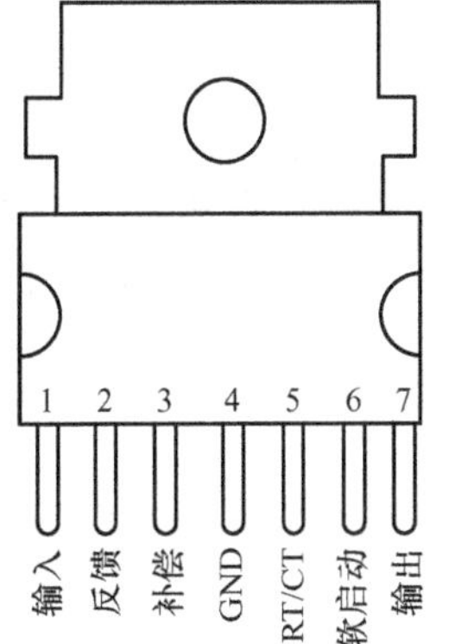

图 10-35 CW4960 外形图

2. CW4960 集成稳压器的应用

CW4960 的典型应用如图 10-36 所示。图中 C_1 为滤波电容，C_T、R_T 决定着开关电源的工作频率，$f=1/C_TR_T$。C_2 为软启动电容，VD 为续流二极管，C'、R'为频率补偿元件。R_1、R_2 是取样电阻，其取值范围通常为 500Ω~10kΩ。电路的输出电压为

$$U_O = 5.1\frac{(R_1+R_2)}{R_2}$$

由于开关式集成稳压器的性能优良，被广泛用于笔记本电脑、微处理器等电路的电源供电模块中。

⊖ 与 CW4960 同类型的器件还有 CW4962，其内部电路与 CW4960 基本相同，额定输出电流为 1.5A，过电流保护电流为 2.5~3.5A。它采用双列直插封装，共 16 个引脚。使用中不需要散热装置。

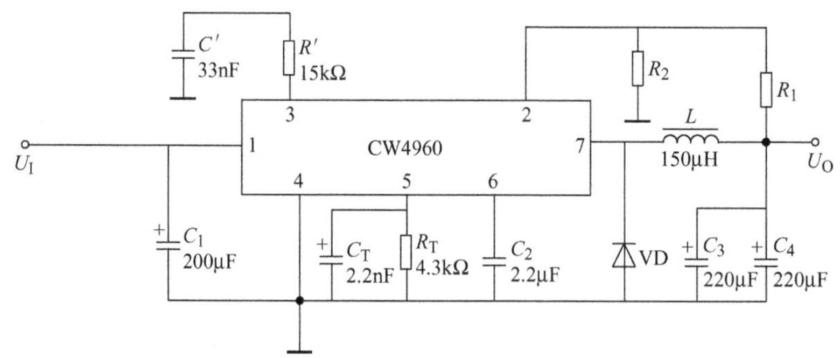

图 10-36 CW4960 应用电路

10.5 Multisim 应用举例

本节将通过仿真分析，了解稳压电路的电压调整范围，输出端负载变化和输入电压变化时对输出电压所带来的影响。稳压电路如图 10-37 所示，其中变压器二次电压 $u_2 = 24\sin 314t\text{V}$，稳压管的稳压值 $U_Z = 4.7\text{V}$。

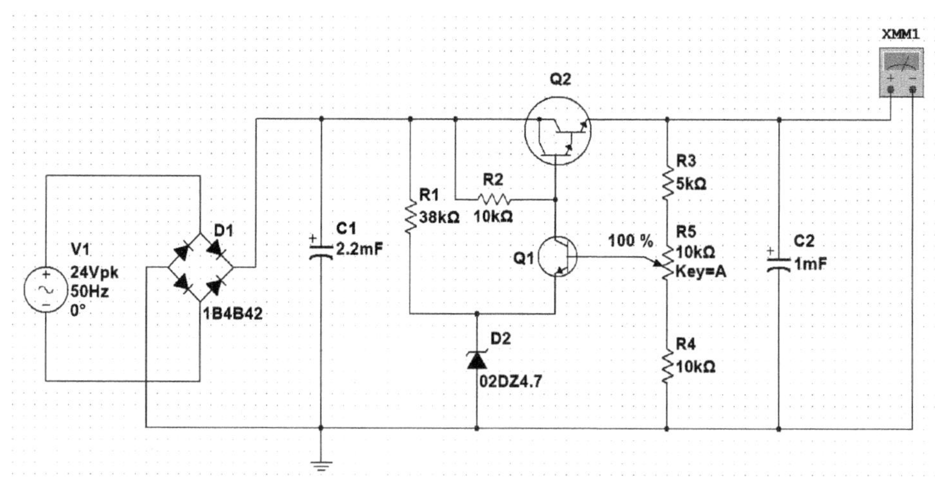

图 10-37 直流稳压电路

1. 输出电压调整范围分析

当电位器滑动端在最下端时，输出电压最大；在最上端时，输出电压最小（见 10.3.3 节），利用虚拟仪器万用表分别测量两种情况下输出电压值，如图 10-38 所示，可知输出电压的调整范围约为 6.5～12.6V。

2. 负载变化影响分析

调整电位器滑动端至中间位置，分别将输出端空载、接 5kΩ 和 100Ω 负载情况下，测量输出电压分别为 8.597V、8.58V 和 8.496V，结果如图 10-39 所示。由此可知，负载电阻越小即负载越大时，输出电压值越小，但是在不同负载情况下，输出电压变化较小。

3. 输入变化影响

保持电位器滑动端位置不变，输出空载，将输入电压幅值调整为 20V 幅值，仿真结果

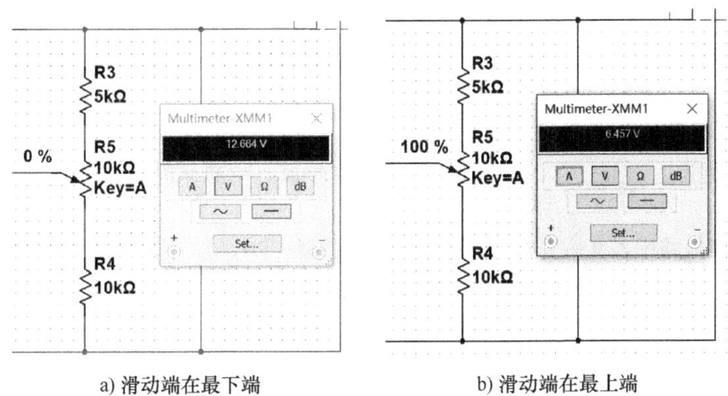

a) 滑动端在最下端　　b) 滑动端在最上端

图 10-38　电压调整范围测试

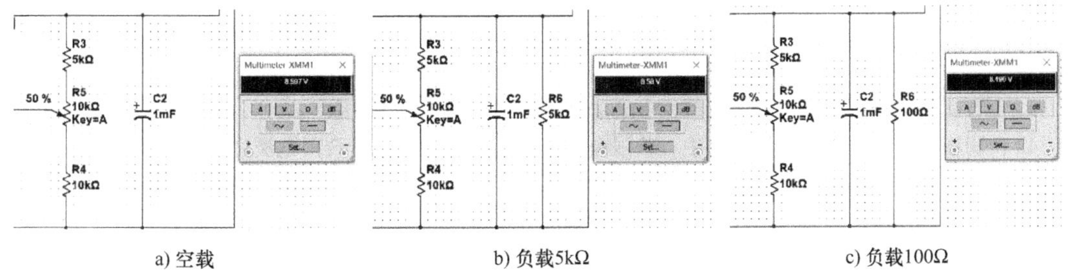

a) 空载　　b) 负载5kΩ　　c) 负载100Ω

图 10-39　负载变化影响分析

如图 10-40 所示。可以发现输出电压减小为 8.457V，减小了 0.14V。

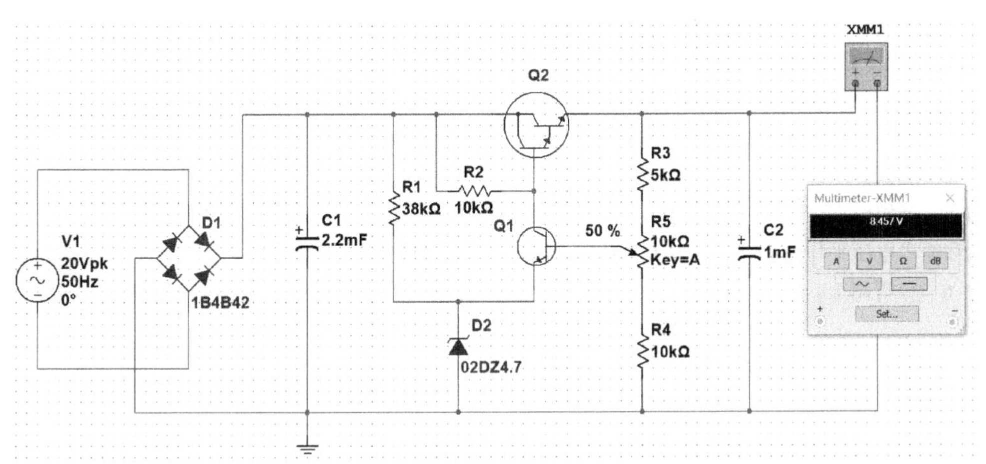

图 10-40　输入电压变化影响分析

通过以上分析可以发现，当输入电压、负载在一定范围内发生变化情况下，该电路基本可以在调整范围内稳压供电，输出变化非常小。

上面的仿真分析中直接使用了虚拟仪器万用表读出输出电压值，采用瞬态分析（Transient Analysis）等其他分析方法，也可以获得相同结果。

习 题

10-1 选择合适的答案填空。

1. 整流的目的是__________。(a. 将正弦波变为矩形波，b. 将交流变为直流，c. 将高频信号变为低频信号)

2. 单相桥式整流电路中若有一只整流管的极性接反，则__________。(a. 变为半波整流，b. 整流管因电流过大而烧毁，c. 输出电压约为整流管导通压降的两倍)

3. 滤波的目的是__________。(a. 将交流变为直流，b. 将高频信号变为低频信号，c. 将交、直流混合量中的交流成分滤除掉)

4. 直流电源滤波电路应选用__________。(a. 带通滤波电路，b. 高通滤波电路，c. 低通滤波电路)

10-2 判断下列说法是否正确，将判断结果用“✓”、“✕”表示并填空。

1. 整流电路的输入信号为正弦电压，输出信号为脉动的直流电压。(　　)

2. 在变压器二次侧电压相同的条件下，和单相半波整流电路相比，桥式整流电路的输出电压平均值高了一倍。(　　)

3. 电容滤波电路适用于大电流负载，电感滤波电路适用于小电流负载。(　　)

4. 由稳压二极管构成的稳压电路中，若限流电阻 R 短路，则稳压管会因电流过大而烧毁。(　　)

5. 线性串联型稳压电路中调整管工作在放大状态，开关型稳压电路中调整管工作在开关状态。(　　)

6. 开关型稳压电路比线性串联型稳压电路效率高的主要原因是调整管工作在截止或饱和状态时自身功耗很小。(　　)

10-3 变压器带中心抽头的全波整流电路如图 10-41 所示。试说明它的工作原理，并计算$\frac{U_{O(AV)}}{U_2}$、$\frac{U_{RM}}{U_2}$、$\frac{I_{D(AV)}}{I_{O(AV)}}$、$S$ 的值。

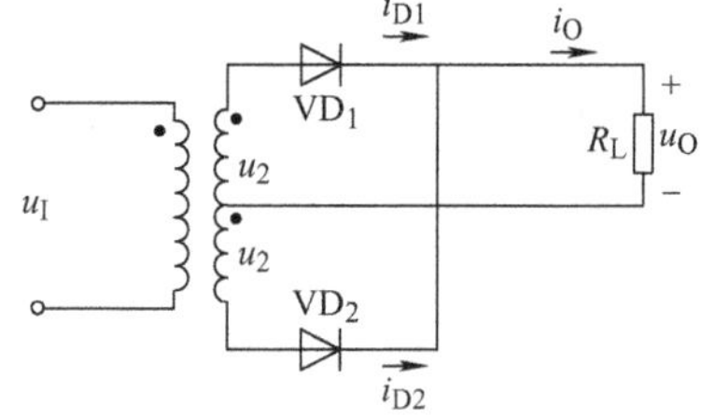

图 10-41 题 10-3 图

10-4 整流电路如图 10-42 所示。其中，R_{L1} 为半波整流负载电阻，R_{L2} 为全波整流负载电阻。试求：

1. R_{L1}、R_{L2} 两端的电压 U_{O1}、U_{O2}。

2. 二极管 VD_1、VD_2、VD_3 的平均电流和所承受的最高反向电压。

10-5 单相桥式整流电路如图 10-43 所示。已知 $U_2=20V$，试求二极管的平均电流 $I_{D(AV)}$，最大反向电压 U_{RM} 和输出电压平均值 $U_{O(AV)}$。如果 VD_1 极性接反，会出现什么现象？

10-6 分析图 10-44 所示整流电路的结构特点，计算输出电压 u_{O1} 和 u_{O2} 的值及流过每只二极管的平均电流。

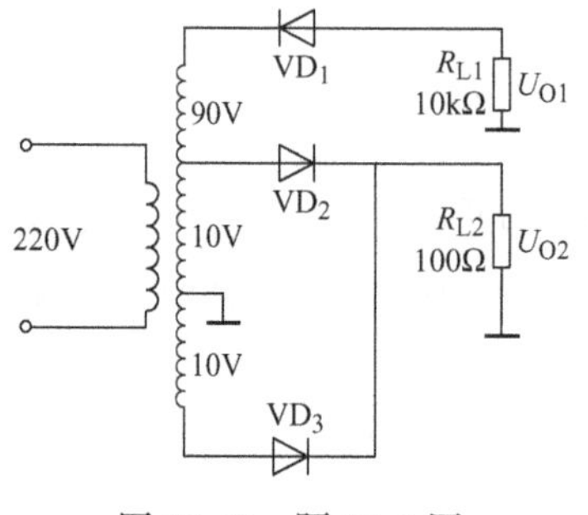

图 10-42 题 10-4 图

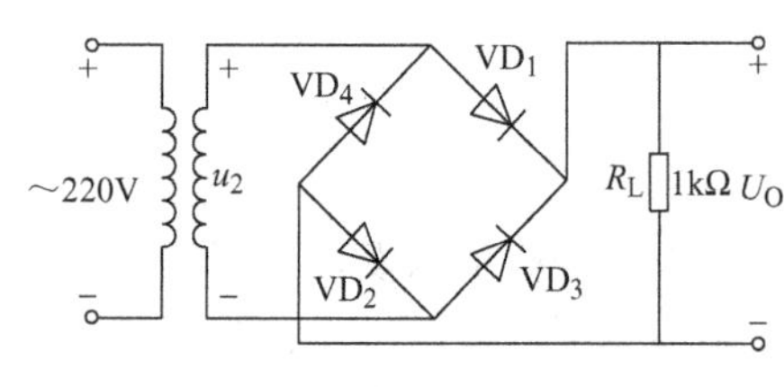

图 10-43 题 10-5 图

10-7 在图 10-4a 所示单相桥式整流滤波电路中，已知 $R_L=40\Omega$，$C=100\mu F$，$U_2=20V$。用直流电压

表测 R_L 两端电压时，出现下述情况。说明哪些是正常的，哪些是不正常的，并说明原因。

1. $U_O=28V$；2. $U_O=18V$；

3. $U_O=24V$；4. $U_O=9V$。

10-8　在图 10-8 所示 RC-π 形滤波电路中，已知交流电压 $U_2=6V$。试计算当 $U_O=6V$、$I_O=100mA$ 时滤波电阻 R 的值。

10-9　在图 10-45 所示电路中，设二极管具有理想特性。分析电路的工作原理，估算 C_1、C_2 上的稳态电压，并标明它们的极性。

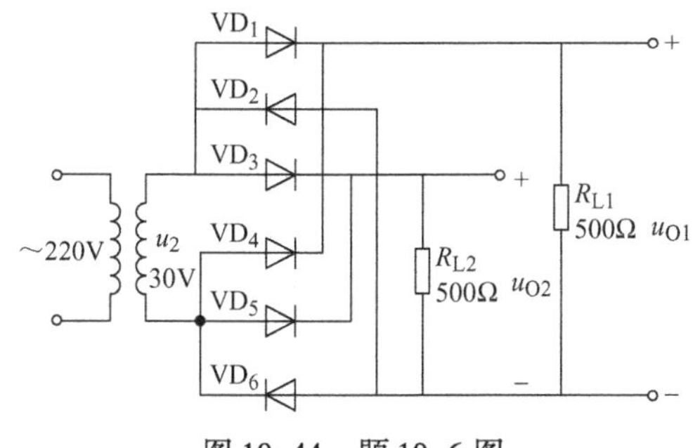

图 10-44　题 10-6 图

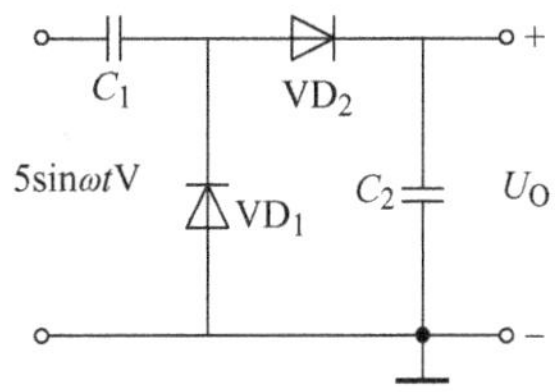

图 10-45　题 10-9 图

10-10　在图 10-46 中，设稳压管的 $U_Z=(5\sim6.5)V$，$I_Z=10mA$，$I_{Zmax}=38mA$。U_1 来自单相桥式整流电容滤波电路，电源变压器的 $U_2=15V$。

1. 若限流电阻 $R=0$，负载两端电压能否稳定，为什么？

2. 设 $U_O=6V$，$I_{Omax}=5mA$，电网电压波动 ±10%，问 R 应选多大？

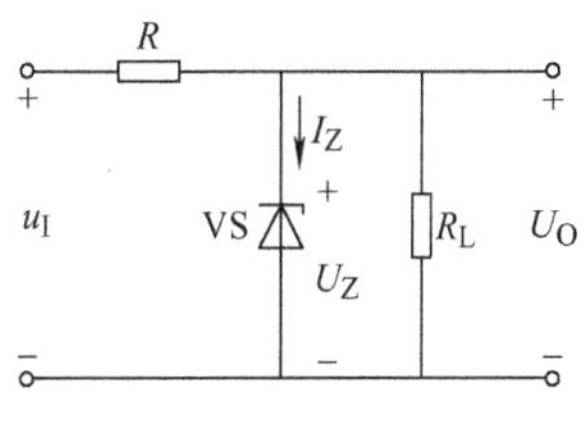

图 10-46　题 10-10 图

10-11　线性串联型稳压电路如图 10-47 所示。图中稳压管 VS 的供电端由原来的输入电压端改接到输出电压端，从而增加了基准电压的稳定性，改善了稳压电路的稳压性能。

1. 若 $U_1=24V$，估算 $U_2=$？

2. 若 $U_1=24V$，$U_Z=5.3V$，$U_{BE}=0.7V$，$U_{CES1}=2V$，$R_3=R_4=R_{RP}=300\Omega$，试计算 U_O 的可调范围。

3. 若 $R_3=600\Omega$，调节 RP 时，U_O 最高为多少？

10-12　线性串联型稳压电路如图 10-48 所示。

1. 分析电路的稳压原理。

2. $U_I=24V$，计算 U_O 的调节范围。

3. 当 RP 的滑动端调到中间位置时，U_O 的值为多大？此时最大负载电流为多少 mA？设 $U_{BE1}=0.7V$，$\beta_1=100$。

4. 设稳压管的最小稳定电流为 5mA。当输出电压 $U_O=15V$ 时，若将 R_5 由 0.5kΩ 改为 4.7kΩ，问该电路能否正常工作？

10-13　在图 10-48 电路中，若出现下列现象，分析其原因是什么。

1. U_I 脉动大，且比正常值低，调节 RP 时 U_O 可调，但稳压效果差。

2. U_I 比正常值高，U_O 接近于零，且不再可调。

3. 当 $U_I=21V$ 时，$U_O\approx11.3V$，调节 RP 不起作用。

10-14　图 10-49 为具有辅助电源 U_{Z2} 的直流稳压电源，放大管的集电极电阻 R_5 从 U_I 改接到 U_{Z2}，有效地减小了电网电压对输出电压的影响。设稳压管 VS_1、VS_2 的稳定电压为 6V，输出电压 U_O 的正常值为 12V，且能调节 ±10%，$R_1+R_2+R_3=240\Omega$，求：

1. R_1、R_2、R_3 的阻值各为多少？

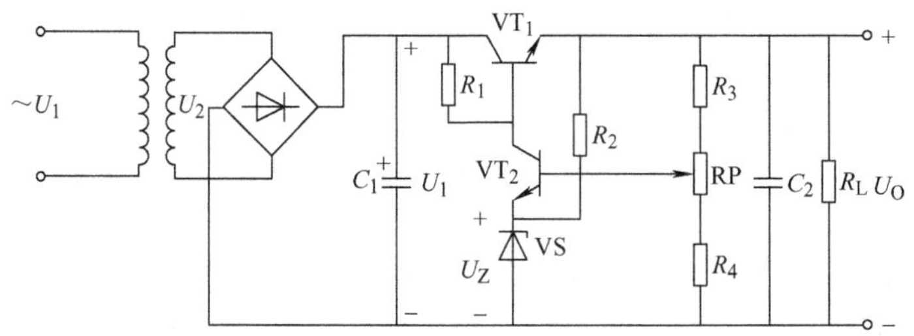

图 10-47 题 10-11 图

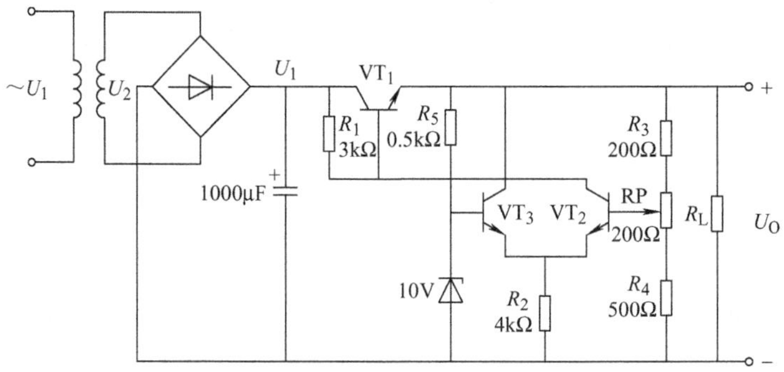

图 10-48 题 10-12 图

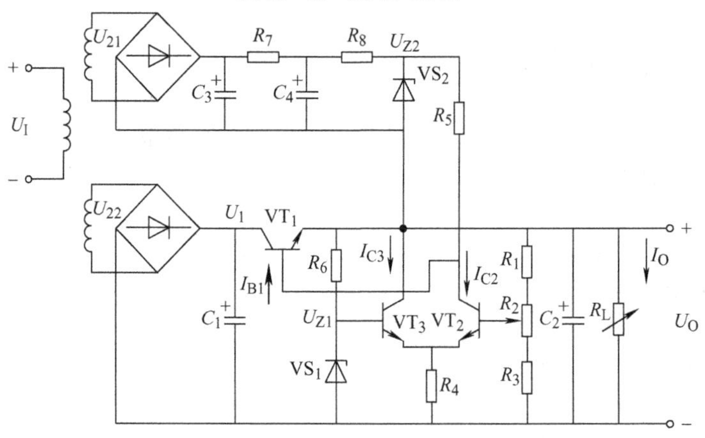

图 10-49 题 10-14 图

2. 如电网电压有 ±10% 的波动，怎样确定输入电压的最小值？

3. 当电路输出负载 R_L 短路时会产生什么后果？

10-15 稳压电路如图 10-50 所示。

1. 说明电路中各元器件的作用。

2. 标出集成运放的同相输入端和反相输入端，并写出输出电压的表达式。

10-16 图 10-51 所示电路有无稳压作用？说明其工作原理。它和线性串联型稳压电路相比较有什么优缺点？

10-17 电路如图 10-52a、b 所示。

1. 说明两个电路的功能。

2. 写出图 a 输出电流 I_O 的表达式。

3. 写出图 b 输出电压 U_O 的表达式。

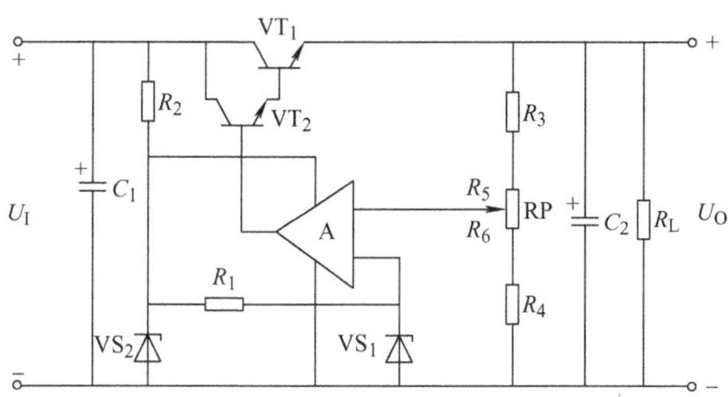

图 10-50 题 10-15 图

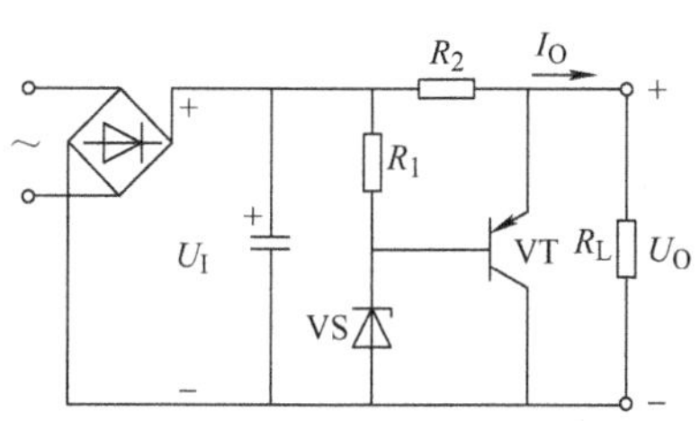

图 10-51 题 10-16 图

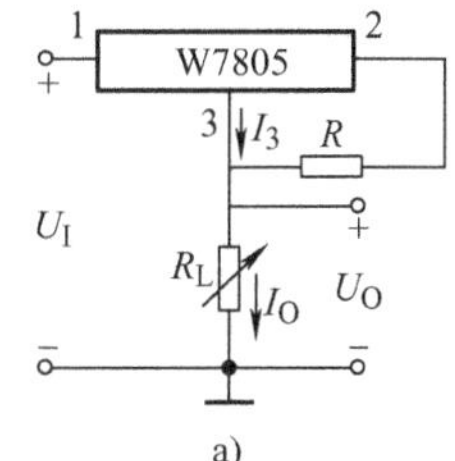

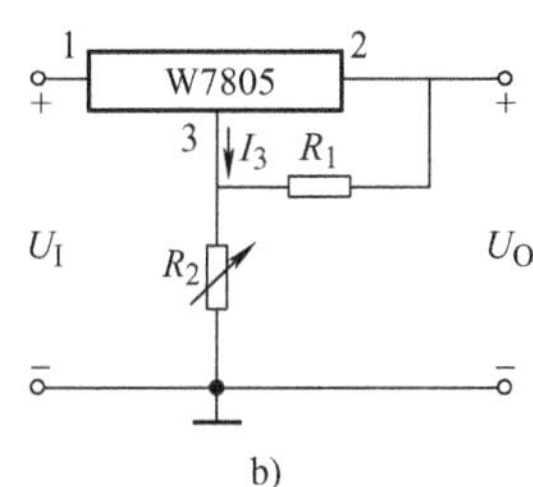

图 10-52 题 10-17 图

10-18 图 10-53a 为扩大输出电压电路，b 为扩大输出电流电路。试写出图 10-53a 输出电压的表达式及图 10-53b 输出电流的表达式。

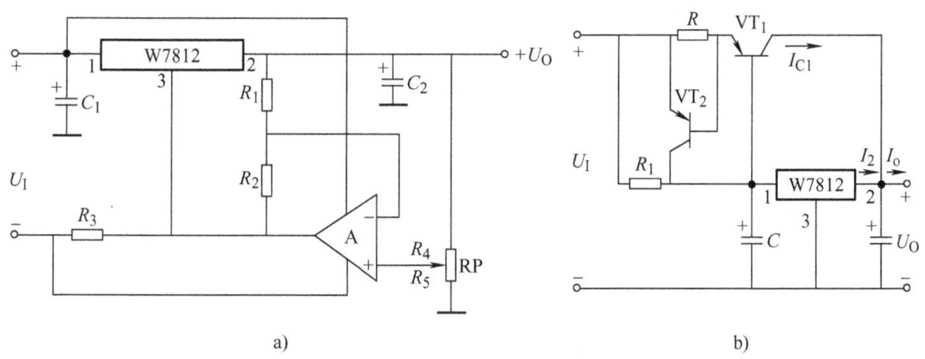

图 10-53 题 10-18 图

10-19 电路如图 10-54 所示，计算输出电压 U_O 的调节范围。设 $U_{EB}=0.2V$

10-20 在下面的情况下可选什么型号的集成稳压电路？

1. $U_O=+12V$，R_L 的最小值约为 15Ω。

2. $U_O=+6V$，最大负载电流为 300mA。

3. $U_O=-15V$，输出电流范围是 10～80mA。

10-21 试求解图 10-55 所示各电路输出电压 U_O 的调节范围。已知图中稳压器输出端和调整端之间的电压为 1.25V。

10-22 线性串联型稳压电路如图 10-56 所示。利用 Multisim 仿真软件完成下列工作：

1. 测量输出电压的可调范围。

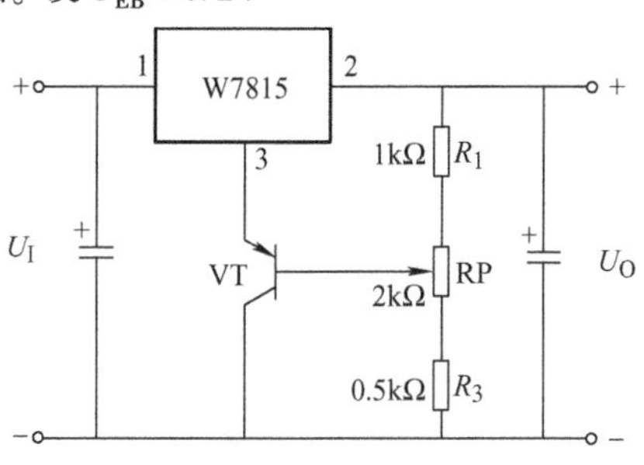

图 10-54 题 10-19 图

2. 当电位器的滑动端在中间位置时，测量 U_O、U_{B1}、U_{C1}、U_{E1} 的值。

3. 观察当电网电压升高时，上述各电压的变化趋势。

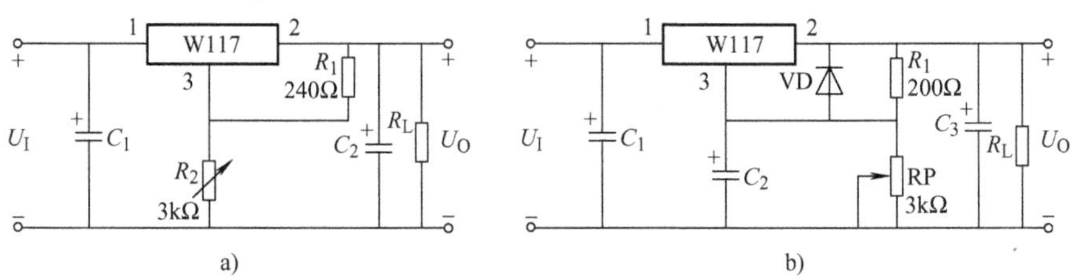

图 10-55 题 10-21 图

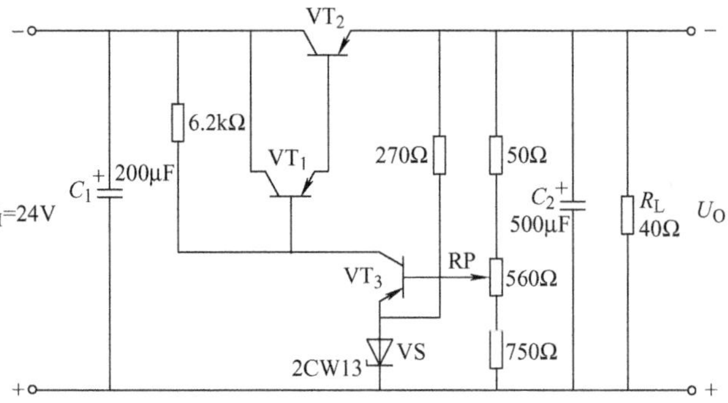

图 10-56 题 10-22 图

10-23 利用 Multisim 仿真软件设计并调试稳压电路，要求采用 W317 系列三端稳压器，输出电压的调节范围为 3～30V，最大负载电流 450mA。

部分习题参考答案

第 1 章

1-2　1. b，a；　2. c，c；　3. a，b；　4. c；　5. b_1，a_2；

6. b a；　7. b，a；　8. b_1，c_2。

1-4　$U=0.26V$，$I\approx 22mA$；$U=-1V$，$I\approx -1\mu A$。

说明正向电压虽小，正向电流已较大；反向电压虽不太大，反向电流已接近反向饱和电流。

1-6　1. $I\approx 1.82mA$，2. U_D 下降，I 上升。

1-9　串联：15V，9.7V，6.7V，1.4V；

并联：6V，0.7V。

1-10　1. $U_O=6V$

2. $U_O=3.3V$

3. 电路能稳压

4. 电路不能稳压

第 2 章

2-1　1. a，b，a，a；　2. b；　3. a，b；　4. a，a，b。

2-4　A：PNP，X—e，Y—b，Z—c；　B：NPN，X—b，Y—c，Z—e。

2-5　放大、饱和、截止，4V、0.2V、6V。

2-11　1. $V_{BB}=4V$；　2. $R_C=2k\Omega$；　3. $R_B=225k\Omega$。

2-12　1. $I_{CQ}=2.6mA$，$U_{CEQ}=10V$；　2. $R_L=\infty$，$(U_{om})_M=9V$；$R_L=4k\Omega$，$(U_{om})_M=5.2V$。

2-14　1. $R_B=1.2M\Omega$；2. $A_u=-114$，$A_{us}=-83$；3. $R_i=2.7k\Omega$，$R_o=16k\Omega$。

2-15　1. $I_{CQ}=-2mA$，$U_{CEQ}=-6V$；2. $R_{B1}=47k\Omega$；3. $A_{us}=-55$，$R_i=1k\Omega$，$R_o=3k\Omega$。

2-17　当 $R_E=0$ 时，$A_u=-176.5$，$R_i=1.63k\Omega$，$R_o=8.2k\Omega$；当 $R_E=200\Omega$ 时，$A_u=-15.6$，$R_i=6.3k\Omega$，$R_o=8.2k\Omega$。

2-18　1. $I_{CQ}=1.8mA$，$U_{CEQ}=2.8V$；2. $A_{u1}=-0.79$，$A_{u2}=0.797$；3. $R_i=8.2k\Omega$，$R_{o1}=2k\Omega$，$R_{o2}=33\Omega$。

2-19　1. $I_{CQ}=2.1mA$，$U_{CEQ}=7.8V$；2. $A_u=0.987$，$R_i=21.6k\Omega$，$R_o=23\Omega$。

2-21　1. $R_E=2.8k\Omega$，$R_C=5.2k\Omega$，$R_{B1}=35k\Omega$，$R_{B2}=80k\Omega$；2. $A_u=-193$，$R_i=2.4k\Omega$，$R_o=5.2k\Omega$。

2-24　1. $R_1=R_2=63k\Omega$；2. $A_u=-149$，$A_{us}=-83$；3. $R_i=1.3k\Omega$，$R_o=7.3k\Omega$。

第 3 章

3-1 1. a； 2. b，b，a； 3. b。

3-3 b，a，b，c。

3-5 $I_D=0.5mA$，$U_{GS}=-2V$。

3-6 可变电阻区、恒流区、恒流区。

3-7 1. $I_D=0.5mA$，$R_{S1}=4k\Omega$；2. $R_{S2}=22k\Omega$；3. $A_u=-0.36$。

3-8 1. $i_L=0.5mA$；2. R_L 的取值范围为 0 ~ 10kΩ。

3-9 $V_{GG}=7V$。

3-10 $A_u=-1.7$，$R_i=2.075M\Omega$。

3-11 $A_u=0.857$，$R_i=2.075M\Omega$，$R_o=0.92k\Omega$。

3-12 1. $I_{DQ}=2.3mA$，$U_{GSQ}=-2.3V$，$U_{DSQ}=12.4V$；2. $A_{u1}=-9.3$，$A_{u2}=-0.38$，$R_{o1}=12k\Omega$，$R_{o2}=310\Omega$。

3-13 1. $R_1=0.54k\Omega$；2. $A_u=-3$，$R_i=2.93M\Omega$。

3-14 2. $\boldsymbol{A}_u=\dfrac{-\beta g_m(R_C/\!/R_L)}{1+g_m r_{be}}$，$R_i=R_G$，$R_o=R_C$。

3-15 2. $\boldsymbol{A}_u=\dfrac{-\beta g_m R_C}{1+g_m r_{be}}\cdot\dfrac{R_G}{R_S+R_G}$，$R_i=R_G$，$R_o=R_C$。

第 4 章

4-1 1. a_1，a_2；2. b_1，c_2；3. b，c；4. b，a；5. c_1，c_2；6. d_1，a_2，d_3，a_4；7. a_1，b_2；8. a_1，a_2；9. c，e；10. b_1，b_2，a_3。

4-3 1. $I_{C1}=0.0745mA$，$I_{C2}=0.9mA$，$U_o=4.6V$；2. $A_u=299$；3. $R_i=8.7k\Omega$，$R_o=5.1k\Omega$。

4-5 1. $R_i=6.7k\Omega$，$R_o=87\Omega$；2. $A_u=-18.2$，$A_{us}=-14$；3. $U_o=-136mV$。

4-7 $A_u=37$，$R_i=47M\Omega$，$R_o=3k\Omega$。

4-8 1. $I_{B1}=5.2\mu A$，$I_{C1}=0.26mA$，$U_{C1}=5.64V$，R_L 中无电流；2. $A_d=-36$；3. $R_i=36k\Omega$，$R_o=72k\Omega$。

4-10 1. $I_{C1}=I_{C2}=0.26mA$，$U_{C1}=2.4V$，$U_{C2}=15V$；2. $A_d=-47.2$，$R_i=10.6k\Omega$，$R_o=30k\Omega$；3. $U_o=5V$。

4-11 有抑制温漂作用，$K_{CMR}=48.47dB$。

4-13 1. $I_{C1}=I_{C2}=1mA$，$U_{C1}=4.3V$，$U_{C2}=2.92V$；2. $A_d=11.7$，$R_i=13.7k\Omega$，$R_o=4.7k\Omega$。

4-14 1. $I_{C1}=I_{C2}=0.12mA$；2. $R_C=7.92k\Omega$（取 8.2kΩ）；3. $A_d=-596$，$R_i=44.4k\Omega$，$R_o=12k\Omega$。

4-15 1. $I_D=0.1mA$，$U_{GS}=-1.37V$；2. $g_m=0.32$，$A_d=8$。

4-16 1. $R_1=150k\Omega$；2. $A_u=-23.7$，$U_o=-2.37V$。

4-19 1. $R_1=R_2=50k\Omega$，$R_3=8.4k\Omega$，$R_4=12.2k\Omega$，$R_6=71.5k\Omega$；2. $A_u=-747$；3. $R_i=27.2k\Omega$，$R_o=21.8\Omega$。

第 5 章

5-3 $P_o\approx 12.5W$，$P_T\approx 10W$，$P_{VCC}\approx 22.5W$，$\eta\approx 55.5\%$。

5-4　1. 理想情况下 $(P_o)_M \approx 14.06\text{W}$；2. 求得直流电源电压 $V_{CC} \leqslant 24.3\text{V}$，取正、负双电源 $\pm V_{CC} = \pm 24\text{V}$。

5-5　1. $P_o \approx 25\text{W}$，$\eta \approx 74\%$，$P_{T1} \approx 4.93\text{W}$；2. 所选功放管 VT_1、VT_2 必须满足：$I_{CM} > 3.75\text{A}$，$U_{CEO(BR)} > 30\text{V}$，$P_{CM} > 5.625\text{W}$。

5-7　为了获得 $(P_o)_M$，正负电源电压值应取 9V，此时电路的最大不失真输出功率 $(P_o)_M = 3\text{W}$，效率 $\eta \approx 61.1\%$。

5-8　2. $(P_o)_M = 1\text{W}$，$\eta \approx 52.3\%$；5. 电路中通过 R_8、R、C_3 引入级间电压串联负反馈；6. U_i（有效值）$\approx 0.26\text{V}$。

5-9　1. 有可能在输出端获得 4W 的交流输出功率；2. 应通过电阻 R_3 引入级间电压串联负反馈；3. $R_F = 79\text{k}\Omega$，$R_1 = 1\text{k}\Omega$；4. $I_{CM} > 1.125\text{A}$，$U_{CEO(BR)} > 18\text{V}$，$P_{CM} > 0.8\text{W}$。

5-10　1. $U_{C2} = 5\text{V}$，应调节 R_1；2. $(P_o)_M = 0.5\text{W}$，$\eta \approx 62.8\%$；3. 晶体管 VT_1 和 VT_2 均不安全。

5-11　1. 若采用 OCL 功放电路，应选取 $\pm V_{CC} = \pm 15\text{V}$；2. 若改用 OTL 功率输出级，则 V_{CC} 应取 +30V。

5-12　1. 静态时 $U_{o1} = U_{o2} \approx V_{CC}/2$；2. 当 R_L 分别接在 O_1 和 O_2 之间以及 O_1 和地之间时，R_L 上的功率之比为 4；3. 当 R_L 接在 O_1 和 O_2 之间时，电路的电压增益 $A_u = (\dot{U}_{o1} - \dot{U}_{o2}) / \dot{U}_i = 4$。

第 6 章

6-3　$20\lg A_u = 60\text{dB}$，$A_u = 1000$。

6-6　2. $U_{om} = 2\text{V}$，u_o 与 u_i 反相，波形不失真；3. $U_{om} = \pm 3\text{V}$，波形失真；4. $U_{om} = 5\text{mV}$，波形不失真。

6-7　$f = 86\text{Hz} \sim 5.24\text{kHz}$。

6-9　$f_L = 10.6\text{Hz}$，$f_H = 200\text{kHz}$。

6-13　1. 电路由两级阻容耦合放大电路组成。$f_{L1} = 10\text{Hz}$，$f_{H1} = 10^4\text{Hz}$，$f_{L2} = 100\text{Hz}$，$f_{H2} = f_{H1}$；2. $A_{um} = 100$，$f_L = 100\text{Hz}$，$f_H = 6.4\text{kHz}$。

6-14　$\boldsymbol{A}_u$ 可改写为

$$\boldsymbol{A}_u = \frac{-100\ (\text{j}f/10)^2}{\left(1 + \text{j}\dfrac{f}{10}\right)^2 \left(1 + \text{j}\dfrac{f}{10^6}\right)\left(1 + \text{j}\dfrac{f}{2 \times 10^7}\right)}$$

图略。

第 7 章

7-8　VT_3 和 R_3 以及 R_6 和 R_7 均引入了本级共模反馈，都是电流串联负反馈。它们能抑制温漂，提高共模抑制比。R_7 连接到 VT_3 的基极，引入级间共模负反馈。例如，当温度升高时有如下反馈过程：

$$T^{\circ}\uparrow\rightarrow I_{C4}、I_{C5}\uparrow\rightarrow I_{R7}\uparrow\rightarrow I_{C3}\uparrow\rightarrow I_{C1}、I_{C2}\uparrow\rightarrow U_{C1}、U_{C2}$$

$$I_{C4}、I_{C5}\downarrow\longleftarrow I_{B4}、I_{B5}\downarrow\longleftarrow$$

7-9 $\boldsymbol{A}_f=\dot{X}_o/\dot{X}_i=\boldsymbol{A}_1\boldsymbol{A}_2/(1+\boldsymbol{A}_1\boldsymbol{A}_2\boldsymbol{F}_1+\boldsymbol{A}_2\boldsymbol{F}_2)$。

7-10 $A_u=2000$，$F=0.0095$。

7-15 a) $\boldsymbol{A}_{uf}=\dfrac{\dot{U}_o}{\dot{U}_i}=-\dfrac{R_{C3}/\!/R_{F2}}{R_{E1}}$，b) $\boldsymbol{A}_{uf}=\dfrac{\dot{U}_o}{\dot{U}_i}=-\dfrac{R_{C3}\ (R_{E1}+R_F+R_{E3})}{R_{E1}R_{E3}}$。

7-16 应引级间电压串联负反馈，$R=19\text{k}\Omega$。

7-17 1. 引入级间电压串联负反馈；2. $R_F=90\text{k}\Omega$；3. $R_o\approx20\Omega$。

7-20 $U_o=-\dfrac{2}{R_1}R_x$，$R_1=10\text{k}\Omega$，电压表上（-）下（+）。

7-24 1. $\boldsymbol{A}_u=\dfrac{10^4}{(1+\text{j}f/10)\ (1+\text{j}f/100)^2}$，$f$ 单位为 kHz；2. 不稳定；3. $F\leqslant0.0005$。

第 8 章

8-1 1. $U_o=-4.8\text{V}$；2. $R_F=960\text{k}\Omega$；3. $U_o=-0.155\text{V}$，因为虚地点在电位数值上虽然接近地电位，但两者还是不一样的。

8-3 1. 开关 S 断开，$\dfrac{U_o}{U_i}=1$，是电压跟随器；2. 开关 S 接通，$\dfrac{U_o}{U_i}=-1$，是反相器。

8-5 $R_{if}=R_2R_1/(R_2-R_1)$，取 $R_1=R_2$，$R_{if}\rightarrow\infty$。

8-8 $U_o\approx2.31U_{i3}+1.16U_{i4}-1.25U_{i1}-2U_{i2}$。

8-10 A_1、A_2 是电压跟随器，A_3 是差动输入运算电路，A_4 是反相比例电路。$\dfrac{U_o}{U_{i1}-U_{i2}}=\dfrac{R_2R_4}{R_1R_3}$。

8-11 I_o 与 R_L 无关的条件是 $R_3=\dfrac{R_2}{R_1}\ (R_1/\!/R_2)$，此时 $I_o=\dfrac{U_i}{2}\ (R_1/\!/R_2/\!/R_3)$。

8-17 开关在位置 1 时，$u_O=K\ (u_{I1}u_{I2})^n$，其中 $K=-1/(RI_S)^{2n-1}$，$n=R_F/R$；开关在位置 2 时，$u_O=-RI_S\left(\dfrac{u_{I1}}{u_{I2}}\right)^n$。

8-21 1. 带通；2. 低通；3. 带阻；4. 高通。

8-22 1. 低通；2. 高通；3. 带通；4. 带阻；5. 全通。

8-23

$\dfrac{U_{o1}(s)}{U_i(s)}=-\dfrac{R_1Cs}{1+R_1Cs}$（一阶高通）。

$\dfrac{U_o(s)}{U_i(s)}=\dfrac{1}{1+R_1Cs}$（一阶低通）。

8-26

$\dfrac{U_o(s)}{U_i(s)}=\dfrac{R_1R_2C_1C_3s^2}{1+R_1(C_1+C_2+C_3)s+R_1R_2C_2C_3s^2}$，是二阶无限增益多路反馈高通滤波电路。

第 9 章

9-8 3. 振荡频率：$f_0 \approx 1.02\text{kHz}$；4. $R_{ds} = 1\text{k}\Omega$。

9-12 2. $C_3 = 32\text{pF}$。

9-13 图 a $f_0 \approx \dfrac{1}{2\pi\sqrt{LC_3}}$； 图 b $f_0 \approx \dfrac{1}{2\pi\sqrt{L(C_4 + C_3)}}$。

9-17 比较电路的阈值；$U_{TH} = -\dfrac{3}{20}\text{V}$。

9-23 $R' = (2 \sim 1)\ \text{k}\Omega$； $R = (6 \sim 7)\ \text{k}\Omega$； 可选 8.2kΩ 的电位器； $R_2 = 20\text{k}\Omega$。

第 10 章

10-3 $U_{O(AV)}/U_2 = 0.9$，$U_{RM}/U_2 = 2\sqrt{2}$，$I_{D(AV)}/I_{O(AV)} = 0.5$，$S \approx 0.67$。

10-4 1. $U_{O1} = 45\text{V}$，$U_{O2} = 9\text{V}$；2. $I_{D1} = 4.5\text{mA}$，$I_{D2} = I_{D3} = 45\text{mA}$，$U_{RM1} = 141\text{V}$，$U_{RM2} = 28.2\text{V}$。

10-6 $U_{O1(AV)} = U_{O2(AV)} = 27\text{V}$；$I_{D1(AV)} = I_{D3} = I_{D4} = I_{D5} = 27\text{mA}$，$I_{D2(AV)} = 2I_{D(AV)} = 54\text{mA}$。

10-8 $R = 12\Omega$。

10-11 1. $U_2 = 20\text{V}$；2. U_O 可调范围为 9 ~ 18V；3. U_O 最高可达 24V − 2V = 22V。

10-14 1. $R_1 = 100\Omega$，$R_2 = 30\Omega$，$R_3 = 110\Omega$；2. $U_{Imin} = U_{Omax} + U_{CE1min} + U_I \times 10\%$；3. VT_I 可能被烧毁。

10-17 2. $I_O = \dfrac{U_{23}}{R} + I_3$；3. $U_O = U_{23}\left(1 + \dfrac{R_2}{R_1}\right) + I_3 R_2$。

10-18 图 a：$U_O = 12\left(\dfrac{R_1}{R_1 + R_2}\right)\left(1 + \dfrac{R_5}{R_4}\right)$。图 b：$I_O = I_{C1} + I_2$（$I_2$ 表示集成稳压器 W7812 的输出电流）。

10-19 U_O 的可调范围为 17.7 ~ 53.2V。

10-21 图 a：$U_O \approx (1.25 \sim 16.9)\ \text{V}$，图 b：$U_O = (1.25 \sim 20)\ \text{V}$。

参考文献

[1] 华中科技大学电子技术课程组，康华光，等．电子技术基础（模拟部分）［M］．6 版．北京：高等教育出版社，2013.

[2] 清华大学电子学教研组，华成英，童诗白，等．模拟电子技术基础［M］．5 版．北京：高等教育出版社，2016.

[3] 浙江大学电工电子基础教学中心电子学组，郑家龙，王小海，等．集成电子技术基础教程［M］．北京：高等教育出版社，2002.

[4] 西安交通大学电子学教研组，杨栓科．模拟电子技术基础［M］．北京：高等教育出版社，2003.

[5] 周淑阁．模拟电子技术基础［M］．北京：高等教育出版社，2004.

[6] 胡宴如，耿苏燕．模拟电子技术基础［M］．北京：高等教育出版社，2004.

[7] 孙肖子．模拟电子技术基础［M］．北京：高等教育出版社，2012.

[8] 清华大学电子学教研组，杨素行．模拟电子技术基础简明教程［M］．3 版．北京：高等教育出版社，2006.

[9] 全国电子技术基础课程教学指导小组，童诗白，何金茂．电子技术基础试题汇编（模拟部分）［M］．北京：高等教育出版社，1992.

[10] 王远．模拟电子技术基础学习指导书［M］．北京：高等教育出版社，1997.

[11] 张凤言．电子电路基础［M］．2 版．北京：高等教育出版社，1995.

[12] 陈汝全．电子技术常用器件应用手册［M］．北京：机械工业出版社，1994.

[13] 张玉平．通用电路模拟技术［M］．北京：机械工业出版社，1999.

[14] 高文焕，汪蕙．模拟电路的计算机分析与设计［M］．北京：清华大学出版社，1998.

[15] 赵曙光，殷廷瑞，赵明英，等．可编程模拟器件原理、开发及应用［M］．西安：西安电子科技大学出版社，2002.

[16] 王辅春．电子电路 CAD 与 OrCAD 教程［M］．北京：机械工业出版社，2004.

[17] GOTLIN J G. 电子学——模型、分析与系统［M］．王远，译．北京：高等教育出版社，1986.

[18] 周子文．模拟相乘器及其应用［M］．北京：高等教育出版社，1983.

[19] RASHID M H. Microelectronic Circuits Analysis and Design［M］. Boston：Cengage Learing，2010.

[20] FLOYD T L，BUCHLA D. Fundamentals of Analog Circuit［M］. 2nd ed. London：Pearson，2001.

[21] MILLMAN，GRABEL. Microelectronics［M］. 2nd ed. New York：Mcgraw Hill，1987.

[22] ROBERT B. Electronic Devices and Circuit Theory［M］. 9th ed. London：Pearson，2012.